FOSSILIEN

TUREK · MAREK · BENES

FOSSILIEN

Handbuch und Führer für den Sammler

NATUR
VERLAG

Die abgebildeten Objekte stammen aus den paläontologischen Sammlungen des Nationalmuseums Prag und der Naturwissenschaftlichen Fakultät der Karlsuniversität Prag.

Autor des Einleitungsteils sowie der Beschreibungen zu den Abbildungen bei den Stämmen Bryozoa, Brachiopoda, Cephalopoda, Arthropoda, Echinodermata, Hemichordata und dem Reich Plantae ist V. Turek, Verfasser des Textes zu den Invertebraten ist J. Marek, und der Text zu den Vertebraten stammt von J. Beneš.

Ins Deutsche übertragen von Emma Echsnerová und Peter Zieschang
Fachliche Bearbeitung des deutschen Textes von K. Beurlen
Mit Farbfotos von Marek Kořínek, Monika Kořínková und Karel Drábek und Federzeichnungen von Miloš Váňa
Graphische Gestaltung von M. Kořínek

ISBN 3-89440-004-8

Printed in Czechoslovakia
3/19/02/52-01

Inhalt

Allgemeiner Teil

Einführung

Als Alter der Erde wie auch der anderen Körper des Planetensystems wird heute ein Wert von ungefähr 4,7 Milliarden Jahren angenommen. Die durch Zeugnisse belegte Erdgeschichte begann, als vor rund 3,8 Milliarden Jahren die äußere Erdkruste sich konsolidierte. Erste einfachste Organismen erschienen schon bald darauf. Aus den ersten Anfängen entwickelte sich die Organismenwelt durch Differenzierung und Vervollkommnung, wobei jeweils erfolgreichere Gruppen erschienen und an die Stelle erfolgloserer traten, die verschwanden.

Die Geschichte der Organismenwelt ist durch ihre hinterlassenen Zeugnisse in den Gesteinen der Erdrinde überliefert. Diese Zeugnisse sind die meist unvollständigen, mehr oder weniger stark veränderten Reste von Organismen und deren Spuren, die Fossilien oder Versteinerungen.

Die Wissenschaft, die sich mit der Deutung und Entzifferung dieser Zeugnisse befaßt, ist die **Paläontologie,** die im allgemeinen Bewußtsein keinen besonderen Platz einnimmt. Die Bezeichnung Paläontologie ist aus dem Griechischen abgeleitet und bedeutet „Lehre vom früheren Leben". Für den Laien verständlicher sind Begriffe wie **Paläobiologie, Paläozoologie, Paläobotanik,** die man daher heute vielfach verwendet, die aber jeweils nur Teilbereiche der Paläontolgie umfassen.

Aus der paläontologischen Forschung gewinnt man die entscheidenden Erkenntnisse über die historische Entwicklung der Organismenwelt und auch der gesamten geologischen Entwicklung der Erde. Der Fossilinhalt der Gesteinsformationen erlaubt, die relativen Altersbeziehungen dieser festzustellen. Seine Untersuchung ist daher unerläßlich für die geologische Kartierung, die für die Auffindung mineralischer Lagerstätten und deren mögliche Nutzung von vorrangiger Bedeutung ist. Das große Interesse der Amateursammler für Fossilien darf sich nicht auf das bloße Anhäufen, Klassifizieren oder sogar auf die finanzielle Wertung der gehorteten „Stücke" beschränken.

Unsere Aufgabe wird deshalb darin bestehen, alle Freunde der Paläontologie nicht nur auf die Formenfülle und Schönheit der Fossilien aufmerksam zu machen, sondern vor allem Wege zu weisen, die Fossilien zu bestimmen. Das bedeutet, sie richtig in die Systematik einzuweisen und damit die Möglichkeit zu schaffen, das Fossil, das ja nur ein unvollständiger toter Rest eines einstigen Lebewesens ist, als Zeugnis eines einstigen Organismus zu verstehen und „zum Leben zu erwecken".

In den allgemein gehaltenen Kapiteln ist außer einer sehr kurzen historischen Übersicht auch die paläontologische Problematik skizziert, und die benützten Grundbegriffe sind erklärt. Die systematische Übersicht erfaßt nur die paläontologisch wichtigsten **Klassen,** geht aber nicht auf deren Unterteilung ein. Die **Stämme** und **Unterstämme** kennzeichnen wir kurz durch ihre biologisch-anatomischen Merkmale. Bei den am häufigsten vertretenen Gruppen im Bildteil ist die Übersicht durch Bilder ergänzt, die den Leser mit den wichtigsten morphologischen Begriffen und eventuell auch mit der Anatomie der Vertreter dieser Gruppen bekannt machen. Der Schlüssel für ihre Bestimmung beschränkt sich, mit Rücksicht auf den Umfang und den Inhalt der Publikation, auf vielzellige wirbellose Lebewesen und ist so zusammengestellt, daß er die Einordnung der gewöhnlich gefundenen Fossilien in Stämme bis Klassen ermöglicht. Der Bildteil umfaßt eine **Auswahl von über 800 Arten** der am häufigsten vorkommenden und besonders interessanten fossilen tierischen und pflanzlichen Lebewesen sowie ihre Lebensspuren, pathologische Merkmale u. ä.

Die Auswahl der Gattungen und Arten ist auf Mittel- und Westeuropa ausgerichtet, doch ist die geographische Verbreitung der meisten vertretenen Gattungen weit größer. Im Bild- bzw. Bestimmungsteil sind die Fossilien nach den Klassen und Unterklassen des biologischen Systems geordnet. Die Gattungen und Arten innerhalb dieser Großeinheiten werden nicht nach biologisch-systematischen Gesichtspunkten, sondern nach ihrem erdgeschichtlichen Alter aufgeführt, begin-

nend mit den jeweils ältesten und zu den jüngeren fortschreitend.
Dieses Buch ist kein Lehrbuch der Paläontologie. In den Charakteristiken der Gruppen fehlen häufig für die Systematik grundlegende Angaben. Sie wurden gewöhnlich ausgelassen, weil der normale Sammler keine Entscheidungen treffen kann oder weil ihre Beurteilung an ein besonderes, technisch vollendet vorbereitetes Material (orientierte Anschliffe u. ä.) gebunden ist. Mikrofossilien, mit Ausnahme großer Foraminiferen (Kammerlinge) und Ostracoden (Muschelkrebse), sind im Bildteil nicht enthalten. Ihr Sammeln und Fotografieren erfordert eine Spezialmethodik, und die Sammler sind gewöhnlich an ihnen nicht interessiert.
Bei der Vorbereitung der Publikation nahmen wir die freundschaftliche Hilfe zahlreicher Spezialisten für das Aufsuchen und Bestimmen einiger Materialien in Anspruch sowie ihre wertvollen Ratschläge zu einigen Teilen des Textes. Es sind dies vor allem Dr. I. Chlupáč und Dr. M. Šnajdr (Arthropoda), Dr. O. Nekvasilová und Dr. V. Havlíček (Brachiopoda), V. Pokorný (Akademiemitglied; Foraminifera, Ostracoda), Dr. R. Prokop und Dr. J. Žítt (Echinodermata) und Dr. V. Zázvorka (Coleoidea). Für die Auswahl und Bestimmung des paläobotanischen Materials sowie für das Nachlesen des entsprechenden Manuskriptteils sind wir K. Drábek und Dr. F. Holý sehr verbunden. Für seinen technischen Beistand danken wir besonders A. Skalický. Dr. J. Chlupáč und Dr. R. Prokop sprechen wir unseren besonderen Dank für das große Interesse und die allseitige Hilfe bei der Bearbeitung des Teiles über die Wirbellosen und der allgemeinen Kapitel aus.

Rückblick auf die Geschichte

Die Paläontologie ist als Wissenschaft im eigentlichen Sinn erst am Ende des 18. Jahrhunderts entstanden. Verschieden motivierte Interessen für Fossilien lassen sich jedoch schon in prähistorischen Zeiten belegen. Fossilien wurden gelegentlich in Gräbern von Vorzeitmenschen gefunden, in die sie als schmückende oder magische Gegenstände gelegt wurden. Schriftlich erstmals erwähnt wurden Fossilien von den Philosophen der Antike. Einige von ihnen hatten sie nicht nur richtig interpretiert, wie z. B. Xenophanes aus Kolophon (etwa 565–470 v. Chr.), sondern auch auf die Tatsache aufmerksam gemacht, daß diese Reste anderen Lebewesen entsprechen, als auf der Erde heute leben, z. B. Empedokles aus Akragas (etwa 490–430 v. Chr.). Der größte Philosoph der Antike, Aristoteles (384–322 v. Chr.), hielt die Fossilien für Gebilde, die aus den Gesteinen durch die Einwirkung einer im Innern der Gesteine wirkenden Kraft entstanden waren. Diese für uns ziemlich unverständliche Ansicht wurde dann auch im Mittelalter allgemein übernommen. Der berühmte Gelehrte des 13. Jahrhunderts, Albertus Magnus, eigentlicher Name: Albert Graf von Bolstadt, war überzeugt, daß einige Fossilien wirkliche Pflanzen- und Tierreste seien. Der allseitig begabte Leonardo da Vinci (1452–1519), der bei seinen Ingenieurarbeiten auf Fossilien stieß, bezeichnete sie in seinem Tagebuch eindeutig als organische Reste. Außerdem erwähnte er mehrere Überschwemmungen des Festlandes durch das Meer. Er nahm an, daß sich der Schlamm, der in die Weichtiergehäuse eingedrungen war, verfestigte, nachdem sich das Meer zurückgezogen hatte.
Der sächsische Arzt Georgius Agricola, mit dem bürgerlichen Namen Georg Bauer (1494–1555), der sich intensiv mit Geologie und Bergbau befaßte, hielt die Fossilien für mineralische Gebilde, bezeichnete aber fossile „Fische, Knochen und Hölzer" richtig als Reste von Tieren und Pflanzen. Dennoch blieb bis fast in die Mitte des 18. Jahrhunderts die Ansicht bestehen, die Fossilien seien durch übernatürliche Kräfte entstandene Naturspiele. Der bedeutende französische Gelehrte des 18. Jahrhunderts Georges Buffon (1707–1788) machte sich in seinem Lebenswerk „Histoire naturelle" Gedanken über die Vergangenheit der Erde. Er hielt die Fossilien für einst lebende Organismen und betonte deren Verschiedenheit in den verschiedenen Gesteinsformationen.
Die Aufgabe, die ungeheure Vielgestaltigkeit organismischer Lebensformen übersichtlich zu ordnen, zu klassifizieren und zu bezeichnen, löste brillant der schwedische Arzt und Naturwissenschaftler Carl Linné (1707–1778). Er reihte alle damals bekannten Organismen in ein hierarchisch geordnetes taxonomisches System ein und führte die Benützung einer **binären Nomenklatur** ein, indem er jede Art mit zwei Namen – einem Gattungs- und einem Artnamen – bezeichnete. Diese Auffassung der Klassifikation faßte er in seinem berühmten Werk „Systema naturae" zusammen, dessen erste Ausgabe 1735

erschien und dessen zehnte Ausgabe 1758 einen historischen Markstein in der Naturwissenschaft darstellt. Die darin veröffentlichten Artnamen gelten als die ältesten gültigen Bezeichnungen, und von diesem Jahr an wird in der Systematik das **Prioritätsgesetz** angewendet. Es besagt, daß für eine unter verschiedenen Namen beschriebene, bestimmte Art immer der älteste publizierte Name gilt.

Das Ende des 18. Jahrhunderts wird als Beginn der wissenschaftlichen Paläontologie betrachtet. Die in zwei Gesetzen – dem **Lagerungsgesetz** und dem **Gesetz der Leitfossilien** – zusammengefaßten Grundlagen der Stratigraphie legte der Engländer William SMITH (1769–1839). Der französische Gelehrte Georges CUVIER (1769–1832) gilt als Begründer der vergleichenden Anatomie und der Paläontologie der Wirbeltiere. Sein wichtigster Beitrag war die Formulierung und der Nachweis der Gültigkeit des **Korrelationsgesetzes,** wonach zwischen den Organismenteilen gesetzmäßige Formbeziehungen bestehen und sich also kein Organ ohne parallel laufende Umwandlung der übrigen verändern kann. CUVIER demonstrierte, daß nach der Morphologie eines bestimmten isolierten Knochens das ganze Lebewesen rekonstruiert werden kann. Er vertrat jedoch die Ansicht, die Arten seien unveränderlich, und erklärte die auffallenden Verschiedenheiten der Faunen in verschieden alten Ablagerungen durch sogenannte Katastrophen, die die Erde heimgesucht hätten. Im Schatten CUVIERS blieb sein ganzes Leben lang Jean Baptiste LAMARCK (1744–1829). In seiner Arbeit „Philosophie Zoologique" von 1809 bot LAMARCK eine vollständige, aber ungenügend belegte Abstammungstheorie, die jedoch nicht allgemeiner akzeptiert wurde. Zur Entwicklung der geologischen Wissenschaften trug die Arbeit des Engländers Charles LYELL (1797–1875) bei, der durch die Formulierung des **„Aktualitätsprinzips"** in der Geologie berühmt wurde. Nach diesem Prinzip wurden die Veränderungen, die die Erde in ihrer Geschichte durchmachte, durch die gleichen Kräfte hervorgerufen, die auch heute wirken.

Von den Naturwissenschaftlern des 19. Jahrhunderts schrieb sich in die Geschichte der biologischen Wissenschaften am nachhaltigsten der englische Gelehrte Charles DARWIN (1809–1882) ein . DARWIN gilt als der Schöpfer der wissenschaftlichen Abstammungstheorie. In seinem 1859 erstmalig erschienenen bahnbrechenden Werk „On the Origin of Species..." erarbeitete er seine Abstammungsansichten nicht nur theoretisch, sondern belegte sie auch an vielen praktischen Beispielen. Der zentrale Punkt in seiner Abstammungstheorie ist das **Prinzip der natürlichen Zuchtwahl,** die die ungeheure Vielfalt der organischen Welt und die Anpassungsfähigkeit der Organismen an das Milieu, in dem sie leben, erklärt. In der natürlichen Zuchtwahl sah DARWIN den Hauptgrund für die Aufspaltung der Entwicklungslinien und die Entstehung neuer Arten. Die Mängel der von ihm ausgearbeiteten Theorie sind ausschließlich auf die damalige Unkenntnis der Wesenszüge der Kodierung der genetischen Informationen und ihre Übergabe von den Eltern auf die Nachkommen zurückzuführen.

Die Geschichte der Paläontologie des 19. Jahrhunderts ist untrennbar verbunden mit den Namen vieler berühmter Persönlichkeiten. Wir erwähnen hier nur einige bahnbrechende Werke, die mit dem Studium der Fossilien Mittel- und Westeuropas eng verbunden sind. Von den deutschen Forschern sind es Ernst Friedrich von SCHLOTHEIM („Petrefactenkunde", 1820–1823), Heinrich Georg BRONN („Lethaea geognostica", 1835–1838), Georg August GOLDFUß („Petrefacta Germaniae", 1826), Friedrich August QUENSTEDT („Petrefactenkunde Deutschlands", 1846–1884; „Der Jura", 1858; „Handbuch der Petrefactenkunde", 1852; „Die Ammoniten des Schwäbischen Jura", 1885–1888).

Aus der Reihe der französischen Paläontologen erwähnen wir wenigstens Alcide Dessalines D'ORBIGNY („Paléontologie francaise", 1840–1855) und einen der Begründer der Phytopaläontologie, Adolphe Théodore BRONGNIART („Histoire des végétaux fossiles", 1828–1847). Zu den bedeutenden englischen Forschern zählten z. B. James SOWERBY und sein Sohn Charles („Mineral Conchology of Great Britain", 1812–1814). Die Schweizer Paläontologie der Wirbeltiere wurde durch Louis Jean Rodolphe AGASSIZ („Recherches sur les poissons fossiles", 1833–1842) berühmt. Mit dem Studium der Wirbellosen des böhmischen paläozoischen Beckens ist vor allem der Name des Franzosen Joachim BARRANDE eng verbunden. Sein zweiundzwanzigbändiges Werk „Système silurien du Centre de la Bohême (1852–1881) ist die umfangreichste Studie aller Zeiten, die von einem einzigen Menschen ausgearbeitet wurde. Vor allem der permokarbonischen Fauna Mittelböhmens widmete sich der böhmische Zoologe,

Paläontologe und Geologe Antonín Frič („Die Fauna der Gaskohle...", 1879–1901). Die böhmische Phytopaläontologie hat ihre Klassik in der Gestalt des Grafen Kašpar Šternberk („Flora der Vorwelt" 1820–1833).

Entstehung der Fossilien

Unter Fossilien (Versteinerungen) verstehen wir gewöhnlich Reste oder Lebensspuren von Organismen, die in vergangenen geologischen Zeiten auf der Erde lebten. Sie behielten dabei eine bestimmte Form bzw. Struktur bei, so daß sie über das ursprüngliche Lebewesen eine konkrete Information vermitteln. Der zur Umwandlung der abgestorbenen Organismen oder ihrer Teile in ein Fossil führende Prozeß heißt **Fossilisierung.** Die Weichteile der Lebewesen (Tiere oder Pflanzen) werden nach dem Absterben der Individuen rasch zersetzt (Verwesung). Und auch die festen Hüllen oder Skelette verschwinden gewöhnlich in kürzerer oder längerer Zeit restlos von der Erdoberfläche. Die Möglichkeit der Erhaltung des Organismus in fossilem Zustand ist von einer Reihe günstiger Umstände abhängig, wie vor allem vom schnellen Einbetten in eine Ablagerung (Sediment), wodurch der Rest zerstörenden Umwelteinflüssen entzogen wird.
Bedeutungsvoll sind weiter der eigentliche Charakter des organischen Restes sowie die Bedingungen, denen die Fossilien enthaltende Sedimente sekundär ausgesetzt waren. Das schnelle Einbetten im Sediment verhindert oder bremst die Zersetzungsprozesse. Diese Bedingung ist häufig schon primär bei den meisten im Innern des Sediments lebenden Organismen erfüllt. Ungünstige physikalische Eigenschaften des Milieus und des Sediments, wie z. B. hohe Wellenaktivität des Wassers und Küstenkiese, die in ständiger Bewegung sind, zerstören mechanisch selbst sehr feste Gehäuse in kurzer Zeit.
Nicht minder wichtig ist der Chemismus des Milieus. So lösen sich im sauren Milieu eines Torfmoors alle Kalkreste schnell auf. Auch in den Ozeanen in Tiefen unter 5000 m steigt die Löslichkeit von Calciumcarbonat ($CaCO_3$) so weit, daß alle Kalkgehäuse bald verschwinden. Die unterschiedlichen Voraussetzungen der einzelnen Organismengruppen zur Erhaltung in fossilisiertem Zustand müssen besonders hervorgehoben werden. Festlandorganismen fossilisierten weit seltener als Wasserorganismen. Fossilisierungsvorgänge fanden statt besonders nach dem Zuschütten mit vulkanischer Asche, Zuwehen mit Sand, Fallen in Höhlenräume und Überdecken mit Höhlentonen u. ä. Viele Organismen erhielten sich in den kalkigen oder kieseligen Sintern, die sich aus dem Wasser niederschlugen. Am häufigsten blieben die festen Gehäuse und die Skelette erhalten. In den Sedimenten begrabene Reste wurden ein Teil von ihnen und machten mit ihnen die Veränderungen durch, die zu ihrer Verfestigung (Diagenese) führten. Durch Zersetzung der organischen Masse wurde das Skelett oder das Gehäuse porös und saugte die im Gestein umlaufenden mineralischen Lösungen auf. Das Skelett verdichtete sich, die ursprüngliche Gehäusemasse kristallisierte häufig um und verwandelte sich in eine Modifikation (Mineral), die im gegebenen Milieu stabiler war (aus Aragonit wurde beispielsweise Calcit). Manchmal aber löste sich das Gehäuse ganz auf, und es blieb nur der Steinausguß seines Inneren, der Steinkern erhalten.
Das sich allmählich auflösende Gehäuse wurde durch ein anderes Material ersetzt, das alle Details der äußeren und inneren Oberfläche getreu reproduzierte. Die Anreicherung mit mineralischer Lösung nahm manchmal solche Formen an, daß selbst die feinsten Details des anatomischen Aufbaus, z. B. bei verkieseltem Holz, erhalten blieben. Unter ausnehmend günstigen Bedingungen – z. B. bei Mumifizierung in der Wüste oder im Luftzug von Höhlen, durch Fallen in natürliche Harze oder Konservierung im Eis – blieben auch die Weichteile der Körper erhalten.
Organismenreste sind gewöhnlich in Calciumcarbonat ($CaCO_3$) oder Siliziumdioxid (SiO_2), weiter in Calciumphosphat (Ca_2PO_4; vor allem die Wirbeltiere), Pyrit, Limonit, Hämatit, eventuell Asphalt, Bernstein u. a. fossilisiert. Die Pflanzen und die Chitinpanzer verkohlten häufig während der Fossilisierung, denn ohne Luftzutritt zersetzte sich die Zellulose in Kohlendioxid (CO_2) und Methan, die bei der Zersetzung entwichen, und zurück blieb nur der Kohlenstoff C.
Von vielen Lebewesen blieben als einziger Beweis ihrer einstmaligen Existenz Kriechspuren, Wohnhöhlen und Exkremente zurück, die unter der Bezeichnung **Spurenfossilien (Bioglyphen)** zusammengefaßt werden.
Aber selbst der fossilisierte organische Rest muß nicht bis in unsere Tage erhalten bleiben. Viele Gesteine gelangten bei den gebirgsbildenden Vorgängen in tiefere Teile der Erdrinde, wo sie

teilweise umschmolzen und umkristallisierten, und alle organischen Reste wurden zerstört. In vielen Fällen wurden sie von den das poröse Gestein durchdringenden Lösungen ausgelaugt oder von Verwitterungsvorgängen zerstört. Es ist also offensichtlich, daß von der Gesamtzahl der Organismen, die je auf der Erde lebten, nur ein unbedeutender Teil erhalten blieb. Jedes Fossil ist also so etwas wie ein einmaliger Beweis für das Leben in unendlich weit zurückliegenden Zeiten.

Klassifizierung der Fossilien

Die ältesten Organismen erschienen auf der Erde vor rund 3,8 Milliarden Jahren. Seither war das Leben einer ununterbrochenen Entwicklung unterworfen, die Organismen teilten sich, und Millionen ihrer Generationen wechselten ab. Eine Schätzung der ungefähren Artenzahl, die während dieser ungeheuer langen Zeitspanne für eine

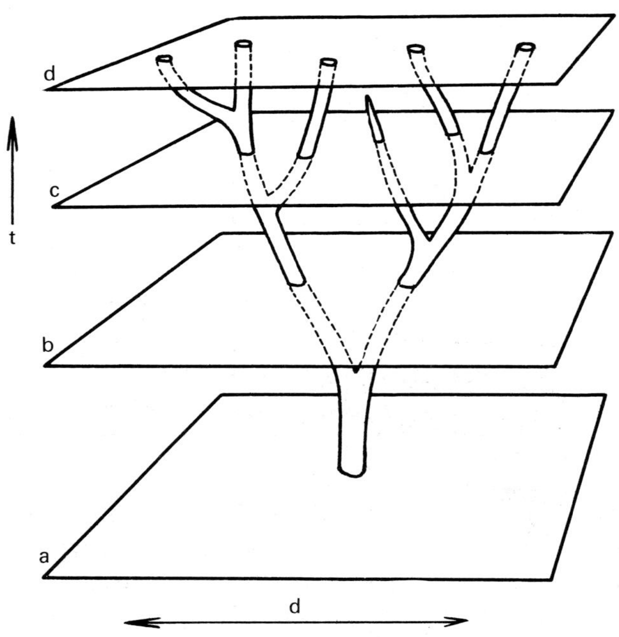

Abb. 1: Teil des Stammbaumes, der die vertikale und horizontale Grenze zwischen den fossilen Populationen darstellt; vertikal die Zeit (t), horizontal die morphologischen Unterschiede (d). Die einzelnen Ebenen repräsentieren verschiedene stratigraphische Horizonte, die Schnittlinien dieser Ebenen mit den einzelnen Ästen bedeuten miteinander verwandte, jedoch klar unterschiedliche Arten. Falls die Organismen lange Zeit am gleichen Ort lebten und die paläontologische Aussage vollständig ist, lassen sich die charakteristischen Artmerkmale nicht einwandfrei abgrenzen. Die Abgrenzung der Arten in einzelne Entwicklungsäste wäre dann nur eine Frage der Konvention (arbiträr).

gewisse Zeit unseren Planeten belebten, ist sehr schwierig. Von den insgesamt etwa 3 Millionen gegenwärtig lebenden Arten sind erst rund 1,5 Millionen beschrieben. Es ist offensichtlich, daß für die Orientierung und jede weitere Arbeit mit lebenden oder fossilen Organismen eine Klassifizierung nach geeignet gewählten Kriterien notwendig ist. Möglichkeiten hierzu gäbe es unübersehbar viele. Die Paläontologen sind jedoch bemüht, die Organismen so zu ordnen, daß das ausgearbeitete System die gegenseitigen verwandtschaftlichen Beziehungen ausdrückt. Ihre Aufgabe ist in dieser Hinsicht weit schwieriger als die der Zoologen oder der Botaniker. Ihnen stehen nämlich keine ganzen Organismen, sondern nur ihre Teile – Gehäuse, Skelette oder durch Inkohlung entstandene Reste – und manchmal auch nur bloße Fragmente zur Verfügung. Sie können also nicht direkt ihre Anatomie, Physiologie sowie die biochemische und serologische Verwandtschaft u. ä. studieren. Ein genaues Studium der Morphologie, die Nutzung der Kenntnisse über geeignete heute lebende, möglichst nahe Verwandte und eine kritische Analyse der morphologischen, anatomischen und biologischen Befunde liefern oft genug Beweise für die Erklärung der gegenseitigen Verwandtschaftsgrade.

In der Klassifikation umfaßt jede Einheit Organismen, die nach ihren anatomischen Merkmalen mehr oder weniger gut miteinander übereinstimmen und die man daher als miteinander verwandt betrachtet. Man geht davon aus, daß die größere oder geringere Merkmals-Übereinstimmung einen Hinweis auf die Verwandtschaftsnähe gibt, wobei freilich auch die geologisch-erdgeschichtliche Verbreitung berücksichtigt werden muß. In der Anwendung dieser Gesichtspunkte kommt man zu einer hierarchischen Ordnung höherer Kategorien, denen Kategorien engerer Verwandtschaft sich unterordnen. Für solche systematische Verwandtschaftsordnung der Organismen bzw. Fossilien hat sich das hierarchische System Linnés mit der binären Nomenklatur bestens bewährt. Man gliedert daher nach folgenden Kategorien, von den höheren zu den niedrigeren:

Reich
- Stamm
  - Klasse
    - Ordnung
      - Familie
        - Gattung
          - Art

Abb. 2: Schematische Darstellung der phylogenetischen Umwandlung der Kreideforaminifere der Art *Haphlophragmium subaequale* in die neue Foraminiferen-Art *Triplasia gorgsdorfensis* nach H. Gerhardt. Aus fünf verschiedenen stratigraphischen Horizonten (rechts mit den Buchstaben a bis e bezeichnet) wurden Proben genommen und Variationskurven für die einzelnen Paläopopulationen konstruiert. Das verfolgte Merkmal war die kürzeste Entfernung der Gehäuseachse von der Gehäusewand. Sie ist in Prozenten des größten Abstandes der Gehäusewand von der Achse (waagrechte Achse) angegeben. Zur besseren Anschaulichkeit sind unten auf dem Diagramm die entsprechenden wichtigsten Gehäusetypen dargestellt. Die prozentuale Vertretung der Häufigkeit der einzelnen morphologischen Gruppen (Variationsklassen) kann durch Vergleich mit der Skala in der linken oberen Ecke abgelesen werden. Der Raum zwischen den einzelnen Variationskurven ist als Blockdiagramm schraffiert.

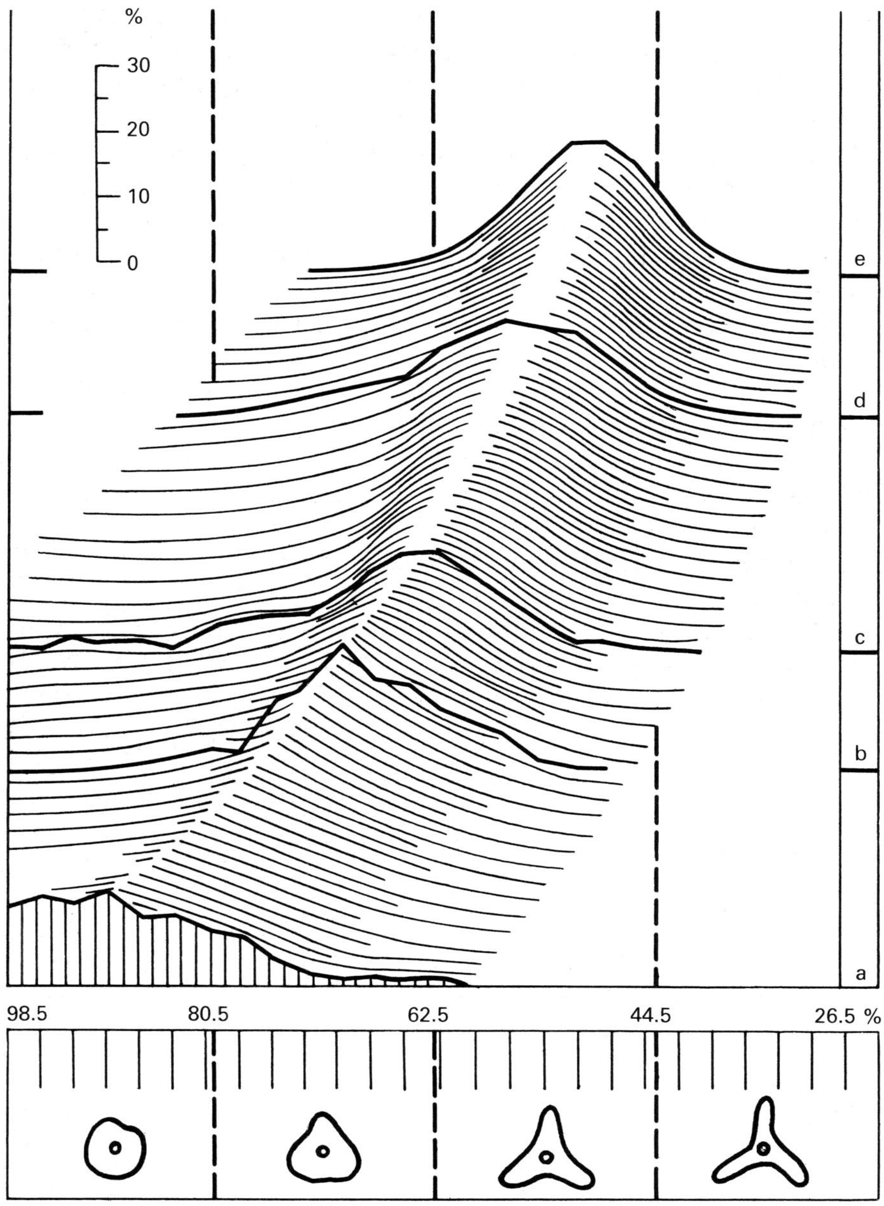

Diese sieben Haupteinheiten genügen jedoch für die Klassifizierung größerer Organismen nicht, und deshalb werden nach Bedarf zwischen die Hauptkategorien noch weitere, z. B. Unterstamm, Überklasse, Unterklasse u. ä., eingeschoben.

Die Hauptkategorie, die eine geschlossene Einheit konkreter Organismen bildet, ist die Art. Die biologische Art wird als „Gesamtheit der Populationen" definiert, „die sich wirklich oder potentiell kreuzen und von den übrigen derartigen Gesamtheiten in natürlichen Bedingungen reproduktiv isoliert sind". Unter dem Begriff „potentielle Kreuzung" versteht man isolierte, in verschiedenen Gebieten lebende Populationen, die sich, wenn ein gemeinsamer Kontakt bestehen würde, miteinander kreuzen würden. Bei den Überlegungen über die Art in der Paläontologie darf der Zeitfaktor nicht außer acht gelassen werden. Die obengenannte biologische Definition der Arteinheit ist bei den Fossilien nicht verifizierbar, da hier immer nur Hartteilreste toter Organismen vorliegen. Die Art kann hier nur formal morphologisch nach Ähnlichkeiten umschrieben werden, braucht also mit einer Art im biologischen Sinn nicht übereinzustimmen.

Die am häufigsten benützte graphische Darstellung der Evolution ist der **Stammbaum**. Aus einem gemeinsamen Stamm (Vorfahren) trennen sich Äste (= Entwicklungslinien) ab, die sich weiter vielfach teilen. In den Horizontalebenen sind also die Anpassungs- und Differenzierungs-Unterschiede, auf der senkrechten Achse ist die Zeit dargestellt. Jede Art in der Paläontologie entspricht einem bestimmten Abschnitt in der Entwicklungslinie. Da die Entwicklung pausenlos, jedoch mit unterschiedlicher Geschwindigkeit verläuft, muß die Zeitgrenze, damit Begrenzung der Art in der Paläontologie, künstlich festgesetzt werden. Die Paläontologen sind bemüht, daß in dem konstruierten Schema (Stammbaum) die Unterschiede zwischen den aufeinanderfolgenden Arten in einer Entwicklungslinie ungefähr gleichwertig sind wie die Grenzen zwischen den Arten in einer Zeitebene. Sedimentationsunterbrechungen und die Unvollständigkeit der paläontologischen Aufzeichnung liefern in der Praxis formale Abgrenzungen der systematischen Einheiten.

Grundlagen der Nomenklatur

Fossile Reste sowie lebende Organismen werden nach dem LINNÉ'schen Vorschlag der binären Nomenklatur mit zwei lateinischen oder latinisierten Namen bezeichnet. Der erste Name ist der Gattungsname, der zweite der Artname.
Hinter dem zweiten Namen ist der Autor angeführt, der der Art ihren Namen gab. Wenn sein Name nicht eingeklammert ist, heißt das, daß dieser Autor die Art zur angeführten Gattung gereiht hat. Steht der Name in Klammern, dann war die Art ursprünglich einer anderen Gattung zugeordnet. Für eine richtige Gattungseinordnung wird jener Name angesehen, unter dem die Art heute angeführt ist. In der botanischen Nomenklatur wird in einem solchen Fall hinter die Klammer auch der Name des Autors gesetzt, der die Umordnung vornahm. Wenn die Artbezeichnung wissenschaftlich genau sein soll, dann steht hinter dem Namen des Autors der Art auch die Jahreszahl, wann die Beschreibung der jeweiligen Art zum ersten Mal publiziert wurde. In der Paläobotanik ist außerdem auch die Jahreszahl der Umgruppierung angeführt. Die wissenschaftliche Bezeichnung eines fossilen Restes aus dem Pflanzen- und dem Tierreich sieht wie folgt aus:

Ellipsocephalus hoffi (SCHLOTHEIM, 1823)

Glyptostrobus europaeus
(BRONGNIART, 1833) UNGER 1850

Die Jahreszahl, welche die Erstbeschreibung einer Art angibt, ist besonders wichtig. Nicht selten nämlich wurde eine Art unter verschiedenen Namen mehrmals beschrieben. Nach den zur Klärung solcher Fälle aufgestellten Nomenklatur-Regeln ist in jedem Fall der zuerst publizierte Name gültig. Als untere Grenze dafür wurde das Jahr 1758 gewählt, in dem LINNÉS „Systema naturae" zum zehnten Mal herausgegeben wurde. Die ganze Problematik ist jedoch weit komplizierter, weil jede Art, um nomenklatorisch anerkannt zu werden, außer von einem Namen noch von genau festgelegten Erfordernissen begleitet sein muß. Bei vielen Fossilien ist nur der Gattungsname angegeben. Den Artnamen vertritt die Abkürzung sp. (= Species, d. h. Art). Das ist in allen jenen Fällen so, wo sich der Autor nicht entscheiden kann, um was für einen Vertreter der jeweiligen Gattung es sich handelt. Zweifel über die Gattung drückt der Autor mit einem Fragezeichen hinter dem Gattungsnamen aus. Die Abkürzung cf. (confer, d. h. vergleiche) hinter dem Gattungsnamen bedeutet, daß der Autor über die Artbezeichnung einige begründete Zweifel hegt.
Dennoch können die Paläontologen heute aufgrund in der Regel großer Materialmengen, die oft das Studium von Populationen gestatten, jede Art bestimmen: entweder durch ein wirkliches Individuum **(Holotyp)** oder durch die Auswahl eines Individuums aus einer ursprünglich beschriebenen Serie **(Lektotyp)**. Analog ist jede Gattung infolge von Studien einer einzigen konkreten Art festgelegt, die als **typische Art** bezeichnet wird.
Aus der angedeuteten Problematik ist ersichtlich, daß die genaue Bestimmung der Fossilien häufig Schwierigkeiten bereiten wird. Das paläontologische System wird wie das rezente zoologische oder botanische System ständig weiter ausgebaut und ergänzt. Keines dieser Systeme ist bisher vereinheitlicht und allgemein akzeptiert worden. Deshalb wechselt die Einordnung der Fossilien in das System immer wieder. Häufig wird eine Art von gegenwärtigen Autoren in verschiedene Gattungen, eine Gattung in zwei verschiedene Familien u. ä. eingereiht; denn bei der wissenschaftlichen Revision der einzelnen Organismengruppen wird die systematische Bedeutung der einzelnen morphologischen Kennzeichen oft völlig neu gewertet. Ein detaillierteres Studium sowie die Anwendung neuer Methoden und neuer Techniken bringen neue Angaben und

greifen tief in die eingewurzelten Ansichten über die Systematik ein. In der systematischen Klassifikation hängt viel von der Auffassung der einzelnen Autoren von den systematischen Kategorien (Familie, Gattung, Art) ab.

Ontogenese, Variabilität, Phylogenese

Die Ontogenese ist die Entwicklung des Individuums vom Augenblick seiner Geburt bis zu seinem Tod. Ihr Studium ist in der Paläontologie genauso wichtig wie in der Biologie. Der Sammler oder jeder andere Interessent für Paläontologie, der ontogenetische Veränderungen nicht berücksichtigt, könnte bei der Bestimmung häufig zu einem fehlerhaften Schluß kommen. Die Ontogenese kommt manchmal äußerlich nicht nur durch das bloße Wachstum zum Ausdruck, sondern durch sukzessive oder plötzliche Änderungen in der Morphologie. Bei manchen Lebewesengruppen, z. B. bei den Mollusken und den Armfüßern, wachsen die Gehäuse vor allem an den freien Rändern. Die ontogenetische Entwicklung macht sich an ihnen durch mehr oder weniger gleichmäßiges Wachstum, eventuell begleitet von bestimmten Skulpturänderungen, Gewölbtheit der Schalen u. ä. bemerkbar. Bei den Stachelhäutern nimmt während des Wachstums oft die Zahl der Skelettelemente zu. Bei den Gliederfüßern sind die Änderungen ihres Außenskelettes noch auffälliger. Bei den geflügelten Insekten (Cholometabolen) findet während der Ontogenese in der Puppenphase eine wesentliche Formänderung – eine **Metamorphose** – statt. Das larvale Stadium unterscheidet sich dem Aussehen nach grundsätzlich vom geschlechtsreifen Insekt (Imago).

Das allgemeine Kennzeichen der Gliederfüßer ist der Chitinpanzer, der während des Wachstums mehrmals hintereinander abgeworfen und durch einen größeren ersetzt wird. Die Panzer im frühesten Stadium der Trilobiten unterscheiden sich von den Panzern der späteren Wachstumsstadien. Bei vielen Lebewesen, wie z. B. bei den Wirbeltieren, erfolgt während des Wachstums ein grundsätzlicher Umbau des Skeletts, indem sich die Form und der innere Knochenbau ändern. Die Beschreibungen der Arten bzw. der Gattungen sollten deshalb besser als Beschreibungen der einzelnen Wachstumsstadien konzipiert werden. Das ist jedoch nur bei genau bekanntem Material möglich. Gewöhnlich werden erwachsene Tiere bzw. ihre Gehäuse oder Skelette beschrieben und eventuell einige grundsätzliche ontogenetische Veränderungen (Nahtverlauf, Querschnitt oder Form des Gehäuses u. ä.) angeführt.

Die Individuen einer Population sind niemals absolut gleich. Diese individuellen Unterschiede nennen wir Variabilität. Sie ist die Folge von Ungenauigkeiten bei der Übergabe der genetischen Informationen von den Eltern auf die Nachkommen. Diese Verschiedenheiten in der genetischen Grundanlage (sogenannter **Genotyp**) kommen mehr oder weniger in den äußeren Merkmalen **(Phänotyp)** zum Ausdruck. Die Variabilität innerhalb der Populationen ist von den jeweiligen Umweltbedingungen beeinflußt. Zur Unterscheidung der Variabilitätsmerkmale von den Artmerkmalen ist nach Möglichkeit reiches fossiles Material erforderlich. Die Lösung dieser Frage ist zwar für den Laien und häufig auch für den Fachmann nicht einfach, aber für die richtige Bestimmung der gefundenen Fossilien unerläßlich.

Eine der Schlüsselaufgaben der Paläontologie ist es, ein komplettes Bild über die Entwicklung der organischen Welt darzubieten. Die Fragen der wechselseitigen Beziehungen zeigen sich in der systematischen Klassifikation. Die Entwicklung ist allen lebenden Wesen eigen, ob nun schon auf vorzelliger, zelliger oder Gewebe- bzw. Organebene. Sie ist das Ergebnis der gegenseitigen Einwirkung innerer und äußerer Faktoren. Die Grundlage der Evolution der Organismen besteht im genetischen Kode. Dieser ist in den Zellkernen, den Trägern der Erblichkeit, den Desoxyribonukleinsäuren (DNS bzw. DNA), eingebaut sowie in seinen Veränderungen bei der Übergabe – den **Mutationen.** Die Mutationen machen sich bei den Populationen durch Variabilität – Unterschiedlichkeiten der Individuen in den Populationen – bemerkbar. Sie können in einem bestimmten Milieu und zu einer bestimmten Zeit vorteilhaft **(progressiv)** oder ungünstig **(regressiv)** sein.

Der Prozeß, in dem Individuen mit vorteilhaften Merkmalen vor anderen mit ungünstigen Merkmalen sich durchsetzen, wird als **natürliche Zuchtwahl** bezeichnet. Ihr Ergebnis ist die sukzessive Verschiebung der genetischen Basis der Populationen in einer bestimmten Richtung. Die allmählichen zeitlichen Änderungen, bei denen sich eine Art in die nächste **(sukzessive)** verwandelt, heißen **phyletische Evolution.** Ein sehr wich-

tiger, die Evolution beeinflussender äußerer Faktor ist die **Isolation,** und zwar vor allem die geographische Isolation. Der Einfluß der geographischen Isolation auf die Entstehung neuer Arten kann mit einer ganzen Reihe von Beispielen belegt werden. Die Störung des Austausches der genetischen Basis zwischen den Populationen und ihre Entwicklung in einem spezifischen Milieu kann den Evolutionsprozeß bedeutend beschleunigen. Als hervorragendes Beispiel einer solchen Spezialisierung (Entstehung neuer Arten) führte CH. DARWIN die Galapagos-Finken an, die sich in dem neuen, ökologisch freien Milieu verschiedener Nahrung anpaßten und sich schnell diversifizierten.
In der paläontologischen Aussage läßt sich leicht einer der grundlegenden Entwicklungszüge, die ungleichmäßige Schnelligkeit, feststellen. Etappen explosiver Entwicklung wechselten mit Etappen der Stagnation bzw. des Massensterbens ab. Wie lassen sich diese Unregelmäßigkeiten in der Entwicklung erklären? Die Diversifizierung der Organismen spiegelt sich in ihren Anforderungen an das Milieu wider. Die Zugänglichkeit freier oder bisher wenig besetzter Milieus (neuer adaptiver Zonen) bedeutete für die einzelnen Arten eine vervielfältigte Möglichkeit der Durchsetzung. Das zeigte sich durch schnelle, sozusagen gleichzeitige Entwicklung einer ganzen Reihe neuer Arten. Dieser Prozeß heißt in der Paläontologie **adaptive Radiation.** Adaptive Radiationen waren z. B. die plötzliche Entwicklung der Fauna im Unteren Kambrium infolge des erhöhten Sauerstoffgehaltes in der damaligen Atmosphäre, die Diversifizierung und weltweite Verbreitung der Gefäßpflanzen im Devon in Zusammenhang mit der Anpassung an das Leben auf dem Festland, die Radiation der Seeigel im Unterjura durch ihre Anpassung an das Leben im Innern des Sediments, das Auftreten der Bedecktsamer am Ende des Mesozoikums und die Radiation der Placentalia (Säuger) zu Beginn des Tertiärs als Ausdruck einer verbesserten Art der Vermehrung. Die Entwicklung der einzelnen Organismengruppen kann in verschiedenen Richtungen verlaufen. Die Unterschiede zwischen zwei Organismengruppen vertiefen sich – wir sprechen dann von ihrer wechselseitigen **Divergenz.**
Ein weiterer Fall tritt dann ein, wenn sich die Unterschiede auf einem bestimmten Niveau stabilisieren. Wir sprechen dann von einer **parallelen Entwicklung.** Häufig nähern sich infolge ähnlicher Lebensweise auch zwei ursprünglich morphologisch ziemlich weit voneinander entfernte Gruppen. Diese Annäherungen heißen **Konvergenzen** (äußere Ähnlichkeit der Fische, mesozoischer Fischechsen und der in Wasser lebenden Säuger). Die Unterscheidung der Konvergenz von der Verwandtschaft ist häufig ein kompliziertes grundlegendes paläontologisches Problem.
Ein ebenso auffallender Charakterzug wie die adaptive Radiation verschiedener Organismengruppen ist ihr massenhaftes Aussterben. Die Ursachen für dieses Aussterben bleiben häufig ungeklärt. Die Organismen sind verbraucht wegen durchgreifender physikalischer Veränderungen (paläogeographischer Veränderungen, Gebirgsbildungen, Vulkanismus, Klima, Änderungen des Magnetfeldes der Erde, des Salzgehaltes im Weltmeer u. ä.), kosmogener Ursachen (Intensitätsänderungen der Sonnen- oder der Weltallstrahlung, Explosionen von Supernova, Kollisionen der Erde mit anderen Körpern u. a.), eventueller Änderungen im Innern der eigentlichen Organismen (Überspezialisierung, Verlust der Entwicklungsfähigkeit usw.).

Palökologie (Paläoökologie)

Kein Organismus lebt oder lebte je isoliert, sondern steht immer in enger Beziehung zu seiner Umwelt. Unter Umwelt versteht man sowohl die physikalischen und chemischen Eigenschaften der Umgebung als auch die Beziehungen zu anderen Organismen innerhalb der Lebensgemeinschaften. Mit dieser die Fossilien betreffenden Problematik befaßt sich die Palökologie.
Wie wir bei der Beschreibung der Tiere und Pflanzen nicht ohne Grundbezeichnungen auskommen, müssen wir uns auch bei den palökologischen Erwägungen wenigstens mit den üblichsten Begriffen bekannt machen. Da die meisten in diesem Buch abgebildeten Organismen aus Meeressedimenten stammen, wo auch die paläontologische Überlieferung am vollständigsten ist, wird den Meereslebewesen und dem Meeresmilieu gesteigerte Aufmerksamkeit gewidmet.
Nach der Lebensweise können die marinen Lebewesen in mehrere Gruppen eingeteilt werden. **Benthos** sind Lebewesen des Meeresbodens. Ein **sessiles** Benthos lebt festsitzend, und ein **vagiles** bewegt sich auf dem Meeresboden oder im Sediment. Heute werden die benthischen Lebewesen häufig in im Sediment lebende Organis-

men oder die **Infauna** und in die sich auf seiner Oberfläche aufhaltende **Epifauna** geteilt. Als **nektonische Organismen** werden die aktiven Schwimmer bezeichnet. Unter **planktischen Organismen** (Plankton) werden die passiv im Wasser schwebenden oder treibenden Lebewesen zusammengefaßt. Sie können sich in der Regel zwar aktiv fortbewegen, doch ist diese Tatsache mit Rücksicht auf die Bewegung des Wassers vernachlässigbar. **Epiplanktische Organismen** leben sessil auf schwimmenden oder schwebenden Organismen oder Gegenständen. **Nekroplanktische Organismen,** oder besser gesagt ihre Teile, schweben häufig auch nach dem Tod, z. B. die gasgefüllten Gehäuse vieler Kopffüßer.

Vom Gesichtspunkt der Ernährung unterscheiden wir bei den Organismen **Suspensionsfresser (Filterer),** die die organischen Partikel aus dem Wasser ausfiltern, aufnehmen und verdauen, weiter die **Substratfresser (Sedimentfresser),** die Sediment verschlucken, aus dem sie die organischen Stoffe bzw. die organischen Teilchen heraussuchen, Pflanzenfresser, Fleischfresser oder Allesfresser.

Die am häufigsten benützte Klassifikation der marinen Lebensräume geht von den Wassertiefen und von der Beziehung zum Kontinent aus. Die Zone zwischen der Ebbe-/Flutgrenze ist das **Litoral.** Es folgt ein seicht abfallender, überfluteter Teil des Kontinents (der **Schelf**) bis ungefähr 200 m Tiefe, der den Epikontinentalrand **(Sublitoral)** bildet. Dem Meer über dem Sublitoral entspricht die Bezeichnung **neritische Zone** oder Schelfmeer. Der Schelfbereich gehört geologisch gesehen noch dem Festland an, obwohl er normalerweise überflutet ist. Am Schelfaußenrand erfolgt meist ein relativ steiler Abfall des Meeresbodens bis auf rund 3000 m Tiefe **(bathyal).** Darunter folgt in 3000 bis 6000 m Tiefe die **abyssische Zone,** in die die räumlich sehr beschränkten Tiefseegräben (bis 11 000 m Tiefe) eingeschnitten sind. Der Ozeanbereich über dem Kontinentalabfall und den abyssischen Ozeanbecken ist die ozeanische oder **pelagiale Zone.**

Bei der Lösung der palökologischen Fragen ging man von einer Reihe von Prinzipien aus, von denen das wichtigste das aktualistische ist, d. h. jenes, das die Erkenntnisse der gegenwärtigen Ökologie nutzt. Die palökologischen Erkundungen sind auf das Individuum, die Population und die Arten sowie auf ganze Gesellschaften und eventuell auf Synthesen ausgerichtet.

Jede Art stellt spezifische Ansprüche an die Umwelt. Bei manchen Arten sind diese Ansprüche nur wenig ausgeprägt, andere Arten wieder können ausschließlich in eng begrenzten Bedingungen leben. Die Erfordernisse der benthonischen Organismen sind ganz anders als die der planktischen oder nektonischen. Für benthonische Lebewesen, die gewöhnlich die wertvollsten Informationen über die Umwelt vermitteln, sind die ihre Verbreitung beeinflussenden Hauptfaktoren, der Charakter des Substrates und die Salinität des Meereswassers. Von weiteren ökologischen Faktoren sind es die Wassertemperatur, der Druck, das Licht, die Turbulenz des Wassers, die Strömung, der Sauerstoffgehalt und die Nahrungsmenge. Alle diese Fragen stellen sich gleichermaßen der Ökologie und der Palökologie. Wem verdankt der Paläontologe seine Informationen über die Lebensweise einer bestimmten Art? Wenn ähnliche, ihr nahe verwandte Organismen noch heute leben, dann wird er seine Informationen zweifellos aus ihrer Ökologie schöpfen. Weitere Möglichkeiten bietet häufig die Art der Erhaltung. Lebewesenfunde, z. B. von Zweischalern und Krustentieren in Wohnhöhlen, legen Zeugnis ab von ihrem Leben im Sediment. Viele Angaben stammen von den Lebewesen, die die festen Gehäuse oder Skelette anderer Lebewesen zum Anheften benützten, bei teilweise eingegrabenen Lebewesen konnte z. B. nur ihr nicht verdeckter, exponierter Teil weiterwachsen. Es ist jedoch nicht immer einfach zu entscheiden, ob das Anheften während des Lebens des als Unterlage dienenden Individuums oder erst nach dessen Tod erfolgte. Die Interpretation der Lebensweise ist weitgehend durch den Charakter des Substrats gegeben. Ein harter (felsiger) Untergrund schließt die Gegenwart der meisten grabenden Lebewesen aus. Auch die unbeschädigte Laminierung der Ablagerungen, die durch die Saisonänderungen während der Sedimentation (z. B. bei **Diatomeengesteinen**) bzw. durch den Wechsel petrographisch oder mineralogisch unterschiedlicher Schichten entstanden, zeigt an, daß im Innern des Sediments keine grabenden Lebewesen lebten. Diese hätten nämlich die dünnen Oberschichten bald so umgearbeitet, daß die Laminierung ganz verwischt gewesen wäre. Eine andere, indirekte Methode ist die **Funktionsmorphologie,** die bestrebt ist, den Zweck und die Funktion der einzelnen Gehäusestrukturen zu erklären. Viele Informationen vermitteln die verschiedenen Lebensspuren – Spuren nach Kriechen und Bohren sowie Exkremente und ihre Zusammensetzung. Ähnlich wie zur Rekonstruktion des Lebens eines Individuums oder einer bestimmten Art geht man auch zur Analyse der Lebensgemeinschaften **(Biozönosen)** vor. Von den ursprünglichen Organismengemeinschaften, die an einem bestimmten Ort lebten, blieb im fossilen Zustand nur ein Teil erhalten. Das Verhältnis zwischen der ursprünglichen Biozönose und der im Sediment enthaltenen Gemeinschaft **(Thanatozönose)** hängt von vielen Faktoren ab; so z. B. von der relativen Häufigkeit der Weichteilorganismen, den physikalischen und chemischen Eigenschaften des Sediments, der Intensität der Wasserbewegung, der Anwesenheit von aasfressenden Lebewesen u. ä. In den Thanatozönosen bleiben jedoch sowohl Organismen erhalten, die auf der gegebenen Stelle des Meeresbodens wirklich **(autochthon)** lebten, als auch Elemente aus anderen Thanatozönosen (fremdartige, **allochthone**). Zu den Schlüsselaufgaben des Paläontologen zählt die Unterscheidung der autochthonen von den allochthonen Elementen. Wichtige Informationen für die Rekonstruktion des Lebensraumes vermitteln die autochthonen Komponenten, während die allochthonen Komponenten wertvolle Einzelheiten über die hydrodynamischen Verhältnisse auf dem Meeresboden u. ä. verraten. Zur Unterscheidung beider Komponenten benötigt der Sammler eine gewisse Erfahrung. In vielen Fällen jedoch ist dieses Problem auch für den Fachmann kompliziert. Wir gehen dabei nicht nur von der Kenntnis der Ökologie einer bestimmten Organismengruppe aus, sondern auch von den sedimentologischen Gegebenheiten (die **Sedimentologie** ist eine Wissenschaft, die sich mit den Bedingungen für die Entstehung von Sedimenten befaßt). Autochthone Organismen sind vor allem solche, die sessil, an eine Unterlage angeheftet, leben. Diese Fixierung kann zu ihren Lebzeiten sehr fest gewesen sein, aber die organische Masse der Befestigungsvorrichtung (z. B. der Stiel der Armfüßer, die Byssus-Fäden der Muscheln u. ä.) hat sich meist bald nach dem Tod des Lebewesens ganz zersetzt. Sicher autochthon sind die an ein festes Substrat angehefteten Armfüßer, die Grabmuscheln in den fossilen Wohnhöhlen, die riffbildenden Korallen oder die Stromatoporen usw. Allochthon sind dagegen die Gehäuse der planktischen, epiplanktischen und nekroplanktischen Organismen. Wenn es uns gelingt, die autochthone von der allochthonen Komponente zu trennen, können wir versuchen, auch weitere palökologische Fragen wie die wechselseitigen Beziehungen zwischen den Organismen, die Tiefen- und Temperaturverhältnisse und das hydrodynamische Regime zu lösen. Die in sehr feinkörnigen Sedimenten lebenden benthonischen Moostierchen, Armfüßer und Seelilien nutzten häufig als einzige Unterlage zum Anheften das feste Gehäuse bzw. das Skelett anderer Lebewesen. Durch eine Analyse der Epifauna, wie wir diese sessilen Organismen nennen, kann aus den Anbohrungen oder aus den Grabgängen im Innern des Skeletts häufig auf eine **Symbiose** (beiderseitig vorteilhafte Beziehung) und auf **Parasitismus** (einseitig vorteilhafte Beziehung) geschlossen werden.

Viele grundlegende Angaben verrät uns unmittelbar das Sediment. In seiner Körnigkeit schlägt sich die Energie des Milieus nieder, in dem es entstanden war. Unruhige Sedimentation in Seichtwassermilieu macht sich durch eine Reihe von Erscheinungen bemerkbar, von denen einige auch der Nichtfachmann unterscheiden kann: schnelle Änderungen des petrographischen Charakters des Gesteins bzw. Veränderungen der Fazies, Veränderungen der Mächtigkeit (Dicke) der Schichte, Vorhandensein von Rippelmarken, schräge Schichtung im Innern der Schichten u. ä. Viele Organismen ermöglichen die Rekonstruktion des hydrodynamischen Regimes. Die geraden Gehäuse der Kopffüßer und der Tentakuliten sowie die Skelette (Rhabdosome) der Graptolithen sind durch die Wasserströmung und die Wellen häufig parallel, eventuel in zwei Richtungen eingeregelt. Eindeutige Belege über die Ursache dieser Anordnung erbringen einige Seelilien und Seesterne in den Bundenbacher Schiefern (Seite 390) oder die an den Gehäusen von Kopffüßern angehefteten Graptolithen (Seite 423). – Nach dem Grad der Ausrichtung der Gehäuse bzw. nach Sortierung des Materials (Trennung der verschiedenen Fraktionen nach Größe und Gewicht) ist die relative Strömungsintensität feststellbar.

Auch Informationen über die Temperatur und die Salinität des Lebensraumes können weitgehend aus den gefundenen Thanatozönosen gesammelt werden. Korallen, Armfüßer, Kopffüßer und Stachelhäuter sind ausschließlich Meeresbewohner. Es ist fast mit Sicherheit anzunehmen, daß das auch in der geologischen Vergangenheit der Fall gewesen ist. Sie zeichnen sich durch geringe

Toleranz gegen Änderungen des Salzgehaltes ihrer Umwelt aus (sie sind **stenohalin**) und kommen vor allem in Gewässern mit normaler Salinität vor. Die Korallenriffe bauenden Korallen leben in tropischen und subtropischen Gewässern in Tiefen bis höchstens 100 m. Ihr Lebensoptimum liegt jedoch bei Tiefen bis 20 m und ist durch die Gegenwart symbiotischer einzelliger Algen im Innern ihrer Körper gegeben, da die Algen Licht brauchen, um leben zu können. Wir wissen zwar nicht, ob z. B. die paläozoischen Korallen gleichfalls diese Algen enthielten, aber ihre Anforderungen bezüglich Temperatur, Tiefe und Salinität waren ähnlich. Günstige Indikatoren für die Tiefenverhältnisse stellen auch die Armfüßer, einige Krustentiere und andere Lebewesen dar.

Biostratigraphie

Die Sedimentgesteine vermitteln eine mehr oder weniger vollständige geologische Aussage. Zur Bestimmung ihres Alters haben die Geologen vor allem zwei Möglichkeiten – die **radiometrische Altersbestimmung** in Tausenden oder Millionen von Jahren und die **Bestimmung des relativen Alters,** d. h., durch wechselseitigen Vergleich zu entscheiden, in welchem Verhältnis die einzelnen Schichten zueinander stehen. Beide Methoden ergänzen einander. Zur radiometrischen Altersbestimmung benutzen die Geologen **radioaktive Isotope,** die in den neuentstandenen und an der Zusammensetzung der Gesteine beteiligten Mineralen enthalten sind. Aus dem gegenseitigen Verhältnis der Menge des bisher nicht zerfallenen Isotops zu den Endprodukten läßt sich das dem Gestein entsprechende Alter feststellen. Diese Methode ist jedoch labormäßig ziemlich anspruchsvoll und nicht in allen Fällen anwendbar, und auch ihre Genauigkeit wird in zeitlich entfernterer geologischer Geschichte immer kleiner. Für die Praxis weit vorteilhafter, einfacher und in vielen Beziehungen auch genauer ist die Biostratigraphie – die Methode zur Bestimmung des relativen Alters der Gesteine, die sich auf das Studium der Fossilien stützt. Die Grundprinzipien, von denen sie ausgeht, ist das **„Lagerungsgesetz"** und das **„Gesetz der Leitfossilien"**, die zu Beginn des 19. Jahrhunderts vom Begründer der Stratigraphie (Lehre von der Schichtenabfolge), dem englischen Geologen W. SMITH, definiert wurden. Die Gesteinsschichten bildeten sich sukzessiv, und deshalb sind in der normalen, d. h. sekundär nicht verworfenen Schichtenabfolge die unteren Schichten älter als die darüberliegenden. Gleich alte Schichten enthalten gleiche Fossilien. Dabei müssen Ablagerungen verglichen werden, die in einem ähnlichen Ablagerungsbereich entstanden sind, denn man würde in Meeres- und in Süßwassersedimenten wohl vergeblich das gleiche Lebewesen suchen. Mit der Gliederung der Schichtenabfolge (die Aufeinanderfolge der Schichten, wie sie entstanden sind) aufgrund von Fossilien befaßt sich gerade die Biostratigraphie.

Aufgrund der biostratigraphischen Gesichtspunkte kam man dazu, die die Erdrinde aufbauende Gesteinsfolge systematisch zu gliedern. Nach Gesteinscharakter und Fossilinhalt unterschied man **Systeme** (Formationen), z. B. Silur, die ihrerseits nach Gesteinsausbildung und Fossilinhalt in **Serien** (Abteilungen), z. B. Unter-Silur, und diese wieder in **Stufen** unterteilt wurden, z. B. Llandovery. Das sind konkrete stratigraphische Einheiten, Gesteinskörper der Erdrinde. Da sie nach dem Lagerungsgesetz nacheinander entstanden sind, repräsentieren sie gleichzeitig einen Zeitabschnitt in der Entstehung der Erdrinde, es sind also chronostratigraphische Einheiten. Aus methodischen Gründen erschien es notwendig, diese Einheiten als das Dokument eines bestimmten Zeitabschnittes der aus den chronostratigraphischen Einheiten abzuleitenden Erdgeschichte zu betrachten. Als dem System entsprechende Zeiteinheit hat man die **Periode** aufgestellt. Der Serie entspräche dann die **Epoche,** der Stufe das Alter.

Schließlich konnte man eine Folge von Systemen bzw. Perioden zu übergeordneten Einheiten zusammenschließen, den **Erdzeitaltern** bzw. **Ären** (z. B. Paläozoikum). Diese sind nach grundsätzlichen Veränderungen in der Entwicklung der Erdkruste unterschieden, die von entscheidenden Änderungen in der Zusammensetzung der organischen Welt begleitet waren.

Die Systeme bzw. Perioden sind entweder nach bestimmten Gebieten benannt, in denen diese Einheiten festgelegt wurden (z. B. Silur, Devon), oder nach einem charakteristischen Sedimenttyp, der während dieser Periode vorherrschte (z. B. Karbon nach der Kohle, Kreide nach der Schreibkreide). Auch die Stufen (denen zeitlich die Alter entsprechen) tragen als kleinste international gültige chronostratigraphische Einheiten Gebietsnamen. Die Grenzen zwischen den einzelnen Systemen, Serien und Stufen sind in der Praxis in der phanerozoischen, d. h. nach-präkambrischen Zeitspanne auf biostratigraphischer Basis festgelegt. Das heißt, sie sind charakterisiert durch das Vorkommen einer bestimmten Organismusart oder Organismusgruppe, bei gleichzeitiger Abwesenheit anderer Organismen. Wie in der Systematik jede Pflanzen- und Tierart durch ein tatsächlich vorhandenes Individuum **(Holotypus)** und eventuell durch weitere Behelfsindividuen belegt ist, gilt auch in der gegenwärtigen Stratigraphie der Grundsatz, die Grenzen zwischen zwei chronostratigraphischen Einheiten durch ein tatsächliches geologisches Profil – den **Stratotypus** – festzulegen. Nach diesem Prinzip wurden 1972 der erste internationale Standard-Stratotypus der Silur-/Devon-Grenze festgelegt, und zwar Klonk bei Suchomasty (ČSSR), oder z. B. 1981 der Stratotypus der Unterdevon-/Mitteldevon-Grenze – Wetteldorf (BRD).

Die Definition der Grenzen zwischen den Systemen, Serien und Stufen sowie die weitere detailliertere Einteilung der Stufen in Zonen, die durch die vertikale Verbreitung einer bestimmten Art im Profil charakterisiert sind, geht von den **Leitfossilien** aus. Damit bezeichnet man ausgewählte Arten, die sich schnell entwickelten und umbildeten und daher auf einen engen stratigraphischen Abschnitt beschränkt sind, zahlreich vorkommen, geographisch weit verbreitet und leicht bestimmbar sind und in verschiedenen Sedimenttypen auftreten. Herausragende Bedeutung als Leitfossilien besitzen: Trilobiten für das Kambrium, Graptolithen für Ordovizium und Silur, Conodonten für Devon und Karbon, Ammoniten von Devon bis Kreide, Foraminiferen (Kammerlinge) und Ostracoden (Muschelkrebse) für das Tertiär, Säugetiere für das Quartär. – Die Zonen werden nach den entsprechenden zonalen Fossilien bezeichnet, z. B. die Zone *Spirograptus turriculatus* nach dieser Graptolithenart.

Paläobiogeographie

Die paläontologische Forschung sammelt auch grundlegende Angaben für paläogeographische Schlüsse wie Verteilung der Festländer, Meere und Ozeane in der geologischen Vergangenheit, und für die Paläoklimatologie, d. h. Klima und seine Veränderungen in der geologischen Vergangenheit. Heute ist offensichtlich und fast allgemein anerkannt, daß die Lage der Kontinente nicht stabil ist, sondern daß die Kontinente als Schollen auf dem Erdmantel schwimmen. Ihre Bewegung ist nicht zufällig, sondern hängt mit der Ausdehnung des ozeanischen Bodens an den Stellen der mittelozeanischen Rücken zusammen, die durch die komplizierten Bewegungen der Massen im Innern des Erdmantels hervorgerufen werden. Zur Unterstützung der Theorie über die Bewegung der Kontinente trug gerade die Paläontologie viele grundlegende Elemente zusammen. Das am häufigsten angeführte Beispiel sind die zoopaläontologischen und phytopaläontologischen Beweise für das Vorhandensein des südlichen Urkontinents Gondwana, der im Paläozoikum und frühen Mesozoikum Afrika mit Ausnahme des nördlichen Teiles, Madagaskar, einen Teil Südasiens (Indien), Australien, Südamerika und die Antarktis umfaßte. Für alle diese Gebiete sind bestimmte gemeinsame Organismentypen charakteristisch, deren Verbreitung ohne Annahme einer Verbindung dieser Festländer kaum erklärlich ist. Es blieb nicht nur bei diesem Beweis, auch weitere Fachgebiete erbrachten zu der Ansicht über das Bestehen von Gondwana weitere überzeugende Beweise.

Zur Verfolgung dieser Ziele ist ein paläobiogeographisches Bild, d. h. eine Übersicht über die räumliche Verbreitung der Fossilien notwendig. Einige Arten kommen nur in einem kleinen Gebiet vor, sie sind **endemisch.** Die meisten Organismen haben jedoch ausgedehntere Verbreitung, und viele von ihnen sind fast auf der ganzen Welt anzutreffen und heißen **kosmopolitische** Arten. Eine Reihe von Arten bzw. höhere Organismen-Kategorien sind zwar weit, aber geographisch scharf umgrenzt verbreitet und greifen nicht in andere Gebiete über. Diese Gebiete heißen **paläozoogeographische** oder **paläophytogeographische Provinzen.** Während die Verbreitung der Lebewesen oder Pflanzen in einer ganzen Provinz einfach war, gab es zwischen den Provinzen Barrieren, die dieser Verbreitung hinderlich waren. Als Beispiel führen wir die unterkambrische Ollenus-Provinz an, die durch das Vorkommen von Trilobiten der Gattung *Ollenus* an der Ostküste der USA und in Nordwesteuropa gekennzeichnet ist. Ein weiteres Beispiel ist die jungpaläozoische euro-amerikanische paläophytogeographische (paläofloristische) Provinz, die die tropische Zone des Karbons umfaßt, das sind bedeutende Teile Europas, Nordafrikas, Vorderasiens und Nordamerikas. Sie ist charakterisiert vor allem durch das wichtige Vorhandensein von baumartigen Bärlappen. Der Umfang der Paläoprovinzen hängt eng mit der Lage der damaligen klimatischen Zonen zusammen, für deren Rekonstruktion die Bedeutung der Paläobiogeographie mehr als offensichtlich ist.

Systematische Übersicht der fossilen Organismen

In der systematischen Übersicht sind vor allem paläontologisch wichtige Stämme und Klassen angeführt, mit denen der Leser im Bildteil bekannt gemacht wird.

Procaryonta

Organismen, deren Körper sehr klein sind, ohne echten Zellkern und Kernmembran. Sie umfassen Viren, Bakterien und Blaualgen.

Eucaryonta

Organismen größerer Körpermaße, deren Zellen einen gut entwickelten, von einer Kernmembran umgebenen Kern haben.

1. Reich: Plantae – Pflanzen

Die Charakteristika der einzelnen Gruppen sind im Text des Bildteiles enthalten.

Unterreich: Thallophyta – Niedere Pflanzen (Algae – Algen)

Einzellige oder mehrzellige autotrophe Organismen, die sich voneinander vor allem durch verschiedene Farbstofftypen unterscheiden.

Abteilung: Rhodophyta – Rotalgen (Kambrium – Gegenwart)

Abteilung: Chromophyta (Präkambrium – Gegenwart)

Abteilung: Chlorophyta – Grünalgen (Präkambrium – Gegenwart)

Unterreich: Cormophyta

Höhere Pflanzen, deren Körper hoch differenziert ist und aus echtem Gewebe besteht.

Abteilung: Bryophyta – Moose (Devon – Gegenwart)

Abteilung: Rhyniophyta – Rhyniophyten (Silur – Devon)

Abteilung: Lycopodiophyta – Bärlappgewächse (Devon – Gegenwart)

Abteilung: Equisetophyta – Schachtelhalmgewächse (Devon – Gegenwart)

Abteilung: Polypodiophyta – Farne (Devon – Gegenwart)

Abteilung: Noeggeratiophyta (Karbon – Perm)

Abteilung: Lyginodendrophyta – Samenfarne (Devon – Kreide)

Abteilung: Dicranophyllophyta (Karbon – Perm)

Abteilung: Cordaitophyta – Cordaiten (Karbon – Perm)

Abteilung: Cycadophyta – Cycadeenartige Gewächse (Karbon – Gegenwart)

Klasse: Cycadopsida – Cykass-Gewächse (Karbon – Gegenwart)

Klasse: Cycadeoideopsida – baumartige, cycadeenartige Pflanzen (Trias – Kreide)

Abteilung: Pinophyta – Koniferen (Karbon – Gegenwart)

Abteilung: Ginkgophyta – Ginkgogewächse (Perm – Gegenwart)

Abteilung: Magnoliophyta (Angiospermae) – Bedecktsamer (Kreide – Gegenwart)

(Anmerkung: Die Lycopodiophyta bis Polypodiophyta werden auch als Pteridophyta (Farnpflanzen) zusammengefaßt, die Lyginodendrophyta bis Pinophyta als Gymnospermae – Nacktsamer.)

2. Reich: Protista

Autotrophe oder heterotrophe einzellige Organismen

Urtierchen

Stamm: Rhizopoda – Wurzelfüßer (Sarcodina) (Präkambrium – Gegenwart)

Einzeller, die durch die Anwesenheit rasch veränderlicher plasmatischer Fortsätze – Pseudopodien – gekennzeichnet sind. Die Pseudopodien dienen einesteils zur Fortbewegung und andernteils zur Nahrungsaufnahme, d. h. zum Festhalten und Hineinziehen der Nahrung in die Zelle, wo sie verdaut wird. Ihr Plasma enthält einen oder mehrere Kerne.

Klasse: Foraminifera (Präkambrium – Gegenwart)

Klasse: Actinopoda – Strahlentierchen (Präkambrium – Gegenwart)

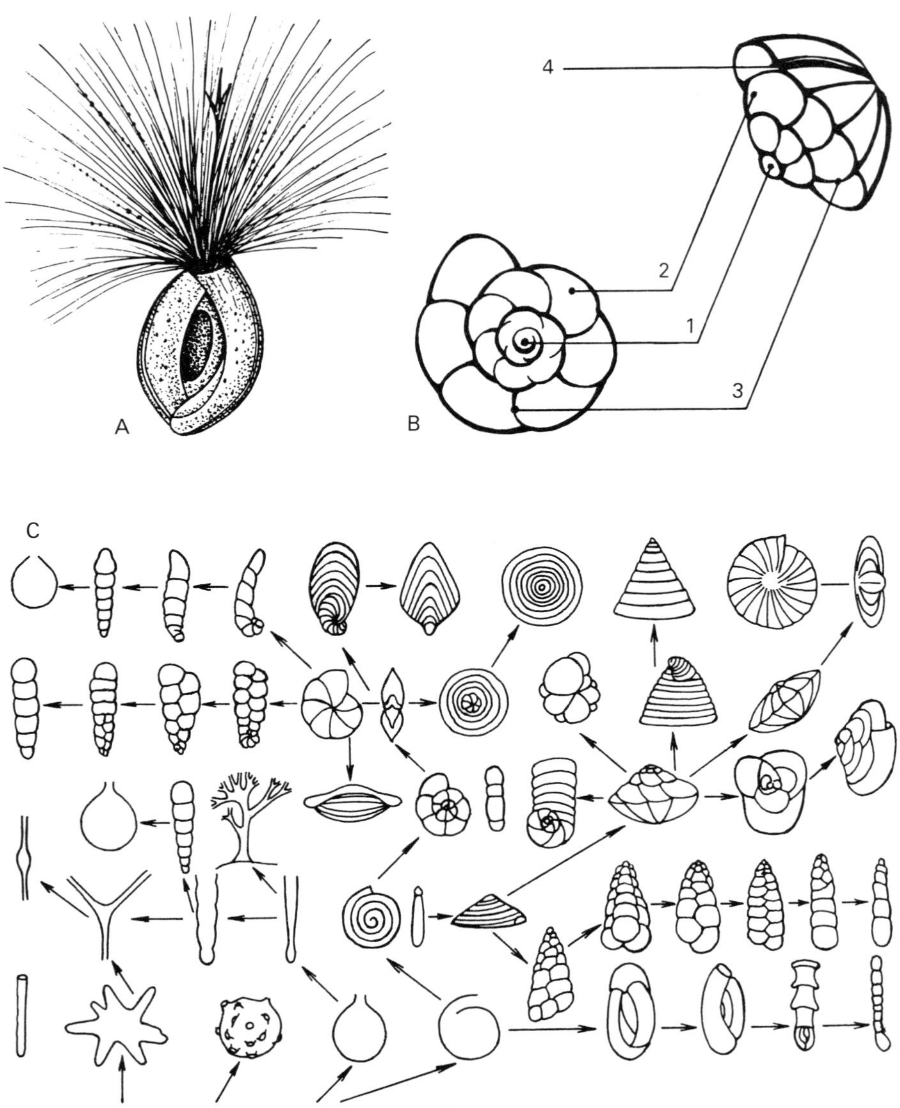

Abb. 3: Rhizopoda. **A** – Foraminifere der Gattung *Miliola;* die Rhizopodien mit aufgefangenen Mikroorganismen treten ausschließlich aus dem Mund heraus. **B** – Morphologie des Foraminiferengehäuses; **C** – verschiedene Gehäusetypen von Foraminiferen mit den vorausgesetzten Entwicklungsrichtungen (Trends). **1** – Anfangskammer (Prolokulus), **2** – Kammern, **3** – Suturen, **4** – Mund.

3. Reich: Animalia

Mehrzellige heterotrophe Organismen. (Anmerkung: Die Lebewesen der nachstehenden Stämme haben eine primäre Leibeshöhle (Blastocoel). Es bilden sich bei der Entwicklung Eier in einem Blastula genannten Stadium.)

Stamm: Porifera – Schwämme (Kambrium – Gegenwart)

Die Schwämme sind hauptsächlich marine mehrzellige Wasserlebewesen mit einer Körperorganisation auf Zellenstufe, d. h. mit mehr oder weniger voneinander unabhängigen, wenig spezialisierten Zellen. Sie haben keine Organe und kein Nervengewebe. Ihr Körper ist unsymmetrisch oder strahlenförmig symmetrisch, die Mundöffnung fehlt; das Wasser tritt in den mit Choanocyten (Kragengeißelzellen) ausgepolsterten Gastralraum durch die Einlaßporen und -kanäle in der Körperwand ein und verläßt ihn durch eine größere Öffnung – das Osculum. Der Schwammkörper ist mit einem Innenskelett aus Kieselsäure- oder Calcitnadeln oder aus organischen Fasern versteift. Die Schwämme leben sessil und vermehren sich geschlechtlich und ungeschlechtlich. Die ungeschlechtliche Art besteht in der Vermehrung durch Knospung – Gemulen. Die Larven sind freischwimmend.

Klasse: Demospongea (Kambrium – Gegenwart)
Klasse: Hyalospongea (Kambrium – Gegenwart)
Klasse: Calcispongea (Kambrium – Gegenwart)
Klasse: Sclerospongea (Trias – Gegenwart)

Stamm: Archaeocyatha – Archäocyathiden (Kambrium)

Die Archäocyathiden sind eine ausgestorbene marine Tiergruppe mit be-

Abb. 4: Schema der wichtigsten Bautypen der Schwämme (Porifera) und der Nadeltypen. **A** – Ascon-, **B** – Sycon-, **C** – Leucon-Typ, **D** – einachsige Nadeln (Monoaxone), **E** – dreistrahlige Nadeln (Triactine), **F** – dreiachsige Nadeln (Triaxone), **G** – vierachsige Nadeln (Tetraxone), **H** – unregelmäßige, vielachsige, kugelige Nadeln (Polyaxone, Desmone und Sphären), **I** und **J** – zusammengewachsene dreiachsige Nadeln, **K** – zusammengewachsene Desmone.

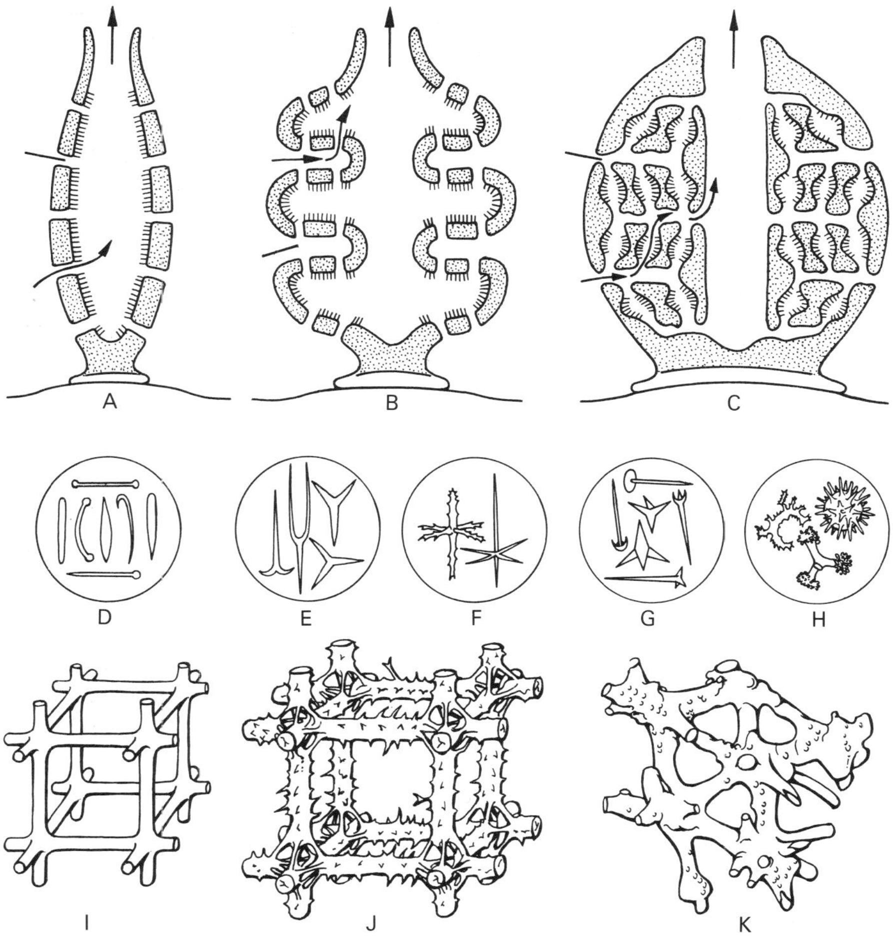

Abb. 5: Coelenterata – Anthozoa. **A** – der Längsschnitt durch eine Hexakoralle der Gattung *Flabellum* zeigt die Beziehung zwischen einem Polypen und dem Skelett sowie das Detail des Querschnittes; **B** – Querschnitt durch das Skelett (Corallit) einer Tetrakoralle. **1** – Tentakel, **2** – Schlund, **3** – Außenwand des Corallits (Epithek), **4** – Mezenterium (Zwischenwand, bestehend aus weichem Epithel), **5** – Septum, **6** – Kelch, **7** – Dissepimentarium (von den Wandbläschen eingenommener Raum), **8** – Boden (Tabulae), **9** – Wurzelauswüchse.

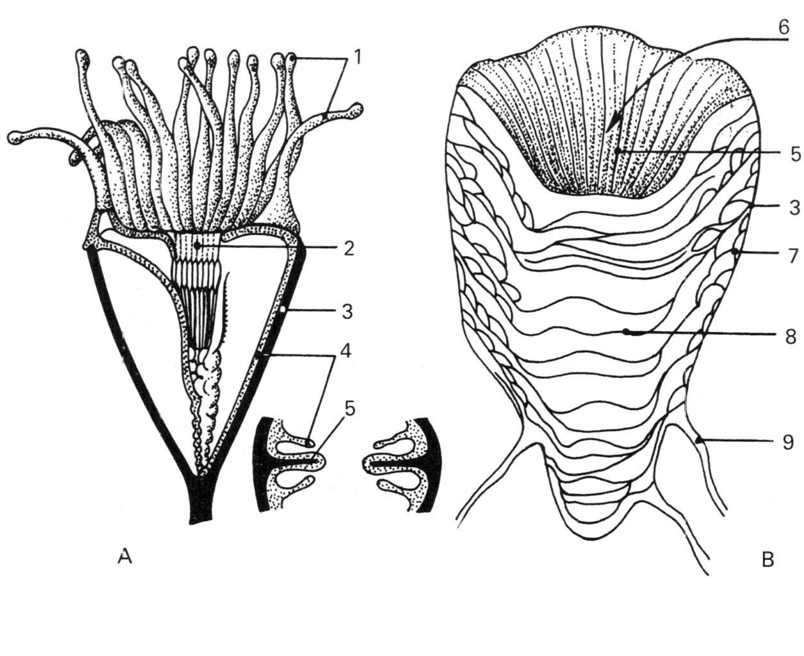

cherförmigem Kalkskelett, das gewöhnlich aus zwei konzentrischen Wänden – einer Innenwand und einer Außenwand – besteht. Zwischen den beiden Wänden ist ein durch zahlreiche radial verlaufende Septen geteilter Zwischenraum, das Intervallum. Fast das ganze Skelett ist von zahlreichen Poren durchsetzt, durch die wahrscheinlich, ähnlich wie bei den Schwämmen, das Wasser in die Körperhöhle eintrat. Die Archäocyathiden lebten sessil. Wahrscheinlich bestand geschlechtliche und ungeschlechtliche Vermehrung und ein Stadium einer freischwimmenden Larve.

Stammgruppe: Coelenterata – Hohltiere (Präkambrium – Gegenwart)
Die Hohltiere sind niedrig organisierte, hauptsächlich im Meer lebende Wassertiere mit unterschiedlichen Geweben. Die Körperwand besteht aus zwei Hauptepithelen, dem äußeren Ektoderm und dem inneren Entoderm, zwischen denen sich gewöhnlich eine verschieden mächtige Mesogloea befindet. Beim Nervensystem fehlt ein einheitliches Zentralnervensystem. Der Körper ist strahlig symmetrisch. Die Mundöffnung ist zugleich die Afteröffnung und geht in den erweiterten Gastralraum über, der durch unvollständige Zwischenwände gegliedert ist. Bei den Hohltieren fehlen noch respiratorische, exkretorische und zirkulatorische Systeme. Die meisten Vertreter bilden ein starkes Kalkskelett.

Stamm: Cnidaria – Nesseltiere (Präkambrium – Gegenwart)
Die Nesseltiere haben um die Mundöffnung und an den Tentakeln Nesselzellen. Sie leben sessil im Polypenstadium oder als freischwimmende Medusen. Bei den Vertretern einiger Gruppen wechseln regelmäßig ungeschlechtliche und geschlechtliche Generationen (Polypen und Medu-

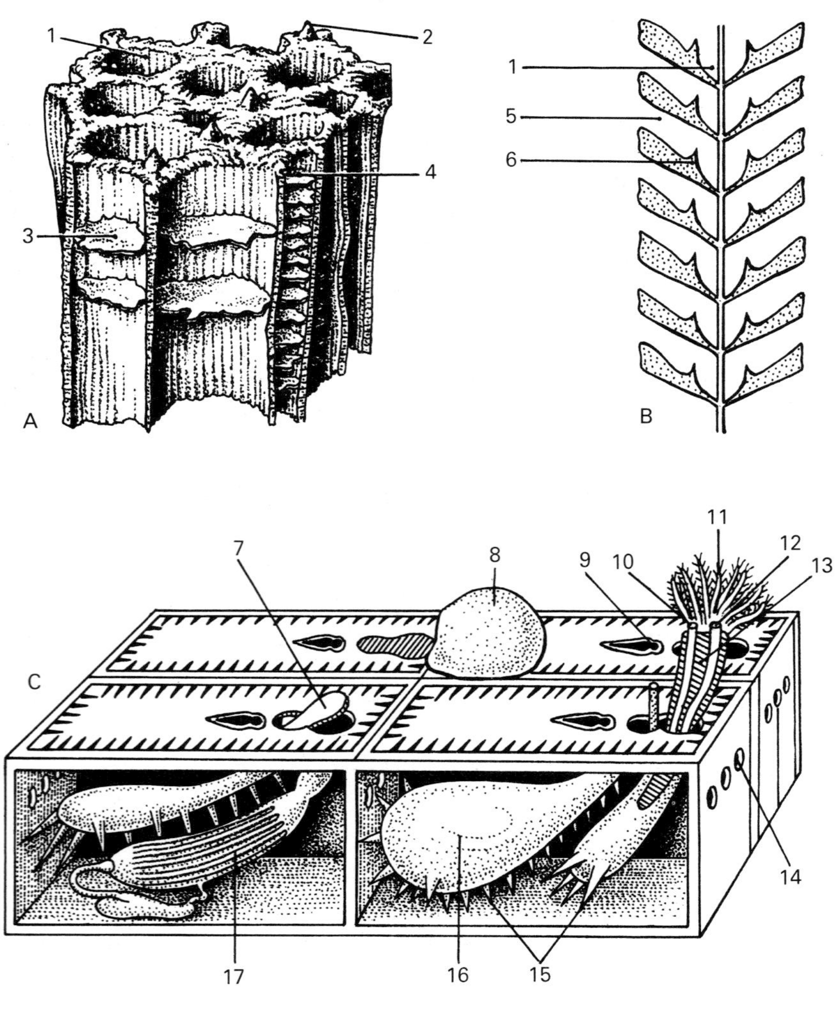

Ab. 6: Bryozoa. **A** – Bau des Zoariums der trepostomaten Moostierchen; **B** – Längsschnitt durch den Ast der kryptostomaten Moostierchen; **C** – Schema eines Teils des Zoariums der cheilostomaten Moostierchen. **1** – Zooecium, **2** – Acantoporen, **3** – Diaphragma, **4** – Mesoporen mit zahlreichen Diaphragmen, **5** – Vestibulum, **6** – Hemiseptum, **7** – Deckel (Operculum), **8** – Ovicella, **9** – Avicularium, **10** – After, **11** – Tentakel, **12** – Mund, **13** – herausgeschobenes Zooid, **14** – Septulae, **15** – Muskeln, **16** – Kompensationssack, **17** – eingezogenes Zooid.

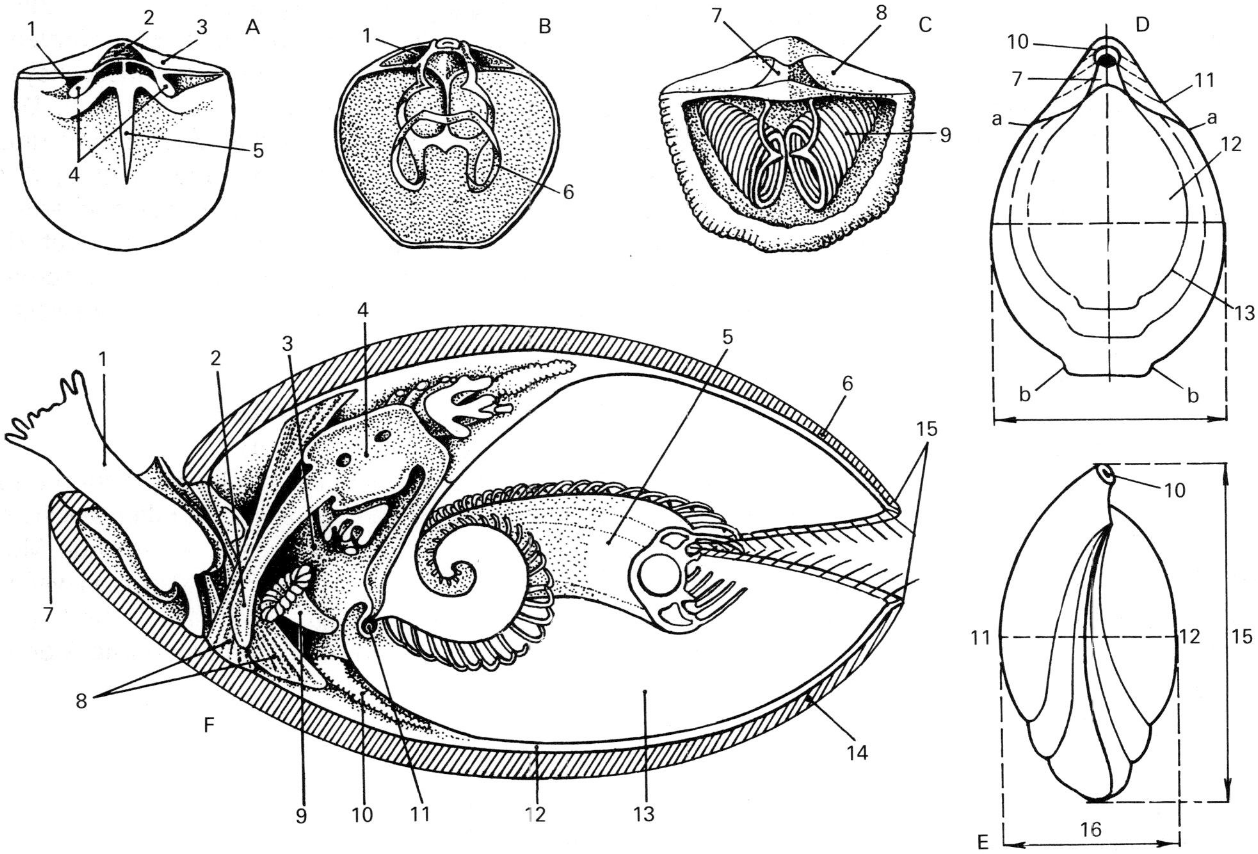

Abb. 7: Brachiopoda – Articulata. **A** bis **C** – verschiedene Armstützen-Typen bei orthiden, terebratuliden und spiriferiden Armfüßern; **D** und **E** – Morphologie des Gehäuses eines Armfüßers der Gattung *Megallania;* von der Rückenseite **(D)** gesehen und Seitenansicht **(E)**. **1** – Zahngruben, **2** – geschlossenes Mittelfeld auf der Dorsalklappe (Chilidium), **3** – Interarea der Dorsalklappe, **4** – Brachiophoren (Stützen des Armgerüstes), **5** – Medialseptum, **6** – schlitzförmige Armstützen, **7** – geschlossener Mittelsektor nach der Stielöffnung (Delthyrium), **8** – Interarea der Ventralklappe, **9** – spiralig gedrehte Armstützen, **10** – Stielöffnung, **11** – Ventralklappe, **12** – Dorsalklappe, **13** – Anwachslinien, **14** – Gehäusebreite, **15** – Gehäuselänge, **16** – Dicke des Gehäuses. **a** – **a** hinterer Abschnitt der Kommissur, **a** – **b** Seitenabschnitt der Kommissur, **b** – **b** Vorderabschnitt der Kommissur.
F – Anatomieschema der Armfüßer der Gattung *Terebratulina;* Längsschnitt. **1** – Stiel, **2** – blinder Darm, **3** – Eingeweidesack, **4** – Magen, **5** – Lophophoren, **6** – Arm- oder Dorsalklappe, **7** – hinterer Rand der Klappe, **8** – Öffner- und Schließmuskel, **9** – Nephridium, **10** – Geschlechtsorgane (Gonaden), **11** – Mund, **12** – Mantel, **13** – Mantel-(Brachial-) Höhle, **14** – Stiel- oder Ventralklappe, **15** – vorderer Klappenrand.

sen). Bei der geschlechtlichen Vermehrung entstehen bewimperte Planula-Larven, die am Boden angeheftet sind und sich in Polypen verwandeln.

Klasse: Hydrozoa – Polypen (Kambrium – Gegenwart)
Klasse: Scyphozoa – Medusen (Präkambrium – Gegenwart)
Klasse: Anthozoa – Korallen, i. w. S. Blumentiere (Kambrium – Gegenwart)
(Anmerkung: Die Lebewesen aller nachfolgenden Stämme haben eine echte, aus dem Mesoderm gebildete sekundäre Leibeshöhle (Coelom), die die primäre Leibeshöhle verdrängt.)

Stamm: Bryozoa (Ectoprocta) – Moostiere (Ordovizium – Gegenwart)

Die Moostiere sind hauptsächlich marine Lebewesen, die sessile Kolonien mikroskopischer Einzeltiere – Zooide – bilden. Ihr Mund ist von einem ringförmigen oder hufeisenförmigen Wall mit einem Tentakelkranz, dem Lophophor, umgeben. Die U-förmige Verdauungsröhre endet außerhalb des Lophophors. Das zirkulatorische, das exkretorische und das respiratorische System fehlen. Die Wände der Gehäuse (Zooecien) sind calcifiziert, chitiniert oder gelatiniert. Die Moostiere vermehren sich ungeschlechtlich durch Knos-

Systematische Übersicht

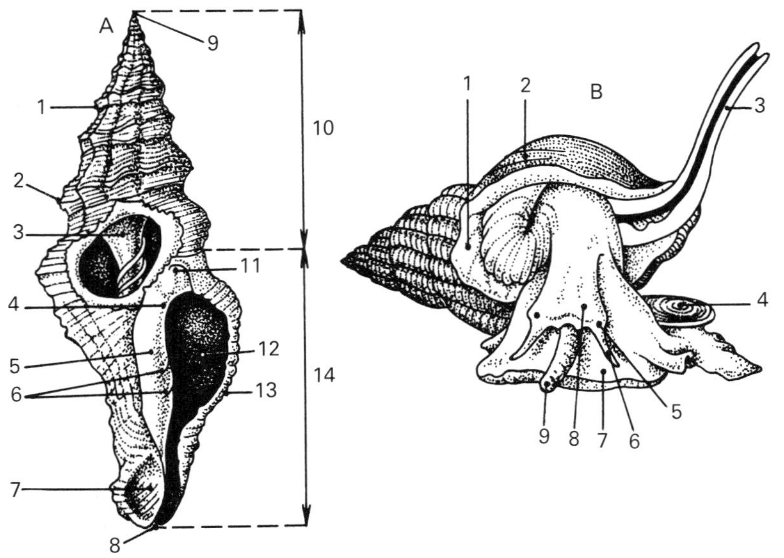

Abb. 8: Mollusca – Gastropoda. **A** – Gehäusemorphologie. **1** – Sutur, **2** – Spiralrippe, **3** – Säule (Columella), **4** – Parietallippe, **5** – Auge, **6** – Columellarfalten, **7** – Nabel, **8** – Siphonalkanal, **9** – Apex, **10** – Spira, **11** – Analkanal (Sinus), **12** – Mund, **13** – Außenlippe der Mündung, **14** – Körperwindung.
B – Gehäuse und Körper der Schnecken-Gattung *Buccinum*. **1** – Mantelfalte, **2** – Gehäuse, **3** – Inhalationssipho, **4** – Deckel (Operculum), **5** – Auge, **6** – Tentakel, **7** – Fuß, **8** – Kopf, **9, 10** – Rüssel und Mund.

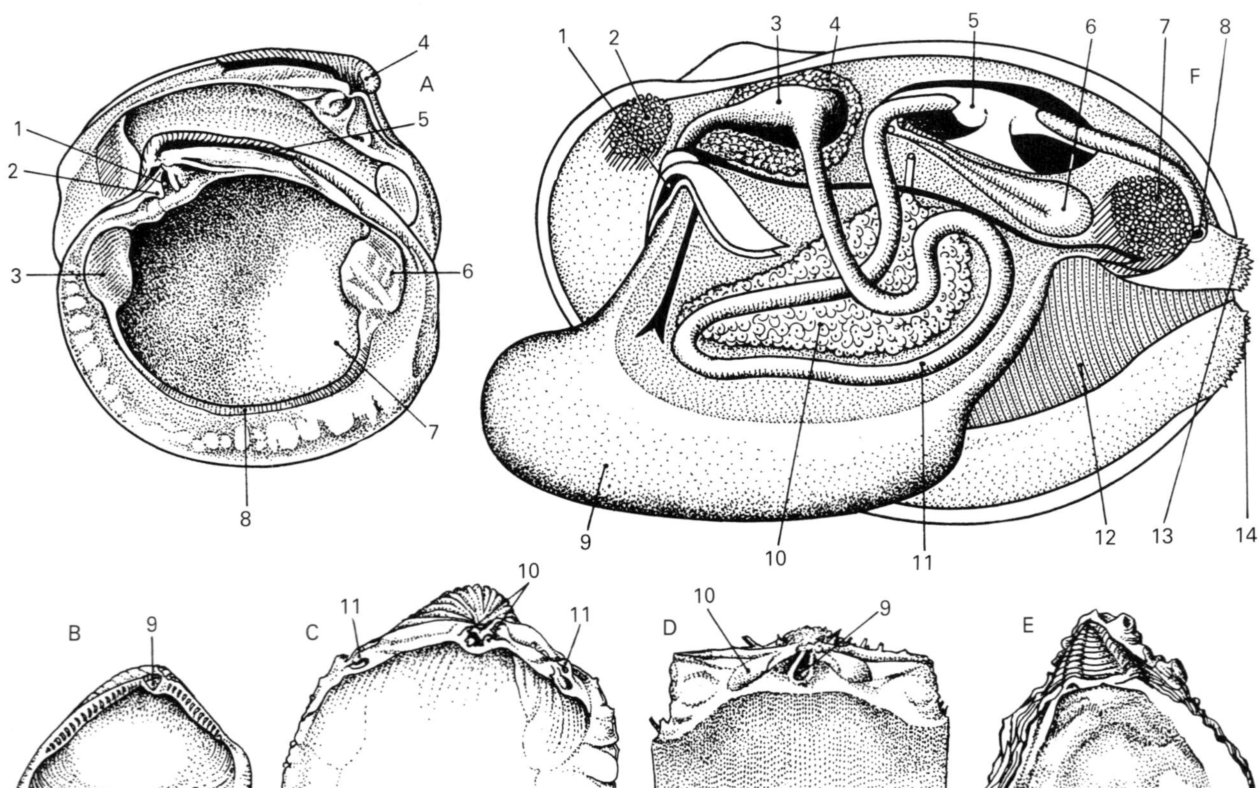

Abb. 9: Mollusca – Lamellibranchia. **A** – Innenseite des Gehäuses der Gattung *Cyprina;* **B** bis **E** – verschiedene Schloßtypen; **B** – taxodont; **C** – heterodont; **D** – isodont; **E** – dysodont. **1** – Schloßgrube, **2** – Schloßzahn, **3** – vorderer Muskeleindruck, **4** – Klappenscheitel, **5** – Ligament, **6** – hinterer Muskeleindruck, **7** – Palliallinie, **8** – ventraler Gehäuserand, **9** – Resiliumgrube, **10** – Haupt-(Kardinal-) Zahn des Schlosses, **11** – Seitenzahn (Lateralzahn).
F – Schema der Muschelnanatomie. **1** – Mund, **2** – Spanner des vorderen Muskels, **3** – Magen, **4** – Leber, **5** – Herz, **6** – Ausscheidungsorgane, **7** – Spanner des hinteren Muskels, **8** – Afteröffnung, **9** – Fuß, **10** – Eierstöcke, **11** – Darm, **12** – Kiemen, **13** – Exhalationssipho, **14** – Inhalationssipho.

pung oder geschlechtlich, wo sie ein Stadium als freischwimmende Larve durchmachen.
Klasse: Stenolaemata (Ordovizium – Gegenwart)
Klasse: Gymnolaemata (Ordovizium – Gegenwart)

Stamm: Brachiopoda – Armfüßer (Kambrium – Gegenwart)

Die Armfüßer sind sessile Meereslebewesen mit nichtsegmentiertem Körper in einem bilateral-symmetrischen zweiklappigen Gehäuse. Der Körper ist von einem Mantel umgeben, und der Zwischenraum zwischen Mantel und Körper ist durch eine Wand in eine kleinere hintere Höhle mit den Eingeweiden und eine größere vordere Höhle mit dem Strudelorgan (den Lophophoren) geteilt. Das Coelom dringt in den Mantel durch die Mantelkanäle ein, die zum Atmen dienen. Die Nervenzentren bilden die beiden Hauptganglien, das Blutgefäßsystem ist offen, und die Ausscheidung besorgen die Metanephridien. Das hochentwickelte Muskelsystem sichert vor allem das Öffnen und Schließen der Klappen und ist eventuell auch am Festheften an der Unterlage beteiligt. Die Schalen sind kalkig oder chitinophosphatisch, die Symmetrieebene verläuft quer durch die Klappen. Die Armfüßer sind getrenntgeschlechtig, selten hermaphrodit.
Klasse: Inarticulata – Schloßlose (Kambrium – Gegenwart)
Klasse: Articulata – Schloßträger (Kambrium – Gegenwart)

Stamm: Mollusca – Weichtiere (Kambrium – Gegenwart)

Die Weichtiere sind nichtsegmentierte Wasser- und Landlebewesen und mit Ausnahme der Gastropoden bilateralsymmetrisch, mit einem aus Kopf, Fuß und Eingeweidesack bestehenden Körper. Der Eingeweidesack ist von einem Mantel bedeckt, der aus einem weichen Gewebe besteht. Dieses Gewebe scheidet gewöhnlich eine weiche Schale mit einem bestimmten Anteil an organischer Masse ab. Die Mantelfalten schließen die Mantelhöhle teilweise ab, die hinter den Eingeweiden liegt. In der Mantelhöhle befinden sich bei den Wassermollusken die Kiemen. In die Mantelhöhle münden das Ausscheidungs-, das Absonderungs- und das Geschlechtssystem. Der ganze Verdauungstrakt ist in der Regel mit einem Zungenband (Radula) ausgestattet. Hochentwickelt sind das Atem-, Blutkreislauf- und Geschlechtssystem. Die Mollusken sind größtenteils getrenntgeschlechtig und manche auch zwitterig. Die ontogenetische Entwicklung verläuft gewöhnlich über das Stadium der Trochophoralarve und der Veligerlarve oder aber direkt.

Unterstamm: Amphineura – Urmollusken (Kambrium – Gegenwart)

Primitive marine Lebewesen ohne Gehäuse oder mit einem Gehäuse aus 8 bzw. 7 Platten.
Klasse: Polyplacophora – Käferschnecken (Kambrium – Gegenwart)

Unterstamm: Conchifera – Schalenträger (Kambrium – Gegenwart)

Weichtiere mit einheitlicher oder zweigeteilter Kalkschale.
Klasse: Monoplacophora – Einplatter (Kambrium – Gegenwart)
Klasse: Rostroconchia (Kambrium – Perm)
Klasse: Scaphopoda – Kahnfüßer, Grabfüßer (Ordovizium – Gegenwart)
Klasse: Hyolitha – Hyolithen (Kambrium – Perm)
Klasse: Tentaculita – Tentakuliten (Ordovizium – Devon)
Klasse: Gastropoda – Schnecken (Kambrium – Gegenwart)
Klasse: Lamellibranchia (Bivalvia) – Muscheln (Kambrium – Gegenwart)
Klasse: Cephalopoda – Kopffüßer (Kambrium – Gegenwart)

Stamm: Annelida – Ringelwürmer (Präkambrium – Gegenwart)

Die Ringelwürmer sind Wasser- und Festlandstiere mit wurmförmigem segmentiertem Körper, der ein einziges präorales Segment aufweist. Die Segmente tragen gewöhnlich je ein unsegmentiertes Extremitätenpaar – Parapodien –, manchmal nur Borstenbündel. Im Körper sind die Segmente durch Querwände geteilt. Die Querwände sind gewöhnlich aus zwei Muskelschichten – einer äußeren kreisförmigen und einer inneren länglichen – gebildet. Das Nervensystem besteht aus einem zentralen Nervenganglion und aus einem Ganglienpaar in jedem Segment. Das Verdauungssystem beginnt in der Mundöffnung und endet am entgegengesetzten Körperende im After. Der vordere Abschnitt der Verdauungsröhre ist oft mit einem

Systematische Übersicht

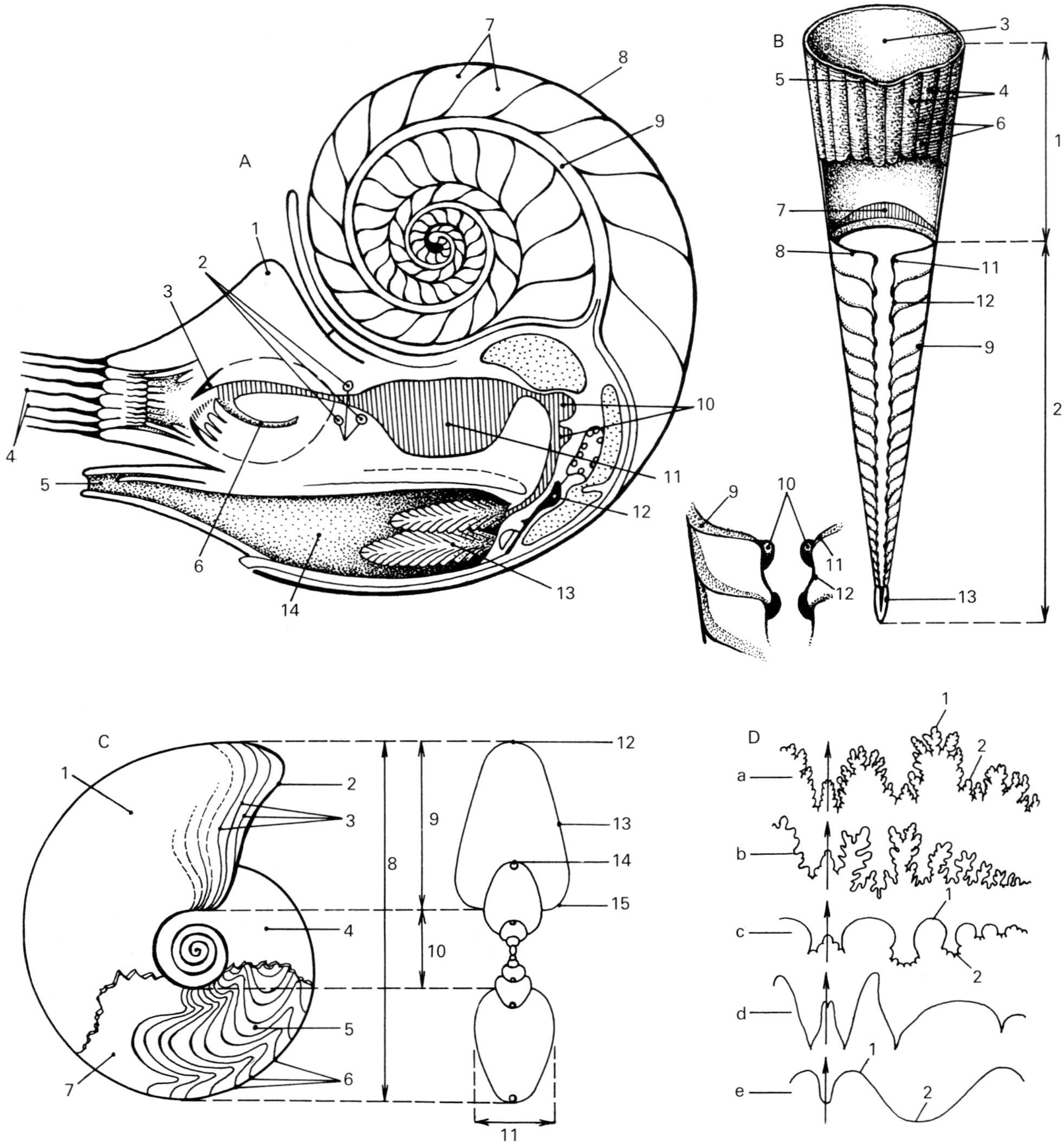

Abb. 10: Mollusca – Cephalopoda. **A** – schematischer Längsschnitt durch einen rezenten *Nautilus.* **1** – Kopfkappe, **2** – Ganglien, **3** – Kiefer, **4** – Arme, **5** – Bewegungsorgan (Hyponom, Trichter), **6** – Radula, **7** – Gaskammern, **8** – Außenwand des Gehäuses, **9** – Siphonalstrang (Sipho), **10** – Verdauungsröhre (Darm), **11** – Magen, **12** – Herz, **13** – Kiemen, **14** – Mantelhöhle.
B – Morphologie des Gehäuses eines nautilusartigen Kopffüßers. **1**– Wohnkammer, **2** – Phragmokon, **3** – Gehäusemündung, **4** – Längsrippung, **5** – Trichterausschnitt (Hyponomsinus), **6** – Anwachslinien, **7** – Muskeleindruck, **8** – Septum, **9** – kalkige kamerale Ablagerungen, **10** – fingerförmige Ablagerungen im Sipho, **11** – Siphonalrundung, **12** – Verbindungsring, **13** – Anfangskammer (Protoconch).
C – Schema des Ammonitengehäuses, Seitenansicht und Querschnitt. **1** – Gehäuse über der Wohnkammer, **2** – Mündung, **3** – Anwachslinien, **4** – Gehäuse über dem Phragmokon, **5** – Phragmokon, **6** – Sutur, **7** – Kern (Steinausguß des Gehäuses), **8** – Durchmesser des Gehäuses, **9** – Höhe der Windung, **10** – Durchmesser des Nabels (Umbilicus), **11** – Breite der Windung, **12** – Außenseite (Bauchseite) der Windung, **13** – Gehäuseflanken, **14** – Sipho, **15** – Umbilicuswand.
D – Suturengrudtypen der Ammoniten. **a** – ammonitische Sutur, **b** – phyloceratische Sutur, **c** – ceratitische Sutur, **d** – goniatitische Sutur; **1** – Sattel, **2** – Lobus.

Kieferapparat ausgestattet; fossile Kieferfunde heißen Scolecodonten. Das Ausscheidungssystem bilden Protonephridien, und auch ein zirkulatorisches und ein respiratorisches System sind entwickelt. Die Jugendform mariner Arten ist eine Trochophora-Larve.
Klasse: Polychaeta (Präkambrium – Gegenwart)

Stamm: Arthropoda – Gliederfüßer (Kambrium – Gegenwart)
Die Gliederfüßer sind hochorganisierte, bilateralsymmetrische Lebewesen, die im Wasser, auf dem Land und in der Luft leben. Ihr Körper ist in Segmente gegliedert, und zu jedem Glied gehört wenigstens embryonal ein Paar gegliederter Extremitäten. Die Körperoberfläche ist mit einer Chitin-Kutikula bedeckt, die während des Wachstums abgeworfen und durch eine größere ersetzt wird. Das Nervensystem ist leiterartig mit gut entwickeltem Gehirn und entspricht in groben Zügen dem Nervensystem der Ringelwürmer. Das Blutgefäßsystem ist offen. Die Gliederfüßer atmen durch Kiemen, Tracheen oder mit der ganzen Körperoberfläche. Sie sind gewöhnlich getrenntgeschlechtig. Die ontogenetische Entwicklung verläuft über larvale Stadien oder ist sekundär verkürzt.

Unterstamm: Trilobitomorpha – Dreilapper (Kambrium – Perm)
Die Trilobitomorpha sind paläozoische marine Gliederfüßer mit einästigen präoralen Antennen und Spaltbeinen.
Klasse: Trilobitae – Trilobiten (Kambrium – Perm)

Unterstamm: Chelicerata – Fühlerlose (Kambrium – Gegenwart)
Die Fühlerlosen sind Wasser- oder Landgliederfüßer, bei denen das erste Extremitätenpaar Cheli-

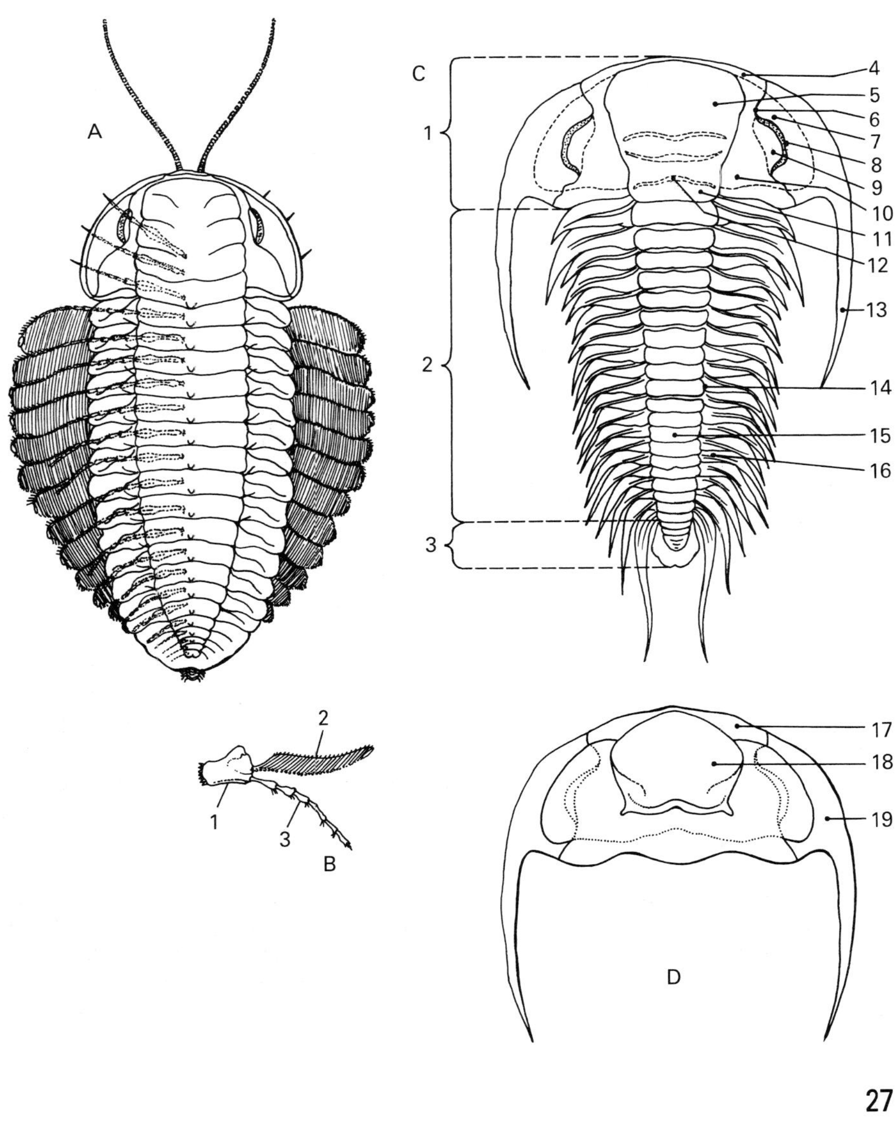

Abb. 11: Arthropoda – Trilobita. **A** – Rekonstruktion eines kambrischen Trilobiten der Art *Triarthrus estoni*. **B** – Bau einer zweiarmigen Extremität. **1** – Hüftgelenk (Coxa), **2** – Exopodit, **3** – Telepodit. **C** – Morphologie des Panzers der Art *Paradoxides gracilis* – Rückansicht. **D** – Kopfschild von der Bauchseite gesehen. **1** – Kopfschild (Cephalon), **2** – Rumpf (Thorax), **3** – Schwanzschild (Pygidium), **4** – Kopfsaum, **5** – Glabella, **6** – Wangensutur, **7** – freie Wange, **8** – Auge, **9** – palpebraler Lobus, **10** – feste Wange, **11** – Nackenring, **12** – Glabellarfurche, **13** – Wangenstachel, **14** – Axialfurche, **15** – Axialring, **16** – Pleura, **17** – Rostrum, **18** – Hypostom, **19** – Duplikatur des Kopfschildes.

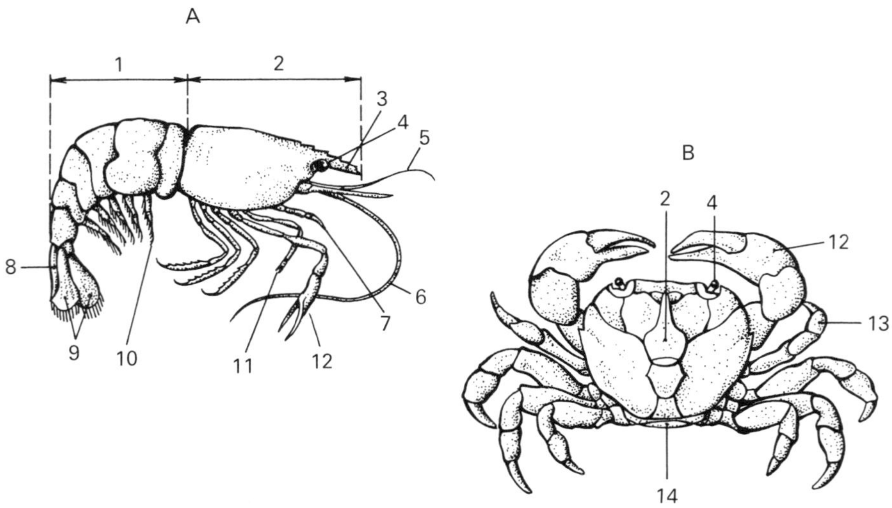

Abb. 12: Arthropoda – Crustacea. Morphologische Grundterminologie der Decapoda (Zehnfüßige Krebse). **A** – Langschwanz-Krebs, **B** – Krabbe (Kurzschwanz-Krebs). **1** – Hinterleib (Abdomen), **2** – Carapax, **3** – Rostrum, **4** – Auge, **5** – Antennula, **6** – Antenne, **7** – Maxilliped, **8** – Telson, **9** – plattenförmige Extremitäten des sechsten Abdominalgliedes (Uropoden), **10** – erstes Paar der Abdominalfüße (Pleopoden), **11** – erstes Paar der Thorakopoden (Pereipoden), **12** – Scheren, **13** – erstes Schreitfußpaar, **14** – proximaler Teil des unterentwickelten Hinterleibs.

ceren trägt. Der Körper besteht aus dem sechssegmentigen Cephalothorax (Prosoma) und aus dem Hinterleib (Opisthosoma) mit zwölf Segmenten.
Klasse: Merostomata (Kambrium – Gegenwart)
Klasse: Arachnida – Spinnentiere (Silur – Gegenwart)

Unterstamm: Crustacea – Krebstiere (Kambrium – Gegenwart)
Wasser- und Landgliederfüßer mit zwei Antennenpaaren und einem aus Kopf, Thorax und Abdomen bestehenden Körper.
Klasse: Branchiopoda (Kambrium – Gegenwart)
Klasse: Cirripedia – Rankenfüßer (Karbon – Gegenwart)
Klasse: Ostracoda – Muschelkrebse (Kambrium – Gegenwart
Klasse: Malacostraca – Höhere Krebse (Kambrium – Gegenwart)

Unterstamm: Myriapoda – Tausendfüßer (Karbon – Gegenwart)
Die Tausendfüßer sind Landgliederfüßer mit einem wurmartigen Körper, der aus einem Kopf mit einem Antennenpaar und aus dem Leib besteht. Sie atmen durch Tracheen.
Klasse: Diplopoda (Karbon – Gegenwart)
Klasse: Chilopoda (Karbon – Gegenwart)

Unterstamm: Insecta – Insekten (Devon – Gegenwart)
Die Insecta sind höchstorganisierte Land- oder sekundär Wassertiere mit einem Körper, der aus Kopf (Caput), Bruststück (Thorax) und Hinterleib (Abdomen) besteht. Sie haben ein Antennenpaar, drei Beinpaare und in der Regel zwei Flügelpaare. Die Atmung erfolgt durch Tracheen.
(Anmerkung: Die Unterstämme Myriapoda und Insecta werden häufig zu dem Unterstamm Tracheata zusammengefaßt.)
Klasse: Insecta – Insekten (Devon – Gegenwart)
(Anmerkung: Alle bisher erwähnten Lebewesenstämme mit sekundärer Leibeshöhle [Coelomata] gehören zu den Protostomia, bei denen die Mundöffnung während der embryonalen Entwicklung aus dem Urmund, d. h. aus der Primäröffnung, der Gastrula, entstanden ist. Bei den Deuterostomia, zu denen alle nachfolgend beschriebenen Lebewesenstämme gehören, wird aus dem Urmund der After, und die Mundöffnung bricht sekundär am anderen Ende des Keimes durch.)

Stamm: Echinodermata – Stachelhäuter (Kambrium – Gegenwart)
Die Stachelhäuter sind ausschließlich marine Lebewesen, für die in der Regel die fünfstrahlige Symmetrie, das Wassergefäßsystem (Ambulakralsystem), der nicht abgesetzte Kopf und das mesodermale Innenskelett charakteristisch sind. Ihr Nahrungstrakt ist einfach, aber gut entwickelt. Das Nervensystem steht auf einer niedrigen Entwicklungsstufe, und ein Gehirn ist nicht entwickelt. Die Stachelhäuter sind getrenntgeschlechtig, einige zwitterig. Die erwachsenen Tiere leben am Boden festgewachsen oder freischwimmend oder kriechend.

Unterstamm: Homalozoa (Kambrium – Devon)
Sie haben eine asymmetrische Theka, aber eine verschieden gestaltete bilaterale Symmetrie.

Klasse: Homostelea (Kambrium)
Klasse: Homoiostelea (Kambrium – Devon)
Klasse: Stylophora („Calcichordata") (Kambrium – Devon)

Unterstamm: Crinozoa – Seelilienartige (Kambrium – Gegenwart)
Die Crinozoa sind wenigstens in jugendlichen Stadien am Substrat mit einem auf der Unterseite der Theka herauswachsenden Stiel festsitzende, strahlig-symmetrische Stachelhäuter. Die Ambulakra sind in Arme oder ihnen ähnliche Anhänge (Brachiolen) umgewandelt.
Klasse: Eocrinoidea (Kambrium – Ordovizium)
Klasse: Diploporita (Ordovizium – Devon)
Klasse: Rhombifera (Ordovizium – Devon)
(Anmerkung: Die Klassen Diploporita und Rhombifera sind häufig zur Klasse Cystoidea – Beutelstrahler – zusammengefaßt.)
Klasse: Blastoidea – Knospenstrahler (Silur – Perm)
Klasse: Crinoidea – Seelilien (Kambrium – Gegenwart)

Unterstamm: Asterozoa – Sterntiere (Ordovizium – Gegenwart)
Die Asterozoen sind frei bewegliche strahlig-symmetrische Stachelhäuter mit sternförmigem Körper, an dessen Unterseite die Mundöffnung liegt.
Klasse: Stelleroidea (Ordovizium – Gegenwart)

Unterstamm: Echinozoa – Seeigelartige (Kambrium – Gegenwart)
Die Seeigelartigen sind Stachelhäuter mit strahligsymmetrischem, fast kugelförmigem bis diskoidalem, arm- und brachiollosem Skelett.
Klasse: Edrioasteroidea (Kambrium – Karbon)
Klasse: Echinoidea – Seeigel (Ordovizium – Gegenwart)

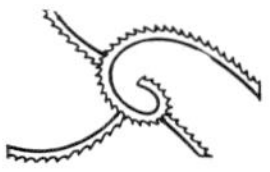

Stamm: Hemichordata – Kragentiere (Kambrium – Gegenwart)
Die Hemichordata sind Lebewesen mit einem in drei Abschnitte (Prosoma, Mesosoma und Metasoma) geteilten Körper. Der letzte Abschnitt endet in einem stielförmigen Stolon oder ist stolonlos. Die Mundöffnung befindet sich auf der Bauchseite zwischen Prosoma und Metasoma. Der Schlund endet vorn in einer schlingenartigen Ausstülpung – der Hemichorda. Von außen münden in den peribranchialen Sack die Kiemenspalten. Das Nervensystem ist röhrenförmig.
Klasse: Graptolithina – Graptolithen (Kambrium – Karbon)

(?Stamm): Conodontophorida – Conodonten (Kambrium – Trias)
Die Conodonten sind eine ausgestorbene Gruppe kleiner mariner, offensichtlich segmentierter Lebewesen. Ihr wurmartiger Körper hat einen verbreiterten, flossenähnlichen Saum, der mit einer Strahlenstruktur versteift ist. Der Körpervorderteil ist mit gezähnelten oder plattenartigen Gebilden ausgestattet, die anscheinend die Funktion des Kieferapparates erfüllten. Sie bestehen aus Calciumphosphat und weisen laminaren Aufbau auf.

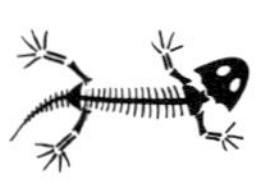

Stamm: Chordata – Chordatiere (Kambrium – Gegenwart)
Die Chordatiere sind der höchstentwikkelte Lebewesenstamm. Er zeichnet

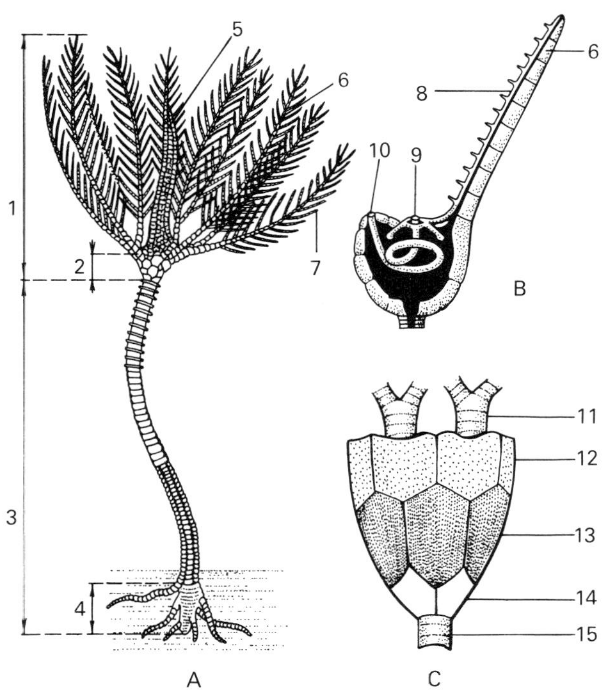

Abb. 13: Echinodermata – Crinoidea. **A** – Bauplan der Seelilien; **B** – schematisierter Schnitt durch den Kelch und einen Arm; **C** – dizyklischer Kelch samt Armbasis und drei Stielgliedern. **1** – Krone, **2** – Kelch, **3** – Stiel, **4** – Wurzelteil, **5** – Analteil der Verdauungsröhre zu einer Analpyramide langgezogen, **6** – Arme, **7** – Pinnulae, **8** – Ambulakralfurche, **9** – Mundöffnung, **10** – Afteröffnung (Anus), **11** – Arm- oder Brachial-Platte, **12** – Radialplatte, **13** – Basalplatte, **14** – Infrabasalplatte, **15** – Stielglied.

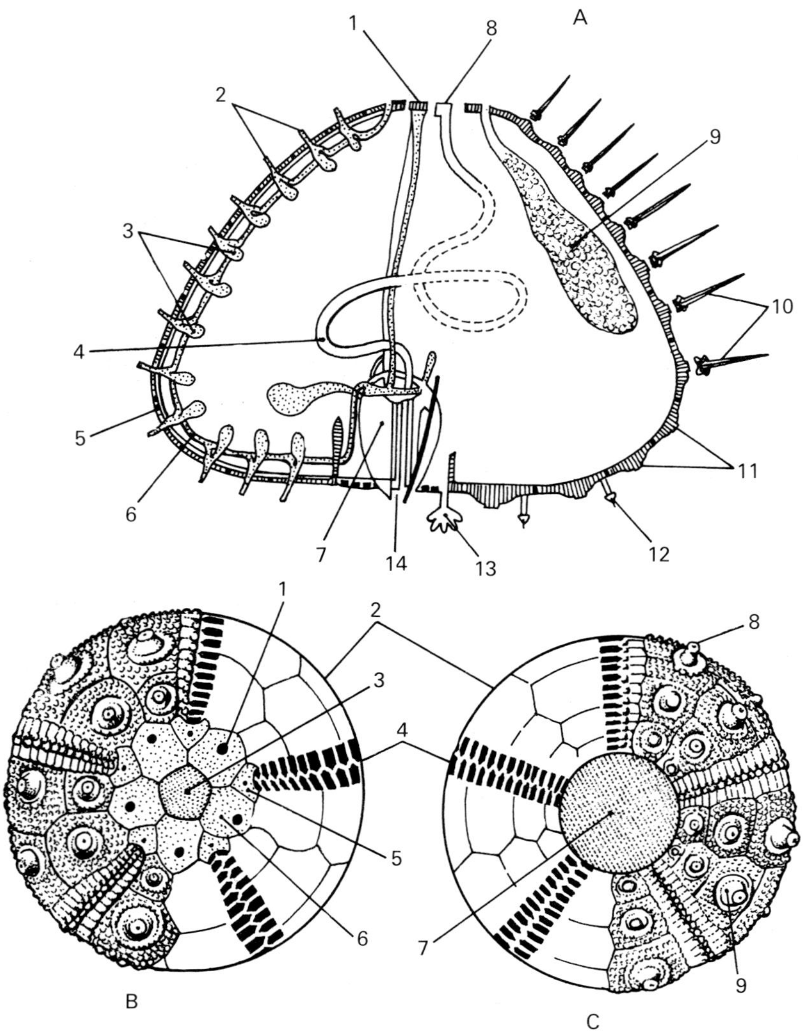

Abb. 14: Echinodermata – Echinoidea. **A** – schematischer Schnitt durch einen Seeigel. **1** – Madreporenplatte, **2** – Ambulakral-Füße, **3** – Ampullen, **4** – Darm, **5** – Gehäuse (Skelett), **6** – Ambulakralgefäße, **7** – „Laterne des Aristoteles" (Kieferapparat), **8** – Afteröffnung (Anus), **9** – Geschlechtsorgane, **10** – Stacheln, **11** – Warzen, **12** – Pedicellarien, **13** – Kieferfortsätze, **14** – Peristom.
Grundmorphologie der Gehäuseelemente. **B** – Aboralansicht (Dorsalansicht). **C** – Oralansicht (Ventralansicht). **1** – Madreporenplatte, **2** – Interambulakralfeld, **3** – Periprokt, **4** – Ambulakralfeld, **5** – Ocellar- oder Augenplatte, **6** – Genitalplatte, **7** – Mündung (Peristom), **8** – Warze (I. Ordnung) zum Einsetzen des Stachels, **9** – Areola der Warze (Warzenhof).

sich – wenigstens während seiner embryonalen Entwicklung – durch das Vorhandensein einer Rückensaite (Chorda dorsalis) aus, die die Basis für das Innenskelett darstellt, sowie durch die Verbindung des Schlundes mit dem Außenmilieu durch die Kiemenspalten. Das röhrenförmige Nervensystem liegt dorsal von der Chorda, die Verdauungsröhre unter ihr und mündet auf der Bauchseite vor dem Körperende. Ventral gelegen ist auch das Herz.

Unterstamm: Vertebrata – Wirbeltiere (Kambrium – Gegenwart)

Die Wirbeltiere sind hochspezialisierte Chordata, die in unterschiedlichem Milieu leben. Die feste Achse des Körpers bildet die gegliederte Wirbelsäule, die aus den Hüllen der Rückensaite entstanden ist. Die Wirbelsäule ist entweder knorpelig oder knöchern, ebenso der Schädel, der das Gehirn und die Sinnesorgane schützt. Das zentrale Nervensystem ist in das Gehirn und das Rückenmark gegliedert. Die Sinnesorgane sind hervorragend entwickelt. Zur Fortbewegung dienen die Extremitäten (gewöhnlich zwei Paare) und

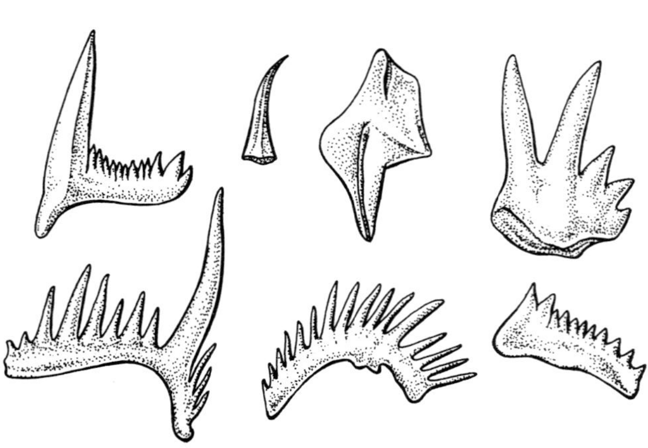

Abb. 15: Conodonta. Verschiedene Conodontentypen.

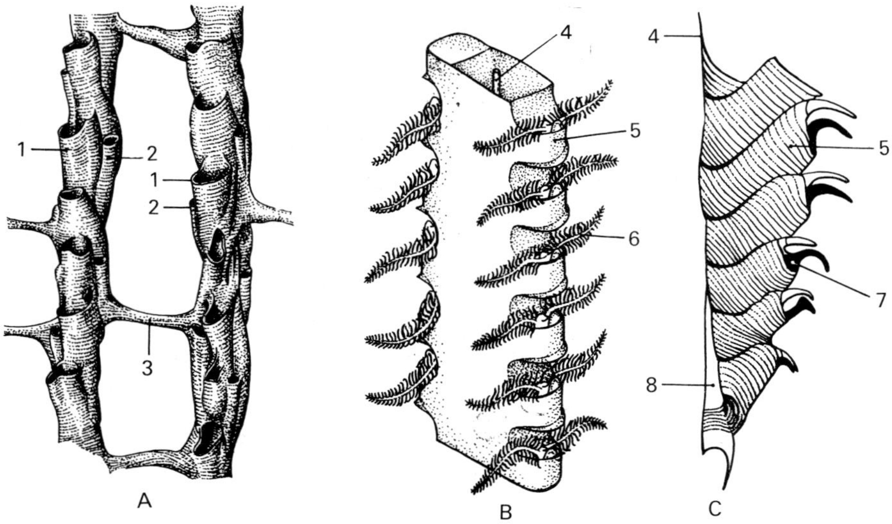

Abb. 16: Hemichordata – Graptolithina. **A** – Detail des Skelettes (Rhabdosom) eines Dendroiden der Gattung *Dictyonema;* **B** – Rekonstruktion eines Teils einer Kolonie der Gattung *Climacograptus;* **C** – proximaler Teil des Rhabdosoms eines Graptolithen.
1 – Autotheken, **2** – Bitheken, **3** – Disseptimentarium, **4** – Virgula, **5** – Theka, **6** – Zooid, **7** – in Stacheln auslaufende Mündung der Theka, **8** – Sikula.

das Innenskelett. Das Blutgefäßsystem ist geschlossen, mit einem gut entwickelten Herzen. Die Ausscheidungsorgane sind die paarigen Nieren. Die mehrschichtige Haut ist mit verschiedenen hornigen Gebilden bedeckt oder nackt.

Klasse: Agnatha – Kieferlose (Kambrium – Perm)
Klasse: Placodermi – Panzerfische (Devon – Karbon)
Klasse: Acanthodii – Acanthodier (Silur – Perm)
Klasse: Chondrichthyes – Knorpelfische (Devon – Gegenwart)
Klasse: Osteichthyes – Knochenfische (Devon – Gegenwart)
Klasse: Amphibia – Amphibien (Devon – Gegenwart)
Klasse: Reptilia – Reptilien (Karbon – Gegenwart)
Klasse: Aves – Vögel (Jura – Gegenwart)
Klasse: Mammalia – Säugetiere (Trias – Gegenwart)

Schlüssel zur Bestimmung der systematischen Einordnung fossiler mehrzelliger Wirbelloser

1 a) Gehäuse/Skelett, doppelklappig 2
b) Gehäuse/Skelett anderen Typs 6, 14, 22

2 (1 a)
a) Klappen mit konzentrischer Anwachsstreifung auf der Oberfläche 3, 27
b) Klappen kleinwüchsig (in der Regel 1–3 mm), häufig langgezogen, ohne Anwachsstreifung . . . . **Arthropoda, Ostracoda**

3 (2 a)
a) Klappen gewöhnlich größerwüchsig (über 5 mm), kalkig, evtl. chitinophosphatig 4
b) Klappen kleinwüchsig (in der Regel bis 5 mm), chitinig, in fossilem Zustand häufig „zusammengedrückt“ . . . . **Arthropoda, Phyllopoda**

4 (3 a)
a) Die Symmetrieebene verläuft senkrecht zu den Klappen 5
b) Die Symmetrieebene – zwischen Klappen. Selten asymmetrische Gehäuse. Verbindung der Klappen häufig durch Schloß mit Zähnen und Zahngruben an beiden Klappen . . . . . . **Mollusca, Lamellibranchia**

5 (4 a)
a) Gehäuse kalkig, Verbindung der Schalen durch Schloß; Zähne und Zahngruben an den einander gegenüberliegenden Klappen. Klappen häufig verbunden . . . . . **Brachiopoda, Articulata**

b) Gehäuse gewöhnlich chitinophosphatig, seltener kalkig. Schloßzähne und Zahngruben nicht entwickelt. Klappen gewöhnlich getrennt . . . . **Brachiopoda, Inarticulata**

6 (1 b)
a) Komplettes Skelett dreiteilig: Kopf – Brustabschnitt – Hinterleib 7
b) Skelett/Gehäuse anderen Typs 8

7 (6 a)
a) Skelett mit auffallender Segmentierung, dreiteilige Längs- und Quersegmentierung . . . . **Arthropoda, Trilobita**

b) Skelett nicht längssegmentiert, Brustabschnitt dreiteilig, das zweite und dritte Glied tragen häufig Flügel . . . . . . **Arthropoda, Insecta**

8 (6 b)
a) Kopf-Brustschild entweder verschmolzen oder aus zwei Hälften. Brust achtsegmentig. Hinterleib sechs- bzw. siebensegmentig mit Telson . . . . **Arthropoda, Malacostraca**

b) Skelett/Gehäuse anderen Typs 9

9 (8 b)
a) Gehäuse kegelig bis fast zylindrisch, gerade, schwach gekrümmt oder verschiedenartig spiralig gebogen, innen mit Querwänden 9
b) Gehäuse anderen Typs, ohne Septen 11

10 (9 a)
a) Gehäuse gewöhnlich größerwüchsig, mit Septen in durch eine Röhre verbundene Kammern geteilt. Der durch Septen gegliederte Teil kann in die Höhle eines sehr massiven zylindrischen, spindeligen, rechtsdrehenden Gebildes (Rostrum) versenkt sein . . . . **Mollusca, Cephalopoda**

b) Kleine Gehäuse. Die Kammern sind miteinander nicht verbunden . . . . **Mollusca, Tentaculita**

11 (9 b)
a) Gehäuse gerade oder schwach gekrümmt, langkonisch 12
b) Gehäuse spiralig gewunden, seltener wurmförmig 13

12 (11 a)
a) Gehäuse leicht gekrümmt, an beiden Enden offen . . . . **Mollusca, Scaphopoda**

b) Gehäuse gerade, von abgerundet dreieckigem oder linsenförmigem Querschnitt. Das breitere Ende war mit einem Deckel verschlossen . . . . **Mollusca, Hyolitha**

13 (11 b)

a) Gehäuse gewöhnlich zu einer Raumspirale gewunden, weniger häufig planspiral, evtl. auch kegelig oder wurmförmig. In der Mikrostruktur der Gehäusewand eine senkrecht zur Gehäuseoberfläche orientierte äußere Kalkschicht . . . . **Mollusca, Gastropoda**

b) Gehäuse wurmförmig oder spiralig, planspiralig, in der Mikrostruktur der Wände sind zu ihrer Außenoberfläche bogenförmig durchgebogene Calcitkristalle . . . . **Annelida**

14 (1 b)

a) Skelett becherförmig, kegelig, zylindrisch, beutelförmig, kugelig, scheibenförmig, pyramidenförmig, schwammförmig, unregelmäßig solitär oder strauchförmige Kolonien 15

b) Skelett anderen Typs 18

15 (14 a)

a) Außenwand mit zahlreichen Poren 16

b) Außenwand porenlos 17

16 (15 a)

a) Außenansicht becherförmig, zylindrisch, beutelförmig, schwammförmig oder unregelmäßig; Skelett aus mikroskopischen Nadeln gebildet . . . . **Porifera**

b) Skelett kalkig, kegel- oder becherförmig, in der Regel doppelwandig, Wände durch strahlenförmig angeordnete Septen verbunden . . . . . . **Archaeocyatha**

17 (15 b)

a) Skelett chitinig, gewöhnlich in Form einer vierkantigen Pyramide. In der Wandmitte häufig eine kleine Längsrippe oder -rille. Oberfläche gewöhnlich mit Querskulptur . . . . **Coelenterata, Scyphozoa, Conulata**

b) Skelett kalkig, becherförmig, zylindrisch, kegelig, pyramidenförmig, scheibenförmig. Kelch mit senkrechten, strahlenförmig orientierten Septen . . . . **Coelenterata, Anthozoa**

18 (14 b)

a) Skelett massiv, kalkig, laibförmig, kegelig, plattenförmig, knollig, dicht lamelliert geschichtet. Lamellen mit Säulen verbunden . . . . **Coelenterata, Hydrozoa, Stromatoporida**

b) Skelett anderen Typs 19

19 (18 b)

a) Skelett der Kolonie kalkig, scheibenförmig, plattenförmig, halbkugelig, knollig. Die Skelette der Einzelindividuen der Kolonie sind walzenförmig oder pyramidenförmig

b) Skelett anderen Typs

20 (19 a)

a) Kolonie polymorph mit Röhren (nach den Zooiden) verschiedenen Durchmessers (bis 0,5 mm). Ein System von senkrechten Zwischenwänden (Septen) und Dornen ist nicht entwickelt . . . . **Bryozoa**

b) Kolonie mit gleich großen Hohlräumen oder dimorph, Durchmesser der Hohlräume (Koralliten) über 0,8 mm. Die Koralliten schließen eng aneinander an, oder aber es ist eine Zwischenraumfüllmasse ausgebildet. Septen oder dornartige Auswüchse entwickelt oder reduziert . . . . **Coelenterata, Anthozoa**

21 (19 b)
a) Das kalkige Skelett der Kolonie ist netzförmig und fächer-, schraubenlinien- oder trichterförmig, verästelt, durchflochten, scheibenförmig, flach schalenförmig mit feinen Öffnungen, Kontur der Mundöffnungen spezifisch für die verschiedenen Typen . . . . **Bryozoa**
b) Skelett der Kolonie ursprünglich aus chitiniger Masse (Inkohlung durch Fossilisierungsvorgänge), strauchförmig oder in Form von verästelten oder einfachen, geraden bzw. verschieden spiralig gedrehten Ruten. Ihr Rand ist an einer oder an beiden Seiten gezahnt . . . . . **Hemichordata, Graptolithina**

22 (1 b)
a) Kalkiges Skelett aus zahlreichen, größtenteils vieleckigen Platten mit unvollkommen ausgeprägter fünfstrahliger Symmetrie 23
b) Skelette gleichen Typs, jedoch mit auffallender fünfstrahliger Symmetrie. Bei manchen Vertretern sekundär auf bilaterale Symmetrie geändert 24

23 (22 a)
a) Hauptteil des Skeletts – Theka – kugel- oder birnenförmig. Auf den Thekalplatten durch einfache Kanäle verbundene Porenpaare . . . **Echinodermata, Diploporita**
b) Theka mit klarer ausgebildeter fünfstrahliger Symmetrie. Poren zu rhombischen Feldern zusammengesetzt . . . . . **Echinodermata, Rhombifera**

24 (22 b)
a) Skelett – Stiel, Kelch und Arme
Kelch aus zwei bis drei Plattenkränzen 25
b) Skelett mit nichtentwikkeltem Stiel 26

25 (24 a)
a) Kelch ohne tiefe Einschnitte, d. h. mit unklarer Lage der Ambulakralfelder . . . . **Echinodermata, Crinoidea**
b) Kelch mit tiefen Einschnitten, in denen die Ambulakralfelder liegen . . . . **Echinodermata, Blastoidea**

26 (24 b)
a) Skelett sternförmig . . . . **Echinodermata, Stelleroidea**
b) Skelett fast kugelförmig, laibförmig bis scheibenförmig, aus fest verbundenen Platten mit warziger Oberfläche. Arme nicht vorhanden. Auf den Warzen saßen formmäßig verschiedene Stacheln . . **Echinodermata, Echinozoa**

Bildteil

Symbole für pflanzliche Abteilungen und tierische Stämme:

 Algen und Moose *(Algae et Bryophyta)*

 *Rhyniophyten und Farngewächse (Rhyniophyta et Pteridophyta)*

 Nacktsamer *(Gymnospermae)*

 Bedecktsamer *(Angiospermae)*

 Wurzelfüßer *Protista*

 Schwämme *(Porifera)*

 Archaeocyathiden (Archaeocyatha)

 *Cnidaria*

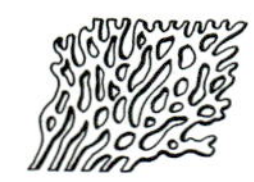 Moostiere *(Bryozoa)*

 Armfüßer *(Brachiopoda)*

 Weichtiere *(Mollusca)*

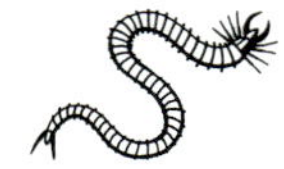 Ringelwürmer *(Annelida)*

 Gliederfüßer *(Arthropoda)*

 Stachelhäuter *(Echinodermata)*

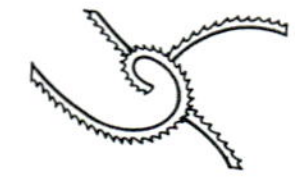 Kragentiere *(Hemichordata)*

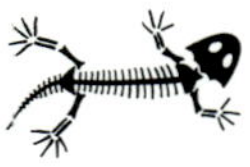 Chordatiere *(Chordata)*

 Palaeobiologie

✻ Typische Art

Umwelt:

Salzwasser

Brackwasser

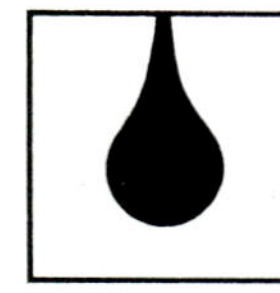
Süßwasser

Festland

Stratigraphische Angaben:

Q	N	Pg	K	J	T
Quartär	Neogen	Paläogen	Kreide	Jura	Trias
P	C	D	S	O	Cm
Perm	Karbon	Devon	Silur	Ordovizium	Kambrium

Die stratigraphischen Angaben und die Symbole für die Umwelt beziehen sich auf die abgebildete Art; sie müssen also nicht der stratigraphischen Zeitspanne der gesamten Gattung entsprechen.

Die Schwarzweißillustrationen dienen als Ergänzungen zur Morphologie oder Ökologie von Vertretern der angeführten oder einer nahe verwandten Gattung; sie müssen sich also nicht auf die abgebildete Art beziehen.

Algen und Moose
Algae et Bryophyta

Bakterien, Blau-Algen und Algen umfassen die ältesten Organismen. Bakterien und Blaualgen, im Überreich Procaryonta zusammengefaßt, da ihre Zellen keinen Zellkern haben, sind schon in präkambrischen Formationen vom Alter von mindestens 3 Milliarden Jahren nachgewiesen. Die Blaualgen haben die Stromatolithen gebildet, die im jüngeren Präkambrium mächtige und weltweit verbreitete Kalkformationen aufbauen.
Die echten Algen haben Zellen mit Zellkern. Sie gehören damit zum Überreich Eucaryonta, zum Reich Plantae, Pflanzen (s. systematische Übersicht, S. 19). Hinweise auf ihr Vorhandensein gibt es in präkambrischen Formationen von einem Alter von ungefähr zwei Milliarden Jahren. Einzellige Algen, die mineralisierte Skelette bilden, wie die Coccolithophoriden (Kalkskelette), und die Kieselalgen können durch ihre Massenentwicklung ganze Formationen aufbauen. Im Algenkörper fehlt die Sonderung in Wurzel und Sproß und ein Gefäß-System; sie bleiben auf das Wasser beschränkt. Ihre Klassifikation gründet auf der Art des assimilierenden Farbstoffes. Einige Formenkreise lagern teils in der Zelle, teils an der Oberfläche auch mineralische Stoffe ab (meist Kalk). Sie beteiligen sich auch am Bau der Korallenriffe und sind die einzigen paläontologisch wichtigen Algen.

Ordnung: Siphonales
Familie: Codiaceae

Palaeoporella variabilis STOLLEY

Von den Grünalgen (Chlorophyta) finden wir meistens röhrenförmige, innen nicht unterteilte, ursprünglich mehrkernige, inkrustierte Zellen vor, die die Lager der siphonalen Algen bildeten. Codiaceae sind ausgesprochene Meeresalgen, die auch heute noch überwiegend in warmen Meeren leben. Die Lager bilden röhrenförmig verzweigte Fasern, die oft zu einem unregelmäßigen Gewirr verflochten sind. Ihre verbreiterten Enden sind in der Regel senkrecht zur Oberfläche des Lagers orientiert.

Ordnung: Siphonales
Familie: Dasycladaceae

Teutloporella hercula STOPPANI

Die Dasycladaceen besitzen die Form einer unregelmäßig oder quirlig verzweigten Röhre, bei der sich auch die seitlichen Äste weiter verzweigen können. Innerhalb der Lager befinden sich unvollständige Querwände. Diese Algen besitzen in der Regel die Fähigkeit, an der Oberfläche ihrer Lager Calciumcarbonat abzulagern. Viele der mehr als 150 fossilen Arten beteiligen sich vor allem im jüngeren Paläozoikum und im Mesozoikum in den wärmeren Meeren an der Riffbildung. Heute sind sie eine Reliktgruppe mit neun Gattungen.
Die Gattung *Teutloporella* tritt vom Perm bis zur Trias in Europa auf.

Ordnung: Receptaculitales
Familie: Receptaculitaceae

Acanthochonia barrandei HINDE

Von den Receptaculiten wußte man lange nicht, wohin sie zu stecken sind, zu den Algen oder zu primitiven tierischen Organismen. Heute rechnet man diesen paläozoischen Formenkreis mit guten Gründen zu den Kalkalgen. Ihre Gestalt ist kugelförmig und bildet ein festes „Skelett" **(4)** aus charakteristisch angeordneten Elementen (Meromen) gleicher Gestalt, aber verschiedener Größe, was von ihrer Entfernung vom Wachstumspol abhängt. Bei den Receptaculiten lagerte sich im

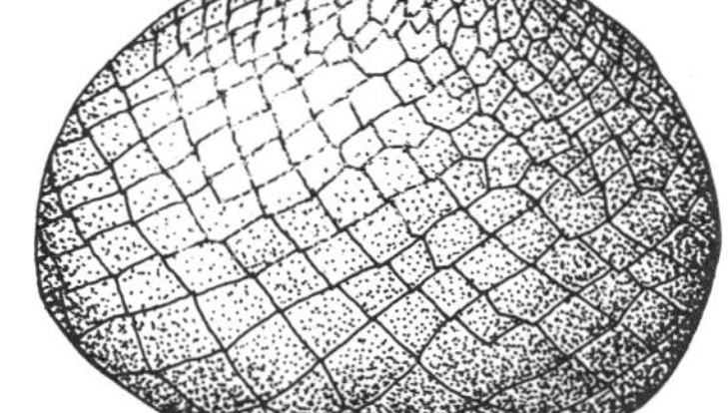

4

1. *Acanthochonia barrandei,* Unteres Silur (Wenlock), Bubovice, ČSSR. Durchmesser des größeren Exemplars ca. 25 mm. Die meisten Funde stammen aus den tuffitischen Kalken flacher Meere, die auch eine umfangreiche benthische Fauna aufweisen.

2. *Palaeoporella variabilis**, Oberes Ordovizium, Frognø, Ringerike, Norwegen. Gestein mit verwitternden Lagerteilen; Länge 55 mm.

3. *Teutloporella herculea,* Untere Trias (Anis-Ladin); Dobšiná, ČSSR. Gestein mit Lagerteilen; Länge 65 mm.

Unterschied zu den Dasycladaceen der Kalk nicht an der Oberfläche der Zellen ab, sondern die Zellwände selber calcificierten.
Die Gattung *Acanthochonia,* ein typischer Vertreter der Ordnung, ist im Silur Europas verbreitet. Die Arten wuchsen wie die anderen Receptaculiten im Flachmeer und oft in der Nähe von Korallenriffen.

Algen und Moose
Algae et Bryophyta

Riccia cf. *fluitans* LINNÉ

Ordnung: Marchantiales
Familie: Ricciaceae

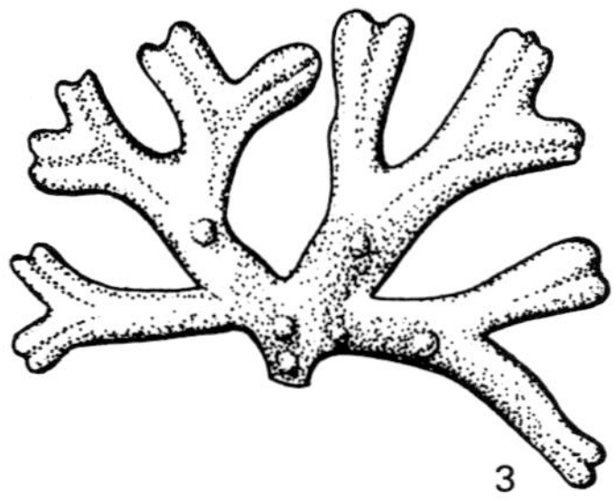

3

Die Moose (Bryophyta) sind fossil mit Sicherheit vom Devon an belegt. Wie bei allen höheren Pflanzen ist ihr Gewebe in Abhängigkeit von der Funktion spezialisiert. Die Zellwände bestehen aus Zellulose oder Hemizellulose. Im Unterschied zu den anderen, höheren Pflanzen ist bei den Moosen der Generationswechsel durch die Vorherrschaft der geschlechtlichen Generation (Gametophyt) über die ungeschlechtliche (Sporophyt) gekennzeichnet; der Gametophyt bildet das grüne Moospflänzchen. Der Sporophyt ist reduziert, lebt abhängig vom Gametophyten und stirbt nach dem Ausreifen der Sporen ab. Die Moospflanzen sind immer klein und anscheinend primitiv gebaut. Diese Primitivität ist eine Folge der Reduktion ihrer Körper. Die Moose entstanden wahrscheinlich aus den Grünalgen, von denen sie sich in der äußeren Form zwar erheblich unterscheiden, mit denen sie biochemisch aber auffallend übereinstimmen. Sie sind entwicklungsgeschichtlich sehr konservativ und haben sich während ihrer über 300 Millionen Jahre dauernden Geschichte kaum verändert. Die heutigen Vertreter kennen wir von den verschiedensten Standorten und geographischen Zonen, bevorzugt ist aber ein feuchtes Milieu. So wie heute waren sie auch in der geologischen Vergangenheit wesentliche Produzenten der in Torfablagerungen aufgehäuften organischen Massen. Sie begünstigen auch die Ausfällung von Calciumcarbonat aus kalkhaltigen Wässern. Ihre Körper sind jedoch sehr zart, und fossile Moose sind deshalb große Seltenheiten.
Die Gattung *Riccia* **(3)** ist vom Tertiär an bekannt und ist ein Vertreter der Lebermoose (Hepaticae), die lagerartige oder beblätterte Gametophyten haben; die Blättchen besitzen keine Mitteladern.

Moos-Travertin

Die Laubmoose (Musci) sind geologisch von größerer Bedeutung als die Lebermoose. Ihr Gametophyt ist immer beblättert. Die Blätter besitzen eine Mittelader. Die ältesten Vertreter der Laubmoose sind aus dem Devon bekannt. Im Karbon beteiligen sie sich vor allem in Gebieten mit gemäßigtem Klima, wie es damals in Sibirien herrschte, wesentlich an der Bildung der Kohlenflöze und spielten (ähnlich wie heute) eine wichtige Rolle bei der Entwicklung der Torflager. Soweit die Moose in Gewässern mit hohem Calciumgehalt wachsen, entnimmt die assimilierende Pflanze dem Wasser Kohlendioxid. Dadurch wird die im Wasser gelöste Kohlensäure abgebaut und Calciumcarbonat ausgefällt, das sich an der Oberfläche der Pflanzen ablagert. Nach der Zersetzung der organischen Masse bleibt ein Hohlraum bestehen, der genau der Gestalt der Pflanze entspricht. Durch diese Tätigkeit der Laub- und Lebermoose und anderer Pflanzen lagert sich in kalkreichen Gewässern ein meist poröser, mehr oder weniger verfestigter Süßwasserkalk ab – der Travertin oder Kalksinter.

1. *Riccia* cf. *fluitans,* Neogen (Miozän), Sokolov, ČSSR. Im Schieferton erhaltene, 110 mm lange Reste.

2. Moos-Travertin, subrezent, Srbsko, ČSSR. Gesteinsprobe; Länge 90 mm. Travertin ist durch eine hohe Porosität und unzureichende Verfestigung gekennzeichnet. In seiner Struktur zeigt sich deutlich die entscheidende Rolle, die die Moose bei seiner Entstehung spielen.

1
2

Rhyniophyten und Farngewächse
Rhyniophyta et Pteridophyta

Ordnung: Rhyniales
Familie: Rhyniaceae

Cooksonia hemisphaerica Lang

Eine Besiedlung des Festlandes bereitete sich vermutlich wohl schon vom Ende des Proterozoikums an vor, und zwar durch Bakterien, Blaualgen und vielleicht auch Flechten, einem symbiotischen Verband von Pilzen und Algen. Fossil ist dies nicht belegt. Zu einer endgültigen Besiedlung des Festlandes kam es erst vom Oberen Silur an, als aus Höheren Algen die ersten Gefäßpflanzen entstanden, bei denen eine Sonderung von Sproß und Wurzel und ein Gefäßsystem sich herausbildeten. Die ältesten landbewohnenden Gefäßpflanzen werden den Psilophyten (Nacktfarnen) zugeordnet und neuerdings auch als Rhyniophyten (Rhyniophyta) bezeichnet. Wir kennen sie vom Oberen Silur bis zum Mittleren Devon. Mit ihrem Auftreten beginnt die Ära der sporentragenden Gefäßpflanzen (Paläophytikum), die an der Grenze zwischen Unterem und Oberem Perm endete. Die Psilophyten besaßen weder echte Wurzeln noch Blätter. Sie assimilierten mit Hilfe des Stengels oder dessen seitlicher Auswüchse. Ihr Gewebe war schon in Deck-, Leit- und Grundgewebe differenziert. Die Leitgefäßbündel waren einfach und konzentriert angeordnet. Der Holzteil befand sich in der Mitte (protostelischer Typ) oder war strahlenartig über den Stengelquerschnitt verteilt (aktinostelisch). Die Stengel verzweigten sich in der Regel gabelartig (dichotomisch) und trugen an den Enden Sporenbehälter (Sporangien) mit gleich großen Sporen. Die Sporen wiesen eine dreistrahlige (trilete) Narbe auf. Bei den Rhyniophyten fand wie bei allen höheren Pflanzen ein regelmäßiger Generationswechsel statt. Die geschlechtliche Generation (Gametophyt) glich vermutlich der ungeschlechtlichen (Sporophyt). Die Rhyniophyten lebten an feuchten, sumpfigen Stellen und auch im Quellbereich von thermalen Gewässern. Einige von ihnen sind sogar salzliebend.
Cooksonia ist die älteste bekannte Gefäßpflanze. Sie stammt aus dem Obersilur und Unterdevon Europas, Asiens, Nordamerikas, Australiens und Afrikas. Es war eine kleine, nur einige Zentimeter hohe Pflanze mit dichotomisch verzweigtem Stengel. Sehr selten werden an den Zweigenden kugelige, ungefähr 1 mm große Sporangien gefunden.

3

Ordnung: Asteroxylales
Familie: Asteroxylaceae

Thursophyton elberfeldense (Kräusel et Weyland) Höeg

In der Flora des Devons sind viele Pflanzentypen vertreten, deren Einordnung den Systematikern erhebliche Sorgen bereitet. Die Vertreter der Gattung *Thursophyton* **(3)**, die im Unteren und Oberen Devon Europas, Asiens, Nordamerikas und Australiens verbreitet waren, wurden bis unlängst zu den Psilophyten gezählt. Heute neigt man zu der Ansicht, daß sie zu den entwicklungsgeschichtlich ältesten Bärlappgewächsen (Lycopodiophyta) gehören, an die sie auch mit ihrem Aussehen stark erinnern. Die Hauptstengel waren bis zu einem Meter hoch. Aus ihnen wuchsen schwächere Seitenzweige hervor, die sich weiter verästelten. Die stärkeren Pflanzenteile waren mit kleinen, schuppenähnlichen Blättern, die Luftkanäle aufweisen, besetzt. Die schwächeren Endzweige waren bei einigen Vertretern fast kahl. Die Leitgefäßbündel drangen nur bis in die Basis der linealischen Blättchen vor.

1. *Cooksonia hemisphaerica*, Oberes Silur (Přídolí), Kosov bei Beroun, ČSSR. Stengel mit terminalen Sporangien; Länge ca. 70 mm. Der Fund stammt aus einem im Flachwasser abgelagerten Meeressediment, in das die Pflanze vom nahen Festland gespült wurde.

2. *Thursophyton elberfeldense*, Mittleres Devon, Kirberg bei Elberfelde, BRD. Stengelteil; Länge des Musters 100 mm. Die Lager dieser strauchartigen Bärlappe haben einen Durchmesser von höchstens 5 mm.

D

S

Rhyniophyten und Farngewächse
Rhyniophyta et Pteridophyta

Ordnung: Barrandeiales
Barrandeina dusliana (Krejčí) Stur
Familie: Barrandeiaceae

Das Devon ist eine der Schlüsselperioden in der Entwicklung der Pflanzen. Die Gefäßpflanzen besiedelten das Festland und die Sümpfe in Meeresnähe und verbreiteten sich ungewöhnlich rasch. Zur größten Entfaltung der Vegetation kam es in den tropischen und subtropischen Zonen (zu denen unter anderem auch ein großer Teil des damaligen Europa gehörte). Der Pflanzenwuchs weitete sich aber auch in die kälteren Klimagebiete aus. Mit der explosiven Verbreitung der Flora war ihre Artendifferenzierung (Diversifikation) eng verbunden und auch die damit zusammenhängende, sich verstärkende anatomische Kompliziertheit des Pflanzenkörpers. Wir kennen deshalb aus dem Devon neben den Rhyniophyten auch Moose, Farne, Progymnospermen (die Vorfahren der Nacktsamer), Samenfarne und andere nacktsamige Pflanzen. Einer der Hauptzüge der devonischen Flora ist die allmähliche Größenzunahme. Während die Cooksonien nur einige Zentimeter hoch waren, tauchten am Ende des Devon in einer ganzen Reihe von Gruppen auch schon baumwüchsige Typen auf.

Eine Pflanze aus dem Mittleren Devon, deren systematische Zugehörigkeit bis jetzt noch nicht sicher geklärt ist, ist *Barrandeina.* Sie wuchs in Europa, Nordamerika und Asien. Ihr Aussehen und anatomischer Bau sind so ungewöhnlich, daß sie für einen Bärlapp, einen Psilophyten oder sogar für eine Meeresalge gehalten wurde. Sie war eine strauchartige Pflanze **(3)** mit regelmäßig verzweigten Stengeln, die mit ovalen, von den abgefallenen Blättern hinterlassenen Narben bedeckt waren. Die Blätter besaßen lange Stiele mit vielen Adern. Ihre Spreite war entweder keilförmig und vorn in einige schmale Zipfel aufgespalten oder linealisch und an der Spitze ebenfalls aufgegliedert. An den Enden der Seitenstengel saßen die Sporophylle mit den zu Zapfen geordneten Sporenbehältern.

3

Drepanophycus spinosus (Krejčí) Kräusel et Weyland
Ordnung: Baragwanathiales
Familie: Drepanophycaceae

Typische Bärlappgewächse *(Lycopodiophyta)* werden gewöhnlich von gabelartig verzweigten Stengeln mit spiralig angeordneten linealischen oder schuppigen, in der Regel einadrigen Blättchen charakterisiert. Die Fruchtblätter (Sporophylle) ähneln oder gleichen den Assimilationsblättern. In ihren Achseln oder über der Basis befinden sich Sporenbehälter. Bei größeren Bärlappgewächsen sind die Sporophylle in Zapfen angeordnet.

In diesen Rahmen paßt die Gattung *Drepanophycus* **(4)**, die fast weltweit im Devon verbreitet ist. Am gabelartig geteilten Stengel, der ungefähr bis zu 50 cm hoch wuchs, saßen in einer Schraubenlinie dornenförmige Blättchen. In jedes von ihnen drang ein dünnes Leitgefäßbündel vor. Die Sporophylle, die den einfachen Blättern sehr ähnlich sind, bildeten keine Zapfen, sondern waren zwischen die sterilen Blätter verteilt.

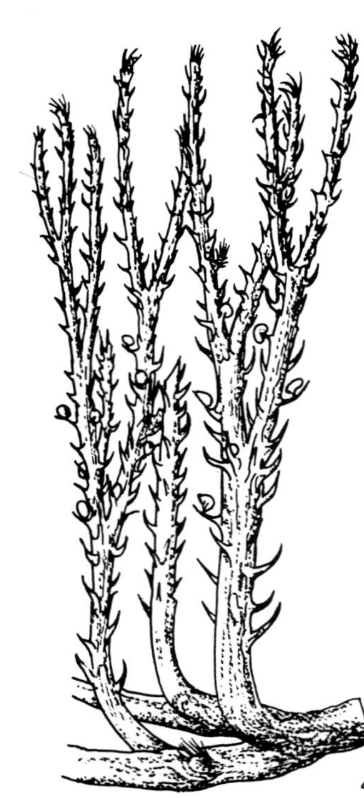
4

1. *Drepanophycus spinosus,* Mittleres Devon (Givet), Srbsko, ČSSR. Verkohlter Endabschnitt eines Zweiges in sandigem Schiefer. Ausmaß des Gesteins 80 × 80 mm.

2. *Barrandeina dusliana,* Mittleres Devon (Givet), Srbsko, ČSSR. Teil eines Zweiges; Länge 110 mm. Die isolierten Sporen haben eine Y-förmige Narbe und stehen den Bärlappsporen sehr nahe. Die gabelartige Aufspaltung der Blätter unterscheidet *Barrandeina* von den gegenwärtigen Bärlappgewächsen.

Rhyniophyten und Farngewächse
Rhyniophyta et Petridophyta

Ordnung: Lepidodendrales
Familie: Lepidodendraceae

Lepidodendron simile KINDSTONE

In dem tropisch feuchten Klima, das während des Karbons im heutigen Europa, Nordamerika, Nordafrika, aber auch auf Spitzbergen und Grönland herrschte, kam es zu einer erstaunlichen Entfaltung der Gefäßpflanzen. An der Zusammensetzung der damaligen Urwälder beteiligten sich in entscheidendem Maße die Farngewächse (Pteridophyta mit den 3 Hauptgruppen der Bärlappe, Schachtelhalme und Farne), von denen viele baumwüchsig waren. Häufig traten daneben Samenfarne (Pteridospermen) und weitere Nacktsamergruppen auf.

Die Gattung *Lepidodendron* **(2)** ist der bekannteste Vertreter der baumwüchsigen Bärlappe des Karbons; sie ist verbreitet in der euroamerikanischen geobotanischen Provinz. Sie war besonders häufig im unteren Oberkarbon. Diese stattlichen Bäume mit der mächtigen, gabelig verzweigten Krone wuchsen bis zu 40 m hoch und erreichten Stammdurchmesser bis zu 2 m. Sie waren im weichen Untergrund mit einem System gabelig verästelter Wurzelstöcke, den Stigmarien, aus denen kleinere „Würzelchen" (Appendices) hervorwuchsen, verankert. Stamm und Äste waren mit rhombischen Blattnarben bedeckt, die nach dem Abfallen der Blätter erhalten blieben und weiter wuchsen. Die linealischen Blätter unterschieden sich bei den verschiedenen Arten und waren von einigen Millimetern bis zu mehreren Dutzend Zentimeter lang. Die Fortpflanzungsorgane waren zu Zapfen zusammengefaßt, die entweder an den Enden der Zweige oder direkt aus dem Stamm wuchsen, wo sie rundliche Narben hinterließen.

Die Anatomie der Lepidodendren ist gut bekannt. Der Stamm besaß in der Mitte einen Zylinder aus Holz, der von Bast umgeben wurde (Protostele). Bei den entwicklungsgeschichtlich fortgeschritteneren Typen befand sich in der Mitte ein voller Markzylinder, der (nicht immer) mit einer Holzschicht bedeckt war, die außen von Bast umschlossen wurde (Siphonostele). Über dem Bast lag eine mächtig ausgebildete Rinde, die 90 % der gesamten Stammsubstanz ausmachte. Sie war in eine innere Rinde, aus der Durchlüftungskanäle an die Stammoberfläche vordrangen, und eine äußere Rinde, die vor allem Stützfunktion besaß, unterteilt. Die Rindenoberfläche gehört mit den Blattpolstern und -narben zu den charakteristischen Merkmalen der Lepidodendren. Die zylindrischen oder eiförmigen Zapfen setzen sich aus den Sporophyllen mit den Sporenbehältern, die an der Oberseite der Sporophyllbasis angebracht sind, zusammen. Die Sporen waren in kleine männliche (Mikrosporen) und große weibliche (Megasporen) getrennt. Beide wiesen eine Y-förmige Narbe auf.

Von den Lepidodendren blieben in der Regel verschiedene isolierte Teile erhalten: Stigmarien, Stämme, Äste mit Laub, Fruchtzapfen und Sporen. Da wir nur in einigen Fällen, die in der Regel nur von vereinzelten Funden belegt werden, sicher feststellen können, daß die Teile der verschiedenen Organe zu ein und derselben Art gehören, wurde für die einzelnen Pflanzenorgane eine eigene Terminologie erarbeitet. Nur so ist es möglich, sich in der Menge der Funde überhaupt zu orientieren. So werden zum Beispiel die „Wurzeln" der Lepidodendren mit dem Gattungsnamen *Stigmaria,* die Zapfen *Lepidostrobus* usw. bezeichnet.

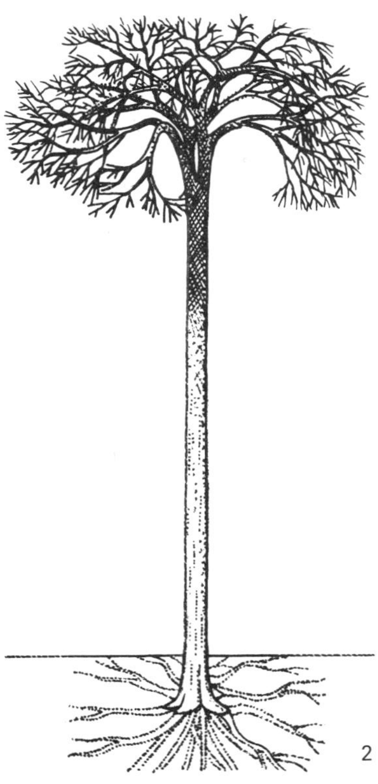

2

1. *Lepidodendron simile,* Oberes Karbon (Westfal), Nýřany, ČSSR. Beblätterter, ungefähr 350 mm langer Astteil mit S-förmig gebogenen Blättern. Diese Art war im Oberen Karbon Europas und Nordamerikas verbreitet.

Ähnliche Schwierigkeiten treten auch bei der Rinde auf, die sich bei alten Teilen der Stämme und Äste verschieden tief abschälte. Die Oberflächen (Dekortikate) solcher Stämme wurden dann mit verschiedenen Kennzeichen versehen und erhielten fälschlicherweise verschiedene Gattungsnamen.

Lepidodendron aculeatum STERNBERG

Ordnung: Lepidodendrales
Familie: Lepidodendraceae

Als häufigste Reste von Lepidodendren findet man Stamm- bzw. Rindenoberflächen mit den gestreckt rhombischen Blattpolstern. Ungefähr in der Mitte jedes Polsters liegt die Narbe, die das abgefallene Blatt hinterließ. Sie ist ebenfalls rhombisch und weist drei kleine Vertiefungen auf. Die mittlere Vertiefung entspricht dem in das Blatt eintretenden Gefäßbündel. Die seitlichen Vertiefungen wurden vom Luftgewebe hinterlassen. Unter der Blattnarbe ist das Polster durch einen Längskiel geteilt, an dessen Seiten zwei weitere Spuren, die vom Lüftungsgewebe stammen, verlaufen.

Lepidophloios laricinus STERNBERG

Ordnung: Lepidodendrales
Familie: Lepidodendraceae

Die Gattung *Lepidophloios* ist der Gattung *Lepidodendron* nah verwandt und tritt oft mit dieser gemeinsam auf. Die Gattung *Lepidophloios* überlebte aber bis in das Untere Perm. Ihre Blätter waren lang und grasartig, und die eingeschlechtlichen Zapfen wuchsen an kurzen Zweigen direkt aus dem Stamm hervor. Nach ihrem Abfallen blieben auf dem Stamm Zonen von in Schraubenlinien angeordneten Narben. Die Blattpolster waren stark gewölbt, hingen nach unten über und überdeckten sich gegenseitig schuppenartig.

1. *Lepidodendron aculeatum**, Oberes Karbon (Westfal), Plzeň, ČSSR. Abdruck der Stammoberfläche mit ca. 40 mm langen Blattnarben. Die spiralige Anordnung der Blätter zeigt sich an den Ast- und Stammteilen durch die in schrägen Reihen angebrachten Blattnarben.

2. *Lepidophloios laricinus**, Oberes Karbon (Westfal), Nýřany, ČSSR. Abdruck einer Stammoberfläche mit charakteristischen quergestreckten, nicht überdeckten, ca. 6 mm langen Blattnarben.

1

2

3. *Sigillaria scutellata**, Oberes Karbon (Westfal), Břasy, ČSSR. Abdruck einer Stammoberfläche mit Blattnarben, die in senkrechten, ca. 12 mm breiten Reihen angeordnet sind.

4. *Stigmaria ficoides**, Oberes Karbon (Westfal), Otvovice bei Kralupy, ČSSR. Bruchstück eines Wurzelstocks mit einem Durchmesser von 35 mm und mit Wurzeln, plastisch im tuffitischen Gestein erhalten.

5

Sigillaria scutellata Brongniart

Ordnung: Lepidodendrales
Familie: Lepidodendraceae

Die Sigillarien **(5)** waren ebenfalls ein bedeutendes Pflanzenelement des Karbon und Unteren Perm in der euroamerikanischen phytogeographischen Provinz. Auch sie waren baumwüchsige Bärlappe und erreichten Höhen bis zu 20 m.

Ihr Stamm war nicht oder höchstens schwach verzweigt. In der Mitte der langen grasartigen Blätter verliefen zwei Leitgefäßbündel. Die Blätter waren am Stamm und an den Ästen schraubenlinienförmig und gleichzeitig in Längsreihen angeordnet. Die Blätter hinterließen auf der Rinde charakteristische Narben. Die kätzchenartigen Zapfen wuchsen aus dem oberen Teil des Stammes oder aus stärkeren Ästen und enthielten Sporophylle beider Geschlechter (heterospore Zapfen) oder waren in selbständige weibliche und männliche Zapfen getrennt.

Stigmaria ficoides (Sternberg) Brongniart

Ordnung: Lepidodendrales
Familie: Lepidodendraceae

Der Stamm der baumartigen Bärlappe verzweigte sich unten meist in vier starke, sich dichotomisch weiter aufgliedernde „Wurzelstöcke", aus denen bis zu einem Meter lange, rankenartige „Wurzeln" entsprangen (Appendices). Abgeteilte Rankenwurzeln hinterließen auf der Oberfläche charakteristische kraterartige Narben, Stigmarien werden oft in der ursprünglichen Lage gefunden und sind ein wichtiges Beweisstück bei der Lösung des Ursprungs von Kohlenflözen.

Sphenophyllum myriophyllum CRÉPIN

Ordnung: Sphenophyllales
Familie: Sphenophyllaceae

Zu den typischen Pflanzen des jüngeren Paläozoikums gehören auch die Schachtelhalmgewächse (Equisetophyta), die schon im Devon erschienen. Während des Mesozoikums traten sie allmählich zurück, und bis zur Gegenwart hat nur eine einzige Gattung, *Equisetum,* überlebt. Das auffallendste Merkmal der Schachtelhalme ist der gegliederte, quirlig verzweigte Stengel mit den kleinen, in regelmäßigen Quirlen angeordneten Blättern. Die Sporophylle sind gewöhnlich zu quirligen ähren- oder zapfenförmigen Gebilden zusammengefaßt. Genau wie die heutigen waren auch die fossilen Schachtelhalme feuchtigkeitsliebend.
Die zu den Schachtelhalmen gehörenden Keilblattgewächse der Gattung *Sphenophyllum* sind vom Oberen Devon bis zur Unteren Trias der nördlichen und südlichen Hemisphäre bekannt. Hierher gehören auch rankende Formen mit langen und dünnen, sich nur selten verzweigenden Stengeln. An der Stengeloberfläche befinden sich durchlaufende Rippen. Die Wurzeln wuchsen aus den Knotenstellen (Nodi) hervor. An den Stengeln bildeten sich offensichtlich gewöhnlich auch zusätzliche (adventive) Wurzeln. Die Blätter waren in Quirlen angeordnet. Ihre Anzahl betrug in einem Quirl immer 3 oder ein Vielfaches von 3. Ein charakteristisches Merkmal der Sphenophyllen sind die dreieckigen

1. *Sphenophyllum myriophyllum:* Oberes Karbon (Westfal), Rakovník, ČSSR. Größe des Gesteins 70 × 40 mm. Bedeutende Art des europäischen Karbons mit tief geschlitzten Blättern.

2. *Sphenophyllum majus,* Oberes Karbon (Westfal), Radnice, ČSSR. Im Tuffit erhaltener, ca. 60 mm langer, belaubter Zweig. In Europa, Kleinasien und Nordamerika verbreitete Art.

3

3. *Sphenophyllum cuneifolium**, Oberes Karbon (Westfal), Kladno, ČSSR. Isolierte Quirle im kalkigen Tonschiefer erhalten. Ausmaß des Musters 90 × 40 mm. Eine der verbreitetsten Arten der Gattung.

Gefäßbündel (im Stengelquerschnitt erkennbar) und der keilförmige Umriß der Blätter. Dieser Umriß bleibt auch dann erhalten, wenn die Blätter zipfelig geschlitzt sind. Bei einigen Arten befanden sich an einer Pflanze zwei Blättertypen (Heterophyllie). Hierbei wechselten immer einige Quirle mit geschlitzten Blättern und Quirle mit ganzrandigen Blättern ab. Für einige Sphenophyllen ist eine plagiotrope Gestaltung typisch, die auf die effektivere Nutzung der Sonnenenergie gerichtet ist. Die Blätter der übereinander stehenden Quirle waren nach oben hin stark verkürzt, damit die jeweils im darunterliegenden Quirl befindlichen Blätter nicht zu stark beschattet wurden. Die Fruchtzweige der Sphenophyllen unterscheiden sich manchmal nicht von den sterilen Zweigen, an anderer Stelle bildeten sich Sporenzapfen aus. Die Sporen waren bis auf wenige Ausnahmen vom gleichen Typ.

Sphenophyllum majus BRONN

Ordnung: Sphenophyllales
Familie: Sphenophyllaceae

Die Klassifizierung der Sphenophyllen erfolgt im wesentlichen künstlich auf der Grundlage der verschiedenen Blattformen. Die Fruchtzapfen, die eine natürliche Klassifizierung ermöglichen könnten, treten meist isoliert auf, so daß nur ausnahmsweise die Blatt-Typen auf die Fruktifikationen bezogen werden könen. An den Blättern der Sphenophyllen wird die Entwicklungsrichtung (Trend) gut deutlich, die von den stärker geschlitzten Blättern der geologisch älteren Formen zu den jüngeren Typen mit ganzrandigen Spreiten führt (zum Beispiel bei *S. majus*).

Sphenophyllum cuneifolium STERNBERG

Ordnung: Sphenophyllales
Familie: Sphenophyllaceae

4

Bei dieser Art, die in Europa und Nord- und Südamerika verbreitet ist, fällt eine stark auffallende Heterophyllie auf. Die Sporenzapfen **(4)** sind massiv und erreichen Längen um 60 mm.

Calamites suckowi BRONGNIART

Ordnung: Equisetales
Familie: Calamitaceae

Die Calamiten **(4)** sind die bekanntesten Schachtelhalmgewächse des jüngeren Paläozoikums. Sie waren weltweit verbreitet. Am reichsten entwickelt waren sie im Oberen Karbon und im Unteren Perm. Im Unterschied zu den lianenartigen Sphenophyllen waren die Calamiten baumwüchsig und erreichten Höhen von 20–30 m. Sie waren im Boden durch verzweigte, gegliederte Wurzelstöcke verankert. Die Stämme waren dicht oder nur locker verästelt, die Gesamtgestalt (der Habitus) der Pflanze war kegelförmig (ähnlich dem heutigen Schachtelhalm). Die Blätter wuchsen in wechselständigen Quirlen. Bei den stammesgeschichtlich älteren Typen waren sie gabelig geteilt, bei den fortgeschritteneren linealisch. Die Sporenbehälter waren in Zapfen angeordnet. In der Mitte des Stammes befand sich eine mächtige Marksäule. Das Mark wurde aber bald abgebaut, und es verblieb ein Hohlraum, der im Bereich der Knoten teilweise unterbrochen war. Auch der Holzzylinder und die Rinde waren stark entwickelt.

Als häufigste Calamitenreste findet man Abdrücke von Stammteilen und Ästen, die entweder als Steinkerne der Markhöhlung deren Oberfläche genau abbilden oder als Abdrücke der Außenfläche erhalten geblieben sind. Die Oberfläche der Steinkerne ist deutlich längsgerieft. Die Längsrippen sind Abdrücke der Gefäßbündel. Sie verzweigen sich im Bereich der Knoten gabelig und verbinden sich mit den benachbarten

1. *Calamites suckowi,* Oberes Karbon (Westfal), Saarbrücken, BRD. Gedrückter Steinkern einer Markhöhlung; Länge 150 mm.

2. *Calamites undulatus,* Oberes Karbon (Westfal), Radnice, ČSSR. Stark deformierter Steinkern einer Markhöhlung; Länge 150 mm.

3. *Calamodendron* sp., Oberes Karbon (Stephan), Hilbersdorf, DDR. Querschnitt eines verkieselten Stammes mit einer kleinen Markhöhlung und deutlichen Sekundärholzteilen. Maximaler Durchmesser 80 mm.

3

Längsrippen. Die Markkerne erhalten so ihre gerippte Oberfläche. Die Einschnürungen an den Knoten entsprechen den nicht vollständigen Querteilungen der Markhöhle. Die Abdrücke der Oberfläche von Stämmen oder Ästen der Calamiten sind meistens glatt oder unregelmäßig rissig. Die Knotenlinie ist fast gerade. Hier finden sich oft abgerundete Narben der alternierenden abgefallenen Blätter.

Calamites undulatus Sternberg

Ordnung: Equisetales
Familie: Calamitaceae

Diese Art ist aus dem Oberen Karbon und Unteren Perm Europas und Nordamerikas bekannt. Die Oberfläche des Steinkerns aus der Markhöhle weist charakteristisch gewellte Rillen auf. Diese Übergangsart wird in die Untergattung *Stylocalamites* eingeordnet, die durch einen unverzweigten Stamm gekennzeichnet ist.

Calamodendron sp.

Ordnung: Equisetales
Familie: Calamitaceae

Der innere Aufbau der Calamitenstämme ist am besten an dem mit Kieselsäure durchsetzten und dolomitisierten Material zu erkennen. Im Querschnitt sind die charakteristischen Merkmale der Calamiten gut zu sehen, die verschieden umfangreiche Markhöhle in der Mitte wird von einem mächtigen Holzzylinder, der in ein System von selbständigen Keilen untergliedert ist, und einer Sekundärrinde umschlossen. Die Stärke des Holz- und Rindenzylinders ist ungefähr gleich. Es ist offensichtlich, daß die Rinde ähnlich wie bei den baumartigen Bärlappgewächsen eine wichtige Stützfunktion erfüllte. Die Einteilung der Stämme in verschiedene Typen („Gattungen") geht von der Zusammensetzung der Markstrahlen aus.
Der Typ *Calamodendron* tritt häufig in den Ablagerungen des Oberen Karbon und Perm Europas auf.

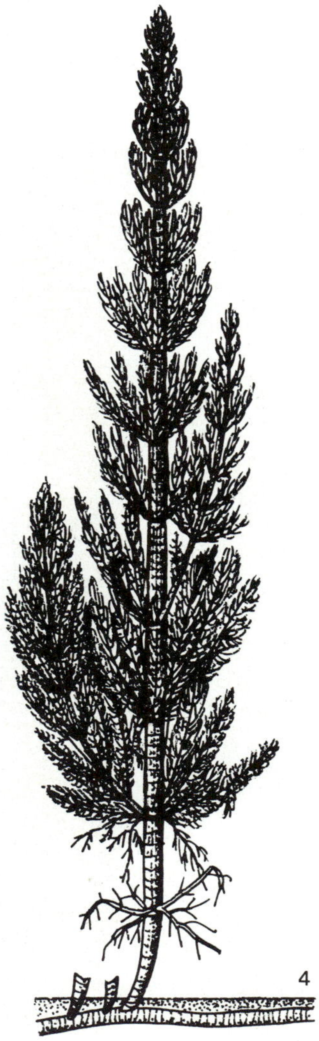

4

Asterophyllites equisetiformis
(SCHLOTHEIM) BRONGNIART

Ordnung: Equisetales
Familie: Calamitaceae

Es gibt zwei verschiedene Typen von Calamitenblättern. An den Stämmen und stärkeren Ästen befinden sich lang linealische Blätter, die sich oft eng an den Trieb anschmiegen, gegebenenfalls teilweise miteinander verwachsen und so, ähnlich wie bei den Schachtelhalmen der Gegenwart, eine Scheide bilden. Zur Assimilation dienten vor allem die Blätter der dünnen Zweige, die sich vom Stengel abbogen und nur an der Basis miteinander verwuchsen. Diese Blätter sind einfach linealisch, einadrig, recht dick und im Querschnitt annähernd rhombisch. Die beblätterten Zweige der Calamiten treten in der Regel isoliert auf und werden deshalb mit eigenen Gattungs- und Artnamen versehen. Ihre Namensgebung hängt nicht von der Namensgebung der Stämme oder Fruchtzapfen ab.
Die Gattung *Asterophyllites* ist vom Oberen Karbon bis zum Perm Europas, Asiens und Nordamerikas bekannt. Ihre Blätter wachsen nur undeutlich an den Basen zusammen und stehen nach allen Seiten schräg nach oben. Bei den einzelnen Arten zeigt sich die Tendenz zur Ausbildung plagiotrop (in einer Ebene) orientierter Zweige auf verschiedene Weise. Der asterophyllitische Beblätterungstyp ist der geologisch ältere und am häufigsten schon im Westfal vertreten, kommt aber bis ins Unterperm vor.

1

C

2

Annularia stellata SCHLOTHEIM

Ordnung: Equisetales
Familie: Calamitaceae

Die Gattung *Annularia* findet sich weltweit im Karbon und Perm. Am häufigsten ist sie im höheren Oberen Karbon und im Perm. Sie stellt einen fortgeschritteneren Typ dar, bei dem nicht nur die aus den Knoten abzweigenden Ästchen, sondern auch die Blätter der Quirle in einer Ebene ausgerichtet sind. Damit sich die Blätter der einzelnen Quirle gegenseitig nicht beschatteten, waren oft einige von ihnen gekürzt. Die Blätter sind gewöhnlich flacher und breiter als die der Gattung *Asterophyllites,* obwohl auch hier schmalblättrige Typen auftreten. An der Basis verwachsen die Blättchen miteinander.
Mit den Zweigen, die als *Asterophyllites* und *Annularia* bezeichnet werden, werden oft, auch wenn in der Regel isoliert, Zapfen gefunden, die entweder direkt aus dem Stamm oder aus den Seitenästen hervorwuchsen. Bei den Zapfen wechseln die Quirle steriler Blätter mit den Quirlen der Sporangienträger ab. Diese weisen in der Regel vier Sporangien auf, und ihre freien Enden schließen oft mit einem Schild ab. Entsprechend der detaillierten Anordnung der Sporangienträger, sterilen Blätter und anderer anatomischer Kennzeichen wird eine ganze Reihe von Zapfen unterschieden, wie z. B. *Calamostachys, Palaeostachya* u. ä.

1. *Asterophyllites equisetiformis,* Oberes Karbon (Westfal), Kladno, ČSSR. Teil eines Zweigs mit Blättern, im Kohlematerial erhalten. Länge 140 mm. Fortschrittlicher Typ der Gattung *Asterophyllites* mit langen Blättern.

2. *Annularia stellata,* Oberes Karbon (Westfal), Stradonice bei Beroun, ČSSR. Teil eines beblätterten Zweiges; Länge ca. 110 mm. Eine der verbreitetsten Arten mit langen, schmal lanzettlichen Blättern.

Rhyniophyten und Farngewächse
Rhyniophyta et Pteridophyta

Ordnung: Equisetales
Familie: Schizoneuraceae

Schizoneura paradoxa SCHIMPER

Nach der Hauptblütezeit der Schachtelhalme im Karbon und Unteren Perm gingen sie langsam zurück. Das zeigt sich deutlich zu Beginn des Mesozoikums. Infolge des ständig trockener werdenden Klimas starben die Baumschachtelhalme aus und wurden von kleineren, krautigen Typen abgelöst.
Der älteste Vertreter solcher Typen ist die Gattung *Schizoneura* **(4)**. Sie stammt aus der gemäßigten Zone Gondwanas (des südlichen Urkontinents, der Südamerika, mit Ausnahme der nördlichen Gebiete Afrika, Indien, Australien, Neusseeland und die Antarktis umfaßte). In Mittelasien erschien die Gattung in der Unteren Trias und drang offensichtlich in der Mittleren Trias auch nach Europa vor. Die dünnen Stengel von *Schizoneura* wuchsen bis zu zwei Meter hoch und waren in der Regel reich verzweigt. Die langen, in Quirlen angeordneten Blätter verwuchsen in der ganzen Länge und bildeten lange Scheiden, die dann entlang den Nerven in zwei oder mehrere Teile aufrissen. Die Sporangien waren an den Enden der Seitenzweige in langen Zapfen angeordnet.

4

Ordnung: Equisetales
Familie: Equisetaceae

Equisetites münsteri STERNBERG

Die Gattung *Equisetites* umfaßt charakteristische Arten im Mesozoikum; vielleicht gab es Vorläufer schon im jüngeren Paläozoikum. Die größte Entfaltung und Verbreitung erreichten sie in der Oberen Trias und im Unteren Jura. Außer krautigen Typen gehören hierher auch baumwüchsige Formen, die bis zu 10 m hoch wurden. Die Vertreter der Gattung *Equisetites* wuchsen vor allem auf sandigen Böden. Im Querschnitt des Stammes sind die geräumige Markhöhlung und das schwach entwickelte Sekundärholz erkennbar. Die Oberfläche des Stamms war glatt, und nur die dünnen Zweige weisen Längsrippen auf, die den durchgedrückten Gefäßbündeln entsprechen. An den unterirdischen Wurzelstöcken, die keinen Markhohlraum besaßen, traten knollige Gebilde auf, die (wie bei den gegenwärtigen Schachtelhalmen) als Reserveorgane angesehen werden. Die linealisch zugespitzten Blätter verwachsen miteinander und umschließen den Stengel dicht. Obwohl sie stark reduziert waren, dienten sie gemeinsam mit dem Stengel der Assimilation. Dadurch unterscheiden sie sich von den heute lebenden Vertretern der Reliktgattung *Equisetum,* bei denen die Assimilation ganz vom Stengel übernommen wurde und die Blätter zu Scheiden verwachsen, die die Enden der heranwachsenden Zweige schützen. Die Sporenzapfen befanden sich bei *Equisetites* an den Enden der Stengel oder Seitenzweige. In der Gattung *Equisetites* haben wahrscheinlich die heutigen Schachtelhalme der Gattung *Equisetum* ihren Ursprung. Sie sind paläontologisch aber erst vom Pliozän an sicher nachweisbar.

1, 3. *Equisetites münsteri**, Obere Trias (Rät), Franken, BRD. 45 mm lange Scheide aus miteinander verwachsenen Blättern **(3)** und 225 mm langer Markhöhlungsausguß **(1)**.

2. *Schizoneura paradoxa**, Untere Trias (Röt), Frankreich. Häufigste und am besten erforschte europäische Art, von der auch die Sporenzapfen gefunden wurden. Länge des Gesteins 135 mm.

1
2
3

Noeggerathia foliosa STERNBERG

Ordnung: Noeggerathiales
Familie: Noeggerathiaceae

Die Noeggerathiophyta sind eine eigenartige Gruppe von Sporenpflanzen aus dem Karbon-Perm, die in sich die Merkmale der Bärlappe, Schachtelhalme und Farne vereinigen. Ihr Ursprung ist bis jetzt noch nicht geklärt. Die Gattung *Noeggerathia* ist ein typischer Vertreter der ganzen Gruppe, und die zu ihr gehörigen Arten treten im Karbon und Perm Mittel- und Westeuropas auf. Sie wuchsen strauch- oder niedrig baumartig. An den stärkeren Stengeln setzten spiralig die Seitenzweige mit den Blättern an. Die Blätter wuchsen ebenfalls in schräger Anordnung (in einer Spirale) und drehten sich auf beiden Steiten plagiotrop in eine Ebene nach außen. Die Seitenzweige erwecken deshalb mit den Blättern den Eindruck eines Farnwedels **(4)**. Die Blätter sind oval keilförmig bis eiförmig und vorn gezähnt. Ihre dichte Äderung ist regelmäßig gabelig verästelt. Der Ursprung der Blätter (mikrophyll, das heißt aus einem Telom) entspricht dem der Schachtelhalme. Die Fortpflanzungsorgane, die Zapfen, zeigen Ähnlichkeit mit den Bärlappen. Die Sporophylle sind in einer Schraubenlinie angeordnet, ihre Sporangien befinden sich aus der Oberseite und nicht wie bei den Farnen an der Unterseite. Die stärkeren Stengel weisen an der Oberfläche gestreckte Quernarben auf, die die abgefallenen Seitenachsen hinterlassen haben.

1. *Noeggerathia foliosa**, Oberes Karbon (Westfal), Lužná bei Rakovník, ČSSR. Beblätterter Seitensproß; Länge der Blätter ca. 25 mm. Die Blätter sind oval keilförmig. Zu dieser Art gehören die Zapfen, die unter der selbständigen Bezeichnung *Noeggerathiostrobus bohemicus* beschrieben werden.

2. *Noeggerathiostrobus bohemicus,** Oberes Karbon (Westfal), Rakovník, ČSSR. Unvollständiger Zapfen; Länge 75 mm.

3. *Rhacopteris bipinnata,* Oberes Karbon (Westfal), Lubná bei Rakovník, ČSSR. Beblätterter Zweig; Länge ca. 80 mm. Erinnert mit dem Aussehen an einen Farnwedel.

3

Noeggerathiostrobus bohemicus FEISTMANTEL

Ordnung: Noeggerathiales
Familie: Noeggerathiaceae

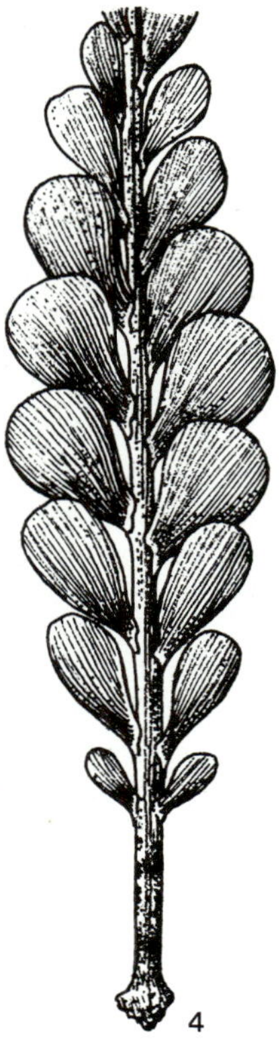

4

Die Zapfen der Noeggerathien waren lang zylinderförmig, ungefähr 15 cm lang und werden als *Noeggerathiostrobus* bezeichnet. Auf der Oberseite der Sporophylle wuchsen auf den Adern in größerer Anzahl die Sporangien mit männlichen oder weiblichen Sporen. Die weiblichen Sporophylle (Megasporophylle) mit den Megasporen waren an der Basis der Zapfen konzentriert, während die männlichen Mikrosporophylle an deren Spitzen standen. Beide Sporentypen unterschieden sich fast nicht von den Sporen der Calamiten.

Rhacopteris bipinnata NĚMEJC

Künstliche Gruppe
Sphenopterides

Den Noeggerathiophyta werden die Blätter bzw. Blattwedel der jungpaläozoischen kosmopolitischen Gattung *Rhacopteris* zugeordnet. Sie erscheinen schon im Unterkarbon und sind in Europa besonders häufig im Westfal (Oberkarbon). Die „Wedel" sind einfach oder doppelt ungerade gefiedert. Die Blätter sind deutlich unsymmetrisch keilförmig und an den Enden in schmale Zipfel geteilt. Die dichte fächerartige Äderung ist gabelig geteilt. Da wir die Fortpflanzungsart bis jetzt nicht mit Sicherheit kennen, ordnen wir sie in das künstliche System der farnähnlichen Blätter ein. Bestimmte Funde zeigen aber den Noeggeratien ähnliche Zapfen.

Rhyniophyten und Farngewächse
Rhyniophyta et Pteridophyta

Pseudosporochnus verticillatus (KREJČÍ) OBRHEL

Ordnung: Pseudosporochnales
Familie: Pseudosporochnaceae

Im Devon gab es außer den schon erwähnten Gruppen auch Farne (Polypodiophyta). Die Farne haben ungegliederte, oft stark reduzierte Stengel ohne Sekundärholz, an denen ein- oder mehrfach gefiederte, große Blattwedel sitzen. Die Blätter sind im Jugendstadium spiralig mit dem Kamm nach außen eingerollt. Die meist an der Blattunterseite sitzenden Sporangien enthalten bei einigen Arten gleich große, bei anderen verschieden große und geformte Sporen. Die Farne stammen vermutlich von den Rhyniophyten ab. Sie sind eine sehr wandlungsfähige Gruppe; während ihrer langen geologischen Geschichte erlebten sie mehrere Kulminationszeiten, und sie sind auch heute noch reichlich vertreten.
Das Klima Europas war im Devon stark von warmen Meeresströmungen beeinflußt. Im Unteren und Mittleren Devon entwickelten sich vor allem in den küstennahen Bereichen zusammenhängende Pflanzenbestände. Fossile Reste der Festlandsflora sind daher in festlandsnahen Ablagerungen der flachen Meere, aber auch in den kontinentalen Bildungen sumpfiger Niederungen in Europa, Asien und Nordamerika nicht selten. In meeresnahen Gebieten wuchsen im Mittleren und frühen Oberen Devon die Arten der Gattung *Pseudosporochnus* **(4)**, die vielleicht zu den Farnen gehören. Sie waren diesen aber nicht sehr ähnlich und wurden deshalb von einigen Paläobotanikern zwischen die Rhyniophyten eingeordnet. Diese sonderbar aussehenden Pflanzen waren durch ein einige Dutzend Zentimeter hohes Stämmchen charakterisiert, aus dem steil aufgerichtete, sich verzweigende, die Krone bildende Ästchen entsprangen. Blätter waren nicht vorhanden, und die Pflanze assimilierte mit der Oberfläche der Äste. Die Zugehörigkeit zu den Farnen ist durch die Aufgliederung der Äste und ihre Verzweigung angedeutet.

4

Protopteridium hostinense KREJČÍ

Ordnung: Protopteridiales
Familie: Protopteridiaceae

Die Gattung *Protopteridium*, die im Mittleren Devon weit verbreitet ist, ähnelt den Farnen. Aber auch hier besteht keine Einigkeit über die Zuordnung. Zum Teil wird sie mit der sehr ähnlichen Gattung *Rellimia* in Verbindung gebracht, bei der Untersuchungen das Vorhandensein von Sekundärholz nachwiesen. Damit wird sie zu den Vorfahren der nacktsamigen Pflanzen (sogenannte Progymnospermen) gestellt. Die Protopteridien waren Sträucher oder niedrige Bäume. Aus den Hauptzweigen traten in einer Ebene die Seitenzweige aus, die sich weiter dichotomisch vergabelten oder dichopodial (ungleichwertig) teilten. Selten findet man Endzweige mit spiralig gedrehten Blättern oder mehreren spindelartigen Sporangien. Die spiralig gedrehten Zweigenden sprechen für die Eingliederung der Protopteridien bei den ältesten Farngewächsen.

1, 2. *Protopteridium hostinense**, Mittleres Devon (Givet), Srbsko, ČSSR. Abdrücke von Zweigen im sandigen Schiefer; Länge 90 mm **(1)** und 180 mm **(2)**. Sterile, gabelig verzweigte Ästchen, die mit dieser Bezeichnung versehen sind, treten stellenweise sehr zahlreich auf und gehören offensichtlich mehreren Pflanzenarten an.

3. *Pseudosporochnus verticillatus**, Mittleres Devon (Givet), Srbsko, ČSSR. Verkohlter Pflanzenteil; Länge 310 mm.

1
2
3

Rhyniophyten und Farngewächse
Rhyniophyta et Pteridophyta

Corynepteris angustissima STERNBERG

Ordnung: Zygopteridales
Familie: Zygopteridaceae

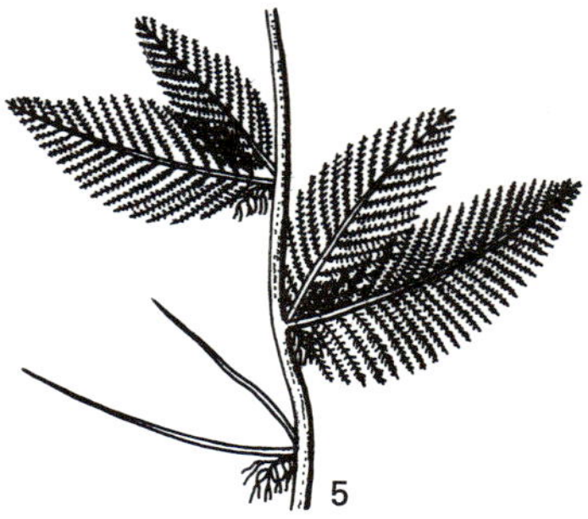
5

Die echten Farngewächse bilden eine wichtige Komponente in der jungpaläozoischen Pflanzenwelt, auch wenn sie nicht so häufig sind, wie es auf den ersten Blick scheint. Im äußeren Aussehen sind ihnen die Samenfarne sehr ähnlich, die in der gleichen Zeit am reichsten entfaltet waren und leicht mit den echten Farnen verwechselt werden. Schon während des Karbons waren die echten Farne sehr vielfältig. Es traten Kräuter- und Baumtypen auf, niederliegende, rankende und lianenartige Formen.

Die zygopteriden Farne tragen sogenannte Phyllophore, Übergangsformen zwischen dem Stengel und dem Blattstiel. Die Gattung *Corynepteris* **(5)** gehört zu den charakteristischen Vertretern der Ordnung und ist in den Sedimenten des Oberen Karbons in der euroamerikanischen Provinz häufig. Die Stengel waren offensichtlich niederliegend und die Phyllophore sehr lang. Aus dem gewellten Hauptsproß entsprangen seitlich wechselständige Blattfächerpaare, die in einer Ebene orientiert waren. An den seitlichen Spindeln saßen kleine asymmetrische, unten verwachsene Blättchen.

Desmopteris longifolia PRESL in STERNBERG

Ordnung: Zygopteridales
Familie: Zygopteridaceae

Die Gattung *Desmopteris* umfaßt eine kleine Anzahl von Arten, die im Oberen Karbon Europas vorkommen. Die Blattstiele tragen breite, bänderförmige Blätter, die schräg oder fast senkrecht nach den Seiten abstehen. Die Blätter sitzen mit einer breiten Basis am Stiel an.

Kidstonia heracleensis ZEILLER

Ordnung: Osmundales
Familie: Kidstoniaceae

Aus dem Karbon kennt man auch schon die Vertreter moderner, bis in die Gegenwart überlebender Formenkreise von Farnen. Diese bilden

1. *Desmopteris longifolia,* Oberes Karbon (Westfal), Nýřany, ČSSR. Teil eines Blattwedels mit schleifenartigen, ca. 80 mm langen Fiederblättchen.

2. *Kidstonia heracleensis,* Oberes Karbon (Westfal), Žebrák, ČSSR. Teil eines Blattwedels, der im tuffitischen Sandstein erhalten ist; Größe des Gesteins 45 × 45 mm.

3. *Corynepteris angustissima,* Oberes Karbon (Westfal), Radnice, ČSSR. Fragment eines Blattwedels mit auffallend ausgeschnittenen Blättchen. Ausmaß des Gesteins 70 × 70 mm.

4. *Zeilleria haidingeri,* Oberes Karbon (Westfal), Stradonice, ČSSR. Bruchstück eines sterilen Blattwedels; Breite 90 mm.

1

keine Phyllophore, und ihr anatomischer Aufbau ist komplizierter. Im Bau der Gefäßbündel wird die Tendenz deutlich, die Protostelen (Holzzylinder mit Bastumhüllung) zu Polystelen (System scheinbar selbständiger Leitgefäßbündel) weiterzubilden.
Die oberkarbonische Gattung *Kidstonia,* ist aus Europa und Kleinasien bekannt. Ihre Wedel sind mehrfach unpaarig gefiedert, die kleinen Blättchen spalten sich in Zipfel auf.

6

Ordnung: Polypodiales
Familie: unbestimmt

Zeilleria haidingeri Ettingshausen

Zur Gattung *Zeilleria* (**6** – Blatteil), die im europäischen Karbon weit verbreitet war, gehören Farngewächse, deren sterile Blätter Fiederblättchen mit verschiedenen Ausschnitten aufweisen und mit einer verjüngten (sphenopterider Typ) oder breiten Basis (pecopterider Typ) an den Achsen ansitzen. Auf den fertilen Blättern liegen in Verlängerung der Adern an den Zipfelenden kugelförmige Synangien (verwachsene Sporangien).

Rhyniophyten und Farngewächse
Rhyniophyta et Pteridophyta

Psaronius sp.
Psaronius bibractensis RENAULT

Ordnung: Marattiales
Familie: Psaroniaceae

3

So wie Schachtelhalme und Bärlappe waren auch die Farne im jüngeren Paläozoikum mit Baumtypen vertreten. Sie erreichten ihre Blütezeit in Europa aber erst später als die ersten beiden Gruppen, als zu Beginn des höheren Oberen Karbon und im Unteren Perm das Klima etwas trockener wurde. Die bekanntesten paläozoischen Baumfarne, die Psaronien, gehören zur Ordnung Marattiales, die in der Gegenwart in der tropischen und subtropischen Zone mit einigen Gattungen vertreten ist. Sie zeichnen sich durch einige individuelle anatomische Besonderheiten aus. Die Entwicklung der Gefäßbündel ging vom protostelen zum polystelen Bautyp. Andererseits deutet man die Entstehung der Sporangien aus Zellgruppen anstatt aus einer Zelle, wie bei den fortschrittlicheren Farntypen, als konservatives Merkmal.
Die Psaronien **(3)** wuchsen im jüngeren Paläozoikum auf der gesamten nördlichen Hemisphäre und waren in Mittel- und Westeuropa häufig. Die geologisch jüngsten Vertreter sind aus der Unteren Trias bekannt. Die Psaronien erreichten Höhen um 10 m. Der lange Stamm schloß mit einer Krone großer, mehrfach gefiederter Blätter ab. Der innere Aufbau des Stammes ist sehr charakteristisch. Im parenchymatischen Grundgewebe lagen plattenförmige Gefäßbündel, die im Stammquerschnitt hufeisenförmig gebogen oder verschieden gekrümmt sind und tütenartig ineinandergriffen. Um den Stamm lag ein mächtiger Mantel von Luftwurzeln, der mehrfach stärker war als der eigentliche Stamm. Der innere Teil dieses Mantels lag im Parenchymgewebe, der äußere bestand aus freien Luftwurzeln, die eine dichte Umhüllung bildeten. Da die Hauptwurzel nur schwach ausgebildet war, diente diese Luftwurzel-

1

1. *Psaronius sp.**, Oberes Karbon (Westfal), Radnice, ČSSR. Verkohlter Stammteil; Durchmesser 110 mm. Die Stämme der Psaronia befinden sich oft in der ursprünglichen Lebensstellung.

2

2. *Psaronius bibractensis,* Oberes Karbon (Stephan), Nová Paka, ČSSR. Quer polierter Gesteinsanschliff; Durchmesser 150 mm. Der Fundort gehört zu den bekanntesten in Mitteleuropa.

hülle sowohl der Erhöhung der gesamten Stabilität und Festigkeit des Stammes als auch der Ernährung der Pflanze.
Wir finden die Stämme der Psaronien oft in verkieseltem oder dolomitisiertem Zustand. Unter günstigen Fossilisationsbedingungen wurden die einzelnen Gewebeschichten allmählich von Kieselsäure oder Calciumcarbonat durchdrungen und ersetzt, so daß auch die feineren Einzelheiten des anatomischen Baus erhalten blieben. Auf den polierten Schliffflächen sind die Bänder, die den Gefäßbündeln entsprechen, und die runden und elliptischen Querschnitte der inneren Teile des Luftwurzelmantels gut zu erkennen. Die freien Wurzeln sind in der Regel abgebrochen. Auf der Oberfläche des Stammes, von dem der Mantel der freien Luftwurzeln entfernt ist, befinden sich ovale Narben der abgefallenen Blattwedel. So wie auch bei anderen baumwüchsigen Pflanzen liegen die Stämme und übrigen Pflanzenorgane bei den fossilen Resten in der Regel getrennt vor. Die Kenntnis des inneren Aufbaus der Stämme ist keine ausreichende Grundlage für eine natürliche Klassifikation. Der Name *Psaronius* wird deshalb als Sammelname für die Farngewächse mit dem oben beschriebenen Stammaufbau verwendet und umfaßt sicher mehrere Gattungen. Ähnlich verhält es sich auch mit den sterilen Blattwedeln der Psaronien, denen wir besondere Aufmerksamkeit schenken.

Rhyniophyten und Farngewächse
Rhyniophyta et Pteridophyta

Ordnung: Marattiales
Familie: Psaroniaceae

Pecopteris arborescens SCHLOTHEIM

Zu den sehr häufigen Funden von Pflanzenfossilien gehören sterile Blattwedel vom Typus der Farne. Bestimmte Formtypen kennzeichnen stratigraphische Zonen. Um sie für die geologische Praxis verwenden zu können, müssen sie klassifiziert werden. Deshalb arbeitete der französische Paläontologe BRONGNIART schon 1822 das erste künstliche System für die farnähnlichen Blätter aus. Diese Klassifizierung wurde später vervollständigt. Sie geht vom Umriß der Blätter, dem Charakter ihrer Äderung und der Art aus, wie die Blätter an der Spindel sitzen. Diese Einheiten entsprechen nicht einem natürlichen System; denn sie fassen unter einem Gattungsnamen auch Arten zusammen, die miteinander wenig oder nicht verwandt sind. Es ist jedoch die einzige Möglichkeit, um mit diesen Pflanzenresten praktisch arbeiten zu können.
Zu den Psaronien gehörten große, mehrfach unpaarig gefiederte Blattwedel **(5)**. Die Fiederblättchen stehen frei oder sind an den Seiten teilweise verwachsen, sie haben einen geraden oder gewellten Rand und sind vorn abgerundet. Sie sitzen an der Spindel mit einer breiten Basis an. Ihr Hauptnerv ist unpaarig gefiedert. Die Blättchen dieses Typs werden bei farnähnlichen Pflanzen als pecopterid bezeichnet. Die Wedel der sterilen Blätter erhalten den Gattungsnamen *Pecopteris.*

Asterotheca aspidioides PRESL in STERNBERG

Ordnung: Marattiales
Familie: Psaroniaceae

Bei einer Reihe pecopterider Farngewächse kennen wir neben den sterilen Blättern auch Blätter mit Sporenbehältern und haben die Möglichkeit eines Vergleiches und einer Bestimmung. Sie ordnet man selbständigen natürlichen Gattungen zu. Den Psaronien werden Blattwedel mit verschiedenen Typen von Sporenbehältern zugeschrieben. Die Farne der Gattung *Asterotheca* kennen wir aus dem jüngeren Paläozoikum und der Trias. Sie weisen rundliche Sporenhäufchen mit freien Sporenbehältern auf. Eine Reihe von Arten dieser Gattung ist stratigraphisch von Bedeutung.

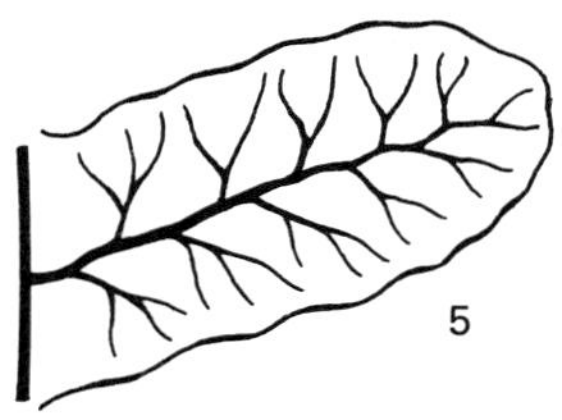
5

Ordnung: Marattiales
Familie: Psaroniaceae

Acitheca polymorpha BRONGNIART

Die Blattwedel, die als *Acitheca* bezeichnet werden, gehören zu den Psaronien. Wir kennen sie aus den jungpaläozoischen Sedimenten Europas und des Kaukasus. Die pecopteriden Blättchen weisen geteilte Seitennerven auf. Die Sporenbehälter sind gestreckt und an der Basis verwachsen.

Ordnung: Polypodiales
Familie: unbekannt

Dactylotheca plumosa ARTIS

Pecopteride Blättchen und baumartigen Wuchs besaßen auch einige Vertreter der sehr abwandlungsfähigen Ordnung Polypodiales. Die Gattung *Dactylotheca,* die im Karbon und Perm Europas weit verbreitet war, hat mehrfach unpaarig gefiederte Blattwedel, die an der Basis große paarige, schuppige Gebilde aufweisen (Aphlebien), die dem Schutz der jungen Wedel dienten. Die großen Sporangien sitzen einzeln den sekundären Adern an.

1. *Asterotheca aspidioides,* Oberes Karbon (Westfal), Rakovník, ČSSR. Verkohlter Teil eines Blattwedels; Größe des Musters ca. 110 × 75 mm.

2. *Dactylotheca plumosa**, Oberes Karbon (Westfal), Rakovník, ČSSR. 80 mm langer Teil eines Blattwedels.

3. *Acitheca polymorpha**, Oberes Karbon (Stephan), Slaný, ČSSR. Teil eines Blattwedels im pelitischen Carbonat; Größe des Musters 120 × 60 mm.

4. *Pecopteris arborescens,* Oberes Karbon (Stephan), Slaný, ČSSR. Ende eines Blattwedels, 80 mm lang.

1
2
3
4

Nacktsamer
Gymnospermae

Ordnung: Lyginodendrales
Familie: Mariopteridae

Mariopteris leharlei Corsin

Zu den bekanntesten Pflanzen des jüngeren Paläozoikums gehören sicher die Samenfarne (Lyginodendrophyta). Sie gehören zu den ältesten Samenpflanzen, deren Überreste wir schon aus dem Devon kennen. Im Mesozoikum waren die Samenfarne nur noch durch Nachzügler vertreten, und vor Abschluß der Kreidezeit starben sie aus. Die Existenz dieser Pflanzengruppe blieb wegen der großen Ähnlichkeit mit den Echten Farnen lange verborgen. Ungeklärt war, warum bei einigen Typen von Farnblättern niemals Sporenbehälter auftraten. Erst am Ende des 19. und Anfang des 20. Jahrhunderts gelang es, diese Frage endgültig zu klären. Entscheidend trug dazu der Nachweis der Zusammengehörigkeit solcher Blattwedel mit Samen und bestimmten Holz- und Stammresten bei. Die Samen waren (wie bei allen nacktsamigen Pflanzen) nicht in einem Fruchtknoten verborgen.
Die Samenfarne waren strauch-, baum- oder lianenartige Gehölze. Sie trugen mächtige, reich gegliederte Blattwedel, deren Enden im Anfangsstadium wie bei den Echten Farnen eingerollt waren. Sie sahen also aus wie echte Farne. Die Fortpflanzungsorgane befanden sich auf verzweigten Stielen oder am Ende der Blattwedel. Ihre Blütezeit und weiteste Verbreitung hatten die Samenfarne im Oberen Karbon.
Die lianenartigen Farne, die der Gattung *Mariopteris* zugeordnet werden, treten in den Stufen Namur und Westfal in Europa häufig auf. Die großen Blattwedel, die in einer Schraubenlinie angeordnet waren, hatten einen langen, dichotomisch geteilten Stiel. Der äußere Arm war kürzer als der innere, beide waren unpaarig gefiedert. Die Fiederblättchen waren eiförmig bis breit lanzettlich und an den Rändern grob gezähnt **(4)**.

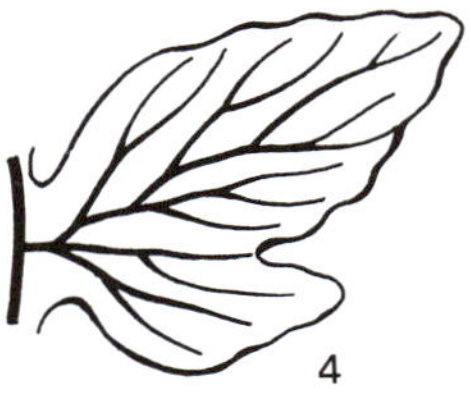

4

1. *Mariopteris leharlei,* Oberes Karbon (Westfal), Ottweiler, Saarland, BRD. Länge des Musters ca. 110 mm.

2. *Sphenopteris laurentii,* Oberes Karbon (Westfal), Kladno, ČSSR. Fragment eines Blattwedels; Länge des Musters 90 mm.

3. *Medullosa* sp., Unteres Perm, Hilbersdorf, Sachsen, DDR. Polierter Schliff, Durchmesser ca. 130 mm. Das Sekundärholz ist gleichmäßig entwickelt.

3

Sphenopteris laurentii Andrae

Künstliche Gruppe:
Sphenopterides

Von vielen Samenfarnen kennen wir nur die Blattwedel, die keinerlei Merkmale aufweisen, die es ermöglichen, sie in ein natürliches System einzuordnen. Wir reihen sie deshalb in das künstliche Farnblatt-System ein. Der Gattungsname *Sphenopteris* umfaßt ähnlich gestaltete Blattwedel sowohl von Echten Farnen als auch von Samenfarnen. Viele Arten sind stratigraphisch von Bedeutung. Sie treten im Karbon und Perm auf.

5

Medullosa sp.

Ordnung: Medullosales

Der innere Aufbau der Stämme der Samenfarne war einer der ersten Beweise dafür, daß sie nicht zu den Echten Farnen gehören. Ihr Bau ist protostelisch bis polystelisch und bei den jüngeren Vertretern sehr kompliziert. In allen Fällen ist das Sekundärholz mit den Gefäßen sehr stark entwickelt und hat den Bau von Nacktsamerhölzern.
Medullosa **(5)** ist eine künstliche, weitgefaßte Gattung mit polystelischem Stammbau. Zu ihr gehören Blattwedel, die mit *Neuropteris, Alethopteris, Odontopteris, Callipteris* u. a. bezeichnet werden.

Nacktsamer
Gymnospermae

Alethopteris decurrens ARTIS

Künstliche Gruppe:
Alethopterides

Im künstlichen System der Farnwedelblätter gibt es eine ganze Anzahl von Gruppen, die „Gattungen" mit typischen Blattwedeln und typischer Beblätterung enthalten. Die Analyse neuer Funde ermöglicht, bei immer mehr Typen die tatsächliche systematische Stellung zu klären. So wissen wir zum Beispiel schon heute, daß die Blätter, die mit dem Gattungsnamen *Alethopteris* bezeichnet werden, alle zu den Samenfarnen gehören. Sie treten häufig vor allem im Oberen Karbon und Unteren Perm Europas und Nordamerikas auf. Ihre Blattwedel sind mehrfach gefiedert. Die Fiederblättchen sitzen mit einer breiten Basis an. Sie sind hier gewöhnlich mit einem breiten Saum verbunden. Die Äderung ist gefiedert, aus den markanten Hauptadern entspringen wechselständig einfache oder gabelig verzweigte Seitenadern.

Neuropteris heterophylla BRONGNIART

Künstliche Gruppe:
Neuropterides

Die Fiederblättchen vom Typ *Neuropteris* **(5)** treten vom Unteren Karbon bis zum Unteren Perm vor allem auf der nördlichen Hemisphäre auf. Sie gehören zu den Samenfarnen mit großen, gabelig geteilten Wedeln, die an der Basis der gemeinsamen Spindel Aphlebien aufweisen. Die Fiederblättchen sind verhältnismäßig groß, rundlich bis zungenförmig, unten abgerundet und mit einer stark verjüngten Basis oder einem sehr kurzen Stiel angewachsen. Die Äderung ist gefiedert.

3

1. *Neuropteris heterophylla**, Oberes Karbon (Westfal), Radnice, ČSSR. Ende eines 90 mm langen Blattwedels mit auffallender fortschreitender Differenzierung der Blätter. Bei dieser Art wurden auf den Blattwedeln Samen gefunden, womit einer der ersten konkreten Nachweise für die Richtigkeit der Trennung der Samenfarne von den Echten Farnen erbracht wurde.

1

2

2. *Alethopteris decurrens,* Oberes Karbon (Westfal), Eschweiler bei Aachen, BRD. Teil eines Blattwedels; Länge 80 mm.

3. *Callipteridium trigonum,* Oberes Karbon (Stephan), Ledce bei Plzeň, ČSSR. Teil eines Blattwedels; Länge 90 mm. Auf den Fiederblättchen ist die Nervatur gut zu erkennen.

4. *Callipteris conferta*,* Unteres Perm (Autun), Frankreich. Teil eines Blattwedels; Länge ca. 150 mm. Leitart mit pecopteriden Fiederblättchen, die über die gesamte nördliche Hemisphäre verbreitet ist. Stratigraphisch bedeutsam, für die Autun-Stufe charakteristisch.

Callipteridium trigonum Franke

Künstliche Gruppe: Callipterides

Die Samenfarne, die der Gattung *Callipteridium* zugeordnet werden, sind kennzeichnend für das höchste Obere Karbon (Stephan) auf der nördlichen Hemisphäre. Sie weisen auffallend zackig gebrochene Rippen auf, aus denen an den Knickstellen wechselständig doppelt unpaarig gefiederte Seitenwedel entspringen. Ein interessantes Kennzeichen ist das häufigere Auftreten von Seitenwedeln an den Hauptrippen. Die Fiederblättchen sind pecopterid, ihre Äderung ist gefiedert.

Callipteris conferta Sternberg

Künstliche Gruppe: Callipterides

Die Samenfarne, die mit *Callipteris* bezeichnet werden, kennen wir aus dem Oberen Karbon und Perm der nördlichen und südlichen Hemisphäre. Ihre großen Wedel waren gefiedert und auch gabelig verzweigt und trugen pecopteride Fiederblättchen mit gefiederter Äderung. Ein auffallendes Merkmal sind die beblätterten Rippen, an denen sich gegebenenfalls ebenfalls Wedel entwickelten.

Nacktsamer
Gymnospermae

Dicranophyllum sp.

Ordnung: Dicranophyllales
Familie: Dicranophyllaceae

Vom Ende des Paläophytikums, das heißt vom Oberen Karbon und Unteren Perm Europas, Nordamerikas und Asiens blieben bemerkenswerte Reste von Samenpflanzen erhalten, die nach der verbreitetsten und artenreichsten Gattung *Dicranophyllum* als dicranophylle Pflanzen (Dicranophyllophyta) bezeichnet werden. Die eigentlichen Dicranophyllen waren Sträucher oder vielleicht auch Bäume mit lockerem Astwerk. Die Blätter wuchsen entweder an der gesamten Länge der Äste oder nur an den Spitzen. Sie sind lang, schmal, mehrfach gabelig gegliedert, einfach gabelig gespalten oder auch ungeteilt. Die Blattform unterscheidet sich nicht nur bei den verschiedenen Arten, sondern ist auch vom individuellen Alter abhängig. Bei der typischen Art der Gattung *Dicranophyllum (D. gallicum)* konnte nachgewiesen werden, daß die jungen Blätter ungeteilt, die älteren Blätter zweimal hintereinander gabelig geteilt sind. Ihre Äderung ist meistens nicht sonderlich markant, einfach und parallel laufend. Im Verlauf der Phylogenese kam es bei den Dicranophyllen zur Vereinfachung der Blätter, die bis zu schmal linealischen Formen führte. Die schraubenlinienförmige Anordnung der Blätter verleiht den Ästen der Dicranophyllen das Aussehen von Nadelbäumen. Die Blätter wuchsen auf Blattpolstern. Bei einigen Arten der Dicranophyllen kennen wir auch die Fortpflanzungsorgane. Die einfachen eiförmigen männlichen Zapfen wuchsen in den Blattachseln, die weiblichen Fortpflanzungsorgane sehen wie verzweigte Triebe aus oder sind an der Blattbasis auf der Oberseite konzentriert. Die Dicranophyllen stammen offensichtlich von den Samenfarnen ab. Gelegentlich werden sie als Ausgangsgruppe der Nadelbäume angesehen.

Dicranophyllum domini NĚMEJC

Ordnung: Dicranophyllales
Familie: Dicranophyllaceae

Der innere Aufbau der Dicranophyllen ist nicht bekannt. Gehölze müssen es gewesen sein, denn es finden sich verhältnismäßig starke Äste. Die Abdrücke der Äste weisen auf ein stark entwickeltes Mark hin. Die gestreckt parallelogrammförmigen Blattpolster auf der Zweigoberfläche sind beachtenswert, denn sie erinnern an die Blattpolster einiger Bärlappgewächse, zum Beispiel der Lepidodendren. Die abgefallenen Blätter hinterließen im oberen Teil des Polsters eine feine Spur mit einem Abdruck der Gefäßbündel.

1. *Dicranophyllum* sp., Oberes Karbon (Westfal), Lubná bei Rakovník, ČSSR. Sehr lange, doppelt gabelig verzweigte Blättchen, im tuffitischen Sandstein erhalten. Länge des Musters 240 mm.

2. *Dicranophyllum* sp., Oberes Karbon (Westfal), Kladno, ČSSR. Abdruck eines 80 mm langen, beblätterten Zweigs.

3. *Dicranophyllum domini,* Oberes Karbon (Westfal), Lubná bei Rakovník, ČSSR. Verkohlter Astteil mit deutlich sichtbarem Blattpolster; Länge 130 mm.

C

Nacktsamer
Gymnospermae

Ordnung: Cordaitales
Familie: Cordaitaceae

Cordaites borassifolius STERNBERG

Die Cordaiten (Cordaitophyta) sind baumwüchsige Samenpflanzen des Jungpaläozoikums, die unter sich alle sehr ähnlich aussehen. Am reichsten entfaltet waren sie auf dem Gondwana-Kontinent und in Sibirien unter den Bedingungen des dort damals herrschenden gemäßigten Klimas. Doch waren sie auch in den tropischen Steinkohlenwäldern Europas und Nordamerikas häufig. Die Cordaiten wurden nach dem bedeutenden Naturwissenschaftler A. CORDA, der im 19. Jahrhundert in Böhmen lebte, benannt. Sie besaßen einen geraden Stamm, der 20 und mehr Meter hoch werden konnte und mit einer ausladenden Krone abschloß. Im weichen Untergrund ankerten stark entwickelte, meistens seitwärts gerichtete Wurzeln. Die Blätter der Cordaiten waren einfach bandförmig von wechselnder Breite und paralleladrig, sie konnten bis zu einem Meter lang werden. Sie erinnern bei oberflächlicher Betrachtung an einkeimblättrige Pflanzen. In den Blattachseln wuchsen eingeschlechtliche Zapfen.
Die typischen Vertreter der gesamten Gruppe gehören zur Gattung *Cordaites* **(5)**, die im Karbon und Perm kosmopolitisch verbreitet war. Die zähen Blätter, die in der gemäßigten Klimazone abfielen, waren gut erhaltungsfähig. Ihre Vielfalt ist sehr groß, und viele Typen sind stratigrapisch von großer Bedeutung. Die Fachleute haben deshalb auch hier eine provisorische Lösung vorgeschlagen, ein künstliches System von Cordaitenblättern. Die tatsächlichen verwandtschaftlichen Verhältnisse werden vor allem durch das Studium der Kutikula geklärt (eine dünne, elastische Oberhaut, die vom Kutin gebildet wird), das die Form der Oberflächenzellen, die Anordnung der Spaltöffnungen u. ä. zeigt.

1. *Cordaites borassifolius**, Oberes Karbon (Westfal), Stradonice, ČSSR. Blattbruchstück in einer Kohleschicht; Länge des Musters 290 mm. Das Farnblättchen am Rand gehört zur Art *Eurhacopteris elegans.*

2. *Cordaianthus* sp., Oberes Karbon (Westfal), Kotíkov, ČSSR. 80 mm langer Gipfelteil eines Zapfens und Cordaitenblattbasis.

3. *Cordaicarpus* sp., Oberes Karbon (Westfal), Stradonice, ČSSR. Verkohlter, nußförmig rundlicher Samen; Länge ca. 15 mm.

4. *Artisia* sp., Oberes Karbon (Westfal), Stradonice, ČSSR. Steinkern einer Markhöhlung mit Querwänden; Länge 90 mm.

1

5

Cordaianthus sp.

Ordnung: Cordaitales
Familie: Cordaitaceae

Mit dem Gattungsnamen *Cordaianthus* werden die Zapfen der Cordaiten bezeichnet, deren Hauptspindel gerade ist und Stützschuppen aufweist, die in Doppelreihen oder spiralig angeordnet sind. In deren Achseln saßen die kleinen „Kätzchen" (Sporophylle) mit den Samenanlagen bzw. Staubbehältern.

Cordaicarpus sp.

Ordnung: Cordaitales
Familie: Cordaitaceae

Cordaicarpus ist eine der vielen Bezeichnungen für die Samen der Cordaiten. Diese Samen sind rundlich oder herzförmig und im Querschnitt erheblich abgeflacht. Der Embryo entwickelte sich wahrscheinlich erst, nachdem der Samen von der Mutterpflanze abgefallen war.

Artisia sp.

Ordnung: Cordaitales
Familie: Cordaitaceae

Die Stämme der Cordaiten wiesen ein mächtig entwickeltes Sekundärholz und eine unterdrückte Rinde auf. Sie zeigen einen ähnlichen Bau wie die Nadelhölzer und haben vor allem einige für Araucarien-Hölzer typische Besonderheiten. Für die Cordaiten ist das mit Querwänden versehene Mark charakteristisch, was wir an den Steinkernen der Markhöhlung, die *Artisia* genannt werden, gut erkennen können.

Nacktsamer
Gymnospermae

Ginkgo adiantoides (Unger) Heer

Ordnung: Ginkgoales
Familie: Ginkgoaceae

Die Ginkgogewächse (Ginkgophyta) kennen wir vom Unteren Perm an. Sie traten besonders zahlreich im Mesozoikum der gemäßigten Zone der nördlichen Hemisphäre auf. Der einzige bis zur Gegenwart überlebende Vertreter ist in Südostchina beheimatet. Die Ginkgophyta umfassen sich stark verzweigende, baumwüchsige Holzgewächse. Die Blätter der älteren Typen waren stiellos und fächerförmig aufgespalten, gabelig geteilt und paralleladrig. Die späteren Vertreter hatten gestielte Blätter mit fächerartiger Äderung. Die Fortpflanzungsorgane der fossilen Arten sind nur wenig bekannt. Die männlichen Sporophylle sind in Kätzchen angeordnet, die weiblichen Organe wachsen meist zu zweit auf umgewandelten, gestielten Blättern. Wenn wir das Verhalten der heutigen *Ginkgo* als typisch für die ganze sehr konservative Gruppe ansehen, darf man vermuten, daß sich Keimlinge entwickelten, die im Ruhezustand verharrten und sich erst dann zu entwickeln begannen, wann der Same von der Mutterpflanze abfiel.

Dem Umkreis der Gattung *Ginkgo* zugehörige Typen finden sich schon in der Oberen Trias auf der gesamten Erde. Beachtenswert ist, daß sie auch in hoher geographischer Breite vorkamen, zum Beispiel auf dem Franz-Josef-Land, auf Grönland oder in Patagonien. Innerhalb von annähernd 150 Millionen Jahren erfuhren die Ginkgogewächse keine wesentlichen Änderungen. Ihr letztes Relikt, der Ginkgobaum *G. biloba* **(3)**, ist ein allgemein bekanntes „lebendes Fossil". Meistens finden wir Blätter. Die Blätter sind sehr variabel. In der typischen Form sind sie breit keilförmig und vorn lappig. Sie besitzen einen langen Stiel. Für stratigraphische Zwecke sind sie wenig geeignet.

1. *Sphenobaiera digitata,* Oberes Perm, Mansfeld, BRD. Blattabdruck. Größe des Gesteinsstücks 160 × 70 mm. Die Blätter der ältesten Ginkgogewächse waren tief gespalten.

2. *Ginkgo adiantoides* (links ein Blatt der Buche *Fagus pliocenica*), Neogen (Mittleres Pliozän). Spišské Podhradie, ČSSR. Blattlänge 80 mm. Die Blätter dieser im Tertiär ungewöhnlich weit verbreiteten Art sind ohne eingehendes Studium kaum von den Blättern des rezenten Ginkgobaumes zu unterscheiden. Ihr Auftreten in den pliozänen Travertinen der Slowakei gehört zu den letzten fossilen Funden von Ginkgogewächsen in Europa.

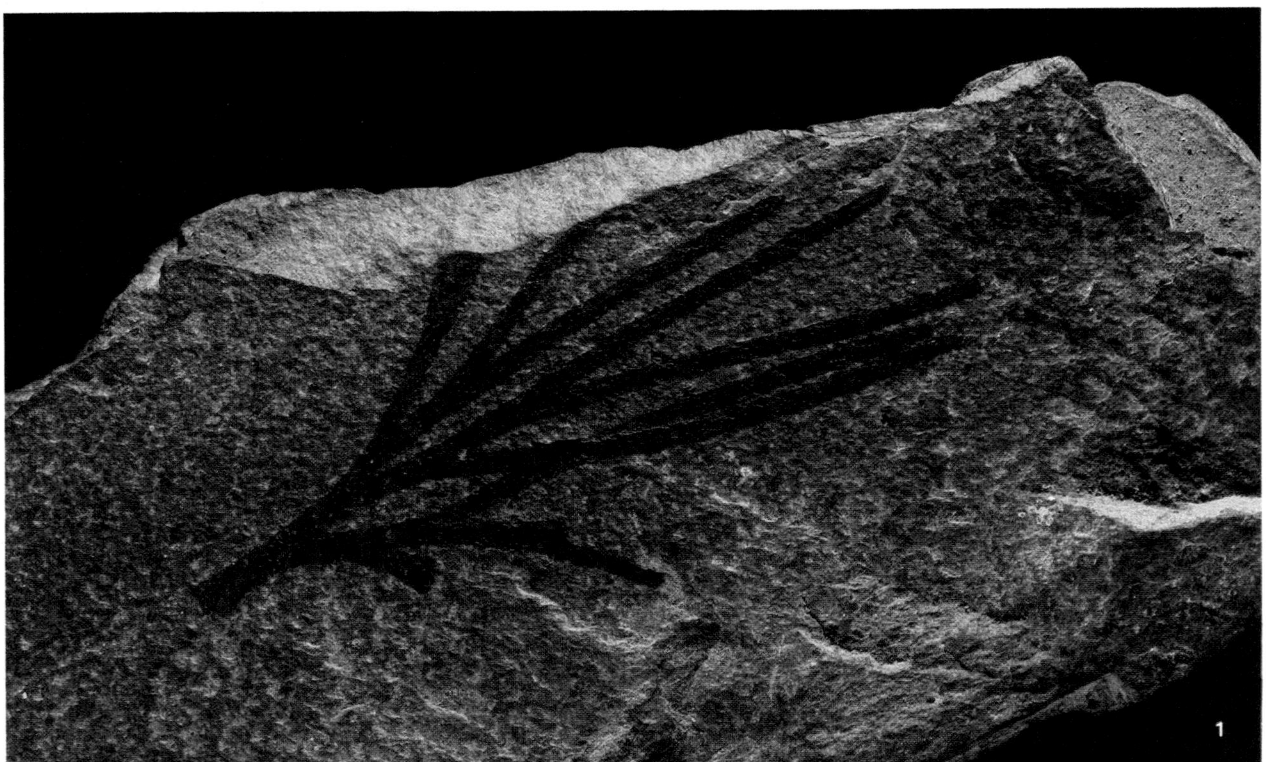
1

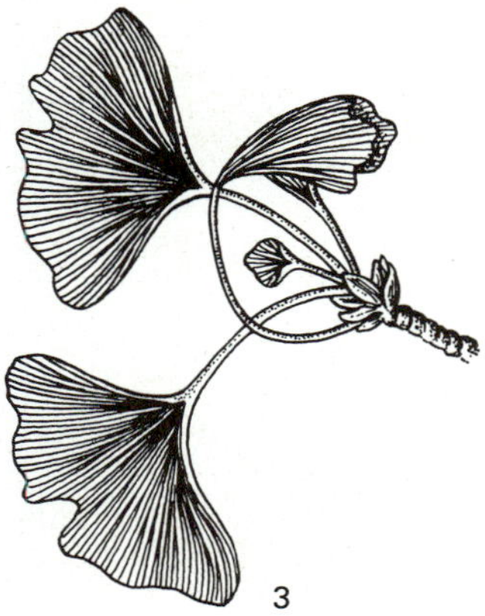

3

Sphenobaiera digitata (BRONGNIART) FLORIN

Ordnung: Ginkgoales
Familie: Sphenobaieraceae

Die Gattung *Sphenobaiera* ist der kosmopolitische Vertreter der ältesten echten Ginkgogewächse. Ihre stratigraphische Ausdehnung reicht vom Unteren Perm bis zur Unteren Kreide. Die Blätter, die an den verkürzten Seitenzweigen (Brachyblasten) wuchsen, sind zu wedelartig angeordneten, bandförmigen Abschnitten mit paralleler Äderung aufgeteilt. Bei der Entwicklung der Ginkgophyta zeigt sich die Tendenz, die ursprünglich stark aufgegliederten Blätter zu einer geschlossenen Blattspreite weiterzubilden.

Nacktsamer
Gymnospermae

Cycadeoidea sp.

Ordnung: Cycadeoideales
Familie: Cycadeoideaceae

Im Mesozoikum lag ebenso wie im jüngeren Paläozoikum ein großer Teil Europas im tropischen Bereich. Das aride Klima, das am Anfang der Trias herrschte, wurde danach mehr und mehr humid. Die Flora Europas hat viele Züge mit der Flora Süd- und Südostasiens gemeinsam, ein Befund, der zur Aufstellung der Indoeuropäischen paläophytogeographischen Provinz führte. Neben den Nadelhölzern und Ginkgogewächsen war noch eine dritte Nacktsamergruppe, die der Cycadophyten, hier reich entfaltet. Sie tauchten schon im Oberen Karbon auf und spalteten sich später in zwei selbständige Entwicklungsrichtungen, in die echten Cycadeen (Cycadopsida) und die Bennettitales (Cycadeoideopsida) auf. Die echten Cycadeen überlebten bis zur Gegenwart in tropischen und subtropischen Gebieten. Die paläontologisch wichtigeren und höher spezialisierten bennettischen Pflanzen kennen wir sehr genau von der Trias an. Sie starben am Ende der Kreidezeit aus.
Die Bennettiteen waren bis zu 3 m hohe Gehölze. Die Stämme waren oft sehr verkürzt, zylinder-, faß- bis kugelförmig, nicht oder nur sehr wenig verzweigt und schlossen mit einem Büschel großer Blätter ab, die an die Krone der Baumfarne oder Palmen erinnern. Der innere Bau des Stammes ist polystelisch, das Mark umfangreich, das Sekundärholz bildet einige zentrische Zylinder. Die Rinde war dünn und wies an der Oberfläche Blattstielnarben auf. Die Fortpflanzungsorgane erinnern mit ihrem Bau stark an die Blüten der Bedecktsamer, was manche Paläobotaniker an stammesgeschichtliche Zusammenhänge beider Pflanzengruppen denken ließ. Die ein- oder zweigeschlechtlichen Blüten, die

1. *Pterophyllum jaegeri,* Obere Trias, Lunz a. See, Österreich. Blätterteil mit maximal 60 mm langen Fiedern.

2. *Zamites suprajurensis,* Oberer Jura (Tithon), Salzhemmendorf, Hannover, BRD. Blätterteil mit ca. 50 mm langen Fiedern.

3. Cycadeoidea sp., Obere Kreide (Cenoman), Slaný, ČSSR. Bruchstück eines verkieselten Stammes mit deutlichen „Blütenlagern"; Länge ca. 90 mm.

3

gleichmäßig über den ganzen Stamm verteilt waren, hatten eine stark verkürzte Basis, die am Rand Hüllblätter trug. Um die Basis herum lagen die männlichen Sporophylle, die weiblichen Sporophylle befanden sich mehr in der Mitte dieser „Blüte". Die nackten eiförmigen Samen sind bis zu 10 mm lang.
Typischer Vertreter der Gruppe ist die Gattung *Cycadeoidea* **(4)**. Sie wuchs im Jura und in der Kreide auf der nördlichen Hemisphäre. Die unverzweigten, verdickten Stämme erinnern an eine Ananasfrucht. Die großen zähen Blätter sind einfach unpaarig gefiedert.

Pterophyllum jaegeri Brongniart — Ordnung: Cycadeoidales

Von den Bennettiteen findet man meistens die ursprünglich zähen Blätter, die nach einem künstlichen System geordnet werden. Die Blätter, die mit dem Gattungsnamen *Pterophyllum* bezeichnet werden, kommen in der Trias und Kreide vor. Sie sind besonders häufig von der Oberen Trias bis zur Kreide in Europa und Nordamerika. Sie sind einfach unpaarig gefiedert, mit kurzen bandförmigen Fiedern, die in der ganzen Breite angewachsen sind und parallele Äderung aufweisen.

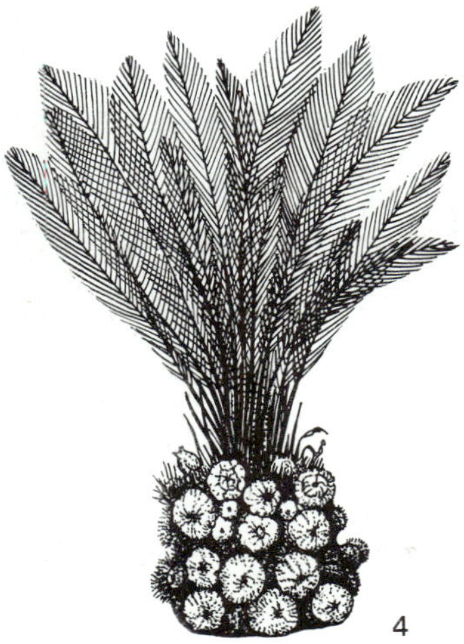
4

Zamites suprajurensis Roemer — Ordnung: Cycadeoidales

Die Blätter der Gattung *Zamites* haben ähnliche Verbreitung wie *Pterophyllum*. Sie sind jedoch gestreckt eiförmig, verjüngen sich zur Spitze und zum Stiel hin allmählich.

Nacktsamer
Gymnospermae

Ordnung: Coniferales
Familie: Lebachiaceae

Lebachia hypnoides (BRONGNIART) FLORIN

Die Koniferen (Pinophyta) sind die vielgestaltigste und fortschrittlichste Abteilung in der Stammgruppe der **Nacktsamer** (Gymnospermae). Sie sind vom Oberkarbon an bekannt und unterscheiden sich in ihrem anatomischen Aufbau von den heutigen Vertretern nicht wesentlich. Das zunehmend trockener werdende Klima während des Perms und der unteren Trias begünstigte die Nadelhölzer wie auch andere Gruppen der Nacktsamer gegenüber den Farngewächsen, die mit ihrem Fortpflanzungszyklus weit enger ans Wasser gebunden sind. Während des Mesozoikums entfalteten sich die Nadelbäume sehr reich. Erst als in der Oberkreide die bedecktsamigen Pflanzen sich entfalteten, traten sie etwas in den Hintergrund.
Nadelhölzer sind reich verzweigte, meistens baumwüchsige Pflanzen. Sie haben in der Regel einadrige, sitzende oder kurz gestielte Blätter, die bei den meisten Vertretern nicht abfallen. Die Zapfen sind in männliche und weibliche Zapfen getrennt. Die Pollenkörner besitzen gewöhnlich charakteristische Luftsäcke, die für die Verbreitung durch den Wind wichtig sind. Zur Gattung *Lebachia (Walchia)* gehört einer der ursprünglichsten Nadelbaumtypen, der für das Obere Karbon und Untere Perm Europas und Nordamerikas charakteristisch ist. Die Lebachien **(3)** waren hohe Bäume mit mächtig entwickeltem Sekundärholz. Ihre Äste waren in Quirlen angeordnet und breiteten sich hier in einer Ebene aus. Die Äste waren dicht mit nadelartigen, am Ende oft gabelig aufgespaltenen und nach oben gerichteten Blättchen bewachsen. Die männlichen Zapfen waren klein, sie wurden von den männlichen Sporophyllen gebildet, die in einer Schraubenlinie aus der Spindel hervorwuchsen. Bei den weiblichen Zapfen war die Hauptspindel mit in einer Schraubenlinie angeordneten Stützschuppen versehen. In den Achseln dieser Stützschuppen wuchsen die Fruchtzweige mit sterilen Schuppen und weiblichen Sporophyllen.

Dadoxylon sp.

Zu den häufig gefundenen Resten von Nadelgehölzen gehören beblätterte Zweige, Zapfen und Stammteile, die oft verkieselt sind. Ihre genaue Bestimmung ist oft nicht möglich. Für die Taxonomie ist der Charakter der Gefäße ausschlaggebend. Aber auch diese Angabe reicht in vielen Fällen nicht aus, um eindeutig zu bestimmen, ob das entsprechende Fragment zu den Nadelgehölzen oder zu den Cordaiten gehört. Viele der gefundenen Stämme aus dem Karbon und Perm gehören sicher zu den Lebachien, für die ein stärker ausgebildetes Mark charakteristisch ist. Der gesamte Aufbau des Holzes dieser Bäume entspricht im Charakter dem Holz der heutigen Araukarien *(Araukaria).* Die Funde dieses Typs werden deshalb in der Praxis allgemein als *Araukarioxylon* bezeichnet. Mit dem Namen *Dadoxylon* wird das Holz der Vertreter beider Nacktsamerordnungen, der Nadelbäume und Cordaiten, bezeichnet.

3

1. *Lebachia hypnoides,* Unteres Perm, Lodève, Frankreich. Verkohlter, 90 mm langer Zweig. *Lebachia* ist unter dem Namen *Walchia* bekannter. Diese Bezeichnung wird heute in der Regel jedoch für sterile Zweige verwendet.

2. *Dadoxylon* sp., Unteres Perm (Autun), Studenec bei Nová Paka, ČSSR. Querschnitt eines verkieselten Stammes; Durchmesser 140 mm.

P

Cunninghamites elegans (Corda) Endlicher

Ordnung: Cupressales
Familie: Taxodiaceae

Unter den Nadelhölzern sind in der Kreidezeit taxodienartige Formen (Taxodiaceae) sehr verbreitet. Die Vertreter dieser altertümlichen Familie überleben bis heute in Südostasien und Nordamerika. Es sind Sträucher oder Bäume, und zu ihnen gehören auch die Mammutbäume, die heute in Kalifornien wachsen und bis zu 100 m hoch werden.
Die Nadelgehölze der Gattung *Cunninghamites* aus der Kreide, die in Europa verbreitet waren, erreichten Höhen um 20 m. Mit ihrem Aussehen erinnern sie an die in der Gegenwart in China und auf der Insel Taiwan wachsende Gattung *Cunninghamia.* Die Blätter waren lang linealisch. Die zylindrischen Zapfen weisen Schuppen auf, die mit einem vierkantigen Schildchen abschließen, das in der Mitte einen dornigen Auswuchs aufweist.

Geinitzia cretacea Unger

Ordnung: Cupressales
Familie: Taxodiaceae

Die Gattung *Geinitzia* tritt in den Kreideablagerungen Europas und Nordamerikas auf. Sie wurde nach den weiblichen Zapfen beschrieben, die eiförmig oder kurz zylindrisch sind und Schuppen tragen, die mit vier- bis sechsseitigen Schildchen abschließen. Die Blätter sind kurz nadelförmig.

Glyptostrobus europaeus (Brongniart) Unger

Ordnung: Cupressales
Familie: Taxodiaceae

Im Tertiär lag der größte Teil Europas (mit Ausnahme der nördlichsten

1. *Cunninghamites elegans,* Obere Kreide (Cenoman), Peruc, ČSSR. Teil eines Zweigs, ca. 90 mm lang. Diese Art ist für die Obere Kreide charakteristisch.

2. *Geinitzia cretacea,* Obere Kreide (Senon), Březno bei Louny, ČSSR. Tonschiefer mit dem Abdruck eines 65 mm langen Zweigs. Wegen der Zapfenform wurden die Geinitzien früher fälschlicherweise mit den Mammutbäumen gleichgesetzt.

1

2

3

4

3. *Pinus oviformis,* Neogen (Unteres Miozän), Břešťany bei Bílina, ČSSR. Fast nicht deformierter, 80 mm langer Zapfen, der in einer eisenhaltigen Konkretion erhalten blieb.

4. *Glyptostrobus europaeus,* Neogen (Unteres Miozän), Břešťany bei Bílina, ČSSR. Zweig mit Zapfen; Länge ca. 150 mm.

Gebiete) in der warmen gemäßigten bis subtropischen Zone. Das Klima war nicht beständig, sondern wies Temperaturschwankungen und eine allgemeine Tendenz zur Abkühlung auf. Aus diesem Grund sind in der Vegetation sowohl subtropische als auch der gemäßigten Zone zugehörige Elemente enthalten. Für das Tertiär sind die Braunkohlen-Sümpfe typisch. An der Entstehung der Kohleflöze beteiligten sich nicht nur die an Ort und Stelle wachsenden Pflanzen, sodern in entscheidendem Maße oft auch die Pflanzenreste, die durch Flüsse angeschwemmt wurden. Zu den bedeutenden „kohlebildenden" Pflanzen gehören die Vertreter der Gattung *Glyptostrobus,* die wir aus der Oberen Kreide kennen. Sie waren im Miozän auf der nördlichen Hemisphäre weit verbreitet. Heute überlebt in Südostchina nur eine einzige Art. Die fossilen Arten wuchsen in Sümpfen in der Gesellschaft von Tulpenbäumen, Erlen, Weiden, Ahornbäumen u. a.

Pinus oviformis ENDLICHER

Ordnung: Pinales
Familie: Pinaceae

Die Kiefer *(Pinus)* kennen wir ebenfalls aus den miozänen Sedimenten. Wir können die Entwicklung der Gattung von der Oberen Kreide an auf der gesamten nördlichen Hemisphäre und zum Teil auch in der tropischen Zone verfolgen. Die Artenzahl der Kiefern war im Oligozän und im Miozän in Europa sehr groß. Wohl infolge der pleistozänen Abkühlung, die auf die Pflanzenwelt Europas sich stark auswirkte, sank auch die Artenzahl der Kiefern.

Bedecktsamer
Angiospermae

„Magnolia" amplifolia HEER

Ordnung: Magnoliales
Familie: Magnoliaceae

Aus der Unteren Kreide kennen wir die ältesten Vertreter der bedecktsamigen Pflanzen (Magnoliophyta). Ihre Entwicklung verlief (ebenso wie die der Farngewächse im Devon) ungewöhnlich rasch. Innerhalb von 25 bis 30 Millionen Jahren haben sie sich in viele Arten aufgespalten und die ganze Erde besiedelt. Der Umbruch in der Zusammensetzung der Pflanzengemeinschaften ist so markant, daß die Grenze zwischen der Unteren und Oberen Kreide auch die Grenze zwischen dem Mesophytikum (Ära der Nacktsamer) und dem Caenophytikum (Ära der Bedecktsamer) ist. Das Hauptmerkmal der bedecktsamigen Pflanzen sind die in einem Fruchtknoten (verwachsene weibliche Fruchtblätter) eingeschlossenen Samenanlagen. Sie werden durch die Reifung zu den Samen, die in der Frucht eingeschlossen sind. Die Frucht entsteht durch die Umwandlung der Fruchtknotenwände. Die Herkunft der bedecktsamigen Pflanzen ist noch nicht geklärt.
Die Magnolien gehören zu den ältesten Bedecktsamern. Die fossilen Funde stammen vom Ende der Unteren Kreide beider Hemisphären. Heute wachsen die Magnolien vor allem in der tropischen und subtropischen Zone Nord- und Südamerikas, im indomalaiischen Gebiet, auf den Philippinen und in Ozeanien.

Aralia kowalewskiana SAPORTA et MARION

Ordnung: Araliales
Familie: Araliaceae

Die fossilen Aralien *(Aralia)* waren auf der nördlichen Hemisphäre von der Unteren Kreide an verbreitet. Sie wachsen heute in den Tropen und Subtropen Nordamerikas und Asiens. Sie sind eng verwandt mit dem Efeu. Zu ihnen gehören Bäume, Sträucher und Kräuter, sie ranken oft und tragen Dornen. Die wechselständigen Blätter sind ganzrandig, handförmig gelappt oder zusammengesetzt, unpaarig gefiedert.

Platanophyllum laeve (VELENOVSKÝ) NĚMEJC

Ordnung: Hamamelidales
Familie: Platanaceae

Blätter aus dem Kreis der Gattung *Platanus* **(6)** sind auf der nördlichen Hemisphäre von der Unteren Kreide an bekannt. Sie sind in der Regel handartig gelappt. Die Lappen sind grob gezähnt. Die Blattspreite ist am Stiel keilförmig. Die Äderung ist handförmig.

Credneria bohemica VELENOVSKÝ

Ordnung: Hamamelidales
Familie: Platanaceae

Als Gattung *Credneria* **(7)** werden in der Regel Blätter bezeichnet, die in den Umkreis der Platanen gehören. Sie treten in den Kreideablagerungen der nördlichen Hemisphäre häufig auf. Charakteristisches Merkmal der Blätter ist ihre verbreiterte Basis.

Dewalquea coriacea VELENOVSKÝ

Ordnung: Ranunculales
Familie: Ranunculaceae

In der Kreideflora waren auch zahlreiche Kräuter vertreten; die Möglichkeiten zur Fossilisation sind bei ihnen jedoch geringer als bei Holzge-

6

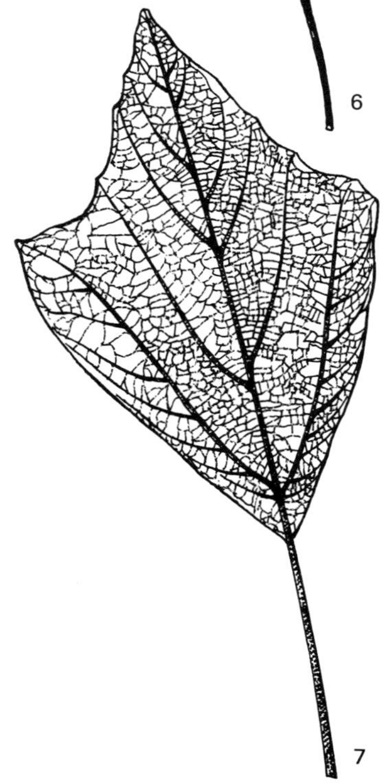

7

1. *Dewalquea coriacea,* Obere Kreide (Cenoman), Vyšehořovice, ČSSR. Tonschiefer mit ca. 20 mm langem Blattabdruck.

2. *Aralia kowalewskiana,* Obere Kreide (Cenoman), Vyšehořovice, ČSSR. Länge des Blatts ca. 120 mm. Das handförmige Blatt ist in sieben Lappen unterteilt.

3. *Platanophyllum laeve,* Obere Kreide (Cenoman), Vyšehořovice, ČSSR. Abdruck eines unvollständigen Blatts; Länge ca. 110 mm.

4. *Magnolia amplifolia,* Obere Kreide (Cenoman), Vyšehořovice, ČSSR. Blattabdruck; Länge 120 mm. Noch im Quartär wuchsen die Magnolien auch in Europa.

5. *Credneria bohemica,* Obere Kreide (Cenoman), Vyšehořovice, ČSSR. Blattabdruck; Länge ca. 230 mm.

wächsen. Daher sind sie fossil seltener. Die Gattung *Dewalquaea* umfaßte altertümliche Hahnenfußgewächse: Abdrücke finden sich gelegentlich in der Kreide Europas und Asiens. Die Gattung starb zu Beginn des Paläogens aus. Sie wird gewöhnlich mit der heutigen Nieswurz *(Helleborus)* verglichen. Das zusammengesetzte Blatt besteht aus drei bis fünf lanzettlichen Fiedern, die breit gezähnt oder ganzrandig und unpaarig sind und am Ende eines langen Stiels stehen.

Bedecktsamer
Angiospermae

Dryophyllum furcinerve (Rossmässler) Schmalhausen

Ordnung: Fagales
Familie: Fagaceae

Die Bedecktsamer des Tertiärs stehen denen der Gegenwart sehr nahe. Die Artengemeinschaften spiegeln jedoch das wärmere Klima des damaligen Europas wider. Das vollständigste Bild gewinnt man aus der palynologischen Analyse, das heißt durch das Studium fossiler Pollen. Diese haben dank ihrer Resistenz gute Erhaltungsbedingungen und sind in den Sedimenten sehr allgemein verbreitet.
Auf der nördlichen Halbkugel wuchs am Ende der Kreide und während des Tertiärs die Gattung *Dryophyllum,* die den Eichen verwandt ist, sehr zahlreich.

Cercidiphyllum crenatum (Unger) Brown

Ordnung: Cercidiphyllales
Familie: Cercidiphyllaceae

Die Kuchenbäume (Cercidiphyllaceae) kennt man schon von der Oberen Kreide. Im Tertiär wuchsen sie überwiegend in der gemäßigten Zone der nördlichen Hemisphäre. Heutige Nachzügler überleben in Japan und China. Die Blätter dieser Bäume sind ei- oder herzförmig und handartig geädert. Die Hauptadern sind zur Spitze hin gebogen. Sehr schön erhaltene Blätter kommen in den Diatomiten vor, in den Sedimenten, die überwiegend aus den kieseligen Gehäusen einzelliger Algen, der Spaltalgen, bestehen, die besonders günstige Bedingungen in Seen mit ausreichendem Kieselsäuregehalt vorfanden (zum Beispiel aus vulkanischem Material).

Platanus neptuni (Ettingshausen) Bůžek, Holý et Kvaček

Ordnung: Hamamelidales
Familie: Platanaceae

Wir kennen die Platanen *(Platanus),* die vor allem über die nördliche Hemisphäre verbreitet sind, von der Oberen Kreide an. Die Blätter dieser stattlichen Bäume, die durch die sich abschälende Borke auffallen, sind meistens handförmig gelappt. Eine Ausnahme bildet *Platanus neptuni,* der elliptische bis lanzettliche Blätter mit charakteristisch gefiederter Äderung aufweist.

Acer tricuspidatum Bronn

Ordnung: Sapindales
Familie: Aceraceae

Die Blätter von Ahornbäumen *(Acer)* gehören zu den sehr oft gefundenen Pflanzenfossilien des Tertiärs. Viele europäische Funde weisen auf die engen Beziehungen zu den amerikanischen, ostasiatischen und Mittelmeer-Typen hin.

Comptonia acutiloba Brongniart

Ordnung: Myricales
Familie: Myricaceae

Die Komptonien, die eng mit den Wachsmyrten verwandt sind, gehörten zu den verbreitetsten Sträuchern des europäischen Tertiärs. Heute überleben sie in der gemäßigten Zone Nordamerikas.

1. *Comptonia acutiloba,* Neogen (Unteres Miozän), Břešťany bei Bílina, ČSSR. Tonschiefer mit einem 80 mm langen Blattabdruck.

2. *Dryophyllum furcinerve,* Paläogen (Oberes Eozän), Žitenice bei Litoměřice. Länge des Blatts 60 mm. Bedeutender Vertreter der subtropischen Pflanzen mit ganzrandigen, meist lederigen Blättern („dryophylle Flora").

3. *Acer tricuspidatum,* Neogen (Unteres Miozän), Břešťany bei Bílina, ČSSR. Tonschiefer mit 40 mm langem Blattabdruck.

4. *Cercidiphyllum crenatum,* Paläogen (Oberes Oligozän), Bechlejovice bei Děčín, ČSSR. Diatomit mit 50 mm langem Blatt. Der Diatomit ist von der Seite charakteristisch gebändert. Die hellen Streifen bestehen fast nur aus den Gehäusen von Spaltalgen, während die dunklen Streifen einen größeren Gehalt an organischem Material und Detritus aufweisen.

5. *Platanus neptuni,* Paläogen (Mittleres Oligozän), Suletice bei Ústí nad Labem, ČSSR. Diatomit mit 70 mm langem Blattabdruck. Diese Art ist *P. kerri* zum Verwechseln ähnlich, der erst in den dreißiger Jahren dieses Jahrhunderts auf dem Gebiet von Laos entdeckt wurde.

1
2
3
4
5

Bedecktsamer
Angiospermae

6

Myrica hakaefolia UNGER

Ordnung: Myricales
Familie: Myricaceae

Der feuchte Boden der miozänen Wälder Europas war stark mit Wachsmyrten *(Myrica)* bewachsen. Die ältesten Blattfunde aus dem Kreis der Gattung *Myrica* stammen aus der Unteren Kreide. Im Tertiär wuchsen sie auf der nördlichen und südlichen Hemisphäre. Die gegenwärtigen Vertreter dieser aromatischen Sträucher oder Bäumchen finden wir in der warm gemäßigten bis subtropischen Zone Europas, Nordamerikas, Afrikas und anderswo. In den Tropen besiedelten sie die Bergregionen. Die Blätter der Wachsmyrten sind ungewöhnlich vielfältig, gezähnt und ganzrandig, mit gefiederter Äderung.

Nyssa haidingeri (ETTINGSHAUSEN) KVAČEK et BŮŽEK

Ordnung: Cornales
Familie: Nyssaceae

Die Tupelobäume waren eine bedeutende Komponente des miozänen, kohlebildenden Waldes. Die ältesten sicheren Funde dieser stattlichen Bäume stammen aus dem Paläogen. Heute wachsen diese Pflanzen nur im Osten Nordamerikas und in Ost- und Südostasien, auf den Resten eines ursprünglich zusammenhängenden Areals. Sie erreichen Höhen von 20 bis 40 m. Die großen, einfach wechselständigen Blätter **(6)** sind oft am Ende der Zweige konzentriert. Sie sind ganzrandig oder tragen einige grobe Zähne.

Alnus julianaeformis (STERNBERG) KVAČEK et HOLÝ

Ordnung: Betulales
Familie: Betulaceae

Die Erlen *(Alnus)* kennt man seit dem Paläogen. Sie wuchsen und wachsen auch heute noch recht häufig vor allem auf der nördlichen Halbkugel. Ihre Blätter sind eiförmig, lanzettlich oder eirund und besitzen einen gesägten Rand und eine gefiederte Äderung.

Daphnogene polymorpha (Al. BRAUN) ETINGSHAUSEN

Ordnung: Laurales
Familie: Lauraceae

Daphnogene ist eine ausgestorbene europäische Gattung des Tertiärs, die dem Zimtbaum *(Cinnamomum)* ähnlich war. Ihre Blätter waren ganzrandig, breit oder schmal und wiesen auffallend verlängerte untere Seitenadern auf, die fast bis zur Blattspitze reichten. Die anderen aufgespaltenen Adern sind nur kurz, und Blätter mit diesem Äderungstyp werden als dreinervig bezeichnet.

Laurophyllum pseudoprinceps WEYLAND et KILPP

Ordnung: Laurales
Familie: Lauraceae

Die Blätter aus dem Kreis der Gattung *Laurus* (Lorbeer) kennen wir mit Sicherheit vom Paläozän an. Im Oligozän und Miozän waren sie reich vertreten. Heute leben sie noch mit zwei Arten im Mittelmeergebiet und auf den Kanarischen Inseln. Die Blätter sind ganzrandig, breit lanzettlich und fiedernervig. Die Funde fossiler Blätter, bei denen die Gattungsidentität mit dem heutigen Lorbeer nicht nachgewiesen werden kann, werden als *Laurophyllum* bezeichnet.

1. *Daphnogene polymorpha,* Neogen (Unteres Miozän), Břešťany bei Bílina, ČSSR. Blattlänge ca. 50 mm. Breitblättriger Typ.

2. *Alnus julianaeformis,* Neogen (Unteres Miozän), Břešťany bei Bílina, ČSSR. Tonschiefer mit ca. 50 mm langem Blattabdruck.

3. *Myrica hakaefolia,* Neogen (Unteres Miozän), Břešťany bei Bílina, ČSSR. 70 mm langer Blattabdruck.

4. *Nyssa haidingeri,* Neogen (Unteres Miozän), Břešťany bei Bílina, ČSSR. Blattlänge 130 mm.

5. *Laurophyllum pseudoprinceps,* Neogen (Unteres Miozän), Břešťany bei Bílina, ČSSR. 90 mm langer Blattabdruck.

1
2
3
4
5

Bedecktsamer
Angiospermae

Ordnung: Hamamelidales
Familie: Hamamelidaceae

Parrotia fagifolia (GOEPPERT) HEER

Am Ende des Tertiärs, im Pliozän, kühlte das Klima in Europa weiter ab. Das bildet sich deutlich in der sich wandelnden Vegetation Mitteleuropas ab. Die wärmeliebenden Elemente gingen rasch zurück, und es breiteten sich Waldsteppen und Steppen aus. Wertvolle Belege über den Pflanzenwuchs dieser Zeit liefern die Travertine, die von kalkhaltigen Thermalquellen ausgeschieden wurden. Dieses sehr poröse Gestein enthält neben tierischen Resten (vor allem Schneckengehäuse) auch die Abdrücke verschiedener Pflanzenteile. Oft sind hier auch Abdrücke von zugeschwemmten Pflanzen aus dem umgebenden Hügelland erhalten geblieben, dessen Pflanzenwelt wenig bekannt ist wegen der ungünstigen Möglichkeiten zur Fossilisation.
Von den pliozänen Travertinen Mitteleuropas kennt man zum Beispiel die Parrotien. Diese niedrigen Holzgewächse tauchten in Europa während des Oligozäns auf. Ihre Blätter sind umgekehrt eiförmig, der obere Teil der Spreite ist grob gezähnt. Die Äderung ist gefiedert. Bis zur Gegenwart überlebte im nördlichen Iran und im Kaukasusgebiet nur eine einzige Art.

Ordnung: Fagales
Familie: Fagaceae

Fagus pliocaenica SAPORTA

Die Buche *(Fagus)* ist ein wichtiges Element der arktotertiären Flora, das

1. *Parrotia fagifolia,* Neogen (Mittleres Pliozän), Spišské Podhradie (Dreveník), ČSSR. Blattabdruck im Travertin; Länge des Blattes 55 mm.

2. *Fagus pliocaenica,* Neogen (Mittleres Pliozän), Spišské Podhradie (Dreveník), ČSSR. 75 mm langer Blattabdruck. Diese Art kann kaum von der gegenwärtigen *F. orientalis* unterschieden werden.

3. *Quercus roburoides,* Neogen (Mittleres Pliozän), Spišské Podhradie (Dreveník), ČSSR. 90 mm langer Blattabdruck. Obwohl die Eichen auch rauhes Klima gut ertragen, gehören sie ursprünglich zu der wärmeliebenden Vegetation.

4. *Carpinus grandis,* Neogen (Mittleres Pliozän), Spišské Podhradie (Dreveník), ČSSR. 75 mm langer Blattabdruck.

in der kalten und gemäßigten Zone der nördlichen Halbkugel allgemein verbreitet war. Wir kennen Buchenreste schon aus der Oberen Kreide, und sie war in den Laubmischwäldern offensichtlich der am häufigsten auftretende Baum. Die Blätter sind eiförmig und haben einen gewellten oder gezähnten Rand und gefiederte Nervatur.

Quercus roburoides Rérolle

Ordnung: Fagales
Familie: Fagaceae

Eichen *(Quercus)* gab es schon in der Unteren Kreide vor allem der nördlichen Hemisphäre. Die Gattung ist ungewöhnlich artenreich; wir kennen heute noch mehr als 500 lebende Arten. Die Vielgestaltigkeit der Eichenblätter ist ebenfalls erheblich. Neben den charakteristischen Typen mit den stumpfen Lappen treten auch scharf gezähnte bis dornige, oft recht schmale Blätter auf. Zur genauen Bestimmung kommt man meist ohne eine Untersuchung der Kutikula aus.

Carpinus grandis Unger

Ordnung: Betulales
Familie: Betulaceae

Die Hainbuche *(Carpinus)* wächst in Europa schon vom Paläozän an. Sie ist auf der nördlichen Hemisphäre weit verbreitet, ihr Hauptareal liegt aber in Ost- und Südostasien. Die Aufspaltung des ursprünglich zusammenhängenden Verbreitungsgebietes ist eine Folge der Klima-Entwicklung während der quartären Eiszeiten. Die Blätter sind eiförmig bis breit lanzettlich und weisen oft ein lang ausgezogenes Ende auf. Der Blattrand ist gesägt, die Nervatur gefiedert.

Foraminiferen *(Foraminifera)*

Der zu den eukaryotischen Einzellern (Protozoa) gehörige Stamm der Rhizopoda = Wurzelfüßer zeichnet sich durch die Fähigkeit aus, wechselnde Plasma-Fortsätze zu bilden, die Pseudopodien (Scheinfüßchen). Die Tiere bleiben im allgemeinen mikroskopisch klein. Innerhalb der Rhizopoden kennzeichnet sich die Klasse der Foraminiferen dadurch, daß sie ein fossil erhaltungsfähiges Gehäuse bildet und gelegentlich mit bloßem Auge erkennbare Größen erreicht.

Die Gehäuse können einen erheblichen Teil der Sedimentgesteine bilden. Sie sind überwiegend kalkig-durchsichtig (hyalin) oder kalkig-undurchsichtig (porzellanen) aufgebaut. Agglutinierte (das heißt aus Sandkörnchen, Glimmerblättchen und anderem Material zusammengeklebt) und tektine (aus einer hornähnlichen Masse zusammengesetzt) Gehäuse sind weniger häufig. Die Gehäuse können einkammerig (monothalam), mehrkammerig (polythalam) und auf verschiedene Weise geformt sein. Aufgerollte Gehäuse sind evolut (die Windungen berühren sich nur) oder involut (die Windungen überdecken sich gegenseitig). Die perforierten Scheidewände zwischen den Kammern werden Septen genannt; die Linien, in denen sie an die Gehäusewand anschließen, heißen Suturen. Die Oberfläche der Gehäuse ist glatt oder mit Längs- oder Querrippen, Kielen, Körnchen, Buckeln oder Stacheln verziert. Die Pseudopodien (Scheinfüßchen) werden durch kleine Öffnungen oder Mündungen, welche die Gehäusewand durchbohren oder im Bereich der Gehäusemündung konzentriert sind, nach außen gestreckt. Der Name Foraminifera = „Lochträger". Gehäuseform, Struktur der Gehäusewand und Form der Gehäusemündung liefern die Merkmale der systematischen Klassifizierung.

Zweimal im Lauf der Erdgeschichte, am Ende des Paläozoikums und am Beginn des Känozoikums, haben die Foraminiferen eine Massenentwicklung erstaunlich großwüchsiger Arten hervorgebracht. Sie wollen wir kurz erwähnen.

1. *Fusulina cylindrica**, Oberes Karbon, Garnitzenhöhe bei Pontafel, Italien. Gehäuselänge um 5 mm; Aufschüttung aus verwitterten Fusulinen-Kalken. Die Fusulinida sind wegen der raschen phylogenetischen Entwicklung und ihrer großen Verbreitung ausgezeichnete Leitfossilien.

1

2

4

Nodosaria bacillum d'ORBIGNY

Ordnung: Nodosariida
Familie: Nodosariidae

Als typisches Beispiel einer Foraminifere erwähnen wir die kosmopolitische Gattung *Nodosaria.* Sie ist vom Devon an bekannt, tritt häufig aber erst im Mesozoikum und Känozoikum auf. Sie hat ein kalkiges, feinporiges Gehäuse aus einer geraden Reihe kugelförmiger, durch Einschnürungen voneinander getrennter Kammern. Die Naht ist senkrecht zur Gehäuseachse gerichtet. Die Mündung ist sternförmig und das Gehäuse gewöhnlich längsgerippt und nur selten glatt.

Fusulina cylindrica FISCHER de WALDHEIM

Ordnung: Fusulinida
Familie: Fusulinidae

Die Fusulinen lebten mit Ausnahme Australiens und der Antarktis zahlreich in den warmen Permokarbonmeeren der ganzen Erde. Das involute, spindelförmige Gehäuse **(4)** erinnert an ein Getreidekorn. Es weist mehrschichtige Wände von komplizierter Struktur auf. Die längsporigen Septen sind wellenförmig gebogen und bilden im Schnitt am Gehäuse zickzackförmige Linien. Die spaltenförmigen Mündungen, die in den einzelnen Septen hintereinander angeordnet sind, bilden in der Äquatorzone des Gehäuses einen spiraligen Tunnel, der an den Rändern von Verdickungen, den Chomata, gesäumt wird.

Pseudoschwagerina extensa KAHLER et KAHLER

Ordnung: Fusulinida
Familie: Fusulinidae

Die Foraminiferen-Gattung *Pseudoschwagerina* tritt in den Ablagerungen des Unteren Perm Europas, Asiens, Nordafrikas und Nordamerikas auf. Das große Gehäuse von fusulinem Typ ist kugelig und dickwandig. Die Septen sind nur leicht und unregelmäßig gewellt. Der Tunnel ist niedrig, die Chomata sind schwach entwickelt oder fehlen.

2. *Nodosaria bacillum,* Neogen (Miozän), Südmähren, ČSSR. Länge des größten Gehäuses 11 mm. Megalosphärische (geschlechtliche) Form, die sich durch eine große Anfangskammer auszeichnet. Die Nodosarien leben bis heute als bewegliches Benthos in den tieferen Teilen des Schelfs wärmerer Meere.

3. *Pseudoschwagerina extensa,* Unteres Perm (Saxon), Karnische Alpen, Österreich. Durchmesser des größten Gehäuses 8 mm. Geschliffener Schwagerinenkalk mit Gehäusequerschnitten. Die Vertreter dieser Gattung lebten häufig in den flachen tropischen Meeren des Unteren Perm.

3

Wurzelfüßer
Rhizopoda

Nummulites cf. *irregularis* DESHAYES

Ordnung: Nummulitida
Familie: Nummulitidae

Die Foraminiferen sind Meeresbewohner. Die meisten Arten sind benthonisch und nur wenige davon planktonisch. Sie bewegen sich mit Hilfe von Scheinfüßen, mit denen sie auch Spaltalgen (Bacillariophyceae) und andere Mikroorganismen fangen. Der Wechsel von sich geschlechtlich und ungeschlechtlich fortpflanzenden Generationen ist typisch. Das bedeutet, daß eine Art zwei (Dimorphismus) oder drei (Trimorphismus) Gehäusetypen bildet. Die Gehäuse unterscheiden sich meist nur in der Gesamtgröße und in der Größe der Anfangskammer (Proloculus) und nur selten in der Form. Die geschlechtliche Form (die megalosphärische – entsprechend des großen Proloculus) besitzt kleinere Gehäuse, während die Form, die sich ungeschlechtlich durch Zerfall vermehrt (die mikrosphärische mit einem kleinen Proloculus) im ganzen größere Gehäuse aufweist.
Die Gattung *Nummulites* bewohnte die warmen Meere Eurasiens und Mittelamerikas vom Paläozän bis zum Oligozän. Ihre meist großen (bis zu 120 mm im Durchmesser) linsen- bis scheibenförmigen Gehäuse **(5)** sind stark involut und weisen zahlreiche Windungen auf. Viele Kammern besitzen im Querschnitt die Gestalt eines umgekehrten V. Sie komunizieren untereinander durch ein System von Kanälen. Die porigen Wände der Windungen sind sekundär verstärkt und werden darüber hinaus von Querpfeilern gestützt, die wie Warzen aus der Gehäuseoberfläche hervorragen. Eine Mündung ist meist nicht vorhanden.

Assilina spira (de ROISSY)

Ordnung: Nummulitida
Familie: Nummulitidae

Assilina hat die gleiche Verbreitung wie *Nummulites,* tritt jedoch nur vom Mittleren Paläozän bis zum Eozän auf. Das Gehäuse ist teilweise

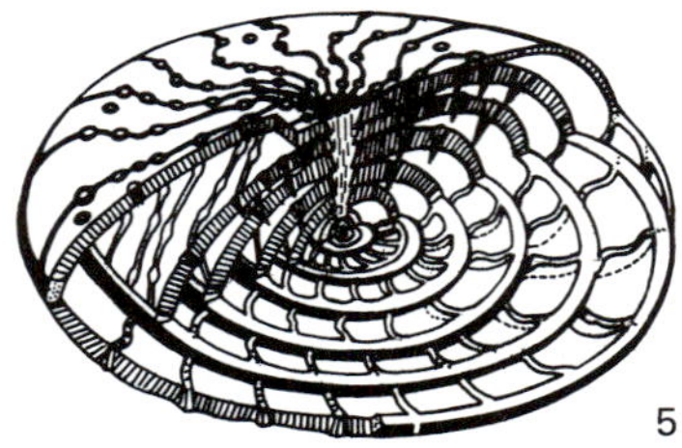

5

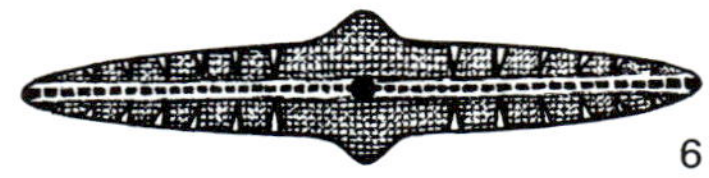

6

1. *Assilina spira,* Paläogen (Eozän), Nizza, Frankreich. Gehäusedurchmesser 8 mm, das in der Äquatorebene gespaltene Gehäuse läßt sich nur schwer von den Gehäusen der Gattung *Nummulites* unterscheiden. Man erkennt es aber leicht am Querschnitt oder an der Morphologie der äußeren Gehäuseoberfläche.

4. *Actinocyclina furcata,* Paläogen (Oberes Eozän), La Vanade, Frankreich. Durchmesser des größten Gehäuses 12 mm.

2. *Nummulites* cf. *irregularis,* Paläogen (Mittleres Eozän), Gebedje, Bulgarien. Durchmesser des größten Gehäuses 25 mm. Mikrosphärische Formen in der Äquatorebene gespalten. Die Gehäuse der Nummuliten erinnern an Münzen. Diese Ähnlichkeit liegt auch der Benennung zugrunde (lateinisch nummulus = Geld).

3. *Nummulites lucasanus,* Paläogen (Mittleres Eozän), Zakopane, Polen. Gehäusedurchmesser ungefähr 6 mm. Megalosphärische Formen, meistens im Querschnitt. Aus ähnlichen Nummulitenkalken sind die ägyptischen Pyramiden errichtet.

evolut. Es zeigt weniger Windungen und radial verlaufende Septen und ist außerdem an der Oberfläche in der Mitte eingedrückt.

Actinocyclina furcata SELLA

Ordnung: Orbitoidida
Familie: Discocyclinidae

Gemeinsames Merkmal der orbitoiden Foraminiferen ist das diskusförmige Gehäuse, das aus einer Schicht großer zyklischer Äquatorialkammern und vielen Schichten kleiner Kämmerchen, die die Äquatorialschicht beidseitig umgeben, gebildet ist. Einige auffallend große Kammern, der sogenannte Embryonalapparat, bilden inmitten der Äquatorialschicht das Anfangsstadium des Gehäuses.
Die kosmopolitische eozäne Gattung *Actinocyclina* hat dünne, linsenförmige Gehäuse **(6)** mit warziger Oberfläche und einer überhöhten Mitte. Von der Mitte her verlaufen zum Rand hin Rippen aus vielfachen Kammern der Lateralschichten. Die größere der beiden kugelförmigen Anfangskammern umgibt die kleinere völlig.

Schwämme *(Porifera, Spongia)*

Sie sind die einfachst gebauten mehrzelligen Tiere, im Wasser und stets festgeheftet lebend. Ihr Körper ist nur aus zwei Keimblättern, dem Ektoderm und dem Entoderm, aufgebaut. Zwischen diesen befindet sich die gallertige Mesogloea, die ein Stützskelett aus Nadeln (Spicula) ausscheidet. Der Körper ist sackförmig und hat porige Wände. Von den Poren (Ostien, Prosoporen) führen Kanäle in die zentrale Darmhöhle (Verdauungshöhlung, Spongocoel, Paragaster), die nach außen mit der Auswurföffnung (Osculum) mündet. Das Spongocoel ist mit einem Verdauungsepithel ausgekleidet, das aus Kragengeißelzellen, den Choanocyten, besteht. Mit dem Schlagen der Geißeln saugen die Schwämme durch die Poren Wasser an und stoßen dieses, nachdem sie die mikroskopische Nahrung aufgefangen haben, durch das Osculum aus. Durch die Biegung der Körperwandungen entstehen drei verschiedene Bautypen: Ascon-Typ, der Körper ist sackförmig, Sycon-Typ, die Wände sind gefaltet, Leucon-Typ, hier sind die Falten durchgebogen, so daß die Choanocyten zwischen diesen Ausbuchtungen in Kammern eingeschlossen sind. Zu den Choanocyten führen von den Ostien Zuleitungskanäle, von da aus laufen Abfuhrkanäle zu dem Auswurfkanal (Paragaster). Die Mündungen der Abfuhrkanäle werden Apoporen genannt. Der Stamm Porifera wird nach dem mineralischen Aufbau der Nadeln, deren äußerer Form, der Skelettstruktur und anderen Merkmalen in die Klassen Demospongea, Hyalospongea, Calcispongea und Sclerospongea unterteilt. Die Vertreter der ersten drei Klassen kommen mehr oder weniger häufig vom Kambrium bis zur Gegenwart vor, wobei ein erstes Maximum im älteren Paläozoikum, das Hauptmaximum im jüngeren Mesozoikum liegt. Die letztgenannte, kleine Gruppe ist etwas problematisch; seltene Vertreter finden sich vom Ordovizium an.

Die meisten Schwämme gehören zur Klasse Demospongea. Sie besitzen ein Skelett aus Opalnadeln oder Hornfasern, manchmal aus beiden. Sie sind überwiegend dickwandig und haben einen Körper vom Leucon-Typ. Von den Fossilien sind die lithistiden Schwämme mit einem netzartigen Skelett aus verwachsenen, länglichen Nadeln mit unregelmäßigen Vorsprüngen, den Desmonen, besonders wichtig.

1. *Hydnoceras bahtense,* Oberes Devon (Frasn), New York, USA. Höhe 155 mm. Das dünnwandige, trichterförmige Skelett war mit einem Bündel langer Nadeln am unteren Ende im Sediment verankert. Auch an den Gipfeln der hohlen Buckel befanden sich Nadelpinselchen.

2. *Runia runica**, Silur (Ludlow), Lejškov bei Zdice, ČSSR. Höhe des Bruchstücks eines Kopffüßergehäuses 25 mm. Die einzelnen Reihen der Bohrungen stellen wahrscheinlich den mehrfachen, aufeinanderfolgenden Befall des Gehäuses durch Bohrschwämme dar.

3, 4. *Astylospongia praemorsa**, Ordovizium, Gotland, Schweden. Ansicht von oben **(3)** und von der Seite **(4)**. Durchmesser 32 und 34 mm. Dank der kugeligen Form und des kieseligen Skeletts sind die Astylospongien gegen Zerstörungen sehr widerstandsfähig. Sie werden deshalb oft in den Gletscherablagerungen (Geschiebelehmen) Norddeutschlands und Polens gefunden.

2

3

4

Astylospongia praemorsa (Goldfuss)

Ordnung: Lithistida
Familie: Astylospongiidae

Die für das euro-amerikanische Ordovizium typische *Astylospongia* hat einen kugeligen Körper, einen flachen Paragaster und senkrecht verlaufende Oberflächenfurchung.

Runia runica Marek

Ordnung: Hadromerida
Familie: Clionidae

Von den fossilen Bohrschwämmen sind nur die ausgebohrten Gänge und Kammern erhalten geblieben. Eine der ältesten bekannten Spuren von Bohrschwämmen, der silurischen *Runia* aus der ČSSR, bildet anfangs linienartige, später sich gabelförmig verzweigende Tunnels.

Hydnoceras bahtense Hall et Clarke

Ordnung: Lyssakida
Familie: Dictyospongiidae

Dieser Schwamm aus der Klasse Hyalospongea kann im nordamerikanischen und französischen Devon und Karbon gefunden werden. Er hat einen achteckigen Querschnitt. An den Kanten trägt er in mehreren Reihen übereinander stumpf zugespitzte Buckel.

Der Skelettbau des Schwammkörpers

Der Schwammkörper wird von einem inneren Skelett gestützt, das sich entweder aus verflochtenen Fasern des Hornstoffs Spongin oder aus anorganischen Nadeln, Skleriten, die aus Kalk oder Kieselsäure gebildet sind, zusammensetzt. Die Sklerite sind manchmal in die Mesogloea frei eingelagert, in anderen Fällen sind sie verwachsen oder durch Spongin zu einem festen gitterförmigen Skelett verbunden. Sie werden entlang einer organischen Achsenfaser, die in den Nadeln einen Kanal hinterläßt, von Sekretzellen (Skleroblasten) ausgeschieden.

Entsprechend ihrer Größe werden die Nadeln in Megasklerite (gewöhnlich 0,1 bis 3 mm, aber auch bis zu 3 m lang), die das eigentliche Skelett bilden, und Mikrosklerite (0,01 bis 0,1 mm lang), die die gallertige Mesogloea aussteifen, unterteilt. Die Gestalt der Nadeln ist sehr vielfältig. Es bestehen mehrere Dutzend Typen. Grundsätzlich unterscheidet man jedoch einachsige (Monaxone), dreistrahlige (Triactine) dreiachsige (Triaxone, sie haben die Achsenform des Kubus), vierachsige (Tetraxone, sie haben die Achsenform eines Tetraeders), vielachsige (Polyaxone) und achsenlose, unregelmäßige oder (Desmone) kugelförmige (Sphären) Nadeln.

Monaxone sind nicht nur bei den Schwämmen aus Kalk, sondern auch bei den Schwämmen mit Kieselsäureskeletten die verbreitetste Nadelform. Auch die Tetraxone treten bei beiden Gruppen auf. Ausschließlich für Kalkschwämme (Calcispongea) sind die Triactine, für die Hyalospongea sind Triaxone typisch, die oft zu einem rechtwinklig-netzartigen Gewebe miteinander verwachsen. Tetraxone und Desmone sind durch wurzelförmige Verzweigungen zu einem festen Gewebe verflochten. Polyaxone und Sphären treten besonders oft bei den paläozoischen Schwämmen auf, wo sie oft durch das Verwachsen einfacherer Typen entstehen.

Cnemidiastrum rimulosum (GOLDFUSS)

Ordnung: Lithistida
Familie: Cnemidiastridae

Die Schwämme der europäischen Gattung *Cnemidiastrum* traten vom Ordovizium bis zur Jura auf. Sie besitzen dickwandige, zylindrische bis

3
4

breit becherförmige Skelette. Die Nadeln sind Rhizoclone (wurzelartige Desmone) mit stumpfen Auswüchsen.

Verruculina crassa Roemer

Ordnung: Lithistida
Familie: Verruculinidae

Die Vertreter der Gattung *Verruculina* kamen sehr zahlreich in der Kreide, weniger im Tertiär Europas vor. Sie besitzen dickwandige, ohrmuschel-, becher- oder schüsselförmige Skelette, die manchmal einen kurzen Fuß aufweisen. Die Nadeln sind kleine, verzweigte Rhizoclone.

Hyalotragos rugosum (Münster)

Ordnung: Lithistida
Familie: Hyalotragosidae

Die flach schüsselförmigen Schwämme der Gattung *Hyalotragos* stammen aus dem europäischen Oberen Jura und sind ein wesentlicher Bestandteil der Schwammriffe (Spongitenkalk) des deutschen Malms. Die Außenseite ist feinporig und mit einer konzentrisch gerunzelten Deckschicht versehen. Auf der Oberseite befinden sich kleine Apoporen. Die Rhizoclone sind groß und verzweigt.

Cylindrophyma milleporata (Goldfuss)

Ordnung: Lithistida
Familie: Cylindrophymatidae

Die Schwämme dieser Gattung des Oberen Jura Europas haben dickwandige, zylindrische Skelette mit einem tiefen, bis zur Basis reichenden, röhrenförmigen Spongocoel. Sie wachsen mit breiter Basis an der Unterlage fest. Die äußere Oberfläche weist dichte, feine Ostien auf.

1. *Cnemidiastrum rimulosum,* Oberer Jura (Malm), Roning, BRD. Höhe 50 mm. Die tiefe Zentralhöhlung mit senkrechten Riefen, in die die Abfuhrkanäle münden, ist ein typisches Merkmal dieser Gattung.

2. *Verruculina crassa,* Obere Kreide (Turon), Nottlingen bei Hannover, BRD. Höhe des Exemplars 45 mm. Für die formveränderlichen Skelette der Gattung sind zahlreiche, von einem erhöhten Rand umsäumte Apoporen an der Innenseite typisch.

3. *Hyalotragos rugosum,* Oberer Jura (Malm), Streitberg, BRD. Durchmesser 73 mm.

4. *Cylindrophyma milleporata**, Oberer Jura (Malm), Blaubeuren, BRD. Höhe 42 mm. Bildet oft Gruppen.

Lebensräume und Lebensformen der Schwämme

Die Schwämme leben festsitzend – sie haben nur bewegliche Larven – und sind ausgesprochene Wasser-, überwiegend Meereslebewesen. In die Süßgewässer drangen nur einige Arten der Familie Spongillidae vor. Alle gegenwärtigen Schwämme leben vom Äquator bis zum Pol und von der Brandungszone bis in Tiefen von ungefähr 6000 m.

Bei den einzelnen Gruppen besteht jedoch eine bestimmte Abhängigkeit von der Tiefe. Die Calcispongea sind in einer Tiefe bis zu 90 m am häufigsten, die Demospongea in Tiefen von 100 bis 350 m und die Hyalospongea bei 500 bis 1000 m. Der Einfluß des Klimas ist weniger ausgeprägt, obwohl die meisten Schwämme in den Tropen reicher an Arten sind. Lediglich die Hornschwämme (aus der Klasse Demospongea) sind auf warme, flache Gewässer beschränkt. Viele Schwämme fordern festen felsigen oder sandigen Grund und vertragen kein trübes Wasser. Erhebliche Bedeutung für die Schwämme hat die Bewegung des Wassers, die oft die Gestalt ihrer Körper beeinflußt. Im ruhigen Wasser sind die Schwämme in der Regel becherförmig, während sie im fließenden Wasser nur Überzüge bilden. Deshalb sind auch mit zunehmender Tiefe die Schwämme mit beständiger Skelettgestalt häufiger und ihre Vielfalt größer. Es bestehen auch mehrere Arten der Verankerung im weichen Grund und der Haltung in einer bestimmten Höhe, damit mit dem Wasser nicht gleichzeitig auch Trübstoffe angesogen werden. Sie reichen von langen, dünnen Stengeln mit wurzelartigen Ausläufern bis zu großen Nadeln, die an Pfeiler erinnern.

In günstigem Milieu können die Schwämme sehr zahlreich und in großem Artenreichtum vorkommen. Ein Beispiel hierfür sind die fossilen Schwammriffe im Oberen Jura Baden-Württembergs oder in der Oberen Kreide Frankreichs. Sie bildeten sich während der maximalen Blütezeit der Schwämme in den tropischen Meeren in Tiefen um 100 m. In den heutigen Meeren kennen wir solche Anhäufungen nicht.

Jereica multiformis Bronn

Ordnung: Lithistida
Familie: Jereicidae

Die Gattung *Jereica* aus der Oberen Kreide Deutschlands besitzt ein zylindrisches oder becherförmiges Skelett mit einem kurzen Fuß, der mit einer Basalplatte angewachsen ist. In das flache Spongocoel münden die vertikalen Abführkanäle. Die großen, verzweigten Rhizoclone sind durchgebogen.

Siphonia tulipa Zittel

Ordnung: Lithistida
Familie: Phymatellidae

Die Schwämme der Gattung *Siphonia* aus der Kreide und dem Tertiär Europas und Australiens besitzen ei- oder birnenförmige Skelette mit langen, dünnen Stengeln, die mit wurzelartigen Ausläufern, den Rhizoiden, verankert sind. In das schmale, tiefe Spongocoel münden bogenförmige Abführkanäle.

Thecosiphonia sp.

Ordnung: Lithistida
Familie: Phymatellidae

Dieser europäische Schwamm der Kreide und des Tertiärs hat ein ovales oder birnenförmiges Skelett mit einem schlanken Stiel. Das Spongocoel bildet eine flache Vertiefung. Der Schwamm unterscheidet sich von der Gattung *Siphonia* auch durch die großen Nadeln – Desmone.

1. *Siphonia tulipa,* Kreide (Oberes Alb), Blackdown, Großbritannien. Körperhöhe des Schwamms ohne Stiel 37 mm. Es sind ein Bruchteil des langen, dünnen Stiels und die Mündung des schmalen Spongocoels zu sehen. Der gesamte Schwamm erinnert an eine Tulpe – davon ist auch der Artname abgeleitet.

2. *Jereica multiformis,* Obere Kreide (Senon), Misburg bei Hannover, BRD. Höhe 150 mm. Das Skelett hat eine typische Becherform mit einem kurzen Fuß. Der untere Teil des Fußes ist abgebrochen.

3. *Thecosiphonia* sp., Obere Kreide (Senon), Oberg bei Halberstadt, DDR. Höhe mit dem Stiel 230 mm. Lebensraum dieser Schwämme waren die verhältnismäßig tiefen, ruhigen Gewässer des deutschen Oberkreidemeeres.

1
2
3

Schwämme
Porifera

Hallirhoa costata LAMOROUX — Ordnung: Lithistida, Familie: Phymatellidae

Die Schwämme der Gattung *Hallirhoa* finden sich in den Ablagerungen der Oberen Kreide Europas. Sie sind mit der Gattung *Siphonia* verwandt.

Ventriculites radiatus MANTELL — Ordnung: Lychniskida, Familie: Ventriculitidae

Die Schwämme, die zur Klasse Hyalospongea gehören, entsprechen meistens dem Leucon-Typ mit einem großen und breiten Spongocoel und dünnen Wänden. Ein Kanalsystem ist in der Regel nicht vorhanden. Das Skelett besteht aus dreiachsigen Opalnadeln (Hexactine), Spongin fehlt vollkommen. Die Nadeln liegen manchmal frei in der Mesogloea, sind aber meistens mit ihren Enden zu einem dreidimensionalen Gitter verwachsen, das an ein Gerüst erinnert. Dieser Skelettyp ist auch für die Ordnung Lychniskida, zu der die meisten fossilen Hyalospongea gehören, kennzeichnend. Der Name der Ordnung leitet sich von der Verbindung der einzelnen Nadelstrahlen in den Kreuzungspunkten ab, wo durch kurze, schräge Zwischenwände Gebilde entstehen, die an alte Hauslaternen erinnern (lychnos = Laterne). Die Schwämme der Ordnung Lychniskida tauchen im Jura auf, waren in der Kreide am verbreitetsten und gingen dann schnell zurück. Gegenwärtig sind sie nur wenig zahlreich. Ihr Auftreten ist auf Europa beschränkt.
Die häufigste Gattung der lychniskiden Schwämme ist *Ventriculites* aus der Mittleren und Oberen Kreide. Das Skelett ist meistens becher-, seltener bis flach schüsselförmig und dünnwandig. An der zugespitzten

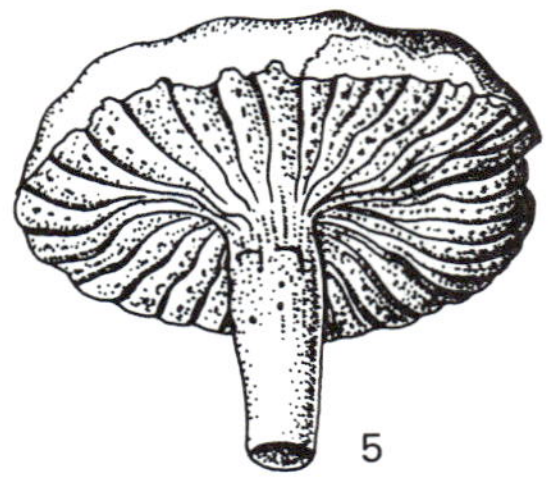

5

1. *Lopanella depressa**, Obere Kreide (Unteres Turon), Zbyslav, ČSSR. Skeletthöhe 55 mm. Zahlreich in den Sedimenten der flachen, küstennahen Gewässer des Unteren Turon in Böhmen.

2. *Hallirhoa costata**, Obere Kreide (Turon), Nogent-le-Rotrou, Frankreich. Durchmesser 70 mm. Ansicht von oben, so daß das schmale, tiefe Spongocoel und die typisch lappige Körperform des Schwammes sichtbar ist.

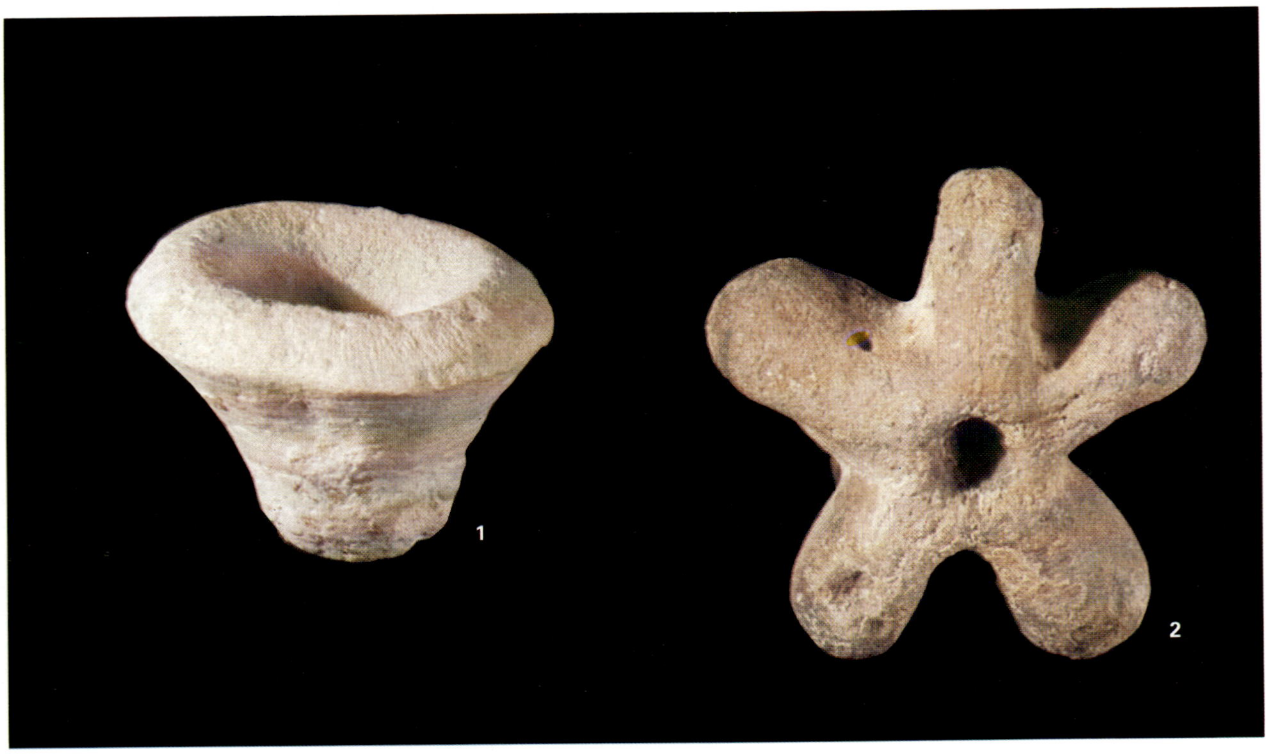

3. *Ventriculites radiatus**, Obere Kreide (Senon), Wiltshire, Großbritannien. Der größere Durchmesser des gesamten Exemplars 115 mm. Ansicht auf den unteren Teil des Schwammes, der in eine Feuersteinkonkretion eingeschlossen ist. Die konzentrischen vertikalen Rillen der Außenwände und die zugespitzte Skelettbasis sind gut zu sehen. Die wurzelartigen Ausläufer sind abgebrochen.

4. *Coeloptychium agaricoides**, Obere Kreide (Senon), Deutschland. Durchmesser 78 mm. Ansicht auf die Oberseite des Skeletts, die typisch regenschirmartig geformt ist. Zu sehen sind die radialen Wülste mit den kleinen Apoporen in den Furchen.

Basis befinden sich verzweigte wurzelartige Ausläufer. Ein typisches Merkmal ist die mäanderartige Wellung des Bechers, die von tiefen, abwechselnd auf der Innen- und Außenseite verlaufenden Vertikalrillen hervorgerufen wird.

Coeloptychium agaricoides GOLDFUSS

Ordnung: Lychniskida
Familie: Coeloptychidae

Die Vertreter der Gattung *Coeloptychium* **(5)** aus der europäischen und nordamerikanischen Oberen Kreide besitzen eine pilz- bis regenschirmförmige Gestalt mit einem kurzen, schwachen Fuß. Die Oberfläche der Unterseite ist durch tiefe Rillen in radiale Wälle untergliedert, auf denen sich große Ostien befinden. Auf der ähnlichen, aber weniger markant ausgeprägten Oberfläche der Oberseite sind in den Furchen kleine Apoporen angebracht.

Lopanella depressa POČTA

Ordnung: Dictyida
Familie: Pleurostomatidae

Die Schwämme der Gattung *Lopanella* treten in den Flachwasserablagerungen der Oberen Kreide Mitteleuropas auf. Sie haben ein dickwandiges, becher- bis schüsselförmiges Skelett mit einem kurzen, starken Stiel. Die äußere und innere Oberfläche sind mit feinen Poren bedeckt. Die Hexactine sind mit den Spitzen zu einer festen Konstruktion verbunden.

Schwämme
Porifera

Ordnung: Pharetronida
Familie: Stellispongiidae

Stellispongia glomerata (Quenstedt)

In die Klasse Calcispongea sind die Schwämme eingeordnet, deren Nadeln aus Calcit bestehen, meistens nicht verbunden sind und frei in der Mesogloea liegen. Nach dem Absterben zerfallen sie deshalb oft. Der am häufigsten vorkommende Typ der Megaskleren sind Diactine, Triactine (Y- oder T-Form) und Tetractine; Mikroskleren fehlen.
Durch sekundäre, nachträgliche Kalkausscheidung werden die Skelettelemente oft zu relativ stabilen Gebilden verschmolzen, was die fossile Erhaltung begünstigt. Die äußere Gestalt der Kalkschwämme ist sehr vielfältig. Sie zeigen auch im Erwachsenenstadium die einfacheren Bauformen des Ascon- und Sycon-Typs. Sie sind vom Kambrium an bekannt und traten häufiger nur von der Trias bis zur Kreide auf. Im Tertiär gingen sie erneut zurück.
Die Vertreter der Gattung *Stellispongia* treten vom Perm bis zur Kreide in Europa, Nordafrika und Südamerika auf. Sie bilden aus halbkugeligen bis keulenförmigen, manchmal auch zylindrischen Einzelexemplaren knollenartige Büschel. Die flachen Osculi mit den schmalen Apoporen sind stern- oder strahlenförmig.

Ordnung: Pharetronida
Familie: Elasmostomatidae

Elasmostoma sp.

Die Schwämme dieser Gattung findet man in den Jura- und häufiger noch in den Kreideablagerungen Europas. Sie weisen unregelmäßige Blatt- oder Trichterformen auf. Die Unterseite ist feinporig. Die Oberseite ist mit einer glatten Schicht bedeckt, die zahlreiche flache Osculi enthält.

Ordnung: Pharetronida
Familie: Lelapiidae

Raphidonema stellatum (Goldfuss)

Die Skelette der europäischen Gattung *Raphidonema* aus Trias und Kreide sind trichter- bis vasenförmig. Die äußere Oberfläche ist grob, bucklig und porig. Die innere Oberfläche ist glatt und weist zahlreiche Apoporen auf.

Ordnung: Pharetronida
Familie: Discocoeliidae

Perodinella furcata (Goldfuss)

Die Schwämme der Gattung *Perodinella* lebten von der Trias bis zur Oberen Kreide in den flachen Meeren Europas. Ihre dickwandigen zylindrischen Skelette bilden durch Sprossung oft zahlreiche, manchmal auch strauchartig verzweigte Kolonien. Die schmalen, tief röhrenförmigen Spongocoele reichen bis zur Skelettbasis. Die äußere Oberfläche ist feinporig.

Ordnung: Pharetronida
Familie: Porosphaeridae

Porosphaera globularis (Phillips)

Die Gattung *Porosphaera* aus der europäischen Kreide faßt Schwämme mit einem kleinen, meist nur einige Millimeter großen kugel- oder eiförmigen Skelett zusammen. Die Oberfläche ist fein stachelig und porig. Das Osculum ist sehr schmal und tief.

1. *Porosphaera globularis**, Obere Kreide (Santon), Kent, Großbritannien. Durchmesser 16 mm. Ansicht von der Seite. Wahrscheinlich die größte Art der Gattung *Porosphaera.*

2. *Perodinella furcata,* Obere Kreide (Cenoman), Essen, Nordrhein-Westfalen, BRD. Höhe der Kolonie 30 mm. Ansicht von oben auf die Kolonie aus mehr als 10 Einzelexemplaren. Die Kolonie entstand durch Teilung und seitliches Auseinanderwachsen. Die Einzelexemplare verraten sich oft nur durch das Osculum.

3. *Raphidonema stellatum,* Obere Kreide (Cenoman), Essen, Nordrhein-Westfalen, BRD. Höhe des Bruchstücks 22 mm. Auf der inneren Oberfläche haftet die Röhre des vielborstigen Wurms *Glomerula gordialis* an.

4. *Elasmostoma* sp., Untere Kreide (Neokom), Achim, BRD. Höhe 14 mm. Kleines Exemplar mit nur einem Osculum.

5. Stellispongia glomerata, Oberer Jura (Malm), Nattheim, BRD. Höhe des Büschels 30 mm. Diese Art ist häufig in den Korallengesellschaften der warmen Klimazonen des europäischen Jura.

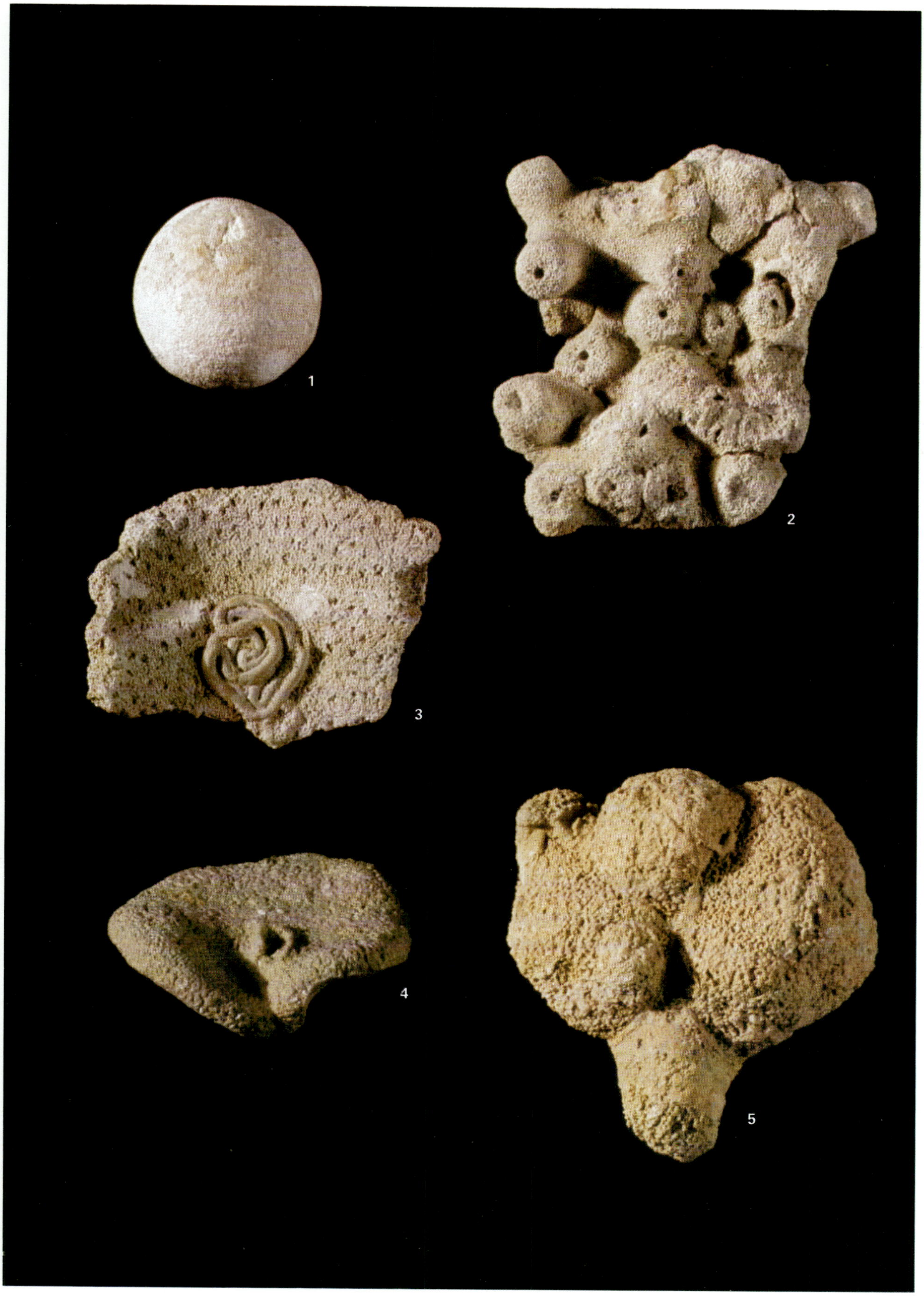
1
2
3
4
5

Archaeocyathiden *(Archaeocyatha)*

Die Archaeocyathiden sind ausgestorbene Lebewesen mit einem inneren Kalkskelett in Form zweier (selten nur eines) ineinanderliegender Kegel, die mit senkrechten Pseudosepten verbunden sind. Außer den Septen überbrückten manchmal auch waagrechte Böden, stangenartige Synaptikel oder blasiges Gewebe den Zwischenraum zwischen beiden Wänden (Intervallum). Alle Skelettelemente waren stark perforiert. Das Skelett war mit einer Basalplatte oder lamellenartigen Auswüchsen an der Spitze auf dem Grund verankert. Die Archaeocyathiden tauchten im Unteren Kambrium auf und starben schon im Mittleren Kambrium aus. Sie bewohnten die warmen, flachen Meere, wo sie die ersten Riffe in der Geschichte der Erde bildeten, die bis zu 800 m mächtig sind. Wir kennen sie von Sibirien, der Mongolei, Australien, Nordamerika und Nordwestafrika. Vereinzelt treten die Archaeocyathiden auch in Südwesteuropa und in Süd- und Südostasien auf. Als Beispiel führen wir an:

Coscinocyathus sp.

Familie: Coscinocyathidae

Die kosmopolitische Gattung *Coscinocyathus* weist kugelförmige bis zylindrische, doppelwandige, poröse Kelche auf. Dicht gestellte Septen und Böden erfüllen das Intervallum.

Cnidaria

Die Gruppe der Hohltiere (Coelenterata) mit dem Stamm der Nesseltiere (Cnidaria), der als einziger fossile Vertreter aufweist, umfaßt festsitzende und schwimmende, überwiegend marine Lebewesen mit einem radial-symmetrischen Körper aus zwei Keimblättern. Die Körperhöhlung (Coelenteron) ist durch Längssepten gegliedert und besitzt nur eine Öffnung, die als Mund- und Afteröffnung zugleich dient. Um diese stehen Fangarme (Tentakeln) mit Nesselzellen. Ein einfaches Nerven- und Muskelsystem ist entwickelt. Die Klasse Scyphozoa umfaßt die Scyphomedusen und die Conularien. Sie kennzeichnen sich durch vierstrahlige Symmetrie. Sie haben einen Generationswechsel zwischen einem festgehefteten polypiden und einem schwimmenden medusoiden Stadium. Bei den Scyphomedusen herrscht das medusoide, bei den Conularien das polypide Stadium vor.

Die **Conularien** haben ein dünnes, pyramidenförmiges, chitinphosphatisches Gehäuse, das im Querschnitt vier- oder achteckig ist. Am breiteren Ende (der Mundseite) befinden sich dreieckige Lappen. Im Inneren verläuft an jeder Wand ein Längsseptum (manchmal befinden sich an den Seiten noch zwei weitere Septen), das außen als Mittellinie, Rinne oder Leiste sichtbar wird. An den Kanten des Gehäuses sind ebenfalls Rinnen vorhanden. Die Reihen der Buckel, die durch die Kreuzung von Längs- und Querrippen entstehen, bilden eine typische Leinwandskulptur. Die meisten Conularien hafteten mit dem spitzen Anfangsteil am Grund an, einige schwammen frei mit dem Anfangsteil nach oben, wobei die Lappen um die Mundöffnung durch aktives Zusammenziehen zur Geltung kamen. Die Conularien existieren vom Kambrium bis zur Trias.

Pseudoconularia grandissima (Barrande)

Ordnung: Conulariida
Familie: Conulariidae

Die Gattung *Pseudoconularia* aus dem Ordovizium und Silur Europas und Amerikas besitzt bis 300 mm lange Gehäuse mit viereckigem Querschnitt, die sich unter einem Winkel von 20 bis 25° erweitern. Die Wände sind schwach konkav und mit einer Mittelleiste versehen, an den Kanten befinden sich Rinnen. Die Skulptur wird von kleinen, in Längsreihen angebrachten Buckeln gebildet.

1. *Pseudoconularia grandissima**, Mittleres Ordovizium (Caradoc), Vráž bei Beroun, ČSSR. Zerdrücktes Gehäusefragment, Höhe 65 mm.

2. *Anaconularia anomala**, Mittleres Ordovizium (Caradoc), Drahov bei Beroun, ČSSR. Höhe des Gehäusekerns 65 mm.

3. *Coscinocyathus* sp., Unteres Kambrium, Sibirien, UdSSR. Archaeocyathus-Kalkstein mit den durch Anwitterung erkennbaren Querschnitten von Kelchen. Der runde Schnitt durch den unteren Kelch hat einen Durchmesser von 14 mm.

Anaconularia anomala (BARRANDE)

Ordnung: Conulariida
Familie: Conulariidae

Die europäische Gattung *Anaconularia* war im Mittleren Ordovizium verbreitet. Für sie sind pyramidenförmige, schwach schraubig gedrehte Gehäuse und scharfe, rinnenlose Kanten typisch.

Stromatoporen

Es handelt sich um eine ausgestorbene, koloniebildende, festgeheftete Gruppe mariner Organismen, die vom Kambrium bis zur Kreide bekannt sind. Nach typischen Merkmalen des von den Kolonien ausgeschiedenen Skelettes hat man sie meist der Klasse der Hydrozoen unter den Hohltieren zugeordnet. Als 1970 auf Jamaika lebende, an Stromatoporen erinnernde Schwammarten der Klasse Sclerospongea entdeckt wurden, wurde auch ihre Zugehörigkeit zu den Schwämmen (Porifera) diskutiert.

Dieses Problem ist bis jetzt noch nicht gelöst, denn es gelang nicht, einige Bauelemente der Stromatoporen mit den Skelettstrukturen der Schwämme gleichzusetzen. Die vielfältig gestalteten Kalkskelette (Caenosteum) der Stromatoporen setzen sich aus eng zusammengedrängten Lamellen (Laminae) zusammen. Die Laminae sind dicht mit senkrechten, rundlichen Säulchen (Pilae) verbunden. Der untere Teil des Skeletts ist mit einer runzligen, korkartigen Epithek überdeckt. Die Oberfläche der Skelette ist glatt und weist kleine Höcker auf, die von den hervorstehenden Säulenenden stammen, oder sie ist warzig. Auf den Warzen befinden sich oft sternartig angeordnete Körnchen und in deren Mitte senkrechte Kanäle – Astrorhizen.

Die Stromatoporen lebten ausschließlich im Meer, meistens in flachen, warmen Gewässern. Sie traten gewöhnlich in Anhäufungen auf und beteiligten sich wesentlich am Bau der Korallenriffe des Paläozoikum. Die Gestalt der Kolonien hing teilweise mit dem Milieu zusammen. Sie waren auf härterem Grund brotlaibähnlich. Auf weichem Grund bildeten sie dünne Platten oder überwuchsen feste Gegenstände. In der Wellenzone traten dicke, tafelartige Formen auf, ruhiges Wasser wurde von strauchartig verzweigten Arten bevorzugt. Viele Arten sind stratigraphisch wichtig.

Actinostroma vastum (POČTA)

Ordnung: Stromatoporida
Familie: Actinostromatidae

Die Vertreter der kosmopolitischen Gattung *Actinostroma* lebten vom Kambrium bis zum Karbon. Sie besitzen massive plattenartige, knollen- bis kugelförmige Skelette mit einer Epithek an der Unterseite. Die Laminae sind weithin aushaltend und zusammenhängend. Die langen Säulchen bilden die für diese Gattung typische Netzstruktur. Die Skelettoberfläche ist fein warzig und weist kleine Astrorhizen auf.

1. *Densastroma* cf. *pexisum,* Unteres Silur (Wenlock), Körplinkt, Gotland, Schweden. Seitlicher Durchmesser der Kolonie 47 mm. Die kugelförmige Kolonie bewächst das Gehäuse der Gastropoda *Euomphalopterus alatus,* das ihr als feste Unterlage dient und das Einsinken in den weichen Grund verhindert.

D

S

2. *Actinostroma vastum,* Unteres Devon (Prag), Koněprusy, ČSSR. Höhe des Exemplars 105 mm. Ansicht der äußeren Oberfläche eines Bruchstücks der Kolonie mit kleinen Warzen. Die plattenartigen Skelette der Actinostromen bilden oft die Kämme der paläozoischen Korallenriffe, denn sie widerstehen gut der Wirkung des Wellenschlages.

3. *Amphipora ramosa**, Mittleres Devon (Givet), Josefov bei Blansko, ČSSR. Anschliff eines amphiporen Kalks. Durchmesser der rekristallisierten Äste um 4 bis 5 mm. Die Amphiporen sind bedeutende Fossilien des europäischen Mittleren Devon. Sie lebten in großer Zahl in der Nähe der Korallenriffe in den Lagunen und auf den Zwischenriffplateaus.

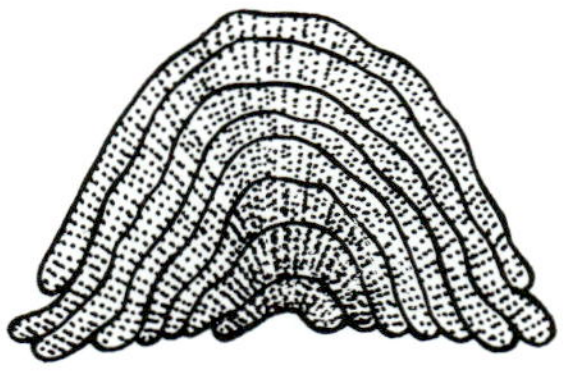

4

2

3

Densastroma cf. pexisum (Yavorsky)

Ordnung: Stromatoporida
Familie: Actinostromatidae

Die Densastromen stammen aus dem baltischen Silur. Die gewöhnlich kleinen, knollenförmigen Kolonien (**4** – Querschnitt) überwuchsen feste Gegenstände auf weichem Grund.

Amphipora ramosa (Phillips)

Ordnung: Stromatoporida
Familie: Idiostromatidae

Die Vertreter der kosmopolitischen Gattung *Amphipora* lebten vom Silur bis zum Perm, möglicherweise bis zum Jura. Die verzweigten, strauchartigen Kolonien setzen sich aus dünnen zylindrischen Ästen zusammen. Das Skelett ist netzartig, es weist einen ausgeprägten Achsenkanal und unter der Oberfläche eine Schicht größerer Hohlräume auf. Astrorhizen fehlen.

Korallen, Blumentiere *(Anthozoa)*

Diese Klasse umfaßt radial symmetrische Hohltiere, bei denen die Medusengeneration unterdrückt ist, die nur die festsitzende Polypengeneration hervorbringen. Die Anthozoen-Polypen leben als Einzelpolypen (solitär) oder koloniebildend. Der Körperhohlraum ist strahlenförmig durch fleischige senkrechte Zwischenwände, die Mesenterien (Sarkosepten) unterteilt. Die meisten Anthozoen scheiden ein äußeres Kalkskelett aus, das beim Einzelpolypen Korallit (Polypar) und bei der Kolonie Korallum genannt wird. Innerhalb der Anthozoen werden vor allem die zwei Unterklassen der Zoantharia und der Octocorallia unterschieden. Die paläontologisch wichtigeren Zoantharia umfassen die Tabulata, Rugosa und Hexacorallia (Scleractinia).

Die tabulaten Korallen *(Tabulata)*

Sie kommen vom Kambrium bis zum Perm vor, haben Kolonien verschiedenster Form. Sie sind krusten-, platten-, brotlaibförmig oder verzweigt. Sie setzen sich aus dünnwandigen, meist dünnen, röhrenförmig verlängerten Koralliten zusammen, die manchmal durch Poren miteinander verbunden sind. An der Unterseite sind sie durch eine gemeinsame Kalkschicht, die Holothek, geschützt. Innerhalb der Korallite sind die senkrechten Radialsepten verkümmert oder fehlen ganz. Dagegen sind zahlreiche Querböden (Tabulae) vorhanden. Die Kolonien wuchsen ungeschlechtlich durch Sprossung auseinander.

Ordnung: Favositida
Familie: Favositidae

Pachyfavosites polymorphus (Goldfuss)

Die Favositen waren vom Mittleren Ordovizium bis zum Perm über die ganze Welt verbreitet. Ihre Kolonien sind platten-, brotlaib- oder kugelförmig und nur seltener verzweigt. Sie setzen sich aus röhrenförmigen, unregelmäßig polygonalen, dünnwandigen Koralliten zusam-

1, 2. *Squameofavosites kukuk,* Unteres Devon (Zlíchov-Ems), Prag – Klukovice und Zlíchov, ČSSR. Durchmesser der halbkugeligen Kolonie 22 und 38 mm. An der Unterseite der kleineren Kolonie befindet sich die Holothek mit einem Vorsprung der ältesten Teile der Kolonie.

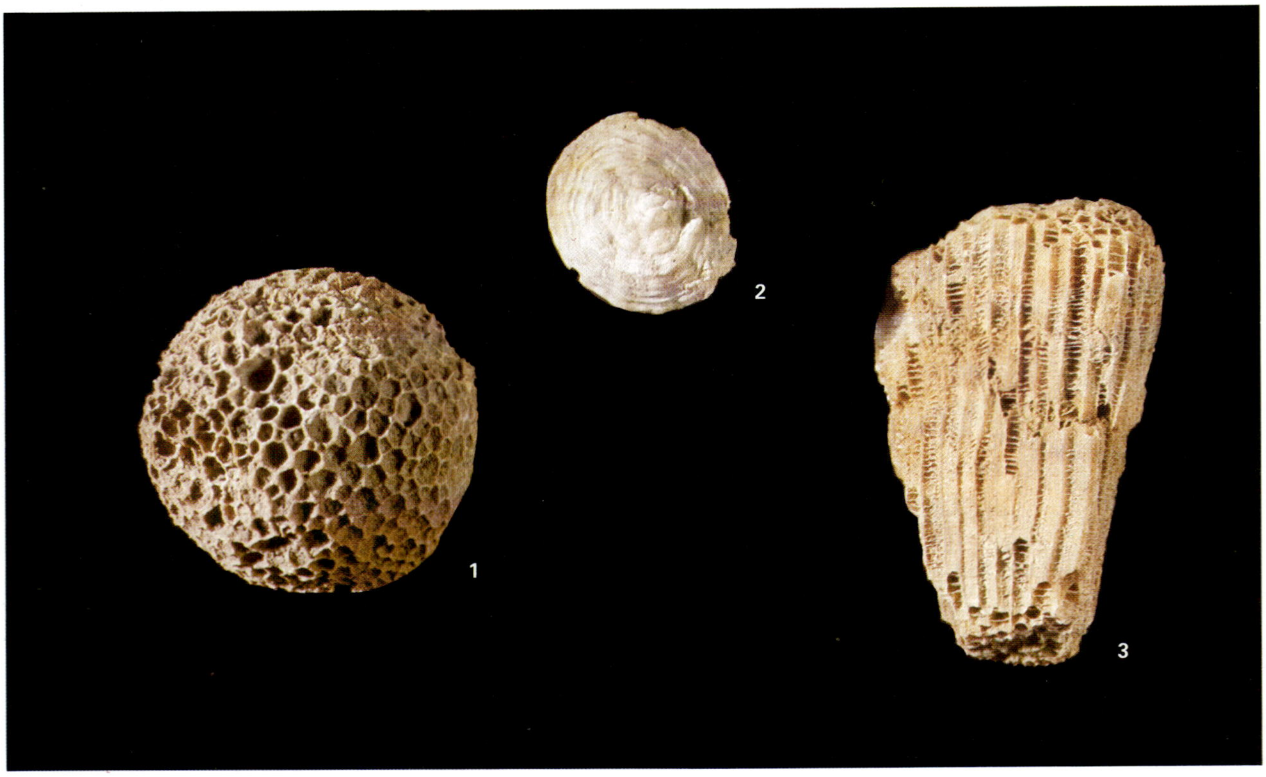

4 5

men, die mit Poren verbunden und durch zahlreiche waagrechte Böden unterteilt sind. Die Septen sind zu Dornen oder Schuppen reduziert. Entsprechend der Morphologie der Koralliten werden die Favositen in ungefähr 30 nahestehende Gattungen unterteilt.

3. *Pachyfavosites polymorphus*, Mittleres Devon (Eifel), Gerolstein, BRD. Höhe des Bruchstücks einer plattenförmigen Kolonie 51 mm. An der Bruchstelle kann man die Korallitwände, die dichten Böden, die zarten Septaldorne und feinen Poren in den Wänden sehen.

4. *Aulopora serpens**, Mittleres Devon (Eifel), Gerolstein, BRD. Ein Teil der Kolonie, der die untere Seite der Stromatoporen überzieht. Senkrechter Durchmesser der Kolonie 60 mm.

5. *Pleurodictyum problematicum**, Unteres Devon (Ems), Oberstadtfeld, BRD. Kerndurchmesser der größeren Kolonie 27 mm. Pleurodictyen sind in den sandigen Fazies des Unteren Devon häufig. Im feinkörnigen Quarzit bleiben von ihnen nur die sedimentären Ausfüllungen der Korallite und Poren erhalten. Die Röhre eines Wurms der Art *Hicetes innexus* ist gut zu sehen.

Squameofavosites kukuk GALLE

Ordnung: Favositida
Familie: Favositidae

Die Korallite dieser obersiluren bis unterdevonen Gattung sind ungleichmäßig, verhältnismäßig dünnwandig und weisen anstelle der Dornen septale Schuppen (Squamulae), große Poren und sehr dichte Böden auf.

Pleurodictyum problematicum GOLDFUSS

Ordnung: Favositida
Familie: Micheliniidae

Diese vom Oberen Silur bis zum Mittleren Devon in der ganzen Welt verbreitete Gruppe bildet kleine linsenförmige Kolonien, die gewöhnlich an den Röhren der Würmer der Gattung *Hicetes* ansitzen. Die großen prismatischen Korallite haben dicke, stark perforierte Wände. Die Septen haben die Form von Leisten oder Dornenreihen, die Böden fehlen gewöhnlich.

Aulopora serpens GOLDFUSS

Ordnung: Auloporida
Familie: Auloporidae

Die vom Ordovizium bis zum Perm auftretende Gattung *Aulopora* bildet kriechende oder krustenartige Kolonien aus dickwandigen, tütenförmigen Koralliten. Die Böden sind oft unvollständig und kommen nur in den Basalteilen der Koralliten vor.

Syringopora serpens LINNAEUS

Ordnung: Auloporida
Familie: Syringoporidae

Die tabulaten Korallen erreichten ihre maximale Verbreitung in den flachen und warmen Meeren des Silur und Devon, wo sie mit Stromatoporen und Algen Korallenriffe bildeten. Auf den Kämmen der Riffe lebten platten- und fladenartige Formen, in Spalten und Lagunen und an den Hängen traten strauch- und krustenartige Formen auf. Ruhige Gewässer, die oft schlammigen Grund besaßen, wurden von kugeligen und brotlaibähnlichen Typen und faserigen Büscheln der Gattung *Syringopora* bewohnt. Die tabulaten Korallen (bis auf einige Ausnahmen) bevorzugten flache, sich bewegende Gewässer mit einer langsamen Kalksedimentation. Das zeitweilige Auffinden einzelner, meist umgedrehter Kolonien in einem ungewöhnlichen Milieu kann mit dem Transport nach dem Absterben erklärt werden, wenn das Skelett von Faulgasen aufgetrieben wurde.
Die Korallen der kosmopolitischen Gattung *Syringopora* lebten vom Oberen Ordovizium bis zum Unteren Perm. Die Büschel aus schmal zylindrischen, dickwandigen, voneinander entfernten Koralliten waren unregelmäßig durch waagrechte Röhrchen verbunden. Die Böden sind trichterförmig, die Septen bilden Dornenreihen.

Catenipora escharoides (LAMARCK)

Ordnung: Heliolitida
Familie: Halysitidae

Die Kolonien der kosmopolitischen Gattung *Catenipora* aus dem Ordovizium und Silur bestehen aus elliptischen, röhrenförmigen Koralliten, die wie Palisaden in ungeraden Reihen angeordnet sind, die sich unregelmäßig verzweigen und erneut wieder verbinden.

1. *Syringopora serpens,* Oberes Silur (Wenlock), Dudley, Großbritannien. Breite der Kolonie 105 mm. Die Lücken zwischen den Koralliten sind mit Sediment ausgefüllt, können aber auch von Stromatoporen verwachsen sein. Diese Verwachsungen wurden früher als Stromatoporen der Gattung *Caunopora* angesehen.

2. *Barrandeolites bowerbanki* Oberes Silur (Wenlock), Amerika bei Mořina, ČSSR. Größte Breite der Kolonie 80 mm. Zahlreich in den Korallenbiostromen, die im böhmischen Wenlock die Seichtstellen in der Umgebung der vulkanischen Insel bewuchsen. Die bunte Färbung wurde durch die Beimischung von Vulkanasche im Sediment verursacht.

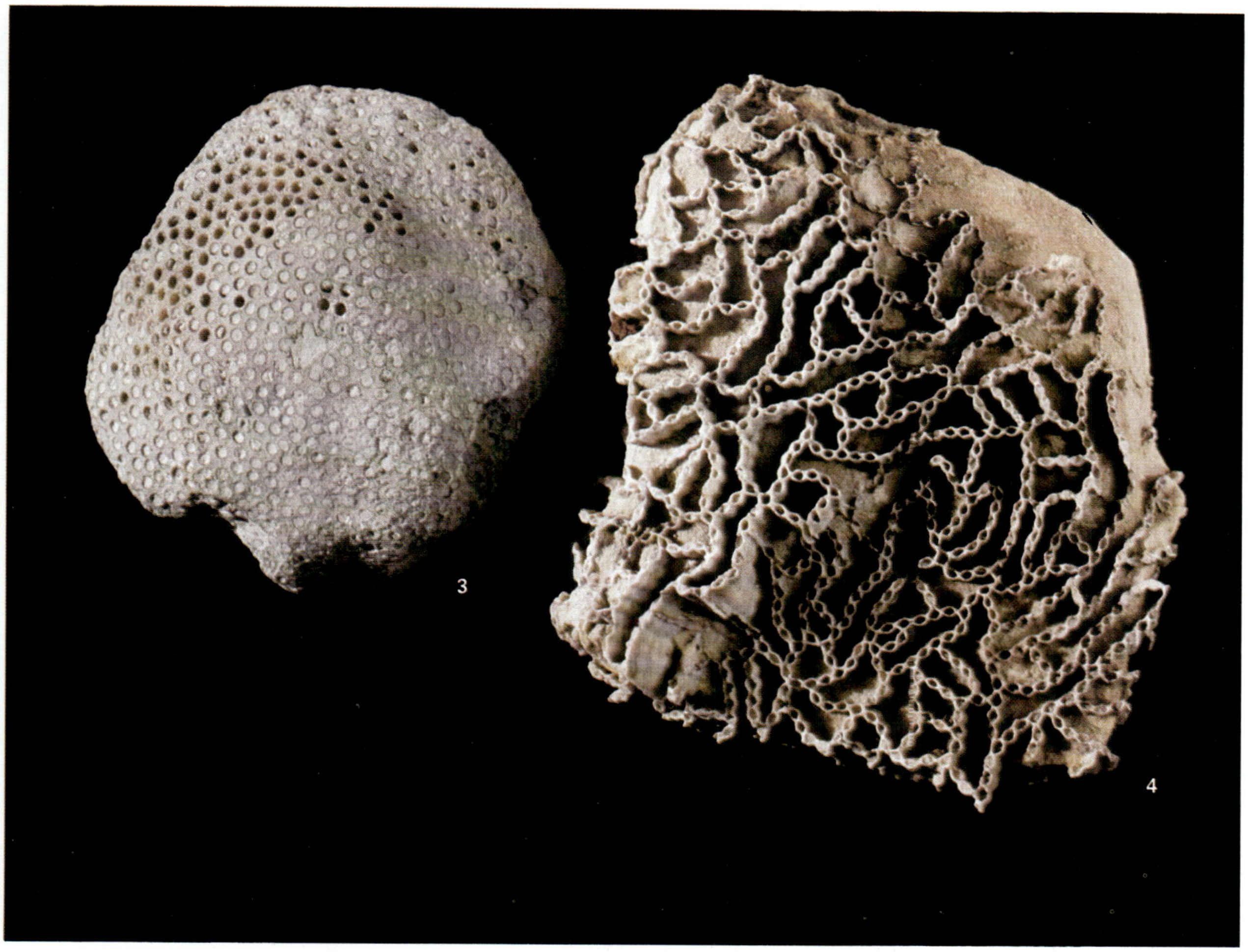

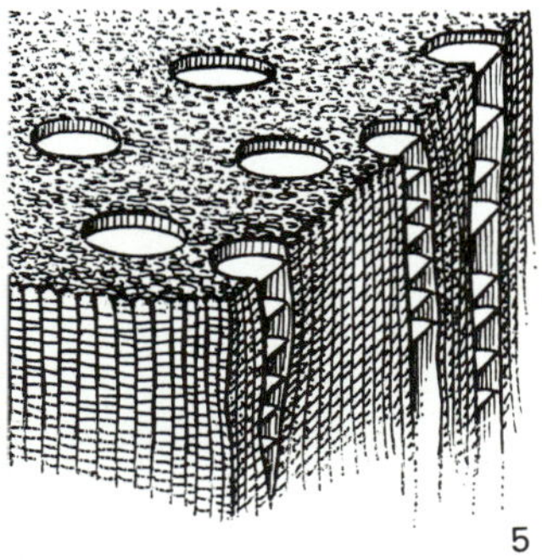

3. *Heliolites interstinctus,* Unteres Silur (Oberes Llandovery), Visby, Gotland, Schweden. Größerer Durchmesser der Kolonie 75 mm. Die ungleich verfestigten weichen Mergel verwittern unregelmäßig aus den breiten Koralliten.

4. *Catenipora escharoides**, Unteres Silur (Oberes Llandovery), Gotland, Schweden. Breite des Bruchstücks einer Kolonie 85 mm.

Heliolites interstinctus (LINNAEUS)

Ordnung: Heliolitida
Familie: Heliolitidae

Die Korallen der über die gesamte Erde verbreiteten Gattung *Heliolites,* die vom Mittleren Ordovizium bis zum Mittleren Devon auftauchte, bildet massive Kolonien aus zwei Röhrentypen (**5** – Schnitt durch einen Teil einer Kolonie). Die Korallite sind breit und zylindrisch und haben zwölf leistenförmige Septen und verhältnismäßig locker angebrachte Böden. Zwischen diesen scheidet das Bindegewebe schmale prismatische Röhrchen mit dichtstehenden Böden aus (Coenenchym). Die Zugehörigkeit von *Heliolites* zu den Tabulata ist zweifelhaft.

Barrandeolites bowerbanki MILNE-EDWARDS et HAIME

Ordnung: Chaetetida
Familie: Tiverinidae

Infolge des einfachen Baus der Kolonien aus schmalen Röhren, wo Böden, Septen und andere typische Strukturen fehlen, ist die systematische Stellung der Chaetetida unklar. Die Ordnung wird nach neueren Untersuchungen zu den Sclerospongea (Porifera) gestellt.
Die plattenförmigen Kolonien der Gattung *Barrandeolites* aus dem europäischen Silur setzen sich aus schmalen, seitlich gedrückten polygonalen Koralliten zusammen.

Die rugosen Korallen *(Rugosa)*

Sie sind wie die Tabulaten ausschließlich paläozoisch. Sie bringen großwüchsige Korallite (Polypare) hervor, die meistens solitär blieben, doch auch zu Kolonien zusammentreten können. Der kegel- oder kelchförmige Korallit hat eine dicke Außenwand (Epithek) mit rauher Oberfläche, daher der Name Rugosa. Der tiefere Teil des Kelchs ist peripher meist von dem Dissepimentarium (Anhäufung von Dissepimenten, das sind unvollständige, ein blasiges Gewebe bildende Böden) ausgefüllt; die Mitte wird vom Tabularium, das von echten Böden gebildet wird, eingenommen. Die Anzahl der ersten sechs Septen (Protosepten) erhöht sich im Verlauf des Wachstums durch Einschaltung zusätzlicher Septen. Diese Einschaltung folgt einem bilateral symmetrischen Plan um eine mediane Hauptseptenebene. Mit der zunehmenden Septenvermehrung und dank der festgehefteten Lebensweise wird die bilateral symmetrische Anlage mehr und mehr radial überprägt. Man kann lange Haupt- und kürzere Nebensepten unterscheiden. Rugose Korallen erschienen im Mittleren Ordovizium und starben im Oberen Perm aus. Die Vorstellung, daß sie die unmittelbaren Vorfahren der Hexacorallen (Scleractinia) sind, wird neuerdings gelegentlich bezweifelt.

Palaeocyclus porpita (LINNAEUS)

Ordnung: Cystiphyllida
Familie: Palaeocyclidae

Die Gattung *Palaeocyclus* aus dem europäischen und amerikanischen Silur weist kleine knopfförmige Korallite mit Septen auf, die in der ganzen Länge sichtbar sind **(12)**. Die Ränder der Septen sind fein dornig. Inmitten der Epithek befindet sich ein Befestigungskonus.

Goniophyllum pyramidale (HISINGER)

Ordnung: Cystiphyllida
Familie: Goniophyllidae

Die Arten der europäischen und amerikanischen silurischen Gattung *Goniophyllum* besitzen niedrige, pyramidale, dickwandige Korallite und gratähnliche Septen. Der Kelch ist mit vier beweglichen, dreieckigen Deckeln verschlossen. Diese Deckel sind eine für Korallen ungewöhnliche Erscheinung und treten nur bei den Vertretern der Familie Goniophyllidae auf.

Calceola sandalina (LINNAEUS)

Ordnung: Cystiphyllida
Familie: Goniophyllidae

Die kosmopolitische devonische Gattung *Calceola* hat tütenartige, schwach gebogene, dickwandige Korallite mit einem halbkreisförmigen Querschnitt. Die Septen bilden im flachen Kelch niedrige, zarte Grate. Ein typisches Merkmal ist der halbkreisförmige Deckel.

Microcyclus eifliensis KAYSER

Ordnung: Stauriida
Familie: Hadrophyllidae

Die kleinen, scheibenförmigen Korallite der Gattung *Microcyclus* findet man in den Sedimenten des Mittleren Devon Europas, Nordamerikas und Afrikas. Die Septen sind lang. Die untere, von der Epithek bedeckte Seite ist flach.

1, 2, 3. *Palaeocyclus porpita**, Unteres Silur (Oberes Llandovery), Gotland, Schweden. Durchmesser des größten, mit der Unterseite nach oben gekehrten Korallits **(2)** 14 mm.

4, 5. *Goniophyllum pyramidale**, Oberes Silur (Wenlock), Dudley, Großbritannien. Korallit von oben **(4)** und von der Seite **(5)**. Höhe 24 mm.

6, 7, 8. *Microcyclus eifliensis,* Mittleres Devon (Eifel), Prüm, BRD. Durchmesser des größten, mit der Unterseite nach oben gekehrten Korallits **(7)** 15 mm. Im Vergleich mit der Gattung *Palaeocyclus* handelt es sich hier um ein Beispiel morphologischer Konvergenz nicht verwandter Arten, die durch übereinstimmende Lebensbedingungen hervorgerufen wurde. Die geringe Größe und flache Form ermöglichte das Ansetzen an weichen, brüchigen Unterlagen.

9. *Phaulactis cyathophylloides**, Oberes Silur (Wenlock), Irevik, Gotland, Schweden. Korallit; Höhe 36 mm.

10, 11. *Calceola sandalina**, Mittleres Devon (Eifel), Eifel, BRD. An einen Pantoffel erinnerndes Korallit **(11)**; Höhe 26 mm, Deckel **(10)**. Bedeutendes Leitfossil.

Phaulactis cyathophylloides RYDER

Ordnung: Stauriida
Familie: Lykophyllidae

12

Die Arten dieser fast über die gesamte Erde verbreiteten silurischen Gattung weisen kegelförmige Korallite auf. Die langen, dünnen Septen sind im Dissepimentarium und Tabularium verborgen, so daß sie im flachen Kelch nur niedrige dornige Grate bilden. Die Epithek ist senkrecht gerillt und hat unregelmäßige wurzelartige Ausläufer.

Lebensräume und Lebensformen der rugosen Korallen

In ihrer Gesamtheit waren die Korallen der Unterklasse Rugosa ökologisch recht anpassungsfähig. Vor allem die kleinen solitären Formen konnten auch in sehr tiefen und kalten Meeren leben. Geselliges Auftreten war aber immer auf die warmen, flachen und sauberen Teile der Meere beschränkt. Die einzelnen Arten bildeten auf den flachen Plattformen oder Hängen der Korallenriffe zonar angeordnete, teppichartige Bestände, so daß man nach ihnen die Tiefe und die Entfernung vom Kamm des Riffs abschätzen kann. Dank der großen Artenvielfalt und der ansitzenden Lebensweise sind die Korallen der Unterklasse Rugosa für die Abgrenzung der paläobiogeographischen Provinzen und zur Feststellung der Lage der Kontinente in der Zeit vom Mittleren Ordovizium bis zum Karbon geeignet. Entsprechend der abnehmenden Diversität der Arten in der Richtung zum Pol hin kann man auch die einzelnen Klimazonen (außer der Polarzone) bestimmen. Schließlich ist es möglich, an der Anzahl der täglichen Zuwachsfalten auf der Epithek dieser Korallen die Verlangsamung der Erdumdrehung um die eigene Achse festzustellen. Vom Ordovizium bis zum Perm sinkt ihre Anzahl in einem Jahresstreifen von 412 auf 390. Diese Beobachtung kann zum Beispiel bei den Weichtieren bestätigt werden.

Dohmophyllum cyathoides WEDEKIND

Ordnung: Stauriida
Familie: Ptenophyllidae

Den Korallen der devonischen Gattung *Dohmophyllum* aus Eurasien und Australien gehören große, niedrig kegelförmige Korallite an mit vielen langen, dünnen Septen, die inmitten einer Vertiefung des flachen Kelchs zu einer buckligen Säule eingerollt sind. Die Zwischenräume zwischen den Septen werden von kleinen Dissepimenten und im zentralen Teil des Kelchs von Böden ausgefüllt.

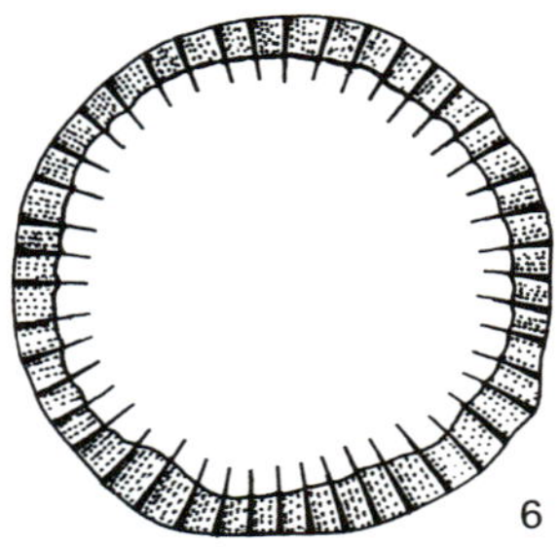

6

1 2 3

D

1, 2. *„Amplexus" hercynicus*, Oberes Devon (Frasne), Adorf, BRD. Korallitenbruchstücke; Höhe 32 und 55 mm. Vertreter der Gattung *Amplexus* bilden die „Amplexuskalke" in den devonischen Ablagerungen Europas.

3. *Dohmophyllum cyathoides*, Mittleres Devon (Eifel), Eifell, BRD. Korallit; Durchmesser 56 mm. Ansicht von oben in den niedrigen, flachen Kelch mit einer kleinen zentralen Vertiefung.

4. *Cyathophyllum dianthus**, Mittleres Devon (Givet), Čelechovice in der Haná, ČSSR. Breite der Kolonie 61 mm. Verhältnismäßig seltenes, auffallend geformtes Stück der Korallenriffe des Mittleren Devons. Ihre Kolonien bestehen meistens nur aus einigen Einzelexemplaren.

5. *Hexagonaria hexagona**, Oberes Devon (Frasne), Senzeiles, Belgien. Länge der Kolonie 88 mm.

„Amplexus" hercynicus ROEMER

Ordnung: Stauriida
Familie: Amplexidae

Diese Gattung aus dem Devon und Karbon ist fast über die gesamte Erde verbreitet. Die gebogenen, röhrenförmigen Korallite mit ihrer dünnen Wand und zahlreichen kurzen Septen gehen in die dichten Böden wie radiale Wälle über (**6** – Querschnitt durch einen Korallit). Typischere Vertreter der Gattung tauchen nur im Karbon auf.

Cyatophyllum dianthus GOLDFUSS

Ordnung: Stauriida
Familie: Cyathophyllidae

Den Korallen der kosmopolitischen Gattung *Cyathophyllum* aus dem Devon gehören große kegelförmige, solitäre oder zu massiven Kolonien verbundene Korallite mit zahlreichen dünnen Septen an, von denen die Hauptsepten fast bis in das Zentrum reichen. Das breite Dissepimentarium begrenzt eine Vertiefung im flachen Kelch.

Hexagonaria hexagona (GOLDFUSS)

Ordnung: Stauriida
Familie: Disphyllidae

Die kosmopolitische devonische Gattung *Hexagonaria* besitzt plattenartige Kolonien aus vielen kleinen, aber massiven Koralliten. Die zahlreichen verdickten Septen reichen meist nicht bis in die Mitte und sind durch ein breites Dissepimentarium verbunden. Über dem Tabularium befindet sich im Kelch eine schmale, tiefe Einsenkung.

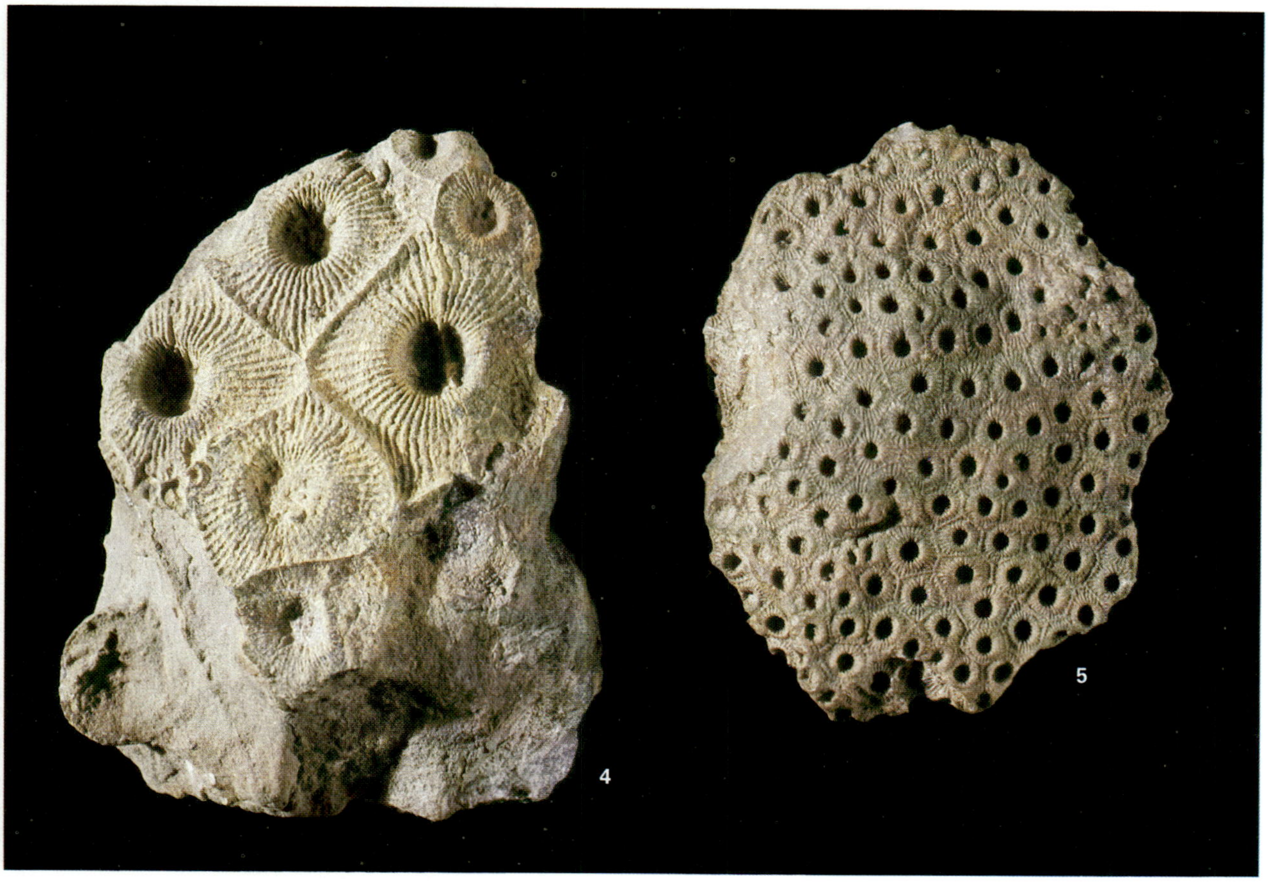

Die Hexacorallen, Cyclocorallen *(Scleractinia)*

Sie lösen von der Trias an die im Perm erloschenen Rugosa ab und sind vorwiegend koloniebildend; doch treten auch solitäre Formen nicht allzu selten auf. Das aus Aragonit aufgebaute Kalkskelett wird überwiegend von den Septen gebildet. Diese sind in Zyklen von 6, 12, 24 usw. angeordnet, so daß wir an der Größe die Septen erster, zweiter und weiterer Ordnung unterscheiden können. Die Septen erster Ordnung (gewöhnlich in der Achse des Korallits) gehen in ein säulenartiges Gebilde, die Columella, über. Die Epithek ist nur selten gut entwickelt. Die Teile der Septen, die außen über die Epithek hervortreten, werden Rippen genannt. Die Korallite sind verschiedenst gestaltet, von zylinder- über kegel- und schüsselbis scheibenförmig. Ebenso sind auch die durch Teilung entstandenen Kolonien scheiben-, halbkugel- und kugelförmig und auch verzweigt. Die einzelnen Korallite sind innerhalb der Kolonien entweder durch dünne Wände getrennt oder gehen ineinander über. Alle Teile des Skeletts sind aus mikroskopisch kleinen Kristallitbündeln des Calciumcarbonats, die oft locker und porös angeordnet sind, zusammengesetzt. Diese können aber auch kompakt und bei einigen Gattungen sogar sekundär durch Kalkeinlagerung, das sogenannte Stereom, verstärkt sein. Zur Ordnung *Scleractinia,* die den überwiegenden Teil der Unterklasse *Zoantharia* bildet, gehören fast alle Korallen, die von der Mittleren Trias bis heute leben.

Dimorphastraea concentrica (Becker)

Ordnung: Scleractinia
Familie: Synastraeidae

Die Vertreter der Gattung *Dimorphastraea* aus Oberem Jura und Kreide stammen aus Europa und Nordafrika. Die massiven Kolonien aus wandlosen Koralliten weisen typische, ineinander übergehende Septen auf, die an die Kraftlinien eines Magnetfeldes erinnern.

Stylina delabechii Milne-Edwards et Haime

Ordnung: Scleractinia
Familie: Stylinidae

Die kosmopolitische Gattung *Stylina* ist von der Oberen Trias bis zur Kreide bekannt. Die massiven oder dickästigen Kolonien bestehen aus kleinen, voneinander entfernten, erhöhten Koralliten mit gut entwickelten Septen und einer kleinen Säule.

Montlivaltia lessneuri Milne-Edwards et Haime

Ordnung: Scleractinia
Familie: Montlivaltiidae

Die Korallen der Gattung *Montlivaltia* waren von der Trias bis zur Kreide über die gesamte Erde verbreitet. Sie weisen gewöhnlich große, solitäre, kuppel-, kegel- bis zylinderförmige Korallite auf (**5** – Sicht in den Kelch). Die Columella fehlt in der Regel. Die Epithek entsteht, soweit sie überhaupt entwickelt ist (sie schützt das Korallit vor dem Verschütten mit Sedimenten), durch die Verschmelzung der Randdissepimente.

Thecosmilia trichotoma (Goldfuss)

Ordnung: Scleractinia
Familie: Montlivaltiidae

Die Vertreter der kosmopolitischen Gattung *Thecosmilia* aus der Trias bis zur Kreide bilden bündelartige Kolonien aus mehreren voneinander entfernten großen Korallen des montlivaltiden Typs.

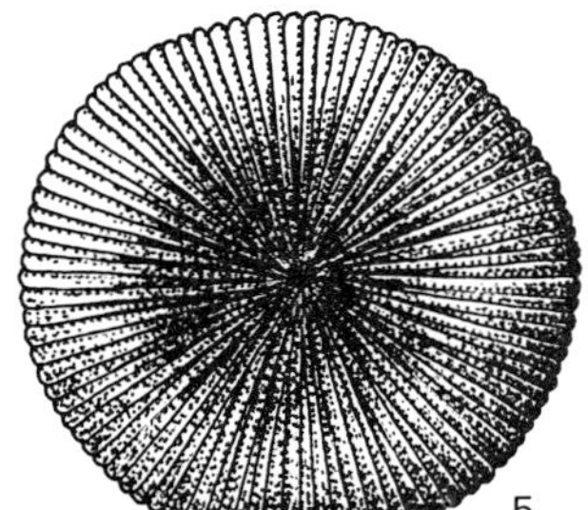

5

1. *Dimorphastraea concentrica**, Oberer Jura (Malm), Blaubeuren, BRD. Breite des Bruchstückes einer Kolonie 48 mm.

2. *Thecosmilia trichotoma**, Oberer Jura (Malm), Sirchingen, BRD. Länge der Kolonie 70 mm. Die Thecosmilien lebten zahlreich in den Korallenriffen des Oberen Jura. Ihre Kolonien geben Beispiele für die verschiedensten Stadien der Knospung.

3. *Stylina delabechii,* Oberer Jura (Malm), Sirchingen, BRD. Höhe des Bruchstücks einer Kolonie 110 mm. Häufige, riffbildende Art des Oberen Jura. Die Gattung *Stylina* gehört zu den ältesten Gattungen sechszähliger Korallen.

4. *Montlivaltia lessneuri,* Oberer Jura (Malm), Le Havre, Frankreich. Korallit; Höhe 70 mm.

1
2
3
4

Die Herkunft der Scleractinia

Die sechszähligen Scleractinia wurden früher als in verschiedenen Stammlinien entstandene Abkömmlinge der Rugosa aufgefaßt. Diese Vorstellung wird neuerdings mitunter angezweifelt. Der Bauplan des Korallenkelchs der beiden Gruppen ist durchgreifend verschieden. Möglicherweise sind die Scleractinia durch Skelettbildung aus skelettlosen Seeanemonen entstanden. Ihre Skelettbildung zeigt eine bemerkenswerte Vielfalt in verschiedenen Richtungen. Bei den einen veränderte sich die Kompaktheit oder Kompliziertheit des Baus und die Anordnung der Septen und der Columellen, bei anderen wurde die einfache Epithekalwand durch eine komplizierte ersetzt, und bei noch anderen entwickelte sich ein kolonialer Habitus, und es entstanden verschiedene Typen von Kolonien. Diese Vielfalt ist die Ursache für den biologischen Erfolg der Scleractinia.

Cyclolites ellipticus Lamarck

Ordnung: Scleractinia
Familie: Cyclolitidae

Die Korallen der Gattung *Cyclolites* lebten von der Kreide bis zum Eozän in Eurasien, in Nordafrika und in der karibischen Zone. Sie weisen große elliptische und kuppelförmige Korallite mit einer flachen Basis auf. Die sehr zahlreichen (bis 1200) dünnen, perforierten Septen sind mit Synaptikeln (Querbälkchen) verbunden. Die Kelchgrube hat die Form einer Furche.

Aspidiscus cristatus (Lamarck)

Ordnung: Scleractinia
Familie: Funginellidae

Die Vertreter der Oberkreidegattung *Aspidiscus* sind uns aus Eurasien und Afrika bekannt. Sie bilden rundliche, kuppelartige Kolonien mit einem schmalen Saum und flacher Basis. Die Reihen der Korallite mit den kompakten Septen bilden niedrige, meist radial angeordnete Grate.

Rennensismilia complanata (Goldfuss)

Ordnung: Scleractinia
Familie: Placosmiliidae

Die Korallen dieser europäischen Gattung aus der Oberen Kreide besitzen kegelförmige, seitlich stark abgeflachte Korallite. Die innere Struktur ähnelt der der Gattung *Montlivaltia.*

Actinastraea decaphylla (Michelin)

Ordnung: Scleractinia
Familie: Astrocoeniidae

Die kosmopolitische Gattung *Actinastraea* ist von der Oberen Trias bis heute bekannt. Sie weist kleine wabige bis kugelförmige Kolonien aus polygonalen Koralliten mit kompakten Haupt- und laminaren Nebensepten auf. Die Columella ist gut entwickelt.

Dictuophyllia konincki (Reuss)

Ordnung: Scleractinia
Familie: Faviidae

Die Vertreter der europäischen und nordamerikanischen Gattung *Dictuophyllia,* die von der Oberen Kreide bis zum Oligozän lebten, bilden massive Kolonien aus schmalen mäandernden Korallitenreihen, die durch überhöhte Septalwände voneinander getrennt sind. Die Septen verlaufen parallel, die Säulchen sind zu Graten verwachsen.

1. *Cyclolites ellipticus**, Obere Kreide (Turon), Gosau, Österreich. Größerer Durchmesser des Korallits 54 mm. Charakteristische und häufig auftretende Art der Gosauer Kreide.

2. *Aspidiscus cristatus,* Obere Kreide (Cenoman), Batna, Algerien. Kolonie; Durchmesser 50 mm.

3. *Rennensismilia complanata,* Obere Kreide (Senon), Gosau, Österreich. Höhe des Korallits 40 mm. An der Außenseite des Korallits sind die jährlichen Zuwachsstreifen erkennbar.

4. *Actinastraea decaphylla,* Obere Kreide (Turon), Gosau, Österreich. Größerer Durchmesser der Kolonie 38 mm.

5. *Dictuophyllia konincki,* Obere Kreide (Turon), Gosau, Österreich. Breite des Bruchstücks einer Kolonie 71 mm.

6. *Thamnasteria* cf. *media,* Obere Kreide (Turon), Gosau, Österreich. Höhe des Bruchstücks einer verzweigten Kolonie 60 mm.

Thamnasteria cf. *media* (KEFERSTEIN)

Ordnung: Scleractinia
Familie: Thamnasteriidae

Von der Trias bis zur Kreide lebten fast auf der gesamten Erde die Korallen der Gattung *Thamnasteria.* Die massiven Kolonien werden von undeutlich getrennten Koralliten mit dünnen, körnigen, ineinander übergehenden Septen gebildet. Die Säulchen sind stäbchenartig.

Oculina crassiramosa MICHELIN

Ordnung: Scleractinia
Familie: Oculinidae

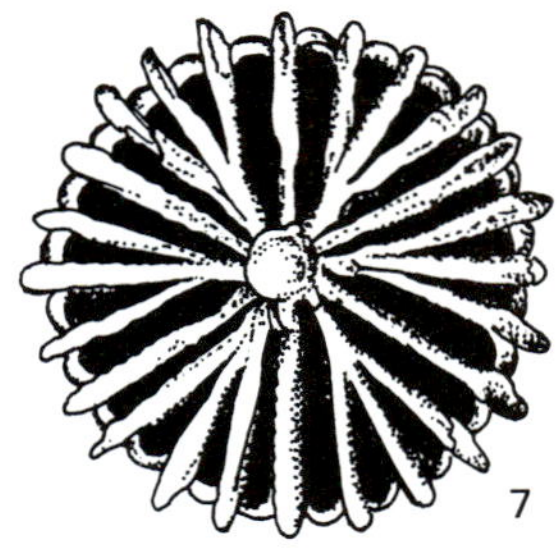

7

Die sechszähligen Korallen vertreten die ausgestorbenen Korallen der Unterklassen Rugosa und Tabulata. Die ältesten Vertreter waren ausgesprochen riffbildend (hermatypisch). Erst im Jura tauchten ahermatypische, meist solitäre Formen vor allem aus der Familie Caryophyllidae auf, die allmählich in die kalten (2 bis 3 °C), tiefen (bis 6000 m) und dunklen Meeresteile vorzudringen begannen. Hierdurch erweiterte sich die Verbreitung der Korallen erheblich, denn die riffbildenden Formen können nur im warmen, flachen, gut durchlichteten, sauberen Salzwasser im Bereich des Wellenschlags, der die Nahrungs- und Sauerstoffzufuhr sichert und die Sedimentteile abschwemmt, leben.
Die Arten der Gattung *Oculina* tauchen von der Kreide an bis zur Gegenwart in Europa, Nordamerika und Australien auf. Sie bilden verzweigte Kollonien mit Koralliten, die im kompakten Coenosteum recht locker angeordnet sind. Die starken Septen sind nur in geringer Zahl vorhanden. Das Säulchen ist warzig.

Madrepora solanderi MICHELIN

Ordnung: Scleractinia
Familie: Oculinidae

Die Korallen der Gattung *Madrepora* bilden verzweigte Kolonien. Die kleinen Korallite mit sechs bis zwölf Septen sind mehr oder weniger regelmäßig im dichten Coenosteum angeordnet und innen mit Stereom ausgefüllt. Das Säulchen ist schwammig oder fehlt. Die Madreporen treten in den rezenten Korallenriffen zahlreich auf. Der erste Fund stammt aus dem Eozän.

Turbinolia sulcata LAMARCK

Ordnung: Scleractinia
Familie: Turbinoliidae

Die Vertreter der eozänen bis oligozänen Gattung *Turbinolia* sind aus Europa, Afrika und beiden Teilen Amerikas bekannt. Sie besaßen kleine kegelförmige Korallite (**7**-Draufsicht) mit 24 Septen und porösen Wänden zwischen den Rippen und bewohnten Tiefen von 150 bis 500 m.

1. *Oculina crassiramosa,* Neogen (Pliozän), Sizilien, Italien. Höhe des Bruchstücks einer verzweigten Kolonie 25 mm.

2. *Turbinolia sulcata**, Paläogen (Mittleres Eozän), Nesle, Frankreich. Höhe des größten Korallits 9 mm.

3. *Caryophyllia clava,* Neogen (Pliozän), Palermo, Italien. Höhe des an einer Wurmröhre anhaftenden Korallits 17 mm.

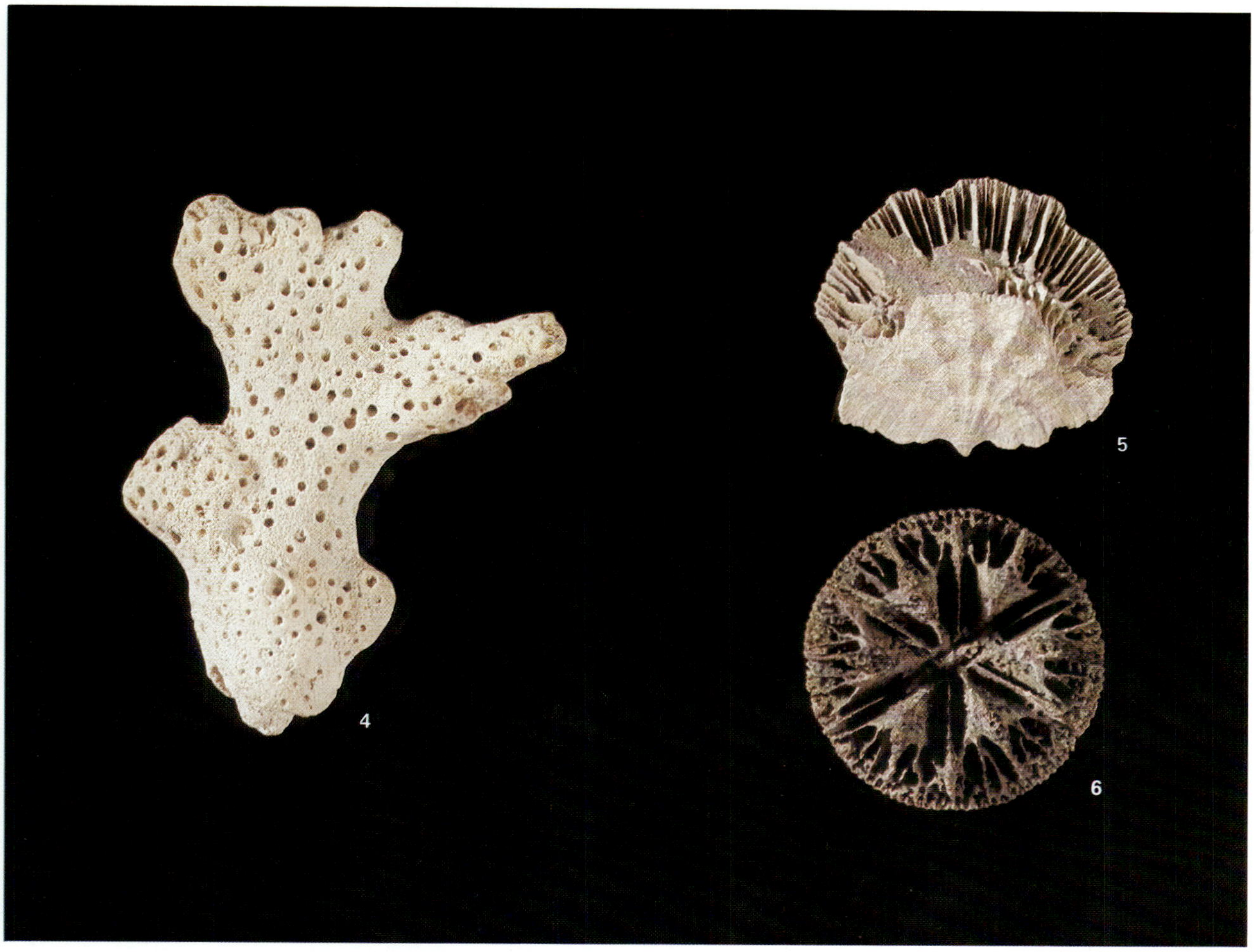

Caryophyllia clava Sacchi

Ordnung: Scleractinia
Familie: Caryophyllidae

Zur Gattung *Caryophyllia* gehören die ältesten ahermatypischen sechszähligen Korallen, die sich am erfolgreichsten an ungünstige Lebensbedingungen angepaßt haben. Sie treten vom Oberen Jura bis zur Gegenwart auf. Ihre Korallite sind kegelförmig und markant gerippt. Das Säulchen ist warzig.

Flabellum tuberculatum Keferstein

Ordnung: Scleractinia
Familie: Flabellidae

Die Korallen der Gattung *Flabellum* besitzen keil- oder fächerförmige, stark abgeflachte Korallite mit einem erhöhten hinteren Rand. Die markante, radial gewellte Epithek ist innen mit Stereom verstärkt. Die kompakten Septen sind zahlreich vorhanden, das Säulchen fehlt oft. Es handelt sich um eine bedeutende nicht riffbildende Gattung, die sich am Ende des Eozäns rasch in alle Meere ausbreitete. Ihre Vertreter überlebten bis in die Gegenwart.

Stephanophyllia imperialis Michelin

Ordnung: Scleractinia
Familie: Micrabaciidae

Wir kennen die Vertreter der eurasischen Gattung *Stephanophyllia* vom Eozän bis zur Gegenwart. Die kuppelförmigen Korallite setzen sich aus einem Netzwerk poröser Septen und Synaptikel zusammen.

4. *Madrepora solanderi,* Paläogen (Eozän), Anvers, Holland. Höhe des Bruchteils einer verzweigten Kolonie 46 mm.

5. *Flabellum tuberculatum,* Neogen (Mittleres Miozän), Peelgebiet bei Beeringen, Holland. Höhe des Korallits 25 mm.

6. *Stephanophyllia imperialis,* Neogen (Miozän), Anvers, Holland. Durchmesser des Korallits 26 mm.

Moostierchen *(Bryozoa, Ectoprocta)*

Die Moostierchen bringen nur winzig kleine Individuen hervor, die aber stets in großer Zahl sich zu Kolonien zusammenschließen. Sie sind vorwiegend marin; einige wenige kommen auch im Süßwasser vor. Älteste Reste finden sich im Unteren Ordovizium. Im ganzen wurden rund 25 000 Arten von Moostierchen beschrieben.

Jedes Einzellebewesen, ein mikroskopischer Polypid oder Zooid, scheidet um sich herum eine kalkige, chitinöse oder häutige Hülle, ein Zooecium, aus. Die Zooecien sind miteinander zu einer Kolonie, einem Zoarium, verbunden, die durch Knospung aus dem Mutterzooid entsteht und eine abgeschlossene Funktionseinheit bildet. Die Einzelexemplare der Kolonie sind in der Regel polymorph. Die Autozooide sichern die Ernährung und Vermehrung, die Avicularien dienen mit ihren schnabelartigen Kiefern dem Schutz der Kolonie, die sackförmigen Ovicellen nehmen die Keimlinge auf, und die Vibracularien, die mit chitinösen Fasern versehen sind, erhalten die Kolonie in einer bestimmten Ebene über dem Substrat. Die Autozooide sind mit einem U-förmigen Verdauungskanal versehen. Die Mundöffnung wird von einer Wulst mit einem Fühlerkranz (der Lophophore) gesäumt. Der After mündet außerhalb der Lophophore.

Zwei Klassen der Moostierchen sind von paläontologischer Bedeutung, die Stenolaemata und die Gymnolaemata. Bei den Moostierchen der Klasse Stenolaemata, die besonders im Paläozoikum reichlich vertreten sind, fehlt in der Mündung der Zooecien die Klappe. Wir reihen hier unter anderem die **Trepostomata** ein, die ihre größte Entfaltung schon im Ordovizium erlebten. Ihre entwicklungsgeschichtlich jüngsten Vertreter tauchen in den Sedimenten der Unteren Trias auf. Die trepostomaten Moostierchen bildeten laib-, halbkugel- und knollenförmige und flache oder verzweigte Zoarien aus.

Die Zooecien sind röhrenförmig oder kantig und am Ende mit einer kleinen Mündung versehen. In den Zooecien, die dicht aneinanderliegen, befinden sich waagrechte oder schräge Querwände. Bei vielen Arten bestehen zwischen den Zooecien noch andere Zwischenräume, die mit zahlreichen Scheidewänden versehenen Mesoporen und dünnen Acanthoporen.

1, 2. *Polyteichus novaki** **(2)** und *Polyteichus* sp. **(1)**, Mittleres Ordovizium (Caradoc), Prag-Michle, ČSSR. Durchmesser des größeren Zoariums 31 mm. Für die Art *P. novaki,* die den sandig-lehmigen Grund des flachen Meeres dicht besiedelte, ist die Gruppierung der Lamellen in der Form eines dreistrahligen Sterns charakteristisch.

3

3. *Monotrypa kettneri,* Mittleres Ordovizium (Caradoc), Prag-Řeporyje, ČSSR. Längs halbiertes, laibförmiges, 67 mm breites Zoarium mit strahlenartig auseinanderlaufenden Zooecien. Die Wände der Zooecien sind wellig, die Mündungen vieleckig.

Monotrypa kettneri PRANTL

Ordnung: Trepostomata
Familie: Trematoporidae

Die Moostierchen der Gattung *Monotrypa,* die in den ordovizischen bis permischen Sedimenten der nördlichen Halbkugel auftreten, bildeten massive halbkugelige, knollen- oder scheibenförmige Zoarien. Die Zoarien waren entweder frei oder überwuchsen die Gehäuse verschiedener Wirbelloser. So konnte zum Beispiel das Bewachsen der Gehäuse von Schnecken von beiderseitigem Nutzen sein. Das massive Zoarium der Moostierchen verlieh der Schnecke einen wirksamen Schutz, die gewölbte Form des Gehäuses und die Bewegung der Schnecke verstärkte die Strömung des Wassers in den Kolonien der Moostierchen und verbesserte so die Nahrungszufuhr.

Polyteichus sp. *Polyteichus novaki* PERNER

Ordnung: Trepostomata
Familie: Trematoporidae

Die Moostierchen der Gattung *Polyteichus,* die in den ordovizischen Sedimenten Europas verbreitet sind, weisen scheibenförmige Zoarien auf. Die Zooecien und Mesoporen münden an der schwach ausgewölbten Seite, an der in der Mitte eine oder mehrere Lamellen hervortreten. An den Lamellen münden auch die Zooecien. Die Scheibenform des Zoariums wurde wahrscheinlich durch die Anpassung an das Leben auf weichen Substraten bedingt.

Moostiere
Bryozoa

Die cryptostomaten Bryozoen *(Cryptostomata)*

Die Vertreter dieser Ordnung sind ebenfalls fast ausschließlich paläozoisch (letzte Relikte in der Unteren Trias). Sie bilden ein- oder zweischichtige Kolonien, in denen die langen, geraden, von den Zooecien gebildeten Äste durch regelmäßige Querbälkchen verbunden werden, so daß das Bild eines rechtwinkligen Netzwerks mit regelmäßig angeordneten rechteckigen Fensterchen entsteht. Die Äste können auch durch Biegungen regelmäßige Anastomosen bilden. Auf der Oberfläche der Äste befinden sich ein Mediankiel und verschiedene Auswüchse. Die Zooecien sind langgezogen, birnen- oder röhrenförmig und vor der Mündung zu einem Vestibulum gestreckt, auf dessen Basis sich innen eine Scheidewand, das Hemiseptum, befindet. Auf den Zoarien befinden sich in der Regel auch Mesoporen und Acanthoporen.

Fenestella exilis POČTA

Ordnung: Cryptostomata
Familie: Fenestellidae

Die Fenestellen, die in den Ordovizium- bis zu den Permsedimenten der ganzen Erde verbreitet sind, gehören zu den geläufigsten cryptostomaten Moostierchen. Das Zoarium **(4)** ist regelmäßig netzartig gebaut. Die Äste sind durch kurze, zooecienlose Querbälkchen verbunden. Die zooecialen Kammern bilden auf den Zweigen zwei Reihen, die an der Oberfläche von einem Kiel, der Knötchen trägt, getrennt werden. Die Kolonien waren mittels einer massiven Basis (Holofast) an der Unterlage befestigt. Die Fenestellen kommen vor allem in den Carbonatsedimenten flacher Gewässer vor. Sie besiedelten sowohl ruhiges Milieu wie auch die Zonen mit sehr aktivem Wellengang.

Hemitrypa tenella POČTA

Ordnung: Cryptostomata
Familie: Fenestellidae

Hemitrypa ist ebenso wie *Fenestella* eine kosmopolitische Gattung mit ähnlicher stratigraphischer Ausdehnung. Das trichterförmige Zoarium

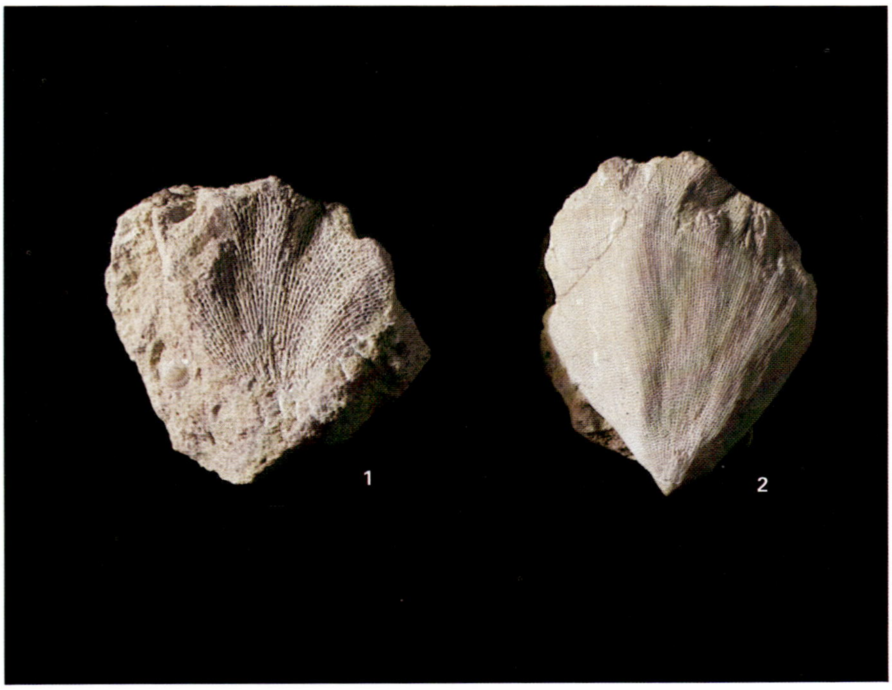

1. *Fenestella exilis,* Unteres Devon (Zlíchov), Prag-Zlíchov, ČSSR. Teil eines im gelblichen, verwitterten Kalkstein erhaltenen Zoariums; Länge 45 mm.
Diese Art lebte im Milieu der Korallenriffe.

2. *Hemitrypa tenella,* Unteres Devon (Zlíchov), Prag-Zlíchov, ČSSR. Teil eines Zoariums; Länge 30 mm.

3

3. *Isotrypa acris,* Unteres Devon (Prag), Koněprusy, ČSSR. Zoarium; Breite 70 mm. Ähnlich wie bei den anderen Moostierchen setzte sich die planktonische Larve, aus der die gesamte Kolonie wuchs, an einer geeigneten festen Unterlage – in diesem Falle an dem Glied einer Seelilie, das in der Mitte des beschädigten Teils des Zoariums sichtbar ist – fest.

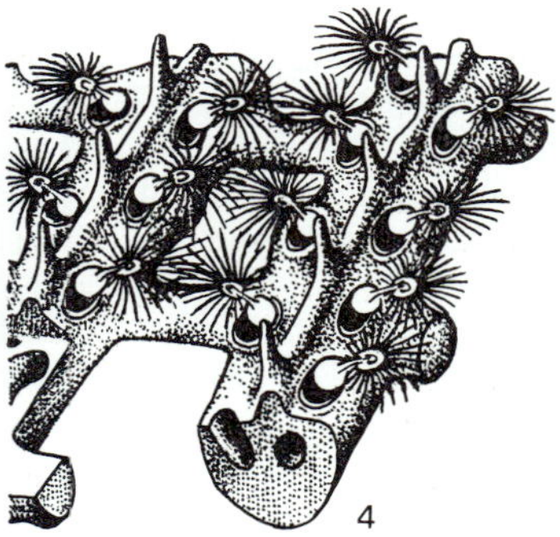

4

ist zweischichtig. An die untere Schicht setzt sich eine sogenannte Superstruktur an, die zweifellos Schutzfunktion besaß. Die Maschen der Superstruktur decken sich mit den Mündungen der Zooecien in der unteren Schicht.

Isotrypa acris POČTA

Ordnung: Cryptostomata
Familie: Fenestellidae

Die gegenseitige Ähnlichkeit der Zoarien verschiedener fenestellider Moostierchen, deren Gestalt stark von der Wasserbewegung beeinträchtigt wurde, macht ihre Unterscheidung und genaue systematische Einordnung ohne eine detaillierte Kenntnis des inneren Baus unmöglich. Unterlage für ihre Bestimmung sind genau orientierte Ausschliffe. Das Skelett der Fenestellidae bildet ein offenes Netz, das vom Wasser mit der Nahrung durchströmt wurde. Vom inneren Bau der Zoarien her schließen wir auf eine nicht besonders ausgeprägte funktionelle Differenzierung der Polypen. Die Moostierchen der Gattung *Isotrypa* aus dem Devon, die auf dem Gebiet Europas, Nordamerikas und Asiens gefunden wurden, bildeten zweischichtige, trichterförmige, netzartige Zoarien aus, deren Vorder- und Hinterseite sich fast nicht unterscheiden. Die Zooecienmündungen sind in zwei Reihen auf der Außenseite der Zweige angeordnet. Die Kiele, an die die Superstruktur anschließt, befinden sich nur auf den Zweigen und nicht auf den Querbälkchen.

Moostiere
Bryozoa

Ordnung: Cryptostomata
Familie: Fenestellidae

Semicoscinium sacculus (POČTA)

An den Rändern und innerhalb der Korallenriffe lebte eine außergewöhnlich reichhaltige Gesellschaft von cryptostomaten Moostieren. In den riffigen Fazies des Silurs und Devons treten auf der gesamten Erde üblicherweise die Moostierchen der Gattung *Semicoscinium* auf. Sie zeichnen sich durch trichterförmige Zoarien mit einer auffallend unterschiedlichen äußeren und inneren Seite aus. Die Mündungen der Zooecien sind nach der Außenseite der Zweige gerichtet, auf denen die Zooecien in zwei durch einen hohen Kiel voneinander getrennten Reihen angeordnet sind. Die Zweige sind durch Querbälkchen verbunden oder bilden Anastomosen. Die Innenseite der Zoarien ist netzartig und mit parallelogrammförmigen Fensterchen versehen.

4

Ordnung: Cryptostomata
Familie: Fenestellidae

Archimedes sp.

Bei einer ganzen Reihe von Wirbellosen treffen wir spiralig wachsende Gehäuse oder Skelette an. Bei den Moostierchen ist diese Wachstumsform aber ungewöhnlich. Das bekannteste Beispiel hierfür liefern uns die jungpaläozoischen fenestelliden Moostierchen der Gattung *Archimedes,* deren spiralig gedrehte aufrechte Zoarien **(6)** stark verkalkt waren. Die einschichtigen, netzartigen Seitenzweige, die ähnlich wie bei *Fenestella* gebaut sind, wuchsen schraubenförmig aus einer massiven Mittelachse heraus. Die Moostierchen der Gattung *Archimedes* lebten stellenweise in dichten Populationen im Flachwasser dort, wo sie vor der Wirkung des Wellengangs geschützt waren. Die Zooide der einzelnen „Etagen" filterten das Wasser, das entlang der Spiralachse nach unten strömte, und fingen mit der Lophophore kleine Nahrungsteilchen, zum Beispiel einzellige Algen, auf.

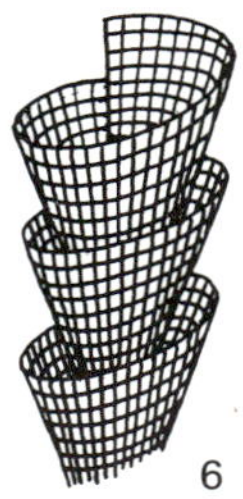

6

Ordnung: Cryptostomata
Familie: Fenestellidae

Polypora ehrenbergi (GEINITZ)

Während des Perms starben die cryptostomaten Moostierchen rasch aus. Von den fenestelliden Moostierchen wurden stellenweise bisher sehr zahlreich die Vertreter der kosmopolitischen Gattung *Polypora*

1, 2. *Archimedes* sp., Unteres Karbon, Fox Trap, Colbert County, Alabama, USA. Schwach deformierte Zoarien; Länge des größeren Exemplars 40 mm. Von diesen Moostierchen erhalten sich meist nur die schraubenförmigen Mittelachsen.

3. *Semicoscinium sacculus,* Unteres Devon (Prag), Koněprusy, ČSSR. Zoarium; Länge 40 mm. Im oberen, beschädigten Teil des Zoariums ist der Abdruck der netzartigen Oberfläche der Innenseite des Zoariums zu sehen.

4. *Polypora ehrenbergi,* Oberes Perm, Pössneck, DDR. Teil eines Zoariums; Länge 12 mm. Der Fund stammt aus den Riffkalken des Zechsteins.

5

5. *Acanthocladia anceps**, Oberes Perm, Pössneck, DDR. Teil eines Zoariums; maximale Länge 12 mm. Diese Art lebte ebenfalls an den Rändern oder innerhalb der Korallenriffe des Oberen Perms.

gefunden, deren stratigraphische Ausdehnung vom Ordovizium bis in die Untere Trias reichte. Die trichterförmigen Zoarien ähneln denen von *Fenestella,* sind jedoch massiver und besitzen starke Zweige mit mehr als zwei Zooecienreihen, die auch auf den Dissepimenten münden.

Acanthocladia anceps (SCHLOTHEIM)

Ordnung: Cryptostomata
Familie: Acanthocladiidae

Die Moostierchen der Gattung *Acanthocladia* sind vom Oberen Karbon bis Perm bekannt, und wir finden sie auf der gesamten Erde. Ihre Zoarien sind charakteristisch verzweigt: Aus stärkeren, geraden oder schwach gebogenen Ästen wachsen in regelmäßigen Abständen schräg nach der Seite weisende, dissepimentlose Nebenzweige. Die Zooecien sind in drei oder mehr Reihen angebracht.

Die cyclostomaten Bryozoen *(Cyclostomata)*

Die Ordnung umschließt die am wenigsten spezialisierten Vertreter der Bryozoen. Sie traten im Unteren Ordovizium auf, entfalteten sich am stärksten während der Kreide. Seither gehen sie langsam zurück.

Die Zooecien sind einfache Röhren, deren mehr oder weniger runde Mündung keinen Deckel hat. Die Wände zwischen den Zooiden sind porig. Die Form der Zoarien ist außerordentlich vielgestaltig.

Berenicea sp.

Ordnung: Cyclostomata
Familie: Diastoporidae

Die Vertreter der Gattung *Berenicea,* die von der Trias bis heute auftreten, gehören zu den bekanntesten, weltweiten cyclostomaten Moostierchen. Sehr ähnliche und offensichtlich auch nah verwandte Moostierchen, die bisher oft unter dem gleichen Gattungsnamen angeführt werden, tauchten aber schon im Ordovizium auf. Die Zoarien von *Berenicea* sind krustenartig, einschichtig, lappig oder kreis- oder fächerförmig.

Ceriopora sp.

Ordnung: Cyclostomata
Familie: Heteroporidae

Die Vertreter der Gattung *Ceriopora* kommen von der Trias bis zum Miozän vor. Wir kennen sie aus Europa, Nordamerika und Asien. Ihre Zoarien sind verzweigt. Sie besitzen lange zylindrische oder prismatische Zooecien mit Diaphragmen (Scheidewänden).

1. *Entalophora heros,* Obere Kreide (Cenoman), Kutná Hora, ČSSR. Teile isolierter Zoarien: Länge bis 10 mm.

2. *Corymbopora* sp., Obere Kreide, Frankreich. Teile verzweigter Zoarien; maximale Länge 9 mm. Die Enden der Zweige wurden von Ovicellen belegt.

3. *Osculipora plebeia,* Obere Kreide (Turon), Kamajka bei Čáslav, ČSSR. Zwei Zoarienbruchstükke. Länge des größeren, verzweigten Zoariums 16 mm.

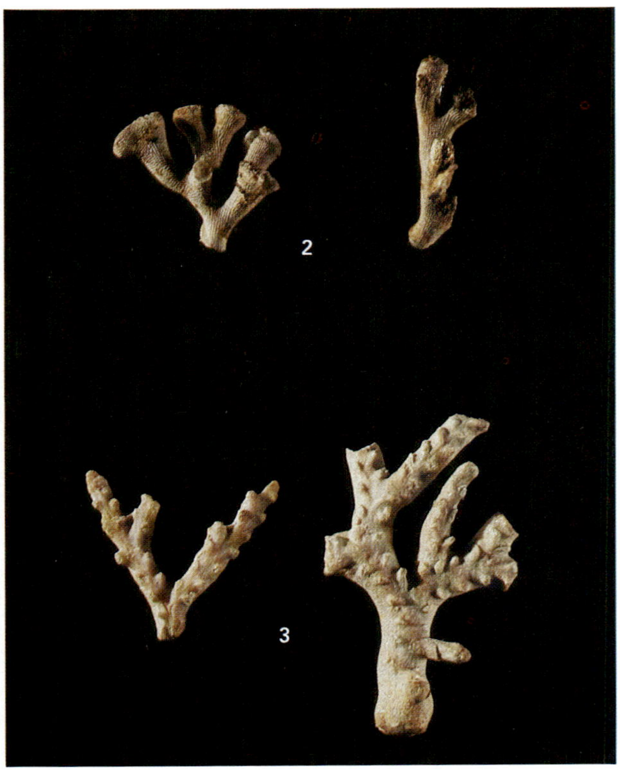

4

5

4. *Berenicea* sp., Mittlerer Jura (Bathon), Bradfordon-Avon, Großbritannien. Zoarium mit dem maximalen Durchmesser 11 mm bewächst den Kelch einer Seelilie der Gattung *Apiocrinus.*

5. *Ceriopora* sp., Oberer Jura, Frankreich. Teil eines verzweigten Zoariums. Größter Zweigdurchmesser 12 mm.

Entalophora heros Novák

Ordnung: Cyclostomata
Familie: Entalophoridae

Die Gattung *Entalophora* lebt vom Jura bis heute, wo ihre Arten fast alle Meere mit Ausnahme der arktischen Gewässer bewohnen. Fossile Arten befinden sich in Europa und Amerika. Die Zoarien von *Entalophora* **(6)** sind aufgerichtet, zylindrisch und verzweigt. Die Mündungen der Zooecien liegen über den gesamten Umfang der Zweige verteilt.

Osculipora plebeia Novák

Ordnung: Cyclostomata
Familie: Cytididae

Die üblichsten Typen der cyclostomaten Moostierchen aus der Kreidezeit besitzen kleine verzweigte Zoarien, durch die sich auch die in Europa sehr verbreiteten Vertreter der Gattung *Osculipora* aus der Oberen Kreide auszeichnen. Ihre aufrechten, langröhrigen Zooecien bilden Bündel. Die Mündungen liegen an den Enden der Seitenzweige und Auswüchse.

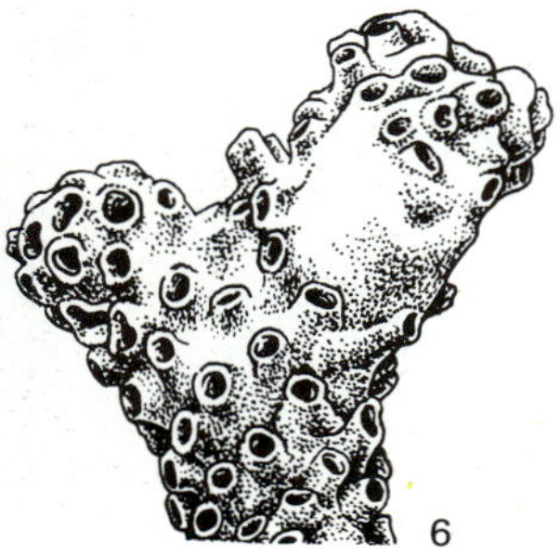

6

Corymbopora sp.

Ordnung: Cyclostomata
Familie: Corymboporidae

Die Gattung *Corymbopora* ist von der Kreide bis zur Gegenwart verbreitet. Die Zoarien sind verzweigt und distal ausgebreitet. Die Zweigenden sind flach oder abgerundet. An der Umwandung der Zoarien befinden sich zahlreiche Poren, die von den früheren Zooecien herrühren.

Die cheilostomaten Bryozoen *(Cheilostomata)*

Sie stellen die paläontologisch wichtigste Ordnung in der Klasse der Gymnolaemata. Sie besitzen mit Klappen verschließbare Zooecien-Mündungen. Die Cheilostomata erschienen in der Kreide und haben sich schon in der Kreide rasch und reich entfaltet. Sie sind die fortschrittlichsten Moostierchen und stellen die Hauptmasse der Bryozoen seit der Oberkreide und in den gegenwärtigen Meeren. Ihre Zoarien sind meist kalkig und nur ausnahmsweise hornig oder häutig. Sie bilden entweder Krusten oder sind frei und verschieden geformt. Die kurzen Zooecien, die keine Querwände aufweisen, liegen dicht aneinander an und sind durch kleine Öffnungen verbunden. Bei vielen Arten der cheilostomaten Moostierchen verkalkte nur der Rand der Zooecien, und die häutigen Teile hinterließen im fossilen Zustand große Öffnungen, die Opesien. Der Bewegung der Polypide, ihrem Herausschieben aus den Zooecien und dem Zurückziehen, dient ein hydrostatisches System, der Hohlraum zwischen der Cuticula und der vorderen kalkigen Wand oder der „Kompensationssack." Wenn sich diese Organe mit Wasser füllen oder sich entleeren, wird der Polypid entweder hinausgeschoben oder in das Zooecium zurückgezogen.

Onychocella sp.

Ordnung: Cheilostomata
Familie: Onychocellidae

Die Onychocellen, die in den Meeren der tropischen und subtropischen Zonen leben, sind von der Kreide an in Europa, Nordamerika und Nordafrika bekannt. Ihre krustenbildenden Zoarien weisen runde bis fast sechseckige Zooecien auf. Die Opesien sind dreilappig.

Lunulites goldfussi HAGENOW

Ordnung: Cheilostomata
Familie: Lunulitidae

Die cheilostomaten Moostierchen, die frei auf dem Substrat leben,

1. *Lunulites goldfussi,* Obere Kreide (Senon), Rügen, DDR. Der Durchmesser des größten Zoariums, das von der Unterseite abgebildet ist, beträgt 4 mm.

2. *Discoporella umbellata**, Neogen (Miozän), Beeringen, Haarlem, Holland. Zoarien von unten und oben; größter Durchmesser 9 mm.

N

K

3. *Onychocella* sp., Obere Kreide, Meudon, Frankreich. Zoarium, größter Durchmesser 16 mm, bewächst einen Seeigel der Gattung *Echinocorys.* Neben dem Zoarium haftet eine Bauchschale des Armfüßers (Brachiopoden) *Ancistrocrania parisiensis.*

4. *Retepora* sp., Neogen (Miozän), Italien. Zoarienfragment; Länge 10 mm.

besitzen oft scheiben- oder breit schalenförmige Zoarien. Diese sind zum Beispiel für die Arten der Gattung *Lunulites* typisch. Diese Moostierchen treten in den Ablagerungen von der Kreide bis zum Eozän in Europa und Nordamerika auf. Die Zooecien sind in radialen Reihen angeordnet, die sich zu den Rändern der Kolonie hin aufspalten.

Discoporella umbellata (DEFRANCE)

Ordnung: Cheilostomata
Familie: Cupuladriidae

Die Moostierchen der Gattung *Discoporella* bilden Zoarien von ähnlicher Form wie die der Gattung *Lunulites.* Die fossilen Vertreter – die ältesten stammen aus dem Miozän – kennen wir aus den verschiedenen Teilen Europas, die rezenten Arten aus dem Mittelmeer und dem Atlantischen Ozean. Sie finden in den tropischen und subtropischen Zonen in Tiefen von 30 bis 100 m und mäßig strömendem Wasser optimale Bedingungen. Die Zooecien weisen zahlreiche Poren mit zwei abgerundeten Opesien auf.

Retepora sp.

Ordnung: Cheilostomata
Familie: Reteporidae

5

Die Gattung *Retepora* ist vom Eozän an bekannt. Die Zweige des netzartigen Zoariums bilden keine Anastomosen und wachsen aus einer erweiterten Basis hervor. Die Zooecien haben kreisförmige Mündungen, unter denen sich eine kleine Spaltöffnung befindet **(5)**. Durch diese wurde der Kompensationssack nach außen geöffnet.

Brachiopoden, Armfüßer *(Brachiopoda)*

Brachiopoden sind eine in ein chitinophosphatisches oder kalkiges, zweiklappiges Gehäuse eingeschlossene Organismengruppe. Sie sitzen am Untergrund fest. Sie filtern die im Wasser enthaltenen Nahrungspartikel mit Hilfe der beiden mit Tentakeln besetzten Arme des Lophophoren, den sie mit den Bryozoen gemeinsam haben, aus dem Wasser und führen sie zum Munde. Die beiden Klappen sind oben und unten; die Symmetrieebene trennt daher in jeder Klappe eine rechte und linke Hälfte.

In der Klasse der **inarticulaten Brachiopoden** sind die meist chitinophosphatischen Klappen nur durch Muskeln miteinander verbunden. Die Arme des Lophophoren sind durch keine Skelettbildungen gestützt.

Lingula sp.

Ordnung: Lingulida
Familie: Lingulidae

Die typisch litoralen und sublitoralen Armfüßer der Gattung *Lingula* leben weltweit vom Ordovizium bis zur Gegenwart innerhalb der Sedimente in tiefen senkrechten Höhlen, in denen sie mit einem langen, muskulösen Stiel verankert sind (**9** – die Pfeile geben die Richtung des ein- und ausströmenden Wassers an).

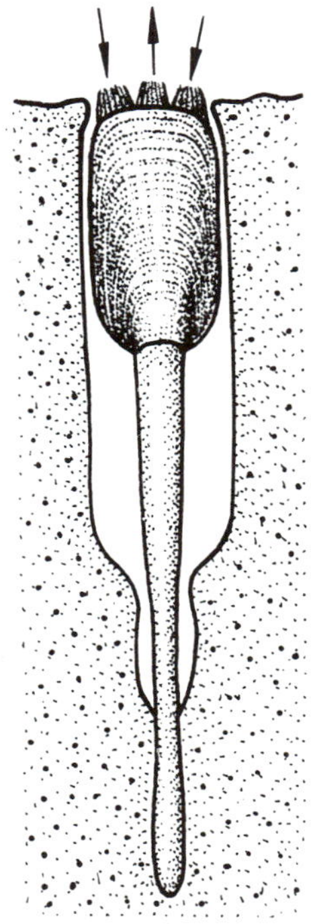

9

Obolus apollinis Eichwald

Ordnung: Lingulida
Familie: Obolidae

Obolus ist eine kosmopolitische Gattung, deren Vertreter in den Sedimenten des Mittleren Kambriums bis zum Unteren Ordovizium vorkommen. Die beiden chitinophosphatischen Klappen sind schwach gewölbt und weisen feine konzentrische Anwachsstreifen auf.

Orbiculoidea intermedia (Barrande)

Ordnung: Acrotretida
Familie: Discinidae

Die Gattung *Orbiculoidea* war vom Ordovizium bis zum Perm fast über die ganze Erde verbreitet. Bei der dünnwandigen chitinophosphatischen Schale ist die Stielklappe kegelförmig oder schwach ausgehöhlt.

1. *Lingula* sp., Obere Kreide (Cenoman), Langenau bei Daufig, DDR. Sandstein, mit den ungefähr 15 mm langen Klappen von *Lingula* überfüllt. Die Lingulen gehören zu den sogenannten lebenden Fossilien, die sich im Verlauf von annähernd 450 Millionen Jahren fast nicht verändert haben. Als eine der wenigen Armfüßer tolerieren sie auch eine niedrigere Salinität.

2. *Orbiculoidea intermedia*, Unteres Devon (Lochkov), Kosoř, ČSSR. Länge der Klappe 7 mm.

3. *Obolus apollinis**, Unteres Ordovizium, Iru, Estnische SSR, Obolensandstein. Länge der größten Klappen 10 mm.

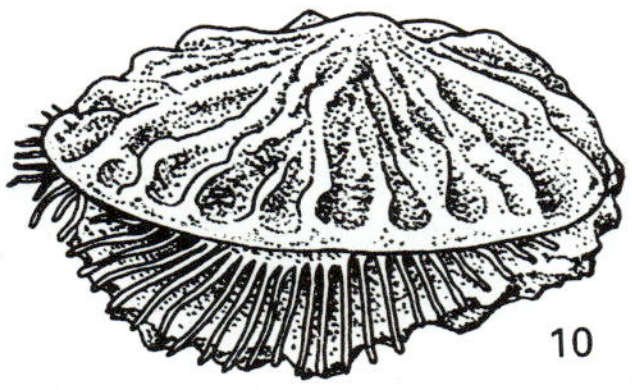

10

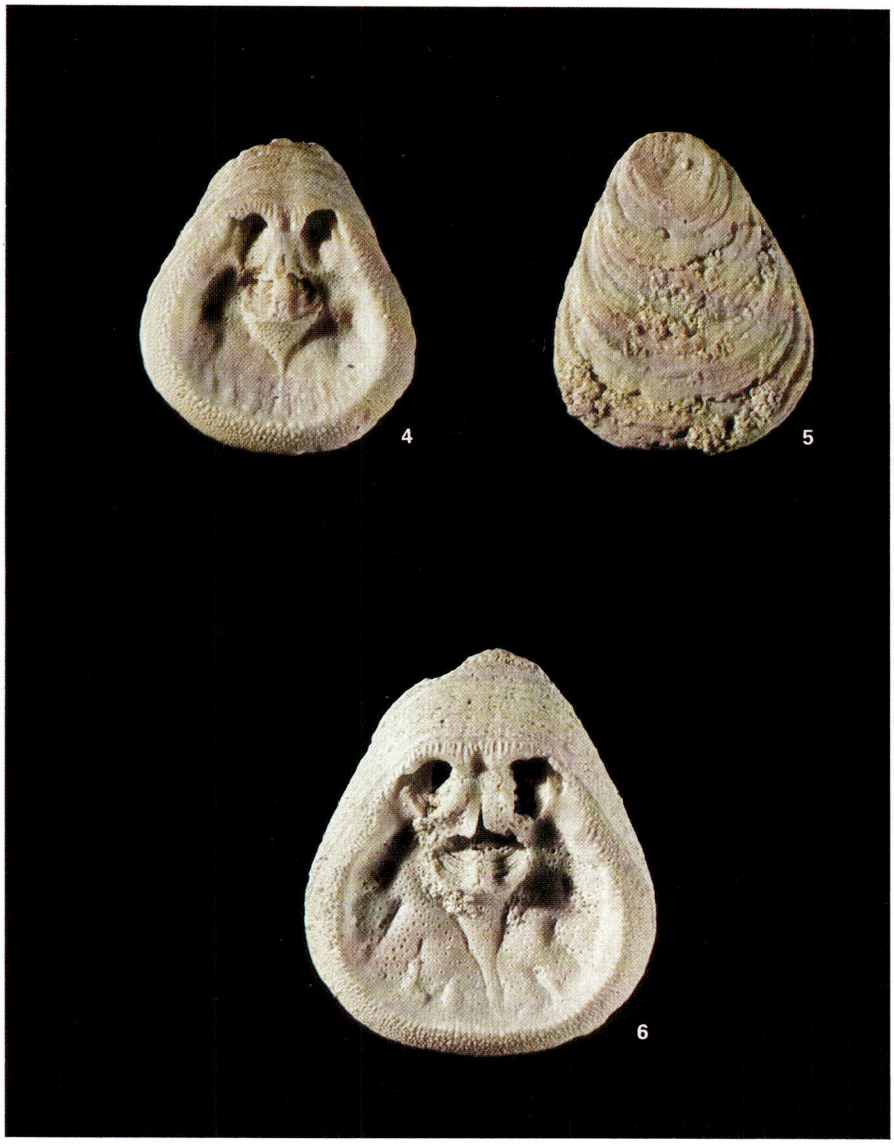

4, 5, 6. *Crania antiqua,* Obere Kreide (Senon), Ciply, Belgien. Stielklappen, die Länge der größten beträgt 17 mm. Auf der Innenseite der Schalen **(4, 6)** sind deutlich der verstärkte Rand und zwei Paar große Muskeleindrücke zu sehen.

7, 8. *Isocrania costata,* Obere Kreide (Senon), Ciply, Belgien. Stielklappen; Länge 7 mm. Auf der Innenseite **(7)** fällt vor allem das hintere Paar der Muskeleindrücke auf. Die Eindrücke des vorderen Paars nahe der Schalenmitte sind klein.

7

8

Crania antiqua DEFRANCE

Ordnung: Acrotretida
Familie: Craniidae

Die Armfüßer der Familie Craniidae besaßen keinen Stiel und hefteten sich mit der Stielklappe an die Unterlage. *Crania* ist eine kosmopolitische Gattung, die von der Kreide an bis heute nachgewiesen wird. Die Schale ist dickwandig, kalkig. Die Form der Stielklappe ist gewöhnlich der Unterlage angepaßt. Die Armklappe ist in der Regel flach kegelig.

Isocrania costata (SOWERBY)

Ordnung: Acrotretida
Familie: Craniidae

Die Gattung *Isocrania* war in der Oberen Kreide Europas, Afrikas und Asiens verbreitet. Beide Gehäuseklappen sind breit kegelig und markant strahlig gerippt **(10)**. Sie hefteten sich nur mit einer sehr kleinen Fläche an die Unterlage. In den späteren Wachstumsstadien lebten sie dann frei, wobei die Gesamtform des Gehäuses ihre Stabilität unterstützte.

Armfüßer
Brachiopoda

Die articulaten Brachiopoden *(Articulata)*

Diese Klasse bildet ein stets kalkiges Gehäuse. Die beiden Klappen sind am Hinterrand durch ein Schloß miteinander verbunden. Die (meist größere) Unter- oder Bauchklappe ist im Bereich des Wirbels durchbohrt (Stielloch) für den Austritt des Stieles, mit dessen Hilfe sich das Tier am Untergrund verankert. Nahe der Wirbelregion der Ober- oder Rückenklappe treten in das Gehäuseinnere vorspringende kalkige Stützen für die beiden Arme des Lophophoren auf, die Brachidia. Die Unterklappe wird daher auch als Stiel-, die Oberklappe als Arm-Klappe bezeichnet; und diese unmißverständlichen Bezeichnungen sind den Bezeichnungen Unter- bzw. Oberklappe vorzuziehen.
Das Schloß besteht aus Zähnen am Hinterrand der Stielklappe, beiderseits des Stielloches, die in Gruben der Armklappe eingreifen. Das Schließen und Öffnen der Klappen wird durch die Schließ- und Öffner-Muskeln besorgt.
Die articulaten Brachiopoden waren während des gesamten Paläozoikums reich entfaltet; seit dem ausgehenden Paläozoikum gingen sie langsam zurück und spielen in den heutigen Meeresfaunen nur noch eine untergeordnete Rolle.

Pompeckium kuthani (Pompeckj)

Ordnung: Orthida
Familie: Bohemiellidae

Die Orthiden waren offensichtlich die entwicklungsgeschichtlich ursprünglichste Ordnung der articulaten Armfüßer. Sie starben während des Unteren Perms aus. Ihre Klappen sind nur mäßig gewölbt, sie weisen eine zarte radiale Rippung und einen breiten Schloßrand auf. Die Vertreter der Gattung *Pompeckium* kennen wir aus den flachmeerischen Sedimenten des Mittleren Kambriums Böhmens. Beide Klappen sind fast gleich und quer elliptisch gewölbt. Die Armklappe ist in der Mitte schwach konkav. Die Rippen auf der Oberfläche sind einfach oder auch verzweigt. Die konzentrischen Zuwachsstreifen sind nicht deutlich ausgeprägt.

Eodalmanella socialis (Barrande)

Ordnung: Orthida
Familie: Dalmanellidae

Die Eodalmanellen treten im Unteren Ordovizium Mitteleuropas auf. Bei den kleinen Gehäusen ist die Armklappe weniger gewölbt als die Stielklappe. Der Schloßrand ist zu kurzen, an den Enden scharfen Flügelchen ausgezogen. Die Rippen sind in Bündeln angelegt. Die Vertreter dieser Gattung lebten auf tonigen Gründen in einem Milieu mit nur mäßig bewegtem Wasser.

Drabovia redux (Barrande)

Ordnung: Orthida
Familie: Draboviidae

Die Gattung *Drabovia* ist im Mittleren Ordovizium von Europa und Nordafrika weit verbreitet. Das Gehäuse ist beidseitig gewölbt (bikonvex), die Stielklappe stärker als die Armklappe. Der Gesamtumriß der Schale ist querelliptisch. Die Schalenoberfläche ist gerippt. Die Rippen sind in Bündeln angeordnet.

1, 2. *Eodalmanella socialis**, Mittelordovizium (Llanvirn), Osek bei Rokycany, ČSSR. Die Kerne der Arm- und Stielklappen sind in der ursprünglich kalkigen, sekundär verquarzten Konkretion erhalten. Länge der größten Klappe 7 mm.

3. *Drabovia redux**, Mittleres Ordovizium (Caradoc), Beroun, ČSSR. Kern einer Stielklappe im Quarzit mit zahlreichen Fragmenten von Trilobiten-Panzern erhalten. Länge der Klappe 13 mm. Bewohner flacher Sandgründe mit ausreichend sauerstoffhaltigem Wasser.

4. *Pompeckium kuthani**, Mittleres Kambrium, Skryje, ČSSR. 100 mm breiter Sandstein, überfüllt mit limonitisierten Schalen. Diese Armfüßer lebten in sehr flachen Gewässern in der sublitoralen und vielleicht auch litoralen Zone.

1
2
3
4

Armfüßer
Brachiopoda

Clitambonites squamata (Pahlen)

Ordnung: Orthida
Familie: Clitambonitidae

Clitambonites ist eine bedeutende eurasische Gattung aus dem Unteren bis Mittleren Ordovizium. Die Gehäuse dieses Formenkreises haben nur schwach gewölbte Armklappen und stark gewölbte, hinten schräg abgestützte Stielklappen. Auf der Hinterseite der Stielklappe liegt zwischen dem Wirbel und dem Schloßrand ein dreieckiges Feld (Area), das für viele Gruppen vor allem der primitiven Articulaten charakteristisch ist. Dieses Feld teilt sich in zwei seitliche Sektoren (Interareen) und einen offenen dreieckigen Mittelsektor (Delthyrium) für den Stielaustritt auf. Bei den Clitamboniten schloß sich das Delthyrium allmählich von der Schloßlinie zum Wirbel und hinterließ nur eine kleine Öffnung für den atrophierten Stiel. Die Oberflächenskulptur der Klappen sieht wie Strohdachdeckung aus.

Euorthisina moesta (Barrande)

Ordnung: Orthida
Familie: Euorthisinidae

Die Gattung *Euorthisina* ist in den mittelordovizischen Formationen Europas, Nordafrikas und Südamerikas weit verbreitet. Beide Klappen sind mäßig gewölbt (bikonvex).

Porambonites aequirostris (Schlotheim)

Ordnung: Pentamerida
Familie: Porambonitidae

Die Pentameriden sind nach den Orthiden die entwicklungsgeschicht-

1, 2, 3. *Clitambonites squamata,* Mittleres Ordovizium (Caradoc), Kothla-Järve, Estnische SSR. Innenseite der Arm- **(1)** und der Stielklappe **(2)**. Ansicht des Gehäuses **(3)**. Breite 27 mm. Innerhalb der Stielklappe sind die Zähne gut zu sehen, die von Zahnleisten gestützt werden. Diese Leisten verwachsen miteinander zu einer löffelförmigen Höhlung (Spondylium), die zur Befestigung der Muskeln dient.

4, 5, 6. *Porambonites aequirostris,* Mittleres Ordovizium (Caradoc), Kothla-Järve, Estnische SSR. Ansicht des Gehäuses von der Stielseite aus **(4)**, von vorn **(5)** und auf den Kern von der Seite **(6)**. Breite der größten Klappe 26 mm. Die Poramboniten lebten in senkrechter Stellung mit dem Wirbel des Gehäuses nach unten.

lich zweitälteste Ordnung der articulaten Armfüßer. Ihre stratigraphische Ausdehnung reicht vom Mittleren Kambrium bis zum Oberen Perm. Die Gehäuse sind gewöhnlich stark gewölbt und oft glatt. Der Schloßrand ist kurz. In der Wirbelregion der Stielklappe befindet sich ein aus Stützen für die Schloßzähne entstandenes Spondylium.
Die Vertreter der Gattung *Porambonites* sind vom Unteren Ordovizium an bis zum Unteren Silur fast über die ganze Erde verbreitet. Das Gehäuse ist entweder beidseitig gewölbt (bikonvex), oder die Stielklappe ist abgeflacht. Entlang der Symmetrieebene entsteht während des Wachstums des Gehäuses in der Stielklappe eine Furche (Sulcus), die im vorderen Abschnitt der Berührungslinie der Klappen (Kommissur) als medialer Sinus erscheint.

Rostricellula ambigena (Barrande)

Ordnung: Rhynchonellida
Familie: Trigonirhynchiidae

Die Ordnung ist vom Ordovizium bis zur Gegenwart nachgewiesen. Beide Klappen sind gewölbt (bikonvexes Gehäuse). Die Wirbelregion ist mehr oder weniger schnabelartig zugespitzt; nach vorne verbreitern sich die Klappen, so daß ein dreieckiger Umriß entsteht. Der Schloßrand ist kurz und gebogen. Die Brachidia bilden einfache Ausläufer.
Die Gattung *Rostricellula* lebte im Mittleren und Oberen Ordovizium und ist von vielen Lokalitäten der Nordhalbkugel bekannt. Das grob gerippte Gehäuse hat in der Stielklappe eine gut entwickelte Medianfurche, der in der Armklappe ein auffallender Medianwulst entspricht.

7. *Rostricellula ambigena,* Mittleres Ordovizium (Caradoc), Prag-Spořilov, ČSSR. Ansicht auf die Arm- und Stielklappe; Breite 8 und 9 mm. Die großen Gehäuse gehören den Armfüßern *Raphinesquina pseudoloricata.*

8. *Euorthisina moesta*,* Mittelordovizium (Llanvirn), Prag-Šárka, ČSSR. Kern einer Stielklappe; Breite 33 mm. Diese Art bewohnte das Wasser eines tieferen Schelfs.

Ordnung: Pentamerida
Familie: Pentameridae

Conchidium sp.

Im Silur bewohnten Armfüßer vielfältigster Formen und Größen fast alle marinen Lebensräume. Zu beträchtlichen Ausmaßen wuchsen die Gehäuse der Vertreter der kosmopolitischen Gattung *Conchidium* heran, die wir schon aus dem Oberen Ordovizium kennen. Beide Klappen sind stark gewölbt, die Wirbelregion der Stielklappe ragt über die der Armklappe erheblich vor. Der Schloßrand ist sehr kurz. Der Verband der Klappen (die Berührungslinie – Kommissur) ist nur schwach gewellt. Die Oberfläche ist grob gerippt. Die Conchidien lebten in flachen, unruhigen Gewässern und waren während ihres ganzen Lebens mit einem Stiel an der Unterlage befestigt. Sie starben im Unteren Devon aus.

Ordnung: Pentamerida
Familie: Pentameridae

Gypidula galeata (Sowerby)

Die Vertreter von *Gypidula* lebten fast weltweit vom Unteren Silur bis zum Oberen Devon. Die Stielklappe ist helmartig gewölbt, die Armklappe in der Mitte konkav, deshalb bildet der Verband der Klappen vorn einen flachen Sinus. Die Oberfläche der Klappen ist glatt oder gerippt. Die Gypidulen bewohnten vor allem flache Gewässer. In der Jugend waren sie mit einem Stiel, der im Verlauf der Ontogenese atrophierte, an der Unterlage befestigt. Zur Stabilisierung der Gehäuse in der geeigneten Lebenslage und als Schutz gegen Abweichungen aus dieser Lage

1, 2, 3. *Gypidula galeata,* Unteres Silur (Wenlock), Gotland, Schweden. Breite der größten Klappe 25 mm. Ansicht der Armklappe **(1)**, des Gehäuses von der Seite **(2)** und der Stielklappe **(3)**. Diese Pentameriden lebten in den flachen Gewässern der tropischen Zone.

4, 5. *Meristina tumida,* Unteres Silur (Wenlock), Dudley, Großbritannien. Ansicht der Stielklappe **(4)** mit ansitzendem kommensalem Organismus, einem Cornuliten, mit Korallen und Moostierchen und Ansicht des Gehäuses von vorn **(5)**. Breite der größeren Klappe 45 mm.

6. *Conchidium* sp., Oberes Silur (Ludlow), Großbritannien, Schalenanhäufung; Breite der Klappen bis zu 50 mm.

oder gegen das Umstürzen diente die Verstärkung der Wände in der Wirbelregion beider Klappen. Hierher wurde also auch der Schwerpunkt des Gehäuses verlagert.

Meristina tumida (DALMAN)

Ordnung: Atrypida
Familie: Meristellidae

Die Ordnung Atrypida reicht vom Mittleren Ordovizium bis zur Oberen Trias. Die Brachidia der Vertreter dieser Ordnung bilden eine von einer Kalklamelle gebildete Schneckenspirale, deren Spitze zur inneren Oberfläche der Armklappe, zu den Seiten oder zur Mitte der Schalen gerichtet ist.
Die Meristien waren kosmopolitisch vom Unteren Silur bis zum Unteren Devon verbreitet. Das große Gehäuse ist beidseitig gewölbt (bikonvex) und nicht gerippt. Der vordere Gehäuserand ist median zur Armklappe hin aufgebogen. Die Wirbelregion (Umbo) der Stielklappe ist stark durchgebogen, die Stielöffnung tritt nur bei jungen Exemplaren auf und verwächst allmählich vollkommen. Im Längsschnitt der Schale ist die markante Verstärkung der Stielklappenwand im umbonalen Bereich gut erkennbar. Diese Verstärkung hielt das Gehäuse des erwachsenen Tieres, das teilweise in das Sediment eingesunken war, in fast aufrechter Stellung fest (7). Die Meristinen bevorzugten Seichtwasser in der Nähe der Korallenriffe oder Biostrome. Sie treten auch in Anhäufungen auf.

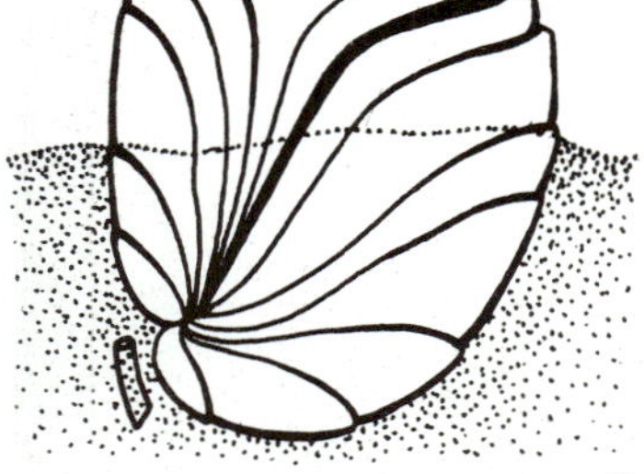

7

Armfüßer
Brachiopoda

Atrypa sp.
Atrypa reticularis (LINNAEUS)

Ordnung: Spiriferida
Familie: Atrypidae

Die Gattung *Atrypa* lebte vom Unteren Silur an bis zum Oberen Devon weltweit verbreitet. Bei den rundlichen Gehäusen ist die Armklappe stärker gewölbt als die Stielklappe. Die Oberflächenskulptur setzt sich aus dichten Radialrippen und Zuwachslamellen zusammen, die in regelmäßigen Intervallen auseinanderwachsen, weit von der gewölbten Oberfläche der Gehäuse auslaufen und einen sogenannten Schweif bilden. Erwachsene Atrypen lebten frei und bewohnten weiche Substrate. Die Lamellen verhinderten das Einsinken.

Dayia bohemica (BOUČEK)

Ordnung: Spiriferida
Familie: Dayidae

Die Gattung *Dayia* aus dem Oberen Silur und dem Unteren Devon Europas, Asiens und Nordafrikas ist durch kleine, glatte Gehäuse gekennzeichnet, bei denen die Stielklappe helmartig gewölbt und die Armklappe vorn schwach ausgehöhlt (sulkat) ist.

Cyrtia exporrecta (WAHLENBERG)

Ordnung: Spiriferida
Familie: Cyrtiidae

Die Spiriferiden tauchten im Unteren Silur auf und starben im Unteren Jura aus. Ihre beidseitig gewölbten (bikonvexen) Gehäuse haben einen langen, geraden Schloßrand. Die Brachidien sind in Form windungsrei-

1. *Dicaelosia biloba**, Unteres Silur (Wenlock), Djupvik, Gotland, Schweden. Ganze Gehäuse und isolierte Klappen. Breite des größten Gehäuses 5 mm.

Dicaelosia verneuiliana (zwei der größten Gehäuse). Unteres Silur (Wenlock), Snäckgärsdbaden, Gotland, Schweden. Breite 7 und 8 mm.

2, 3, 4. *Dayia bohemica**, Oberes Silur (Přídolí), Prag-Řeporyje, ČSSR. Gehäuse von der Stielklappenseite **(2)**, von der Armklappenseite **(3)** und von der Seite **(4)**. Breite der Gehäuse 10 mm. Eine bedeutende obersilurische Art, die stellenweise ganze Kalksteinbänke bildet.

5, 6, 7. *Cyrtia exporrecta**, Unteres Silur (Wenlock), Dudley, Großbritannien. Ansicht des Gehäuses von hinten mit gut erkennbarer Stielöffnung **(5)**, von der Stielklappenseite **(6)** und von vorn **(7)**. Breite des größten Gehäuses 26 mm.

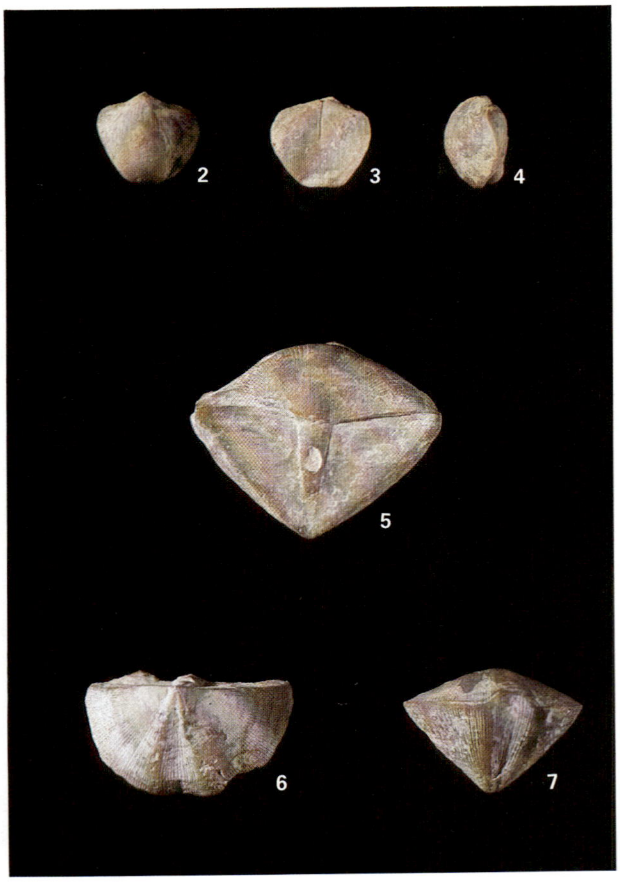

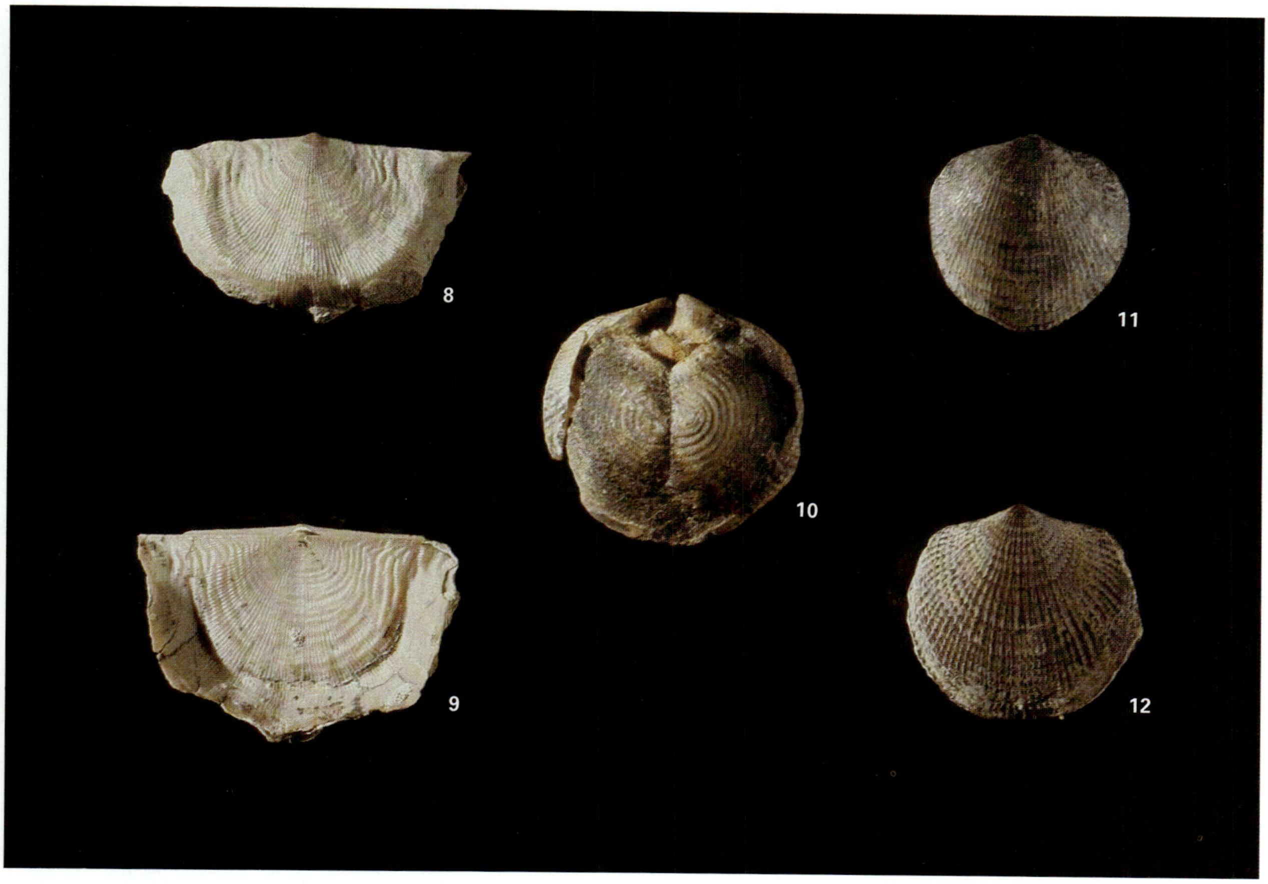

8, 9. *Leptagonia depressa,* Unteres Silur (Wenlock), Gotland, Schweden. Gehäuse von der Stielklappen- **(8)** und der Armklappenseite **(9)**. Breite eines größeren Exemplars 25 mm.

10. *Atrypa* sp., Mittleres Devon, Soetenich, BRD. Beschädigte, 28 mm breite Armklappe, die die gedrehten Brachidia freigibt.

11, 12. *Atrypa reticularis**, Unteres Silur (Wenlock), Dudley, Großbritannien. Gehäuse mit abgebrochenen Schweifen von der Armklappen- **(11)** und von der Stielklappenseite her **(12)**. Breite eines größeren Gehäuses 25 mm.

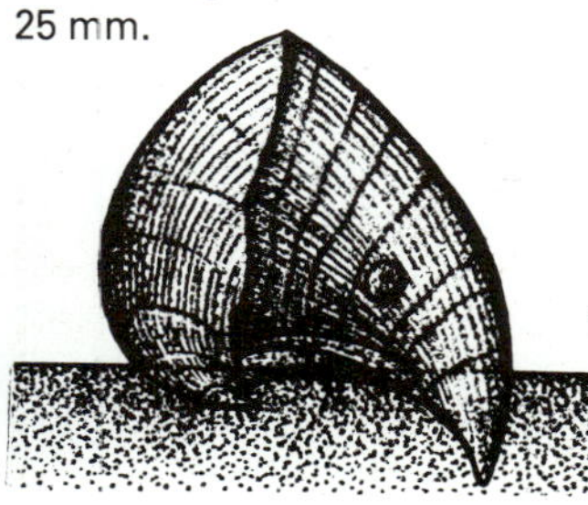
13

cher Schneckenspiralen ausgebildet, deren Spitzen nach außen gerichtet sind.
Die Gattung *Cyrtia* gehört zu den weltweit verbreiteten Vertretern der Spiriferiden aus Silur und Devon. Ihre Gehäuse zeichnen sich durch eine pyramidale Stielklappe und eine leicht gewölbte Armklappe aus. Die Cyrtien waren ihr ganzes Leben mit dem Stiel an der Unterlage befestigt. Das große flache, dreieckige Feld (Area) zwischen dem Wirbel der Stielklappe und dem Schloßrand erhöhte die Stabilität der Schale **(14)**.

Dicaelosia biloba (LINNAEUS)
Dicaelosia verneuiliana (BEECHER)

Ordnung: Orthida
Familie: Dicaelosidae

Zur Gattung *Dicaelosia* gehören kleine, weltweit verbreitete Armfüßer, die vom Oberen Ordovizium bis zum Unteren Devon lebten. Das beidseitig sulkate Gehäuse teilt sich vorn in zwei Lappen. Die Dicaelosien treten am häufigsten in sehr feinkörnigen Sedimenten auf. Als sie lebten, waren sie mit dem Stiel an die Gehäuse anderer Wirbelloser oder an die Lager von Algen befestigt.

Leptagonia depressa (SOWERBY)

Ordnung: Strophomenida
Familie: Leptaenidae

Die *Leptagonien* traten vom Unteren Silur bis zum Unteren Karbon auf. Die anfangs flache Schale bog sich in den späteren Wachstumsstadien knieartig in dorsaler Richtung (zur Armklappe).

Armfüßer
Brachiopoda

Strophonella bohemica (Barrande)

Ordnung: Strophomenida
Familie: Strophonellidae

Im Devon erfuhren die Armfüßer ihre größte Entfaltung. Besonders vielfältige Arten lebten an den Rändern der Korallenriffe. Die Vertreter der weltweit verbreiteten Gattung *Strophonella* kennen wir aus dem Silur und Unteren Devon. Die Armklappe der jungen Exemplare war konkav, die Stielklappe konvex. Im Verlauf des weiteren Schalenwachstums kehrte sich die Wölbung der Klappen um, die Schale begann, an der Vorderseite und an den Seiten in ventraler Richtung (zum Stiel hin) zu wachsen, und bildete einen hohen Schweif.

Cymostrophia stephani (Barrande)

Ordnung: Strophomenida
Familie: Stropheodontidae

Die Cymostrophien kommen in den unter- und mitteldevonischen Sedimenten Europas vor und weisen große und breite Gehäuse mit einem hohen, dorsal (Armklappe) gerichteten Schweif auf. Bei einigen Arten befinden sich auf den flachen Teilen beider Klappen konzentrische Wülste.

Parachonetes verneuili (Barrande)

Ordnung: Strophomenida
Familie: Chonetidae

Die Gehäuse der Chonetiden besitzen konvexe Stiel- und konkave Armklappen. Ein charakteristisches Merkmal sind schräg nach den Seiten gerichtete hohle Dornen am Hinterrand der Schale. Man schreibt ihnen Sinnesfunktionen zu. Einige Vertreter der Chonetidae besaßen vielleicht eine bestimmte Fähigkeit zu schwimmen. Die Gattung *Parachonetes* ist weltweit in den unter- und mitteldevonischen Schichten verbreitet.

Merista herculea (Barrande)

Ordnung: Spiriferida
Familie: Meristellidae

Wir kennen die Meristen aus den Schichten vom Unteren Devon bis zum Mittleren Devon in Europa und Nord- und Südamerika. Beide Klappen sind konvex, längs oder quer gestreckt, glatt und mit einer dorsalen Wulst und einer ventralen Furche versehen.

Stenorhynchia nympha (Barrande)

Ordnung: Rhynchonellida
Familie: Rhynchotrematidae

Die Gattung *Stenorhynchia* aus dem Devon Europas und Nordamerikas weist ein typisch rhynchonellides Aussehen auf. Die jungen Gehäuse sind flach, die erwachsenen hoch und vorn mit einem auffallenden Sattel und Lappen versehen.

Eoglossinotoechia sylphidea (Barrande)

Ordnung: Rhynchonellida
Familie: Uncinulidae

Die Gehäuse der Uncinuliden sind anfangs abgeflacht, im Verlauf des Wachstums werden sie dicker. Der Gehäusevorderrand zeigt eine ausgeprägte mediane Biegung. Die Skulptur besteht aus abgerundeten Radiallippen oder Leisten, die durch schmale Rillen voneinander getrennt sind. Aus diesen Rillen entspringen bei vielen Arten lange Dornen.

1, 2. *Merista herculea,* Unteres Devon (Prag), Koněprusy, ČSSR. Ansicht des Gehäuses von der Stielklappen- **(1)** und der Armklappenseite **(2)** her. Breite des größeren Gehäuses 35 mm.

3, 4, 5. *Stenorhynchia nympha,* Unteres Devon (Prag), Koněprusy, ČSSR. Gehäuse von der Stielklappenseite **(3)**, von vorn **(4)** und von der Armklappenseite **(5)**. Breite des größten Gehäuses 15 mm.

6, 7, 8. *Eoglossinotoechia sylphidea,* Unteres Devon (Prag), Koněprusy, ČSSR. Ansicht der Stielklappe **(6)**, des Gehäuses von der Seite **(7)** und von vorn **(8)**. Breite des größten Stücks 19 mm.

9. *Cymostrophia stephani,* Unteres Devon (Prag), Koněprusy, ČSSR. Stielklappe; Breite 52 mm.

10. *Strophonella bohemica,* Unteres Devon (Prag), Koněprusy, ČSSR. Armklappe; Breite 60 mm. Lebten frei auf dem Meeresgrund.

11. *Parachonetes verneuili,* Unteres Devon (Prag), Koněprusy, ČSSR. Stielklappe; Breite 43 mm. Dornen undeutlich. In Anbetracht der starken Konkavität der Armklappe war der Raum der Körperhöhlung sehr beschränkt.

1
2

3
6
4
7
5
8

9
10
11

Armfüßer
Brachiopoda

Stringocephalus burtini (DEFRANCE)

Ordnung: Terebratulida
Familie: Stringocephalidae

Die Terebratuliden sind die stammesgeschichtlich jüngsten, fortschrittlichsten und in der Gegenwart am zahlreichsten auftretenden Armfüßer. Ihre Geschichte können wir schon vom Unteren Devon an verfolgen. Die Gehäuse ähneln einigen Atrypiden, von denen sich die Terebratuliden wahrscheinlich im Verlauf der Entwicklung abgespalten haben. Ihre Brachidia sind jedoch nicht spiralig gerollt, sondern weisen die Form komplizierter Schlingen auf.
Stringocephalus ist eine bedeutende, fast über die ganze Welt verbreitete mitteldevonische Gattung der Terebratuliden. Die großen, glatten Gehäuse haben eine auffallende, stark gekrümmte Wirbelregion mit großen Interareen und einer Stielöffnung. Wir finden sie in den Sedimenten der Korallenriffe und Lagunen auch verhältnismäßig tiefer Meere. Zur Erhaltung der Stabilität des lebenden Tieres trug neben dem Stiel auch die starke Wölbung der Gehäuse bei.

1, 2. *Stringocephalus burtini**, Mittleres Devon (Eifel), Paffrath, BRD. **(1)** Innenseite der Stielklappe mit Medialseptum, das auch in der Armklappe ausgebildet war, **(2)** Gehäuse von der Armklappenseite. Breite des Gehäuses 65 mm.

3. *Cyrtospirifer* sp.*, Oberes Devon (Frasne), Cerfonbaine, Belgien. Ansicht der Armklappenseite; Breite 70 mm. Gut erkennbar sind die Interareen der Stielklappe und die Stielöffnung.

4. *Xystostrophia umbraculum**, Mittleres Devon (Givet?), Mühlemosald, Gerolstein, BRD. Gehäuse von der Armseite; Breite 44 mm. Charakteristische Art der mitteldevonischen rheinischen Provinz.

5

5. *Acrospirifer primaevus**, Unteres Devon (Siegen), Seifen, BRD. Limonitisierter Kern einer Armklappe; Breite 55 mm. Stratigraphisch bedeutende Art, die den sandigen Grund des flachen Meeres besiedelte.

Acrospirifer primaevus (STEININGER)

Ordnung: Spiriferida
Familie: Delthyrididae

Die Gattung *Acrospirifer* ist ein kosmopolitischer Vertreter der Spiriferiden des Unteren Devons. Die Gehäuse sind groß, breit und beidseitig gewölbt (bikonvex). Die Umbonalhöhlung der Stielklappe ist sekundär verstärkt. Mit diesem Abschnitt waren die Gehäuse zur Lebenszeit teilweise in das nichtverfestigte Sediment eingesunken **(6)**.

Cyrtospirifer sp.

Ordnung: Spiriferida
Familie: Cyrtospiriferidae

Auffallendes Merkmal einer ganzen Reihe von Vertretern der weltweit verbreiteten Gattung Cyrtospirifer sind ungewöhnlich breite Gehäuse. Stratigraphisch reicht die Gattung vom Oberen Devon bis zum Unteren Karbon. Das Gehäuse ist beidseitig gewölbt und weist auf der Stielklappe eine mediane Furche, auf der Armklappe einen entsprechenden Wulst auf.

Xystostrophia umbraculum (SCHLOTHEIM)

Ordnung: Strophomenida
Familie: Chilidiopsidae

Bei den großen Gehäusen der Gattung *Xystostrophia* aus dem Mittleren Devon ist die Stielklappe in der Wirbelregion schwach konvex und wird dann zur Peripherie hin betont konkav; die Armklappe ist konvex. Die Wirbel der beiden Klappen sind durch eine schmale Area, in der der Schloßrand verläuft, voneinander getrennt. Die Stielöffnung ist geschlossen, der Stiel rückgebildet. Die Xystostrophien ruhten mit der flacheren Stielklappe auf dem Untergrund und sind wohl gelegentlich auch geschwommen. Sie bewegten sich dabei mit dem Schloßrand nach vorn. Durch rasch wechselndes Öffnen und Schließen der Klappen wurde das Wasser aus der Brachialhöhle hinausgedrückt und damit ein Schwimmanstoß bewirkt.

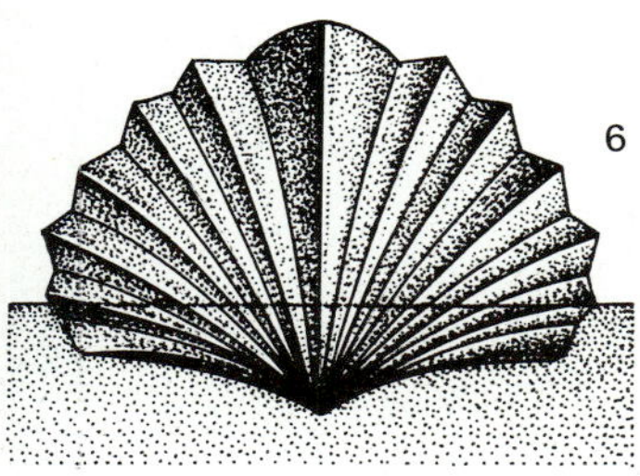

6

Dictyoclostus semireticulatus (MARTIN)

Ordnung: Strophomenida
Familie: Dictyoclostidae

Unter den Armfüßergesellschaften des jüngeren Paläozoikums nahmen die Strophomeniden aus der Überfamilie Productacea eine dominierende Stellung ein. Sie waren morphologisch sehr vielfältig. Zu ihnen gehören auch die größten bekannten Armfüßer, zum Beispiel die Arten der Gattungen *Titanaria* und *Gigantoproductus,* deren Gehäuse gewöhnlich breiter als 35 cm (!) waren. Die Gehäuse der Vertreter der Überfamilie weisen in der Regel konvexe Stiel- und konkave Armklappen auf. Sie besaßen keinen Stiel und lebten meistens unbefestigt, nur einige hafteten wenigstens in den jungen Wachstumsstadien an der Unterlage. Zur Stabilisierung der Gehäuse in der biologischen Lage oder als Schutz gegen das Einsinken in das weiche Substrat dienten gesetzmäßig angeordnete Dornen.
Die Gattung *Dictyoclostus* aus dem Unteren Karbon Europas hat große Gehäuse mit stark konvexen Stiel- und konkaven Armklappen. Auf der Oberfläche beider Klappen und entlang dem Schloßrand wuchsen zarte Stacheln.

1, 2. *Dasyalosia goldfussi**, Oberes Perm (Zechstein), Trebnitz-Gera, DDR. Ansicht der Arm-**(1)** und Stielklappe **(2)**; Breite 21 mm.

3, 4, 5. *Horridonia horrida**, Oberes Perm (Zechstein), Gera, DDR. Ansicht des Gehäuses von hinten **(3)**, von der Stielklappen- **(4)** und von der Armklappenseite **(5)**. Breite des größten Gehäuses 42 mm.

6. *Muirwoodia* sp., Perm, Salt Range, Indien. Kern einer Armklappe mit einigen typischen Merkmalen der Überfamilie Productacea: in der Mitte das mediane Septum, seitlich in der Wirbelregion zwei angenäherte Paare von Muskeleindrücken (Adduktoren). An den großen, schlingenartigen Strukturen war offensichtlich die Lophophore befestigt. Die papillöse Oberfläche beweist das Vorhandensein kurzer innerer Dornen, deren Funktion unbekannt ist. Breite des Kerns 40 mm.

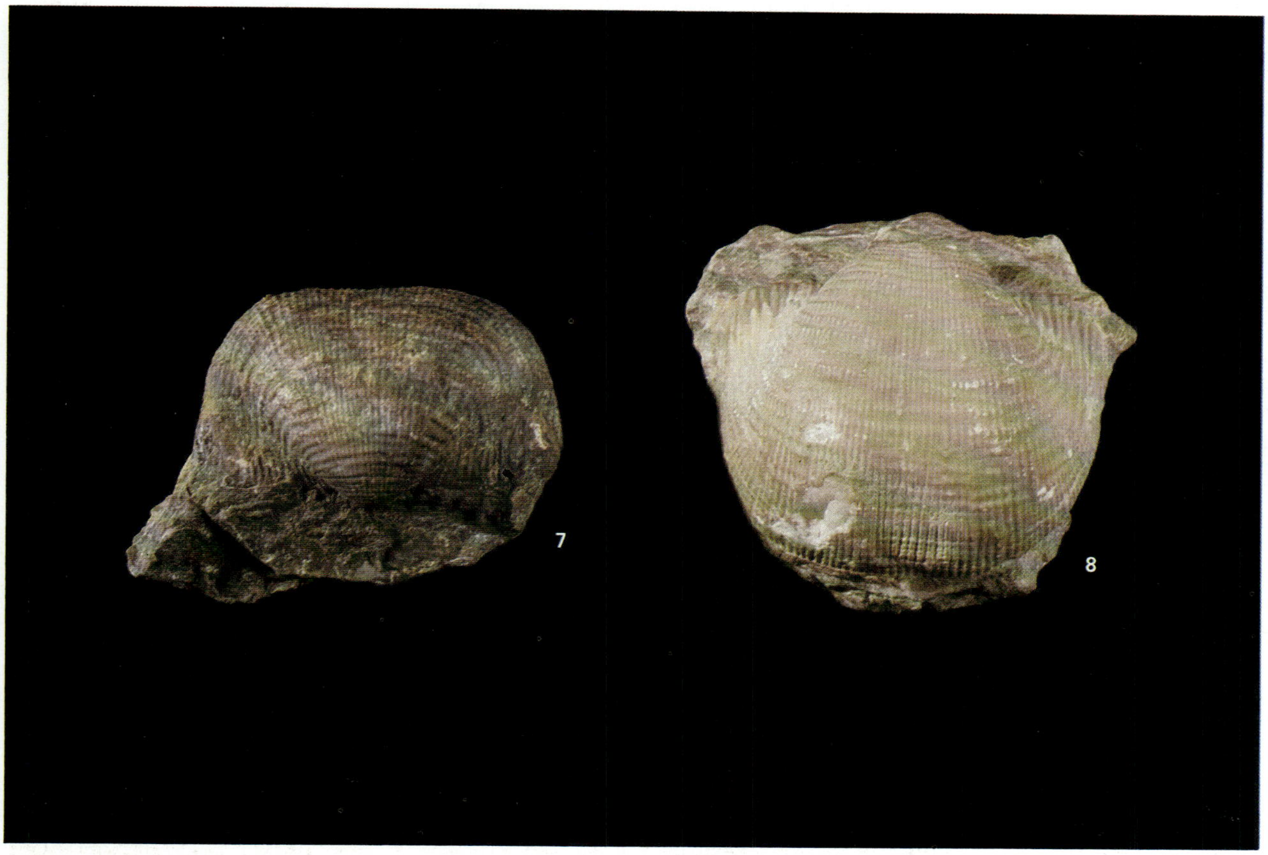

7, 8. *Dictyoclostus semireticulatus**, Unteres Karbon (Visé), Dublin, Irland und Clitheroe, England. Stielklappen; Breite 60 mm. Ansicht von hinten **(7)** und von oben **(8)**. Die feinen Dornen sind abgebrochen.

Horridonia horrida (Sowerby)

Ordnung: Strophomenida
Familie: Dictyoclostidae

Die bedeutende Gattung *Horridonia* aus dem Perm ist aus Europa, der Arktis, Asien und Australien bekannt. Die mittelgroßen bis großen Gehäuse haben stark gewölbte Stiel- und schwach konkave Armklappen. Vor allem entlang dem Schloßrand und auf den abgeflachten Gehäuseteilen (posterolateral) sind lange Dornen konzentriert **(9)**.

Dasyalosia goldfussi (Münster)

Ordnung: Strophomenida
Familie: Strophalosiidae

Das Ende des Perms war gekennzeichnet von der größten Krise der Armfüßer während ihrer ganzen, mehr als 580 Millionen Jahre dauernden Geschichte. Damals starben unter anderem die meisten Strophomeniden und mit ihnen auch die letzten Vertreter der Ordnungen Pentamerida und Orthida aus.

Die Gehäuse der Dasyalosien aus dem Oberen Perm Europas sehen ungewöhnlich aus. Die Stielklappe ist schwach gewölbt, die Armklappe flach oder leicht konvex. Auf der Oberfläche beider Klappen befinden sich wurmartige Dornen. Zwischen den Dornen auf der Rückenseite lagerte sich offenbar eine bestimmte Menge Sediment an, die das Tier tarnte. Nur der Klappenrand, der über das Substrat hervorragte, konnte sichtbar sein.

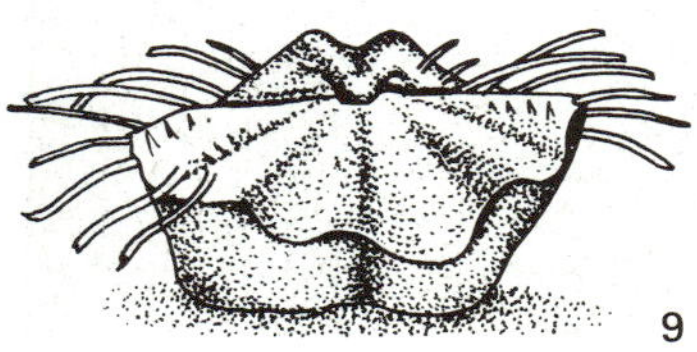

9

Armfüßer
Brachiopoda

Punctospirella fragilis (SCHLOTHEIM)

Ordnung: Spiriferida
Familie: Spiriferinidae

Am Übergang vom Paläozoikum zum Mesozoikum kam es zum massenhaften Aussterben vieler Gruppen von Lebewesen, das gilt auch für die Armfüßer. Deshalb sind diese in den Ablagerungen der Unteren Trias auf der ganzen Erde sehr selten. Sie verbreiteten sich erneut wieder im Verlauf der Mittleren Trias. Zu den weit verbreiteten articulaten Armfüßern, die von der Trias bis zum Unteren Jura auftreten, gehören die Arten der Gattung *Punctospirella.* Der vordere Gehäuserand bildet meist einen markanten medianen Sattel. Anwachsstreifen und zarte hohle Dornen, die ungefähr radial vom Wirbel weg gerichtet sind und mit der Oberfläche nur einen kleinen Winkel einschließen, bilden die feine Skulptur auf der Oberfläche der Klappen.

Tetractinella trigonella (SCHLOTHEIM)

Ordnung: Spiriferida
Familie: Athyrididae

Die letzten athyrididen Armfüßer kennen wir aus der Trias. Zu ihnen gehören auch die in Europa stark verbreiteten Arten der Gattung *Tetractinella.* Vom Wirbel gehen einige scharfe Radialrippen aus, die am Gehäusevorderrand in Spitzen auslaufen. Die Tetractinellen ähneln sehr den oberjurassischen terebratuliden Armfüßern der Gattung *Cheirothyris.* Die Gehäuse der Vertreter dieser beiden Gattungen werden gewöhnlich als Beispiel für die adaptive Konvergenz, formähnliche Gehäuse als Folge ähnlicher Lebensweise, angeführt. Man nimmt an, daß die Auswüchse an der Gehäusevorderseite den stark lappigen Rand des Mantels schützten, der auch Sinnesfunktionen vertrat.

Rhaetina gregaria (SUESS)

Ordnung: Terebratulida
Familie: Dielasmatidae

Die Gattung *Rhaetina* ist ein bedeutender Vertreter der Ordnung Terebratulida aus der Oberen Trias. Sie ist von vielen Stellen Europas und Asiens bekannt. Das kleine bis mittelgroße Gehäuse ist bikonvex, die Oberfläche ist glatt und biplikat, das heißt, daß sich auf der Armklappe zwei durch eine mediane Furche voneinander getrennte Wülste befinden. Der kurze Wirbel der Stielklappe mit der verhältnismäßig großen Stielöffnung ist fast dorsal (zur Armklappe) gerichtet. Die *Rhaetinen* hielten sich in fast aufrechter Stellung und waren mit dem Stiel befestigt. Der umbonale Abschnitt war teilweise in das Substrat eingesenkt **(10)**. Sie lebten sowohl in der Nähe wie auch innerhalb der Korallenriffe und besiedelten auch größere Tiefen.

Halorelloidea rectifrons (BITTNER)

Ordnung: Rhynchonellida
Familie: Dimerellidae

Die Gattung *Halorelloidea,* die aus der Oberen Trias Europas und Asiens stammt, weist querovale Gehäuse auf. Die Armklappen sind stärker gewölbt als die Stielklappen. Die Oberfläche ist glatt oder mit unregelmäßigen Rippen versehen. Der Gehäusevorderrand ist gerade. Auf beiden Klappen liegen sich mediane Furchen gegenüber, oder ein scharfer Grat zieht in der Mitte über die Armklappe.

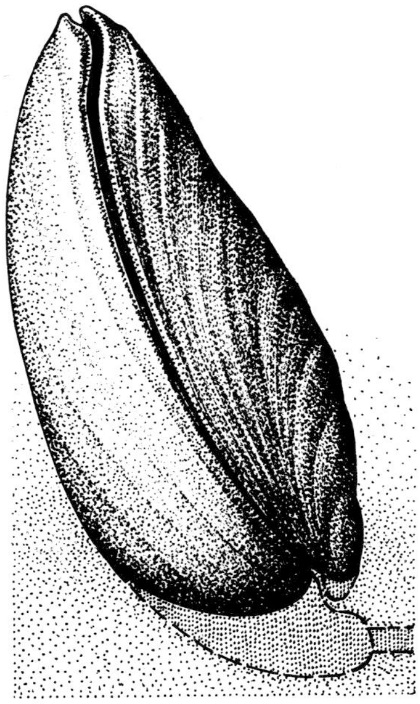

10

1, 2. *Tetractinella trigonella**, Mittlere Trias, Štítník, ČSSR. Gehäuse von der Armklappen- **(1)** und von der Stielklappenseite **(2)**. Breite des größeren Gehäuses 12 mm. Tritt sowohl in der germanischen wie auch in der alpinen Trias auf.

3, 4, 5. *Halorelloidea rectifrons**, Obere Trias (Nor), Silická Brezová, ČSSR. Ansicht des Gehäuses von der Stielklappenseite **(5)**, von vorn **(4)** und von der Armklappenseite **(3)**. Breite der größten Klappe 18 mm. Ist außer in den Karpaten vor allem in den Alpen verbreitet.

6, 7, 8. *Rhaetina gregaria**, Obere Trias (Rhaet), Hindelang, BRD. Ansicht des Gehäuses von vorn **(6)**, von der Stielklappen- **(7)** und von der Armklappenseite **(8)**.

9. *Punctospirella fragilis**, Mittlere Trias, Würzburg, BRD. Schalenanhäufung im Muschelkalk. Breite des größten Gehäuses 19 mm.

T

Armfüßer
Brachiopoda

Homoeorhynchia acuta (Sowerby)

Ordnung: Rhynchonellida
Familie: Rhynchonellidae

Im Verlauf des Jura starben die Spiriferiden aus, und von den articulaten Armfüßern blieben als wesentliche Vertreter nur zwei Ordnungen erhalten, Rhynchonellida und Terebratulida. Für die meisten Rhynchonelliden sind der mediane Wulst auf der Armklappe und die im Zickzack verlaufende Kommissur mit der medialen Durchbiegung an der Vorderseite typisch. Dank der gezackten Kommissur konnte das Tier auch bei geringer Öffnung der Klappen eine größere Nahrungsmenge aufnehmen. Die mediale Durchbiegung des vorderen Kommissurabschnitts verdeutlicht morphologisch die allgemeine Tendenz der Armfüßer, den ein- und austretenden Suspensionsstrom voneinander zu trennen.
Die Vertreter der Gattung *Homoeorhynchia* aus dem Unteren und Mittleren Jura Europas weisen annähernd dreieckige Gehäuse auf. Die Armklappe läuft an der Vorderseite zu einem auffallenden Mediankiel aus, der an den Seiten von mehreren kleinen Rippen gesäumt wird. Die Rippen verlieren sich in der Richtung zum Wirbel hin.

Cirpa fronto (Quenstedt)

Ordnung: Rhynchonellida
Familie: Wellerellidae

Die Gehäuse der Vertreter der Gattung *Cirpa,* die im Unteren Jura Europas und Vorderasiens gefunden wurden, sind uniplicat. Die Stielklappe ist nach innen gebogen, die Armklappe weist einen Medianwulst auf, die Kommissur biegt sich vorn in dorsaler Richtung (zur Armklappe) durch. Die Skulptur wird von entfernten, scharfen Rippen, die bis zum Wirbel reichen, gebildet.

1, 2. *Torquirhynchia inconstans**, Oberer Jura (Kimmeridge), Nattheim, BRD. Gehäuse von der Stielklappenseite **(1)** und von vorn **(2)**. Breite des größeren Stücks 35 mm. Die konzentrischen Strukturen im Umbonalbereich sind das Zeichen für eine sekundäre Verkieselung (Silifikation) der Schale.

3, 4, 5. *Homoeorhynchia acuta**, Unterer Jura (Domer ≙ Pliensbach), Kostelec bei Považská Teplá, ČSSR. Gehäuse von der Armklappe **(3)**, von der Seite **(4)** und von vorn **(5)**. Breite der größten Klappe 18 mm. Bedeutende Art für die Domer-Stufe.

6, 7, 8. *Cirpa fronto,* Unterer Jura, Rudno, ČSSR. Gehäuse von der Armklappenseite **(6)**, von vorn **(7)** und von der Stielklappenseite **(8)**. Breite der größten Klappe 17 mm. Die Armklappe bildet in der Mitte nur einen niedrigen Wulst **(7)**.

9. *Rhynchonelloidella varians,* Mittlerer Jura (Bath), BRD. Mikritischer Kalk, überfüllt mit Schalen. Breite des größten Gehäuses 13 mm.

9

10

11

10, 11. *Prionorhynchia quinqueplicata,* Unterer Jura (Domer), Kostelec bei Považská Teplá, ČSSR. Gehäuse von der Stielklappenseite **(10)** und von vorn **(11)**. Breite des größeren Gehäuses 30 mm.

Prionorhynchia quinqueplicata (ZIETEN)

Ordnung: Rhynchonellida
Familie: Wellerellidae

Die Gattung *Prionorhynchia* ist im Unteren Jura Europas und Asiens verbreitet. Die annähernd fünfseitigen Gehäuse sind in der Regel groß und weisen eine uniplicate gerade Kommissur auf. Der Wirbel des Gehäuses ist sehr klein und stark gebogen.

Rhynchonelloidella varians (SCHLOTHEIM)

Ordnung: Rhynchonellida
Familie: Wellerellidae

Die Gattung *Rhynchonelloidella* kennen wir aus dem Mittleren und Oberen Jura Europas. Die Gehäuse sind uniplicat und mit zahlreichen scharfen Rippen.

Torquirhynchia inconstans (SOWERBY)

Ordnung: Rhynchonellida
Familie: Wellerellidae

Die Gattung *Torquirhynchia* aus dem Oberen Jura Europas mit dreieckigem Gehäuse-Umriß und kräftigen, scharfen Radialrippen wie bei den übrigen Gattungen der Rhynchonellida unterscheidet sich von diesen dadurch, daß die rechte und die linke Gehäusehälfte gegeneinander verdreht sind, so daß die übliche bilaterale Symmetrie gestört ist.

Armfüßer
Brachiopoda

Ordnung: Terebratulida
Familie: Zeilleriidae

Zeilleria quadrifida (Valenciennes)

Im Jura überwogen die Terebratuliden die Rhynchonelliden und behaupten ihre dominante Stellung unter den Armfüßern bis heute. Wegen der Gleichförmigkeit der Gehäusegestalt ist es in vielen Fällen nicht möglich, sie systematisch genau einzuordnen, wenn wir die Merkmale des Schaleninnenbaues nicht kennen. Die Gattung *Zeilleria* aus den unterjurassischen Sedimenten Europas hat bikonvexe Gehäuse. Auf beiden Klappen liegen sich Furchen gegenüber, so daß der Klappenverband gerade ist. Der Vorderrand der glatten Schale ist schwach gewellt.

Ordnung: Terebratulida
Familie: Terebratulidae

Loboidothyris subselloides Westphal

Die Gattung *Loboidothyris* ist im Mittleren und Oberen Jura Europas verbreitet. Beide Klappen sind konvex, glatt und uniplicat oder sulciplicat gebunden(d. h. mit einem durch einen mittleren Sinus geteilten Sattel). Im Wirbel der Stielklappe liegt die große runde Stielöffnung.

Ordnung: Terebratulida
Familie: Terebratulidae

Juralina (?) humeralis (Roemer)

Die *Juralinen* stammen aus dem Oberen Jura Europas. Sie kennzeichnen sich dadurch, daß die Stielklappe viel stärker gewölbt ist als die

1, 2. *Ismenia pectunculoides**, Oberer Jura (Tithon), Sontheim, BRD. Ansicht von der Stielklappen- **(1)** und von der Armklappenseite **(2)**. Breite des größeren Gehäuses 15 mm.

3, 4. *Zeilleria quadrifida,* Unterer Jura (Domer), Kostelec bei Považská Teplá, ČSSR. Gehäuse von der Stielklappen- **(3)** und von der Armklappenseite **(4)**. Breite des größeren Gehäuses 18 mm. Für die Art ist der vierlappige Vorderrand der Klappen charakteristisch.

5, 6, 7. *Juralina (?) humeralis,* Oberer Jura, Petersberg bei Goslar, BRD. Ansicht von der Armklappen- **(5)** und von der Stielklappenseite **(6)** und von der Seite **(7)**; Breite des größten Gehäuses 15 mm.

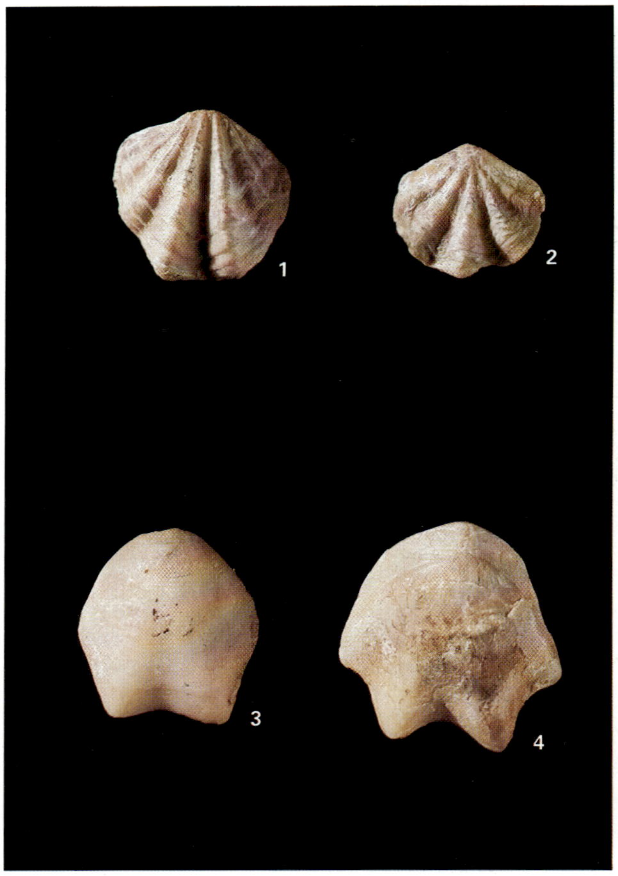

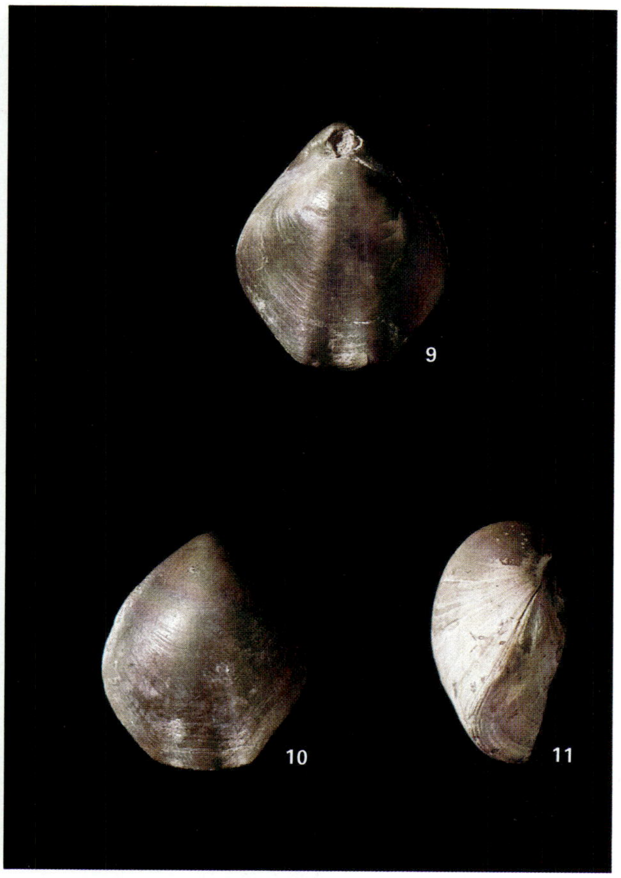

8. *Antinomia* sp., Oberer Jura, Trient, Italien. Gehäusekern von der Armklappenseite; Breite 43 mm. Auf der Oberfläche sind die Mantelkanäle gut erkennbar.

9, 10, 11. *Loboidothyris subselloides,* Oberer Jura (Kimeridge), Frankreich. Gehäuse von der Armklappen- **(9)** und von der Stielklappenseite **(10)** und von der Seite **(11)**. Breite des größten Exemplars 26 mm.

Armklappe; der Gehäusevorderrand ist gerade oder uniplicat. Der mit einer großen Stielöffnung versehene Wirbel ist stark gebogen.

Ordnung: Terebratulida
Familie: Dallinidae

Ismenia pectunculoides (SCHLOTHEIM)

Die Gehäuseoberfläche einiger Terebratuliden ist auffallend gerippt, wie zum Beispiel bei den Arten der Gattung *Ismenia* aus dem Oberen Jura Europas. Die Gehäuse sind breiter als lang, und die Stielklappe ist stärker gewölbt als die Armklappe.

Ordnung: Terebratulida
Familie: Pygopidae

Antinomia sp.

Die Morphologie der Pygopidengehäuse ist ein besonderer Ausdruck für die Bestrebungen nach einer möglichst vollkommenen Trennung des ein- und austretenden Suspensionswassers. Das Wasser mit der Nahrung trat an den Seiten des vorderen Gehäuserandes in die Brachialhöhlung ein, und der ausgeatmete Strom trat in einen tiefen medianen Einschnitt oder eine Öffnung nach oben aus. Die auffallenden kleinen Grate auf den Kernen werden als Mantelkanäle oder Vaskularspuren bezeichnet. Es sind verzweigte Ausläufer des Coeloms. Sie verteilten die Produkte des Metabolismus zum Wachstumsrand des Mantels und zurück. Zweifellos beteiligten sie sich auch an der Atmung.

Armfüßer
Brachiopoda

Ordnung: Rhynchonellida
Familie: Dimerellidae

Peregrinella peregrina (Buch)

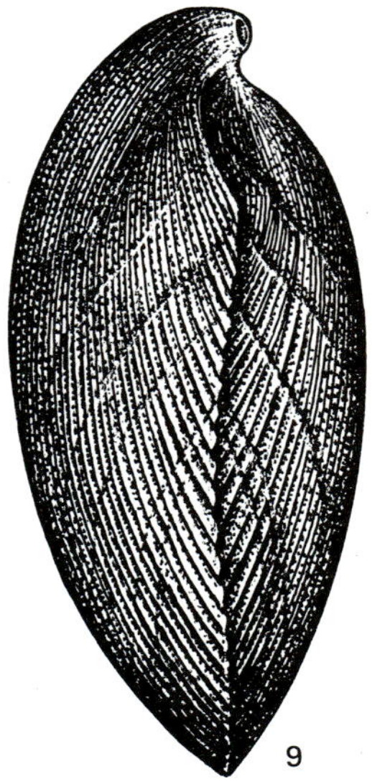

9

Während der Kreide waren die Armfüßer vor allem durch Rhynchonelliden vertreten. Sie waren hier Bewohner flacher Schelfmeere. In der Jugend waren sie mit ihrem Stiel an irgendeiner Unterlage, etwa an Gehäusen anderer Wirbelloser, verankert. Später atrophierte bei vielen Arten der Stiel; die Gehäuse lagen dann ein wenig im Substrat eingesunken und – auf die kräftig gewölbte Armklappe gestützt – frei auf dem Untergrund.
Die Gehäuse der Rhynchonelliden sind meist klein bis mittelgroß. Bei den Arten der Gattung *Peregrinella* aus der Unteren Kreide Europas und Nordamerikas waren sie ausnahmsweise groß, und ihre Breite überstieg 10 cm. Diese Armfüßer erinnern mit ihrem ganzen Aussehen an die Pentameriden. Die Gehäuse sind rundlich und besitzen keine medianen Wülste und Furchen. Die Stielklappe ist wesentlich stärker gewölbt als die Armklappe und hat einen massiven, stark gekrümmten Wirbel. Der Klappenverband ist gerade. Die Oberfläche der Gehäuse ist grob gerippt **(9)**.

Ordnung: Rhynchonellida
Familie: Wellerellidae

Orbirhynchia cuvieri (d'Orbigny)

Eine ganze Reihe der Armfüßer ist aus der Schreibkreide bekannt. Es handelt sich hier um ein typisches kalkiges Sediment flacher Gewässer

1 2

3 4 5

1, 2. *Cretirhynchia plicatilis**, Obere Kreide (Senon), Brighton, Sussex, Großbritannien. Gehäuse von der Armklappenseite **(1)** und von vorn **(2)**; Breite 21 mm. Die Krümmung des vorderen Kommissurabschnitts ist deutlich asymmetrisch.

3, 4, 5. *Orbirhynchia cuvieri,* Obere Kreide (Turon), Hitchin, Großbritannien. Gehäuse von der Armklappenseite **(3)**, von der Seite **(4)** und von vorn **(5)**; Breite des größten Gehäuses 17 mm.

6. *Peregrinella peregrina**, Untere Kreide (Neokom), Châtillon, Frankreich. Gehäuse von der Armklappenseite; Breite 70 mm. Einer der größten Vertreter der Rhynchonelliden.

7, 8. *Cyclothyris difformis,* Obere Kreide (Cenoman), Wilmington, Großbritannien. Gehäuse von der Stielklappen- **(7)** und von der Armklappenseite **(8)** her; Breite eines größeren Exemplars 31 mm. Die Gehäuse sind auffallend breit.

6

der Kreidezeit, das sich neben seiner weißen Färbung durch unzureichende Verfestigung und einen hohen Gehalt an Gehäusen von Foraminiferen, Coccolithophoriden u. a. auszeichnet. Die Armfüßer der Gattung *Orbirhynchia* treten in den Kreideschichten Nordwesteuropas auf. Ihre Gehäuse sind klein, haben auf der Armklappe einen sehr niedrigen Wulst, sind uniplicat, und der Sattel ihrer Kommissur ist abgerundet. Die Rippen sind abgerundet und verlieren sich zum Wirbel des Gehäuses hin.

7

Cyclothyris difformis (Valenciennes)

Ordnung: Rhynchonellida
Familie: Rhynchonellidae

Die Gattung *Cyclothyris* aus der Kreide Europas hat breite Gehäuse mit einem niedrigen Medianwulst auf der Armklappe. Der Klappenverband ist uniplicat. Der Wirbel der Stielklappe ist dorsal (zur Armklappe) gebogen.

8

Cretirhynchia plicatilis (Sowerby)

Ordnung: Rhynchonellida
Familie: Rhynchonellidae

Die Gattung *Cretirhynchia* aus der Oberen Kreide Nordwesteuropas ist mittelgroß, bikonvex; die Armklappe hat einen niedrigen Medianwulst. Der Gehäusevorderrand besitzt eine markante mediale Biegung. Die Oberfläche ist glatt oder trägt dichte, leistenartige Rippen.

Armfüßer
Brachiopoda

Thecidea papillata (SCHLOTHEIM)

Ordnung: Strophomenida
Familie: Thecidellinidae

Die Armfüßer der Überfamilie Thecideacea werden als einzige rezente Nachkommen der Strophomeniden angesehen. In den heutigen Meeren überleben lediglich die Arten der Gattungen *Lacazella* und *Thecidellina.* Sie waren am Ende des Mesozoikums bei weitem zahlreicher. Diese kleinen Armfüßer hefteten sich mit der Stielklappe an eine Unterlage und lebten nur selten frei. Die Form ihrer dickwandigen Schalen ist recht vielfältig. Die Stielklappe ist tief, die Rückenklappe deckelförmig. Der Bau des Schlosses erlaubte ein weites Öffnen der Klappen.
Die Vertreter der Gattung *Thecidea,* die in der Kreide in Westeuropa verbreitet waren, gehörten zum festsitzenden Benthos und lebten im flachen Sublitoral. Die Stielklappe hat hohe Interareen und ein geschlossenes Delthyrium. Auf der Innenseite der Armklappe fallen die kalkigen Stützen der Lophophore, deren Achse in einer tiefen Rinne verlief, auf.

Terebrirostra lyra (SOWERBY)

Ordnung: Terebratulida
Familie: unklar

Die *Terebrirostra* aus der Kreide Westeuropas haben mittelgroße bikonvexe Gehäuse mit einem auffallenden, ungewöhnlich gestreckten Wirbelbereich der Stielklappe.

1. *Thecidea papillata**, Obere Kreide (Maastricht), Maastricht, Holland. Gehäuse und isolierte Klappen; Länge 6 bis 7 mm.

2, 3, 4. *Magas geinitzi,* Obere Kreide (Turon), Malnice bei Louny, ČSSR. Gehäuse von der Armklappenseite **(2)**, von der Seite **(3)** und von der Stielklappenseite **(4)** her. Länge der Gehäuse 7–8 mm. Die Stielöffnung befindet sich unter dem umgebogenen Wirbel des Gehäuses.

5, 6, 7. *Terebrirostra lyra**, Obere Kreide (Cenoman), Le Havre, Frankreich. Gehäuse von der Stielklappen- **(5)** und von der Armklappenseite **(6)** her und von der Seite **(7)**. Länge des größten Gehäuses 24 mm.

Rhynchora costata (NILSSON)

Ordnung: Terebratulida
Familie: Terebratellidae

Die Rhynchoren, die in der Oberen Kreide Europas lebten, haben bikonvexe Gehäuse. Der Gehäusevorderrand ist sulcat. Ein auffallendes Merkmal ist die ungewöhnlich große Stielöffnung. Die Verbindung beider Klappen, die mit Hilfe starker Zähne erreicht wird, war fest.

Magas geinitzi (SCHLOENBACH)

Ordnung: Terebratulida
Familie: Terebratellidae

Die Gattung *Magas* stammt aus der Oberen Kreide Europas. Sie besitzt eine konvexe Stielklappe und eine weniger gewölbte oder flache Armklappe. Der Wirbel der Stielklappe ist stark gekrümmt, so daß er sich schräg nach vorn richtet. Der Verband der Klappen ist gerade bis sulcat.

Trigonosemus elegans KÖNIG

Ordnung: Terebratulida
Familie: Terebratellidae

Die Vertreter der Gattung *Trigonosemus* finden wir in den Oberkreideschichten Europas und Asiens. Die Gehäuse sind dickwandig und zeichnen sich durch stark konvexe Stielklappen aus, deren Wirbel die schwach gewölbten oder flachen Armklappen erheblich überragen. Die Kommissur ist vorn sulcat.

8, 9. *Rhynchora costata**, Obere Kreide, Scania, Schweden. Schale von der Armklappenseite **(8)** und isolierte Armklappe **(9)**. Länge 28 mm. Die Stielklappe war länger und wesentlich stärker gewölbt.

10, 11. *Trigonosemus elegans**, Obere Kreide (Senon), Ciply, Belgien. Gehäuse von der Armklappen- **(10)** und von der Stielklappenseite **(11)** her. Länge des größten Gehäuses 30 mm. Die kleine Stielöffnung befindet sich im Wirbel der Stielklappe, und zwischen ihr und der Schloßlinie liegt ein großes dreieckiges Feld mit Interarea und dem geschlossenen Delthyrium.

8
9

10
11

Armfüßer
Brachiopoda

Pygites diphyoides (d'ORBIGNY)

Ordnung: Terebratulida
Familie: Pygopidae

Die Vertreter der Pygopiden, die Gattung *Pygites,* die vom Oberen Jura bis zur Unteren Kreide lebten, sind aus verschiedenen Teilen Europas, Nordafrikas und der Arktis bekannt. Das bizarre glatte Gehäuse streckte sich bei den jungen Exemplaren vorn zu zwei getrennten Lappen, die sich während des Wachstums einander näherten, bis sie inmitten des Gehäuses eine große ovale Öffnung abschnürten.

Gibbithyris semiglobosa (SOWERBY)

Ordnung: Terebratulida
Familie: Gibbithyrididae

Die Terebratuliden der Gattung *Gibbithyris* **(8)** traten in der Oberen Kreide Europas auf. Ihre Gehäuse sind bikonvex, und die Stielklappe ist dabei stärker gewölbt als die Armklappe. Der Vorderabschnitt der Kommissur ist gerade oder sulciplicat. Der Wirbel mit der kleinen Stielöffnung ist schräg nach vorn gebogen.

1, 2. *Gibbithyris semiglobosa,* Obere Kreide (Turon?), Dover, Großbritannien. Gehäuse von der Armklappenseite **(2)** und von der Seite **(1)**. Länge des größeren Gehäuses 31 mm. Typischer Armfüßer der Schreibkreide.

3, 4. *Terebratulina chrysalis,* Obere Kreide (Senon), Lüneburg, BRD. Ansicht von der Armklappen- **(3)** und der Stielklappenseite **(4)**: Länge der größeren Klappe 19 mm. Einer der verbreitetsten lebenden Armfüßer.

N

K

5. *Terebratula ampulla,* Neogen (Pliozän), Italien. Gehäuse von der Armklappenseite her; Länge 46 mm. Der Umbonalteil der Armklappe ist mit einem Moostierchen bewachsen.

6, 7. *Pygites diphyoides**, Untere Kreide (Neokom), Štramberk, ČSSR. Ansicht von der Stielklappen- **(6)** und von der Armklappenseite **(7)** her; Länge des größeren Gehäuses 36 mm.

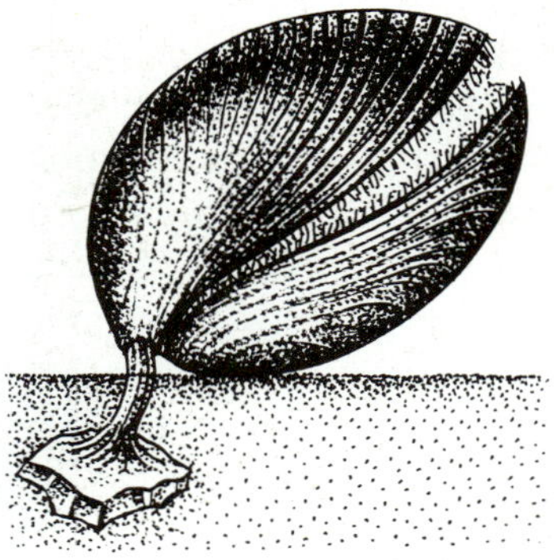

8

Terebratulina chrysalis (SCHLOTHEIM)

Ordnung: Terebratulida
Familie: Cancellothyrididae

Die Vertreter der kosmopolitischen Gattung *Terebratulina* sind vom Oberen Jura bis heute bekannt. Das Gehäuse ist bikonvex und weist einen geraden oder uniplicaten Vorderrand auf. Die rezenten Terebratulinen leben in verschiedenen Tiefen, in warmen und kalten Gewässern. Einige Arten ertragen große Temperatur- und Tiefenunterschiede. Sie verankern sich an der Unterlage mit dem Stiel, dessen Ende wurzelartig aufgegliedert ist. Das Studium der Anatomie der Lophophore und des Mantels, der am Umfang mit chitinösen Sinnesborsten (Setae) versehen ist, hat bestätigt, daß die Vertreter dieser Gattung ein echtes mesodermales Skelett besitzen, das aus kalkigen, zu unregelmäßigen Aggregaten verbundenen Kristallen gebildet wird.

Terebratula ampulla BROCCHI

Ordnung: Terebratulida
Familie: Terebratulidae

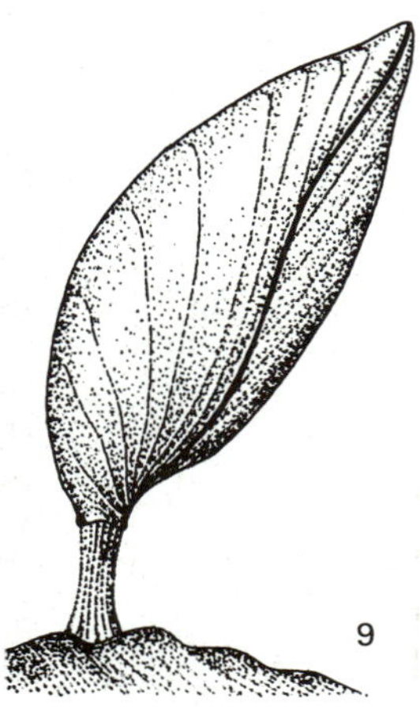

9

Im Tertiär waren die Armfüßer genauso wie heute nur noch ein unbedeutender Bestandteil des Meeresbenthos. Ihr Zurücktreten in den Hintergrund war bedingt durch die Entwicklung der Muscheln, die zwar auf ähnliche Weise lebten, aber in vielen Beziehungen besser ausgestattet waren. Der Vorteil der Muscheln bestand unter anderem in ihrer größeren Beweglichkeit, in der Fähigkeit vieler Arten, innerhalb des Substrats zu leben, und in der vollkommenen Trennung des ein- und austretenden Suspensionswasserstroms.

Die typischen Vertreter der Terebratuliden, die Arten der Gattung *Terebratula* **(9)**, kommen in den miozänen und pliozänen Ablagerungen Südeuropas vor. Die mittelgroßen bis großen, ovalen bis rundlich fünfeckigen Gehäuse sind bikonvex. Der Vorderrand des Gehäuses ist uniplicat bis sulciplicat. Der massive gebogene Wirbel ist gestutzt und wird von einer großen Stielöffnung durchbrochen.

Weichtiere
Mollusca

Urmollusken *(Amphineura)*

In diesem seit dem Kambrium bekannten, aber nie reicher entfalteten Unterstamm der Mollusca stellt nur die Klasse der **Polyplacophora** (Käferschnecken) fossile Vertreter. Der flache, ovale, bilateral-symmetrische Körper ist mit einem Mantel bedeckt. Am Kopf, der nur undeutlich vom breiten Fuß getrennt ist, befindet sich nur ein Mund; Augen und Fühler fehlen. Die Rückenseite ist mit acht, gegebenenfalls sieben sich dachziegelartig überlagernden kalkigen Platten bedeckt. Die Kopf- und die Schwanzplatte sind halbrund. Die Mittelplatten sind seitlich gestreckt und weisen nach vorn heraustretende Gelenkvorsprünge (die sich auch an der Schwanzplatte befinden) und einen flachen, nach hinten zugespitzten Mittelkiel auf. Die rezenten Käferschnecken leben in allen Meeren, sie bevorzugen die litoralen Zonen und sind mit dem Fuß an der festen Unterlage verankert, von der sie mit der Radula Algen abschaben. Als Fossilien tauchen sie selten schon vom Oberen Kambrium an auf.

Ordnung: Neoloricata
Familie: Lepidopleuridae

Helminthochiton priscus MÜNSTER

Die Gattung *Helminthochiton* ist vom Unteren Ordovizium bis zum Karbon Europas und Nordamerikas bekannt. Sie hat gewölbte glatte und dicke Platten mit einem stumpfen Kiel in der Längsachse. Die Schwanzplatte ist fast kreisrund und trägt einen den Kiel abschließenden Fortsatz. Die Mittelplatten sind subquadratisch und mit einem nach hinten weisenden Kielzahn versehen **(4)**.

Schalenträger *(Conchifera)*

Die Klasse **Monoplacophora** ist formenarm; sie wurde bis zur Entdeckung eines rezenten Vertreters (s.u.) zu den Schnecken (Gastropoda) gestellt. Die Rückenseite des Körpers der Monoplacophora ist mit einem einfachen, unpaarigen, kappenähnlichen Kalkgehäuse bedeckt, das an die Gehäuse der heute lebenden Napfschnecken erinnert (Patellen). Von diesen unterscheidet es sich aber durch die nach vorn gerichtete Spitze und die Muskelabdrücke auf der Innenseite.
Die im Kambrium und Ordovizium verbreiteten Monoplacophoren entsprechen wohl ungefähr dem Typus des Ur- Mollusks, von dem sich die verschiedenen Klassen der Mollusken ableiten lassen. Großes Aufsehen erregte daher im Jahre 1952 der Fund eines lebenden Nachzüglers der Monoplacophoren, *Neopilina galatheae,* den die dänische Tiefsee-Expedition Galathea machte. Fossile Vertreter sind bisher nur aus Flachwasserformationen des älteren Paläozoikums bekannt geworden.

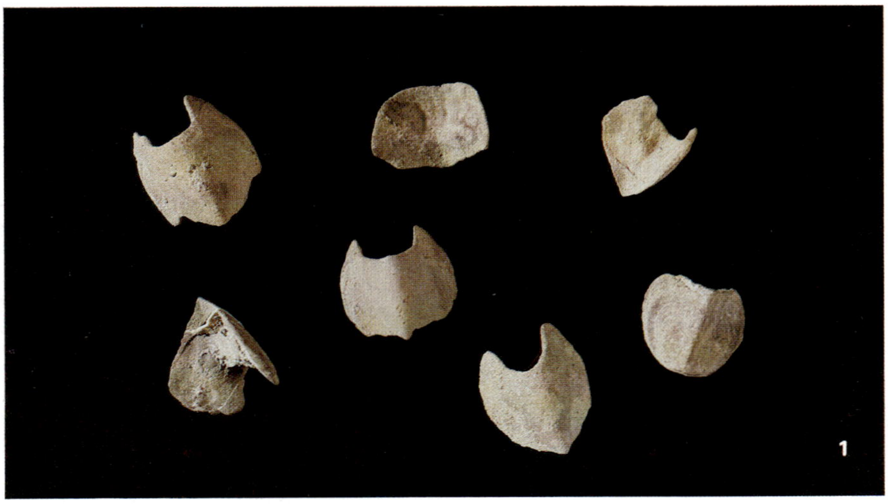
1

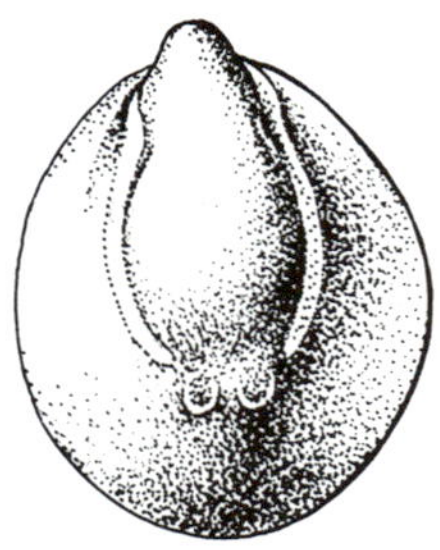
5

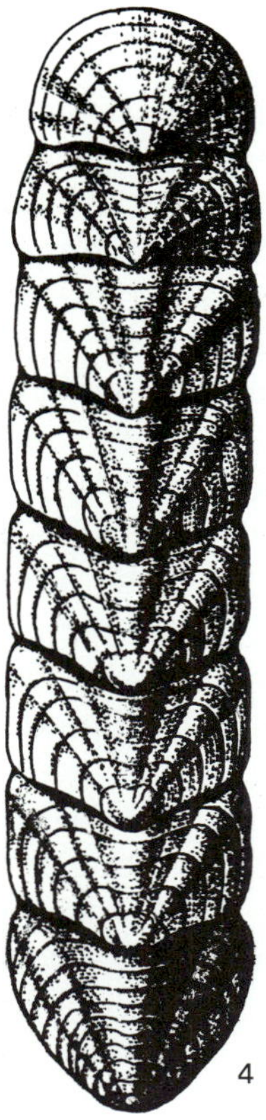

4

2

3

1. *Helminthochiton priscus,* Unteres Karbon (Tournai), Tournai, Belgien. Länge der größten Platte mit den Vorsprüngen 19 mm. Frei verstreute Platten. Auf der Kopfplatte (Mitte unten), mit der Unterseite nach oben gedreht, sind Muskeleindrücke erkennbar. Links oben befindet sich eine Schwanzplatte mit abgebrochenem Gelenkvorsprung. Die anderen Platten sind Mittelplatten.

2. *Drahomira rugata,* Oberes Silur (Přídolí), Slivenec, ČSSR. Steinkern mit gut sichtbaren Muskeleindrücken; Länge 16 mm. Die Vertreter dieser Gattung bewohnten den weichen Grund der Silurmeere.

3. *Archinacella ovata,* Mittelordovizium (Llanvirn), Osek bei Rokycany, ČSSR. Länge des größeren Gehäuses 11 mm. Die Archinacellen besiedelten die relativ flachen Meere (200 bis 300 m) des böhmischen Ordovizium und gehören zu den am meisten gefundenen Monoplacophora.

Archinacella ovata Perner

Ordnung: Archinacelloidea
Familie: Archinacellidae

Die Vertreter der Gattung *Archinacella* treten sehr selten vom Mittleren Ordovizium bis zum Unteren Silur Europas und Nordamerikas auf. Sie besitzen kleine gewölbte Schalen mit einem stumpfen schnabelartigen Wirbel (**5** – Kern der Schale). Die Muskeleindrücke gehen außer denen des letzten (analen) Paars in hufeisenförmige, den Wirbel säumende Bänder über.

Drahomira rugata (Perner)

Ordnung: Tryblidoidea
Familie: Tryblidiidae

Die europäische Gattung *Drahomira* aus dem Oberen Silur weist löffelförmige Schalen mit einem schwach angedeuteten Wirbel auf.

Schnecken (Gastropoda)

Diese besonders erfolgreiche Klasse der Mollusken hat nicht nur eine Fülle von Arten hervorgebracht, sondern ist über den marinen auch in den Lebensraum des Süßwassers, ja sogar des festen Landes vorgedrungen.
Die Schnecken bringen ein einheitliches, den Körper dorsal bedeckendes hoch-kegeliges Gehäuse hervor, das durch randlichen Zuwachs bei geringer Durchmessererweiterung sich röhrenförmig verlängert und den Eingeweidesack beherbergt. Ventralwärts kann der muskulöse Kriechfuß und nach vorne der deutlich abgesetzte Kopf herausgestreckt werden. Daher die wörtliche Übersetzung Gastropoda = Bauchfüßer.
Im Zug des Wachstums wird das sich verlängernde Gehäuse spiral eingerollt. Dabei erfolgt eine Drehung und Schrägstellung, wodurch die zunächst hinten liegende Kiemenhöhle nach vorn zu liegen kommt und im Eingeweidesack rechts und links vertauscht werden. Folge davon ist ein Verlust der ursprünglichen Bilateralsymmetrie des Weichkörpers und ein zur räumlichen Schnekkenspirale weitergebildetes Gehäuse. Diese Drehung = Torsion ist das eigentliche Charaktermerkmal der Schnecken.
Das Gehäuse beginnt mit einem larvalen Anfangsteil, dem Protoconch, der bei fossilen Resten nur ausnahmsweise vorhanden ist. Ihm schließt die eigentliche Schneckenspirale mit einer wechselnden Anzahl von Windungen an. Die letzte und größte Windung heißt Endwindung. Die Linie, in der die Umgänge oder Windungen sich berühren, ist die Naht oder Sutur. Die Vertiefung in der Windungsachse auf der Unterseite des Gehäuses heißt Nabel (Umbilicus). Die Endwindung öffnet sich in der Mündung, durch die Fuß und Kopf herausgestreckt werden. Die Ränder der Mündung heißen Peristom. Dessen freier Außenteil ist die Außenlippe. Der auf den vorangehenden Umgang aufliegende und den Nabel umschließende Teil ist die Innenlippe. In der Mehrzahl der Fälle berühren sich die Windungen in der Windungsachse und bilden dann die Spindel oder Columella.
Außen- und Innenlippe können unmerklich ineinander übergehen, dann ist das Peristom holostom(ganzrandig); es kann am Vorderende ein Ausschnitt entstehen, durch den der Wasseraustausch in die Kiemenhöhle erfolgt; dann nennt man das Peristom siphonostom. Ebenso kann am Hinterende des Peristoms ein Ausschnitt auftreten, in den der Verdauungstrakt endigt(Analausschnitt).
Die Gehäuseoberfläche kann mit den Windungen folgenden spiraligen oder mit der Windungsachse mehr oder weniger parallelen axialen Zuwachsstreifen, Rippen, Kielen, Kanten, Knoten- und Stachelreihen verziert sein.

1

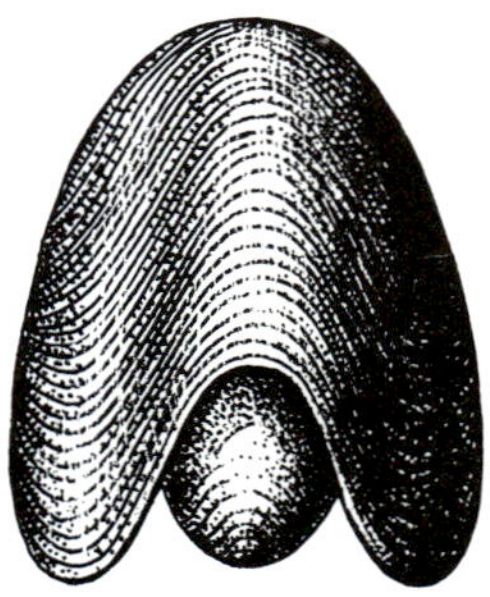

3

1. *Sinuites sowerbyi,* Mittelordovizium (Llanvirn), Prag-Šárka, ČSSR. Kerne ∅ ca. 20 mm, Gruppe von sieben Stück in einer Quarzkonkretion, der sog. Šárkakugel. Da es sich um Kerne handelt, ist die aus feinen Zuwachsstreifen bestehende Oberflächenskulptur des Gehäuses nicht zu sehen.

2. *Tropidodiscus pusillus,* Mittelordovizium (Llanvirn), Prag-Vokovice, ČSSR. Kerne ∅ ca. 5 mm. Das Abdruckfragment eines großen Bellerophontinen mit erhalten gebliebener Oberflächenskulptur gehört zur Art *Sinuites sowerbyi.*

Sinuites sowerbyi Perner

Ordnung: Archaeogastropoda
Familie: Sinuitidae

Die Vertreter der Unterordnung Bellerophontina lebten vom Unterkambrium bis in die Untertrias. Ihr bilateralsymmetrisches Gehäuse ist fast planspiral gedreht. Zu den ältesten zählt der auf der ganzen nördlichen Halbkugel verbreitete ordovizische *Sinuites.* Das mittelgroße, seitlich zusammengedrückte, enggenabelte Gehäuse zeigt an der Außenseite des Umgangs einen stumpfen, abgerundeten Kiel **(3)**. Die Mündung hat auf der Dorsalseite (Mittellinie) eine breite V-förmige Einbuchtung.

Tropidodiscus pusillus (Perner)

Ordnung: Archaeogastropoda
Familie: Bellerophontidae

Die Gattung *Tropidodiscus* ist auf der nördlichen Halbkugel vom Unterordovizium bis ins Devon verbreitet. Ihr Gehäuse ist klein, mit hohen Windungen dreieckigen Querschnitts. In der Mittellinie liegt ein schmaler Analausschnitt, der als Schlitzband mit schütter verteilten halbmondförmigen Wulsten zusammenwächst.

Weichtiere
Mollusca

Ordnung: Archaeogastropoda
Familie: Craspedostomatidae

Spirina tubicina PERNER

Die Einteilung der Schnecken in Unterklassen und Ordnungen gründet hauptsächlich auf der Weichteilanatomie. Bei der Unterklasse Prosobranchia (Vorderkiemer) liegen die Kiemen in der Mantelhöhle vor dem Herz, bei der Unterklasse Opisthobranchia (Hinterkiemer) hinter dem Herz, und bei der Unterklasse Pulmonata (Lungenschnecken) ist die Oberfläche der Mantelhöhle in einen Lungensack verwandelt. Die Vertreter der einzelnen Unterklassen unterscheiden sich voneinander auch durch die Gehäuseform, doch sind diese Merkmale von zweitrangiger Bedeutung. Die Morphologie der Gehäuse gewinnt erst auf der Ebene der Familien, der Gattungen und Arten an Bedeutung.
Das Gehäuse der Gattung *Spirina* **(5)** aus den mittelsilurischen bis mitteldevonischen Ablagerungen Europas hat nur wenige fast planspirale Windungen. Zur Mündung hin erweitert es sich schnell, und die ovale Mündung ist gewöhnlich von einem breiten Mundsaum umgeben. Der Nabel ist häufig von einer Verdickung der Innenlippe, dem sogenannten Umbilical-Kallus, ausgefüllt.

Ordnung: Archaeogastropoda
Familie: Oriostomatidae

Oriostoma dives (PERNER)

Die Gattung *Oriostoma* ist aus dem Obersilur und dem Unterdevon Europas und Nordamerikas bekannt. Ihr niedrig spiraliges Gehäuse mit wenigen Umgängen von kreisförmigem Querschnitt ziert eine dichte

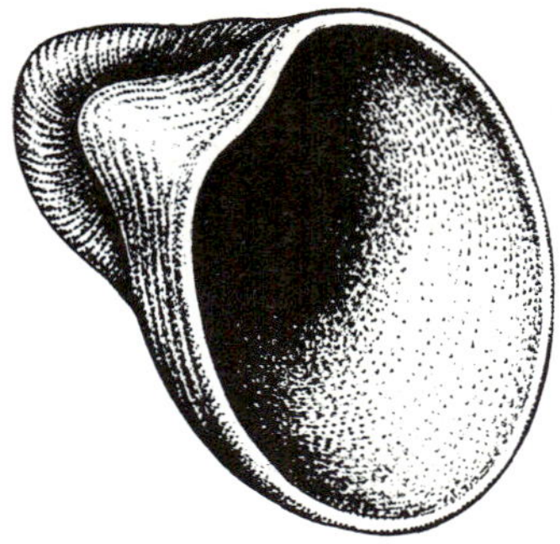

5

1. *Spirina tubicina,* Obersilur (Ludlow), Prag-Jinonice, ČSSR. ∅ des Gehäuses 38 mm. Für diese im Silur in großen Mengen vorkommenden Schnecken sind scharfgerippte, sich jäh verbreiternde Gehäuse charakteristisch.

2. *Oriostoma dives,* Obersilur (Přídolí), Prag-Podolí, ČSSR. Kern mit teilweise erhaltenem Gehäuse, ∅ 50 mm.

3. *Stylonema solvens,* Unterdevon (Lochkov), Kosoř, ČSSR. Gehäusekern; Höhe 55 mm. Wegen der großen Brüchigkeit sind die Gehäuse der *Stylonemen* (und überhaupt der Loxonematiden) in den Sammlungen nur in Bruchstücken vertreten.

4. *Orthonychia anguis,* Obersilur (Přídolí), Zadní Kopanina, ČSSR. Gehäusekern; Höhe 50 mm. Die unregelmäßige Wellung der Zuwachsstreifen ist an den Gehäuseresten erkennbar. Eine der schönsten Arten der Gattung *Orthonychia,* von denen die meisten hohe mützenförmige Gehäuse bilden.

6

schuppenartige Spiralberippung **(6)**. Die feinen Axialrippen und Schuppen sind weniger ausgeprägt. Der Nabel ist ziemlich eng. Häufig sind runde, dickwandige Deckel vorhanden.

Ordnung: Archaeogastropoda
Familie: Platyceratidae

Orthonychia anguis (Roemer)

Die kosmopolitische Gattung *Orthonychia* lebte vom Silur bis ins Unterperm. Die Gehäuse sind zu einer auffallend hohen, losen Spirale gewunden oder aber noch mützenförmig. Der Querschnitt ist kreisförmig bis wellig kreisförmig. Die glatte Oberfläche zeigt nur feine, größtenteils unregelmäßig gewellte Zuwachsstreifen. Viele Vertreter der Gattung lebten angeheftet an der Kelchdecke der Seelilien, von deren Exkrementen sie sich ernährten. Die Wellung der Gehäuseränder und damit auch der Anwachsstreifen entstand durch die Anpassung an die unebene Oberfläche der Kelchdecken.

Ordnung: Mesogastropoda
Familie: Loxonematidae

Stylonema solvens (Perner)

Die silurischen und die unterdevonischen Vertreter der Gattung *Stylonema* haben sehr schlanke, hohe, turmförmige Gehäuse, die aus einer großen Zahl von Umgängen bestehen. Die Mündung ist eiförmig mit breitem, seichtem Siphonalkanal. Die Oberfläche des Gehäuses ist glatt oder mit feinen Zuwachsstreifen bedeckt.

Weichtiere
Mollusca

Praenatica gregaria (PERNER)

Ordnung: Archaeogastropoda
Familie: Platyceratidae

Die europäische und nordamerikanische Gattung *Praenatica* ist häufig im Silur und hauptsächlich im Unterdevon. Typisch ist die große Endwindung, die die älteren Windungen teilweise überdeckt, so daß das mäßig erhobene Gehäuse fast halbkugelig, niedrig mützenförmig wird. Die Praenaticen kamen häufig in der Umgebung der Korallenriffe vor, und es ist nicht ausgeschlossen, daß sie – ähnlich wie andere Platyceratiden – Seelilienrasen aufsuchten.

Tubina armata (OWEN)

Ordnung: Archaeogastropoda
Familie: Tubinidae

Die verzierten Gehäuse der Gattung *Tubina* sind in den unterdevonischen Kalksteinen Mittelböhmens häufig anzutreffen. Die Windungen der fast flachen Spiralen berühren sich nicht. Mit Annäherung an die Mündung erfolgt eine starke Verbreiterung, so daß eine helokonähnliche Gestalt resultiert. Die Windungen sind im Querschnitt gerundet viereckig. Lose verteilte, gut ausgeprägte Spiralrippen sind mit weniger ausgeprägten Axialrippen kombiniert. Die Spiralrippen setzen sich auf der Außenseite in lange, hohle Dornen fort **(5)**. Die Tubinen lebten an den Hängen der Riffe und an den Biostromen (teppichartige Bewüchse von Korallen, Stromatoporen, Brachiopoden, Seelilien und anderen

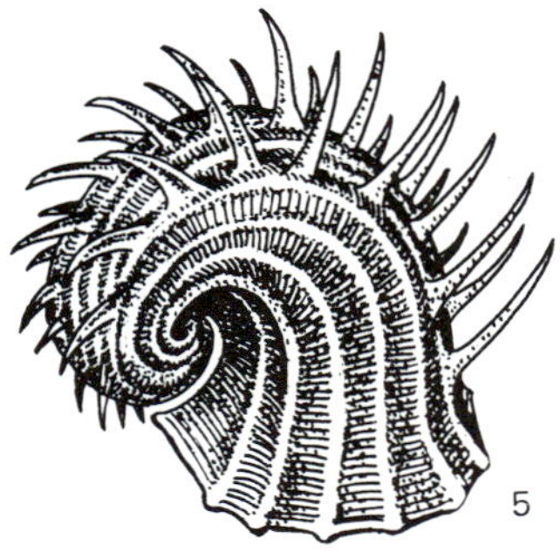

5

1. *Tubina armata**, Unterdevon (Prag), Koněprusy, ČSSR. ∅ des Gehäuses 23 mm. Die langen hohlen Dorne, in die die spiraligen Rippen am Außenumfang der Windungen ausliefen, sind abgebrochen.

2. *Turbonitella subcostata,* Mitteldevon (Givet), Paffrath, BRD. Höhe des Gehäuses 30 mm. Die Gehäuse sind wegen ihrer großen Dicke größtenteils gut erhalten.

Organismen), wo sie sich anscheinend von den dort häufigen Algen ernährten.

Ordnung: Archaeogastropoda
Familie: Neritopsidae

Turbonitella subcostata (MUENSTER)

Die Gattung *Turbonitella* lebte vom Mitteldevon bis Unterkarbon Europas. Ihre einen mittelhohen Kegel bildenden Gehäuse mit abgeflachter Basis sind dickwandig. Der Querschnitt der Windungen bildet ein abgerundetes Trapez, so daß ihre flache Außenseite von wenig ausgeprägten Kielen gesäumt ist. Das Gehäuse ist mit dichtgesetzten, scharfkantigen Axialrippen verziert, die sich zu langgestreckten Höckern aufblähen. Der innere Teil der Mündung ist verbreitert und bildet einen streifenförmigen Kallus.

Ordnung: Mesogastropoda
Familie: Subulitidae

Ianthinopsis arculatus (SCHLOTHEIM)

Die Gattung *Ianthinopsis* ist aus dem Mitteldevon bis Mittelperm Amerikas und Eurasiens bekannt. Ihr Gehäuse ist kugelförmig bis mäßig erhöht mit zugespitzter Spirale. Die Umgänge sind bauchig und der letzte groß. Die Mündung ist oval, hinten zugespitzt und vorn schwach siphonostom. Auf dem massiven Columellarteil ist eine Falte. Die Oberfläche des dickwandigen Gehäuses ist mit ausgeprägten Zuwachsstreifen bedeckt.

3. *Praenatica gregaria,* Unterdevon (Prag), Koněprusy, ČSSR. ∅ des Gehäuses 35 mm. Die Zuwachsstreifen sind ausgeprägt. Die dunkle Färbung der Versteinerung ist durch die kohlig-organische Schalenaußenschicht (Periostracum) bedingt, die ursprünglich offensichtlich intensiv gefärbt war.

4. *Ianthinopsis arculatus,* Mitteldevon (Givet), Paffrath, BRD. Höhe des Gehäuses 57 mm. Die gut erhaltenen dickwandigen Gehäuse deuten einen Lebensraum geringer Wassertiefe an.

3 4

Bemerkungen zur Herkunft der Schnecken

Die Schnecken kann man sich als stark abgewandelte Abkömmlinge der Monoplacophoren vorstellen. Im Zuge zunehmender Differenzierung des Weichkörpers mit dem Eingeweidesack nahm auch dessen Größe zwangsläufig zu. Die flache Napf- oder Mützenform des Gehäuses der Monoplacophoren reichte zur schützenden Umhüllung des Weichkörpers nicht mehr aus und wurde hochkegelig bis röhrenförmig weitergebildet. Wenn dieses größer werdende Gehäuse die Orientierung wie bei den Monoplacophoren beibehielt – nach vorn über den Kopf gebogen –, dann mußte es hinderlich werden; jedenfalls bei kriechender oder grabender Lebensweise, die für die Monoplacophoren wohl ebenso typisch war wie für die Schnecken und zu der letztere nach einer planktonischen Larvenphase übergehen. Diese Situation kann man sich als Auslöser für die eigenartige Erscheinung der Körperdrehung (Torsion) vorstellen. Dabei dreht sich das Gehäuse, das den Eingeweidesack einschließt, entgegen dem Uhrzeigersinn nach hinten und ragt somit nicht mehr über den Kopf des Tieres nach vorne. Es kommt nunmehr in die günstigere Lage hinter dem Kopf und wird beim Vorwärtskriechen nachgezogen. Durch die Körperdrehung wird gleichzeitig die ursprünglich nach hinten sich öffnende Kiemenhöhle nach vorn gedreht, wodurch – ein zusätzlicher Vorteil – der Wasseraustausch der Kiemenhöhle begünstigt wird.

Wenn die Torsion genau 180° ausmacht, kommt das Gehäuse mit Eingeweidesack, unter Vertauschung von rechts und links, wieder in die Mittelebene, und äußerlich wird dadurch die Bilateralsymmetrie wiederhergestellt. Das hat den Nachteil, daß die Ausscheidung der Exkremente durch den Anus genau über dem Kopf erfolgt. Geht die Torsion nicht ganz so weit, geht zwar die Bilateralität verloren, aber die Exkremente werden seitwärts des Kopfes nach vorne ausgeschieden. Aus dieser nicht ganz in die Mittellinie sich einpendelnden Torsion resultiert die Schräglage des Gehäuses, das dadurch sich als nicht bilateralsymmetrische Raumspirale entwickelt.

Bellerophon cf. hiulcus MARTIN
Bellerophon striatus d'ORBIGNY

Ordnung: Archaeogastropoda
Familie: Bellerophontidae

Die Bellerophontiden, die fast ausschließlich paläozoisch sind (letzte seltene Nachzügler in der Trias), sind durch eine Torsion um genau 180° gekennzeichnet und haben dadurch eine äußerliche bilaterale Symme-

1. *Bellerophon striatus,* Mitteldevon (Givet), Paffrath, BRD. ∅ des Gehäuses 25 mm. Blick auf die Außenseite des Umganges. Das Schlitzband und die Zuwachsstreifen sind gut sichtbar.

2. *Bellerophon cf. hiulcus,* Unterkarbon, Tournai, Belgien. ∅ des Gehäuses 20 mm. Blick auf die Gehäusemündung. Die Mündung ist beschädigt, aber die schmale Einbuchtung ist erkennbar.

3. *Euomphalus pentagulatus**, Unterkarbon, St. Doulaghs, Irland. ∅ des Gehäuses 48 mm. Vorkommen in den Sedimenten warmer Flachmeere, häufig in der Nähe von Biostromen oder Korallenbiohermen (Riffen).

trie mit einer planspiralen Gehäusespirale. Das Einströmen des Wassers in die Kiemenhöhle erfolgt von der Seite der Mündung, wie entsprechende Ausschnitte am Mündungsrand von der Bellerophontiden-Gattung *Knightites* erkennen lassen. In der Mittellinie entsteht eine mehr oder weniger tiefe Einbuchtung des Mündungsrandes, wodurch die ausgeschiedenen Exkremente vom Kopf etwas entfernt werden. Erfolgreicher waren die Schnecken, die unter Verzicht auf die äußere Bilateralsymmetrie zur Schräglage ihrer Gehäuse (Schneckenspirale) übergingen.
Die weltweit verbreitete Gattung *Bellerophon* findet sich vom Silur bis zum Perm. Ihr Gehäuse ist mittelgroß, eng genabelt, dick, fast kugelig. Der Mundrand zeigt ein schmales Band. Die mediane Einbuchtung hat die Form eines schmalen Schlitzes, der verzögert zuwächst (Schlitzband) und häufig einen niedrigen Kiel bildet. Der Nabel ist von einem Kallus überdeckt. Die Bellerophonten waren Flachmeerbewohner und Pflanzenfresser.

Euomphalus pentagulatus (Sowerby)

Ordnung: Archaeogastropoda
Familie: Euomphalidae

Die kosmopolitische Gattung *Euomphalus* lebte vom Silur bis ins Perm, am zahlreichsten aber im Karbon. Sie hat mittelgroße bis große scheibenartige, niedrige, fast planspiral aufgerollte Gehäuse. Der Querschnitt der Umgänge ist gerundet fünfeckig und hat oben einen ausgeprägt scharfen Kiel. Die Naht ist tief, der Nabel breit und seicht.

Weichtiere
Mollusca

Ordnung: Archaeogastropoda
Familie: Acmaeidae

Scurriopsis hettangensis (d'ORBIGNY)

Die Napfschnecken (Unterordnung Patellina) haben ein zweiseitig symmetrisches Gehäuse in Form eines niedrigen bis sehr niedrigen Kegels. Die Gehäusespirale ist verschwunden. Die Ursache hierfür ist das Leben in der felsigen Küstenzone der Meere. Dieses Milieu bietet viele Vorteile: Überfluß an Sauerstoff und Licht sowie ununterbrochene Nahrungszufuhr. Ein Nachteil ist die zerstörende Kraft der Wellen und der Brandung. Eine der Formen, ihn zu überwinden, ist das feste Anheften am Untergrund, z. B. an den Felsen oder an großen Felsbrokken. Aber der Verlust der Beweglichkeit führte zur Atrophie verschiedener Organe und zu einer Vereinfachung des Bauplanes. Deshalb ähneln die Patelliden äußerlich den primitiveren und einfacher gebauten Vorfahren der Schnecken, den Monoplacophoren. Nach der DOLLOschen Regel über die Irreversibilität der Entwicklung kann kein Organismus zu einem früher durchlaufenen Entwicklungsstadium zurückkehren. Die Torsion ist bei den Patelliden in der Weichkörper-Organisation nachweisbar; einige Patelliden haben auch einen räumlich gewundenen Larvalteil des Gehäuses.
Die Vertreter der Gattung *Scurriopsis,* die aus Europa und Nordafrika bekannt sind, zählen zu den ältesten Patelliden. Sie erscheinen schon in der Mitteltrias und verschwinden am Ende des Jura. Ihre dickwandigen Gehäuse sind mittelgroß, niedrig oval-kegelig, mit nach vorn verschobenem Scheitel. Die Oberfläche ist fast glatt und mit feinen konzentrischen und radialen Streifen verziert.

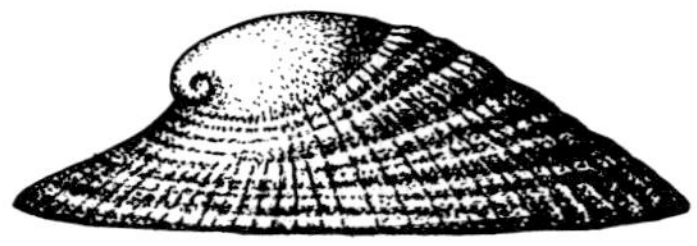

4

Ordnung: Archaeogastropoda
Familie: Symmetrocapulidae

Symmetrocapulus rugosus (SOWERBY)

Auch diese zu den Napfschnecken gehörige Gattung aus dem Jura und vielleicht auch der Unterkreide hat niedrige, oval-kegelige Gehäuse **(4)**. Sie sind jedoch ziemlich groß, und ihr asymmetrisch eingerollter Scheitel ist nach vorn gerichtet.

Ordnung: Mesogastropoda
Familie: Purpurinidae

Purpuroidea morrisea (BUVIGNIER)

Die großen, dickwandigen Gehäuse der Gattung *Purpuroidea* sind am häufigsten in den Ablagerungen des europäischen Mittel- und Oberjura zu finden, doch sind sie auch aus der Trias und der Kreide bekannt. Die Endwindung ist groß und ausgebaucht. Die Windungen haben eine wenig ausgeprägte, spiralige Berippung und in ihrem oberen Teil eine Reihe mächtiger stumpfer Dorne. Die Mündung hat eine dicke Außenlippe, einen niedrigen glatten Columellarteil und einen breiten, kurzen Siphonalkanal.

1. *Scurriopsis hettangensis,* Unterjura (Hettang), Hettingen, BRD. Länge der Gehäuse 28 mm. Das niederkegelige, doppelseitig symmetrische Gehäuse ist die Folge der sessilen Lebensweise in der Gezeitenzone der Meere.

2. *Symmetrocapulus rugosus**, Mitteljura (Bathon), Minchinhampton, Großbritannien. Länge des Gehäuses 23 mm. Die Art ist auch unter dem Synonym *S. tessoni* bekannt. Das Gehäuse ist stark abgeschliffen, so daß der spiralige Protoconch nicht zu sehen ist.

3. *Purpuroidea morrisea**, Mitteljura (Bathon), Minchinhampton, Großbritannien. Höhe des Gehäuses 68 mm. Die massiven Gehäuse sind kennzeichnend für Flachwasser-Meeresschnecken.

J

Ordnung: Archaeogastropoda
Familie: Pleurotomariidae

Obornella plicopunctata (DESLONGCHAMPS)

Die Vertreter der uralten Familie Pleurotomariidae haben meist kegelige Gehäuse mit flacher Basis und typischem langgezogenem Mündungsschlitz (Analkanal) im oberen Teil der Außenlippe, der zu einem gut sichtbaren Schlitzband zusammenwächst. Pleurotomarien sind eigentlich „lebende Fossilien". Die Unterordnung Pleurotomariina ist seit dem Altpaläozoikum reich entfaltet. Die Familie Pleurotomariidae i. e. S. besteht seit der Trias, war im Jura und in der Kreide reich vertreten und lebt heute noch vereinzelt in den Tiefen des Ozeans. Wie viele Vorzeitschnecken bewohnten sie ursprünglich Sandbänke. Erst im Laufe der Zeit wurden sie von der entwicklungsmäßig fortgeschritteneren Konkurrenz in ungünstigeres Tiefwassermilieu verdrängt. Eine Abwanderung in die Tiefe während der Stammentwicklung ist auch bei anderen Organismen, Wirbellosen und Wirbeltieren, bekannt.
Die Gattung *Obornella* des europäischen Jura hat niedrig kegelige bis linsenartige Gehäuse und eine schwach gewölbte Basis mit engem Nabel **(6)**. Der kurze, enge Mündungsschlitz verwächst zu einem glatten, hervorstehenden Schlitzband.

Ordnung: Archaeogastropoda
Familie: Pleurotomariidae

Bathrotomaria reticulata (SOWERBY)

Die Gehäuse dieser kosmopolitischen jurassischen und kretazischen Gattung haben eine mäßig gewölbte, eng genabelte Basis und ein niedriges bis mittelhohes Gewinde. Das vorstehende Schlitzband bildet am Außenrand des abgeflachten Umganges einen Kiel, so daß der Windungsquerschnitt gerundet fünfeckig wird. Der Mündungsschlitz ist kurz.

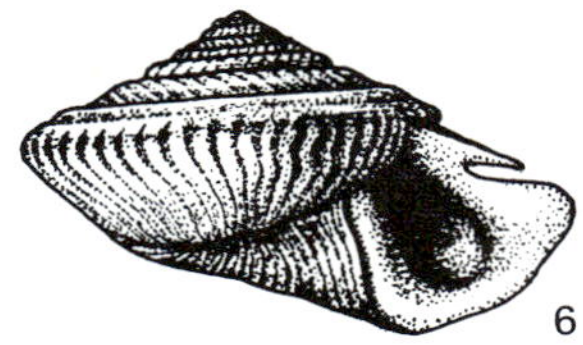
6

1. *Obornella plicopunctata**, Mitteljura (Bajoc), Frankreich. ∅ des Gehäuses 25 mm. Das Gehäuse weist eine ausgeprägte Skulptur auf, die in der Nähe der Außenkante der Gewinde durch das herausragende Schlitzband unterbrochen wird.

2. *Bathrotomaria reticulata**, Oberjura (Oxford), Popilany, Polen. ∅ des Gehäuses 30 mm. Der Mündungsrand ist meist beschädigt, so daß der kurze Mündungsschlitz nicht zu sehen ist. Auf der Bruchstelle blitzt die für die Ordnung Archaeogastropoda charakteristische, ausgezeichnet erhaltene Perlmutterschicht durch.

3. *Trochalia pyramidalis*, Oberjura (Kimeridge), Hildesheim, BRD. Höhe des Gehäuses 84 mm. Das Gehäuse hat eine abgebrochene Mündung. Die Trochalien lebten häufig in der Nähe von Korallenriffen.

1 2

4. *Pyrgotrochus conoideus,* Mitteljura (Bajoc), Bayeux, Frankreich. Höhe des Gehäuses 30 mm. Das fast regelmäßig kegelförmige Gehäuse mit gehöckertem Kiel und wenig ausgeprägtem Schlitzband ist für die Vertreter der in seichten Gewässern lebenden Gattung *Pyrgotrochus* charakteristisch.

5. *Eucyclus capitaneus,* Unterjura (Toarc), La Verpillière, Frankreich. Höhe des Gehäuses 34 mm. Die rotbraune Färbung des Gehäuses ist durch den hohen Eisenoxidgehalt im Gestein hervorgerufen.

Pyrgotrochus conoideus (DESHAYES)

Ordnung: Archaeogastropoda
Familie: Pleurotomariidae

Die Gattung *Pyrgotrochus* war vom Jura bis zur Mittelkreide weltweit verbreitet. Das Gehäuse mit flacher Basis bildet einen mittelhohen Kegel. Der Nabel ist verdeckt. Die Windungsflanke endet in einem mit einer Reihe von Höckern aus verdickten Axialrippen gesäumten Kiel.

Eucyclus capitaneus (MUENSTER)

Ordnung: Archaeogastropoda
Familie: Amberleyidae

Die euroamerikanische Gattung *Eucyclus* lebte von der Trias bis ins Oligozän. Ihre dickwandigen, mäßig hohen Gehäuse haben Windungen mit kreisförmigem Querschnitt und wenigen Spiralkielen, die gekörnelt sind.

Trochalia pyramidalis (MUENSTER)

Ordnung: Mesogastropoda
Familie: Nerineidae

Die glatten, turmförmigen Gehäuse der Gattung *Trochalia* sind vom Mitteljura bis zur Unterkreide der nördlichen Halbkugel bekannt. Die Flanken der zahlreichen Windungen sind abgeflacht.

Weichtiere
Mollusca

Ordnung: Archaeogastropoda
Familie: Pleurotomariidae

Leptomaria seriogranulata (GOLDFUSS)

Die kosmopolitische Gattung *Leptomaria* lebte vom Mitteljura bis zur Oberkreide. Ihre einen niedrigen Kegel oder eine Scheibe bildenden Gehäuse haben abgeflachte, ovale Windungen. Der sehr lange Mündungsschlitz befindet sich in der Mitte der oberen Seite der Außenlippe. Das Schlitzband ist nicht sehr ausgeprägt. Die charakteristische knotige Skulptur entstand durch die Kreuzung der feinen Spiral- und Axialrippen.

Ordnung: Mesogastropoda
Familie: Nerineidae

Plesioptygmatis buchi (KEFERSTEIN)

Den zahlreichen Gattungen aus der Familie Nerineidae sind gemeinsam die einander sehr ähnlichen schlanken, turmförmigen Gehäuse. Für eine genauere Bestimmung muß daher das Gehäuse der Länge nach aufgeschnitten werden, um die Anordnung der Falten an den Innenwänden der Windungen sichtbar zu machen.
Die europäische Oberkreide-Gattung *Plesioptygmatis* hat große Gehäuse mit engem Nabel, der durch die Innenlippe der Mündung verdeckt ist. Das Lumen der Windungen hat rhombusförmigen Querschnitt und ist durch vier spiralige Falten verengt. Die Gehäuseoberfläche ist glatt mit feinen Zuwachsstreifen und die Naht manchmal von einer Höckerreihe gesäumt.

Ordnung: Mesogastropoda
Familie: Turritellidae

Torquesia cenomanensis (d'ORBIGNY)

Die Gehäuse der europäischen Kreidegattung *Torquesia* sind schlank, turmförmig mit ovaler Mündung und vielen Windungen. Die Windungsflanken sind stark abgeflacht, so daß die Gehäuseoberfläche fast eben erscheint.

Ordnung: Tectibranchia
Familie: Actaeonellidae

Trochactaeon conicus (MUENSTER)

Bei den in die Unterklasse Opisthobranchia(Hinterkiemer) zu stellenden Schnecken besteht die Tendenz zur Reduzierung des Gehäuses bis zu seinem vollständigen Verschwinden. Deshalb blieben nur verhältnismäßig wenige fossile Vertreter erhalten, obwohl die ersten schon im Karbon lebten. Die Gehäuse weisen gewöhnlich die Form einer Kugel, eines Eis oder einer ovalen Spindel bei kleiner Windungszahl auf. Die Endwindung greift häufig über die vorangehenden Windungen zurück, was zu stark involuten Gehäusen führt. Die Mündung ist in der Regel schmal, nach unten zu erweitert und holostom. Die Planktonarten (Ordnung Pteropoda) haben kleine, dünne, häufig nicht eingerollte kegelige Gehäuse. Die Opisthobranchia (Hinterkiemer) besiedelten die warmen Meere.
Die Gattung *Trochactaeon* aus der Unter- bis Oberkreide der nördlichen Halbkugel kennzeichnet sich durch große massive, eiförmige bis kurz spindelförmige Gehäuse. Die Endwindung überdeckt fast völlig die älteren Windungen. Die Mündung ist eng, nach unten zu erweitert, mit drei Falten auf der Columellarlippe.

1. *Leptomaria seriogranulata,* Oberkreide (Turon), Prag-Bílá Hora, ČSSR. Kern, ∅ 68 mm. Der Gesteinsstreifen bei der Mündung verdeckt den langen Analausschnitt.

2. *Plesioptygmatis buchi,* Oberkreide (Turon), Gosau, Österreich. Höhe des Gehäuses 102 mm. Am Längsschnitt eines Gehäuseteils sind die charakteristische Anordnung der Spiralfalten im Inneren der Windungen und die den Nabel verdeckende Innenlippe zu sehen.

3. *Torquesia cenomanensis,* Oberkreide (Cenoman), Korycany, ČSSR. Höhe des Gehäuses 85 mm. Die Torquesien waren Pflanzenfresser und bewohnten die seichten Kreidemeere Mittel- und Westeuropas. Häufig treten sie gruppenweise auf.

4. *Trochactaeon conicus,* Oberkreide (Turon), Gosau, Österreich. Höhe des Gehäuses 102 mm. Der Schnitt veranschaulicht die allmähliche Auflösung der Columellarfalten und der Innenseiten des Gehäuses. Dieser Prozeß verlief zu Lebzeiten des Individuums und verringerte die Gehäusemasse.

1
2
3
4

Weichtiere
Mollusca

Ordnung: Archaeogastropoda
Familie: Neritidae

Theodoxus pictus (Férussac)

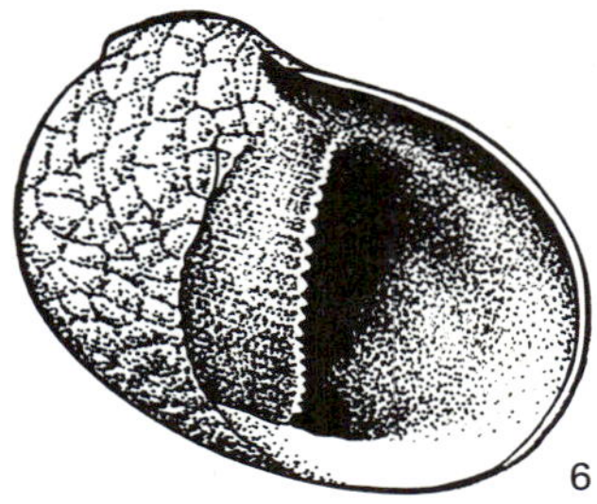

6

Die Gattung *Theodoxus* war vom Oligozän an bis heute Bewohner der Flüsse und des Brackwassers von Meeresbuchten und Flußdeltas in der ganzen Welt. Sie hat kleine Gehäuse. Die Endwindung, die das Gewinde weitgehend umschließt, ist kugelig gebläht und an der Basis abgeflacht. Die Mündung ist halbkreisförmig mit einer Analrinne, die Innenlippe breit mit glattem Kallus **(6)**. Die glatte, glänzende Oberfläche ist farbig gemustert, häufig auch auf fossilen Gehäusen noch sichtbar. Da das Ornament stark variiert, ist es schwer, zwei gleich verzierte Gehäuse zu finden.

Die auf dem Gehäuse der Mollusken Ornamente bildenden Farben sind in der äußeren organischen Schicht des Gehäuses, dem Periostracum, enthalten, das aus vielen dünnen Conchiolin-Schichten besteht. Das Conchiolin verkittet die darunterliegenden beiden kalkigen Hauptschichten, die sphärolithisch-prismatische und die Perlmutter-Schicht, miteinander. Nach dem Tod verrottet das Conchiolin, die Farbe verblaßt, und das Gehäuse wird porös. Bei einigen Molluskenarten kommt es laufend vor, daß die Farben noch zu Lebzeiten des Individuums in die sphärolithisch-prismatische Schicht durchdringen. Dann bleibt auf den fossilen Gehäusen das Muster erhalten, und die ursprünglich bunte Färbung verwandelt sich durch Inkohlung in verschiedene Schattierungen von Braun bis Schwarz.

1. *Theodoxus pictus,* Neogen (Obermiozän), Třebovice, ČSSR. Höhe des größten Gehäuses 7 mm. Die Theodoxen lebten zu Tausenden in den Brackwässern miozäner Meeresbuchten.

1

2, 3. *Diodora* sp., Neogen (Miozän), Frankreich. Länge des Gehäuses 33 mm. Innenansicht **(2)** und Außenansicht **(3)**. Im Gehäuseinneren sind die typische Form des die Analöffnung säumenden Kallus, der gezahnte Gehäuserand und der ihn säumende bandförmige Muskeleindruck zu sehen.

4. *Calliostoma podolica,* Neogen (Obermiozän), Mallersdorf, BRD. Höhe des Gehäuses 19 mm.

5. *Neritopsis asperata,* Neogen (Obermiozän), Wiener Becken, Österreich. ∅ des Gehäuses 22 mm.

Diodora sp.

Ordnung: Archaeogastropoda
Familie: Fissurellidae

Die weltweit verbreitete Gattung *Diodora* hat ein kegel- bis napfförmiges Gehäuse. Unter dem Gehäusescheitel liegt eine ovale Öffnung, die innen von einem hinten gerade abgeschnittenen dicken Kallus eingesäumt ist. Durch die Öffnung führt die Analröhre. Das Gehäuse weist netzartige Skulptur auf. Die Diodoren lebten im seichten Wasser an felsigen Küsten. Die ältesten Funde stammen aus der Oberkreide.

Calliostoma podolica (d'ORBIGNY)

Ordnung: Archaeogastropoda
Familie: Trochidae

Die europäische Gattung *Calliostoma* kommt vom Miozän bis zur Gegenwart vor. Die mittelgroßen Gehäuse haben Kegelform und eine abgeflachte Basis. Die Mündung weist abgerundete Kanten auf. Der Columellarteil ist gerade und glatt, der Nabel eng und schlitzförmig. Das dickwandige Gehäuse hat auf der Außenfläche granulierte Spiralleisten und innen eine Perlmutterschicht. Die Calliostomen leben in den seichten Küstengewässern der Meere und ernähren sich von mikroskopisch kleinen Algen.

Neritopis asperata (DUJARDIN)

Ordnung: Archaeogastropoda
Familie: Neritopsidae

Von der Trias bis in die Gegenwart ist die Gattung *Neritopsis* als Kosmopolit verbreitet. Die fast kugeligen, dickwandigen Gehäuse haben eine stark erweiterte Endwindung und zwischen den Windungen eine tiefe Naht. Die Mündung ist fast kreisrund, die Außenlippe dick, innen mit feiner Zähnelung. Die Innenlippe ist bauchig und zahnlos mit nur angedeutetem Kallus.

Weichtiere
Mollusca

Tympanotomus margaritaceus (BRONGNIART)

Ordnung: Mesogastropoda
Familie: Potamididae

Die Ordnung Mesogastropoda ist die artenreichste Schneckengruppe. Die ersten Vertreter erschienen im Ordovizium; ihre größte Entfaltung erreichte die Ordnung vom Tertiär bis heute. An ihren typischen turmförmigen Gehäusen ist die Entwicklung eines länger werdenden Siphonalkanals zu beobachten. Bei einigen hochspezialisierten Gruppen wird das Gewinde verkürzt, wobei wieder eine einfache Mützenform auftreten kann. Die Perlmutterschicht ist dünn oder fehlt ganz. Der Deckel ist größtenteils hornig, seltener verkalkt. Die Mesogastropoden leben im Meer, im Süßwasser und auf dem Festland.
Die Vertreter der seit der Oberkreide weltweit verbreiteten Gattung *Tympanotomus* haben turmförmige Gehäuse mit abgeflachter Basis **(6)**. Die Skulptur wird von dicht granulierten Spiralleisten gebildet, deren oberste meist etwas stärker ist.

Terebralia bidentata (DEFRANCE)

Ordnung: Mesogastropoda
Familie: Potamididae

Die Gattung *Terebralia* ist stratigraphisch und geographisch gleich verbreitet wie *Tympanotomus*. Die turmförmigen Gehäuse unterscheiden sich einerseits durch die Mündung und andererseits durch die gewölbteren Windungsflanken mit gröberen, flacheren Höckern auf den Spiralleisten, deren Verlauf durch varikose Verdickungen unterbrochen ist. Die Verdickungen sind frühere Mundränder, die einen periodischen Wachstumsstillstand anzeigen.

Turritella terebralis LAMARCK

Ordnung: Mesogastropoda
Familie: Turritellidae

Die Gattung *Turritella* ist von der Kreide bis in die Gegenwart bekannt. Ihre größte Verbreitung hatte sie im Tertiär. Die Gehäuse sind verschieden groß, turmförmig, mit vielen gebauchten Windungen. Die Skulptur besteht aus dichtgestellten Spiralleisten. Die Zuwachsstreifung ist gut sichtbar **(7)** und ihr Verlauf ein wichtiges systematisches Merkmal.

Melanopsis martiniana FÉRUSSAC

Ordnung: Mesogastropoda
Familie: Melanopsidae

Die Gattung *Melanopsis* ist weltweit von der Oberkreide bis in die Gegenwart verbreitet. Die Endwindung ist groß, mit abgerundetem Kiel in ihrem Oberen Abschnitt. Die Mündung ist schmal mit schlitzförmigem Analkanal und breitem Siphonalausschnitt. Die Innenlippe ist kallös verdickt. Die Gehäuseoberfläche ist glatt mit deutlichen Zuwachsstreifen.

Tulotoma notha BRUSINA

Ordnung: Mesogastropoda
Familie: Viviparidae

Die Tulotomen kommen seit dem Paläozän auf der ganzen nördlichen Halbkugel vor. Von den anderen Gattungen der Familie unterscheiden sie sich durch ihre dickwandigen Gehäuse mit abgerundeten Windungskanten und zwei Kielen auf den Windungsflanken.

6

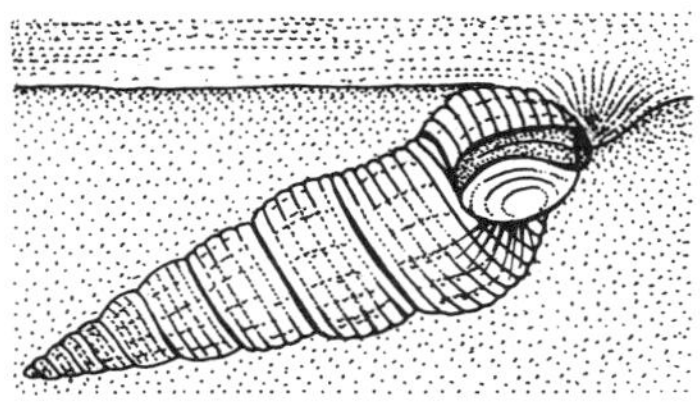

7

1. *Tympanotomus margaritaceus,* Paläogen (Oligozän), Wiener Becken, Österreich. Höhe des Gehäuses 42 mm. Eine häufige, sehr zahlreich vorkommende europäische Art, die stellenweise sogar gesteinsbildend ist.

2. *Tulotoma notha,* Neogen (Pliozän), Nova Gradiska, Jugoslawien. Höhe des Gehäuses 27 mm. Das auffallend geformte Gehäuse der Art ist in den Sedimenten der Süßwasserbecken oder in stark versüßten Meeresbuchten vorhanden.

3. *Terebralia bidentata,* Neogen (Obermiozän), Grußbach, BRD. Höhe des Gehäuses 45 mm. Die Varices sind auf den Windungen in übereinanderliegenden Reihen angeordnet.

4. *Turritella terebralis,* Neogen (Untermiozän), Bordeaux, Frankreich. Höhe des Gehäuses 145 mm.

5. *Melanopsis martiniana,* Neogen (Miozän), Bzenec, ČSSR. Höhe des Gehäuses 47 mm. Die Art kommt in großen Mengen in den brackischen Sedimenten des Jungtertiärs vor.

1
2
3
4
5

Lebensräume der Schnecken

Unter den Klassen der Weichtiere (Mollusken) sind die Schnecken die erfolgreichste. Sie sind nicht nur aus ihrem ursprünglichen marinen Lebensraum auch ins Brack- und Süßwasser vorgedrungen (das ist auch den Muscheln gelungen), sondern haben als einzige Molluskenklasse auch die festländischen Lebensräume besiedelt. In den Meeren kommen sie bis zu Tiefen von 5000 m vor, und auf den Festländern findet man sie in sämtlichen Klimazonen und in Gebirgen bis zu 6000 m Höhe. Es gibt unter ihnen Pflanzen-, Alles- und Fleischfresser sowie Parasiten. Es gibt unschädliche und giftige, sogar für den Menschen gefährliche Arten. Viele Festlandsschnecken können auch langzeitig ungünstige Zeiten ohne Nahrung und Wasser überleben.
Die Schnecken sind die artenreichste Molluskenklasse; man kennt rund 105 000 lebende und fast 20 000 fossile Arten, darunter winzige Zwerge wie *Hydrobia* und *Vertigo* und Riesen wie die in tropischen Meeren Australiens lebende *Syrinx aruanus,* die 55 cm lang wird.

Ordnung: Mesogastropoda
Familie: Cerithiidae

Campanile giganteum (LAMARCK)

Campanile giganteum ist der Riese unter den fossilen Schnecken. Sein aus vielen Windungen bestehendes turmförmiges Gehäuse 7 wird 50 cm lang. Die von der Kreide bis zur Gegenwart in Europa bekannte Gattung kennzeichnet sich durch ihre zahlreichen niedrigen Windungen mit abgeflachten Flanken, die mit ausgeprägter Naht stufenförmig übereinander folgen. Die Endwindung ist groß mit stark konvexer Basis und schief ovaler Mündung sowie einem mäßig langen, schiefen Siphonalausschnitt. Der Analausschnitt ist breit.

Ordnung: Mesogastropoda
Familie: Cerithiidae

Serratocerithium serratum (BRUGUIÈRE)

Die eozäne europäische Gattung *Serratocerithium* hat mittelgroße Gehäuse mit Windungen von kantigem Querschnitt. Unmittelbar vor der Naht läuft ihr parallel ein stachelbesetzter Kiel, auf den Windungsflanken wechselnd starke Spiralleisten.

Ordnung: Mesogastropoda
Familie: Calyptraeidae

Calyptraea muricata BROCCHI

Die weltweit verbreitete Gattung *Calyptraea* findet sich von der Kreide bis zur Gegenwart. Sie hat dünnwandige, haubenförmige Gehäuse mit wenigen Windungen. Die Endwindung ist stark verbreitert, und ihre Außenlippe umrandet das ganze Gehäuse.

Ordnung: Mesogastropoda
Familie: Hipponycidae

Hipponyx cornucopiae (LAMARCK)

Die von der Oberkreide bis ins Miozän weltweit verbreitete Gattung hat dickwandige, kapuzenartige Gehäuse mit schnabelförmigem, nach hinten gerichtetem Scheitel. Die Mündung ist oval. Im Innern des Gehäuses blieb der hufeisenförmige Haftmuskeleindruck erhalten. Die einzelnen Arten lebten sessil.

1. *Campanile giganteum**, Paläogen (Mitteleozän), Pariser Becken, Frankreich. Länge des Gehäuses 190 mm.

2. *Serratocerithium serratum,* Paläogen (Mittelmiozän), Grignon, Frankreich. Höhe des Gehäuses 67 mm. Die Morphologie der Mündung, die zusammen mit dem Gewindeprofil und der Skulptur bei den Cerithien sehr wichtig ist, ist gut sichtbar.

3, 4. *Calyptraea muricata,* Neogen (Mittelmiozän), Grund, Österreich. ∅ des Gehäuses 27 und 28 mm. Außenansicht **(3)** und Innenansicht **(4)** des Gehäuses. Im Innern des Gehäuses ist der reduzierte Bauchteil der Gehäusewindung zu sehen, der die Form einer spiraligen Basalplatte aufweist. Die Reduktion des Gehäuses ist die Folge der wenig beweglichen Lebensweise.

5, 6. *Hipponyx cornucopiae**, Paläogen (Mitteleozän), Pariser Bekken, Frankreich. Höhe der Gehäuse 44 und 57 mm. Die Außenfläche des Gehäuses **(6)** ist stark abgescheuert, von Kalkalgen durchwachsen, mit vielen, von dem Schwamm *Cliona* gebohrten Öffnungen. Die Innenansicht des Gehäuses zeigt den auffallenden hufeisenförmigen Haftmuskeleindruck **(5)**.

1
2
3
4
5
6

Weichtiere
Mollusca

Rimella fissurella (LAMARCK)

Ordnung: Mesogastropoda
Familie: Rostellariidae

Die von der Oberkreide bis heute weltweit verbreitete Gattung *Rimella* hat kleine spindelförmige Gehäuse **(8)**. Die ovale Mündung weist einen breiten Siphonalkanal und schmalen, langen Analkanal auf, der sich bis zum Gehäusescheitel fortsetzt. Die Skulptur besteht aus Axialrippen.

Mesalia abbreviata DESHAYES

Ordnung: Mesogastropoda
Familie: Turritellidae

Die Gattung *Mesalia* ist von der Oberkreide an in den Meeren der nördlichen Halbkugel verbreitet. Die kleinen turmförmigen Gehäuse haben Windungen mit kreisrundem Querschnitt und ovaler Mündung.

Bayania lactea (LAMARCK)

Ordnung: Mesogastropoda
Familie: Pseudomelaniidae

Die Gattung *Bayania* ist aus dem Eozän Europas bekannt. Die kleinen turmförmigen Gehäuse haben eine birnenförmige Mündung. Die Skulptur ist besonders in den oberen Windungen vielartig.

Aporrhais pespelecani (LINNAEUS)

Ordnung: Mesogastropoda
Familie: Aporrhaidae

Von der Oberkreide an bis heute kennt man als Kosmopoliten die Flügelschnecken der Gattung *Aporrhais.* Ihr mittelgroßes, spindelförmiges Gehäuse kennzeichnet sich durch eine Außenlippe, die vier lange, gekielte und zugespitzte Fortsätze aussendet, von denen der obere (hintere) mit dem Gewinde verwächst. Der hintere und der vordere Lobus entstanden aus der Verlängerung des Anal- und des Siphonalkanals. Die Gewindeflanke hat eine netzartige Skulptur.

Drepanocheilus speciosus (SCHLOTHEIM)

Ordnung: Mesogastropoda
Familie: Aporrhaidae

Die Gehäusemündung der kosmopolitischen, von der Oberkreide bis ins Pliozän verbreiteten Gattung *Drepanocheilus* hat nur zwei Fortsätze – einen kurzen siphonalen und einen langen, oben gebogenen analen.

Zonaria lanciae (BRUSINA)

Ordnung: Mesogastropoda
Familie: Cypraeidae

Die Gattung *Zonaria* hat kleine, auffallend glänzende und bei den noch heute lebenden Arten bunt gefärbte Gehäuse, die entfernt einer Birne ähneln, da die Endwindung die vorangehenden Windungen vollständig umschließt. Die Mündung ist schlitzförmig und gezähnelt. Die Zonarien leben in den warmen Meeren der ganzen Welt vom Miozän bis in die Gegenwart.

Trivia dorsolaevigata SACCO

Ordnung: Mesogastropoda
Familie: Eratoidae

Vom Eozän bis heute leben die Vertreter der Gattung *Trivia.* Ihre kleinen Gehäuse erinnern an die Gehäuse der Gattung *Cypraea,* sind jedoch quer berippt.

8

1. *Rimella fissurella**, Paläogen (Mitteleozän), Pariser Becken, Frankreich. Höhe des Gehäuses 15 mm.

2. *Mesalia abbreviata,* Paläogen (Mitteleozän), Grignon, Frankreich. Höhe des Gehäuses 15 mm.

3. *Bayania lactea**, Paläogen (Mitteleozän), Grignon, Frankreich. Höhe des Gehäuses 15 mm.

4. *Aporrhais pespelecani**, Neogen (Pliozän), Monte Nuovi, Jugoslawien. Höhe des Gehäuses 39 mm. Mündung mit mehreren Fortsätzen, die wie der Name andeutet, an einen Pelikanfuß erinnern.

5. *Zonaria lanciae,* Neogen (Miozän), Lapugy, Rumänien. Länge des Gehäuses 26 mm. Die Gehäuse aller Cypraeiden sind kallös überwachsen. Die Mantellappen dehnen sich über die Gehäuseaußenseite aus.

6. *Trivia dorsolaevigata,* Paläogen (Oligozän), Europa. Länge des Gehäuses 17 mm. Ansicht der Bauchseite des Gehäuses.

7. *Drepanocheilus speciosus,* Paläogen (Mitteloligozän), Cothen, BRD. Höhe des Gehäuses 35 mm. Die Aporrhaiden leben, in weichem Schlamm vergraben, gewöhnlich von zerfallenen Gewebeteilen (Detritus), die sie durch den Siphonalkanal in die Mantelhöhle ansaugen.

1
2
3
4
5
6
7

Ficus reticulata (Lamarck)

Ordnung: Mesogastropoda
Familie: Ficidae

Die Endwindung des großen birnenförmigen Gehäuses der weltweit verbreiteten Gattung *Ficus* umfaßt die älteren Windungen. Die Mündung ist sehr breit und läuft unten (vorne) in einem langen, geraden Siphonalkanal aus. Das dünnschalige Gehäuse zeigt Netzskulptur, in der manchmal die spiraligen Elemente überwiegen. Die Arten der Gattung finden sich vom Paleozän bis in die Gegenwart.

Natica millepunctata Lamarck

Ordnung: Mesogastropoda
Familie: Naticidae

Charakteristisch für die Gattung *Natica* sind glatte, dickwandige, fast halbkugelige Gehäuse mit großer Endwindung. Die Gattung ist von der Kreide bis in die Gegenwart bekannt. Der Nabel ist breit, häufig teilweise oder ganz mit verschieden geformtem Kallus bedeckt. Dieser bildet drei Knoten, von denen der mittlere groß und die beiden seitlichen fast unsichtbar sind und mit dem Mündungsrand verschmelzen. Alle Arten der Familie sind Räuber, die sich von Mollusken ernähren, deren Gehäuse sie mit der Radula anbohren und mit ihrem sauren Sekret anätzen. Die Löcher nach dem Anbohren der *Natica* haben einen breiten, gewölbten Saum. Auch Kannibalismus ist häufig.

Phalium saburon Lamarck

Ordnung: Mesogastropoda
Familie: Cassididae

Die heute weltweit verbreitete Gattung *Phalium* kennt man schon vom Eozän. Ihr zugespitztes, eiförmiges Gehäuse hat eine große Endwindung

1. *Ficus reticulata,* Neogen (Pliozän), Sizilien, Italien, Höhe des Gehäuses 54 mm.

2, 3. *Natica millepunctata,* Neogen (Pliozän), Italien. Höhe der Gehäuse 26 und 30 mm. Beide Gehäuse haben farbige Muster. Auf dem kleineren Gehäuse **(3)** sind die Mündung und der typisch ausgebildete umbilikale Kallus zu sehen. Das Loch im oberen Gewindeteil wurde von einer anderen *Natica* gebohrt.

4. *Tenagodes anguinus**, Neogen (Pliozän), Italien. Höhe des Gehäuses 73 mm. Das unregelmäßig gewundene Gehäuse ist die Folge der sessilen Lebensweise und der Nahrungsspezialisierung auf kleines Plankton.

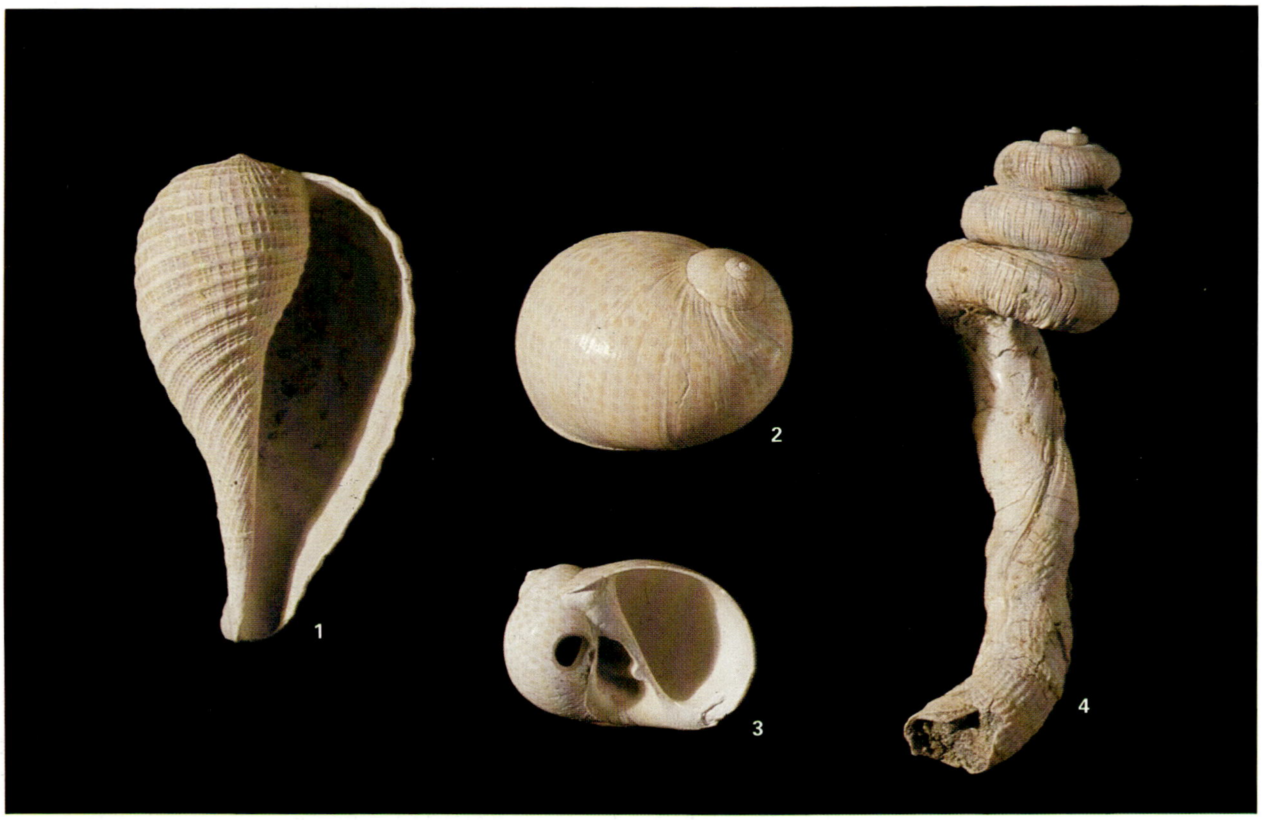

5. *Vermetus arenaria**, Neogen (Obermiozän), Wiener Becken, Österreich. ∅ des Gehäuses 60 mm. Die Ähnlichkeit mit den Röhrenwürmern wird auch in der Namensgebung ausgedrückt.

6. *Phalium saburon,* Neogen (Obermiozän), Wiener Becken, Österreich. Höhe des Gehäuses 48 mm. Das glatte, glänzende Gehäuse mit feinen Rippen nur am Unterteil und in der Umgebung des Siphonalkanals ist charakteristisch für die Untergattung *Cassidea,* in die diese Art eingereiht wird.

und eine langgestreckte, breite, birnenförmige Mündung mit tiefem, durchgebogenem Siphonalkanal und schmaler Analrippe. Die Außenlippe der Mündung ist wulstig verdickt, ebenso die Innenlippe. Einige Arten haben höckerbesetzte Spiralleisten.

Tenagodes anguinus (LINNAEUS)

Ordnung: Mesogastropoda
Familie: Vermetidae

Die seit der Trias bekannte Gattung ist weltweit verbreitet. Der Anfangsteil des Gehäuses bildet eine turmförmige Schneckenspirale, die im weiteren Wachstum als unregelmäßig gebogene, lose Röhre sich fortsetzt und sich äußerlich den Röhrenwürmern (Serpuliden) nähert. Die Oberfläche des Gehäuses ist glatt oder berippt. Alle Vermetiden ernähren sich von Plankton, das sie mit ihren klebrigen Schleimfäden fangen.

Vermetus arenaria (LINNAEUS)

Ordnung: Mesogastropoda
Familie: Vermetidae

Die Gattung ist aus Europa seit dem Miozän bekannt. Das Gehäuse wächst an festen Gegenständen am Meeresboden an und hat die Form einer dicken, unregelmäßig gebogenen und zu einem Knäuel zusammengewickelten Röhre. Die Oberfläche ist mit verschieden ausgebildeten granulierten Längsrippen und Zuwachsstreifen bedeckt. Die Gehäuse ähneln denen von Röhrenwürmern (Vermes, Serpula), unterscheiden sich aber von diesen gewöhnlich durch den größeren Durchmesser und die Skulptur sowie durch die Struktur der Schale.

Ordnung: Neogastropoda
Familie: Cancellariidae

Cancellaria cancellata (LINNAEUS)

Die Gehäuse der in der Ordnung Neogastropoda vereinigten Schnecken haben immer einen mehr oder weniger verlängerten Siphonalkanal. Der Deckel ist hornig einfach und fehlt bei einer Reihe von Gattungen ganz. Die Ordnung erscheint in der Oberkreide (sie ist, wie ihr Name verrät, von allen Vorderkiemerordnungen die jüngste) und erlebte ihre größte Entfaltung im Tertiär.
Die Gattung *Cancellaria* kennt man vom Miozän an bis in die Gegenwart in weltweiter Verbreitung. Die dickwandigen, mittelgroßen Gehäuse haben ein mäßig hohes Gewinde und eine bauchige Endwindung mit kreisrundem Querschnitt. Die große Mündung mit Analrinne und Siphonalkanal ist zugespitzt oval. Wulstige Axialrippen kreuzen sich mit scharfkantigen Spiralleisten.

Ordnung: Neogastropoda
Familie: Nassidae

Nassarius clathratus (LINNAEUS)

Die kosmopolitische Gattung *Nassarius* ist seit dem Eozän bekannt. Das breit spindelförmige Gehäuse mit gewölbten Windungsflanken hat eine große Endwindung; die Mündung ist oval und hat eine schwach angedeutete Analrinne und einen breiten, nach hinten gerichteten

1. *Cancellaria cancellata,* Neogen (Mittelpliozän), Sizilien, Italien. Höhe des Gehäuses 31 mm.

2. *Nassarius clathratus,* Neogen (Pliozän), Astigione, Italien. Höhe des Gehäuses 32 mm. Auffallend ist die äußere Ähnlichkeit mit den Vertretern der Gattung *Cancellaria.* Vor allem in der Gestaltung der Mündung unterscheiden sich die beiden Gattungen.

Siphonalkanal. Die dünne Außenlippe ist innen berippt. Die Innenlippe ist kurz, gerade und glatt. Die ausgeprägte Skulptur besteht aus scharfen Rippen.

Baryspira glandiformis (LAMARCK)

Ordnung: Neogastropoda
Familie: Olividae

Die Gattung *Baryspira* ist seit dem Oligozän weltweit verbreitet. Die Gehäuse sind zugespitzt, eiförmig und – ähnlich wie die Gehäuse der Cypraeiden – mit einer dicken, glänzenden Kallusschicht bedeckt. Die Mantellappen umkleiden das Gehäuse. Der Mund ist langgestreckt, mit tiefem Siphonalkanal und seichter Analrinne.

Pterynotus tricarinatus (LAMARCK]

Ordnung: Neogastropoda
Familie: Muricidae

Die Gattung *Pterynotus* gehört zu der formenreichen Familie Muricidae, die sich durch Dornverzierungen der Gehäuse auszeichnet. Die Muriciden sind Räuber und bohren ähnlich wie die Naticiden die Gehäuse anderer Mollusken an. Ihre Löcher haben jedoch nicht den typischen Rand wie die der Naticiden. Die Dorne auf den Gehäusen dienen als Schutz vor bohrenden Mollusken. Die Arten der Gattung *Pterynotus* sind Kosmopoliten und schon seit dem Eozän bekannt. Sie haben kleine, dickwandige, dreikantige, pyramidenförmige Gehäuse.

3. *Baryspira glandiformis,* Neogen (Obermiozän), Mikulov, ČSSR. Höhe des Gehäuses 43 mm. Morphologisch auffallende häufige Art. Das Gehäuse ist mit einer so dicken glänzenden Kallusschicht überzogen, daß sogar die Nähte zwischen den Gewinden nicht zu sehen sind.

4. *Pterynotus tricarinatus,* Paläogen (Mitteleozän), Grignon, Frankreich. Höhe des Gehäuses 45 mm. Charakteristisch für alle Muriciden sind die verikosen Verdickungen auf dem Gehäuse (frühere verdickte Mündungen). Bei der Gattung *Pterynotus* wiederholen sie sich nach 120°, so daß sie am Gehäuseumfang drei flügelartige Säume bilden.

Weichtiere
Mollusca

Ordnung: Neogastropoda
Familie: Vasidae

Tudicla rusticula (Basterot)

Die Gattung *Tudicla* ist seit der Oberkreide bekannt in weltweiter Verbreitung. Das Gehäuse ist fast scheibenförmig mit stark abgeflachtem Gewinde. Die Endwindung ist groß und läuft unten in einen auffallend langen Siphonalkanal aus. Der Mund ist groß und breitoval. Die Windungsflanke zeigt Spiralkiele und stacheltragende Varices. Die Oberfläche ist glatt oder fein spiral gestreift.

Ordnung: Neogastropoda
Familie: Fusidae

Fusinus longirostris (Brocchi)

Die mittelgroßen Gehäuse der von der Oberkreide bis in die Gegenwart weltweit verbreiteten räuberischen Gattung *Fusinus* sind spindelförmig mit hoher Endwindung. Die Mündung ist langgestreckt oval, oben zugespitzt und läuft unten in einen langen Siphonalkanal aus. Die Oberfläche zeigt dichtgestellte, feine Spiralleisten, die sich mit knotigen Axialwülsten kreuzen. Gehäuse und Gehäusereste von *Fusinus* finden sich vorwiegend in weichen tonigen Gesteinen, die in tieferen Meeresteilen abgelagert wurden.

Ordnung: Neogastropoda
Familie: Volutidae

Volutospina rarispina Lamarck

Die Volutospinen sind weltweit von der Kreide bis zur Gegenwart verbreitet. Ihre mittelgroßen, spindelförmigen Gehäuse haben eine große kegelförmige Endwindung. Die Mündung ist langgestreckt und schmal, mit Analrinne und breitem, kurzem Siphonalkanal.

Ordnung: Neogastropoda
Familie: Conidae

Lithoconus mercati (Brocchi)

Die kegelförmigen Gehäuse aller Arten der Familie Conidae unterscheiden sich auf den ersten Blick kaum voneinander. Die rezenten Arten sind bunt gemustert und von Sammlern sehr gesucht.
Die Gehäuse der Vertreter der schon aus dem Eozän bekannten, weltweit verbreiteten Gattung *Lithoconus* haben ein sehr niedriges Gewinde und eine hohe, kegelförmige Endwindung, deren Flanken schwach gewölbt sind.

Ordnung: Neogastropoda
Familie: Conidae

Leptoconus diversiformis (Deshayes)

Auch die Gattung *Leptoconus* ist auf der ganzen Welt anzutreffen. Sie ist schon aus der Oberkreide bekannt. Ihre Gehäuse sind mittelgroß mit stufenförmig abgesetzten Umgängen des niedrigen Gewindes. Alle Arten der Familie Conidae jagen kleine Organismen mit ihrem aus der umgewandelten Radula entstandenen harpunenartigen Stachel **(6)**, der mit einer Giftdrüse verbunden ist.

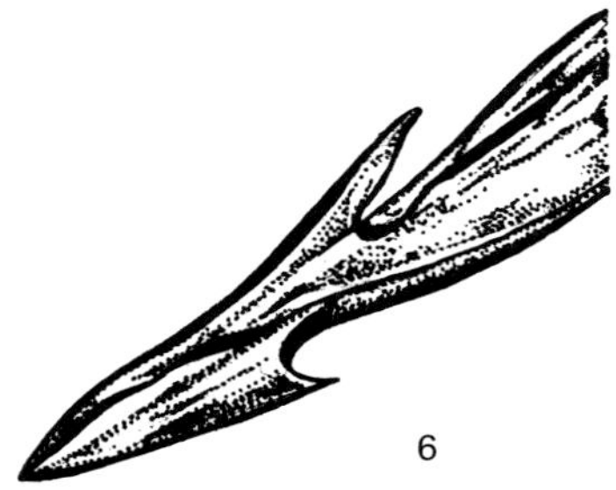

6

1. *Fusinus longirostris,* Neogen (Obermiozän), Baden, Österreich. Höhe des Gehäuses 45 mm. Auch für diese Gattung ist der lange Siphonalkanal charakteristisch. Bei dem abgebildeten Stück fehlt fast die Hälfte.

2. *Tudicla rusticula,* Neogen (Mittelmiozän), Grund, Österreich. Höhe des Gehäuses 83 mm.

3. *Volutospina rarispina,* Neogen (Obermiozän), Kienberg, ČSSR. Höhe des Gehäuses 42 mm. Auffallend ist die kleine Zahl der nur schwach entwickelten Dornen im oberen Teil des Gewindes. Nach diesem Merkmal wurde die Art auch benannt.

4. *Lithoconus mercati**, Neogen (Obermiozän), Kienberg, ČSSR. Höhe des Gehäuses 41 mm. Auf dem Schnitt ist der innere Aufbau des Gehäuses mit gut entwickelter Columella (Spindel) zu sehen. Viele Coniden verringern das Gewicht ihrer Gehäuse durch fortlaufende Auflösung der dicken Wände zwischen den Umgängen.

5. *Leptoconus diversiformis,* Paläogen (Mitteleozän), Grignon, Frankreich. Höhe des Gehäuses 41 mm.

1
2
3
4
5

Gyraulus trochiformis (Stahl)

Ordnung: Basommatophora
Familie: Planorbidae

Zur Unterklasse der Pulmonata (Lungenschnecken) gehören land- oder sekundär wasserbewohnende Schnecken mit dünnen holostomen, deckellosen Gehäusen. Viele Arten haben stark oder ganz reduzierte Gehäuse. Einige Festlandarten entwickeln für Ruheperioden (klimatisch bzw. jahreszeitlich bedingt) ein Epiphragma („Winterdeckel"), mit dem sie das Gehäuse vorübergehend verschließen. Die Lungenschnecken lebten bereits im Karbon, kommen aber erst seit dem Tertiär häufig vor. Die Ordnung Basommatophora umfaßt die meisten der im Süßwasser lebenden Formen, deren Augen an der Basis des einzigen Fühlerpaares sitzen.
Die wenigen Windungen des kleinen Gehäuses der Gattung *Gyraulus* bilden eine fast flache Spirale. Das Windungsprofil und der Mund sind mehr oder weniger oval, evtl. mit einem oder zwei Spiralkielen. Die Vertreter der Gattung besiedeln stehende Süßwässer, besonders zuwachsende Seen und Sümpfe der nördlichen Halbkugel, vom Untereozän bis in die Gegenwart.

Galba subpalustris (Thomae)

Ordnung: Basommatophora
Familie: Lymnaeidae

Im Jura erschienen die ersten Vertreter der Gattung *Galba*. Die artenreiche Gattung lebt heute noch auf der ganzen nördlichen Halbkugel. Ihr dünnwandiges, glattes, spindelförmiges Gehäuse hat ein großes eiförmiges Endgewinde. Die Naht verläuft gegenüber der Windungsachse relativ steil. Die einzelnen Arten lebten und leben in kleineren zuwachsenden Seen oder in Sümpfen.

Helix insignis Schübler

Ordnung: Stylommatophora
Familie: Helicidae

Charakteristische Merkmale der Ordnung Stylommatophora sind zwei Tentakelpaare und Augen auf der Spitze des zweiten Paares. Ihre Vertreter leben auf dem Land. Fossile Reste sind von der Oberkreide an bekannt. Die ältesten Heliciden sind aus dem Oligozän bekannt. Sie haben niedrig kegelförmige Gehäuse mit einer kleinen Anzahl von Windungen und häufig mit dunklen spiraligen Streifen. Die fast

1 2

1. *Galba subpalustris,* Neogen (Obermiozän), Velká Lípa, ČSSR. Höhe des Gehäuses 25 mm. Eine in Süßwasser-Kalken nicht seltene Art.

2. *Helix insignis,* Neogen (Obermiozän), Steinheim, BRD. Höhe des Gehäuses 26 mm. Funde von Landschnecken aus vorquartären Zeiten sind selten. Die Möglichkeiten der Einbettung und Fossilisation auf dem trockenen Land sind gering. Bei den gefundenen Exemplaren handelt es sich meist um ins Wasser gefallene Gehäuse.

3. *Gyraulus trochiformis,* Neogen (Obermiozän), Steinheim, BRD. ∅ der Gehäuse um 7 mm. Die Gehäuse variieren stark – von flach scheibenförmig bis niedrig kegelig. Die einzelnen Typen wurden als selbständige Arten beschrieben.

4. *Pupilla loessica,* Quartär (Pleistozän), Prag-Bulovka, ČSSR. Höhe des Gehäuses 2 bis 3 mm. Im Löß Mitteleuropas häufig vorkommende Art.

3

4

halbkreisförmige Mündung hat einen zu einem schmalen Saum aufgeworfenen Rand. Der Nabel ist schlitzartig und manchmal mit Kallus bedeckt.

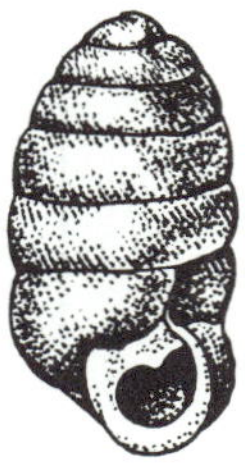

5

Pupilla loessica LOŽEK

Ordnung: Stylommatophora
Familie: Pupillidae

Die kleinen Gehäuse der Trockenheit liebenden Gattung *Pupilla,* die auf der nördlichen Halbkugel vom Pliozän bis in die Gegenwart vorkommt, sind eiförmig mit wenigen schwach ausgebauchten Windungen. Die Mündung ist elliptisch mit schmalem Saum, der Nabel schlitzförmig. *P. muscorum* hat auf der Parietallippe einen Zahn **(5)**.

Muscheln *(Bivalvia, Lamellibranchia)*

Die Klasse der Muscheln (Bivalvia, Lamellibranchia) umfaßt ausschließlich im Wasser lebende Weichtiere. Der bilateral-symmetrische Körper besteht aus dem Eingeweidesack, einem einziehbaren Fuß, paarigen Kiemen und den beiden von der dorsalen Mittellinie ausgehenden Mantellappen, die das kalkige, zweiklappige Gehäuse ausscheiden. Ein selbständiger Kopfabschnitt ist nicht entwickelt; auch Kiefer und Radula fehlen. Die beiden Klappen sind rechts und links und verhalten sich daher spiegelbildlich. In der dorsalen Mittellinie werden die beiden Klappen durch das elastische Ligament zusammengehalten, dessen Elastizität auch das Klaffen der beiden Klappen bewirkt. Der Schalenschluß wird durch zwei kräftige Schließmuskel, einen vorderen und einen hinteren, bewirkt. Am dorsalen, durch das Ligament zusammengehaltenen Rand ist eine gelenkige Verbindung, das Schloß, vorhanden, in dem ineinandergreifende Zähnchen und Zahngruben der beiden Ränder die Drehbewegung der beiden Klappen beim Öffnen und Schließen führen.

Nucula margaritacea LAMARCK

Ordnung: Nuculoida
Familie: Nuculidae

Die Unterklasse der Palaeotaxodonta hat stets ein gleichklappiges Gehäuse. Das einfache taxodonte Schloß besteht aus zahlreichen gleichen Zähnchen. Das Ligament ist ursprünglich äußerlich und beidseitig des Wirbels entwickelt (amphidetisch). Die beiden Schließmuskeln sind ungefähr gleich groß. Die Schaleninnenseite weist eine Perlmutterschicht auf.
Bei der von der Oberkreide an verbreiteten Gattung *Nucula* i. e. S. ist das Ligament innerlich. Das Gehäuse bleibt klein. Die Wirbel sind etwas nach hinten gedreht. Die Schloßlinie ist dunkel.

1, 2. *Nucula margaritacea,* Neogen, Griechenland. Klappenhöhe 11 mm. An der Klappeninnenseite **(2)** ist das charakteristische taxodonte Schloß zu sehen, das durch eine Grube für das innen liegende Ligament (Resilium) geteilt ist.

3. *Nuculana deshayesiana,* Paläogen (Oligozän), Flörsheim bei Mainz, BRD. Höhe der linken Klappe 13 mm. Bedeutendes Leitfossil für das Mittlere Oligozän, zahlreich in tonigen Sedimenten.

1
2

3

5

4. *Synek antiquus**, Oberes Ordovizium (Ashgill), Lejškov bei Zdice, ČSSR. Länge der Klappen 22 mm. Eine Art, die für ruhige, tiefere Gewässer charakteristisch ist.

5. *Babinka prima**, Mittelordovizium (Llanvirn), Osek bei Rokycany, ČSSR. Höhe des Kerns der rechten Klappe 15 mm. Auf dem Kern sind unter dem Wirbel kleine Muskeleindrücke zu sehen. Sie werden als Rudimente angesehen, die von den monoplacophoriden Vorfahren der Muscheln stammen.

6. *Ctenodonta bohemica,* Mittelordovizium (Llanvirn), Černá Hůrka bei Starý Plzenec, ČSSR. Länge der linken Klappe 14 mm. Ansicht auf die kleinen Zähne des taxodonten Schlosses. Das Gehäuse ist mit dem Vorderrand nach unten gerichtet.

Nuculana deshayesiana DUCHASTEL

Ordnung: Nuculoida
Familie: Nuculanidae

Die Muscheln der kosmopolitischen Gattung *Nuculana,* die von der Trias bis zur Gegenwart bekannt sind, haben kleine, nach hinten zum Rostrum ausgezogene Gehäuse. Die Mantellinie weist einen kleinen Sinus auf.

Ctenodonta bohemica (BARRANDE)

Ordnung: Nuculoida
Familie: Ctenodontidae

Die ordovizische Gattung *Ctenodonta* kennen wir aus Europa und Nordamerika. Der Wirbel liegt in der vorderen Hälfte. Das Ligament ist amphidetisch, der Schloßrand gebrochen.

Synek antiquus BARRANDE

Ordnung: Nuculoida
Familie: Malletiidae

Die Vertreter der europäischen Gattung *Synek* aus dem Ordovizium haben gestreckte, ovale Klappen mit stumpfen, nach vorn verschobenen Wirbeln. Das Schloß mit dem äußeren Ligament und der durchgebogenen Schloßlinie hat sehr kleine Zähne.

Babinka prima BARRANDE

Ordnung: Veneroida
Familie: Babinkidae

Die europäische Gattung *Babinka* aus dem Unteren Ordovizium kennzeichnet sich durch breite Schalen mit einem zugespitzten Wirbel, der fast in der Mitte liegt. Das Schloß ist heterodont, weist also formverschiedene Haupt- und Seitenzähne auf. Zwischen den Eindrücken der Schließmuskeln befinden sich unter dem Wirbel acht kleine Muskeleindrücke. Die Mantellinie hat keinen Sinus.

N
Pg
O

4

6

Entstehung und Ursprung der Klasse Bivalvia

Bis heute sind Entstehung und Ursprung noch nicht völlig geklärt. Als einstweilen älteste Muschel gilt *Fordilla troyensis* aus dem Unteren Kambrium von New York. Sie weist kleine, ovale, seitlich abgeflachte, zweiklappige Gehäuse mit konzentrischer Skulptur auf und besitzt ein einfaches Ligament und Schloß sowie Muskeleindrükke vom Muscheltyp.
Wahrscheinlich erscheint einerseits die Ableitung der Muscheln von frühen Monoplacophoren. Eine andere Richtung der Forschung vermutet dagegen, daß Muscheln und Scaphopoden auf Rostroconchien zurückgehen (siehe dort). – Muscheln und Rostroconchien zeigen viele Ähnlichkeiten im Bauplan, unterscheiden sich jedoch dadurch, daß Muscheln eine elastische Verbindung der Klappen mittels der Ligaments haben, Rostroconchien eine starre. Ferner besaßen Rostroconchien kein Schloß.

Ordnung: Praecardioida
Familie: Praecardiidae

Praecardium primulum Barrande

Die Unterklasse Cryptodonta ist eine konventionell begrenzte Gruppe verschiedenartiger, wenig bekannter, vor allem aus dem Paläozoikum stammender Muscheln, die gleichklappige, dünnwandige, dimyare Gehäuse mit einem zahnlosen oder taxodonten Schloß und einem äußeren Ligament aufweisen.
Die Gattung *Praecardium* aus dem Silur und Devon ist aus Europa und Nordamerika bekannt. Die gewölbten Schalen mit den gebogenen, zugespitzten, prosogyren Wirbeln tragen wenige flache, radiale Rippen, die durch breite Rillen voneinander getrennt sind. Das Schloß ist taxodont und hat kleine Zähne.

1. *Praecardium primulum**, Oberes Silur (Přídolí), Prag-Podolí, ČSSR. Rechte Klappe; Höhe 25 mm. Aus dem böhmischen Silur und Devon ist eine große Anzahl von Gattungen bekannt, die an die Vertreter der Familie Cardiidae erinnern. Es handelt sich jedoch nur um eine morphologische Konvergenz.

2. *Panenka bohemica,* Oberes Silur (Přídolí), Lochkov, ČSSR. Rechte Klappe; Höhe 38 mm. Die Gattung *Panenka* ist eine von mehreren Dutzend Muschelgattungen, denen Barrande absichtlich wohlklingende tschechische Namen gab. Da das vor der Herausgabe der Nomenklaturregeln geschah, sind sie gültig.

3. *Cardiolinka bohemica**, Oberes Silur (Basis des Přídolí), Lochkov, ČSSR. Höhe der größten Klappe ist 21 cm. Gruppe von Klappen im orthoceren Kalk. Links Schale des Kopffüßers *Calocyrtoceras cognatum.*

Panenka bohemica Barrande

Ordnung: Praecardioida
Familie: Praecardiidae

Die Gattung *Panenka* trat im europäischen und nordamerikanischen Silur und Devon auf. Sie besitzt große gewölbte Gehäuse mit dichten, abgerundeten Radialrippen und prosogyren Wirbeln.

Cardiolinka bohemica (Barrande)

Ordnung: Arcoida
Familie: Cardiolidae

Im europäischen und nordamerikanischen Silur lebten die Muscheln der Gattung *Cardiolinka* aus der Unterklasse Pteriomorphia. Ihre gewölbten Klappen **(4)** haben schnabelförmige, prosogyre Wirbel, unter denen sich eine große Area befindet. Die zahlreichen abgerundeten Radialrippen kreuzen sich mit den Wachstumswülsten und bilden eine auffallende Skulptur.

4

Weichtiere
Mollusca

Antipleura bohemica BARRANDE

Ordnung: Praecardioida
Familie: Antipleuridae

Die Vertreter der mitteleuropäischen und afrikanischen Gattung *Antipleura* aus dem Unteren Devon weisen Klappen mit großen gekrümmten, stumpfen Wirbeln auf, die auffallend schräg gegeneinander gestellt sind, so daß die Gehäuse aussehen, als wären sie künstlich aus nur zwei linken oder nur zwei rechten Klappen zusammengefügt. Eine ähnliche, bei den Muscheln ungewöhnliche Anordnung trotz Gleichklappigkeit finden wir nur bei der verwandten Gattung *Dualina* vor. Die Schloßlinie mit den kleinen Schloßzähnen ist unter dem Wirbel S-förmig gebogen.

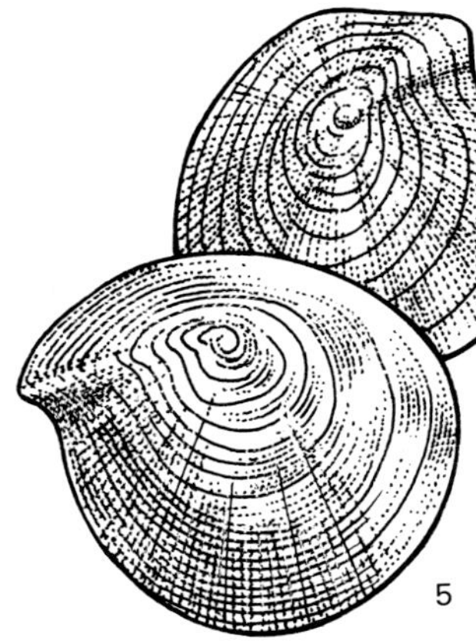
5

Hercynella bohemica PERNER

Ordnung: Praecardioida
Familie: Antipleuridae

Die Gattung *Hercynella* aus dem Oberen Silur und Unteren Devon war fast über die ganze Erde verbreitet. Die großen dünnwandigen, ungleich gewölbten Klappen besitzen einen fast zentral gelegenen Wirbel **(5)**. Der annähernd ovale Umriß wird von einem mehr oder weniger markanten Wulst unterbrochen, der radial vom Wirbel zum vorderen oberen Rand gerichtet ist, wo er ein kleines zugespitztes Flügelchen bildet. Diese Muscheln wurden ursprünglich als patellide Schnecken angesehen, und bis heute ist ihre innere Struktur unbekannt.

Actinopteria migrans (BARRANDE)

Ordnung: Pterioida
Familie: Pterineidae

Die Unterklasse Pteriomorphia faßt die heteromyaren (= anisomyar) und monomyaren Formen der Muscheln zusammen, von den isomyaren (= homomyar) Muscheln gehört hierzu die Ordnung Arcoida. Es handelt sich meist um festsitzende Arten, die entweder mit Hilfe von Byssusfäden verankert oder direkt mit der Schale festgewachsen sind. Sie haben die Tendenz, den Fuß und den vorderen Schließmuskel zu reduzieren. Einige Gattungen (zum Beispiel aus der Familie Pectinidae) können aber auch sekundär frei und sogar schwimmfähig sein. Eine einfache morphologische Charakteristik ist wegen des Vorhandenseins vieler sich konvergent und parallel entwickelnder Merkmale schwierig, aber die fossilen Funde bestätigen oft die Kontinuität und den gemeinsamen Ursprung der einzelnen Entwicklungsrichtungen. Die Vertreter der Unterklasse sind vom Unteren Ordovizium bis heute bekannt.
Die kosmopolitische Gattung *Actinopteria* lebte vom Silur bis zum Perm, trat häufig aber nur im Silur und Devon auf. Bei den ungleichklappigen Gehäusen ist die linke Klappe stärker gewölbt als die rechte. Die zugespitzten Wirbel sind stark nach vorn verschoben. Der lange, hinter dem Wirbel liegende Abschnitt ist zu einem großen, zugespitzten Flügel, der vordere Abschnitt zu einem abgerundeten Flügelchen ausgezogen, so daß der Schloßrand gerade und lang ist.

1. *Actinopteria migrans,* Unteres Devon (Lochkov), Kosoř, ČSSR. Linke Klappe; Höhe 25 mm. Die stark gewölbte Klappe ist vom Gestein zerdrückt worden (der Riß verläuft vom Wirbel nach unten). Charakteristische und geläufige Gattung des Unteren Devons in Europa.

2, 3. *Antipleura bohemica**, Unteres Devon (Lochkov), Lochkov, ČSSR. Höhe des größeren Gehäusekerns 37 mm **(3)**; Ansicht von der rechten Seite. Der Kern des kleineren Gehäuses **(2)** ist von oben abgebildet, damit die charakteristische beiderseitige Lage der Wirbel sichtbar wird.

4. *Hercynella bohemica,* Unteres Devon (Lochkov), Kosoř, ČSSR. Rechte Klappe mit Schalenresten; Höhe 62 mm. Das Stück ist durch Risse beschädigt, die durch Calcit ausgeheilt sind. Aufgrund der ausgeprägten Ungleichklappigkeit (eine ist flach, die andere kegelförmig) kann man auf festsitzende Lebensweise schließen.

1
2
3
4

Einige Merkmale des Muschelgehäuses

Der Anfangsteil der beiden Klappen ist meist spiral gedreht, nach vorne weisend (prosogyr), selten nach hinten gerichtet (opisthogyr). Unter dem Wirbel liegt der Schloßrand und das Ligament, durch dessen Elastizität die Klappen automatisch geöffnet werden. Das Ligament liegt entweder außerhalb des Schlosses (äußeres Ligament) oder zwischen dem Schloß (inneres Ligament – Resilium). Dieses ist in gegenüberliegenden Vertiefungen des Schloßrandes befestigt (Resilifer). Die Ausbildung des Schlosses (Schloßzähne und Gruben) ist für die Systematik und Bestimmung wichtig. Das Gehäuse wird geschlossen durch die Kontraktion der Schließmuskeln, die vorn und hinten zwei große Eindrücke hinterlassen. Der hintere Schließmuskeleindruck ist meist etwas größer als der vordere. Der vordere kann mehr oder weniger stark reduziert sein und ganz rückgebildet werden; dann ist nur noch der hintere vorhanden, in mehr oder weniger zentraler Lage. Der innere Rand der beiden Klappen zwischen den Muskeleindrücken wird von einer Reihe kleiner Eindrücke von Muskeln gesäumt, die den Mantel an der Schale befestigen (Mantellinie). Diese kann hinten durch eine wechselnd tiefe Einbuchtung ausgeschnitten sein (Sinus). Hier treten aus der Mantelhöhle Röhren aus (Siphone), die das Wasser zu den Kiemen führen und wieder abtransportieren.

Die Unterklasse Heterodonta umfaßt vorwiegend grabende Meeresmuscheln mit heterodontem Schloß. Die Mantellappen können verwachsen sein und haben dann Ausschnitte für die Siphone. Meist sind zwei (dimyar) annähernd gleich große (isomyare) Muskeleindrücke vorhanden. Die Schaleninnenschicht ist porzellanen.

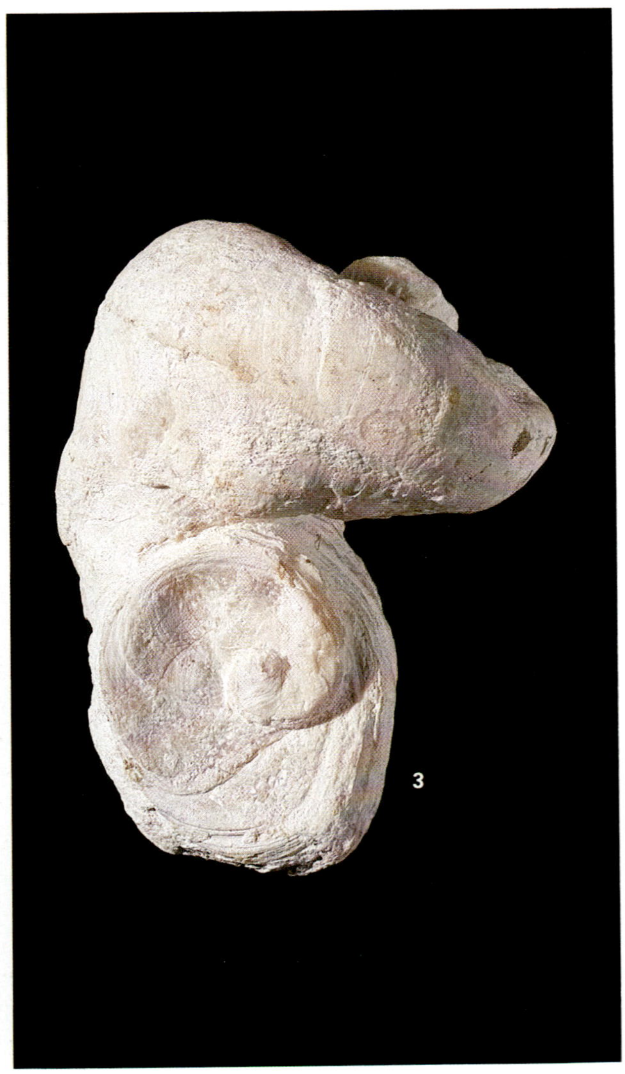

1. *Megalodon cucullatus**, Mittleres Devon (Givet), Paffrath, BRD. Linke Klappe; Höhe 51 mm.

2. *Astarte ovoideas,* Oberer Jura (Tithon), Umgebung Moskaus, UdSSR. Skulpturkern; Höhe 41 mm. Ansicht von links. Der weiße Bezug sind Reste der verwitterten Schale.

3. *Requienia ammonia**, Untere Kreide (Barrême), Orgon, Frankreich. Höhe des Gehäuses 130 mm. Die Vertreter dieser Art lebten festsitzend. Sie hefteten sich mit der linken Klappe an die Unterlage, auf der Abbildung mit dem abgeflachten Teil rechts oben.

4, 5. *Diceras arietinum**, Oberer Jura (Oxford), Coulanges-sur-Yonne, Frankreich. Rechte Klappe; Höhe 95 mm **(4)**. Der große Schloßzahn der linken Klappe ist einmal gespalten und von unten von der zweiten Zahngrube umfaßt. Der vordere Muskeleindruck ist unten, der hintere oben **(5)**.

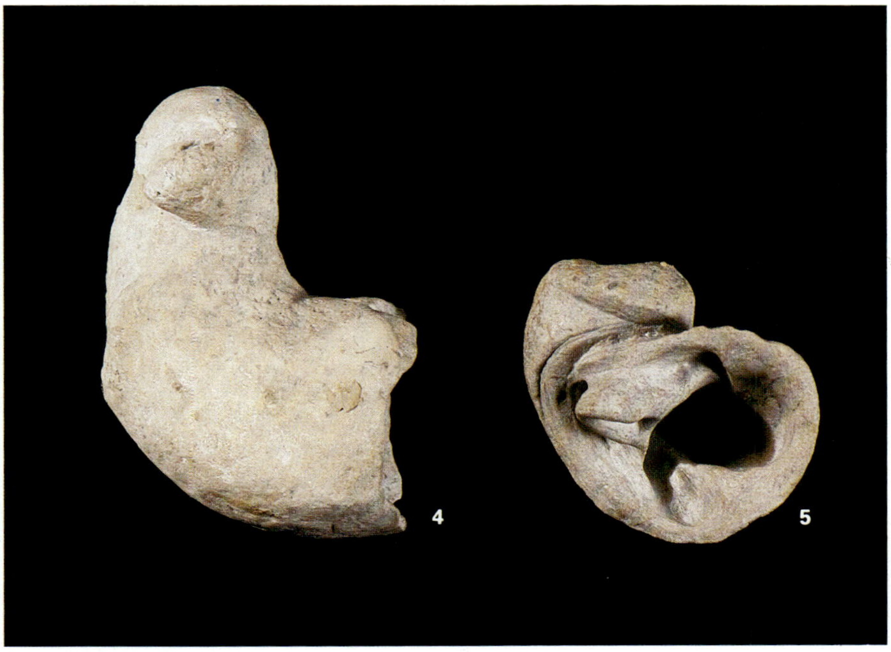
4 5

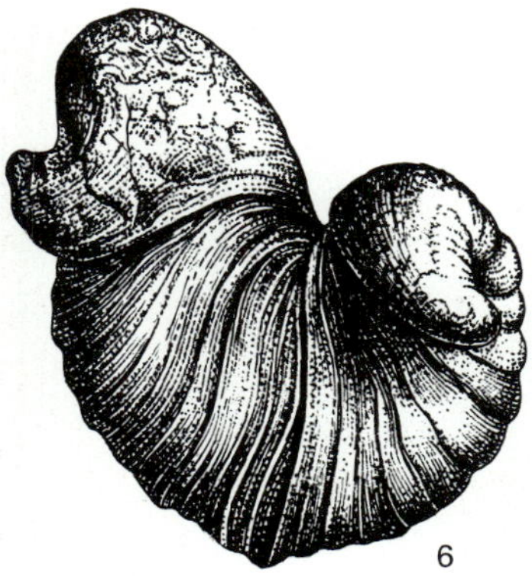
6

Astarte ovoideas Buch

Ordnung: Veneroida
Familie: Astartidae

Die kosmopolitische, vom Jura an bekannte Gattung *Astarte* hat ein Gehäuse mit einem ungefähr in der Mitte liegenden prosogyren Wirbel. Das Schloß weist an jeder Klappe gewöhnlich zwei Hauptzähne auf, die Seitenzähne sind schwach ausgebildet oder fehlen. Die gegenwärtigen Vertreter leben in kalten Meeren, wo sie sich flach in das sandige oder schlammige Sediment eingraben.

Megalodon cucullatus Sowerby

Ordnung: Hippuritoida
Familie: Megalodontidae

Die Gattung *Megalodon* aus dem Devon und der Trias wird von der ganzen Welt beschrieben. Die gewölbten Klappen sind dick und besitzen prosogyre Wirbel. Das Schloß ist massiv, das Ligament äußerlich. Der hintere Schließmuskel ist markant ausgeprägt, der vordere sehr klein. Die Palliallinie besitzt keinen Sinus.

Diceras arietinum Lamarck

Ordnung: Hippuritoida
Familie: Diceratidae

Die Vertreter der europäischen und afrikanischen oberjurassischen Gattung *Diceras* besitzen robuste Schalen, deren Klappen die Form spiraliger Hörner aufweisen **(6)**. Manchmal wachsen sie mit der rechten, größeren Klappe an der Unterlage fest. Das Schloß hat an der linken Klappe einen großen Zahn, an der rechten zwei. An den Seiten des Schlosses befinden sich tiefe Muskeleindrücke.

Requienia ammonia (Goldfuss)

Ordnung: Hippuritoida
Familie: Requieniidae

Die Gattung *Requienia* lebte in der Kreidezeit fast auf der gesamten Erde (außer Asien). Die linke Klappe ist groß und spiralig, die rechte Klappe ist flach, deckelförmig. Das Schloß ähnelt dem der Gattung *Diceras.*

Hippurites radiosus DES MOULINS

Ordnung: Hippuritoida
Familie: Hippuritidae

Die Rudisten (Hippuritoida) sind eine eigenartige, stark spezialisierte Gruppe von Muscheln, die im Oberen Jura auftauchten, sich schnell entwickelten und am Ende der Kreide ausstarben. Im Zusammenhang mit der festsitzenden Lebensweise im flachen Wasser verdickte sich die festgeheftete Klappe, und der Wirbel streckte sich in die Höhe bis zur Kegelform. Damit konnte das Gehäuse dem Wellenschlag widerstehen, und die Mündung lag so weit wie möglich über dem Grund. Bei den fortgeschritteneren Formen wird das Gewicht der Schalenmasse durch Kanäle und Hohlräume verringert. Die freie Klappe hatte sich verkleinert und wurde zu einem flachen Deckel. Bei spezialisierten Typen ist die freie Klappe mit Öffnungen (Osculi) versehen, damit sie sich nicht zu sehr anheben mußte. Die Rudisten bewohnten tropische und subtropische Meere, wo sie anfangs einzeln in Korallenriffen lebten. Später bildeten sie Gruppen und ausgedehnte, dichtgedrängte, teppichartige Bestände. Sie stellten an das Milieu nicht so spezialisierte Ansprüche wie die Korallen und vertraten sie deshalb ökologisch an den Lokalitäten mit weniger günstigen Bedingungen. Wir finden sie demzufolge in verschiedenen Typen von Kalkstein, kalkigen Sandsteinen und Mergeln.
Die Vertreter der kosmopolitischen Gattung *Hippurites* aus der Oberen Kreide haben große, massive, kegelförmige bis zylindrische Gehäuse. Die rechte Klappe hat die Gestalt eines hohlen Kegels, die linke Klappe bildet einen Deckel mit zwei großen kegeligen Zähnen (**5** – Seitenansicht), die in die Gruben der rechten Klappe einrasten. Die äußere Oberfläche ist längs gerippt und weist an der Stelle, an der innere Falten die Zahngruben und Muskelbänder voneinander trennen, drei Falten auf.

1. *Hippurites radiosus,* Obere Kreide (Maastricht), Charente, Frankreich. Rechte Klappe; Höhe 115 mm. Innen sind vorn die tiefen Zahngruben, die von einem ligamentalen Wulst getrennt werden, und links innere Pfeiler mit der Grube des hinteren Muskels zu sehen. Rechts befand sich der Weichkörper des Tieres.

2. *Biradiolites cornupastoris,* Obere Kreide (Turon), Dordogne, Frankreich. Höhe des Gehäuses 135 mm. Ansicht von der Seite.

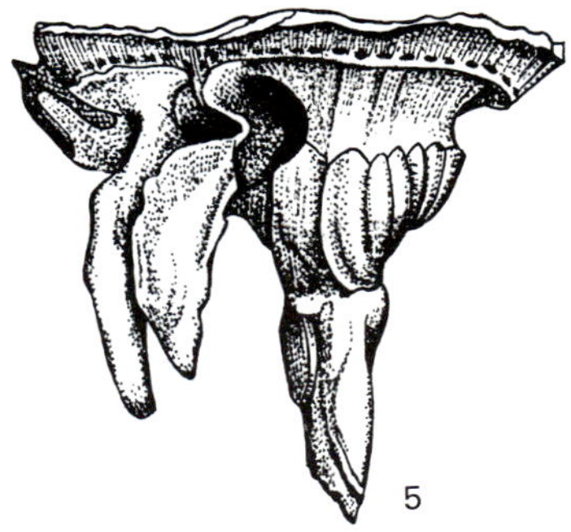

5

1

2

3. *Protocardia hillana**, Obere Kreide (Cenoman), Smrček, ČSSR. Rechte Klappe; Höhe 57 mm. Wichtiges Leitfossil der sandigen Ablagerungen flacher Meere des Cenomans.

4. *Crassatella macrodonta*, Obere Kreide (Senon), Sankt Gilgen, Österreich. Höhe des Gehäuses 37 mm. Ansicht der äußeren Oberfläche der rechten Klappe.

Biradiolites cornupastoris (d'Orbigny)

Ordnung: Hippuritoida
Familie: Radiolitidae

Biradiolites ist eine fast weltweit verbreitete Gattung der Oberen Kreide. Die große, massive rechte Klappe ist kegelförmig, oft gebogen, die linke Klappe ist deckelartig. Die Wände weisen Hohlräume auf, und das hintere Ligament fehlt. Das Schloß ist genauso ausgebildet wie bei der Gattung *Hippurites.*

Protocardia hillana (Sowerby)

Ordnung: Veneroida
Familie: Cardiidae

Die Vertreter der Gattung *Protocardia* lebten von der Oberen Trias bis in die Kreide in Europa, Afrika und beiden amerikanischen Kontinenten. Der vordere und mittlere Abschnitt der Klappen ist konzentrisch gestreift, während hinten radiale Rippen auftreten. Die Mantellinie weist einen kleinen Sinus auf.

Crassatella macrodonta Zittel

Ordnung: Veneroida
Familie: Crassatellidae

Die in Europa und Amerika verbreitete Gattung *Crassatella* hat dicke, hinten gestutzte Klappen mit nach vorn verschobenem Wirbel. Das Schloß ist heterodont und mit einer Grube für das Resilium versehen. Die Eindrücke der Schließmuskeln sind deutlich, die Mantellinie hat keinen Sinus. Die Crassatellen leben heute überwiegend in warmen Klimazonen. Die ersten Vertreter stammen aus der Oberen Kreide bis zum Miozän.

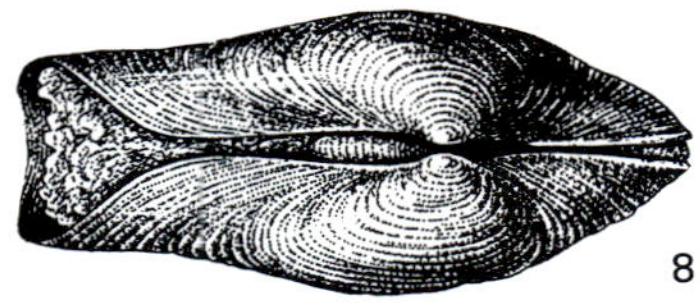

8

Lymnocardium vindobonense (PARTSCH)

Ordnung: Veneroida
Familie: Lymnocardiidae

Die meisten Muscheln leben im Meer und sind Salzgehaltsschwankungen gegenüber recht empfindlich. Nur wenige Arten, vor allem aus den Familien der Mytiliden, Cardiiden, Veneriden und Mactriden können auch in das Brackwasser vordringen. Sie erreichen unter den hier weniger günstigen Bedingungen nur eine relativ geringe Größe und haben meist etwas dünnere Schalen und schwächer ausgeprägte Skulpturen. Dank der geringen Konkurrenz können sie jedoch in großer Individuenzahl auftreten. Diese artenarme, aber individuenreiche Gesellschaft wird auch von Süßwassergattungen der Familien Corbiculidae und Dreissenidae ergänzt, die eine mäßig erhöhte Salinität ertragen. Ausgesprochene Süßwassermuscheln gibt es nur wenige. Sie gehören zur Ordnung Unionida und zur Familie Pisidiidae. Da Süßwasser die Kalkschalen angreift, ist bei den Süßwassermuscheln die äußere, schützende, organische Schalenschicht, das Periostracum, kräftig ausgebildet. Wo diese an den Wirbeln abgerieben ist, ist die Schale meist angeätzt.
Die europäische Gattung *Lymnocardium* aus dem Neogen hat gewölbte Klappen mit prosogyren Wirbeln. Die Seitenzähne des heterodonten Schlosses sind gut entwickelt, aber die Hauptzähne bleiben klein. Die Mantellinie hat keinen Sinus.

Megacardita jouanneti (BASTEROT)

Ordnung: Veneroida
Familie: Carditidae

Die Megacarditen leben vom Oligozän bis zur Gegenwart in Europa, Afrika und Australien. Sie besitzen massive Gehäuse mit kräftig nach vorn weisenden Wirbeln. Am Schloß sind die Hauptzähne gut ausgebildet, die Seitenzähne sind oft verkümmert. Die Palliallinie hat keinen Sinus.

1, 2. *Lymnocardium vindobonense,* Neogen (Mittleres Miozän), Velké Bílovice bei Břeclav, ČSSR. Klappenhöhe 20 mm. Rechte Klappe von außen **(1)** und innen **(2)**. Häufige Art des mitteleuropäischen Miozäns, lebte oft auch in den Brackwässern von Buchten, in die von Flüssen Süßwasser eingespeist wurde.

3. *Panopea menardi,* Neogen (Pliozän), Astigione, Italien. Gehäusehöhe 62 mm. Die Angehörigen der Gattung lebten – tief in das Sediment eingegraben – in der Litoralzone. Sie besitzen deshalb mächtige und lange, von einer fleischigen Scheide umhüllte Siphonen, weshalb die beiden Klappen hinten auseinanderklaffen.

4, 5. *Megacardita jouanneti**, Neogen (Oberes Miozän), Gainfarn bei Wien, Österreich. Höhe der größeren Klappe 48 mm. Linke Klappe von außen **(4)** und innen **(5)**. Zahlreich in den sandigen Flachmeerablagerungen vorkommende Art.

6. *Corbicula semistriata,* Paläogen (Oligozän), Miesbach, Oberbayern, BRD. Höhe der größten Klappe 20 mm. Leitfossil der oligozänen Cyrenenmergel (nach der alten, gebräuchlichen Gattungsbezeichnung *Cyrene*) und der Tonschichten in den Kohlerevieren Deutschlands.

6

7. *Congeria subglobosa,* Neogen (Oberes Miozän), Brunn bei Wien, Österreich. Höhe des Gehäuses 71 mm. Die Vorderansicht der verbundenen Klappen erinnert an Schafshufe. Typisch für Süß- und Brackfazies des pontischen Jungtertiärs.

Congeria subglobosa Partsch

Ordnung: Veneroida
Familie: Dreissenidae

Die für Eurasien typische oligozäne bis pliozäne Gattung *Congeria* hat gewölbte, dickwandige Klappen und prosogyr eingerollte Wirbel. Die Mantellinie hat keinen Sinus. Der Wirbelteil der Klappen ist durch ein Septum aus den Bändern der Fußmuskeln unterteilt.

Corbicula semistriata (Deshayes)

Ordnung: Veneroida
Familie: Corbiculidae

Die kosmopolitischen, von der Unteren Kreide bis in die Gegenwart lebenden Arten der Gattung *Corbicula* sind ziemlich dickwandig und haben große, abgerundete Wirbel. Die Vertreter dieser Gattung bewohnen Süßwasser und gehen gegebenenfalls auch ins Brackwasser.

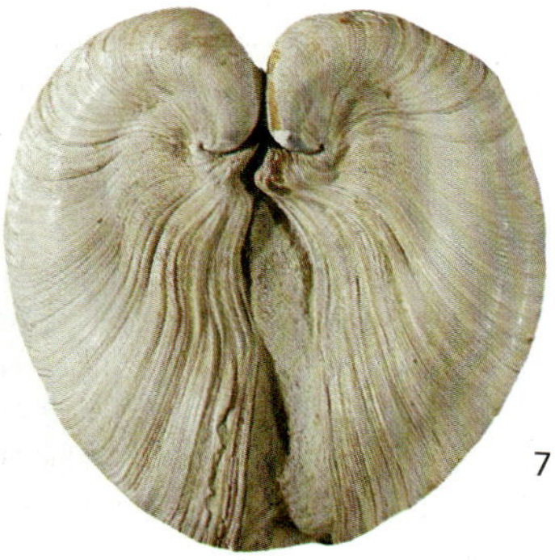

7

Panopea menardi Deshayes

Ordnung: Myoida
Familie: Hiatellidae

Arten der europäischen und nordamerikanischen Gattung *Panopea* sind von der Kreide an bis zur Gegenwart bekannt. Sie haben große, hinten abgestutzte und weit klaffende Gehäuse mit wenig vorspringenden Wirbeln **(8)**. Die Mantellinie weist einen großen Sinus auf.

Einige Bemerkungen zum Aufbau der Muschelschale

Die Muschelschalen werden teils vom Rand, teils von der Oberfläche des Mantels ausgeschieden und sind in der Regel dreischichtig. Die äußere dünne Schicht, das Periostracum, besteht aus einer organischen Substanz (Conchiolin) und schützt die inneren, kalkigen Schichten. Sie enthält Farbstoffe, die die Färbung der Muschelschalen bewirken. Fossil ist sie nur selten erhalten geblieben. Die mittlere Schicht, das Ostracum, wird von Aragonitkörnchen oder senkrechten Calcitprismen gebildet. Am veränderlichsten ist in der Regel die innere, gewöhnlich dickste Schicht. Bei den geologisch älteren Typen wird sie von Perlmutter aufgebaut: Sie besteht dann aus vielen, zur Oberfläche parallelen Schichten sehr dünner, sechseckiger Aragonitplättchen. Häufiger ist sie porzellanen, das heißt glänzend, undurchsichtig und aus vielen Reihen wechselseitig schräg angeordneter Aragonitlamellen aufgebaut. Daneben kommen auch andere Ausbildungen der Innenschicht vor, wie das ganz aus Calcit bestehende Calcitostracum der Austernschale, oder es findet sich als Innenschicht eine feinkörnig homogene oder laminare Aragonitlage. Außen- und Mittelschicht werden vom Mantelrand, Innenschicht von der Manteloberfläche ausgeschieden. Diese ist daher in Wirbelnähe am dicksten und wird zur Peripherie hin dünner. In den warmen Gebieten kommen eher aragonitschalige, in den kälteren Gebieten eher calcitschalige Muscheln vor.

Costacallista papilionacea (Lamarck)

Ordnung: Veneroida
Familie: Veneridae

Die kosmopolitische Gattung *Costacallista* kennen wir aus den warmen

1. *Tellina interrupta,* Pleistozän, Barbados, Frankreich. Linke Klappe; Höhe 37 mm.

2. *Costacallista papilionacea,* Neogen (Miozän), Torino, Italien. Rechte Klappe; Höhe 33 mm.

3. *Solen vagina**, Neogen (Pliozän), Astigione, Italien. Rechte Klappe; Länge 127 mm. In der rechten oberen Ecke befindet sich ein kleiner Wirbel.

4. *Cordiopsis gigas,* Neogen (Oberes Miozän), Italien. Linke Klappe; Höhe 105 mm. Eine der größten Arten der Familie Veneridae. Sie lebte eingegraben im weichen Grund flacher warmer Meere.

5, 6. *Chama gryphoides,* Neogen (Oberes Miozän), Lapugy, Rumänien. Höhe der Klappen 75 und 85 mm. Freie Klappen, rechte **(5)** und linke **(6)**. Die Außenseite ist von der Brandung abgeschabt und von bohrenden Schwämmen der Gattung *Cliona* und den bohrenden Muscheln der Gattung *Lithophaga* durchlöchert (zwei große Öffnungen).

4
5
6

flachen Meeren vom Paleozän an. Der Mantelsinus ist breit und zugespitzt. Die Muscheln leben vergraben und erlangen ihre Nahrung durch das Abfiltern organischer Teilchen aus dem Meereswasser.

Cordiopsis gigas (LAMARCK)

Ordnung: Veneroidea
Familie: Veneridae

Die Gattung ist vom Eozän bis zum Miozän in Europa und Afrika bekannt. Die großen und dickschaligen Gehäuse mit ihren prosogyren Wirbeln haben ausgeprägte Anwachsstreifen. Der palliale Sinus ist kurz und rundlich.

Tellina interrupta WOODWARD

Ordnung: Veneroida
Familie: Tellinidae

Die kosmopolitische Gattung *Tellina* ist vom Oligozän an bekannt. Sie bewohnt vor allem warme Meere, lebt tief eingegraben und ernährt sich vom organischen Detritus und von Sedimenten; der Pallialsinus ist sehr tief (**7** – Die Klappe von innen). Der Wirbel ist klein und opisthogyr.

Chama gryphoides LINNAEUS

Ordnung: Veneroida
Familie: Chamidae

Die Vertreter der Gattung *Chama* leben vom Paläogen bis zur Gegenwart in den warmen Meeren Europas und Amerikas. Ihre dickschaligen Gehäuse mit den prosogyren Wirbeln haften mit einer Klappe an der Unterlage fest; die festgeheftete Klappe kann die rechte oder die linke sein. Die freie Klappe ist stärker konvex.

Solen vagina LINNAEUS

Ordnung: Veneroida
Familie: Solenidae

Die in Eurasien und Amerika verbreitete Gattung *Solen* ist vom Eozän an bekannt. Die dünnen und langen Schalen bilden eine schmale, vorn und hinten offene Röhre. Die Vertreter dieser Gattung leben tief eingegraben. Der Sipho ist mächtig.

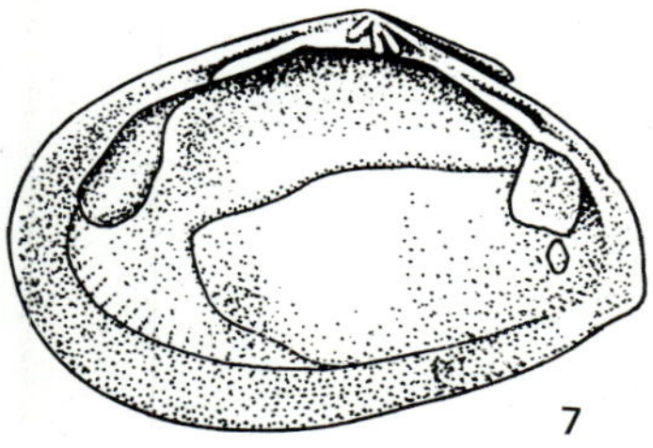

7

Bemerkungen zur Gleich- und Ungleichklappigkeit der Muscheln

Entsprechend der bilateralen Symmetrie der Muscheln sind die beiden, jeweils der rechten bzw. linken Körperseite zugeordneten Klappen unter sich gleich bzw. verhalten sich spiegelbildlich zueinander. Die Symmetrieebene trennt als Mittelebene die beiden Klappen.

Bei vielen stammesgeschichtlich fortschrittlicheren Formen werden die beiden Klappen ungleich. Das betrifft nicht nur die Wölbung, sondern kann auch Form und Skulptur beeinflussen. Die Ungleichklappigkeit ist meist die Folge einer festsitzenden Lebensweise, bei der eine Klappe entweder durch Byssusfäden sich verankert oder unmittelbar an der Unterlage festgewachsen ist; die andere, freie Klappe hat dann die Funktion eines Deckels. Ob das Festheften mit der rechten oder mit der linken Klappe erfolgt, ist meist genetisch gesetzmäßig festgelegt und gilt dann für alle oder die meisten Arten innerhalb der jeweiligen Gattungen oder Familien, ja Ordnungen; so ist z. B. bei allen Arten der Austern die linke Klappe die festgeheftete untere. Gleiches gilt für den eben erwähnten Formenkreis von Actinopteria. Die festsitzende Klappe ist in der Regel die größere und gewölbtere. Formen mit verschieden stark konvexen Klappen gibt es – wenn auch seltener – auch bei den beweglichen, grabenden Muschelarten. Die Unterschiede in der Wölbung sind hier aber geringer. Ein anderer Typ von Ungleichheit ist das Nichtübereinstimmen (Diskordanz) der Klappenränder. Viel interessanter sind aber die Fälle, bei denen eine Verbiegung oder propellerartige Verkrümmung der Symmetrieebene der Klappen auftritt, die sich dann oft überhaupt nicht mehr ähnlich sehen. Auch diesen Typ finden wir eher bei den festsitzenden Muschelformen. Beispiele der genannten Unregelmäßigkeiten können wir bei allen Gruppen von Muscheln beobachten, die Unterklasse Pteriomorphia ist daran aber besonders reich.

1, 2. *Hoernesia socialis**, Mittlere Trias (Ladin), Weimar, DDR. Klappenhöhe 26 und 30 mm. **(1)** linke, **(2)** rechte Klappe. Häufige, sehr oft gesteinsbildende Art der germanischen Entwicklung der Trias.
3. *Posidonia becheri**, Unteres Karbon (Visé), Nassau, BRD. Auseinandergefallenes Gehäuse, Höhe der vollständigeren rechten Klappe 38 mm. Häufiges Fossil der Kulm-Fazies des Karbons. Die bekannten jurassischen Posidonienschiefer enthalten die Art *Posidonia bronni* (heute *Steinmannia bronni*).
4. *Monotis salinaria**, Obere Trias (Nor), Hallein, Österreich. Höhe der Klappe links 40 mm.
5. *Rhaetavicula contorta**, Obere Trias (Rhaet), Nürtingen, BRD. Höhe der größten Klappe 17 mm. Leitfossil des Rhaet (germanische Triasentwicklung).

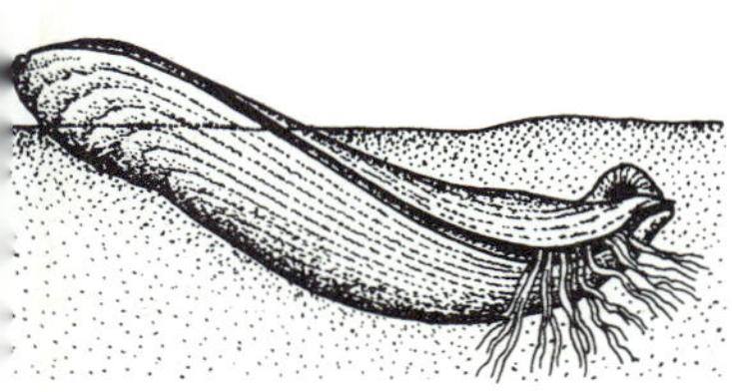

6

Hoernesia socialis (Schlotheim)

Ordnung: Pterioida
Familie: Bakevellidae

Die Vertreter der eurasischen Gattung *Hoernesia* sind von der Trias bis zum Mittleren Jura bekannt. Sie besitzen ungleich gewölbte, schräge und leicht propellerartig verdrehte, geflügelte Klappen **(6)**. Die linke Klappe ist größer und hat einen großen Wirbel, der den geraden Schloßrand überragt. Die linke Klappe ist fast flach.

Rhaetavicula contorta (Portlock)

Ordnung: Pterioida
Familie: Pteriidae

Die Gattung *Rhaetavicula* ist in Eurasien und Nordamerika Leitfossil der Oberen Trias. Sie besitzt kleine, ungleichklappige, schmale, mondförmig gebogene und propellerartig verdrehte Klappen mit einem großen zugespitzten hinteren und einem kleinen vorderen Ohr. Die linke Klappe ist gewölbt und radial gerippt, die rechte Klappe ist flach und glatt.

Posidonia becheri (Bronn)

Ordnung: Pterioida
Familie: Posidoniidae

Die Arten der Gattung *Posidonia* waren vom Karbon bis zum Jura fast über die ganze Welt verbreitet. Sie haben ohrenlose Klappen, deren Wirbel nach vorn verschoben sind.

Monotis salinaria (Schlotheim)

Ordnung: Pterioida
Familie: Monotidae

Die kosmopolitische Gattung *Monotis* aus der Oberen Trias besitzt flache, ein wenig ungleich gewölbte Klappen mit nach vorn verschobenen Wirbeln. Das hintere Ohr ist größer als das vordere.

Modiolus imbricatus (Sowerby)

Ordnung: Mytiloida
Familie: Mytilidae

Viele Muschelarten der Unterklasse Pteriomorphia setzen sich an der Unterlage mit Hilfe von Byssus fest. Es handelt sich dabei um ein Bündel organischer Fasern, deren Zusammensetzung dem Conchiolin ähnelt. Die an der Unterseite des Fußes befindliche Byssusdrüse scheidet eine Flüssigkeit aus, die im Wasser rasch zu Fasern erstarrt. Die Drüse mündet außen in der Byssusgrube, in der sich die Flüssigkeit sammelt, um von hier durch die Byssusfurche zum vorderen Ende des Fußes transportiert und von diesem mit Hilfe einer saugnapfartigen Vertiefung an der benötigten Stelle angebracht zu werden. Byssusdrüsen finden wir nur bei einigen Muschelarten vor. Bei den meisten von ihnen funktioniert diese Drüse nur in der Zeit, in der sich die gerade festgesetzte planktonische Larve auf die benthische Lebensweise umzustellen beginnt. Viele Formen, die sich mit Byssus auch im Erwachsenenstadium verankern, sind in der Lage, die Fäden nach Bedarf zu zerreißen, an eine andere Stelle zu übersiedeln und neue Fäden zu bilden. Dieser Vorgang ist besonders interessant bei den Miesmuscheln der Gattung *Mytilus,* die in der Brandungszone leben. Damit sie von den Wellen nicht weggespült werden, unterbrechen sie nur den hinteren Teil des Byssusbündels und bilden gleichzeitig vorn neue Fasern, so daß sie sich langsam verschieben. Bei einigen Arten ist die Bysusverankerung dauerhaft (zum Beispiel bei der Gattung *Anomia*), hier calcifizieren die Fäden und bilden eine feste Säule. Bei den Muscheln, die sich an der Unterlage anzementieren, scheidet die Byssusdrüse nur Calciumcarbonat aus. Manche Muscheln, zum Beispiel aus der Gattung *Lima,* errichten um sich aus den Byssusfasern eine Art Schutznest.
Die Vertreter der kosmopolitischen Gattung *Modiolus* kennen wir vom Devon bis zur Gegenwart. Sie haben ein stark gewölbtes, dünnwandiges und glattes Gehäuse mit einem nach vorn verschobenen Wirbel **(5)**. Der abgerundete vordere Flügel der Klappen ist nur unwesentlich abgegliedert. Das Schloß ist zahnlos. Unmittelbar vor dem Wirbel befindet sich eine kleine Byssuskerbe. Die Vertreter dieser Gattung leben einzeln in

1. *Modiolus imbricatus,* Mittlerer Jura (Bathon), Großbritannien. Linke Klappe; Länge 47 mm.

2. *Plicatula tubifera,* Oberer Jura (Oxford), Villerssur-Mer, Frankreich. Rechte Klappe; Höhe 40 mm. Am Wirbel ist die Fläche zu sehen, mit der die Klappe angewachsen war. Die Oberfläche ist mit kurzen, hohlen Dornen bedeckt.

3. *Arcomytilus pectinatus,* Oberer Jura (Kimeridge), Bleville, Frankreich. Linke Klappe; Länge 50 mm. Für die Gattung *Arcomytilus* sind zarte Radialrippen und der gestutzte Hinterrand (auf der Abbildung beschädigt) typisch.

4. *Plagiostoma gigantea**, Unterer Jura (Unterer Lias), Degerloch, BRD. Linke Klappe; Höhe 110 mm. Unterscheidet sich von den typischen Gattungen der Familie Limidae durch die glatte Schale.

4

der litoralen Zone, während die nahe verwandten Miesmuscheln (Gattung *Mytilus*) meist in Massenkonzentrationen auftraten.

Arcomytilus pectinatus (Sowerby)

Ordnung: Mytiloida
Familie: Mytilidae

Die Arten der jurassischen bis eozänen Gattung *Arcomytilus* treten in Europa und Afrika auf. Sie haben dünne und gewölbte, hinten fast gerade gestutzte Klappen.

Plicatula tubifera d'Orbigny

Ordnung: Pterioida
Familie: Plicatulidae

Die Muscheln der Gattung *Plicatula* leben von der Mittleren Trias bis heute in Eurasien, Afrika und Nordamerika. Das Gehäuse ist monomyar, hat unregelmäßige Form und ungleich gewölbte Klappen ohne Ohren. Sie wachsen meist mit dem Wirbel der rechten Klappe an feste Gegenstände an.

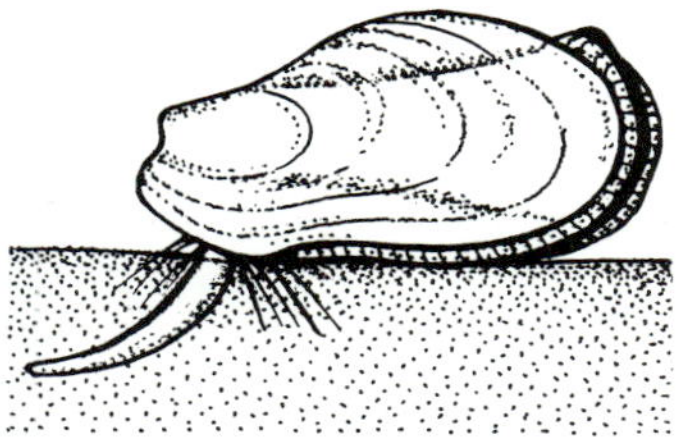

5

Plagiostoma gigantea Sowerby

Ordnung: Pterioida
Familie: Limidae

Die Vertreter der Gattung *Plagiostoma* sind von der Trias bis zur Kreide kosmopolitisch verbreitet. Sie weisen große, wenig gewölbte Klappen mit zugespitzten Wirbeln auf. Das Schloß ist in der Regel zahnlos, das Ligament innerlich.

Gryphaea arcuata LAMARCK

Ordnung: Pterioida
Familie: Gryphaeidae

Die Austern sind eine sehr zahlreiche und erfolgreiche Muschelgruppe. Wir wissen nicht viel über ihren Ursprung, sie tauchten in der Oberen Trias auf und beherrschten bald alle Meere außer den polaren. Die ältesten bekannten Gattungen, einerseits die kälteliebenden *Gryphaea* und *Liostrea* und andererseits die tropischen *Lopha,* könnten eine diphyletische Herkunft der Austern nahelegen.
Alle Austern sind ausgesprochene Flachwasserbewohner und vertragen, mit Ausnahme der Familie Ostreidae, keine Schwankungen der Salinität. Sie sind überwiegend auch wärmeliebend. In kalte Gewässer drangen nur die Gattungen *Ostrea* und *Crassostrea* vor. Die Austern leben festsitzend und sind oft im sauberen, strömenden Wasser mit einer Klappe an den festen sandigen oder felsigen Boden angewachsen. Schlammige Gründe meiden sie oder suchen erhöhte feste Gegenstände auf. Sie treten gewöhnlich in großen Mengen auf, und einige Arten bilden ausgedehnte Bestände und säumen die Klippen entlang der Küste.
Die Gattung *Gryphaea* ist auf der ganzen Welt aus der Oberen Trias und dem Jura bekannt. Die untere (linke) Klappe ist sehr dick und stark gewölbt. Der Wirbel ist stark eingerollt. Hinten ist oft eine Radialfalte vorhanden. Die rechte Klappe ist klein und deckelförmig. Die ungewöhnliche gryphaeide Schalenform ist Ausdruck der Anpassung an das Leben auf weichem Grund. Die Schale hat nämlich nur eine kleine Anhaftfläche; und durch schnelles Wachstum in die Höhe gelangt der freie Klappenrand außer Reichweite des trüben Wassers am Grund. So entsteht die charakteristische Spiralform der unteren Klappe, die später durch das Eigengewicht ganz in das weiche Sediment eingesunken ist **(6)**. Die Stabilität wird von der sehr starken Wand des Wirbelabschnitts der unteren Klappe gesichert. Gryphaeide Schalenformen tauchen unabhängig auch bei anderen Entwicklungszweigen der Austern auf, die oft auch auf festerem Sandgrund leben. Den Tieren wird es dadurch möglich, schnell die zusammenhängenden Algenbestände zu überwinden, die die jungen Exemplare der Austern am Wachstum hindern.

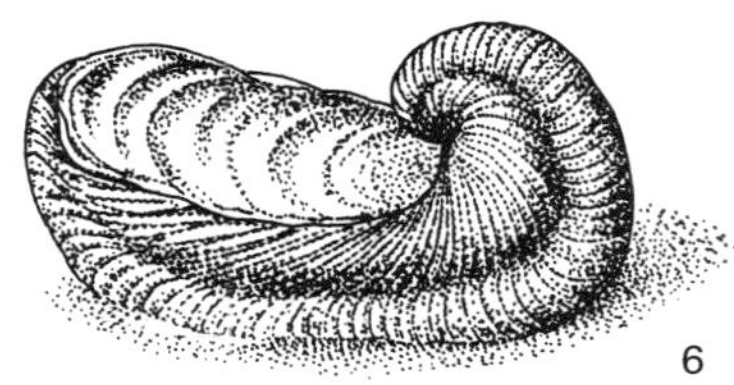
6

Deltoideum sowerbyanum BRONN

Ordnung: Pterioida
Familie: Gryphaeidae

Die Klappen der europäischen mittel- und oberjurassischen Gattung *Deltoideum* sind sehr flach und höher als breit. Die rechte Klappe ähnelt der linken, sie ist nur kleiner. Die Gattung *Deltoideum* hat sich wahrscheinlich aus der Gattung *Gryphaea* entwickelt.

Lopha marshi (SOWERBY)

Ordnung: Pterioida
Familie: Ostreidae

Die Austern der kosmopolitischen Gattung *Lopha* leben von der Trias bis zur Gegenwart in den Tropen und Subtropen. Sie besitzen annähernd gleich gewölbte Klappen mit großen radialen Falten, deren Profil ein umgekehrtes V bilden. Die Anzahl der Falten ist für einzelne Arten typisch. Die Falten heben den Schalenrand über den Grund an und vergrößern bei gleicher Spaltbreite die Fläche der Öffnung.

1, 2, 3. *Gryphaea arcuata**, Unterer Jura (Lias), Göppingen, BRD. Höhe der flachen rechten Klappe 35 mm. **(1)** Linke Klappe von hinten, annähernd in Lebensposition. Die hintere Falte ist sichtbar. **(2)** Deckelförmige rechte Klappe. **(3)** Ansicht von oben in die linke Klappe.

4. *Deltoideum sowerbyanum**, Oberer Jura (Kimeridge), Le Havre, Frankreich. Zwei übereinandergewachsene linke (untere) Klappen. Höhe des gesamten Stücks 170 mm.

5. *Lopha marshi,* Mittlerer Jura (Mittlerer Dogger), Spaichingen, BRD. Rechte Klappe; Höhe 80 mm.

1
2
3
4
5

Ordnung: Pterioida
Familie: Ostreidae

Agerostrea ungulata (SCHLOTHEIM)

Dank der festsitzenden Lebensweise der Austern war der Fuß völlig reduziert. Im Gehäuseinnern war daher auch kein Raumbedarf für den Fuß mehr vorhanden. Auch eine an kriechende oder grabende Lebensweise sich anpassende Gehäuseform war nicht mehr nötig. Die jeweilige individuelle Gehäuseform konnte sich nach den Bedingungen der Unterlage und der unmittelbaren Umgebung richten. Die Gehäuseformen der Austern zeigen daher, wie es auch sonst für sessile Organismen typisch ist, eine große intraspezifische Variabilität. So kommt es oft zu rundlichen Umrißformen. Die Austern bevorzugen feste sandige oder felsige Gründe, in denen das bewegte Wasser nicht getrübt wird. Daher kam es auch nicht zur Ausbildung kegelförmiger oder zylindrischer Gehäuse wie bei den Rudisten. Die flach dem Untergrund aufliegende Unterklappe begünstigte bei geöffneten Klappen eine freie Zirkulation des Wassers zu den Kiemen, die gleichzeitig auch die Nahrungspartikel aus dem Wasser filterten. Durch diese Situation sind mehr dreieckige, vom Wirbel nach vorn breiter wachsende Gehäuseformen häufig. Der oft spitz verlängerte Wirbel mit dem großen Ligament ist meist typisch. An den gegenüberliegenden freien Klappenrändern vollzieht sich der Wasseraustausch der nach vorn verlängerten, oft lappigen Kiemen. Dadurch wurden die Klappen in extremen Fällen halbmondförmig ausgebildet.

Der vordere Schließmuskel war schon bei den monomyaren Stammformen der Austern völlig zurückgebildet. Der hintere wurde um so kräftiger und rückte in zentrale Lage. Er hinterließ immer eine sehr ausgeprägte Muskelhaftnarbe. Die obere (rechte) Klappe ist oft leichter, dünner und etwas kleiner als die linke untere. Die Gestalt der Klappen wurde auch von anderen Faktoren beeinflußt, zum Beispiel vom Licht – die Klappen sind dann dünner, kompakter und markanter gerippt – oder von der dichten Anhäufung von Einzelexemplaren, wo es nicht möglich war, die typischen Gehäuseformen auszubilden.

Agerostrea ist eine in der Oberen Kreide auf der ganzen Welt verbreitete Gattung. Die schmalen gebogenen Klappen mit dem konvexen Vorderrand und den scharfen V-förmigen Falten vergrößern sich von der Mitte an zum Rand hin. Auf dem Hinterteil des Schlosses befindet sich ein Öhrchen.

Ordnung: Pterioida
Familie: Ostreidae

Arctostrea carinata (LAMARCK)

Die Gattung *Arctostrea* war im Oberjura und in der Kreide über alle Weltmeere verbreitet. Sie kennzeichnet sich durch schmale und gestreckte Gehäuse mit einem hohen Längskamm, von dem aus scharfe Falten in Querrichtung verlaufen, die am Gehäuserand zu langen dreieckigen Dornen ausgezogen sind.

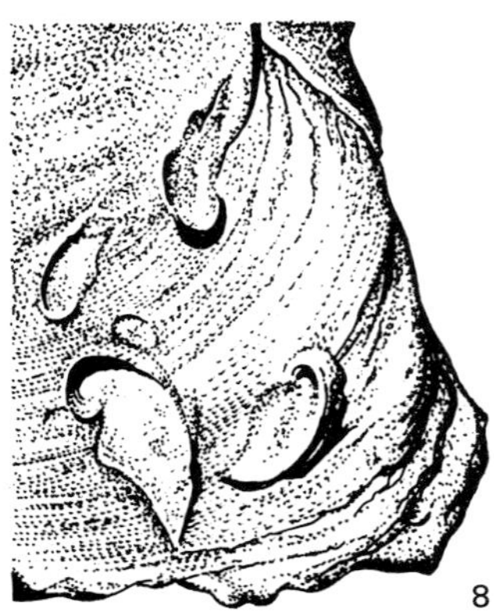

8

Ordnung: Pterioida
Familie: Gryphaeidae

Exogyra sigmoidea (GOLDFUSS)

Diese kleinen europäischen Austern der Kreidezeit haben flache und schmale rechte (freie) Klappen mit spiralig eingerollten Wirbeln und einem ausgeprägten Radialkiel, der die Klappe in einen steilen Vorder-

1, 2. *Exogyra sigmoidea,* Obere Kreide (Cenoman), Korycany, ČSSR. Höhe der rechten Klappen 30 und 34 mm. Ansicht von außen **(1)** und innen **(2)**. Diese Art tritt häufig in den Flachwasser- und Brandungssedimenten des Cenomans auf. Die linken Klappen, die auf den Felsen niedrige, spiralförmige Grate bilden, sind seltener.

3. *Arctostrea carinata,* Obere Kreide (Cenoman), Korycany, ČSSR. Linke Klappe, Höhe 68 mm.

4, 5. *Agerostrea ungulata**, Obere Kreide (Maastricht), Hammadah al Hamra Plateau, Libyen. Höhe der Klappen 48 und 58 mm. Rechte Klappen von außen, vom Sand abgerieben **(4)**, linke Klappe von innen **(5)**. Die verwitterten Klappen bedecken in manchen Teilen der Sahara ausgedehnte Flächen.

und einen breiten, allmählich abfallenden Hinterabschnitt teilt. Die linke Klappe wächst mit der ganzen Fläche an der Unterlage an **(8)**. Der innere Rand der Klappen wird von einem Streifen kleiner Höcker, sogenannten Chomata, gesäumt.

Rhynchostreon suborbiculatum (Lamarck)

Ordnung: Pterioida
Familie: Gryphaeidae

Die eurasische und nordamerikanische Gattung *Rhynchostreon* aus der Oberen Kreide hat gryphaeide Klappen. Die linke Klappe ist stark gewölbt und mit einem abgerundeten Kiel, einem eingerollten, schnabelartigen Wirbel und einer Radialfalte, die sich im hinteren Abschnitt befindet, versehen. Die rechte Klappe ist deckelförmig.

6, 7. *Rhynchostreon suborbiculatum**, Obere Kreide (Turon), Malnice, ČSSR. Höhe der Gehäuse 100 mm. **(6)** linke Klappe mit den ursprünglichen farbigen Streifen, **(7)** Abdruck der inneren Oberfläche der rechten Klappe auf der Schalenausfüllung. Diese Art ist unter der alten Bezeichnung *Exogyra columba* bekannt.

Mytiloides labiatus (SCHLOTHEIM)

Ordnung: Pterioida
Familie: Inoceramidae

Die Familie Inoceramidae setzt ein im Unteren Jura. Die schnelle Entwicklung und die große Formvariabilität ermöglichten es den Inoceramen, die verschiedensten Lebensräume, vor allem der flachen Gewässer, zu besetzen und sich in allen Meeren des Mesozoikums und fast allen Klimazonen auszubreiten. Diesem Umstand ist es zu verdanken, daß sie zur Zeit ihrer größten Entfaltung in der Oberen Kreide zur stratigraphisch bedeutendsten Muschelgruppe wurden. Sie erfüllen alle Voraussetzungen für gute Leitfossilien. Dank rascher Um- und Weiterbildung war die Lebensdauer der einzelnen Arten nur kurz, so daß sie kleine Zeitabschnitte kennzeichnen. Die große geographische Verbreitung ermöglicht auch die Korrelation weit entfernter Profile. Außerdem sind Inoceramen häufig, gut erhalten, makroskopisch verhältnismäßig leicht zu bestimmen. Daß sie sich in verschiedenen Sedimenten vom Schieferton bis zum grobkörnigen Sandstein finden, unterstreicht diese Vorteile. Die schnelle Entwicklung und Spezialisation war wohl einer der Gründe dafür, daß die Inoceramen während der ökologischen Krise am Ende der Kreidezeit ausstarben.
Die Vertreter der kosmopolitischen Gattung *Mytiloides* lebten im Jura und in der Kreide. Sie sind dünnschalig, schwach gewölbt und nur wenig ungleichklappig. Sie haben ein niedriges hinteres Ohr. Der Schloßrand ist kurz und gerade, das Schloß zahnlos. Die Vertreter der Gattung bewohnten flache, warme Meere mit festem Sandgrund, auf dem sie sich mit locker befestigten Byssusfäden verankerten **(4)**. Ihre flachen, senkrecht zum Grund gestellten Schalen waren das Steuer, das von der Strömung so gedreht wurde, daß die Eintrittsöffnung (inhalante Öffnung) gegen und die Austrittsöffnung (exhalante Öffnung) in Richtung der Strömung standen.

Volviceramus involutus (SOWERBY)

Ordnung: Pterioida
Familie: Inoceramidae

Die Gattung *Volviceramus* ist aus der Oberen Kreide Europas und

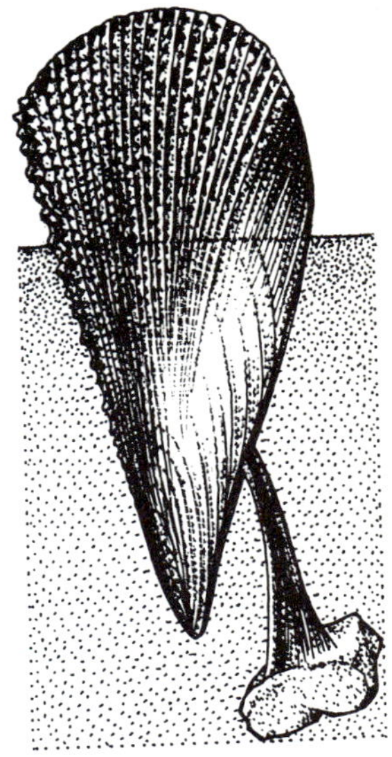

5

1. *Pinna quadrangularis,* Obere Kreide (Turon), Hořice, ČSSR. Höhe des Gehäuses 205 mm. Ansicht von hinten auf ein leicht deformiertes Gehäuse, die Klappenbindung ist erkennbar.

2. *Volviceramus involutus,* Obere Kreide (Unteres Coniac), Štíty bei Šumperk, ČSSR. Eingerollte linke Klappe; Durchmesser 110 mm. Leitfossil für den oberen Abschnitt des Unteren Coniac.

1

3. *Mytiloides labiatus**, Obere Kreide (Unteres Turon), Děčínský Sněžník, ČSSR. Kern von links; Länge 130 mm. Leitfossil des Unteren Turon Europas.

Nordamerikas bekannt. Die großen, stark ungleichklappigen Gehäuse erinnern an gryphaeide Austern. Die linke, untere Klappe ist glatt, stark gewölbt und zu einer Spirale gedreht. Die rechte, obere Klappe ist nur mäßig gewölbt, viel kleiner und rundlich und weist einen konzentrischen Wulst auf. Die Vertreter dieser Gattung lebten in den tieferen, ruhigen Teilen warmer Meere mit weichem tonigem Grund, in den sie mit der dicken spiraligen Klappe einsanken.

Pinna quadrangularis Phillips

Ordnung: Mytiloida
Familie: Pinnidae

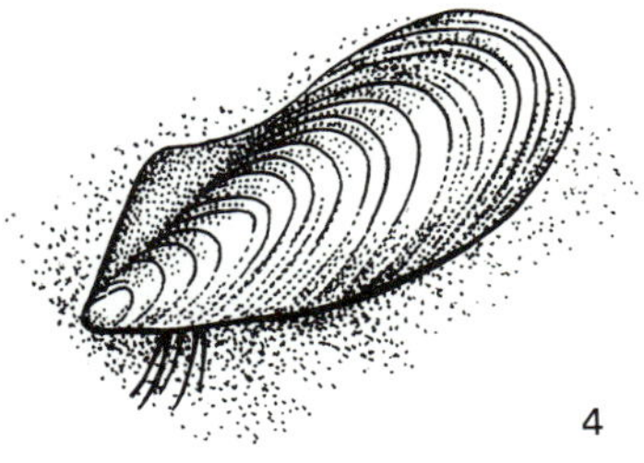
4

Die kosmopolitischen, vom Karbon bis zur Gegenwart lebenden Arten der Gattung *Pinna* besitzen gewöhnlich große, dünnwandige, keilförmige Gehäuse mit einem langen zugespitzten Wirbel und einem mehr oder weniger markanten Radialkamm in der Längsachse der Klappen. Die Skulptur wird von Radialrippen gebildet, die manchmal in Schuppen auslaufen. Die Vertreter der Gattung graben sich zur Hälfte in das Sediment ein und verankern sich gleichzeitig mit Byssus **(5)**.

Weichtiere
Mollusca

Ordnung: Pterioida
Familie: Spondylidae

Spondylus spinosus (SOWERBY)

Die Gattung *Spondylus* ist vom Jura an in allen wärmeren Klimazonen der Erde verbreitet. Die Wirbel sind zugespitzt. Das Gehäuse ist schwach ungleichklappig. In der rechten, an der Unterlage festgewachsenen Klappe ist der Wirbel zu einem Schnabel mit einer dreieckigen Area gestreckt. Der Schloßrand ist kurz und gerade und hat kleine Ohren. Das Schloß besitzt auf beiden Seiten der Ligamentgrube einen kräftigen Zahn. Nur ein Schließmuskeleindruck ist vorhanden. Die Radialrippen der Oberfläche laufen oft in Dornen von verschiedener Länge und Form aus. Diese haben die Aufgabe, den Rand der Klappen so hoch wie möglich über dem Grund zu halten.

Ordnung: Pterioida
Familie: Limidae

Lima canalifera GOLDFUSS

Stratigraphische und geographische Verbreitung der Gattung *Lima* ist die gleiche wie bei *Spondylus.* Das Gehäuse ist schwach gewölbt, höher als lang und hat kleine Ohren. Der Schloßrand ist kurz und gerade, die Area klein. Das Schloß ist zahnlos oder weist gegebenenfalls nur kleine Zähne auf. Die Skulptur wird von radialen, manchmal schuppigen Rippen gebildet. Einige Arten sind mit Byssus verankert, andere liegen frei, und wieder andere schwimmen ähnlich wie die Pectinidae. Seltener sind Arten, die sich aus Byssusfasern komplizierte Schutznester bauen.

Ordnung: Pterioida
Familie: Pectinidae

Chlamys muricatus (GOLDFUSS)

Die Gattung *Chlamys* ist von der Trias an bis zur Gegenwart über die ganze Welt verbreitet. Das Gehäuse ist schwach ungleichklappig, wobei die linke Klappe gewöhnlich stärker gewölbt ist als die rechte. Die Ohren sind deutlich entwickelt, das vordere ist größer und länger als das hintere. Die Verzierung besteht aus dichtstehenden, abgerundeten Radialrippen und konzentrischen Runzeln, die gewöhnlich nur in den Furchen erhalten geblieben sind. *Chlamys muricatus* lebte mit Byssusfasern verankert an geschützten Stellen wie zum Beispiel in Spalten und Klüften, Überhängen, an überstehenden Wänden von Gesteinsbrocken, Algenbeständen u. ä. Die Art kennzeichnet sich durch eine lange und gerade Schloßlinie mit einem langen vorderen Ohr und einer tiefen Byssuskerbe darunter sowie durch ein fast gleichklappiges, groß geripptes Gehäuse.

Ordung: Pterioida
Familie: Pectinidae

Neithea aequicostata (LAMARCK)

In der Kreidezeit war die Gattung *Neithea* weltweit verbreitet. Ihre rechte Klappe hat einen eingerollten Wirbel und ist stark gewölbt. Die linke Klappe ist flach. Beide Klappen haben kleine, gleichartige Ohren. Das Schloß besitzt beiderseits der Ligamentgrube einen Zahn. *Neithea* gehört zu den Pectinidae, die mit Byssus verankert meistens auf festem, ungeschütztem Sandgrund leben. Typische Merkmale sind die starke Ungleichklappigkeit und der gut entwickelte Byssusausschnitt. Die Rippen sind nur mittelgrob.

1. *Spondylus spinosus,* Obere Kreide (Senon), Kent, Großbritannien. Linke Klappe mit ein paar erhalten gebliebenen Dornen; Höhe 50 mm.

2. *Lima canalifera,* Obere Kreide (Unteres Senon), Haltern, BRD. Rechte Klappe; Höhe 55 mm. Die Klappe sitzt auf einer linken Klappe der Art *Chlamys muricatus* auf, die 95 mm hoch ist und deren Ohren abgebrochen sind; die Vertreter beider Arten leben gewöhnlich an geschützten, ruhigen Stellen festsitzend.

3. *Neithea aequicostata**, Obere Kreide (Cenoman), Hájek bei Potštejn, ČSSR. Höhe der gewölbten rechten Klappe 78 mm. Die auseinandergefallenen Klappen zeigen die Unterschiede zwischen beiden.

1
2
3

Weichtiere
Mollusca

Ordnung: Pterioida
Familie: Pectinidae

Amusium cristatum BRONN

Viele Vertreter der Familien Pectinidae und Limidae erwarben die für Muscheln recht ungewöhnliche Fähigkeit zu schwimmen. Sie entwickelten sich aus den ursprünglich festsitzenden, Byssus bildenden Formen. Davon zeugen ihre ungleichklappigen, monomyaren Gehäuse mit der Byssuskerbe unter dem vorderen Ohr. Beim Schwimmen schließt die Muschel die Klappen mehrmals heftig, wodurch das Wasser aus der Mantelhöhlung durch die Spalten in den Ecken der Ohren in zwei Strömen schräg nach hinten ausgespritzt wird. Dank des periodischen Öffnens und Schließens der Klappen ist die Schwimmbewegung flatterig und erinnert an den Schmetterlingsflug. Die Entfernung, die die Muscheln schwimmend zurücklegen, ist bei den einzelnen Arten verschieden. Es handelt sich meist nur um eine Veränderung des Standorts oder die Flucht bei plötzlicher Bedrohung. Es gibt nur wenige Muscheln, die längere Zeit zu schwimmen vermögen. Hierzu gehören die Vertreter der Gattung *Amusium,* die seit dem Miozän bis zur Gegenwart in den tropischen und subtropischen Gebieten Europas und Nordamerikas verbreitet ist. Sie besitzen dünne bis durchscheinende, sehr flache Klappen mit kleinen, gleichgestalteten Ohren. Die Vertreter dieser Gattung sind gute Schwimmer und ziehen tiefere, ruhige Gewässer vor.

Ordnung: Pterioida
Familie: Pectinidae

Flabellipecten beudanti BASTEROT

Wir kennen die Vertreter der eurasischen und nordamerikanischen Gattung *Flabellipecten* vom Miozän bis zur Gegenwart. Sie weisen ungleich gewölbte Klappen mit zugespitzten Wirbeln und mittelgroßen Ohren auf. Die rechte Klappe ist konvex, die linke flach oder leicht konkav. Die Vertreter der Gattung sind in der Lage, kurzfristig zu schwimmen **(9)**.

Ordnung: Arcoida
Familie: Arcidae

Anadara diluvii (LAMARCK)

Die Gattung *Anadara* ist von der Oberen Kreide bis zur Gegenwart über die gesamte Erde verbreitet. Die Klappen haben eingerollte Wirbel und eine gerade Schloßlinie. Unter den Wirbeln befindet sich eine dreieckige Area mit sparrenartigen Rillen. Das Schloß ist taxodont. Der abgerundete Gehäuseumriß, der diese Gattung von der Gattung *Arca* unterscheidet, ist die Folge der grabenden Lebensweise (die anderen Angehörigen der Familie verankern sich gewöhnlich in Felsspalten und anderen Schlupfwinkeln mit Byssus).

Ordnung: Arcoida
Familie: Glycymerididae

Glycymeris obovatus LAMARCK

Die Gattung *Glycymeris* ist ebenfalls weltweit verbreitet, stratigraphisch reicht sie vom Unteren Tertiär bis zur Gegenwart. Sie besitzt dickschalige und schwach gewölbte Klappen mit kleinen schnabelförmigen Wirbeln. Das Schloß bildet an beiden Seiten des gebogenen Schloßrandes eine Reihe leistenartiger Zähne. In der Mitte unter dem Wirbel fehlen die Zähne oder sind nur klein. Der Innenrand der Klappen ist gekerbt.

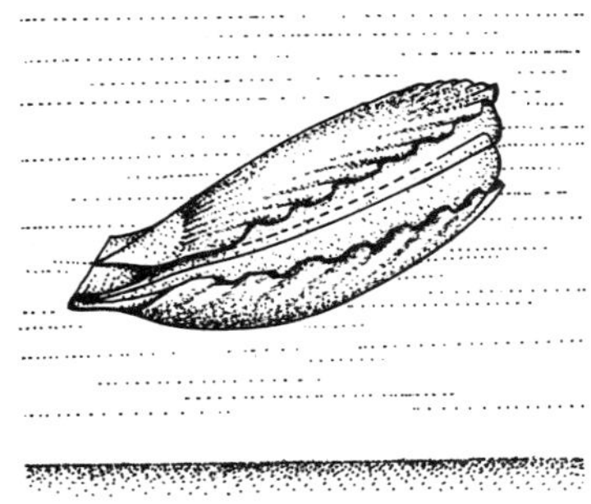

9

1, 2. *Anadara diluvii,* Neogen (Unteres Miozän), Bordeaux, Frankreich. Höhe der Klappe 33 mm. Ansicht der rechten Klappe von außen **(1)**, der linken Klappe von innen **(2)**. Bei der ähnlichen Gattung *Arca* sind die Klappen gestreckter, die Wirbel nach vorn verschoben, die Rippen grob und das Ende der langen Schloßlinie zugespitzt.

3, 4. *Glycymeris obovatus,* Paläogen (Mittleres Oligozän), Mainzer Becken, BRD. Höhe der größeren Klappe 55 mm. Ansicht der linken Klappe von außen **(3)** und innen **(4)**.

5, 6. *Amusium cristatum,* Neogen (Pliozän), Astigione, Italien. Höhe der größeren (linken) Klappe 63 mm. Die Klappen sind sehr dünn und auf der Innenseite mit Radialrippen ausgesteift **(5)**. Die Außenseite bleibt glatt, um ein besseres Gleiten zu ermöglichen **(6)**.

7, 8. *Flabellipecten beudanti,* Neogen (Unteres Miozän), Bordeaux, Frankreich. Höhe der flachen linken (oberen) Klappe 51 mm **(7)**. Die abgeflachten Rippen und die stark gewölbte rechte (untere) Klappe zeigen, daß es sich um eine frei liegende Form handelt.

N

Pg

Einige Bemerkungen über die Ernährung der Muscheln

Die Muscheln besitzen keinen Kopf. Der Mund, der am vorderen Körperende unter dem vorderen Schließmuskel angebracht ist, hat weder Radula noch Kiefer, er weist nur angewachsene Lappen oder andere Anhängsel auf, die bei der Suche und Aufnahme der Nahrung behilflich sind. Da die Muscheln darüber hinaus auch ziemlich unbeweglich sind, bestehen für ihre Nahrungssuche nicht sehr viele Möglichkeiten. Die meisten Muscheln gehören zu den Filterern. Das sind festsitzende, manchmal teilweise eingegrabene Formen, die aus dem von den Kiemen angesaugten Wasser Mikroorganismen und Detritusteilchen abfangen. Hierbei helfen ihnen bewimperte Furchen, die vom Mund zur Kiemenbasis führen, und auch die Kiemen selbst. Zu einer zweiten Gruppe gehören die Muscheln, die sich vom Substrat ernähren, das sind Tiere, die mehr oder weniger aktiv im Sediment graben und daraus mit Hilfe von Mantelfortsätzen oder des Eintrittssiphos organische Reste sammeln (oder aus dem Sediment aufsaugen). Diese Art der Nahrungsbeschaffung ist vor allem unter den altertümlicheren und primitiveren Arten verbreitet. Eine interessante, aber sehr kleine Gruppe wird von den „Raubmuscheln" (z. B. aus der Gattung *Cuspidaria*) gebildet. Sie saugen aktiv lebende Beute auf, wie es verschiedene Larven von Weichtieren, Stachelhäutern und Kleinkrebsen sind. Diese werden von einem Fangarmkranz angelockt, der die Mündung des aus dem Sediment hervorstehenden Eintrittssiphos umgibt. Die so erjagten Lebewesen werden von muskulösen Wülsten in der Mantelhöhle zerkleinert und aufgesogen. Die letzte Anpassungsform ist die Fähigkeit, Zellulose zu verdauen, die sich bei den Bohrmuscheln (Gattung *Teredo*) herausbildete. Diese Muscheln bohren mit Hilfe der raspelartigen Ränder ihrer stark reduzierten Klappen im Holz und ernähren sich teilweise oder vollständig von den Spänen.

1

2

1, 2. *Isognomon sandbergeri*, Paläogen (Mittleres Oligozän), Weinheim, BRD. Klappenhöhe 175 mm. Ansicht der linken Klappe von außen **(2)**, der rechten Klappe von innen **(1)**. Unter dem Wirbel ist die breite, große Byssuskerbe zu sehen.

3. *Crassostrea longirostris*, Neogen (Miozän), Djebel Rasfah, Algerien. Höhe des Wirbelteils der rechten Klappe 250 mm. Die Ligament-Area zeigt die jährlichen Anwachsstreifen, die es ermöglichen, die Lebensdauer zu bestimmen.

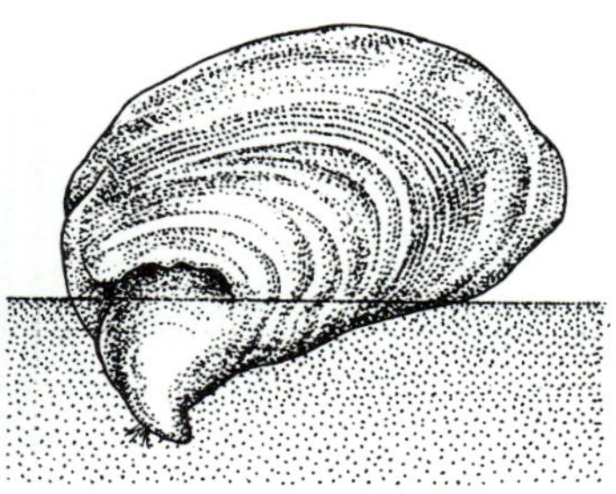

4

Isognomon sandbergeri (Deshayes)

Ordnung: Pterioida
Familie: Isognomonidae

Die kosmopolitische Gattung *Isognomon* ist von der Oberen Trias an bekannt. Die dicken, in der Regel großen und flachen Klappen haben spitze, nach vorn ragende Wirbel. Die linke Klappe ist gewöhnlich ein wenig mehr gewölbt. Das zahnlose Schloß hat eine Ligament-Area, die die Form eines breiten Streifens mit zahlreichen senkrechten Ligamentfurchen aufweist. Die rezenten Vertreter besitzen kleinere und dünnere Klappen als die fossilen. Die meisten Arten der Gattung *Isognomon* leben festsitzend. Sie befestigen sich mit einem starken Bündel von Byssusfasern an geschützten Stellen entweder in waagrechter oder senkrechter Position, wobei der Wirbel teilweise eingegraben ist **(4)**. Sie sind typische Filterer.

Crassostrea longirostris Lamarck

Ordnung: Pterioida
Familie: Ostreidae

Die kosmopolitische Austerngattung *Crassostrea* besteht von der Unteren Kreide an bis zur Gegenwart. Die Gehäuse sind gewöhnlich groß und von wechselnder Form, meist jedoch schlank und langgestreckt, mit rauher Oberfläche, manchmal gerippt; die Anwachsstreifen sind unregelmäßig schuppig. Der Muskelabdruck liegt unmittelbar am Hinterrand und dem freien Rand näher als dem Schloß. Diese Gattung ist geographisch sehr weit verbreitet, und einige ihrer Vertreter ertragen auch extrem niedrige Temperaturen und starke Schwankungen der Salinität.

Schizodus schlotheimi Goldfuss

Ordnung: Trigonioida
Familie: Myophoriidae

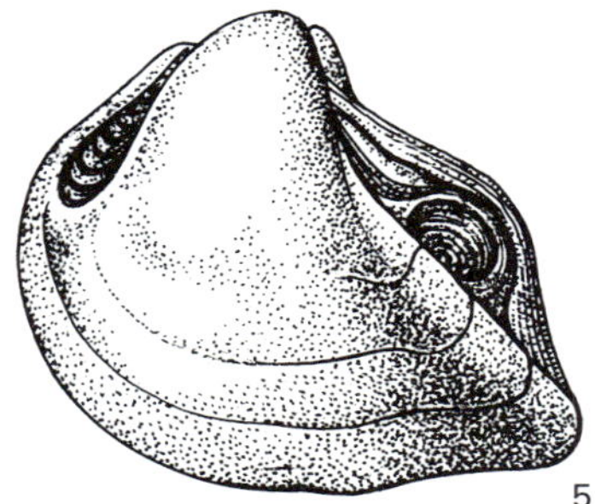

5

Die Unterklasse Palaeoheterodonta umfaßt gleichklappige Meeres- und Süßwasser-Muscheln, bei denen die Schaleninnenschicht meist aus Perlmutter besteht. Das Ligament ist äußerlich. Das Schloß besteht meist aus zwei radial gestellten Zähnen unter dem Wirbel. Seitenzähne fehlen.
Die Unterklasse umfaßt die Ordnung Trigonioida und die Süßwasserordnung Unionida. Ihr wird außerdem zugeordnet der vorwiegend paläozoische, noch sehr unzulänglich bekannte und wohl heterogene Formenkreis der Modiomorphoida, der wahrscheinlich die Vorläufer der Heterodonta einschließt und der mit einigen Vertretern eventuell auch Beziehungen zu primitiven Pteriomorpha hat.
Die Gattung *Schizodus* ist im Karbon und Perm weltweit verbreitet. Sie kennzeichnet sich durch dreieckigen Gehäuseumriß mit mäßig nach vorn verlagertem Wirbel **(5)**; die Oberfläche ist glatt, doch ist hinten unten ein schwach ausgeprägter, abgerundeter Radialkiel vorhanden. Das Schloß hat in der linken Klappe einen großen, dreieckigen, gespaltenen Zahn, der zwischen zwei divergierende Zähne der rechten Klappe eingreift.

Myophoria kefersteini Münster

Ordnung: Trigonioida
Familie: Myophoriidae

Die Gattung *Myophoria* ist in der eurasischen und nordafrikanischen Trias verbreitet. Die schwach gewölbten Klappen haben nach vorn gerichtete Wirbel; ein deutlicher, nach hinten unten gerichteter Radial-

1, 2. *Myophoria kefersteini,* Obere Trias (Karn), Raibl, Italien. **(1)** Ansicht von rechts auf das kleinere Exemplar. **(2)** Größeres Exemplar von hinten. Höhe 45 mm.

kiel setzt sich in einen kleinen Vorsprung des Unterrandes fort. Das Schloß ähnelt dem von *Schizodus* (schizodont).

Scaphotrigonia navis (LAMARCK)

Ordnung: Trigonioida
Familie: Trigoniidae

Die artenreiche, heute fast ausgestorbene Familie der Trigonien entwikkelte sich an der Wende der Trias zum Jura aus den in der Trias reich entfalteten Myophorien. Im Jura bildete sie mit zahlreichen Arten einen bedeutenden Bestandteil der Muschelfaunen. Trigonien zogen im allgemeinen die etwas kühleren Meere vor.

Vom Oberen Jura an gehen sie langsam zurück, vor allem auf der Nordhalbkugel, während sie in den Kreidemeeren der Südhalbkugel noch reich entfaltet waren. Ihre letzten Nachzügler (Gattung *Neotrigonia*) leben in verhältnismäßig größeren Tiefen an der Ostküste Australiens.

Vom Oberen Jura an treten die fortschrittlicheren heterodonten Muscheln (Cardiiden, Veneriden) sowie Pectiniden und Austern mehr und mehr an die Stelle der primitiveren Trigonien.

Im Unteren und Mittleren Jura des europäischen und nordamerikanischen Kontinents findet sich die Gattung *Scaphotrigonia.* Sie hat dickschalige, hinten abgerundet gestutzte Gehäuse. Die mäßig vorragenden Wirbel sind schwach opisthogyr. Der abgeflachte vordere Abschnitt (das sogenannte vordere Feld) ist mit diagonal verlaufenden, höckerbesetzten Rippen und am Vorderrand mit einer Reihe von Höckern verziert. Das hintere Feld zeigt nur kräftige Anwachsfalten.

3. *Scaphotrigonia navis**, Mittlerer Jura (Aalen), Elsaß, Frankreich. Höhe des Gehäuses 43 mm. Ansicht von links. In den Opalinumschichten überall häufiges Leitfossil des Unteren Doggers.

4. *Schizodus schlotheimi,* Oberes Perm (Zechstein), Niederrodenbach, BRD. Kern der rechten Klappe, Höhe 22 mm. Sie befindet sich auf dem Kalksteinbruchstück in Assoziation mit kleinen Exemplaren von *Bakevellia antiqua.*

Lebensweise und Lebensräume von Muscheln

Die Muscheln sind meistens durch ihre Lebensart an den Grund gebunden. Soweit sie nicht auf diesem umherkriechen, darauf liegen oder durch Byssus oder Zement in ihm verankert sind, graben sie in der weichen oder bohren in der harten Unterlage, wo sie Unterschlupf und Nahrung finden. Die Versorgung mit Sauerstoff und bei den filtrierenden Arten auch mit Nahrung wird durch die Kiemen gesichert, die mit Hilfe röhrenförmiger Siphone am Körperhinterende Wasser in die Mantelhöhle ansaugen und ausstoßen. Je tiefer die Muscheln eingegraben sind, um so größer und länger müssen die Siphone sein und um so größer muß auch die Öffnung im hinteren Teil des Mantels sein, die durch den Mantelsinus gekennzeichnet ist. Die Größe des Sinus entspricht also der Tiefe des Eingrabens. Sehr viele Muscheln graben sich nur flach ein, so daß die hinteren Teile der Schale über das Sediment herausragen und der Sinus nur klein ist. Diese Arten sind meistens beweglich und graben im Sediment umher. Die Grabgeschwindigkeit ist in der Brandungszone von Bedeutung, denn hier werden die Muscheln durch die Wellen ständig ausgespült oder vom Sediment verschüttet. Die Schalen dieser Formen sind meistens dick, mittelstark gewölbt und mit kräftigem Ligament und Schloß versehen. Die Siphone sind kurz, und der Mantelsinus ist klein. Die Arten, die sich unter die Oberfläche des Grundes eingraben, sind meist weniger beweglich, und ihre Klappen sind oval und abgeflacht. Sie weisen ebenfalls ein starkes Ligament und Schloß, aber eine große Mantelsinus auf. Sie atmen durch lange Siphone. Es gibt aber auch Ausnahmen (zum Beispiel die Gattung *Lucina*), die über sich mit dem Fuß eine Öffnung durchstoßen. Tief eingegrabene Muscheln sind meist ganz unbeweglich. Sie haben verhältnismäßig dünne, gestreckte Klappen mit einem schwachen Schloß, und das Gehäuse klafft am Hinter- und Vorderrand für den Austritt der Siphonen und des Fußes. Viele Muscheln bohren auch im Kalkstein und Holz. Das Bohren geschieht entweder mit Hilfe des gezähnten Vorderrandes der oft stark reduzierten Klappen oder teilweise auch chemisch, indem das Gestein durch saure Ausscheidungen der Manteldrüsen verätzt wird. Die meisten dieser Arten verbringen ihr ganzes Dasein in den ausgebohrten Gängen und können diese nicht verlassen.

Pg

J

3

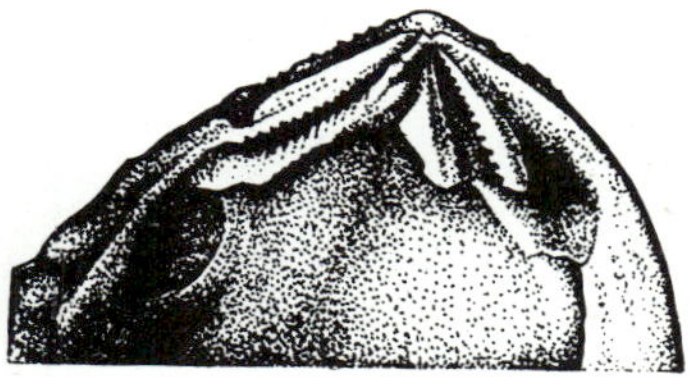

4

1, 2. *Trigonia interlaevigata,* Mittlerer Jura (Dogger), Bielefeld, BRD. Höhe des Gehäuses 64 und 71 mm. Gehäuseansicht von der Seite **(2)** und von hinten auf das hintere Feld mit abweichender Skulptur. Häufige Art des europäischen Doggers.

3. *„Unio" inaequiradiatus,* Paläogen (Oligozän), Miesbach, BRD. Rechte Klappe; Länge 140 mm. Diese Art tritt häufig in den Seenablagerungen des Oligozäns in Deutschland auf, wo sie oft die Braunkohlenflöze begleitet. Die Wirbel der Klappen sind gewöhnlich durch die Einwirkung des Süßwassers verätzt.

Trigonia interlaevigata Quenstedt

Ordnung: Trigonioida
Familie: Trigoniidae

Die Vertreter der kosmopolitischen Gattung *Trigonia* lebten von der Mittleren Trias bis zur Oberen Kreide. Die Gehäuse sind dreieckig mit zugespitzten Wirbeln und einem kräftigen Radialkiel im hinteren Teil. Das große vordere Feld trägt grobe konzentrische Wülste, die vom Kiel durch eine glatte radiale Furche getrennt sind. Das hintere Feld ist schmal und trägt Höckerreihen, die auf der Kreuzung radialer und konzentrischer Streifen liegen. Das Schloß hat lamellenförmige Zähne **(4)**.

„Unio" inaequiradiatus Gümbel

Ordnung: Unionida
Familie: Unionidae

Die im Süßwasser lebende Gattung *Unio* ist schon von der Trias an über die gesamte Erde verbreitet. Die Gehäuse sind sehr variabel und oft, besonders im Hinter- und Wirbelabschnitt, mit einer ausgeprägten Skulptur versehen. Sie haben hinten ein deutliches Ohr. Die Schale besitzt innen eine Perlmutterschicht und außen ein kräftiges Periostracum. Das Schloß weist in der linken Klappe zwei Haupt- und zwei Nebenzähne und in der rechten Klappe einen Haupt- und einen lamellaren Nebenzahn auf. Die früher sehr weitgreifend gefaßte Gattung wird heute in viele selbständige Gattungen und Untergattungen unterteilt.

Grammysia hamiltonensis DE VERNEUIL

Ordnung: Pholadomyoida
Familie: Grammysiidae

Zur Unterklasse Anomalodesmata gehören grabende Muschelformen mit kurzen bis gestreckten gleichklappigen, isomyaren, hinten oft nicht vollkommen geschlossenen Gehäusen mit einer inneren Perlmuttschicht. Das Ligament befindet sich meist innen. Das Schloß ist schwach und meist zahnlos. Die Siphone sind gut entwickelt, der Mantel ist in der Regel ventral verwachsen. Die Anomalodesmata finden sich vom Ordovizium bis zur Gegenwart.
Die Vertreter der Gattung *Grammysia* aus dem Devon besitzen dickschalige, gewölbte Gehäuse mit prosogyren Wirbeln. Die Oberfläche der Klappen ist glatt und mit flachen konzentrischen Wülsten und zwei schrägen, vom Wirbel nach hinten gerichteten Furchen versehen. Das Schloß hat zwei bis drei kleine Zähne. Die Grammysien kommen häufig in den sandigen Sedimenten der flachen Devonmeere vor.

Gresslya gregaria (ZIETEN)

Ordnung: Pholadomyoida
Familie: Ceratomyidae

Gresslya ist eine jurassische kosmopolitische Gattung. Die Klappen weisen nach vorn verschobene stumpfe Wirbel auf, wobei der rechte etwas höher ist. Das Schloß ist zahnlos, hat aber einige Höcker. Die Mantellinie zeigt einen tiefen Sinus. Die Gresslyen lebten tief im weichen Sediment vergraben und ernährten sich vom organischen Detritus.

Pholadomya lirata (SOWERBY)

Ordnung: Pholadomyoida
Familie: Pholadomyidae

Die Gattung *Pholadomya* kommt von der Oberen Trias bis zur Gegenwart weltweit vor. Die großen, kräftig gewölbten Gehäuse haben auffallende, nach oben vorstehende und nach vorn verschobene Wirbel und klaffen am Hinterende. Wenig ausgeprägte konzentrische Streifen kreuzen sich im Vorderabschnitt mit Radialrippen. An den Kreuzungsstellen treten Höcker auf. Das Schloß ist zahnlos. Die Vertreter dieser altertümlichen Gattung lebten grabend **(6)** im Mesozoikum in flachen Gewässern. Später wurden sie in größere Tiefen verdrängt.

Goniomya literata AGASSIZ

Ordnung: Pholadomyoida
Familie: Pholadomyidae

Die kosmopolitische Gattung *Goniomya* ist vom Jura bis zum Eozän bekannt. Die dünnschaligen Gehäuse haben nach vorn verschobene, wenig vorspringende Wirbel. Auf der Oberfläche befinden sich abgerundete schräge Rippen, die die Form eines breiten V bilden. Die Schloßform ist einstweilen unbekannt. *Goniomya* hat so stark entwickelte Siphonen und Fuß, daß das Gehäuse vorn und hinten klafft.

Pleuromya jurassica AGASSIZ

Ordnung: Pholadomyoida
Familie: Pleuromyidae

Die kosmopolitische Gattung *Pleuromya* lebte grabend **(7)** in den warmen, flachen Meeren von der Trias bis zur Kreide. Ihre Klappen sind gewölbt; die nach oben vorragenden Wirbel sind nach vorn verschoben. Das Schloß weist keine wirklichen Zähne, sondern nur vorstehende Buckel auf. Die Mantelsinus ist tief.

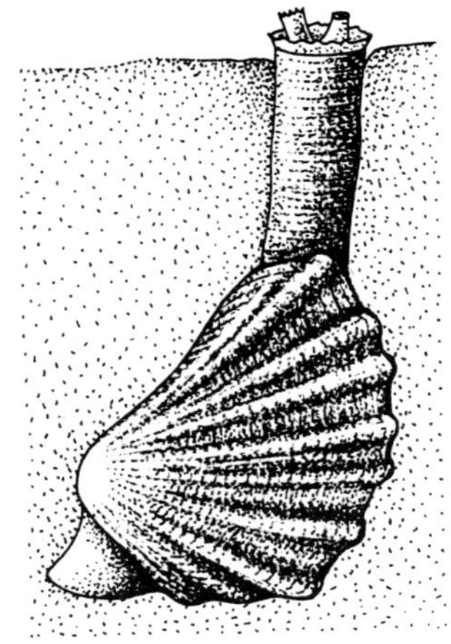

6

1. *Goniomya literata*, Mittlerer Jura (Callov), Popilany, Polen. Gehäusehöhe 21 mm.

2. *Pleuromya jurassica*, Mittlerer Jura (Bajoc), May, Calvados, Frankreich. Gehäusehöhe 36 mm.

3. *Pholadomya lirata*, Mittlerer Jura (Dogger), Du Doubs, Frankreich. Skulpturkern der Schale; Gehäusehöhe 71 mm.

4. *Grammysia hamiltonensis**, Mittleres Devon (Eifel), Daleiden, BRD. Gehäusehöhe 33 mm.

5. *Gresslya gregaria**, Mittlerer Jura (Bajoc), Eimen, BRD. Gehäusehöhe 44 mm.

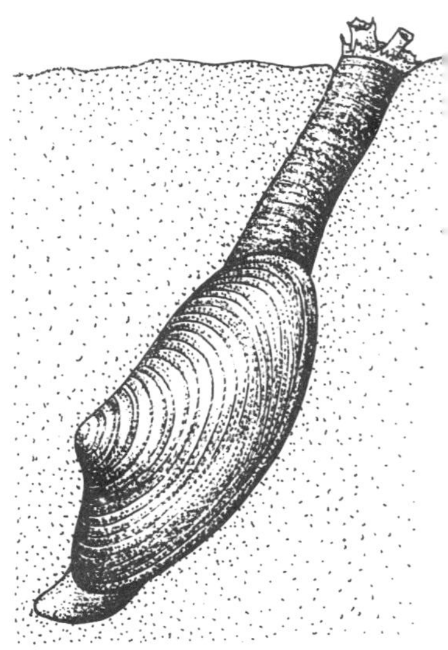

7

1
2
3
4
5

Rostroconchia

sind ein kleiner, selbständiger, vorwiegend alt-paläozoischer Formenkreis, dessen letzte Nachzügler im Perm ausgestorben sind.
Sie haben wie die Muscheln ein zweiklappiges Gehäuse, das den Weichkörper umschloß; ein abgegliederter Kopfabschnitt war wohl nicht vorhanden. Die larvale Gehäuseanlage war wohl ein einklappiges, mützenförmiges Gebilde ähnlich dem der Monoplacophoren, das sich dann in eine rechte und linke Klappe aufteilte. Die beiden Klappen waren aber nicht durch Ligament und Schloß beweglich miteinander verbunden wie bei den Muscheln, sondern wuchsen im Dorsalrand starr zusammen. Am Ventralrand der beiden Klappen klafft ein schmaler Spalt, der sich vorne zu einer wechselnd großen Öffnung verbreitert (für den Austritt des Fußes?); ebenso erweitert er sich am Hinterende zu einer größeren Öffnung, die oft am Ende eines verlängerten Rostrums liegt, vielleicht für eine Art Sipho zum Wasseraustausch mit der Kiemenhöhle. Eine zusammenhängende Mantellinie ist vorhanden.
Die Rostroconchia zeigen somit bemerkenswerte Analogien zu den Muscheln, denen man sie früher zugeordnet hat, von denen sie sich aber durch die starre Verbindung der beiden Klappen und das Fehlen von Schloß und Ligament unterscheiden. Sie sind wohl eine selbständige, aber nicht weiterbildungsfähige Mollusken-Klasse, die neben den Muscheln aus monoplacophoren-ähnlichen Formen hervorgegangen ist. Sie stehen nach ihrem Bauplan wohl in der Mitte zwischen Muscheln und Scaphopoden (Grabfüßern). Älteste Vertreter erschienen im Oberkambrium mit der Gattung *Ribeiria*, deren Gehäuseform relativ muschelähnlich ist, mit weit vorn liegendem Wirbel.

Conocardium bohemicum Barrande

Ordnung: Rostroconchida
Familie: Conocardiidae

Die Gattung *Conocardium* ist vom Ordovizium bis zum Oberperm weltweit verbreitet. Die beiden Klappen sind kräftig gewölbt. Der vorspringende Wirbel liegt ziemlich in der Mitte. Kräftige Radialrippung ist vorhanden. Nach hinten sind sie zu einem Rostrum ausgezogen, an dessen Ende eine ovale Öffnung liegt. Eine größere Öffnung klafft am Vorderende.
Die Rostroconchier lebten wohl im Sediment verankert oder krochen mit dem durch die vordere Öffnung herausgestreckten Fuß auf oder im Sediment grabend. Sie finden sich relativ häufig im weiteren Umkreis von Riffen.

1, 2, 3. *Conocardium bohemicum*, Unteres Devon (Prag), Koněprusy, ČSSR. Höhe des größten Gehäuses 22 mm. **(1)** Kern mit Schalenresten, Ansicht der linken Klappe. **(2)** Gehäuse von hinten. **(3)** Ansicht von oben auf die Schloßlinie.

Grabfüßer *(Scaphopoda)*

sind wie die Rostroconchia eine formenarme, wenig abwandlungsfähige, selbständige Klasse der Mollusken; älteste Vertreter kennt man aus dem Ordovizium; sie haben, ohne je eine nennenswerte Rolle zu spielen, anders als die Rostroconchia, bis zur Gegenwart überlebt.

Wie bei den Muscheln und Rostroconchia wächst das Gehäuse von der dorsalen Mittellinie rechts und links über die Flanken ventralwärts. Ein Aufspalten in zwei Klappen in der dorsalen Mittellinie erfolgt aber nicht. Die Ventralränder der Mantellappen verwachsen und ebenso die freien Ränder der Schale auf der Ventralseite. Es resultiert ein vorn und hinten offenes, röhrenförmiges Gehäuse mit mehr oder weniger kreisförmigem Querschnitt, dessen Durchmesser von hinten nach vorn mit dem Wachstum langsam zunimmt.

Am Vorderende des Weichkörpers ist ein nicht eigentlich abgegliederter Kopfabschnitt mit der von Fangfäden (Captacula) umstellten Mundöffnung. Mit einem ventral vom Kopf vorne herausstreckbaren Grabfuß graben sich die Scaphopoden in das Sediment ein, aus dem sie die Nahrungspartikel holen. Nur der hintere Gehäuseabschnitt ragt aus dem Sediment heraus. Durch die hintere, ins freie Wasser ragende Öffnung erfolgen der Wasseraustausch sowie die Ausscheidung von Stoffwechselprodukten.

Dentalium elephantinum LINNAEUS

Ordnung: Dentaliida
Familie: Dentaliidae

Die Gehäuseröhre der Dentalien erweitert sich gleichmäßig nach vorn und ist leicht gebogen, erinnert durch diese Form etwas an die Stoßzähne der Elefanten. Die Gattung *Dentalium* ist von der Unterkreide bis zur Gegenwart kosmopolitisch verbreitet. Das schwach gebogene, röhrenförmige Gehäuse hat kreisrunden, seltener vieleckigen Querschnitt. Die Oberfläche ist längsgerippt oder glatt. Die kleinere hintere Öffnung ist oft durch einen Einschnitt etwas erweitert. Die Dentalien leben, wie alle Scaphopoden, in den tieferen Regionen aller, vor allem der wärmeren Meere, nur selten im litoralen Bereich.

4. *Dentalium elephantinum**, Neogen (Unteres Miozän), Baden bei Wien, Österreich. Gehäuselänge 60 und 62 mm.

Hyolithen *(Hyolitha)*

Sie werden heute vielfach auch als Klasse Calyptoptomatida bezeichnet und sind ebenfalls eine formenarme, wenig abwandlungsfähige, selbständige Tiergruppe, deren Zugehörigkeit zu den Mollusken indessen nicht unumstritten ist. Sie entfalteten sich schon im Kambrium und gingen danach stetig zurück, um im Perm endgültig auszusterben. Die Hyolithen kennzeichnen sich durch ein kegelförmiges, dünnes, kalkiges Gehäuse. Der Spitzenwinkel variiert zwischen 10° und 40°. Der Querschnitt des Gehäuses ist gerundet dreieckig bis oval. Die als Bauchseite gedeutete abgeflachte Seite des Gehäuses läuft vorne in einen zungenförmigen Fortsatz aus. Der spitze Anfangsteil des Gehäuses ist oft durch Querwände (Septen) abgekammert. Die Mündung des Gehäuses konnte durch eine Klappe (Operculum) verschlossen werden, die auf ihrer Innenseite Leisten, Auswüchse und Zähne zeigt. Von der Mündung ziehen sich manchmal über die Seiten lange, röhrenförmige und nach hinten gebogene Ausläufer **(5)**, deren Funktion und Bedeutung unbekannt ist; vielleicht waren es Hilfsorgane bei der Fortbewegung. Die Lebensweise der Hyolithen ist unbekannt. Wahrscheinlich waren sie zur Ortsbewegung befähigte oder festsitzende Bewohner des Meeresgrundes und ernährten sich von Pflanzen.

Maxilites maximus (Barrande)

Ordnung: Hyolithida
Familie: Hyolithidae

Die mittelkambrische europäische Gattung *Maxilites* hat bis zu 90 mm lange, stark gewölbte, kegelförmige Gehäuse mit halbelliptischem Querschnitt. Der zungenförmige Vorsprung des Mundrandes der Unterseite ragt recht weit vor. Die ovale Deckelklappe hat eine senkrechte Schloßleiste, zwei blattartige Claviculae (das sind radial angebrachte Wülste) und kurze Schloßvorsprünge, die in stumpfem Winkel auseinanderlaufen.

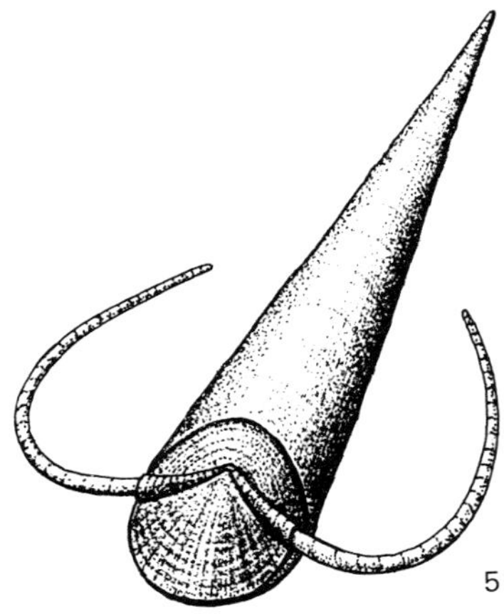

5

Tentakuliten *(Tentaculita)*

Sie werden heute vielfach als selbständige Klasse Cricoconarida bezeichnet. Sie stellen eine selbständige, wenig wandlungsfähige, ausgestorbene Stammlinie dar, die vom Ordovizium bis zum Devon lebte und die mit großer Wahrscheinlichkeit den Mollusken zugeordnet werden kann. Sie kennzeichnen sich durch kleine, spitzkegelförmige, kalkige Gehäuse, deren Spitzenwinkel nicht größer als 8° wird. Der Querschnitt der kleinen Gehäuse ist kreisrund. Die Oberfläche ist in der verschiedensten Weise quer geringelt. Der Anfangsteil der Gehäuse ist meist durch Querwände (Septen) abgekammert.
Die Tentakuliten lebten wahrscheinlich nektonisch, vielleicht auch planktonisch in seichten sowie tieferen Meeren. Sie finden sich oft in fast gesteinsbildender Häufigkeit in den Gesteinen (Tentakulitenschiefer).

Tentaculites raroannulatus Berger

Ordnung: Tentaculitida
Familie: Tentaculitidae

Die Vertreter der Gattung *Tentaculites* haben mittelgroße, schlank kegelförmige Gehäuse mit mehrschichtigen, dickwandigen Schalen. Der spitze Anfangsteil ist durch Septen gekammert (**6** – Gehäusewand zum größeren Teil entfernt).

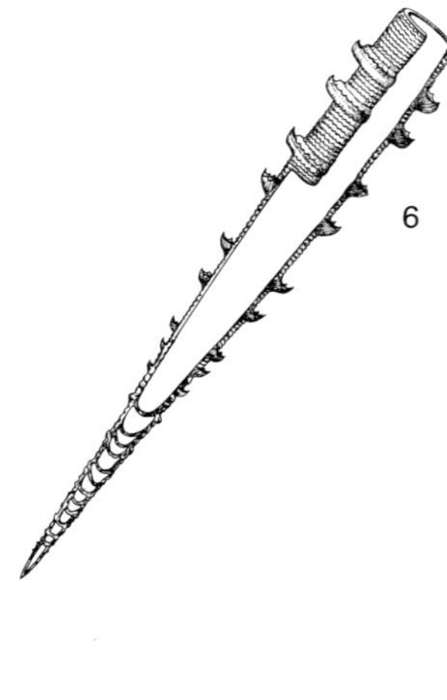

6

Nowakia cancellata (Richter)

Ordnung: Dacryoconarida
Familie: Nowakiidae

Die weltweit verbreitete Gattung *Nowakia*, die vom Oberen Silur bis zum Oberen Devon vorkommt, hat kleine, dünnwandige, schlank kegelförmi-

1, 2. *Maxilites maximus,* Mittleres Kambrium, Buchava bei Skryje, ČSSR. Länge des Gehäuses 45 mm; Ansicht von der Rückenseite **(1)**, auf dem Gesteinsstück befindet sich der Innenseitenkern des Deckels der Art *Maxilites robustus,* mit der Oberseite nach unten gekehrt. Die dreizipflige Kerbe ist der Hohlraum, den die Schloßleiste, die Vorsprünge und die Claviculae hinterlassen haben **(2)**.

ge Gehäuse mit verhältnismäßig großem Spitzenwinkel und eine tropfenförmige Embryonalkammer. Die Oberfläche ist mit dichtgestellten Ringen und feinen Längsrippen bedeckt.

Styliolina sp.

Ordnung: Dacryoconarida
Familie: Styliolinidae

Die kosmopolitische Gattung *Styliolina* hat kleine, schlanke, dünnwandige, kegelförmige Gehäuse ohne Septen. Die Embryonalkammer ist tropfenförmig, die Oberfläche glatt.

3. *Nowakia cancellata**, Mittleres Devon (Daleje), Třebotov, ČSSR. Gerippte Schalen; Länge 6 mm. *Styliolina* sp., glatte Schalen; Länge 3 mm. Taucht gemeinsam mit den Vertretern der Gattung *Nowakia* auf den Schichtflächen der Tentakuliten-Schiefer auf, jedoch in geringerer Anzahl.

4. *Tentaculites raroannulatus,* Unteres Devon (Lochkov), Bogdanovka, Podolia, UdSSR. Länge des größten Gehäuses 14 mm. Ungeordnet angehäufte Tentakulitenschalen mit kleinen Brachiopodenklappen der Art *Mutationella podolica.*

Weichtiere
Mollusca

Kopffüßer *(Cephalopoda)*

Die Cephalopoda stellen die höchstentwickelte Klasse innerhalb der Mollusken dar. Ihr Körper hat, wie bei den Schnecken, einen abgegliederten Kopf- und Fußabschnitt und einen Eingeweidesack. Der Fußabschnitt ist, da die Cephalopoden weitgehend zu schwimmender Lebensweise übergegangen sind, stark abgewandelt. Der vordere Teil ist zu 8 oder 10, gelegentlich noch mehr, den Mund umstehenden Fangarmen (Tentakeln) umgewandelt. Der hintere Teil ist zu einem röhrenförmigen Muskelgebilde geworden, das am Ausgang der Kiemenhöhle steht, dem Hyponom oder Trichter. Durch wechselndes Einsaugen und Ausstoßen des Wassers aus der Kiemenhöhle durch den Trichter wird ein Rückstoßschwimmen bewirkt. Die heute lebenden Cephalopoden haben kein Gehäuse wie Schnecken und Muscheln. Die fossilen Cephalopoden besaßen jedoch ein Gehäuse, das den Weichkörper umgab und schützte (Gehäuse-Caphalopoden). Es ist kegelförmig, durch randlichen Zuwachs röhrenförmig verlängert. Der hintere, meist größere Teil dieses Gehäuses ist durch zahlreiche Querwände (Septen) in Gaskammern geteilt und heißt Phragmokon. Im Endabschnitt, der Wohnkammer, befindet sich der Weichkörper. Der Phragmokon mit seinen Gaskammern stellt einen Auftrieb her und bewirkt ein Schweben im Wasser. Seine Anfangskammer ist der Protoconch. Die Septen der dem Protoconch folgenden Gaskammern sind von einer Öffnung durchbohrt; sie erlaubt den Durchgang eines Gewebestrangs, des Sipho, der durch alle Gaskammern bis zur Wohnkammer verläuft. Er regulierte den Gasdruck, eventuell die Flüssigkeitsmenge der Gaskammern. Alle diesen Gewebestrang stützenden Elemente werden unter der Bezeichnung Sipho zusammengefaßt. An der Durchtrittsstelle des Sipho durch das Septum ist dieses trichterartig zu der Siphonaldüte ausgestülpt. An die Siphonaldüte schließen röhrenförmige Gebilde an, die den Siphonalstrang umhüllen und zum Teil aus Gewebe, zum Teil aus Kalk bestehen. Sie werden als Siphonalhülle bezeichnet und bilden zusammen mit den Siphonaldüten die Siphonalröhre.

Am vorderen Ende des kegeligen Gehäuses befindet sich die offene Wohnkammer. Sie ist viel größer als die Gaskammern und war zu Lebzeiten des Tieres mit seinem Körper ausgefüllt.

Ordnung: Ellesmerocerida
Familie: Bathmoceratidae

Bathmoceras complexum (Barrande)

Die Ordnung Ellesmerocerida ist die Ausgangsgruppe der Nautiloidea. Sie erscheint im Oberkambrium und reicht noch ins Ordovizium hinein. Die Ellesmerocerida haben kleine orthocone oder cyrtocone Gehäuse mit dicht gestellten Septen (kleinen Gaskammern) und einem weiten, gewöhnlich nahe der Peripherie auf der Bauchseite gelegenen Sipho. *Bathmoceras* ist eine aus Mittel- und Nordeuropa, China und Australien bekannte ordovizische Gattung. Die breiten Siphonalhüllen machen den Eindruck ineinandergesteckter, gegen die Mündung zu gerichteter Tüten **(3)**.

3

Ordnung: Orthocerida
Familie: Orthoceratidae

Kionoceras doricum (Barrande)

Im Unterordovizium erschien die neue Ordnung Orthocerida. Ihre geraden oder schwach gekrümmten Gehäuse haben entweder einen engen röhrenförmigen oder innen in den Gaskammern schwach erweiterten Sipho, der mehr oder weniger zentral die Septen durchbohrt. Bei einer Reihe von Gattungen wurde innerhalb der Gaskammern und der Siphonalröhre sekundär Kalk abgelagert, wodurch dem Tier eine waagrechte Gehäuselage ermöglicht wurde. Die Gattung *Kionoceras* ist aus dem Ordovizium bis Karbon Europas, Asiens und Nordamerikas bekannt. Das Gehäuse ist im Querschnitt rund und an der Oberfläche längs berippt.

1. *Bathmoceras complexum**, Mittelordovizium (Llanvirn), Prag-Šárka, ČSSR. Kern **(1)**; Länge 145 mm. Außer sehr kurzen Gaskammern sind für diese Gattung Strukturen in Form eines umgekehrten „V" im Innern des Sipho charakteristisch.

2. *Kionoceras doricum**, Obersilur (Ludlow), Mořina, ČSSR. Länge des Gehäuses 155 mm.

S

O

Weichtiere
Mollusca

Ordnung: Orthocerida
Familie: Dawsonoceratidae

Dawsonoceras annulatum (SOWERBY)

Die wissenschaftliche Klassifizierung der Nautiloiden stützt sich vor allem auf die inneren Merkmale der Gehäuse, d. h. auf die Lage und den Bau des Sipho sowie auf den Charakter der sekundären Kalkablagerungen. Eine Reihe von Gattungen und manchmal auch von Arten, wie z. B. die fast auf der ganzen Welt verbreitete silurische Gattung *Dawsonoceras,* lassen sich jedoch auch aufgrund der äußeren Morphologie bestimmen. Die Gehäuse erweitern sich allmählich und erreichen bis zu 0,75 m Länge. An der Oberfläche haben sie verschieden ausgeprägte Ringe und auffallende wellige Zuwachsstreifen.

Ordnung: Orthocerida
Familie: Orthoceratidae

Michelinoceras michelini (BARRANDE)

In den warmen Schelfen der ordovizischen und silurischen Meere Europas waren Nautiloiden häufig; oft finden sich ihre Gehäuse zusammengeschwemmt in den Orthocerenkalken. Die Gehäuse sind dann häufig von den Meeresströmungen eingeregelt, so daß ihre Längsachsen zueinander parallel liegen. *Michelinoceras* ist eine wichtige, auf der ganzen Welt verbreitete Gattung, deren Vertreter vom Ordovizium bis in die Trias lebten. Ihre Gehäuse sind langgestreckt konisch, mit langen Gaskammern, glatter Oberfläche und enger Siphonalröhre **(6)**.

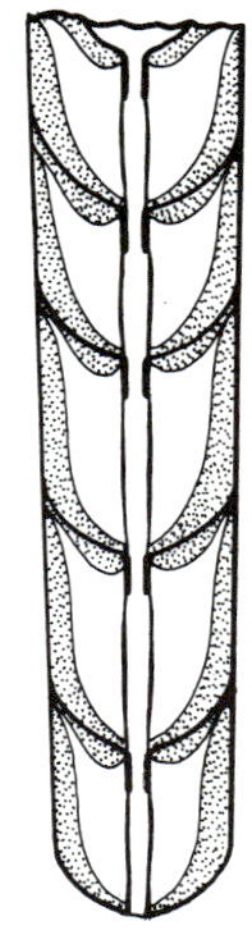

6

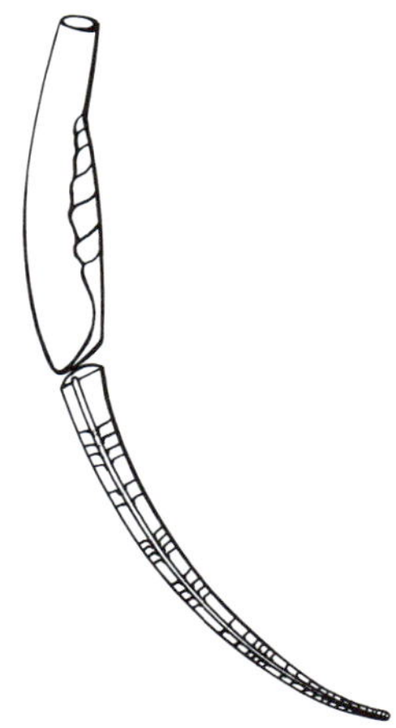

7

1. *Dawsonoceras annulatum**, Obersilur (Ludlow), Dudley, Großbritannien. Länge des Gehäuses 130 mm. Die gut ausgebildeten Ringe und die wellenartigen Zuwachsstreifen auf dem Gehäuse charakterisieren diese häufige silurische Art.

2, 3. *Octamerella callistomoides**, Obersilur (Přídolí), Dvorce, ČSSR. Länge des Gehäuses 80 mm, Höhe der Mündung 50 mm; Kerne. **(2)** zeigt den lappig ausgeschnittenen Mund. Die einzelnen Loben dienten als Augenausschnitte sowie zum Herausschieben der Fangarme und des Bewegungsorgans, des Hyponoms. Kern, Seitenansicht **(3)**.

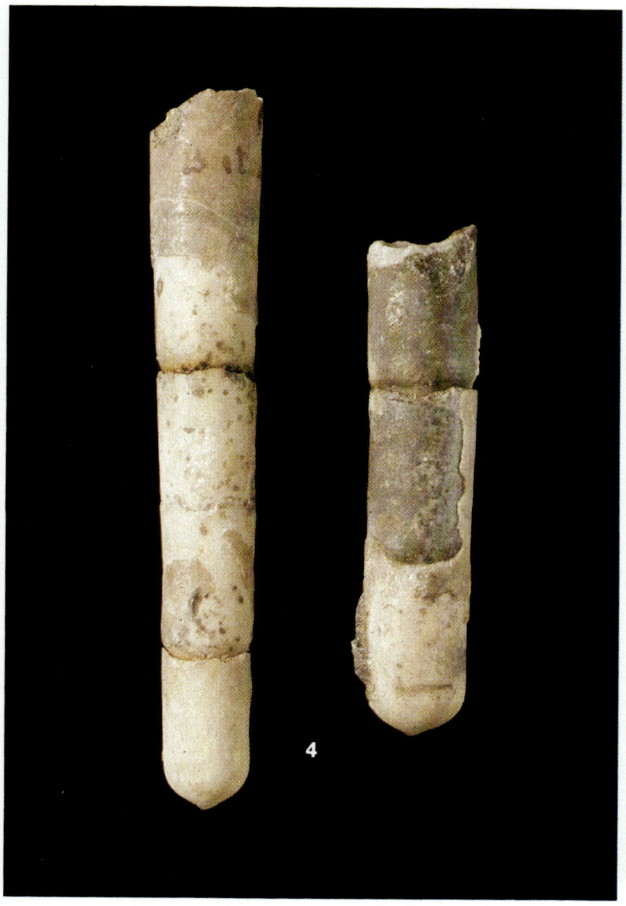

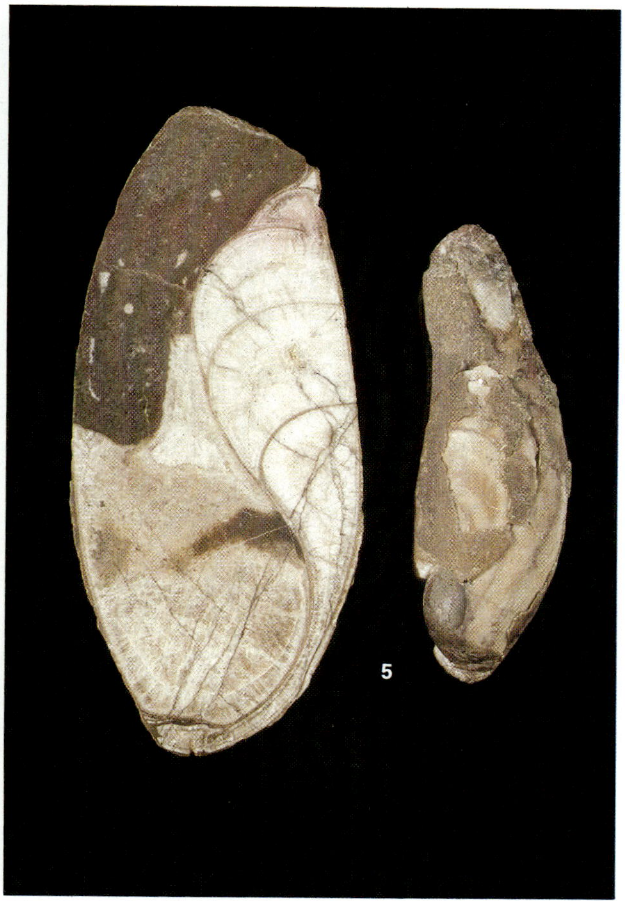

4. *Michelinoceras michelini**, Obersilur (Ludlow), Lochkov, ČSSR. Kernbruchstück der Phragmokone zweier Individuen. Länge 70 und 45 mm. Das Verhältnis zwischen der Länge der Gaskammern und dem Gehäusedurchmesser ist bei den Nautiloiden eines der bestimmenden Merkmale. Längsschnitt durch einen Teil eines Phragmokons **(6)**.

5. *Ascoceras bohemicum**, Obersilur (Přídolí), Kosoř, ČSSR. Länge der Gehäuse 110 und 75 mm (Längsanschliff). Der Anschliff links zeigt die sigmoidal durchgebogenen Septen im Innern der Wohnkammer. Diese wurde nach dem Tod mit Sedimenten gefüllt, während die Gaskammern leer blieben. Später gelangte in sie grauweißer Calcit aus den im Gestein zirkulierenden Lösungen.

Octamerella callistomoides (Foerste)

Ordnung: Oncocerida
Familie: Hemiphragmoceratidae

Die Vertreter der Ordnung Oncocerida lebten vom Mittelordovizium bis zum Unterkarbon. Die dünnwandige Siphonalröhre hat Ringe, die sich häufig im Innern zu strahlenförmig angeordneten Plättchen auswachsen. Einige Gattungen haben eine stark verengte, verschieden gestaltete Mündung. Dies läßt den Schluß zu, daß sie nur kleinstückige Nahrung zu sich nahmen. Die aus Europa und Nordamerika bekannte silurische Gattung *Octamerella* hat mäßig ausgeprägte Längsrippen, und der Rand der Mündung ausgewachsener Exemplare ist in acht Loben geteilt.

Ascoceras bohemicum Barrande

Ordnung: Ascocerida
Familie: Ascoceratidae

Die Ascoceriden sind vereinzelt in ordovizischen und silurischen Sedimenten Europas und Nordamerikas zu finden. Der Phragmokon der noch jungen Gehäuse ist schwach gebogen. Bei adulten Individuen ist die Wohnkammer aufgebläht und nach innen gebogen; in ihrem Innern lagen einige übereinanderliegende Gaskammern **(7)**. Der ursprüngliche Phragmokon wurde offensichtlich schon während des Lebens abgestoßen. Es scheint, daß diese Gehäuse aktives Schwimmen ermöglichten.

Weichtiere
Mollusca

Ophioceras rudens BARRANDE

Ordnung: Tarphycerida
Familie: Ophidioceratidae

Die spiralige Einrollung der Gehäuse steigerte die mechanische Festigkeit. Die innerhalb der Endwindung sichtbaren Teile der Spirale bilden den Nabel. Dank der losen Spirale des ersten Umganges ist in der Nabelmitte eine verschieden große Nabelöffnung vorhanden. Dieser spiral gerollte fortgeschrittene Gehäusetyp ist für die Tarphyceriden typisch. Diese Ordnung erreichte ihre größte Verbreitung noch im Laufe des Unterordoviziums und starb am Ende des Silurs aus. Die Gehäuseoberfläche ist gewöhnlich berippt. Die Siphonalröhre besitzt kräftige Siphonalhüllen. Mit gewissem Vorbehalt wird hierher die Gattung *Ophioceras* gestellt, die im Silur Europas und Nordamerikas vorkommt. Die Mündung ist wulstig durchgebogen **(4)**. Die Außenseite (ventrale Seite) des Gewindes ist schwach abgeflacht bis konkav und von zwei niedrigen Kämmen gesäumt.

Peismoceras pulchrum (BARRANDE)

Ordnung: Barrandeocerida
Familie: Lechritrochoceratidae

Die Barrandeoceriden nähern sich ihrer Morphologie und Anatomie nach am stärksten der einzigen Nautiloideen-Gruppe, die bis in die Gegenwart überlebte, den Nautiliden. Ihre cyrtoconen bis spiral eingerollten Gehäuse haben eine dünnwandige Siphonalröhre.
Nur in Ausnahmefällen sind bei paläozoischen Cephalopoden Reste ursprünglicher farbiger Zeichnung erhalten geblieben. Das gilt für die Silur-Gattung *Peismoceras,* die bisher nur aus Mitteleuropa bekannt ist und deren Gehäuse mit schmalen Längsstreifen verziert war. Das

1. *Peismoceras pulchrum,* Obersilur (Ludlow), Prag-Butovice, ČSSR. ∅ des Gehäuses 68 mm. Auf dem Phragmokon mit sehr gut erhaltenem Gehäuse ist die Farbzeichnung, bestehend aus schmalen braunen Längsstreifen, gut erhalten. Die braune Farbe entstand bei der Fossilisation der ursprünglichen Farbpigmente.

2. *Ophioceras rudens,* Obersilur (Ludlow), Prag-Butovice, ČSSR. Der vollständige Kern mit Resten des Gehäuses, das seiner Form nach an die Gehäuse einiger mesozoischer Ammoniten erinnert. ∅ des Gehäuses 40 mm.

3. *Phragmoceras broderipi*, Obersilur (Ludlow), Beroun-Dlouhá Hora, ČSSR. ∅ des Gehäuses 141 mm. Fast vollständiges Individuum mit Gehäuseresten. Die geschlitzte Mündung auf der Innenseite des Gewindes bildet einen lobenartigen Fortsatz, der das weiche Hyponom schützte.

3

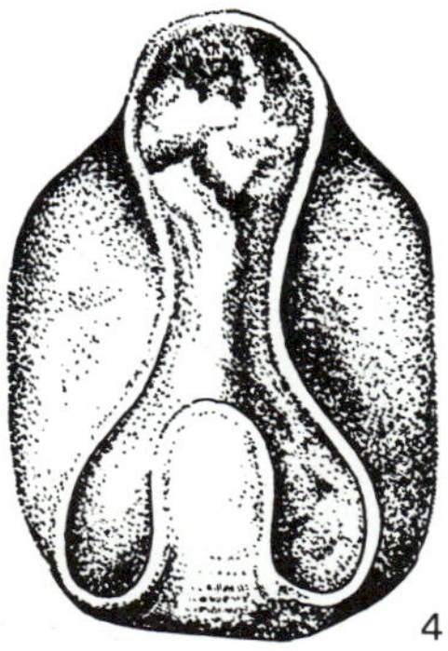

4

Gehäuse junger Individuen war eine niedrige Raumspirale. Später lockerten sich die Windungen, und die Endwindung streckte sich gerade. Die Asymmetrie des Gehäuses und die übrigen Charakterzüge machen es wahrscheinlich, daß *Peismoceras* kein guter Schwimmer war.

Phragmoceras broderipi Barrande

Ordnung: Discosorida
Familie: Phragmoceratidae

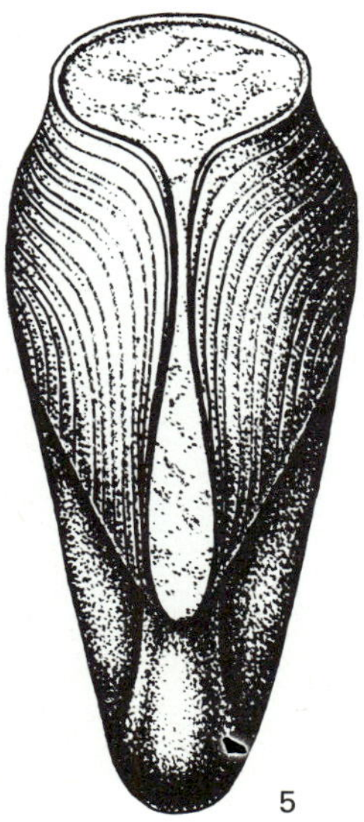

5

In der Gattung *Phragmoceras* wurden früher äußerlich ähnliche Nautiloideen mit verengter, verschieden geformter Mündung vereinigt. Heute sind sie unter verschiedenen Gattungsnamen beschrieben und auf die zwei selbständigen Ordnungen Oncocerida und Discosorida verteilt. Die Discosoriden haben gewöhnlich dickwandige Gehäuse mit breiter, im Durchtritt durch die Septen eingeschnürter Siphonalröhre (mit sekundären Kalkausscheidungen) und kräftigen Siphonalhüllen. Sie treten hauptsächlich in Seichtwassersedimenten auf und lebten wohl am Meeresboden. In den Kopffüßer-Vergesellschaftungen aus dem Ordovizium und dem Silur stellen sie eine wichtige Komponente dar und starben am Ende des Devons aus. Die Silur-Gattung *Phragmoceras* hat ein stark gekrümmtes Gehäuse mit rasch zunehmendem Windungsquerschnitt. Die Siphonalröhre liegt auf der Innenseite der Windungen. Der Mundrand der voll ausgewachsenen Gehäuse hat etwa T-Form (**5**). Die Verbreitung der Gattung ist ungefähr die gleiche wie die der Gattung *Ophioceras*.

Ptenoceras alatum (Barrande)

Ordnung: Oncocerida
Familie: Ptenoceratidae

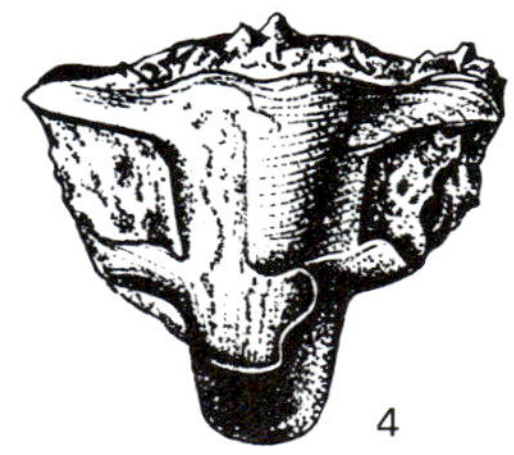
4

Während des Devons waren die Oncoceriden die meistverbreitete Gruppe der Nautiloideen. Neben Formen mit kurzem Phragmokon und rasch zunehmendem Durchmesser (brevicone Gehäuse) waren auch spiralig eingerollte Gehäuse vorhanden. Trotz vieler Unklarheiten werden die Oncoceriden als die Vorfahren der Nautiliden betrachtet. Mitteleuropa lag im Devon ungefähr in der äquatorialen Zone. Das tropische Klima begünstigte das Wachstum der Korallen- und der Stromatoporenriffe sowie die Entfaltung vieler weiterer Formenkreise einschließlich der Cephalopoden. Einige waren eng an die Riff-Fazies gebunden, wie z. B. *Ptenoceras alatum.* Seine Gehäuse **(4)** bilden eine lose Spirale mit sehr rasch zunehmendem Windungsquerschnitt. Der Mündungsrand ist durch Ausbuchtungen stark aufgegliedert. Auf der Außenseite ist eine kräftige Ausbuchtung für den Trichter (Hyponom). Seitlich liegt beiderseits eine Ausbuchtung für die Augenregion. Und eine flache Ausbuchtung findet sich auch auf der Innenseite der Windung. Die seitlichen Ausbuchtungen sind in regelmäßigen Abständen zu langen, flügelartigen Gebilden gestreckt, die eine rasche Fortbewegung verhinderten. Die Siphonalröhre liegt auf der Außenseite. Arten der Gattung *Ptenoceras* finden sich außer in Europa auch im Unterdevon Nordamerikas.

D

Spyroceras pseudocalamiteum (Barrande)

Ordnung: Orthocerida
Familie: Pseudorthoceratidae

Die Orthoceriden sind außer den Nautiliden die einzige Ordnung der Nautiloidea, die nicht ganz auf das Paläozoikum beschränkt blieb; sie reicht mit ihren letzten Nachzüglern noch in die Trias hinein. In den silurischen und devonischen Ablagerungen Europas, Asiens und Nordamerikas kommen Orthoceriden der Gattung *Spyroceras* häufig vor. Ihre gerade gestreckten, schlanken Gehäuse haben auf der Oberfläche eine auffallend gut entwickelte Ringelung, die mit feinen quer- und manchmal auch Längsstreifen kombiniert ist.

Hercoceras mirum Barrande

Ordnung: Nautilida
Familie: Rutoceratidae

Die Nautiliden sind die fortschrittlichste und gattungsmäßig am stärksten aufgegliederte Ordnung der Unterklasse Nautiloidea. Der rezente *Nautilus* ist der einzige heute lebende Gehäuse-Cephalopode; er hat vier Kiemen und ein verhältnismäßig einfaches Nervensystem. Die Ordnung Nautilida erschien im Unterdevon und brachte rasch großen Artenreichtum hervor. Eine der ältesten aus Mitteleuropa beschriebenen Gattungen ist *Hercoceras.* Die Gattung zeichnet sich durch ein bizarr geformtes, spiral eingerolltes Gehäuse aus, dessen Windungen stark dorsoventral zusammengedrückt sind und trapezförmigen Querschnitt haben. Ein wichtiges Merkmal ist die Reihe hohler Mundrandfortsätze an der Flankengrenze und an der Außenseite der Windungen.

1. *Ptenoceras alatum**, Unterdevon (Prag), Koněprusy, ČSSR. ∅ des Gehäuses 40 mm. Auf dem Gehäuse sind die verstärkten Zuwachsstreifen mit dem auffallenden Ausschnitt für die Augen gut zu sehen. Die flügelförmigen Fortsätze bei der Mündung sind abgebrochen.

2. *Spyroceras pseudocalamiteum,* Unterdevon (Prag), Koněprusy, ČSSR. Länge der Gehäuse 55 und 68 mm. Bei beiden Fragmenten ist die Oberflächenskulptur gut erhalten.

3. *Hercoceras mirum**, Unterdevon (Daleje), Prag-Hlubočepy, ČSSR. Kern. ∅ 120 mm.

3

Liroceras gavendi PŘIBYL et BOUČEK

Ordnung: Nautilida
Familie: Liroceratidae

Im jüngeren Paläozoikum waren die Nautiliden am reichsten entfaltet. Heute liegen Beschreibungen von über 100 Gattungen dieser Zeitspanne vor, meistenteils aus Europa und weniger aus Nordamerika und Asien. Einige davon sind sehr weit verbreitet und artenreich vertreten, wie z. B. die Gattung *Liroceras.* Die fast kugelförmigen Gehäuse haben sich stark umgreifende Windungen (involuter Gehäusetyp). Die Windungen sind im Querschnitt nierenförmig mit verhältnismäßig breiter, fast zentral gelegener Siphonalröhre.

Germanonautilus bidorsatus (SCHLOTHEIM)

Ordnung: Nautilida
Familie: Tainoceratidae

Die Grenze Paläozoikum/Mesozoikum macht sich in der Entwicklung der Nautiloidea insofern bemerkbar, als die verschidenen Ordnungen mit Ausnahme eines triassichen Orthoceriden-Nachzüglers und der Ordnung Nautilida im Lauf des Jungpaläozoikums erloschen sind. Die Nautilida setzen aus dem Paläozoikum in das Mesozoikum fort.
Die Trias-Gattung *Germanonautilus* ist aus Europa, Asien, Afrika und Nordamerika bekannt. Sie hat ein mäßig involutes Gehäuse, eine glatte Oberfläche und einen breiten, trapezförmigen Windungsquerschnitt **(6)**. Die Suturen sind auf der Außenseite flach und auf den Windungsflanken etwas stärker nach hinten ausgebogen. Wichtiges Merkmal ist die zentral gelegene, im Durchtritt durch die Septen eingeschnürte Siphonalröhre.

1. *Liroceras gavendi**, Oberkarbon (Namur), Ostrava-Poruba, ČSSR. Kern. ∅ 70 mm.

2. *Germanonautilus bidorsatus,* Mitteltrias (Oberer Muschelkalk), BRD. Unvollständiger, schwach druckdeformierter Kern mit auffallend durchgebogenen Suturen an den Flanken. ∅ 65 mm.

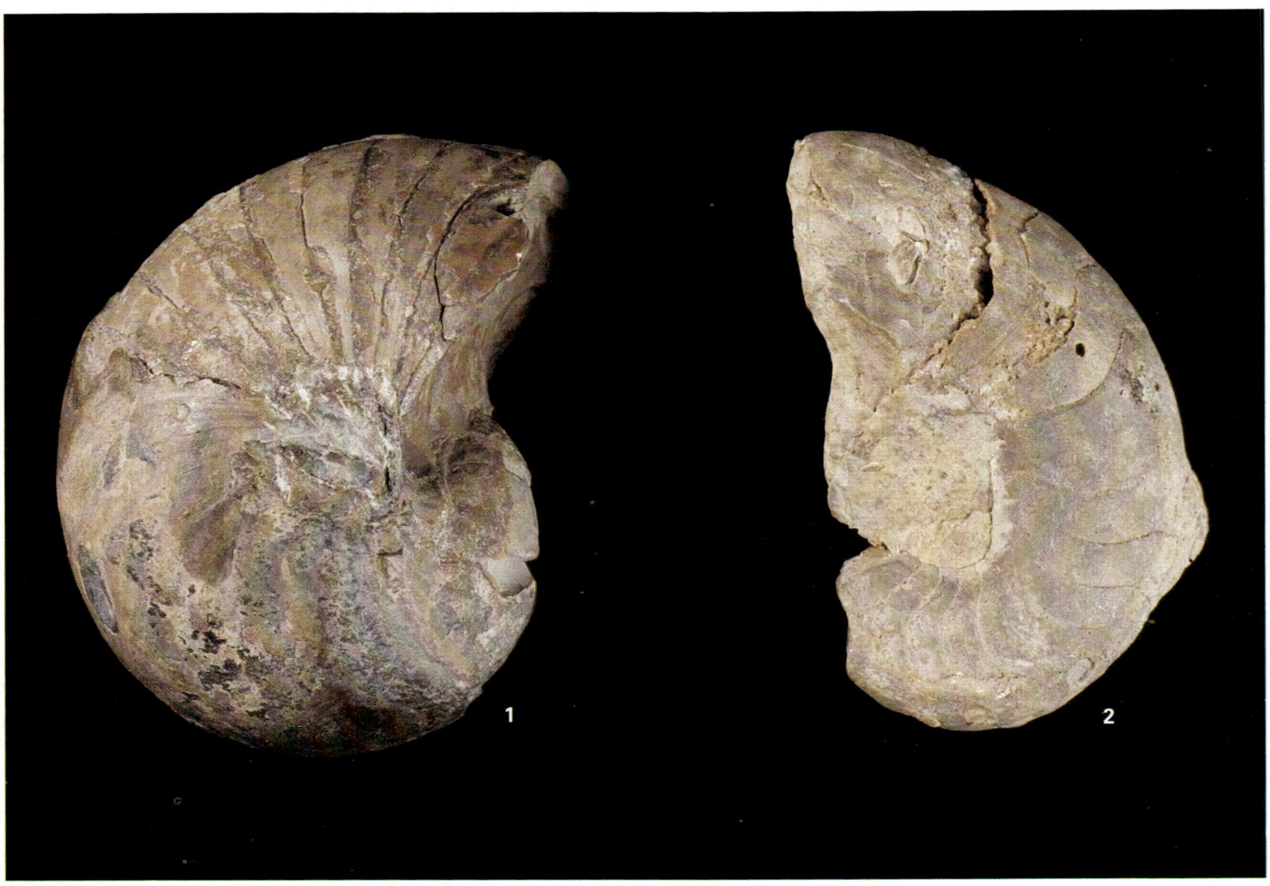

3. *Conchorhynchus* sp., Mitteltrias (Oberer Muschelkalk), BRD. Massives verkalktes Ende des Unterkiefers.

4, 5. *Rhyncholithes hirundo**, Mitteltrias (Oberer Muschelkalk), BRD. Größe 20 und 28 mm. Draufsicht (2) und Seitenansicht (3) des isolierten Unterkiefers.

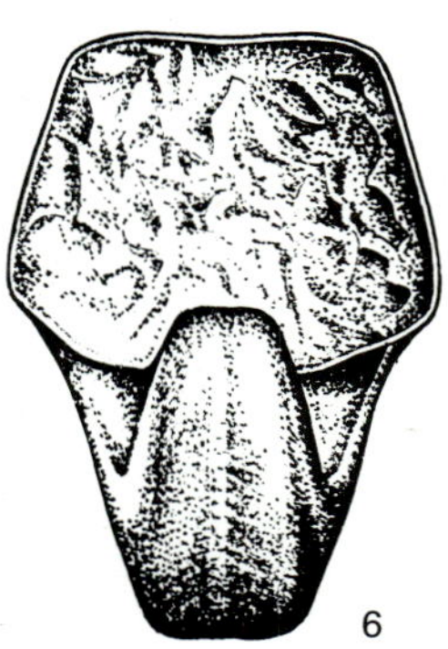

6

Rhyncholithes hirundo (Biguet) *Conchorhynchus* sp.

Rhyncholithen

Die Kiefer der rezenten Kopffüßer erinnern ihrer Form nach an einen Papageienschnabel und sind aus Chitin. Eine einzige Ausnahme bilden die Kiefer des *Nautilus,* die zum Teil verkalkt sind. Der Oberkiefer *(Rhyncholith)* ist robust kalkig und endigt vorn pfeilähnlich. Der Vorderrand des Unterkiefers (des *Conchorhynchus*) ist fein gezähnelt. Nach der Bauform und der stratigraphischen Verbreitung (von der Mitteltrias bis in die Gegenwart) werden sie den Nautiloideen, und zwar der Superfamilie Nautilaceae, zugeordnet. Die Rhyncholithen und die Conchorhynchen kommen getrennt von ihren Gehäusen vor. Die Gehäuse der Gehäuse-Cephalopoden schwebten nämlich wegen des Gasgehalts im Phragmokon nach dem Tode noch längere Zeit im Wasser, während der Weichkörper verweste; die leeren Gehäuse wurden von den Strömungen verdriftet. Die aufgefundenen Kieferteile tragen eigene wissenschaftliche Benennungen.
Funde von Kieferteilen in den Wohnkammern sind sehr selten. Man nimmt an, daß *Rhyncholithes hirundo* und anscheinend auch der zusammen mit ihm vorkommende *Conchorhynchus* zu *Germanonautilus bidorsatus* gehören. Die Kiefer waren der Jagd und der Zerteilung der Beute gut angepaßt. Zum Zermahlen der Nahrung hatten die Nautiloideen wie auch andere Weichtiergruppen eine gut entwickelte Reibplatte, die Radula, die aus hintereinanderliegenden Querreihen kleiner Zähnchen besteht.

Cenoceras lineatum (ZIETEN)

Ordnung: Nautilida
Familie: Nautilidae

Nur schwer würden wir unter den rezenten marinen Wirbellosen ein Lebewesen finden, dem so viel Aufmerksamkeit gewidmet wird wie dem *Nautilus.* Diese Gattung umfaßt die letzten Nachzügler der einmal weit verbreiteten Gruppe der vierkiemigen Gehäuse-Cephalopoden (Tetrabranchia). *Nautilus* lebt heute als „lebendes Fossil" in abgegrenzten Gebieten des Stillen und des Indischen Ozeans, vor allem in der subtropischen und tropischen Zone zwischen Südostasien, Australien und den Fidschiinseln. Er ist ein Räuber mit rund 90 Fangarmen, der sich hauptsächlich von Krabben und den Körpern abgestorbener Organismen ernhährt. Er hält sich in Tiefen von 400 bis 500 m in Gewässern auf, deren Temperatur 31 °C nicht überschreitet.
Alle jurassischen Nautiliden entwickelten sich aus der Gattung *Cenoceras,* die am Ende der Trias erschien und als einzige die Grenze zwischen Trias und Jura überlebte. Gemeinsame Merkmale der Gehäuse sind abgeflachte Außenseite, Suturen mit Außen- und Flanken-Lobus sowie feine Längsstreifung der Gehäuseoberfläche.

Eutrephoceras sublaevigatum (d'ORBIGNY)

Ordnung: Nautilida
Familie: Nautilidae

Die scharfe Grenze zwischen dem Mesozoikum und dem Känozoikum, die durch das Aussterben zahlreicher Organismengruppen einschließ-

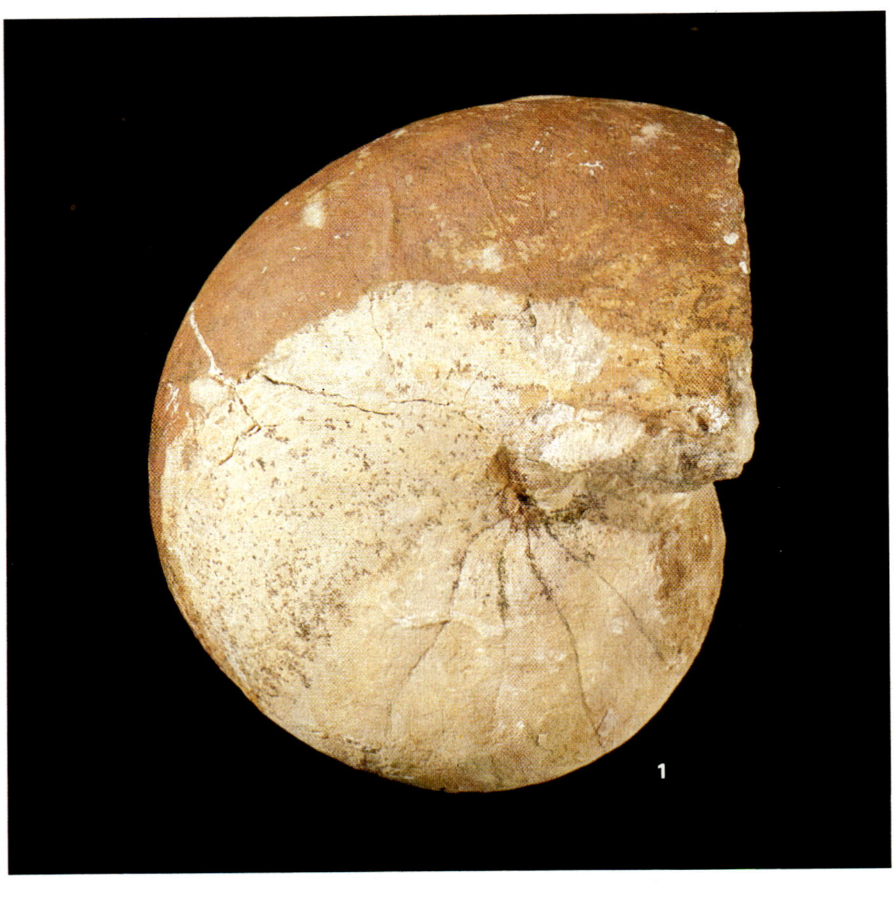

1. *Eutrephoceras sublaevigatum,* Oberkreide (Turon), Prag-Bílá Hora, ČSSR. Kern. ∅ 107 mm. Die Gehäuse erreichen beachtliche Größen (bis 30 cm).

N

K

J

3. *Aturia aturi**, Neogen (Miozän), Italien. ∅ des Gehäuses 23 mm. Die für die Gattung typischen, stark welligen Suturlinien sind bei den Nautiliden eher eine Ausnahme.

lich der Ammoniten und Belemniten charakterisiert ist, machte sich in der Entwicklung der Nautiliden in keiner Weise bemerkbar. Die meisten Kreidegattungen überlebten auch ins Paläogen, darunter die kosmopolitische Gattung *Eutrephoceras,* die erst zu Beginn des Neogens ausstarb. Die glattrückigen involuten Gehäuse haben im Querschnitt breit nierenförmige Windungen. Die Suturen sind schwach gewellt. Die enge Siphonalröhre liegt mehr oder weniger zentral.

2. *Cenoceras lineatum,* Jura (Bathon), Baden-Württemberg, BRD. Der Gehäusekern ist von Eisenoxiden gefärbt. ∅ 64 mm.

Aturia aturi (BASTEROT)

Ordnung: Nautilida
Familie: Aturiidae

Während des Tertiärs gingen die Nautiliden stetig zurück. Bemerkenswert ist, daß eine Reihe der jüngsten fossilen Vertreter der ganzen Gruppe aus Australien oder aus Neuseeland bekannt ist, also aus einem Gebiet, in dessen Nähe auch der rezente *Nautilus* lebt.
Die Gattung *Aturia* ist die bekannteste und verbreitetste Nautiliden-Gattung des Tertiärs. Die diskoidalen Gehäuse der Aturien sind glattwandig mit stark umgreifenden Windungen. Ins Auge stechende Merkmale sind der Suturverlauf mit breitem Sattel (d.h. der zur Mündung hin konvexe Teil der Suturlinie) an der Außenseite und mit schmalem, zugespitztem Lobus sowie breit abgerundetem Sattel an den Flanken. Ein ähnlicher Nahtverlauf, jedoch mit einfacheren Einzelelementen, ist bei der kosmopolitischen Gattung *Hercoglossa* vorhanden.

Weichtiere
Mollusca

Lobocyclendoceras sp.

Ordnung: Endocerida
Familie: Endoceratidae

Die Unterklasse der Endoceratoidea ist fast ganz auf das Ordovizium beschränkt, war aber in dieser Zeit außerordentlich reich entfaltet. Ihre Gehäuse sind meist geradegestreckt (orthocon) mit geringer Durchmesserzunahme, daher schlank. Sie erreichen gewaltige Größen: Aus Nordamerika wurde der Fund eines Endoceras-Gehäuses beschrieben, das 9,5 m lang war. Rechnet man den Weichkörper noch dazu – ob die Endoceraten Tentakeln wie die Nautiloidea besaßen, ist unbekannt –, so darf man durchaus mit einer Länge von gut 15 m rechnen.
Die Endoceraten unterscheiden sich von den Nautiloideen vor allem durch den Bau der Siphonalröhre. Diese lag nicht zentral, sondern peripher, nahe der Ventralseite. Außerdem war sie sehr weit. Vor allem in den Anfangsstadien des Gehäuses füllte sie fast den ganzen Phragmokon aus. Sie enthielt nicht nur den häutigen Gewebestrang, sondern wohl auch Teile des Weichkörpers (Eingeweidesack). Ein Teil der Siphonalröhre wurde sekundär mit Kalk ausgefüllt (Endoconen), entweder in der Form von ineinandergesteckten, auf dem Scheitel durchbohrten, spitzen Kegeln oder von strahlenförmig angeordneten Lamellen.
Die Endoceraten waren sicher keine guten Schwimmer. Sie kommen in der Regel in Seichtwassersedimenten, manchmal auch massenweise vor. So sind z. B. aus dem Ostseegebiet „Vaginatenkalke" bekannt, deren Name sich auf das Massenvorkommen der früher *Endoceras vaginatum* genannten Form bezieht. Diesen Artnamen trägt das abgebildete Fossil, das heute zu der Gattung *Lobocyclendoceras* gestellt wird. Ein auffallendes Merkmal, das schon auf der Kernoberfläche sichtbar ist, stellt der tiefe Ausschnitt (Lobus) an der Seite dar, an der sich die Siphonalröhre befindet.

Dideroceras sp.

Ordnung: Endocerida
Familie: Endoceratidae

Eine weitverbreitete unter- und mittelordovizische Gattung ist *Dideroceras.* Sie ist aus Skandinavien, den baltischen Staaten und Südamerika bekannt. Die charakteristischen Merkmale, erst in Längsanschliffen sichtbar, sind sehr lange, über zwei Gaskammern reichende Siphonaldüten und ein breiter, am Ventralrand liegender Sipho mit Endoconen.

Cameroceras peregrinum (Barrande)

Ordnung: Endocerida
Familie: Endoceratidae

Die Gattung *Cameroceras* ist weltweit verbreitet im Mittel- und Oberordovizium. Die longiconen Gehäuse der Gattung haben fast gerade Suturlinien. Die breite Siphonalröhre liegt auf der Ventralseite. Die Siphonaldüten sind kürzer als die der vorhergenannten Gattung und reichen bis zum vorangehenden Septum.

1. *Dideroceras* sp., Ordovizium, Kinnekulle (Schweden). Länge 80 mm. Längsanschliff. An den Rändern des Siphos sind die endoconen Ausscheidungen und die sehr langen Siphonaldüten zu sehen.

2. *Lobocyclendoceras* sp., Unterordovizium (Arenig), Estland, UdSSR. Länge des Kernfragments 95 mm; aufgedeckte Oberfläche der Siphonalröhre. In späten Wachstumsstadien verkürzte sich häufig die Länge der Gaskammern. Die Endoceraten kommen oft in den Geschieben des Norddeutschen Flachlandes vor, wohin sie durch das quartäre Inlandeis getragen wurden.

3. *Cameroceras peregrinum*, Mittelordovizium (Llanvirn), Mýto, ČSSR. Länge 80 mm. Kernfragment mit teilweise herauspräpariertem Sipho. Da die Siphonalröhren der Endoceraten mit Endoconen versteift sind, widerstehen sie gut der Zerstörung und kommen deshalb häufig isoliert vor.

2
1
3

Eushantungoceras pseudoimbricatum (Barrande)

Ordnung: Actinocerida
Familie: Armenoceratidae

Im Ordovizium erschien, gleichzeitig mit den Orthoceren und Endoceren, in den Actinoceren (Unterklasse Actinoceratoidea) noch eine dritte Unterklasse bzw. Ordnung von Gehäuse-Cephalopoden, die im Karbon ausstarb. Das Gehäuse ist gerade gestreckt (orthocon) oder leicht gekrümmt (cyrtocon), meist mit glatter Oberfläche. Das Charaktermerkmal der Actinoceren liegt in der Siphoröhre. Diese ist ziemlich weit, aber im Durchtritt durch die Septen eingeschnürt; in ihr ist sekundär Kalk abgelagert, der ein kompliziertes Kanalsystem ausspart. Auch die Gaskammern zeigen kräftige sekundäre Kalkablagerungen. Das Kanalsystem des Sipho deutet auf gut entwickelte Fähigkeit, Gasdruck bzw. Flüssigkeitsinhalt der Gaskammern zu regulieren. Vielleicht waren die Actinoceraten gute Schwimmer. Einige Arten eignen sich als Leitfossilien. Höchste Blüte erreichte die ganze Unterklasse im Spätordovizium und im Untersilur. Im Devon wurde sie allmählich in den Hintergrund gedrängt und im Karbon starb sie aus.
Gerade, glattwandige Gehäuse mit sehr niedrigen Gaskammern und auffallend schräggerichteten Suturen haben die Arten der Gattung *Eushantungoceras.* Die Siphonalröhre liegt in der Nähe der Ventralwand des Gehäuses. Sie ist sehr breit und besitzt stark aufgeblähte Siphonalhüllen. Die Gattung ist aus dem Mittelsilur aus Nord- und Osteuropa und Asien bekannt.

Sactoceras pellucidum (Barrande)

Ordnung: Actinocerida
Familie: Sactoceratidae

Eine verhältnismäßig enge Siphonalröhre hat die Gattung *Sactoceras,* die in den silurischen Ablagerungen Europas, Asiens, Grönlands und Nordamerikas vorkommt. Bei einer flüchtigen Betrachtung, ohne Studium des Innenbaus, unterscheidet sich das Gehäuse nicht von dem ihm ähnlichen Gehäusetyp der Orthoceren.
S. pellucidum ist einer der wenigen Vertreter der ganzen Unterklasse, von dem auch das Farbmuster bekannt ist. Aus dem ziemlich gut erhaltenen fossilen Material geht hervor, daß die Gehäuseoberfläche ausgeprägte Längsstreifen trug.

Loxoceras breynii Martin

Ordnung: Actinocerida
Familie: Loxoceratidae

Einer der letzten – karbonischen – Vertreter der Unterklasse Actinoceratoidea ist die aus West-, Mittel- und Osteuropa bekannte Gattung *Loxoceras.* Ihr Gehäuse ist dorsoventral zusammengedrückt. Die mäßig weite Siphonalröhre liegt nahe der Ventralseite. Die Suturlinien sind schräggestellt. Auf der Seite der Siphonalröhre bilden sie eine Ausbuchtung. Das abgebildete Exemplar, das zu der typischen Art der Gattung *Loxoceras* gehört, ist so günstig verwittert, daß der Innenbau des Siphos samt dem schmalen, im Zentrum verlaufenden Kanal zu sehen ist.

1. *Eushantungoceras pseudoimbricatum**, Untersilur (Wenlock), Gotland, Schweden. Längsanschliff eines Teiles des Phragmokons; Länge 63 mm. Der sehr breite Sipho ist mit flachen, scheibenartigen Kalkausscheidungen ausgefüllt, die den häutigen Gewebestrang zur Gehäuseachse drängten.

2. *Sactoceras pellucidum,* Mittelsilur (Ludlow), Beroun–Kosov, ČSSR. Länge des Gehäuses 180 mm. Die dunklen Längsstreifen sind Reste eines Farbmusters. Bei paläozoischen Versteinerungen sind ähnliche Fälle sehr selten.

3. *Loxoceras breynii**, Unterkarbon (Visé), Umgebung von Moskau, UdSSR. Kern. Länge 80 mm. Die röhrenförmigen Strukturen in der Siphonalachse sind verwitterte Kanalfüllungen. Diese Art der Erhaltung ist äußerst selten.

1
3
2

Weichtiere
Mollusca

Ordnung: Anarcestida
Familie: Minosphinctidae

Anetoceras hunsrueckianum ERBEN

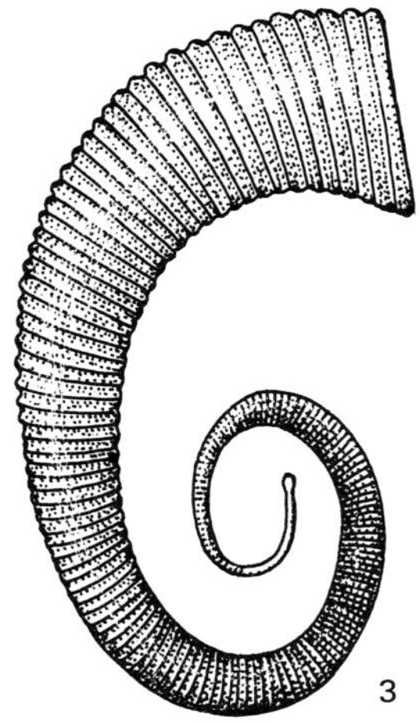

3

Kaum eine Gruppe der Wirbellosen hat die Aufmerksamkeit der Paläontologen und der Laiensammler so stark auf sich gezogen wie die Ammoniten (Unterklasse Ammonoidea). Ihre ältesten Vertreter erschienen bereits im Unterdevon und zählten dann rund 300 Millionen Jahre zu den dominierenden Komponenten der marinen Lebensgemeinschaften. Ihre starke Wandlungsfähigkeit, die kurze Lebensdauer der Arten und die weite Verbreitung machten sie zu wichtigsten Leitfossilien.
Das Ammoniten-Gehäuse ist wie das der Nautiliden spiral eingerollt, aber die Siphoröhre ist eng und verläuft an der Außenseite der Windungen. Die Suturlinie spezialisiert sich in sehr typischer Weise als eigentliche Lobenlinie. Stammgruppe der Ammoniten sind die Bactriten, die ein schlankes, gerade gestrecktes Gehäuse haben mit einem engen, randlich auf der Ventralseite verlaufenden Sipho. Eine eiförmige Embryonalkammer (Protoconch), Verhalten des Sipho, Auftreten eines äußeren (ventralen) Siphonal-Lobus sowie ein seitlich zusammengedrückter Gehäusequerschnitt sind gemeinsame Merkmale der Bactriten und der Ammoniten. Außerdem kennt man Übergangsformen von den gerade gestreckten Bactriten zu den spiral eingerollten Ammoniten.
Schon im Devon erfolgte eine erste, rasche Entfaltung der Ammoniten. Ihre Hauptblütezeit lag jedoch in den Zeiten des Mesozoikums, vor allem während des Jura und der Kreide. Sie brachten eine gewaltige Formenvielfalt hervor und waren wohl an die verschiedensten Bedingungen der marinen Lebensräume angepaßt. Am Ende der Kreide starb

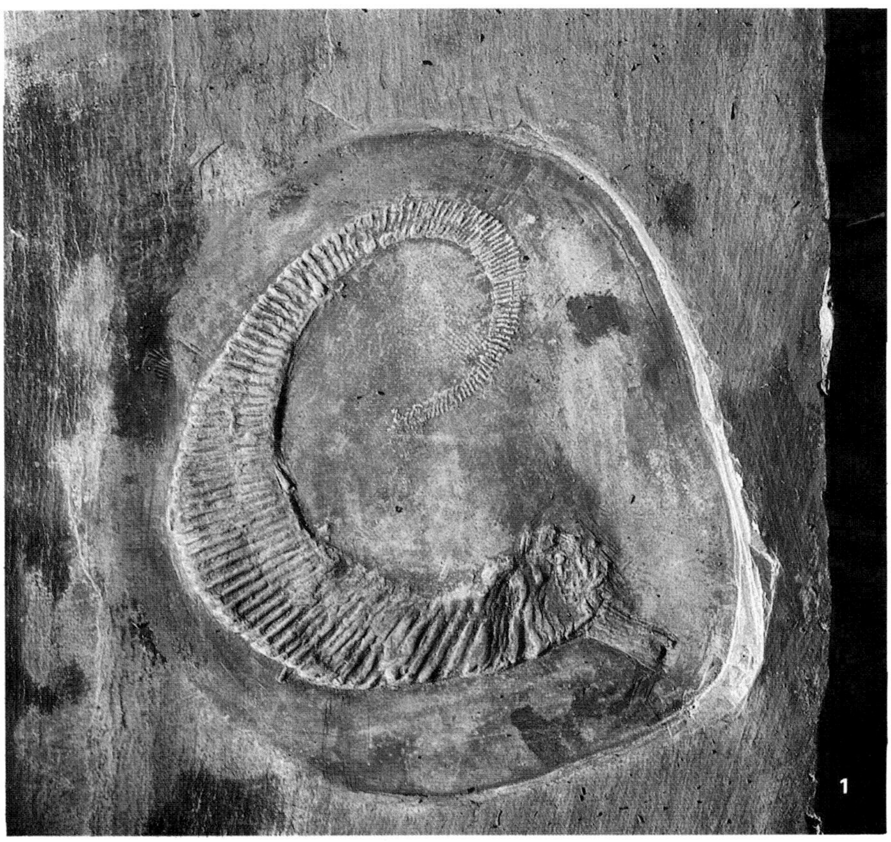

1

1. *Anetoceras hunsrueckianum,* Unterdevon (Zlíchov), BRD. ∅ des Gehäuses 75 mm; deformiertes Stück. Das zu einer losen Spirale gewundene Gehäuse ist für die ältesten Ammoniten kennzeichnend.

2. *Teicherticeras discordans**, Unterdevon (Daleje), Choteč, ČSSR. ∅ des Gehäuses 30 mm; deformiertes Stück.

die Unterklasse aus. Bis heute sind rund 10 000 Ammoniten-Arten beschrieben worden.

Die ersten bekannten Ammoniten werden zu den Mimosphincten (Familie Mimosphinctidae) gestellt. Ihre Gehäuse sind lose eingerollt **(3)**, oder aber die Windungen berühren einander. Die Suturen sind sehr einfach mit äußerem, seitlichem und – eher ausnahmsweise – auch mit innerem Lobus. Die bekannteste, geographisch weit verbreitete Gattung ist *Anetoceras,* die in den unterdevonischen Sedimenten an vielen Orten Europas, Asiens, aber auch in Nordafrika und Nordamerika festgestellt wurde. Ihre Windungen berühren sich nicht; ihr Windungsdurchmesser nimmt gleichmäßig zu. Radiale oder schräge Berippung ist vorhanden.

Teicherticeras discordans Erben

Ordnung: Anarcestida
Familie: Mimosphinctidae

Gemeinsam mit den Gehäusen der ältesten Arten der Gattung *Anetoceras* sind auch Ammoniten mit entwicklungsmäßig fortgeschrittenerem Gehäusetyp anzutreffen. Die Gehäuse sind evolut, d. h. weit gewickelt; die Windungen berühren sich oder umgreifen sich sehr schwach. Die Suturen haben bereits einen klar angedeuteten (dorsalen) Innenlobus. Die Anfangswindung war noch lose, daher ist eine zentrale Nabellücke vorhanden. Diesen Ammonitentypus vertritt die weit verbreitete Gattung *Teicherticeras.*

In den Tentakulitenschiefern des mittelböhmischen paläozoischen Beckens treten auffallend radialberippte *T. discordans* auf, die kürzlich auch in den ebenso alten Sedimenten Südchinas gefunden wurden.

Gyroceratites gracilis Bronn

Ordnung: Anarcestida
Familie: Mimoceratidae

Die Entwicklungstendenz der unterdevonischen Ammoniten war auch schon bei den Jugendwindungen auf eine Verstärkung der Einrollung ausgerichtet. Der elliptische Protoconch wandelte sich allmählich zu einem kugelförmigen um.
Im späten Unterdevon erschien die geographisch weit verbreitete konservative und von der einzigen Gattung *Gyroceratites* repräsentierte Familie Mimoceratidae. Sie hatte sich wahrscheinlich von der Gattung *Teicherticeras* abgespalten. Das Gehäuse ist diskoidal mit Nabellücke; die Windungen haben ovalen Querschnitt, eine abgeflachte Außenseite und am Übergang zu den Flanken angedeutete Kiele. Charakteristisch ist auch die Skulptur, die aus schwach angedeuteten, leicht gebogenen Rippen besteht **(5)**.
G. gracilis ist der am häufigsten anzutreffende Vertreter der Gattung. Er kommt in Unterdevon-Ablagerungen verschiedener Fazies in Europa, Asien und Nordafrika vor.

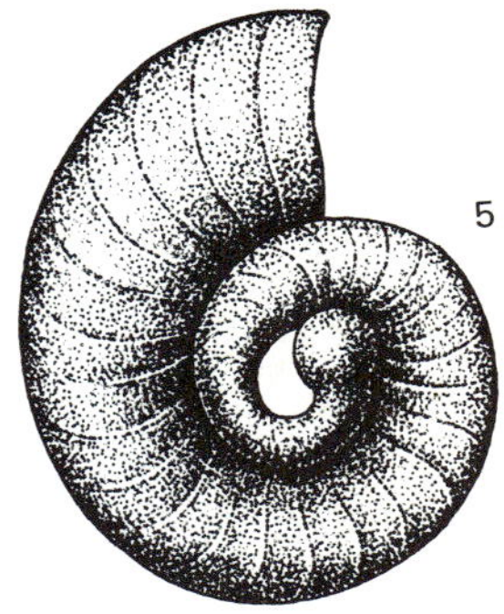

5

6

Mimagoniatites fecundus (Barrande)

Ordnung: Anarcestida
Familie: Agoniatitidae

Im Formenkreis um *Teicherticeras* sind auch die Vorfahren der erfolgreichen Familie Agoniatitidae zu suchen, von der offensichtlich auch die Anarcestiden (Familie Anarcestidae) sich herleiten. Charakteristische Merkmale der Agoniatiten sind vor allem die diskoidalen Gehäuse mit sich schwach umgreifenden Windungen und mittelweitem bis engem Nabel. Die Anwachsstreifen sind S-förmig geschwungen. Die Suturen haben nur drei Loben: einen äußeren, einen seitlichen und einen

1, 2. *Gyroceratites gracilis**, Unterdevon (Daleje), Prag–Hlubočepy, ČSSR. **(1)** Kern eines extrem großen Individuums, **(2)** unvollständiges Individuum mit erhalten gebliebenem Gehäuse. ∅ der Gehäuse 56 und 27 mm.

3. *Mimagoniatites fecundus**, Unterdevon (Dalej), Bubovice, ČSSR. ∅ des Gehäuses 47 mm. Sehr gut erhaltenes komplettes Gehäuse mit herauspräparierter Anfangskammer (Protoconch).

4. *Anarcestes plebeius**, Unterdevon (Dalej), Prag–Hlubočepy, ČSSR. Kern des Phragmokons, bestehend aus gelblich angewittertem Kalkstein mit deutlich sichtbaren Suturen an den Flanken. ∅ 30 mm.

inneren. Die Gattung *Mimagoniatites* zählt zu den älteren Vertretern der Familie. Sie ist schon in verschiedenen Gesteinsfazies des Unterdevons in Europa, Nordafrika und Asien anzutreffen. Ihre wichtigsten Merkmale sind der abgerundet-trapezförmige Gewindequerschnitt und die kleine Nabellücke.

Anarcestes plebeius (Barrande)

Ordnung: Anarcestida
Familie: Anarcestidae

Charakteristisch für die Anarcestiden ist das aus zahlreichen, langsam zunehmenden Umgängen bestehende Gewinde. Auch hier zeigt die Suturlinie drei Hauptloben. Bei den älteren Vertretern ist noch eine kleine Nabellücke vorhanden. Die ersten Anarcestidae erschienen vor dem Ende des Unterdevons. Schon rasch kam es zu starker Aufspaltung und weiter Verbreitung.
Die Gattung *Anarcestes* zeichnet sich durch verschieden dicke, diskoidale Gehäuse **(6)** mit kleiner Nabellücke aus. Nach dem Gehäusetyp darf man weniger schnelle Fortbewegung vermuten. Die Arten der Gattung *Anarcestes* sind im Unterdevon der nördlichen Halbkugel häufig anzutreffen.

Agoniatites inconstans (PHILLIPS)

Ordnung: Anarcestida
Familie: Agoniatitidae

Am Ende des Unteren Devons waren die noch primitiven Typen mit nicht ganz geschlossener Spirale von fortschrittlicheren Gattungen ersetzt, die keine Nabellücke mehr hatten. Die ältere Gattung *Mimagoniatites* wurde von der ziemlich konservativen Gattung *Agoniatites* abgelöst, die ohne größere morphologische Veränderungen bis zum Ende des Mitteldevons überlebte.
Der äußeren Form des Gehäuses, dem Windungsquerschnitt sowie der Oberflächenskulptur nach sind beide Gattungen einander sehr ähnlich. Die Gattung wurde von allen Kontinenten (außer von Australien und der Antarktis) beschrieben. Interessant ist die große geographische Verbreitung einiger Arten. So ist z. B. *A. inconstans* aus den marinen Ablagerungen Europas und Nordamerikas bekannt.

Pinacites jugleri ROEMER

Ordnung: Anarcestida
Familie: Pinacitidae

Die Pinaciten spalteten sich anscheinend noch vor dem Ende des Unterdevons von den Agoniatiten ab. Die Form der Gehäuse variiert sehr. Immer aber umgreifen sich die Windungen ziemlich stark und sind an den Flanken abgeflacht. Die Suturen sind komplizierter als bei den Vertretern der älteren Familie.

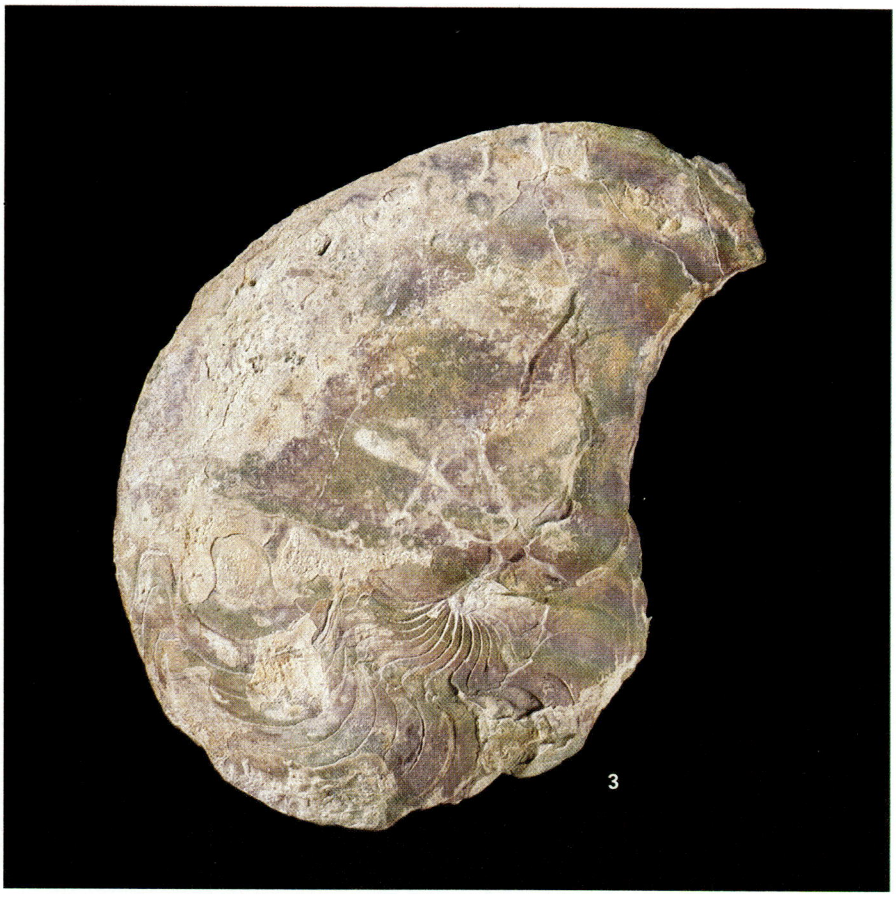

3

1. *Agoniatites inconstans,* Mitteldevon (Givet), Martenberg, BRD. ∅ des Gehäuses 45 mm. Das Stück stammt aus sedimentären Eisenerzen, die sich in einem seichten Meeresmilieu absetzten.

2. *Cheiloceras subpartitum**, Oberdevon (Famenne), Vápený bei Jítrava, ČSSR. Zwei pyritisierte Kerne, anscheinend Mikrokonchen (Gehäuse eines Männchens). ∅ 12 und 9 mm. Die Makrokonchen (Gehäuse eines Weibchens) wuchsen auf rund doppelte Größe an. Leitart der Goniatiten in der Unteren Famenne-Stufe.

3. *Pinacites jugleri,* Mitteldevon (Eifel), Prag-Hlubočepy, ČSSR. Fast vollständiger Kern, ∅ 112 mm.

Die Gattung *Pinacites* ist an den diskusförmigen, stark involuten Gehäusen mit schnell zunehmender Windungshöhe und scharfer Außenseite leicht zu erkennen. Sie kommt im frühen Mitteldevon Europas, Nordafrikas, Asiens und Nordamerikas vor. Das diskusförmige Gehäuse mit geschlossenem Nabel und glatter Oberfläche war offensichtlich eine gute Schwimmform.

Cheiloceras subpartitum (Münster)

Ordnung: Goniatitida
Familie: Cheiloceratidae

Im Mitteldevon spalteten sich von den Anarcestiden auch die Goniatiten ab, die vom Mitteldevon über das jüngere Paläozoikum bis in die frühe Trias lebten. Sie sind gekennzeichnet durch kugelige bis diskoidale Gehäuseform mit stark umgreifenden Windungen und höchstens schwach angedeuteter Skulptur. Die Suturen sind komplizierter, die Loben zugespitzt, die Sättel abgerundet. Der Außenlobus ist durch einen Mittelsattel zweigeteilt.
Die weltweit verbreitete oberdevonische Gattung *Cheiloceras* hat linsenförmige bis fast kugelige Gehäuse mit verdecktem Nabel. Die sonst glatte Oberfläche zeigt meist einige Einschnürungen. Bei dieser Art, die zu den ältesten gehört, wurde Geschlechtsdimorphismus der Gehäuse festgestellt, der sich in ihrer unterschiedlichen Größe (Makro- und Mikrokonchen) zeigt.

Genuclymenia frechi WEDEKIND

Ordnung: Clymeniida
Familie: Cyrtoclymeniidae

Die Clymenien (Ordnung Clymeniida) sind auf das obere Oberdevon beschränkt und in dieser kurzen Zeitspanne weltweit verbreitet und formenreich entfaltet; sie geben für die Stratigraphie daher eine ideale Zeitmarke.
Die Clymenien nehmen unter allen Ammoniten eine Sonderstellung dadurch ein, daß die Siphonalröhre auf die Innenseite der Windungen verlagert wird und im Zusammenhang damit der sonst immer vorhandene Außenlobus der Suturlinie rückgebildet wird. In den frühen Anfangsteilen des Gehäuses **(4)** wird der Sipho wie bei allen Ammoniten angelegt, an der Außenseite der Windung, wandert aber dann rasch auf die Innenseite. Die genaue Herkunft der Clymenien ist unbekannt; wermutlich gehen sie auf Anarcestiden zurück.
Die meisten Formenkreise der Devon-Ammoniten verschwanden im Laufe des höheren Oberdevon und wurden dann von den rasch sich entfaltenden Clymenien abgelöst, die ihrerseits am Ende des Oberdevon verschwinden.
Die Gattung *Genuclymenia* gehört zu den älteren Vertretern der Ordnung, die bisher nur in Europa gefunden wurden. Das diskoidale Gehäuse trägt auf den Flanken feine, dichtgestellte, S-förmig geschwungene Rippen.

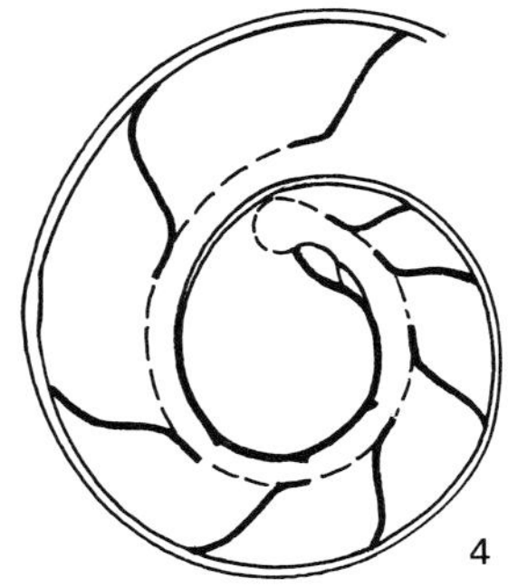
4

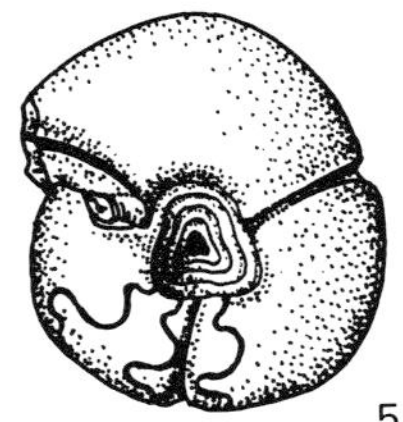
5

Clymenia laevigata MÜNSTER

Ordnung: Clymeniida
Familie: Clymeniidae

Die zur Familie Clymeniidae gehörenden Arten zeichnen sich durch scheibenförmige, weitnabelige Gehäuse mit zahlreichen, langsam zunehmenden Windungen aus. Die Windungen haben manchmal einen Kamm auf der Außenseite (sogenannte carinate Windungen). Die Suturlinien sind einfacher als bei der vorangegangenen Familie und haben häufig nur einen inneren und einen seitlichen Lobus.
Die Gattung *Clymenia,* nach der die ganze Ordnung benannt wurde, ist stammesgeschichtlich eine unwichtige, blind endigende Entwicklungslinie. Die Windungen sind im Querschnitt oval, ihre Oberfläche ist glatt, nur mit feinen, fast geraden Zuwachsstreifen. Außer aus Europa ist diese Gattung noch mit Vorbehalt aus Australien bekannt.

Wocklumeria sphaeroides (RH. RICHTER)

Ordnung: Clymeniida
Familie: Wocklumeriidae

Die Gehäusespiralen der Ammoniten und der Nautiloideen bilden eine logarithmische Spirale. Eine der wenigen Ausnahmen davon sind die Wocklumerien, deren dicke bis kugelige Gehäuse wenigstens in einigen Anfangswindungen zu einem abgerundeten Dreieck aufgerollt sind. Die Gehäuseoberfläche ist fast glatt.
Wocklumeria ist eine stratigraphisch wichtige europäische und nordamerikanische Gattung. Die Gehäuse weisen niedrige Windungen mit sichelförmigem Querschnitt auf; der Nabel ist mäßig weit. Die Dreieckform der Umgänge mit scharfen Einschnürungen ist nur an den Anfangswindungen deutlich **(5)**.

1. *Wocklumeria sphaeroides**, Oberdevon (Famenne), Oberrüdinghausen, BRD. Kern; ∅ 38 mm. Stratigraphisch sehr wichtige Art – Leitfossil des obersten Devons.

2. *Genuclymenia frechi**, Oberdevon (Famenne), Enkeberg bei Bredlar, BRD. ∅ 32 mm. Eine ausgeprägte Berippung auf der Gehäuseoberfläche ist bei den Clymenien nicht besonders häufig.

3. *Clymenia laevigata**, Oberdevon (Famenne), Koestenberg, BRD. Kern, ∅ 52 mm. Die Individuen erreichen eine verhältnismäßig beachtliche Größe. Sie sind in bedeutendem Maße an der Zusammensetzung der sogenannten Clymenien-Kalksteine beteiligt.

1
2
3

Goniatites crenistria PHILLIPS

Ordnung: Goniatitida
Familie: Goniatitidae

Am Ende des Devon starben die meisten devonischen Ammoniten einschließlich der Clymenien aus. Ein ähnliches Schicksal erfuhr eine Reihe weiterer Gruppen mariner Invertebraten. Die Ursache war zweifellos die variszische Faltung, die in mehrphasigen gebirgsbildenden Vorgängen große paläogeographische Veränderungen bewirkte. Aber schon im Unterkarbon setzte eine neue Entfaltung der Goniatiten ein. Ihre Entwicklung verlief sehr schnell. Ihre Häufigkeit und ihre geographische Verbreitung ermöglichte eine auf sie gegründete stratigraphische Feingliederung des jüngeren Paläozoikums. Die weltweite Verbreitung der Gattungen und sogar auch der Arten ist auch noch im Perm vorhanden. Einschränkend muß jedoch gesagt werden, daß im Perm die Ammoniten nur mehr örtlich und in Europa stark beschränkt auftraten.
Die Anarcestiden waren anscheinend die Ausgangsgruppe nicht nur für den blinden Ast der Clymenien (Clymeniida), sondern auch für die Ordnungen Goniatitida und Prolecanitida. Von der zunächst zurücktretenden, weniger reich entfalteten Ordnung Prolecanitida leiten sich die mesozoischen Ammoniten ab.
Die Familie Goniatitidae ist typisch für das Jung-Paläozoikum (Karbon). Unter dem Namen *Goniatites* wurden früher die meisten devonisch-karbonischen Ammoniten zusammengefaßt, bis man erkannte, daß in Wirklichkeit einige ganz verschiedene, unabhängige Formenkreise vorliegen, die als selbständige Gattungen und Familien abgegliedert

1, 2. *Goniatites crenistria,* Unterkarbon (Visé), Blackburn, Großbritannien. Kerne; ∅ 40 und 15 mm. Seitenansicht **(2)** und Außenseite **(3)** der Windungen. Auf den Kernen beider Phragmokone ist der Verlauf der Suturen des Goniatitentyps gut erkenntlich.

3. *Gastrioceras carbonarium*, Oberkarbon (Namur), Leek, Großbritannien. ∅ des Gehäuses 25 mm. Art mit dickem diskoidalem Gehäuse; der verhältnismäßig breite Nabel ist mit Gestein ausgefüllt.

wurden. Der Name *Goniatites* verblieb bei dem als ersten beschriebenen und abgebildeten Formenkreis. Zur Familie Goniatitidae gehören kugelige, engnablige Gehäuse mit schwach ausgeprägter Längs- und Querskulptur, die für die Bestimmung der Arten wichtig ist. Die Gattung *Goniatites* selbst ist ein weltweit verbreitetes, typisch unterkarbonisches Leitfossil, das in wechselnden Gesteinsfazies angetroffen wird.

Gastrioceras carbonarium (Buch)

Ordnung: Goniatitida
Familie: Gastrioceratidae

Eine andere wichtige Familie jungpaläozoischer Goniatiten sind die Gastrioceratidae. Gemeinsame Merkmale sind der breite Nabel, die Oberflächenskulptur, die wenigstens in den ersten Wachstumsphasen netzförmig war, und die auffallende Radialberippung. Die auf der Außenseite stark abgeschwächten Rippen bilden einen nach dem Schalenanfang konvexen, sehr flachen Bogen. Die weltweit verbreitete karbonische Gattung *Gastrioceras* selbst zeigt eine von fast diskoidaler bis zu kugeliger Form variierende Gehäusegestalt. Die Berippung um den Nabelrand ist kräftig. Die breit-kugeligen Gehäuse der Goniatiten sind nicht auf schnelles Schwimmen eingestellt. Wahrscheinlich lebten sie vorwiegend in Bodennähe von Schelfmeeren (bis 200 m Tiefe). Ihre weltweite Verbreitung verdankten sie wohl planktonisch lebenden Jugendstadien, die von den Meeresströmungen über große Entfernungen verdriftet wurden.

Ceratites pulcher RIEDEL

Ordnung: Ceratitida
Familie: Ceratitidae

Am Ende des Perms starben die meisten jungpaläozoischen Ammoniten aus. Aber schon im Oberen Perm begann eine neue Entfaltung der Ammoniten. Die meisten triassischen Vertreter gehören den Ceratiden an. Charakteristisch für sie sind die Lobenlinien mit breit gerundeten, nichtgegliederten Sätteln und gezähnelten Loben.
Ceratites s. l. ist die bekannteste, in der Mitteltrias Mitteleuropas verbreitete Gattung der Ordnung. Die Gehäuse sind mäßig involut, mit mittelweitem Nabel; Flanken und Außenseite sind abgeflacht. Die Oberfläche trägt grobe, einfache oder geteilte Rippen, die zu Knoten verstärkt sein können. Eine Knotenreihe ist oft auch auf der Außenhälfte der Flanken vorhanden. Im deutschen Oberen Muschelkalk ist die nicht ganz vollständige Entwicklungslinie der Gattung *Ceratites* s. l. vertreten.

Trachyceras aon MÜNSTER

Ordnung: Ceratitida
Familie: Trachyceratidae

Die Vertreter der Familie Trachyceratidae haben auf der Außenseite der Windungen eine Furche, die an beiden Seiten von einer Knotenreihe oder einem Kiel begleitet wird. Die Rippen sind an den Flanken durchgebogen und tragen in Spiralreihen spiralig angeordnete Knoten.

1. *Ceratites pulcher,* Mitteltrias (Ladin), BRD. Kern aus Mikritkalkstein mit sichtbaren Lobenlinien ceratitischen Typs. ∅ 62 mm.

2. *Trachyceras aon**, Obertrias (Karn), Hallstatt, Österreich. ∅ des Gehäuses 75 mm. Die ausgeprägte Skulptur, bestehend aus zahlreichen kleinen, spiralig angeordneten Verdickungen, ist für die Art charakteristisch.

3. *Monophyllites simoni,* Obertrias (Karn), Hallstatt, Österreich. ∅ des Gehäuses 102 mm. Die Art gehört zur morphologisch konservativen Gruppe der Phylloceraten, die für die ganze Dauer ihres Bestehens ihre charakteristische Gehäuseform und die wenig ausgeprägte Skulptur beibehalten hat.

Die Gattung *Trachyceras* ist weltweit in der Mittel- und Obertrias verbreitet. Die Gehäuse sind involut enggenabelt; der Windungsquerschnitt ist gerundet trapezförmig. Die Suturlinie hat aufgegliederte Loben und Sättel. *T. aon* ist Leitfossil für den unteren Abschnitt der Karnstufe.

Monophyllites simonii (Hauer)

Ordnung: Phylloceratida
Familie: Ussuritidae

In der frühen Trias treten auch schon die frühesten Phylloceraten auf, die bis in die Unterkreide durchgehen. Sie waren die Stammgruppe aller nachtriassischen Ammoniten. Sie haben ein schwach bis stark involutes Gehäuse mit abgerundeter Außenseite; die Windungen haben mitunter Einschnürungen. Die Oberfläche ist glatt mit ausgeprägter Anwachsstreifung. Die Suturlinie hat stark untergliederte Sättel und Loben, wobei die Sattelenden typisch blattförmig sind. Die Phylloceraten waren an ein Leben in Tiefen von 400 bis 500 m angepaßt, lebten also in größeren Tiefen als die meisten übrigen Ammoniten. Sie waren Bewohner der offenen Ozeane.
Die Gattung *Monophyllites* ist in der Mittel- und Obertrias weltweit verbreitet. Die Gehäuse haben die typischen Merkmale der Ordnung. Die feinen Zuwachsstreifen sind S-förmig geschwungen.

Ordnung: Ceratitida
Familie: Arcestidae

Arcestes mojsisovicsi (HAUER)

Die Gehäuseform der Trias-Ammoniten wandelt sich sehr viel stärker ab als bei den paläozoischen Vorgängern. Auch die Zahl der Gattungen wuchs schnell an. Aus der Obertrias sind auch „heteromorphe" Ammoniten, d. h. Arten mit sehr ungewöhnlichen Gehäusetypen, bekannt.
Die Gehäuse einiger Vertreter der Familie Arcestidae ähneln ihrer Form nach denen der paläozoischen Goniatitiden. Die Oberfläche ist meist glatt; die Windungen haben periodische Einschnürungen. Der Nabel ist eng oder geschlossen. Die Lobenlinien sind sehr kompliziert, ammonitisch, d. h. mit gegliederten Loben und Sätteln. Der Familienname ist von der kosmopolitischen mittel- und obertriassischen Gattung *Arcestes* abgeleitet, die mehrere Dutzend Arten umfaßt. Die Gattung *Arcestes* trägt die kennzeichnenden Merkmale der ganzen Familie.

Ordnung: Ceratitida
Familie: Ptychitidae

Flexoptychites gibbus (BENECKE)

Eine andere wichtige Familie der triassischen Ammoniten sind die Ptychitidae. Das Gehäuse der Anfangswindungen ist kugelig und stark involut. Es geht im weiteren Wachstum zu mehr scheibenförmiger Gestalt mit mäßig engem Nabel über. Die Oberfläche ist glatt oder flach berippt. Die Suturlinie zeigt, ähnlich wie bei den Gehäusen der

1. *Arcestes mojsisovicsi,* Obertrias (Karn), Röthelstein, Österreich. Kern eines kugeligen Gehäuses aus fleischrosa Mikritkalksteinen der Alpentrias ∅ 49 mm.

2. *Flexoptychites gibbus,* Mitteltrias (Ladin), Bosnien, Jugoslawien. Kern des flach scheibenförmigen Gehäuses. ∅ 90 mm. Auf dem geschliffenen Teil des Phragmokons sind die Suturlinien vom Ammonitentyp gut sichtbar.

T

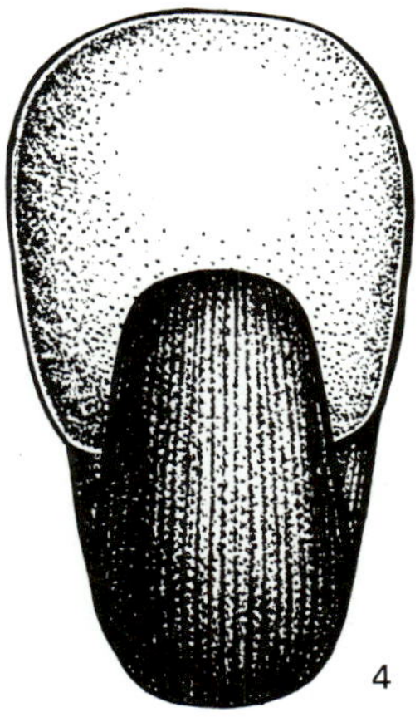

4

vorhergehenden Gattung, bereits ammonitischen Typ, hat aber geringere Zerschlitzung.
Die Gattung *Flexoptychites,* die in der Mitteltrias des alpin-himalajischen Gebietes vorkommt, kennzeichnet sich durch weitstehende, flache Rippen, die im Unterschied zu der ihr nahestehenden und gleichfalls sehr verbreiteten Gattung *Ptychites* leicht geschwungen sind.

Cladiscites tornatus (Bronn)

Ordnung: Ceratitida
Familie: Cladiscitidae

Einige Ammoniten der Obertrias erreichten bemerkenswerten Größenwuchs. Das flach scheibenförmige Gehäuse der Art *Pinacoceras metternichi* (Familie Pinacoceratidae) erreichte Durchmesser bis zu 1,5 m. Die Familie Cladiscitidae kennzeichnet sich durch robuste, stark involute Gehäuse; die Umgänge haben abgeflachte Flanken. Bemerkenswert ist eine ausgeprägte Längsstreifung. Die Suturlinie hat auffallend stark gegliederte Loben.
Die Gattung *Cladiscites* ist sowohl aus dem alpin-himalajischen Raum als auch im Umkreis des Stillen Ozeans (Alaska und Nordostsibirien) bekannt. Der Windungsquerschnitt ist gerundet trapezförmig mit schwach gewölbter Außenseite. Die Gehäuseform und die charakteristische, bei den Ammoniten ungewöhnliche, aus dichtgesetzten Längsrippen bestehende Oberflächenskulptur **(4)** machen die Gattung unverwechselbar.

3

3. *Cladiscites tornatus**, Obertrias (Karn), Hallstadt, Österreich. ∅ des Gehäuses 105 mm.

Psiloceras psilonotum (Quenstedt)

Ordnung: Ammonitida
Familie: Psiloceratidae

Im Verlauf der Obertrias sterben die Ceratitida aus. Nur die Ordnung der Phylloceratida und die schon in der Trias aus ihr sich abgliedernde Ordnung der Lytoceratida finden sich über die Trias hinaus noch im Jura. An sie schließt vom beginnenden Jura an die reiche Entfaltung der Ammonitida an. Sie kennzeichnen sich nicht nur durch eine enorme Wandlungsfähigkeit der Gehäusegestaltung und der Ornamentierung, sondern vor allem durch ihre komplizierte Suturlinie, in der Sättel und Loben gleichermaßen intensiv unterteilt sind. Die zunehmende Kompliziertheit der Lobenlinien bei den Ammonitida ist nicht nur im stammesgeschichtlichen Ablauf, sondern auch in der ontogenetischen Entwicklung erkennbar.

Abgesehen von der Kompliziertheit der Lobenlinien zeigen die Ammonitida auch sonst manche Besonderheiten, durch die sie sich von den älteren Vertretern der Ammoniten und vor allem von den Nautiloideen unterscheiden. Das sind vor allem die gegen die Gehäusemündung hin gerichtete konvexe Wölbung der Septen und die nach vorn gerichteten Siphonaldüten. Bei den älteren Vertretern der Ammoniten erscheinen diese Besonderheiten erst im Lauf der ontogenetischen Entwicklung, während sie bei den Ammonitida schon in den frühesten Anfangsstadien des Gehäuses sich einstellen.

Die älteste Superfamilie der Ammonitida, welche auch als die Stammgruppe für die übrigen Jura- und Kreide-Ammoniten angesehen wird, ist die Superfamilie Psilocerataceae. Charakteristisch für sie sind die evoluten glattwandigen oder nur schwach angedeutete Berippung

1. *Echioceras raricostatum**, Unterjura (Sinemur), Baden-Württemberg, BRD. Kern; ∅ 35 mm. Stratigraphisch bedeutende Art. Das Gehäuse lag nach dem Tod an der Oberfläche eines weichen Sediments und diente einem Serpuliden-Wurm als feste Unterlage.

2. *Arietites bucklandi**, Unterjura (Sinemur), Baden-Württemberg, BRD. Kern; ∅ 60 mm.

3

3. *Psiloceras psilonotum**, Unterjura (Hettang), Riedern bei Esslingen, BRD. ∅ des Gehäuses 50 mm. Fast vollständiges Individuum mit erhaltenem Gehäuse.

aufweisenden Gehäuse sowie der Geschlechtsdimorphismus.
Die weltweit verbreitete unterjurassische Gattung *Psiloceras* hat weitnablige, flache Gehäuse, deren Windungen, wenig umgreifend, einen ovalen Querschnitt haben. Die Oberfläche ist glatt oder mit wenig ausgeprägten Radialrippen verziert.

Echioceras raricostatum (ZIETEN)

Ordnung: Ammonitida
Familie: Echioceratidae

Die Familie Echioceratidae aus dem Unterjura umfaßt Gattungen, die durch evolute Gehäuse und große Windungszahl charakterisiert sind. Auf der Außenseite der Windungen befindet sich gewöhnlich ein Kiel. Kräftige, einfache Radialrippen sind vorhanden.
Echioceras ist eine weitverbreitete Gattung. Der Windungsquerschnitt ist kreisrund oder dorsoventral zusammengedrückt. Die gut ausgeprägten Rippen an den Flanken gehen nicht über die Außenseite weg.

Arietites bucklandi (SOWERBY)

Ordnung: Ammonitida
Familie: Arietitidae

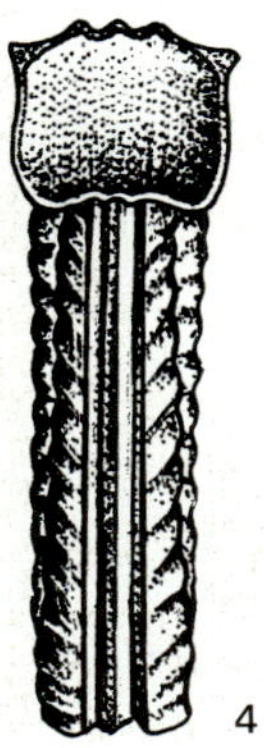

4

Die unterjurassische Gattung *Arietites* hat ein evolutes, weitgenabeltes Gehäuse. Der Windungsquerschnitt ist ungefähr quadratisch mit gut entwickeltem, beidseitig von Furchen begleitetem Außenkiel **(4)**. Die Rippen sind kräftig und einfach, nicht gespalten, an den Flanken fast radial und gehen nicht über die Außenseite weg.

Weichtiere
Mollusca

Ordnung: Ammonitida
Familie: Schlotheimiidae

Schlotheimia angulata (SCHLOTHEIM)

In der großen Vielfalt der Gehäuseformen und ihrer Verzierung bei den jurassischen Ammoniten spiegelt sich ihre ungewöhnlich rasche Fortbildung und ihre Anpassungsfähigkeit an die Umwelt wider. Die Lebensdauer der einzelnen Ammonitenarten war im allgemeinen nur kurz. Sie erreichten rasch große Verbreitung und gehören in vielen Schichtstufen zu den am häufigsten gefundenen Versteinerungen. Diese Tatsache nutzten zum ersten Mal in der Mitte des vergangenen Jahrhunderts F. A. Quenstedt und A. Oppel zu einer genauen stratigraphischen Gliederung des Schwäbischen und Westeuropäischen Jura; sie wurden dadurch Begründer der modernen Biostratigraphie.
Zu den stratigraphisch wichtigen jurassischen Ammoniten gehören die Vertreter der Familie Schlotheimiidae; die flachen Gehäuse haben kräftige Radialrippen, die auf der Außenseite durch eine Furche unterbrochen sind. Die Suturlinie ist noch verhältnismäßig einfach.
Schlotheimia ist eine weltweit verbreitete unterjurassische Gattung. Die Arten haben mäßig evolute Gehäuse mit mittelweitem Nabel. Die Windungen sind im Querschnitt oval. Die Oberfläche trägt eine dichte, scharfe, fast radiale Berippung, die in der Nähe der Außenseite nach vorn abbiegen und auf der Außenseite oft unterbrochen sind. *S. angulata* ist ein Leitfossil im tiefen Unterjura.

Ordnung: Ammonitida
Familie: Eoderoceratidae

Coeloceras pettos (QUENSTEDT)

Für die Vertreter der Überfamilie Eoderocerataceae, die gleichfalls für den Unterjura typisch sind, sind Gehäuse mit gut entwickelten Rippen, Knoten oder Dornen charakteristisch. Die Gattungen der Familie Eoderoceratidae haben evolute Gehäuse mit sehr wenig übergreifenden Windungen und komplizierten Suturen.

1. *Schlotheimia angulata**, Unterjura (Hettang), Vorwohle Braunschweig, BRD. ∅ des Gehäuses 42 mm.

2. *Coeloceras pettos**, Unterjura (Pliensbach), Baden-Württemberg, BRD. Pyritisierter Kern des Phragmokons mit sichtbaren, komplizierten Suturlinien. ∅ 37 mm. Der Verlauf der Suturlinien und seine Veränderungen während der Entwicklung gehören zu den Hauptkriterien für die Bestimmung der Ammoniten.

3. *Dactylioceras commune**, Unterjura (Toarc), Ohmden bei Holzmaden, BRD. ∅ des Gehäuses 72 mm.

Die Gattung *Coeloceras* hat dorsoventral stark zusammengedrückte Umgänge. Die Außenseite des Gehäuses **(4)** ist breit und schwach gewölbt. Dichtgestellte, gut ausgeprägte Rippen bilden die typische Skulptur.

Dactylioceras commune (SOWERBY)

Ordnung: Ammonitida
Familie: Dactylioceratidae

Die ursprünglich aragonitische Schale wurde, wenn sie nicht durch die Fossilisation aufgelöst wurde, in Calcit umkristallisiert. Sie bestand, ähnlich wie bei den Nautiloideen, aus drei Schichten mit einer dünnen organischen (Konchiolin-) Schicht an der Oberfläche. Von außen nach innen waren es: die äußere prismatische Schicht, die mittlere Perlmutterschicht und die innere prismatische Schicht. Auf der Innenseite der Windungen involuter Gehäuse der Ammoniten ist die Anzahl dieser Schichten z. T. reduziert. Bei den Ammoniten der Familie Dactylioceratidae und einigen anderen Gruppen befindet sich auf der Oberfläche des Gehäuses eine weitere Perlmutterschicht, was beweist, daß das Gehäuse zu Lebzeiten mit einem weichen Gewebe bedeckt war. Die Arten der weltweit verbreiteten unterjurassischen Gattung *Dactylioceras* zeichnen sich durch weitnablig evolute Gehäuse mit einfachen oder dichotom sich vergabelnden Rippen aus. Sie kommen an vielen Stellen massenhaft vor, z. B. im Posidonienschiefer von Holzmaden in der BRD oder in den Kalkkonkretionen bei Whitby in Großbritannien.

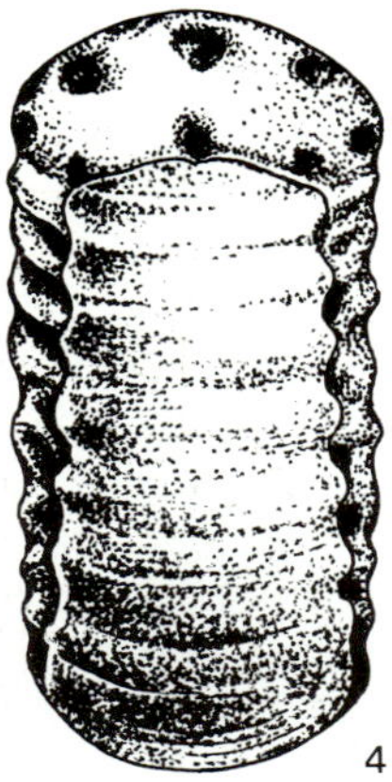

4

Androgynoceras maculatum (YOUNG & BIRD)

Ordnung: Ammonitida
Familie: Liparoceratidae

Die Gehäuse der Familie Liparoceratidae sind sehr verschieden gestaltet. Die Übergänge zwischen verschiedenen Typen lassen sich auch im Verlauf der ontogenetischen Entwicklung der einzelnen Arten verfolgen. Die Windungen umgreifen sich nicht sehr stark und haben an der Oberfläche gewöhnlich zwei Knotenreihen. Diese Gehäuseform war sicher keine Anpassung an schnelles Schwimmen, sondern zeugt eher von einer benthischen Lebensweise.
Die Gattung *Androgynoceras* aus dem Unterjura ist ziemlich weitnablig; der Windungsquerschnitt ist fast kreisförmig. Die Rippen sind kräftig, durch große Zwischenräume getrennt und gehen immer über die Außenseite weg. Die Knoten sind manchmal nur angedeutet.

4

Amaltheus margaritatus (de MONTFORT)

Ordnung: Ammonitida
Familie: Amaltheidae

Aus der Familie Liparoceratidae ging wahrscheinlich die Familie Amaltheidae hervor. Trotz ihrer kurzen Lebensdauer war sie weltweit verbreitet. Innerhalb der Amaltheiden zeigt sich eine Entwicklungstendenz, die von flach scheibenförmigen Gehäusen mit schwacher Skulptur zu weitergenabelten, kräftig berippten Gehäusen mit quadratischem Win-

1. *Amaltheus margaritatus**, Unterjura (Pliensbach), Wasseralfingen, BRD. Kern mit Schalenresten; ∅ 50 mm. Auf der Außenseite des Umganges ist ein auffallender, gezopfter Kiel.

2. *Pleuroceras hawskerense,* Unterjura (Pliensbach), Whitby, Großbritannien. Kern mit Schalenresten und ausgeprägten scharfen Rippen. ∅ 62 mm.

3. *Androgynoceras maculatum,* Unterjura (Pliensbach), Whitby, Großbritannien. Kern; ∅ 65 mm.

dungsquerschnitt ausgerichtet ist. Die linsenförmigen (oxyconen), schwach berippten Gehäuse scheinen zum schnellen Schwimmen geeignet gewesen zu sein und kommen eher in den Sedimenten größerer Tiefen vor. Die ungefähr gleichzeitig lebenden ornamentierten Arten waren dagegen kaum tüchtige Schwimmer, und ihre Gehäuse befinden sich in den Ablagerungen seichterer Gewässer (sie lebten in etwa 40 bis 70 m Tiefe). Ein charakteristisches Merkmal der Amaltheen ist unter anderem der Zopfkiel auf der Außenseite der Windungen.
Die Gattung *Amaltheus,* von der eine gute Abbildung bereits in einem Buch von J. Bauhin aus den ersten Jahren des 17. Jahrhunderts zu finden ist, hat ein scheibenförmiges Gehäuse **(4)** mit mittelweitem Nabel. Der Kiel auf der Außenseite endet in einem fingerartigen Fortsatz, dem Rostrum. Die bekannteste Art und zugleich Leitfossil ist *A. margaritatus.*

Pleuroceras hawskerense (Sowerby)

Ordnung: Ammonitida
Familie: Amaltheidae

Die Nachkommen der scheibenförmigen Amaltheiden sind kräftig berippt; ihre Umgänge haben fast quadratischen Querschnitt. Wie bei den übrigen Amaltheiden waren die kühleren Meere der Nordhalbkugel ihr Hauptverbreitungsgebiet, doch drangen sie auch in das südlichere Tethysmeer vor.
Die Gattung *Pleuroceras* ist im oberen Pliensbach Europas, Nordafrikas und Georgiens verbreitet. Die kräftigen, einfachen Radialrippen sind auf der Flanke scharf nach vorn abgebogen, dort zu einem Knoten verdickt und setzen sich nicht auf der Außenseite fort. Der gezopfte Außenkiel wird beidseitig von einer Furche begleitet. Bei *Pleuroceras* sind gelegentlich Farbmuster in Form von Radialstreifen festgestellt worden.

Hildoceras bifrons (Broguière)

Ordnung: Ammonitida
Familie: Hildoceratidae

Die Superfamilie Hildocerataceae ist trotz ihrer nicht langen Lebensdauer geographisch weit verbreitet. Sie erschien vor dem Ende des Unterjura und starb im Mitteljura aus. Sie schließt die Formen ein, aus denen sich im Mitteljura die Superfamilien Stephanocerataceae und Perisphinctaceae abspalteten. Sie zeigen Geschlechtsdimorphismus, der in großen und kleinen Gehäusen (Makro- und Mikrokonchen) zum Ausdruck kam.
Die Gattung *Hildoceras* ist ein charakteristischer unterjurassischer Vertreter der Familie, der in Europa, Nordafrika und Asien vorkam. Die Gehäuse sind wenig involut und die Windungen im Querschnitt fast quadratisch bis hoch rechteckig. Auf den Flanken werden die nach hinten gebogenen Rippen durch eine tiefe Furche unterbrochen. Die Außenseite hat einen beidseitig von Furchen begleiteten, deutlich abgesetzten, glatten Kiel **(5)**.

Haugia illustris (Denckmann)

Ordnung: Ammonitida
Familie: Hammatoceratidae

Bezeichnend für alle Vertreter der Familie sind der gut ausgebildete Außenkiel, die auffallende Berippung und Knotenverdickungen der Rippen.

1. *Hildoceras bifrons**, Unterjura (Toarc), Cornus, Frankreich. Limonitisierter Kern mit gut sichtbaren Lobenlinien und ausgeprägter Längsfurche an den Flanken. ∅ 33 mm. Eine der Ammoniten-Leitarten für das Untertoarc.

2. *Leioceras opalinum**, Mitteljura (Aalen), Teufelsloch bei Göppingen, BRD. ∅ des Gehäuses 27 mm. Das verkreidete Gehäuse endet auf der Außenseite der Mündung in einem langen Rostrum.

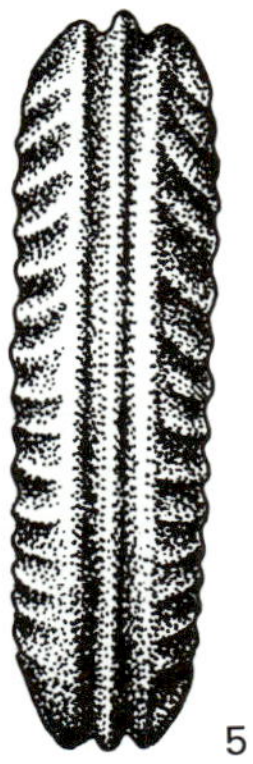

5

3. *Haugia illustris**, Unterjura (Toarc), Hannover, BRD. Flachscheibiger Kern mit ausgeprägtem Kiel auf der Außenseite der Windungen; ∅ 100 mm.

4. *Costileioceras sinon**, Mitteljura (Bajoc), Randen bei Schaffhausen, Schweiz. Kern mit ausgezeichnet erhalten gebliebenen Lobenlinien, deren Sättel und Lappen reich gegliedert sind. ∅ 85 mm.

Die auf den obersten Unterjura beschränkte Gattung *Haugia* ist fast von allen Kontinenten bekannt. Ihre Angehörigen haben ein abgeflachtes Gehäuse mit sich stark überdeckenden Windungen und hohem Kiel auf der Außenseite. Bei den ausgewachseneren Individuen wird die Skulptur etwas verwaschen.

Leioceras opalinum (REINECKE)

Ordnung: Ammonitida
Familie: Graphoceratidae

Die Familie Graphoceratidae wird durch stark involute, flach scheibenförmige Gehäuse mit zugeschärfter oder gekielter Außenseite gekennzeichnet; Rippen und Anwachsstreifen sind S-förmig geschwungen.
Die Gattung *Leioceras* zeichnet sich durch diskusförmige Gehäuse und rasch zunehmende Windungshöhe aus. Die Gehäuseoberfläche ist glatt oder mit sehr schwachen Rippen versehen, die sich während des Wachstums verloren. Bei ausgewachsenen Exemplaren ist an den Flanken der Mundrand in lange Fortsätze ausgezogen.

Costileioceras sinon (BAYLE)

Ordnung: Ammonitida
Familie: Graphoceratidae

Der zuvor erwähnten Gattung sehr nahe verwandt ist die Gattung *Costileioceras*. Die Gehäuse sind kräftiger berippt, ihr Nabel ist weiter, und die Lobenlinien sind stärker spezialisiert. Die Gattung kommt im Mittleren Jura Europas vor.

3 4

Weichtiere
Mollusca

Macrocephalites macrocephalus (SCHLOTHEIM)

Ordnung: Ammonitida
Familie: Macrocephalitidae

Unter den jurassischen Ammoniten nimmt die Superfamilie Stephanocerataceae eine wichtige Stelle ein. Zu ihr gehören außer der gleichnamigen Familie auch noch die Macrocephalitidae und Sphaeroceratidae. Außer den komplizierten Lobenlinien sind den meisten Vertretern der Superfamilie die auffallende Berippung der Gehäuse und der Geschlechtsdimorphismus gemeinsam, der in der verschiedenen Größe der Gehäuse zum Ausdruck kommt. Die Gehäuse der Familie Macrocephalitidae sind stark involut und sehr engnablig. Die Gewindeaußenseite ist immer abgerundet.
Die mitteljurassische Gattung *Macrocephalites* ist weltweit verbreitet. Die Windungen ihrer dick geblähten Gehäuse **(5)** erweitern sich rasch. Im Querschnitt bilden sie ein abgerundetes Trapez. Die Gehäuseoberfläche ist dicht berippt. Die Rippen selbst sind dünn, scharfkantig, vor der Mitte der Flankenfläche gewöhnlich gegabelt und setzen über die Außenseite fort. Den Hauptlebensraum bildeten die warmen Meere der Tethys, doch lebten *Macrocephalites* auch in kühleren Meeresräumen.

Sphaeroceras cf. brongniarti (SOWERBY)

Ordnung: Ammonitida
Familie: Sphaeroceratidae

Die Familie Sphaeroceratidae gehört gleichfalls in den Mitteljura.

1. *Macrocephalites macrocephalus**, Mitteljura (Callov), Balingen, BRD. Kern mit Gehäuseresten, ∅ 90 mm. Leitfossil und typische Art mit involutem Gehäusetyp und vergabelten Rippen.

2, 3. *Sphaeroceras cf. brongniarti**, Mitteljura (Bajoc), Frankreich. Kerne mit Gehäuseresten. ∅ 15 und 26 mm. Die kleineren Mikroconchen (2) stammen von Männchen, die größeren Makroconchen (3) von Weibchen.

1

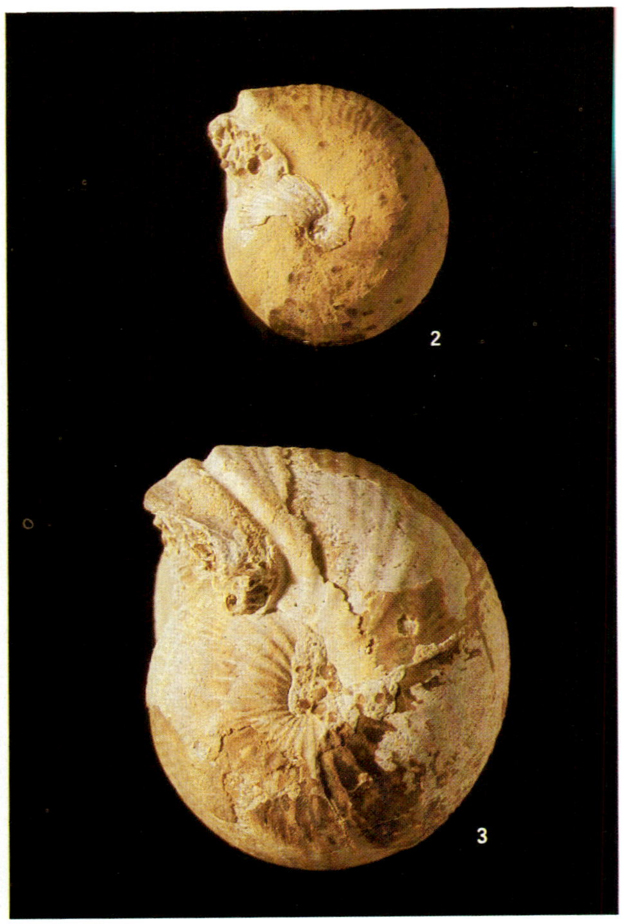
2
3

J

4. Stephanoceras humphriesianum*, Mitteljura (Bajoc), Calvados, Frankreich. Kern, ∅ 130 mm. Evoluter Gehäusetyp. In den Knotenpunkten an den Flanken teilen sich die Rippen in drei oder vier Äste. Stratigraphisch wichtige Art.

Charakteristisches Merkmal ist das stark involute Gehäuse mit engem oder fast geschlossenem Nabel und unvollständig eingerollter Endwindung. Der Mundrand der vollentwickelten Gehäuse endet an den Flanken und an der Außenseite lappenartig.
Die Gattung *Sphaeroceras* kommt in Europa, Nordafrika, Nordamerika und in Asien vor. Die Gehäuse sind klein, der Windungsquerschnitt ist dick oval. Die Gehäuseoberfläche ist mit dichtgesetzten Radialrippen bedeckt, die in der Nähe des Nabels am besten ausgebildet sind. Auf den Kernen fehlt die Berippung häufig ganz.

Stephanoceras humphriesianum (SOWERBY)

Ordnung: Ammonitida
Familie: Stephanoceratidae

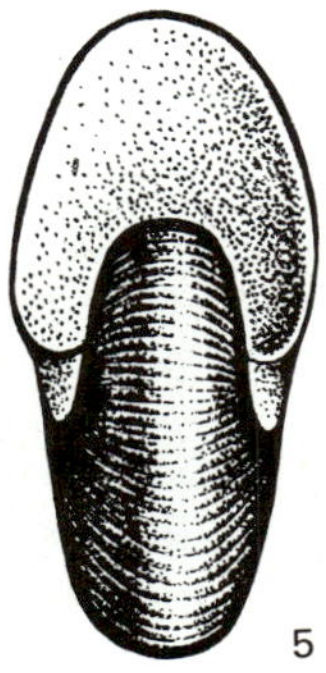

Für die Familie Stephanoceratidae sind Gehäuse mit nur wenig übergreifenden Windungen und weitem Nabel kennzeichnend. Am Nabelrand sind die Rippen einfach, an den Knotenpunkten der Flanken gabeln sie sich in 3 bis 4 Äste.
Die mitteljurassische Gattung *Stephanoceras* ist weltweit verbreitet. Die Windungen junger Exemplare sind stark dorsoventral zusammengedrückt, die Flanken und die Außenseite abgerundet. Die Rippen setzen sich über die Außenseite der Windungen fort. Der Mundrand ganz ausgewachsener Gehäuse ist verstärkt und lappig gebogen.

Oppelia subradiata (SOWERBY)

Ordnung: Ammonitida
Familie: Oppeliidae

Die Superfamilie der Haplocerataceae setzt mit ihren ältesten Vertretern schon im Mitteljura ein. Sie geht durch den ganzen Oberjura hindurch, und die letzten Angehörigen sind vom Ende der Unterkreide bekannt. Sie waren auf der ganzen Welt verbreitet. Die Gehäuse sind klein bis mittelgroß und haben meist eine große Windungshöhe sowie Geschlechtsdimorphismus. Die Flanken der Windungen sind abgeflacht, die Außenseite ist schmal bis zugeschärft, oft mit Außenkiel. Der Mundrand sowie die Lobenlinien und die Skulptur sind verschieden gestaltet. Sichelförmig geschwungene Rippen treten fast bei allen Vertretern auf.
Die Gattung *Oppelia* hat stark involute Gehäuse. Der Windungsquerschnitt ist hoch dreieckig, meist mit schwach angedeutetem Kiel. Die Rippen sind nur wenig ausgeprägt. Die ursprünglich ziemlich weit gefaßte Gattung umfaßt nach heutiger Ansicht nur wenige Arten.

Hecticoceras hecticum (REINECKE)

Ordnung: Ammonitida
Familie: Oppeliidae

Die mitteljurassische Gattung *Hecticoceras* ist fast weltweit verbreitet.

1. *Oppelia subradiata**, Mitteljura (Bajoc), Bayeux, Frankreich. Limonitisierter Kern; ∅ 40 mm. Die Gattung *Oppelia* wurde nach dem deutschen Forscher A. OPPEL benannt, der die Grundlagen für eine detaillierte stratigraphische Gliederung der Jura-Formation legte.

2. *Distichoceras bipartitum**, Mitteljura (Callov), Lautlingen, BRD. Kern; ∅ 38 mm. Ein auffallendes Merkmal ist die paarweise Verbindung der Rippen auf der Außenseite des Umganges.

3. *Hecticoceras hecticum**, Mitteljura (Callov), Laufen an der Eyach, BRD. Kern mit S-förmig gekrümmten Rippen und ausgeprägten Lobenlinien. ∅ 42 mm.

Die Gehäuse sind evolut mit nur wenig umgreifenden Windungen; ihr Querschnitt ist oval oder abgerundet trapezförmig. Auf der Außenseite befinden sich drei nur schwach angedeutete Kiele. Die dichtgestellten, S-förmig gebogenen Rippen gehen nicht über die Außenseite weg. Am Nabelrand sind manchmal Höcker angedeutet. Wie bei den übrigen Vertretern der Superfamilie Haplocerataceae macht sich auch hier der Geschlechtsdimorphismus durch die unterschiedliche Größe und Mündung bemerkbar.

Ordnung: Ammonitida
Familie: Oppeliidae

Distichoceras bipartitum (ZIETEN)

Im Mittleren und Oberen Jura Europas, Afrikas und Asiens ist auch die Gattung *Distichoceras* verbreitet. Die Gehäuse sind mäßig involut, die Windungen im Querschnitt fast trapezförmig mit stark abgeflachten Flanken und niedrigem Außenkiel. Die Rippen sind auf der inneren Hälfte der Windungsflanken sehr schwach. Auf der Außenhälfte werden sie deutlicher und gehen in Höcker über, die manchmal den Außenkiel überragen.

Kosmoceras duncani (Sowerby)

Ordnung: Ammonitida
Familie: Kosmoceratidae

Die Vertreter der mitteljurassischen Familie Kosmoceratidae lebten vor allem in den kühlen Meeren der nördlichen Halbkugel. Aller Wahrscheinlichkeit nach stammen sie von den Makrocephaliten ab. Charakteristische Merkmale sind die flache Außenseite mit Außenfurche und Knotenreihen an den Flanken, am Übergang zur Außenseite oder an beiden Stellen.

Nur selten wurde eine Ammonitengattung so genau untersucht wie die Gattung *Kosmoceras.* Reiches, gut erhaltenes, Schicht für Schicht ausgegrabenes Material aus dem oberen Callov des Mitteljuras, das über dreitausend Individuen umfaßte, ermöglichte dem deutschen Forscher Brinkmann in den zwanziger Jahren dieses Jahrhunderts, die allmähliche, progressive Umbildung der Kosmoceraten in allen Einzelheiten (Größe, Berippung, Mundrandbildung) zu verfolgen. Später, nach der Entdeckung des Geschlechtsdimorphismus bei Ammoniten mußten die Brinkmannschen Ergebnisse modifiziert werden: Die angenommenen vier Entwicklungslinien wurden auf zwei reduziert. Dennoch ist diese Arbeit ein Musterbeispiel für eine genaue stratigraphisch-paläontologische Analyse, die die Evolution der Ammoniten auf Gattungsebene illustriert. Die Gattung *Kosmoceras* hat wechselnd stark involute Gehäuse mit zahlreichen, mitunter unregelmäßigen, oft vergabelten Rippen, die von einer Reihe von Höckern unterbrochen sind. An den Knotenstellen gabeln sich die Rippen, oder es erscheinen zwischen ihnen weitere Rippen. Auf der Außenseite der Windungen sind die

1. *Kosmoceras duncani,* Mitteljura (Callov), Łuków, Polen. ∅ des Gehäuses 70 mm. Makroconch. Nach der teilweisen Auflösung des Gehäuses wurde die innere Perlmutterschicht freigelegt, die ihr ursprüngliches Aussehen beibehalten hat.

2. *Quenstedtoceras mariae,* Oberjura (Oxford), Frankreich. Kern und teilweise erhalten gebliebenes Gehäuse. ∅ 30 mm. Bei jungen oder unvollständigen Gehäusen läßt sich nur schwer feststellen, ob es sich um einen Makro- oder einen Mikroconch handelt.

2

Knotenreihen voneinander durch eine flache Außenfurche getrennt. Das abgebildete Individuum der Art *K. duncani* stammt von der weltbekannten Lokalität Łuków in Polen. Der durch den Gletschertransport an Ort und Stelle gebrachte große Block enthielt eine ungeheure Menge fossilen Materials. Die Ammoniten dieser Lokalität (gewöhnlich mit erhalten gebliebener Perlmutterschicht) bildeten die Basis für eine der grundlegenden Arbeiten über den Geschlechtsdimorphismus der Ammoniten von H. Makowski. Nach ihm sind die größeren Gehäuse mit nichtmodifizierter Mündung (Makroconchen) Weibchen. Die Gehäuse der Männchen blieben kleiner, und der Mund endete an den Seiten in langen, lappigen Fortsätzen (Microconchen – **3**).

Quenstedtoceras mariae (D'Orbigny)

Ordnung: Ammonitida
Familie: Cardioceratidae

Ähnliche Verbreitung fand auch eine weitere von den Makrocephaliten abgeleitete Familie, die Cardioceratidae. Die Gattung *Quenstedtoceras* (oberster Mittel- bis unterer Oberjura) hat diskoidale Gehäuse mit nur wenig übergreifenden Windungen und mittelweitem Nabel. Der Windungsquerschnitt mit abgeflachten Flanken ist dreieckig. Die Oberfläche trägt sigmoidal geschwungene, vergabelte Rippen, zwischen die sich noch zusätzliche Rippen schalten können. Außen stoßen die Rippen in einem spitzen Winkel, dessen Scheitel nach vorne weist, zusammen. Bei großen Exemplaren schwächt sich die Berippung ab. Der Mundrand ist außen nach vorn ausgezogen. *Q. mariae* bildet die unterste Ammonitenzone im Oberjura.

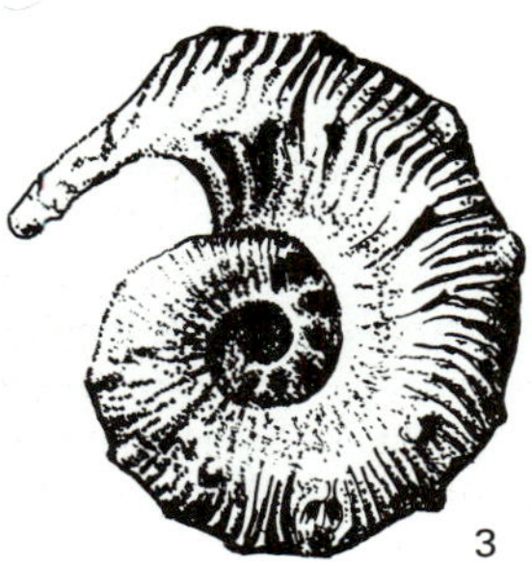

3

Parkinsonia parkinsoni (SOWERBY)

Ordnung: Ammonitida
Familie: Parkinsoniidae

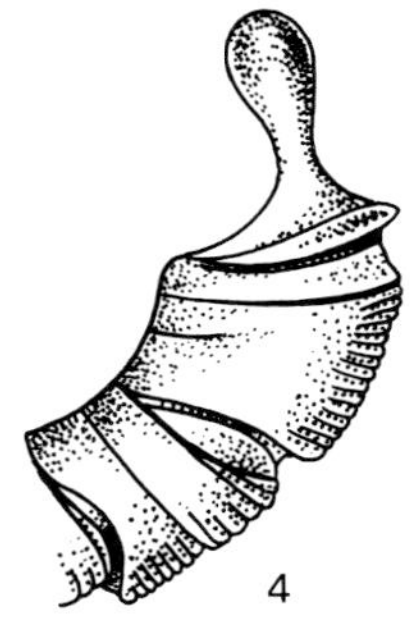

4

Im Mitteljura erschien eine weitere wichtige Superfamilie der Ammoniten – die Perisphinctaceae, die sich vor allem im Oberjura reich entfaltete und gegen Ende der Unterkreide ausstarb. Die Herkunft der Superfamilie ist noch nicht eindeutig geklärt. Typische Merkmale sind flache, mehr oder weniger weitnablige Gehäuse, kräftige, gegabelte Rippen, komplizierte Lobenlinien mit großem Laterallobus und Geschlechtsdimorphismus der Gehäuse, der in der Größe und der Mundrandgestaltung zum Ausdruck kommt.
Zu den älteren Vertretern der Superfamilie gehört die Familie Parkinsoniidae, die in den mitteljurassischen Ablagerungen Europas, Asiens und Nordamerikas verbreitet ist. Die zahlreichen Windungen sind im Querschnitt oval bis hoch rechteckig. Die Oberfläche ist mit dichtgestellten, gut ausgeprägten, an den Flanken fast radial verlaufenden Rippen verziert. Auf der Außenhälfte der Flanken vergabeln sie sich und biegen nach vorne ab, um auf der Außenseite von einer Furche unterbrochen zu werden. Die Rippen der beiden Flanken sind sich nicht gegenübergestellt, sondern alternieren.

Perisphinctes plicatilis (SOWERBY)

Ordnung: Ammonitida
Familie: Perisphinctidae

Die Familie Perisphinctidae war weltweit verbreitet, vor allem aber in wärmeren Meeren. Sie starb am Ende des Jura aus. Sie kennzeichnet sich durch meist flache, mehr oder weniger weitnablige Gehäuse und ausgeprägte, vergabelte Radialrippen.
Erheblichen Größenwuchs zeigt die Oberjura-Gattung *Perisphinctes.* Die Gehäusewindungen sind im Querschnitt hoch rechteckig bis fast quadratisch. Die Innenwindungen sind dicht berippt; auf den äußeren Windungen werden die Rippen kräftiger und stehen weiter. Die Rippen gabeln ungefähr auf der Flankenmitte oder etwas außerhalb davon. Verbreitetes Leitfossil des unteren Oberjura ist *P. plicatilis.*

Ataxioceras polyplocum (REINECKE)

Ordnung: Ammonitida
Familie: Perisphinctidae

Mit der Gattung *Perisphinctes* ist die Oberjura-Gattung *Ataxioceras* verwandt, die von Europa, Asien und Afrika beschrieben wurde. Die Umgänge sind schmal, hoch rechteckig, und der Nabel ist etwas enger als bei *Perisphinctes.* Die Rippen vergabeln sich in drei bis vier Teilrippen auf der Flankenmitte. Dazu können auf der äußeren Flankenhälfte noch Schaltrippen kommen. Ein auffallendes Merkmal sind große, unregelmäßige Einschnürungen auf den Außenwindungen. Aus der Mündung springen zwei Lappen vor **(4)**.

1. *Parkinsonia parkinsoni**, Mitteljura (Bajoc), Bopfingen, BRD. Kern; ∅ 93 mm. Die Längsleiste auf der Flanke der letzten erhalten gebliebenen Windung ist der Rest des abgebrochenen Teils der Wohnkammer. Eine der Leitarten der Ammoniten für die Bajoc-Stufe.

2. *Ataxioceras polyplocum,* Oberjura (Kimeridge), unbekannte Lokalität. ∅ 74 mm. Auf der letzten Windung sind die charakteristischen Einschnürungen gut sichtbar.

3. *Perisphinctes plicatilis,* Oberjura (Oxford), Tenczynek bei Krakow, Polen. Kern; ∅ 80 mm. Die zweigegabelten Rippen sind gut erkennbar.

1
3
2

Peltoceras athleta (PHILLIPS)

Ordnung: Ammonitida
Familie: Aspidoceratidae

Der komplizierte Verlauf der Lobenlinien hat schon früh zu Diskussionen über deren Bedeutung geführt. Die heute vorherrschende Meinung ist, daß die Verfaltung der Scheidewände (Septen) und die dadurch bedingte Zerspaltung der Lobenlinie der Versteifung der Gehäusewandung gegen den äußeren Wasserdruck dient. Je stärker die von Septum zu Septum ineinandergreifende Verfaltung der Lobenlinie ist, desto wirksamer ist die Stützung der Gehäusewandung gegen den äußeren Wasserdruck. Die Wandung kann daher relativ dünn bleiben. Die zunehmende Kompliziertheit der Lobenlinien während der Ontogenese ist die Reaktion auf die relativ langsame Zunahme der Wandungsdicke des Gehäuses. Der verschiedenartige Verlauf der Lobenlinien wird vor allem von genetischen Faktoren beeinflußt. Zahlreiche Mutationen in den einzelnen Evolutionslinien führten zu verschiedenen Konstruktionslösungen der Gehäusefestigkeit. Von der Form, dem Innenbau und der Gehäuseskulptur hing es also ab, in welcher Tiefe die einzelnen Ammonitenarten zu leben vermochten.
In den warmen Meeren der Tethys lebte eine weit vielgestaltigere Fauna als in den Meeren der kühleren Zonen. Zu ihren kennzeichnenden Elementen gehören die Aspidoceraten, die der Superfamilie Perisphinctaceae zugeordnet werden. Ihre relativ weitnabligen Gehäuse mit gut

1. *Peltoceras athleta**, Mitteljura (Callov), Villers-sur-Mer, Frankreich. Pyritisierter Kern mit gut sichtbaren Lobenlinien; Ø 135 mm. Der auffallende Unterschied in der Skulptur weist auf zwei aufeinanderfolgende Wachstumsstadien hin. Wichtiges Leitfossil.

J

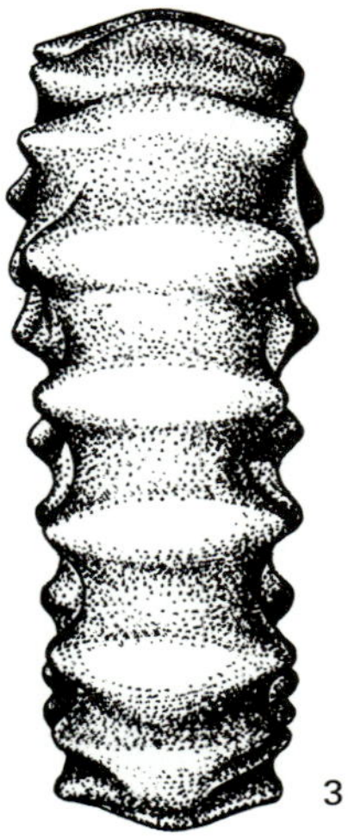
3

ausgeprägter Skulptur läßt auf benthische Lebensweise schließen. Aus den Sedimenttypen, in denen sie auftreten, geht hervor, daß sie in den verschiedensten Tiefenzonen lebten, wahrscheinlich jedoch nicht tiefer als 500 m.
Die Gattung *Peltoceras* (oberster Mitteljura) ist fast weltweit verbreitet. Die Innenwindungen sind typisch perisphinctoid berippt, die Außenwindungen tragen an den Flanken eine Reihe von Knoten auf den groben Einfachrippen. Die näher an der Außenseite der Windungen gelegene Knotenreihe erschien in früheren Entwicklungsphasen der Individuen als die Innenreihe. Über die flache Außenseite **(3)** sind die Knoten untereinander durch zwei bis drei Rippen verbunden. Die Makroconchen sind gewöhnlich beknotet und ihre Mundränder einfach. Die knotenlosen Mikroconchen haben an den Mundrändern lange lappige Fortsätze.

Euaspidoceras perarmatum (SOWERBY)

Ordnung: Ammonitida
Familie: Aspidoceratidae

Die fast kosmopolitische Gattung *Euaspidoceras* reicht vom obersten Mitteljura durch den ganzen Oberjura hindurch. Im Unnterschied zu den Perisphinctiden fehlt bei ihnen das „perisphinctoide" Stadium mit gegabelten Rippen. Am Nabel und Außenrand der Flanken stehen Knoten. Sie sind durch Radialrippen über die Flanke weg verbunden. Die Radialrippen können, vor allem bei größeren Exemplaren, verschwinden.

2

2. *Euaspidoceras perarmatum**, Oberjura (Oxford), Villers-sur-Mer, Frankreich. Das erhalten gebliebene Gehäuse zeigt die charakteristische Skulptur der Art. ∅ des Gehäuses 60 mm.

Spiroceras bifurcati QUENSTEDT

Ordnung: Ammonitida
Familie: Spiroceratidae

Die Gehäuse der Spiroceratidae (Mittlerer Jura) ähneln denen einiger heteromorphen Kreide-Ammoniten, die heute in die Ordnung Ancyloceratida gereiht werden. Trotzdem haben beide Gruppen nichts miteinander zu tun, wie die ganz unterschiedliche Entwicklung der Lobenlinien beweist.
Eine wichtige, besonders in Europa verbreitete mitteljurassische Gattung ist *Spiroceras,* die durch ihre lose Spirale mit freien, sich nicht berührenden Windungen gekennzeichnet ist. Untersuchung reichen Materials zeigt eine sehr große Variabilität, bei der sogar die bilaterale Symmetrie der Gehäusegestalt und der Lobenlinie verschwinden kann. Die große geographische Verbreitung einiger Arten der Gattung *Spiroceras* steht in scheinbarem Widerspruch zu ihrer benthischen Lebensweise. Erklären läßt sie sich jedoch durch die Verdriftung planktonisch lebender Larvenstadien durch Meeresströmungen.
Die Arten der Gattung *Spiroceras* haben dicht berippte Gehäuse, deren Rippen fast senkrecht zur Gehäuseachse verlaufen und nicht gegabelt sind. An der Außenseite sind sie von einem glatten Band unterbrochen. Sie weisen häufig zwei Knotenreihen auf, eine auf der Flanke und die zweite an der Grenze mit der Außenseite.

Protetragonites quadrisulcatus (D'ORBIGNY)

Ordnung: Lytoceratida
Familie: Protetragonitidae

Zu den charakteristischen Elementen der wärmeliebenden Fauna des Tethys-Meeres gehören auch die Angehörigen der Ordnung Lytoceratida, die von der Obertrias an bekannt ist. Die typischen Lytoceraten haben evolute Gehäuse mit ziemlich schnell zunehmender Windungs-

1. *Spiroceras bifurcati**, Mitteljura (Bajoc), Eningen, BRD. ∅ des Gehäuses 35 mm. Durch ihre lose Spirale erinnert die Gattung an die ältesten Ammoniten.

2. *Phylloceras bizonatum,* Oberkreide (Coniac), Lenešice, ČSSR. Fast vollständig limonitisierter Kern; ∅ 25 mm.

1

2

3. *Protetragonites quadrisulcatus**, Oberjura (Tithon), Štramberk, ČSSR. Das ausgeprägt evolute Gehäuse weist periodische Einschnürungen auf. ∅ des Gehäuses 66 mm.

3

höhe. Die Oberfläche zeigt kräftige Anwachsstreifung, die oft lamellös ist. Einschnürungen treten häufig auf. Die Lobenlinie ist sehr kompliziert. Weitnablige Gehäuse mit kreisförmigem Windungsquerschnitt sind kennzeichnend für die Gattungen der Familie Protetragonitidae.
Die Gattung *Protetragonites,* die in den oberjurassischen bis Unterkreide-Sedimenten Europas vorkommt, kennzeichnet sich durch weitstehende, gerade oder schwach gebogene Einschnürungen.

Phylloceras bizonatum Frič

Ordnung: Phylloceratida
Familie: Phylloceratidae

Die Familie Phylloceratidae ist fast weltweit verbreitet, fehlt jedoch in borealen Gebieten. Morphologisch unterscheidet sie sich kaum von ihren triassischen Vorfahren; die Lobenlinien waren jedoch ziemlich kompliziert. Zusammen mit den Lytoceraten waren sie dem Leben in Tiefen von wahrscheinlich bis 600 m angepaßt.
Charakteristisch für die Ammoniten der Gattung *Phylloceras* s. l. sind die stark involuten, engnabligen Gehäuse. An der Oberfläche tragen sie feine Radialrippen, die auf den Kernen nicht sichtbar sind.

Laevaptychus

Aptychi

Durch eine Mittelnaht zweigeteilte, ovale bis fast kreisförmige, teils chitinöse, teils mehr oder weniger stark verkalkte Platten **(4)**, die meist isoliert vorkommen, aber mitunter in den Wohnkammern von Ammoniten sich finden, werden als Aptychen bezeichnet. In Ablagerungen größerer Meerestiefen, den Aptychenkalken, treten sie gelegentlich häufiger und als die fast einzigen Fossilien auf. Man hat die Aptychen schon frühzeitig mit den Ammoniten in Verbindung gebracht. Nach Gestalt und Oberflächenskulptur kann man verschiedene Typen von Aptychen unterscheiden, die aber nicht mit bestimmten Ammonitenarten in Verbindung gebracht werden können. Die Aptychen werden daher nach einer eigenen Nomenklatur klassifiziert.

Bis vor kurzem wurden die Aptychen als Deckel für die Wohnkammer gedeutet, ähnlich den Deckeln der Schneckenschalen. Untersuchungen der jüngeren Vergangenheit zeigten jedoch, daß sie dem Kieferapparat der Ammoniten zugehören. Über die eigentliche Bedeutung der zur Aptychenbildung führenden Spezialisierung des Kieferapparates besteht noch keine Klarheit.

Die meisten vorjurassischen Ammoniten hatten einen Kieferapparat, der dem der heute lebenden Tintenfische (Unterklasse Coleoidea) vergleichbar ist. Die einfachen, nicht zweigeteilten, ovalen bis kreisförmigen, chitinigen Unterkiefer, die auch bei devonischen Goniatiten nachgewiesen sind, werden als Anaptychen bezeichnet. Sie kommen auch bei den Psiloceraten und Lytoceraten vor. Vom Jura an treten

1. *Laevaptychus,* Oberjura (Tithon), Solnhofen, BRD. Breite 46 mm, Innenseite. Die Aptychen der Ammoniten können bedeutende Dicken erreichen.

2. *Lamellaptychus,* Oberjura (Tithon), Solnhofen, BRD. Breite 11 mm. Die Außenseite der Aptychen dieser Gattung hat eine gut ausgebildete Lamellarstruktur.

3. *Lamellaptychus* im Innern der Wohnkammer eines Ammoniten der Gattung *Neochetoceras,* gleiche Lokalität, ∅ des Gehäuses 28 mm.

beidseitig der Mittellinie der Anaptychen Verkalkungen auf, die sich verstärken. Dadurch kommt es zur Bildung der zweiteiligen, mehr oder weniger stark verkalkten Aptychen, die im Lauf des Unterjura sich entwickelten und bis zum Ende der Kreidezeit vorkommen.
Zu den meisten Anaptychen und Aptychen, die zusammen den Unterkiefer bilden, wurden auch die entsprechenden Oberkiefer gefunden **(4)**. Einige Ammoniten, wie z. b. die Hopliten oder die Acantoceraten, hatten augenscheinlich keine Aptychen. Bei den Lytoceraten der Oberkreide fand man einen weiteren Kiefertyp, der den Kiefern der Nautiliden mit Calcitstacheln an den Enden ähnelt. Zum Feinzermahlen der Nahrung besaßen die Ammoniten ein Zungenband, die Radula.
Bei den einzelnen Ammonitengruppen sind verschiedene Aptychen anzutreffen. Breite, sehr massive Laevaptychen mit poriger, gewölbter Oberfläche und Zuwachsstreifen auf der gewölbten Seite gehören zu den Aspidoceraten.

Lamellaptychus

Aptychi

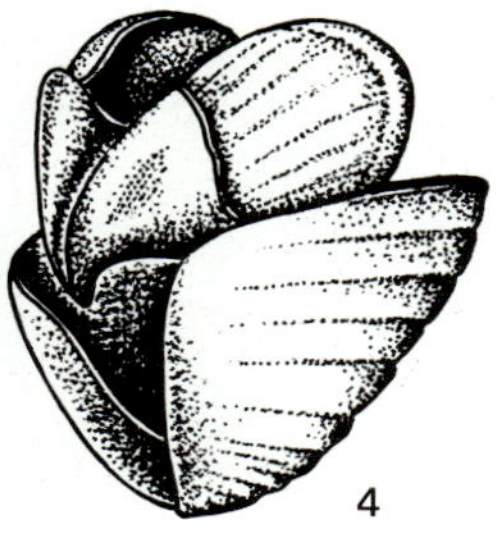

4

Ein anderer, an manchen Orten sehr häufig vorkommender Unterkiefertyp der Ammoniten aus den Sedimenten des Mitteljura bis einschließlich Unterkreide ist *Lamellaptychus.* Es sind schmale ovale Plättchen mit ausgeprägten, verschieden gekrümmten Rippen auf der schwach gewölbten Oberfläche. Sie gehören zu Haploceraten und Phylloceraten. Berühmt sind die Funde aus Solnhofen in Bayern, wo sie häufig im Innern der Wohnkammer von Ammoniten anzutreffen sind.

Ordnung: Ammonitida
Familie: Berriasellidae

Neocomites neocomiensis (D'ORBIGNY)

Während der Kreidezeit vollzog sich die letzte Etappe in der Entwicklung der Ammoniten. Charakteristisch für sie sind vor allem die gestaltlich sehr verschiedenartigen Ancyloceraten, Hopliten, Desmoceraten und Acanthoceraten. In der untersten Kreide kamen noch Perisphinctaceae vor. Zu dieser Superfamilie gehörte auch die kosmopolitische Familie Berriasellidae.
Die Gattung *Neocomites* ist involut; Flanken und Windungsaußenseiten sind abgeflacht, die Nabelkanten ausgeprägt. Die S-förmig gekrümmten, oft wulstig verdickten Rippen sind nach vorne geneigt und an den Flanken häufig aufgegabelt; zu den Teilrippen kommen auf der äußeren Flankenhälfte oft noch Schaltrippen.

Ordnung: Ancyloceratida
Familie: Deshayesitidae

Deshayesites forbesi CASEY

Äußerlich erinnert die Familie Deshayesitidae an die der Hopliten. Aber die Entwicklung der Lobenlinien zeigt, daß die ähnlichen Gehäuseformen nur ein konvergentes Merkmal sind, daß die beiden Gruppen also nichts miteinander zu tun haben und daß die Deshayesiten zu den Ancyloceraten gehören. Die Deshayesiten haben ziemlich abgeflachte, scheibenförmige Gehäuse mit hohem Windungsquerschnitt und brei-

1, 3. *Neocomites neocomiensis*,* Unterkreide (Neokom), Eyroles, Frankreich. Zwei als Kerne erhalten gebliebene Phragmokone mit limonitisierter Oberfläche. ∅ 20 und 22 mm. Auf Bild **3** ist der Lobenlinienverlauf gut zu sehen.

2. *Deshayesites forbesi*,* Unterkreide (Apt), Varfy, Frankreich. ∅ des Gehäuses 25 mm. Auf dem aus Limonit bestehenden Phragmokon ist der Verlauf der Lobenlinien gut sichtbar.

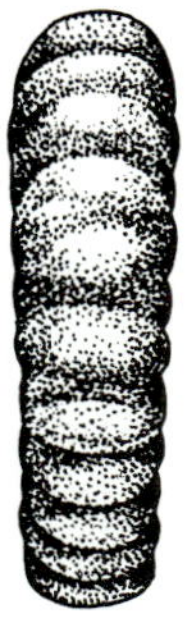

5

ten, vorwärts geneigten, abwechselnd kurzen und langen Rippen, die über die Außenseite der Umgänge wegziehen. Bei den späteren Gattungen mit abgeflachter Außenseite können die Rippen außen unterbrochen sein.
Die Gattung *Deshayesites* hat einen relativ weiten Nabel. Ihre Rippen sind nahe der Nabelkante erhöht. Außer aus euroamerikanischen Vorkommen ist diese Unterkreidegattung auch aus Australien bekannt.

Hysteroceras varicosum (Sowerby)

Ordnung: Ammonitida
Familie: Brancoceratidae

Am Ende der Unterkreide erschien eine weitere formenreich vertretene Superfamilie der Ammoniten – die Acanthoceraten (Acanthocerataceae). Die sehr verschiedenartigen Gehäuse sind stets grob berippt, mit der Tendenz zur Knotenbildung. Einige Gattungen sind kosmopolitische, wie z. B. *Hysteroceras,* das einem älteren Entwicklungszweig entspricht.
Die Gattung *Hysteroceras* hat gewöhnlich kleine evolute Gehäuse mit Windungen von fast quadratischem Querschnitt. Bei den Anfangswindungen befindet sich auf der Außenseite ein Kiel. Die Rippen spalten sich, oder aber kurze und lange Rippen wechseln mit nabelförmigen Knoten und bei manchen Arten mit Knoten am Übergang von der Flanke zur Außenseite ab **(5)**.

4. *Hysteroceras varicosum,* Unterkreide (Alb), Folkestone, Großbritannien. Die pyritisierten Kerne weisen eine gut ausgebildete grobe Berippung auf, die für die älteren Vertreter der Acanthoceraten kennzeichnend ist. ∅ 25 und 14 mm.

4

5

Euhoplites lautus (SOWERBY)

Ordnung: Ammonitida
Familie: Hoplitidae

Auch die Hopliten erschienen schon in der Unterkreide und erlangten noch in dieser Zeit reiche Entfaltung. Zu Beginn des Cenomans gingen sie rasch zurück, aber erst am Ende des Mesozoikums starben sie zusammen mit den übrigen Ammonitengruppen aus. Die Familie Hoplitidae ist vor allem für das Mittelalb der nördlichen Halbkugel charakteristisch.
Die außer in Europa auch in der Unterkreide Grönlands gefundenen Vertreter von *Euhoplites* haben evolute Gehäuse mit flacher oder ausgebauchter Flanke, einer tiefen Furche auf der Außenseite und kräftigen, S-förmig gekrümmten Rippen zwischen den Nabelknoten und den langgestreckten Schwielen auf der Außenseite.

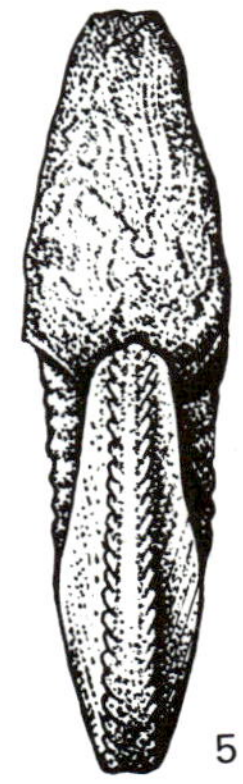

5

1. *Euhoplites lautus,* Unterkreide (Alb), Folkestone, Großbritannien. Ø der Gehäuse 22 und 17 mm. Die verkreidete Oberfläche der Gehäuse hält eines der diagnostischen Hauptmerkmale der Hopliten – die Nabelknoten – fest, von denen die gespaltenen Rippen ausgehen.

Anahoplites splendens (SOWERBY)

Ordnung: Ammonitida
Familie: Hoplitidae

Die Unterkreidegattung *Anahoplites* ist in Europa und Asien weit verbreitet. Die flach scheibenförmigen Gehäuse **(5)** haben rasch an Höhe zunehmende Windungen. Jeweils mehrere der dichtgestellten, an den Flanken schwach S-förmig geschwungenen Rippen gehen von den

1 2

3

4

Nabelknoten aus und bleiben meist schwach. Auch die abgeflachte Außenseite wird beidseitig von einer Knotenreihe begleitet.

2. *Anahoplites splendens**, Unterkreide (Alb), Folkestone, Großbritannien. Das ursprüngliche Gehäuse löste sich während der Fossilisierung teilweise auf, so daß als Rest nur seine Perlmutterschicht erhalten blieb. ∅ des Gehäuses 37 mm.

3. *Proplacenticeras orbignyanum,* Oberkreide (Coniac), Březno, ČSSR. Der limonitisierte Kern des Phragmokons weist eine gut sichtbare Fältelung der Sättel und Loben der Sutur auf; ∅ 53 mm.

4. *Douvilleiceras mammillatum**, Unterkreide (Alb), Machéromenit, Frankreich. Kern mit Resten der Perlmutterschicht; ∅ 63 mm. Die breiten, wallartigen, beknoteten Rippen sind ein sehr auffallendes diagnostisches Merkmal. Wichtige zonale Art für das untere Alb.

Proplacenticeras orbignyanum (GEINITZ)

Ordnung: Ammonitida
Familie: Placenticeratidae

Mit den Hopliten verwandt ist die Familie Placenticeratidae, deren Vertreter flach scheibenförmig sind, mit schmaler Windungsaußenseite und meist glatter Oberfläche. Sie erschienen am Ende der Unterkreide und starben ganz am Ende der Kreide aus. In diese Familie gehört auch die Gattung *Proplacenticeras* aus der Oberkreide, die in Mittel- und Westeuropa, Asien und Nordamerika vorkommt.

Douvilleiceras mammillatum (SCHLOTHEIM)

Ordnung: Ancyloceratida
Familie: Douvilleiceratidae

Die wenig umgreifenden Windungen der Gattung *Douvilleiceras* sind im Querschnitt kreisförmig bis oval, dorsoventral zusammengedrückt oder vieleckig. Die Rippen tragen anfangs ausgeprägte Nabelknoten und Knoten am Übergang zur Außenseite. Später bildet sich auf den Flanken der auffallend abgerundeten Rippen eine Reihe weiterer Knoten, die mit wachsendem Gehäuse allmählich wieder verschwinden.

Hamites rotundatus SOWERBY

Ordnung: Ancyloceratida
Familie: Hamitidae

Die Formen- und Skulpturvielfalt der Gehäuse der mesozoischen Ammoniten ist ungeheuer groß. Seit jeher wurde die Aufmerksamkeit der Paläontologen von den eigenartigen heteromorphen Gehäusen einiger Ammoniten, besonders der Kreidezeit, gefesselt. Die ungewöhnlichen, bizarren Formen dieser Gehäuse sind wohl eher Ausdruck der Anpassung an besondere Umweltbedingungen und einer wahrscheinlich benthischen Lebensweise als ein Degenerationsmerkmal der Gruppe. Die stratigraphische Verbreitung durch die ganze Kreide weist darauf hin, daß die Ancyloceraten, zu denen die heteromorphen Ammoniten hauptsächlich gehören, eine sowohl ökologisch als auch phylogenetisch erfolgreiche Ordnung waren.

In der ersten Wachstumszeit hatten die Gehäuse der Familie Hamitidae meist die Form einer offenen Spirale. Im weiteren Wachstum folgten zwei oder drei gerade gestreckte oder gebogene, miteinander durch ein Knie verbundene Abschnitte.

Die Arten der Gattung *Hamites* sind in der Kreide fast auf der ganzen Welt anzutreffen. Ihre Umgänge sind im Querschnitt kreisförmig oder dorsoventral zusammengedrückt. Die zahlreichen geraden Rippen setzen sich auch an der Außenseite der Windungen fort.

1. *Hamites rotundatus,* Unterkreide (Alb), Großbritannien. Länge der Kernfragmente 70 und 40 mm. Ammoniten mit ungewöhnlicher (heteromorpher) Gehäuseform sind typisch für die Kreideformation.

2. *Baculites gaudini,* Unterkreide (Alb), Cambridge, Großbritannien. Länge der Kernfragmente 50 und 60 mm. Die spiralig gedrehten Teile des Gehäuses der Baculiten waren sehr klein, während der gerade Abschnitt oft bis 2 m lang war.

3. *Anahamulina* sp., Unterkreide (Neokom), Schlesien, ČSSR. Unvollständiger Kern; es fehlt der Anfangsteil des Gehäuses, während der Fossilisierung in weichem Mergelsediment schwach zusammengedrückt. Länge 105 mm. An den Gehäusen dieser Gattung fehlen die spiralig gedrehten jungen Windungen.

Baculites gaudini Picket et Campiche

Ordnung: Ancyloceratida
Familie: Baculitidae

Die Hamiten sind Verwandte der Baculiten. Ihre Gehäuse bestehen aus einer bis zwei kleinen Anfangswindungen und einem größeren geraden, gestreckten oder schwach gekrümmten anschließenden Gehäuseteil. Der Windungsquerschnitt ist kreisförmig oder oval, manchmal auch zugespitzt. Zum Unterschied von den Arten aus der Unterkreide, die klein sind, werden aus dem Ende der Oberkreide bis 2 m lange Gehäuse gefunden. Da die Baculiten häufig in großen Massen abgelagert sind, scheinen sie, wie die Gehäuseform vermuten läßt, in mehr oder weniger senkrechter Lage in Kolonien am Meeresboden gelebt zu haben.

Anahamulina sp.

Ordnung: Ancyloceratida
Familie: Baculitidae

Die Gattung *Anahamulina* ist in der Oberkreide Europas und Nordamerikas verbreitet. Das Gehäuse besteht aus zwei parallelen Armen, von denen der längere Arm knieartig zu einem zweiten kürzeren Arm abgebogen ist. An der Stelle der Biegung sind häufig Einschnürungen vorhanden. Die Oberfläche ist mit dichten feinen Rippen bedeckt, die auf dem ersten Arm schräg nach oben und auf dem zweiten Arm ungefähr senkrecht zur Gehäuseachse gerichtet sind. Die phylogenetischen Beziehungen zu anderen Arten sind einstweilen wenig erforscht.

Macroscaphites yvani PUZOS

Ordnung: Ancyloceratida
Familie: Macroscaphitidae

Eine wichtige Gruppe heteromorpher Ammoniten der Unterkreide sind die Macroscaphitiden. Die Anfangswindungen zeigen die normale Spirale, die Endwindung streckt sich gerade und ist am Ende hakenförmig gekrümmt. Der typische Vertreter – die Gattung *Macroscaphites* – wird als Ausgangsform für zahlreiche weitere Gruppen von Kreide-Ammoniten angesehen, bei denen der spiralig gedrehte Teil des Gehäuses nur klein war oder ganz fehlte.
Bei der Gattung *Macroscaphites,* die aus verschiedenen Gebieten Europas, Afrikas und Asiens bekannt ist, ist das Gehäuse zuerst zu einer engen Spirale gewunden. Auf diesen Teil folgt ein langer, schwach gekrümmter Arm, der vor dem Mund nach hinten gedreht ist. Der Nabel ist breit, und die Umgänge sind im Querschnitt oval. Die dichte feine Berippung auf dem eingerollten Gehäuse ist radial gerichtet, ohne Unterbrechung auf der Außenseite. Auf dem nicht eingerollten Teil des Gehäuses verlaufen die Rippen quer zu seiner Achse.

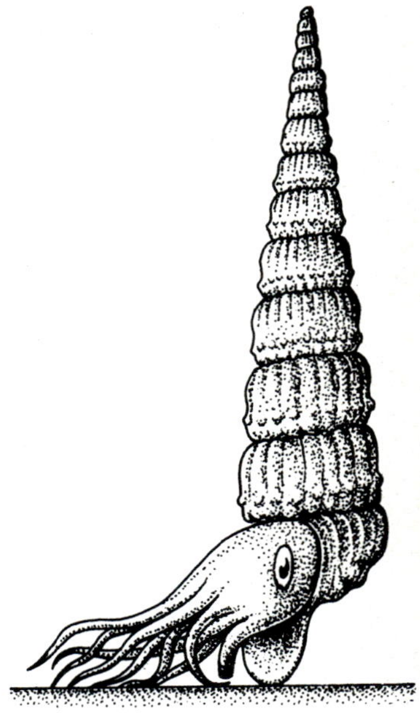

4

Turrilites costatus MEEK

Ordnung: Ancyloceratida
Familie: Turrilitidae

Zu einer Raumspirale (helicoid) gewundene Gehäuse sind bei Ammoniten eine seltene Ausnahme. Sie sind das typische Merkmal der

K

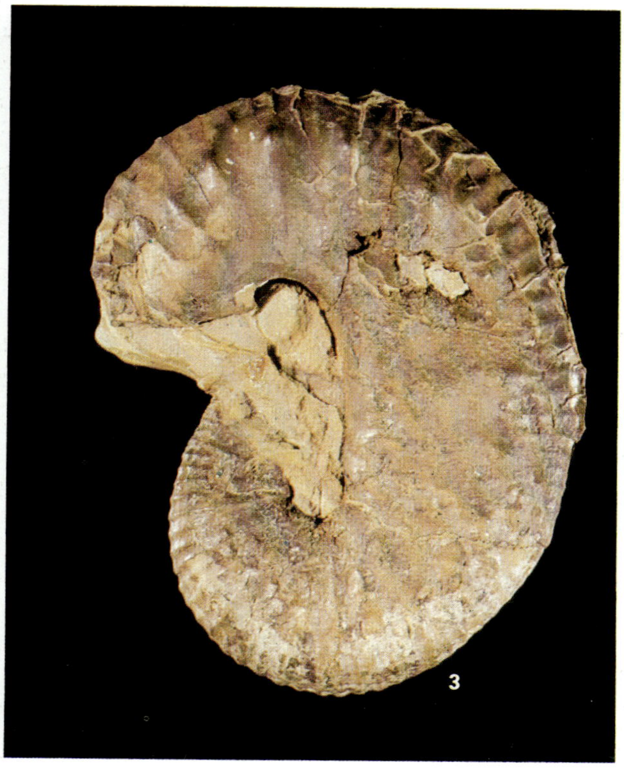

1. *Macroscaphites yvani**, Unterkreide (Neokom), Großbritannien. Fast vollständiger Kern. ∅ des zusammengerollten Gehäuseteils 45 mm. Mit Rücksicht auf die Anordnung des Schwerpunktes des Gehäuses ist es sehr wahrscheinlich, daß zu Lebzeiten des Individuums der eingerollte Teil des Gehäuses nach oben gerichtet war.

2. *Turrilites costatus**, Oberkreide (Cenoman), Rouen, Frankreich. Bruchstück eines Gehäusekerns; Höhe der Spirale 57 mm. Der Form nach erinnert dieser Ammonit an eine Schnecke. Er stellte einen wichtigen Teil des Benthos der Oberkreidemeere dar. Charakteristisches Cenoman-Fossil.

3. *Scaphites lamberti*, Oberkreide (Senon), Březno bei Louny, ČSSR. Limonitisierter Kern; Länge 38 mm.

kosmopolitischen Familie Turrilitidae. Beachtenswert ist der innere Aufbau der Gehäuse. Die die einzelnen Gaskammern verbindende Siphonalröhre verschob sich nämlich während des Wachstums zum oberen Windungsrand. Vermutlich konnte dadurch eine größere Flüssigkeitsmenge im Phragmokon gespeichert werden – vielleicht als Anpassung an das Bodenleben.

Die Arten der Gattung *Turrilites* haben enggewundene Gehäuse mit steilem Scheitelwinkel. Im Querschnitt sind die Windungen fast quadratisch. Die Oberfläche trägt breite, im Profil abgerundete Querrippen mit drei bis vier Knotenreihen. Die Lobenlinien sind mit Rücksicht auf die Raumspirale des Gehäuses unregelmäßig **(4)**. Es überrascht, daß sich bei der wahrscheinlich sessilen Lebensweise einige Arten über die ganze Welt verbreiteten.

Scaphites lamberti GROSSOUVRE

Ordnung: Ancyloceratida
Familie: Scaphitidae

Die Gehäuse der Scaphiten sind in der ersten Wachstumsperiode gewöhnlich stark involut. Die Endwindung streckt sich gerade und ist vor dem Ende hakenförmig gegen die Anfangsspirale zurückgebogen.

Die Gattung *Scaphites* ist von der oberen Unterkreide an fast durch die ganze Oberkreide nahezu weltweit verbreitet. Die Gehäuse haben einen verhältnismäßig kurzen hakenförmigen Arm. Im eingerollten Teil sind vergabelte Rippen und Nabelknoten sowie auf der Außenhälfte der Flanken liegende Knoten vorhanden. Die geräumige Wohnkammer macht wahrscheinlich, daß das Gehäuse zu Lebzeiten eine senkrechte Lage einnahm, mit dem hakenförmigen Arm nach unten.

Schloenbachia varians (Sowerby)

Ordnung: Ammonitida
Familie: Schloenbachiidae

Am Anfang der Oberkreide hielt die Blütezeit einiger Hopliten noch an. Zu den älteren Vertretern, die in der oberen Unterkreide typisch sind, zählt die Familie Schloenbachiidae. Die Arten der Gattung *Schloenbachia* lebten vor allem in den kühlen Gewässern der nördlichen Halbkugel. Eine ähnliche geographische Verbreitung hatten auch ihre Vorfahren.

Die Gattung *Schloenbachia* umfaßt Arten, deren Gehäuse von flacher, relativ engnabliger Gestalt bis zu dicker geblähten und weniger involuten Formen variieren. Ein charakteristisches Merkmal ist der verschieden stark entwickelte Außenkiel **(4)**. Die meisten Arten haben an den Flanken und in Nabelnähe Knoten. Die Rippen sind, soweit deutlich entwickelt, leicht geschwungen und unregelmäßig vergabelt. *Schloenbachia* ist die häufigste Gattung des borealen Cenomans, die im Anglo-Pariser Becken die übrigen Ammoniten-Gattungen an Häufigkeit übertrifft.

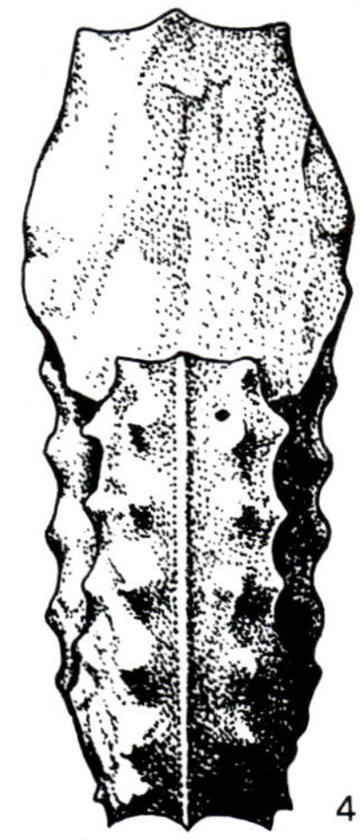
4

1. *Schloenbachia varians**, Oberkreide (Cenoman), Insel Wight, Großbritannien. Kern; ∅ 68 mm.

2. *Mantelliceras mantelli**, Oberkreide (Cenoman), Rouen, Frankreich. Kern; ∅ 59 mm. Stratigraphisch wichtige cenomane Art. Die spiralige Linie auf der Gehäuseflanke ist ein Rest der nächstfolgenden abgebrochenen Windung.

1

2

3. *Mammites nodocoides**, Oberkreide (Turon), Prag – Bílá Hora, ČSSR. Kern; ∅ 160 mm. Die Gehäuse haben bis 30 cm Durchmesser. Zonale turonische Art.

3

Mantelliceras mantelli (SOWERBY)

Ordnung: Ammonitida
Familie: Acanthoceratidae

Die Superfamilie Acanthocerataceae erreichte ihre stärkste Entfaltung während der Oberkreide. Die gleichnamige Familie war eine der Hauptkomponenten der in den Oberkreidemeeren weltweit lebenden Ammoniten-Vergesellschaftungen. Die Gehäuse von *Mantelliceras* weisen schwach umgreifende Windungen sowie breite, wenig gebogene Rippen und eine flache, mit einer Knotenreihe gesäumte Außenseite auf. Knoten bilden sich häufig auch an den Flanken und in Nabelnähe, wo sie gewöhnlich besonders gut ausgebildet sind.

Mammites nodosoides (SCHLOTHEIM)

Ordnung: Ammonitida
Familie: Acanthoceratidae

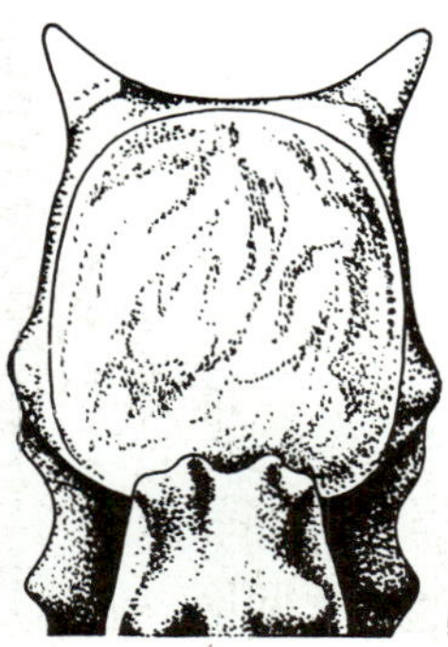
5

In dieselbe Familie wie die vorgenannte Gattung gehört auch ihr jüngerer – turonischer – Vertreter, die fast kosmopolitische Gattung *Mammites.* Ihre Gehäuse sind weitnablig und haben einen ungefähr quadratischen bis trapezförmigen Gewindequerschnitt. Die Außenseite der Windungen ist abgeflacht oder ausgebaucht. Eine Reihe stumpfer Knoten säumt den Nabelrand, und beidseitig der Außenseite verläuft je eine Knotenreihe. Die Knoten dieser Außenreihen werden an den Enden zu spitzen, etwas verlängerten Stacheln **(5)**. Die breiten, weitstehenden Rippen sind nur flach, unausgeprägt.

Ordnung: Ammonitida
Familie: Acanthoceratidae

Acanthoceras rhotomagense (DEFRANCE)

Diese weit verbreitete Gattung gehört in die Oberkreide. Die nur wenig umgreifenden Windungen sind im Querschnitt quadratisch. Ein typisches Merkmal sind die Radialrippen mit Knoten, die in 7 Spiralreihen angeordnet sind **(4)**. Die Nabelknotenreihe ist der Gewindeachse am nächsten. Zwei weitere Reihen liegen ventrolateral. Bei größeren Exemplaren verlieren sich die Knoten auf der Außenseite der Windungen, während die ventrolateralen Knotenpaare miteinander verschmelzen und große Hörner bilden. In gleichem Maß, wie das Gehäuse wächst, verschwinden die Rippen immer mehr. Der verhältnismäßig breite Nabel und die sehr auffällige Oberflächenskulptur weisen klar darauf hin, daß die Acanthoceraten zu einer rascheren Bewegung nicht fähig waren.

Ordnung: Ammonitida
Familie: Acanthoceratidae

Romaniceras ornatissimum (STOLICZKA)

Die Gattung *Acanthoceras* ist mit der im Cenoman und Turon Europas, Afrikas und Asiens vorkommenden Gattung *Romaniceras* verwandt. Kennzeichnend für die weitnabligen Gehäuse mit im Querschnitt kreisförmigen oder ovalen Windungen sind die auf dem Windungsumfang verteilten neun bis elf Reihen gleich großer Knoten. Die Rippen sind

1. *Acanthoceras rhotomagense**, Oberkreide (Cenoman), Saint André, Frankreich. Kern; ∅ 165 mm. Nach dieser häufig vorkommenden, auffallenden Art ist eine der stratigraphischen Zonen des Obercenomans benannt.

2. *Romaniceras ornatissimum*, Oberkreide (Turon), Cítov, ČSSR. Schlecht erhaltener Kern; ∅ 78 mm. Die Gehäuse haben wenig ausgeprägte Berippung und eine höhere Anzahl von Knotenreihen als die Gattung *Acanthoceras*.

3. *Lewesiceras sharpei**, Oberkreide (Coniac), Mladá Boleslav, ČSSR. Kern; ∅ 210 mm. Diese Art zählt zu den größten bekannten Ammoniten.

gerade und breit, ungleich lang und treten gegenüber den Knoten zurück.

Lewesiceras sharpei (SPATH)

Ordnung: Ammonitida
Familie: Pachydiscidae

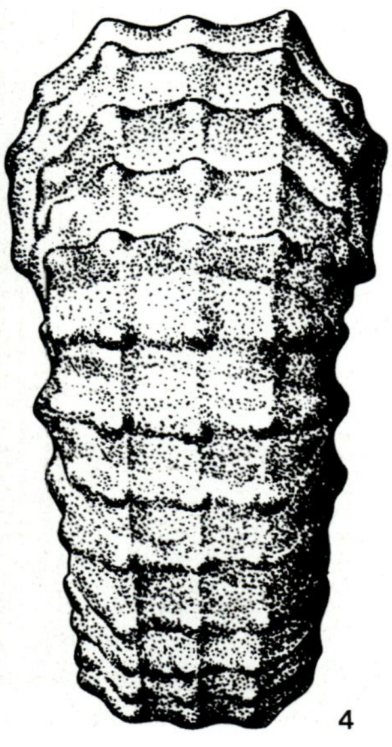

Innerhalb der Oberkreide-Ammoniten ist die Superfamilie Desmocerataceae recht bedeutungsvoll. Hierher gehören auch die größten bekannten Ammoniten, die je auf der Erde lebten: Der Durchmesser des Gehäuses von *Parapuzosia seppenradensis* überschritt 2,5 m!
Beachtliche Maße erreichten auch die Pachydisken, die schon gegen Ende der Unterkreide erschienen, ihre Hauptentwicklung aber erst in der Oberkreide hatten. Die Gehäuse der Pachydisken sind mittelinvolut bis evolut mit schwacher, unregelmäßiger Berippung und häufig auch, wenigstens um den Nabel, mit gut ausgebildeter Beknotung.
Die turonische Gattung *Lewesiceras,* die aus Europa, Nordafrika, Südasien und Nordamerika bekannt ist, war der Vorfahre zahlreicher jüngerer Gattungen. Die Rippen der Gehäuse sind schwach S-förmig gekrümmt und außen nach vorn ausgebogen. Die Innenwindungen haben seichte Einsenkungen und starke Nabelknoten, die bei den späteren Windungen abflachen und mit den Rippen verschmelzen. Zwischen den breit gerundeten Hauptrippen sind kürzere Rippen eingeschoben, die nicht bis zum Nabel reichen.

Collignoniceras woolgari (MANTELL)

Ordnung: Ammonitida
Familie: Collignoniceratidae

Die Frage, warum eine so erfolgreiche Gruppe wie die Ammoniten an der Grenze vom Mesozoikum zum Känozoikum restlos aussterben konnte, ist bisher noch nicht befriedigend beantwortet worden. Die riesige Formenvielfalt der Gehäuse deutet an, daß die Ammoniten an verschiedenste ökologische Bedingungen angepaßt lebten. Die aus den kleinen Eiern ausgeschlüpften jungen Individuen lebten wenigstens eine Zeitlang planktonisch und ernährten sich von verschiedenen Mikroorganismen. Die Ansichten über die Lebensweise der Ammoniten in den aufeinanderfolgenden Zeitspannen variieren sehr stark. Nach Meinung vieler Autoren lebten die Ammoniten größtenteils am Meeresboden in 50 bis 200 m Tiefe in ähnlicher Weise wie eine sich von Substrat ernährende Schnecke. Ihre Kiefer (Aptychen) dienten zum Aufsammeln kleiner, langsamer Wasserorganismen, die am Boden lebten, wie z. B. Foraminiferen. Ostracoden, Crustaceen, Brachiopoden, Anthozoen (Korallen), Bryozoen (Moostierchen) oder auch von Resten toter Organismen. Dies beweisen die erhalten gebliebenen Mageninhalte. Andere Forscher wiesen nach, daß die Gehäusekonstruktion der Ammoniten größere Veränderungen der Wassertiefe gestattete, wie dies auch beim heutigen *Nautilus* der Fall ist. Die Ammoniten werden als pelagische Organismen angesehen, die bis zu 1000 m Wassertiefe tauchen. Dem

1. *Collignoniceras woolgari**, Oberkreide (Turon), Prag-Bílá Hora, ČSSR. Kern; ∅ 210 mm. Leitfossil für das Turon. Die Verbreitung hängt zweifellos mit dem weitesten Vordringen des Meeres auf das Festland (Transgression) der Kreideepoche zusammen.

2. *Peroniceras tricarinatum,* Oberkreide (Coniac), Vrbičany, ČSSR. Kern: ∅ 340 mm. Das stark evolute Gehäuse hat drei scharfe Kiele auf der Außenseite der Windung.

2

Wasserdruck in Tiefen unterhalb von 1000 m hielten aber nach Berechnungen die Phragmokone nicht stand. Fraglos waren die Ammoniten ungleich schlechtere Schwimmer als z. B. die rezenten Sepien und die Teuthoiden. Ihre Hauptfeinde waren wohl Meeressaurier, Raubfische, vielleicht auch Krustentiere und andere Kopffüßergruppen.

Die zur Superfamilie Acanthocerataceae gehörige Familie Collignoniceratidae ist weltweit verbreitet. Die turonische Gattung *Collignoniceras* hat wechselnd stark involute, manchmal recht große Gehäuse. Die Rippen sind nach vorn geneigt und haben Knoten am Nabelrand und auf der äußeren Flankenhälfte. Dazu kommt eine Knotenreihe auf der Außenseite. Die Nabelknoten verlagern sich während des Wachstums nach außen, so daß sie mit den äußeren Knoten zu massiven Dornen verschmelzen.

Peroniceras tricarinatum (D'ORBIGNY)

Ordnung: Ammonitida
Familie: Collignoniceratidae

Die Gattung *Peroniceras* steht der Gattung *Collignoniceras* nahe. Kennzeichnend ist das weitnablige Gehäuse mit ovalem, trapezförmigem oder quadratischem Windungsquerschnitt. Die kurzen, geraden, im Profil abgerundeten Rippen gehen von den Nabelknoten aus und enden in den kegeligen Knoten am Außenrand der Flanke. Bei einigen Arten bildeten sich Knoten auch auf der Flankenmitte. Die Gattung ist ähnlich wie die vorgenannte in der Oberkreide fast weltweit verbreitet.

Megateuthis ellipticus (MILLER)

Ordnung: Belemnitida
Familie: Belemnitidae

Mit Ausnahme von *Nautilus* (mit vier Kiemen und Außenskelett-Gehäuse) haben alle rezenten Cephalopoden, die Sepien (Sepioidea), Kalmare (Teuthoidea) und die Kraken (Octopoda), nur zwei Kiemen und ein in das Körperinnere verlagertes, oft reduziertes und dadurch zu einer Art von Innenskelett gewordenes Gehäuse.
Die Organisation des Weichkörpers, insbesondere das Nervensystem und die damit zusammenhängenden Sinnesorgane, z. B. die erstaunlich vollkommenen Augen, sind so fortschrittlich differenziert und ausgebildet, daß sie mit den Wirbeltieren verglichen werden können.
Unter den Cephalopoden finden sich auch die größten Wirbellosen. Die Körperlänge der Teuthoideen kann einschließlich der Fangarme 18 bis 22 m erreichen. Gelegentlich kommen Riesenkraken vor.
Zum Teil sind die Angehörigen der Coleoidea sehr wendig. Sie bewegen sich schwimmend durch Rückstoß. Durch periodisches Zusammenziehen der Mantelhöhle wird das Wasser durch den Trichter kräftig ausgestoßen. Der Rückstoß kann eine Geschwindigkeit von 70 km/h im Extremfall bewirken. Durch die Orientierung der Trichterröhre kann die so erzeugte Bewegung gesteuert werden. Oft sind auch häutig-muskulöse Flossen als Hilfsorgane für das Schwimmen vorhanden.
Die älteste, paläontologisch und stratigraphisch wichtigste Coleoiden-Gruppe sind die Belemniten (Ordnung Belemnitida). Sie sind Abkömmlinge der Bactriten, aus denen sie sich während des jüngeren Paläozoikums herausbildeten. Älteste Belemniten sind im Karbon Nordamerikas gefunden worden. Typische und häufige Fossilien sind sie vor allem im Jura und der Kreide. Die ganze Gruppe starb im Eozän aus. Die Wohnkammer der Belemniten ist reduziert; von ihr blieb nur der löffelartig durchgebogene Schild (das Proostrakum) auf dem Körperrükken übrig. Das Proostrakum setzt sich in einen mehr oder weniger tief in das massive Rostrum hineinreichenden Phragmokon fort. Die zylindrischen, spindel- oder fingerartigen Rostren sind die am häufigsten gefundenen Teile der Belemnitengehäuse. Die kegelförmige Höhle, in der der Phragmokon liegt, heißt Alveole. Das entgegengesetzte Ende des Rostrums, der Scheitel (Apex), ist gewöhnlich zugespitzt. Der Längsschnitt des Rostrums zeigt seinen lamellaren Aufbau. Aus dem Querschnitt geht hervor, daß das Rostrum aus faserigen Calcitkristallen besteht, die strahlenförmig von der Längsachslinie auslaufen. Die Rostren sind hoch porös mit einem bedeutenden Gehalt an organischer Masse. Die jurassische Gattung *Megateuthis* hatte ein 50 bis 60 cm langes Rostrum. Das hintere (apikale) Ende ist gerieft mit einer Bauchfurche und gewöhnlich mit zwei dorsolateralen Furchenpaaren versehen. Die Alveole erreicht ein Viertel der Länge des Rostrums. Die rekonstruierte Länge wird auf 3 m geschätzt.

Belemnites paxillosus (SCHLOTHEIM)

Ordnung: Belemnitida
Familie: Belemnitidae

Die Gattung *Belemnites* ist im Unterjura Europas, Asiens und Südamerikas häufig. Die Rostren sind mehr oder weniger zylindrisch und gehen in eine Spitze über. Die Alveole nimmt etwa zwei Fünftel der Rostrumlänge ein. In Scheitelnähe befinden sich dorsolaterale Furchen.

1, 4, 5. *Megateuthis ellipticus,* Mitteljura (Bajoc), Hildesheim, Hannover, BRD. Länge des Rostrums ca. 250 mm **(1)**. Querschnitt des Rostrums **(4)**. Das Rostrum hat eine ausgeprägte lamellare Struktur, die an die Jahresringe der Bäume erinnert. Rohberg, BRD. Länge 50 mm. In Kammern geteilter Phragmokon im Innern des Rostrums **(5)**, Gündershofen, BRD. Länge 80 mm.

2, 3. *Belemnites paxillosus,* Unterjura (Pliensbach-Toarc), Mössingen, BRD. Länge 130 und 60 mm; auf dem größeren Rostrum sitzt eine Auster **(3)**. Nach dem Tod bildeten die auf dem weichen Meeresboden liegenden Rostren häufig die einzige feste Auflage für benthische Lebewesen.

1
2
3
4
5

Weichtiere
Mollusca

5

Salpingoteuthis acuarius (Quenstedt)

Ordnung: Belemnitida
Familie: Belemnitidae

Einige Belemniten haben das hintere Ende des Rostrums zylindrisch verlängert. Das Epirostrum unterscheidet sich vom Rostrum vor allem durch die innere Struktur mit einer weniger regelmäßigen Anordnung der Kristalle. Bei der Gattung *Salpingoteuthis,* die in den unter- und mitteljurassischen Ablagerungen Europas und Asiens weit verbreitet ist, ist das Epirostrum um ein Vielfaches länger als das Rostrum. Die Rostren mit den Epirostren sind sehr lang (20 bis 30 cm) und schmal und erweitern sich langsam. An der Spitze sind eine Ventralfurche und zwei feine dorsolaterale Furchen sichtbar. Die Alveole ist nur sehr kurz. Am breiteren Ende erweitern sich die Rostren manchmal hakenförmig.

Dactyloteuthis irregularis (Schlotheim)

Ordnung: Belemnitida
Familie: Belemnitidae

Die wissenschaftliche Klassifizierung der Belemniten nach Gattungen und Arten stützt sich vor allem auf die Gesamtform der Rostren, die Form ihres Querschnittes, die Lage und die Maße der häufig auf der Oberfläche entwickelten Furchen, weiter auf den Oberflächencharakter sowie auf die Tiefe und Lage der Alveolen.
Sehr auffallende Fingerform hat das Rostrum einiger Arten der unterjurassischen Gattung *Dactyloteuthis,* die eine ähnliche Verbreitung hat wie die vorerwähnte Gattung.

Hibolites hastatus (Blainville)

Ordnung: Belemnitida
Familie: Belemnopsidae

Die Fangarme fossiler (und auch rezenter) Kopffüßer waren (und sind) mit zahlreichen Saugnäpfen oder Häkchen besetzte Armreste, die unter dem Gattungsnamen *Acanthoteuthis* beschrieben wurden **(5)**. Sie gehören zu der Belemniten-Gattung *Hibolites,* die im Mittel- und Oberjura Europas, Asiens, Nordamerikas und Indonesiens vorkommen. Die Rostren sind bis 20 cm groß und gehen kontinuierlich in eine Spitze über, die in der Rostrumachse liegt. Die Alveole ist nur kurz und reicht kaum in ein Viertel der Rostrumlänge. Auf der Bauchseite ist eine gut ausgebildete Furche, die vom vorderen Rand bis fast in den Mittelteil des Rostrums führt. Der Querschnitt durch das Rostrum ist im Vorderteil dorsoventral zusammengedrückt und in der Scheitelnähe kreisförmig.

Duvalia dilatata Blainville

Ordnung: Belemnitida
Familie: Duvaliidae

Die Gattung *Duvalia* lebte vom Mitteljura bis in die Unterkreide und ist aus Europa, Afrika und Indonesien bekannt. Ihre Vertreter haben kleine, seitlich stark zusammengedrückte Rostren. Die Bauchpartie des Rostrums ist gewöhnlich stark verbreitert und ausgebauchter als der Rücken. Die kurze Zuspitzung des Rostrums liegt der Rückenseite näher. Die Alveole ist nur kurz.

1. *Salpingoteuthis acuarius**, Unterjura (Toarc), Holzmaden, BRD. Länge des Rostrums mit dem Epirostrum 190 mm. Charakteristisch für diese Art sind sehr lange schlanke Rostren.

2. *Duvalia dilatata,* Unterkreide. Länge der Rostren 54 und 60 mm. Diese Art unterscheidet sich durch das seitlich stark abgeflachte Rostrum klar von den Belemniten.

3. *Dactyloteuthis irregularis**, Unterjura (Toarc), Trimeusel, BRD. Länge des Rostrums 72 mm. Die Fingerform des Rostrums ist bei Belemniten wenig üblich.

4. *Hibolites hastatus**, Mitteljura (Callov), Czestochowa, Polen. Länge der Rostren 110 und 100 mm.

1
2
3
4

Neohibolites minimus (MILLER)

Ordnung: Belemnitida
Familie: Belemnopsidae

Die kosmopolitische Gattung *Neohibolites* kommt von der Unterkreide (Apt) bis in die tiefe Oberkreide vor. Die Rostren sind klein, schwach spindelförmig, im Querschnitt abgerundet. Die Bauchfurche ist kurz. Der Vorderteil des Rostrums ist gewöhnlich nicht erhalten geblieben, denn die Wände der Alveole sind nur schwach und dünn. Da die Alveole manchmal sekundär von innen aus abgewittert ist, vergrößerte sich ihr ursprünglicher Umfang, und es entstand eine Pseudoalveole.

Actinocamax plenus (BLAINVILLE)

Ordnung: Belemnitida
Familie: Belemnitellidae

Die Beziehungen der Belemniten zu den übrigen Coleoiden sind einstweilen noch nicht ganz geklärt. Aus den Tertiärsedimenten ist eine Reihe morphologischer Übergangstypen zwischen den Belemniten und den Sepien bekannt. Wahrscheinlich ähnelte die Nahrung der Belemniten jener der rezenten Kalmare und bestand vor allem aus Krustentieren, Weichtieren und Fischen. Die Belemniten ihrerseits waren, wie aus Mageninhalten der Fischechsen und einiger Fische hervorgeht, Beutetiere von Wirbeltieren. Fast die ganze Ordnung der Belemniten starb am Ende der Kreide aus. Die Grenze des Mesozoikums und des Tertiärs überlebte nur eine einzige Familie, die im ausklingenden Eozän ausstarb. Dafür ist aus der Oberkreide eine Reihe von stratigraphisch wichtigen Gattungen bzw. Arten bekannt.
Die auf der nördlichen Halbkugel weit verbreitete Gattung *Actinocamax* hat nicht sehr große zylindrische bis spindelförmige Rostren von ungefähr kreisförmigem Querschnitt. Vorn tragen sie schwache dorsolaterale Furchen und auf der Bauchseite einen kurzen Alveolarschlitz. Die Alveole ist kurz, und ihre Wände waren offensichtlich sehr wenig verkalkt. Durch Abwitterung der Alveolarwände entstand ein kegelförmiger Abschluß der Vorderseite des Rostrums.

Gonioteuthis granulata (BLAINVILLE)

Ordnung: Belemnitida
Familie: Belemnitellidae

Die Belemniten der europäischen Gattung *Gonioteuthis* unterscheiden sich von der vorerwähnten Gattung vor allem durch die auffallende Pseudoalveole und das Vorhandensein eines kurzen Bauchschlitzes. Der Scheitel ist stumpf mit einer aufgesetzten Spitze (Mukro). Ein interessantes Merkmal, das auch bei einigen anderen Spätkreide-Belemniten vorkommt, sind die Gefäßeindrücke auf den Flanken und der Ventralseite der Rostren.

Belemnitella mucronata (SCHLOTHEIM)

Ordnung: Belemnitida
Familie: Belemnitellidae

Die wichtige Spätkreide-Gattung *Belemnitella* ist auf der nördlichen Halbkugel beheimatet. Auf dem vorderen breiten Ende des Rostrums und auf der Bauchseite befindet sich ein Spalt, der zur Alveole zu geöffnet ist. Die Alveole erreicht ein Viertel bis die Hälfte der Länge des Rostrums. Ventral von den dorsolateralen Furchen sind in der Regel Gefäßeindrücke zu sehen **(5)**.

5

Actinocamax plenus, Oberkreide (Turon), Kostelec nad Labem und Nová Ves, ČSSR. Länge des Rostrums 83 und 67 mm. Stratigraphisch wichtige Art.

2. *Neohibolites minimus,* Unterkreide (Alb), Eilum, BRD. Länge des größten Rostrums 30 mm. Zählt zu den kleinsten Belemnitenarten.

3. *Gonioteuthis granulata,* Oberkreide (Santon), Braunschweig, BRD. Länge der Rostren 60 und 70 mm. Gut erhaltene Rostren mit ausgeprägter charakteristischer Granulierung auf der Oberfläche.

4. *Belemnitella mucronata**, Oberkreide (Maastricht), Kent, Großbritannien. Länge der Rostren 85 und 88 mm. Sehr häufig vorkommende Art, deren vom Meer aus den Kreideriffen Nord-west- und Nordeuropas herausgeschwemmte Rostren im Mittelalter für „Donnerkeile" mit Heilkraft gehalten wurden.

K

Ringelwürmer *(Annelida)*

Von den verschiedenen selbständigen, zu Unrecht unter dem Sammelbegriff Würmer zusammengefaßten primitiven Wirbellosenstämmen ist nur der Stamm der Ringelwürmer (Anneliden) durch einige wenige fossile Vertreter dokumentiert. Das ist bedauerlich, denn aus ihnen sind einige der wichtigeren, fortgeschritteneren Wirbellosenstämme entstanden.
Die meisten Funde dieser Stammesvertreter gehören zu den vielborstigen Ringelwürmern (Polychaeten), die kalkige, am Untergrund festgeheftete Wohnröhren ausgeschieden haben, die Ordnung Sedentaria. Oft werden auch kleine chitinöse, gezähnelte „Kiefer", die Skolekodonten der Ordnung Errantia, und kommensal mit den tabulaten Korallen verwachsene Wohnröhren gefunden *(Hicetes, Chaetosalpinx).* Indirekte fossile Dokumentation von Würmern liegt in den in fast allen Formationen vorkommenden Kriechspuren, Wohn- und Grabgängen vor, die das sogenannte Wühlgefüge der Ablagerungen hervorrufen können (Bioturbation). Die genauen Urheber im einzelnen sind dabei nicht festzustellen. Zu solchen Spuren gehören auch die Geschwülste, die von den Würmern der Familie Myzostomidae an den Stengeln von Seelilien und in den Büscheln von Korallen hervorgerufen werden. Abdrücke weicher Wurmkörper gibt es nur als größte Seltenheit.

Spirorbis pusillus Martin

Ordnung: Sedentaria
Familie: Serpulidae

Die Arten der Gattung *Spirorbis* waren vom jüngeren Paläozoikum an bis zur Gegenwart überall zahlreich verbreitet. Die kleinen, spiralig gewundenen Röhren bewachsen verschiedene Gegenstände, Gehäuse von Lebewesen und Pflanzen.

1. *Conchicolites confertus,* Mittleres Ordovizium (Caradoc), Trubín, ČSSR. Gehäusegruppe. Länge des größten Gehäuses 13 mm. Die Tiere bewuchsen den Gehäuserand eines Armfüßers, so daß sie die vom Armorgan hervorgerufene Wasserströmung für die Nahrungsgewinnung ausnutzen konnten.

4

5

2. *Serpula proteus,* Obere Kreide (Oberes Senon), Kent, Großbritannien. Durchmesser der gewundenen Röhrenteile 15 mm.

3. *Glomerula gordialis**, Obere Kreide (Senon), Maastricht, Holland. Röhrendurchmesser 0,5 bis 1 mm. Durchmesser des gesamten Knäuels 11 mm. Die einzelnen Windungen der Röhren sind frei und untereinander nicht verwachsen.

4. *Spirorbis pusillus,* Oberes Karbon (Westfal), Grube Carolina bei Holzwickede, BRD, Durchmesser der ganzen Röhren auf einem Stück Holz 1,5 bis 2 mm. Die Gattung *Spirorbis* ist in der Gegenwart ausschließlich an das Meer gebunden. Ihre Vertreter lebten in der Vergangenheit aber auch in Süßgewässern.

5. *Serpula socialis,* Obere Kreide (Turon), Česká Třebová, ČSSR. Länge des Bündels 60 mm, Durchmesser der einzelnen Röhren 0,7 mm. Tritt recht oft in den feinkörnigen Sandsteinen des Mittleren Jura und der Kreide auf.

Conchicolites confertus (Barrande)

Ordnung: Cornulitida
Familie: Cornulitidae

Die Vertreter der Gattung *Conchicolites* kennen wir vom Ordovizium bis zum Devon Europas und Nordamerikas. Sie besitzen kleine, kalkige, tütenförmige Gehäuse mit starken, quergefurchten Wänden. Sie bewachsen in Gruppen die Gehäuse anderer Organismen.

Serpula proteus Sowerby

Ordnung: Sedentaria
Familie: Serpulidae

Die ersten Funde von Wurmröhren der kosmopolitischen Gattung *Serpula* stammen aus silurischen Sedimenten, häufiger tauchen sie erst vom Jura an auf. Diese Röhren sind bis zu 100 mm lang, unregelmäßig gewellt oder spiralig gedreht. Ihr Querschnitt ist kreisförmig, und sie sind meistens an einer Unterlage festgewachsen. Selten treten auch kleine kegelförmige Deckel auf.

Serpula socialis Goldfuss

Ordnung: Sedentaria
Familie: Serpulidae

Die Vertreter dieser europäischen Art bildeten zahlreiche fast gerade dünne Röhren aus, die zu starken Bündeln zusammengefaßt sind.

Glomerula gordialis (Schlotheim)

Ordnung: Sedentaria
Familie: Serpulidae

Die Würmer der Gattung *Glomerula* stammen aus der europäischen Kreide. Sie besitzen lange und dünne Röhren mit kreisförmigem Querschnitt, die meist zu Knäueln zusammengewickelt sind.

Gliederfüßer *(Arthropoda)*

Sie stellen einen besonders hoch und vielseitig spezialisierten Stamm der Wirbellosen dar, der erfolgreich die Lebensräume des Wassers, des Landes und der Luft besiedelt hat. Der Körper ist in eine wechselnde Zahl primär gleichartiger Segmente gegliedert, deren jedes ursprünglich ein Paar gegliederter Extremitäten trug. Dank verschiedener Spezialisierung ist der Körper in Abschnitte geteilt, deren Segmente entsprechend ihrer Funktion ausgebildet sind. Die Körperhülle ist durch Chitin, gelegentlich durch Kalkeinlagerung verstärkt, zu einem Panzer (Hautskelett) entwickelt. Das Wachstum wird ermöglicht durch periodisches Abwerfen des Panzers und Bildung eines neuen größeren.

Die wichtigste und bekannteste Klasse des ausschließlich paläozoischen Unterstammes **Trilobitomorpha** sind die Trilobiten, die schon im Unterkambrium erschienen, vom Silur an langsam zurückgingen und am Ende des Paläozoikums ausstarben.

Die Trilobiten hatten einen dorsoventral niedergedrückten Körper, dessen Dorsalseite durch einen Dorsalpanzer geschützt ist. In der Querrichtung ist der Rückenpanzer durch zwei von vorn nach hinten durchlaufende Furchen in einen Mittel- und zwei Seitenabschnitte geteilt. Auch die Längsrichtung ist dreigeteilt durch einen im allgemeinen halbkreisförmigen Kopfschild (Cephalon), einen hinteren, verschieden gestalteten Schwanzschild (Pygidium), beide getrennt durch einen mittleren, aus wechselnder Zahl gelenkig verbundener Segmente aufgebauten Thorax-Abschnitt. Der Rand des Kopfschildes ist umgeschlagen und bildet damit eine Duplikatur. Der stärker gewölbte Mittelteil des Kopfschildes, von Furchen umgrenzt, ist die Glatze (Glabella). Seitlich daran schließt die feste Wange an, der seitlich, durch eine Naht getrennt (Gesichtsnaht = Fazialsutur), die freie Wange folgt. Auf der festen Wange ist meist eine Erhöhung vorhanden (Palpebral-Wulst), auf der die Augen sitzen. An die Duplikatur des Stirnrandes des Kopfschildes schließt auf der Unterseite ein kleines Schildchen an, das Rostrum. Dahinter liegt auf der Unterseite unter der Glabella eine weitere Platte, das Hypostom. Die Zahl der freien Thoraxsegmente schwankt zwischen zwei und mehr als 40, ist aber innerhalb der Arten und oft auch der Familien konstant. Durch eine dem Hinterrand des Kopfschildes parallel verlaufende Furche wird in ihm der Occipitalring abgegliedert. Durch die beiden Längsfurchen wird in jedem Thoraxsegment ein mittlerer Spindel- (Rhachis-) Teil und ein seitlicher Pleuren-Teil abgegliedert. Auch im Schwanzschild ist ein mittlerer Rhachis- und ein seitlicher Pleuren-Teil durch die dorsalen Längsfurchen abgetrennt. Die Zahl der im Schwanzschild zusammengeschlossenen Segmente variiert sehr stark.

Olenellus thompsoni HALL

Ordnung: Redlichiida
Familie: Olenellidae

Die Redlichiiden gehören zu den ältesten Trilobiten. Sie sind für Unter- und Mittelkambrium typisch. Das große Kopfschild **(4)** läuft seitlich in lange Wangen aus, die zu den Freiwangen gehören. Der Rumpf setzt sich aus vielen Segmenten zusammen, das Pygidium ist klein.

Die Gattung *Olenellus* erscheint im Unteren Kambrium Nordamerikas und Europas. Ihr Panzer ist flach, die Glabella zylindrisch und vorn abgerundet. Der breite Rumpf trägt an den Seiten säbelförmig gestreckte Pleuren. Der letzte Axialring läuft in einen langen Stachel aus. Das Pygidium ist rudimentär.

4

Paradoxides gracilis (BOECK)

Ordnung: Redlichiida
Familie: Paradoxidae

Die Gattung *Paradoxides* ist im Mittleren Kambrium in Europa, Nordamerika, Nordafrika, Asien und wahrscheinlich in Australien verbreitet. Der Kopfschild hat eine birnenförmige, nach vorn verbreiterte Glabella mit zwei Paar in der Mittellinie verbundener Glabellafurchen und lange

1. *Eccaparadoxides pusillus**, Mittleres Kambrium, Jince, ČSSR. Fast der ganze Kern eines Panzers; Länge 34 mm.

2. *Paradoxides gracilis,* Mittleres Kambrium, Jince, ČSSR. Ganzer Panzer; Länge 120 mm. So wie *Olenellus* Leitfossil für das Untere Kambrium darstellt, ist *Paradoxides* für das Mittlere Kambrium, die „Paradoxidesstufe", charakteristisch.

Wangendornen. Hypostom und Rostrum sind miteinander verwachsen. Das kleine, einfache Pygidium hat eine gegliederte Spindel.

Eccaparadoxides pusillus (BARRANDE)

Ordnung: Redlichiida
Familie: Paradoxidae

Die Gattung *Eccaparadoxides* aus dem Mittleren Kambrium ist ähnlich verbreitet wie die Gattung *Paradoxides.* Die Glabella trägt vier Paar Glabellafurchen. Hypostom und Rostrum sind frei. Der Rumpf ist breit, das Pygidium ist am hinteren Rand ausgeschnitten oder von Stacheln umsäumt.

3. *Olenellus thompsoni**, Unteres Kambrium, Nevada, USA. Rumpf mit Pygidium; Länge 50 mm. Kopfschild **(4)**.

Gliederfüßer
Arthropoda

Hydrocephalus carens BARRANDE

Ordnung: Redlichiida
Familie: Paradoxidae

Die Gattung *Hydrocephalus* taucht im Mittleren Kambrium in Europa, Asien und Nordamerika auf. Ihr Panzer ist breiter als bei der nahestehenden Gattung *Paradoxides.* Der Kopfschild hat eine birnenförmige Glabella mit vier Paar Glabellafurchen. Hypostom und Rostrum verwachsen nicht miteinander. Der Rumpf wird von 17 bis 18 Segmenten gebildet. Das Pygidium ist kurz.

Sao hirsuta BARRANDE

Ordnung: Ptychopariida
Familie: Solenopleuridae

Der Chitinpanzer der Trilobiten war in verschiedenem Maße durch Calciumcarbonat ($CaCO_3$) verstärkt. Er konnte sich – wie auch bei den anderen Gliederfüßern – nicht kontinuierlich erweitern (dem Wachstum folgend), sondern wurde in periodischen Abständen abgeworfen und durch einen neuen, größeren ersetzt. Aus der Folge abgeworfener Panzer konnte man die Wachstumsphasen rekonstruieren. Die erste, früheste paläontologisch nachweisbare Phase – so erkannte man – ist das Protaspis-Stadium **(5)**. Es wird durch die Ausbildung eines ersten festen, einfachen, scheibenförmigen Panzers mit einer Größe von 0,25 bis 1 mm charakterisiert. Im anschließenden Meraspis-Stadium **(6)** entstand die bewegliche Verbindung zwischen den Teilen des äußeren Skeletts; dabei stieg die Anzahl der Rumpfsegmente so lange an, bis sie um ein Glied geringer war, als es für die Art charakteristisch ist. Als

1. *Agraulos ceticephalus**, Mittleres Kambrium, Skryje, ČSSR. Anhäufung kompletter, ca. 20 mm langer Panzer.

2, 3. *Sao hirsuta**, Mittleres Kambrium, Skryje, ČSSR. Ausnahmsweise gut erhaltener kompletter Panzer **(2)** und jüngeres Holaspis-Stadium **(3)**; Länge 38 und 12 mm.

4. *Hydrocephalus carens**, Mittleres Kambrium, Skryje, ČSSR. Fast kompletter Panzer (ohne Freiwangen); Länge 140 mm. Stellenweise sehr häufige Art, deren Panzer bis zu Längen von 30 cm heranwuchsen. Die sekundäre rostige Verfärbung des Panzers wurde durch den Limonitüberzug verursacht.

4

Holaspis-Stadium werden alle weiteren Wachstumsphasen bezeichnet, in denen die endgültige Anzahl von Rumpfsegmenten vorhanden ist.
Sao ist einer der Trilobiten, an denen J. Barrande als erster (1852) die einzelnen Wachstumsstadien beschrieb. Die Gattung gehört zu der sehr vielgestaltigen Ordnung ptychopariider Trilobiten, die ihre größte Entfaltung schon im Kambrium erreichten. Die charakteristischen Merkmale dieser Gruppe sind die sich nach vorn verjüngende, einfache Glabella und die in der Regel opisthopare Gesichtsnaht. Das Hypostom schließt sich an den Kopfschild durch eine Naht oder nicht calcifizierte Haut an. Der Rumpf besteht aus mehr als drei Segmenten.
Sao wird als eine endemische mitteleuropäische Trilobitengattung angesehen. Der nicht sehr große Panzer hat eine tief zerfurchte, in markante Loben unterteilte Glabella, mittelgroße Augen und kurze Wangenstacheln. Der Rumpf besteht aus 17 Segmenten, und an jedem Ring (einschließlich des Nackenrings) befindet sich ein langer mittlerer Stachel. Das kleine Pygidium läßt in der Spindel nur ein Segment erkennen. Die gesamte Panzeroberfläche ist deutlich warzig und trug hohle, sehr regelmäßig angeordnete Dornen, die offensichtlich die Funktion von Sinnesrezeptoren hatten.

Agraulos ceticephalus (Barrande)

Ordnung: Ptychopariida
Familie: Agraulidae

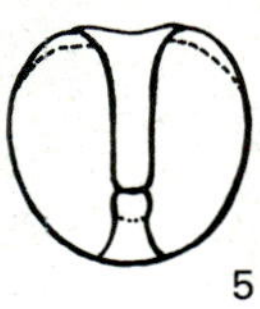
5

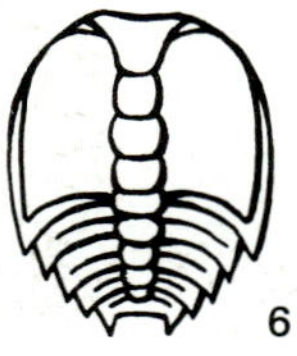
6

Die Gattung *Agraulos* wird im Mittleren Kambrium Europas, Nordamerikas und Asiens gefunden. Hierher gehören Trilobiten mit auffallend großem Kopfschild. Die kurze, undeutlich abgegrenzte Glabella weist Glabellafurchen in Form von Eindrücken auf, und den vorderen Abschnitt des Kopfschildes umgibt ein breiter Saum. Der Rumpf besteht aus 16 Segmenten. Am kleinen Pygidium ist im Achsabschnitt nur ein einziges Segment erkennbar.

Ptychoparia striata (EMMRICH)

Ordnung: Ptychopariida
Familie: Ptychopariidae

Die Gattung *Ptychoparia* ist im mitteleuropäischen Mittleren Kambrium häufig. Sie ist der Typus-Vertreter der Ordnung Ptychopariida. An der Morphologie des Panzers seien einige allgemeine Merkmale des Trilobiten-Panzers erläutert. Der Panzer (von *Ptychoparia* als ganzer) hat einen ovalen Umriß, einen großen Kopfschild, einen ziemlich langen Rumpf und einen nicht besonders großen Schwanzschild. Die abgerundet trapezförmige Glabella weist vier Paar Glabellafurchen auf, denen Auswüchse auf der Panzerinnenseite entsprechen. An ihnen waren die Muskeln befestigt, die zu dem Basalglied der zweiästigen, gegliederten Extremitäten gingen. Die Freiwange, die vom Cranidium (das ist die Glabella und Festwange zusammen) durch eine nicht oder nur schwach mineralisierte Linie, die Gesichtsnaht, getrennt ist, läuft in kurzen Wangenstacheln aus. Die Gesichtsnaht war wichtig bei der Häutung. Durch das Zerfallen des Kopfschildes an dieser Naht konnten die Weichteile des Kopfabschnittes ohne Gefahr einer Verletzung aus dem Panzer herausgezogen werden. Ein auffallendes Merkmal von *Ptychoparia* ist die radiale „Nervatur" auf einem Teil der Oberfläche der Freiwange und des Cranidiums vor der Glabella. Es handelt sich hier wahrscheinlich um die Abdrücke von Gefäßen, gegebenenfalls der Oberfläche von Verdauungsdrüsen, die in den unter der Glabella angebrachten Magen mündeten. Der Magen ging in den Darm über, der unter der stärker gewölbten Spindel des Thorax (Rumpf) nach hinten verlief und in der Nähe des hinteren Pygidiumendes nach außen mündete.

Die Augen der *Ptychoparia* sind verhältnismäßig große Facettenaugen. Der Rumpf besteht aus 14 Segmenten, der Schwanzschild weist eine ausgeprägte Spindel auf. Die Muskeln der proximalen Extremitätenglieder, die deren Bewegung bestimmen, waren an Muskelnarben inseriert,

1. *Ptychoparia striata**, Mittleres Kambrium, Jince, ČSSR. Zwei vollständige Panzer, Länge 70 und 56 mm. Auf einem Teil der Kopfschildoberfläche sind die Gefäßabdrücke gut erkennbar. Der Panzer der Rumpfsegmente weist eine untergliederte Oberfläche auf.

1

2

2. *Conocoryphe sulzeri**, Mittleres Kambrium, Jince, ČSSR. Kerne dreier kompletter, ca. 60 mm langer Panzer. Ein auffallendes Kennzeichen des Kopfschilds ist der schmale, erheblich gewölbte Saum, der durch eine tiefe Furche abgeteilt wird.

die auf der Innenseite des Panzers im Bereich zwischen Spindel und Pleuren liegen.
Die Arten der Gattung *Ptychoparia* besiedelten den schlammigen oder sandigen Grund des nicht besonders tiefen Meeres, wo sie sich von verschiedenen organischen Resten ernährten.

Conocoryphe sulzeri (Schlotheim)

Ordnung: Ptychopariida
Familie: Conocoryphidae

Die Gattung *Conocoryphe* ist ein Zeitgenosse von *Ptychoparia*. Wir kennen sie jedoch nicht nur aus Europa, sondern auch aus Nordamerika und Asien. Beim oberflächlichen Betrachten sind sich die Trilobiten beider Gattungen recht ähnlich. *Conocoryphe* unterscheidet sich aber durch eine konische Glabella mit drei Paar Glabellafurchen. Die Festwangen sind sehr breit; Augen sind nicht vorhanden. Auf der Oberfläche des Kopfschildes sind ebenfalls Gefäßabdrücke (Vascularspuren) erkennbar. Sie beschränken sich aber nur auf einen schmalen Streifen auf den Wangen in der Nähe von deren äußerem Rand.
Conocoryphe war ein blinder Trilobit. Früher wurde fälschlicherweise angenommen, daß das Fehlen von Augen zu den primitiven Merkmalen der ältesten Gliederfüßer gehöre. Die meisten ältesten, aus dem Unteren Kambrium bekannten Trilobiten besaßen aber gut ausgebildete Facettenaugen. Die Rückbildung und das schließliche Verschwinden der Augen, das in verschiedenen Entwicklungslinien der Trilobiten und zu verschiedenen Zeiten beobachtet werden kann, ist eine sekundäre Erscheinung und Anpassung an eine grabende Lebensweise. Die Trilobiten waren wohl großenteils Sedimentfresser, die den Bodenschlamm aufnahmen und die darin enthaltenen organischen Bestandteile verdauten.

Gliederfüßer
Arthropoda

Ellipsocephalus hoffi (SCHLOTHEIM)

Ordnung: Ptychopariida
Familie: Ellipsocephalidae

Die Gattung *Ellipsocephalus* ist eine der bedeutendsten und auch am frühesten beschriebenen Trilobitengattungen (1825). Sie tritt im Unteren und Mittleren Kambrium Europas, Nordafrikas und Neubraunschweigs auf. Der halbkreisförmige Kopf ist wesentlich größer als das Pygidium. Die Glabella ist durch einen breiten Saum vom Stirnrand getrennt und geht in der Regel ohne Furche in den Nackenring über. Die festen Wangen sind breit und weit entfernt von der Glabella. Der Rumpf besteht aus 12 bis 14 Segmenten.

Agnostus pisiformis (WAHLENBERG)

Ordnung: Agnostida
Familie: Agnostidae

Die Agnostiden haben vor allem sehr geringe Größe, nur zwei bis drei Rumpfsegmente, einen relativ großen Kopfschild und ein diesem sehr ähnliches Pygidium. Die echten Agnostiden besitzen keine Gesichtsnaht und keine Augen. Man nimmt an, daß sie blind waren (obwohl das Vorhandensein von Ventralaugen nicht ausgeschlossen werden kann). Die Agnostiden gehören zu den häufigen Fossilienfunden und werden deshalb immer mehr auch stratigraphisch ausgewertet. Man nimmt an, daß sie planktonisch lebten und dadurch, daß sie sich zum Beispiel an Algen festhefteten, von Meeresströmungen in große Entfernungen getragen wurden. Die abgeflachte Körperform könnte auch eine Anpassung an die ektoparasitische Lebensweise sein.
Die Gattung *Agnostus* aus dem Oberen Kambrium ist aus Europa und Asien bekannt. Die nicht bis zum Stirnrand reichende Glabella wird durch eine Querfurche zweigeteilt. Der vor Glabella liegende Kopfschildabschnitt wird von einer Längsfurche geteilt. Die Spindel des Pygidiums wird durch zwei Querfurchen in drei Abschnitte geteilt, wobei der hintere, nur wenig verbreiterte, nicht bis zum schmalen Randsaum reicht **(5)**.

1. *Agnostus pisiformis**, Oberes Kambrium, Südschweden. Kopf- und Schwanzschilde; Länge ca. 2 mm. Das massenhafte Auftreten von Panzerteilen der oberkambrischen Trilobiten ist für einige Lokalitäten Südskandinaviens typisch.

2. *Phalagnostus nudus**, Mittleres Kambrium, Skryje, ČSSR. Kompletter Panzer; Länge 8 mm. Die Oberfläche der Panzer ist sekundär durch Limonit verfärbt, der den Trilobiten des Schiefers von Skryje das charakteristische Aussehen verleiht.

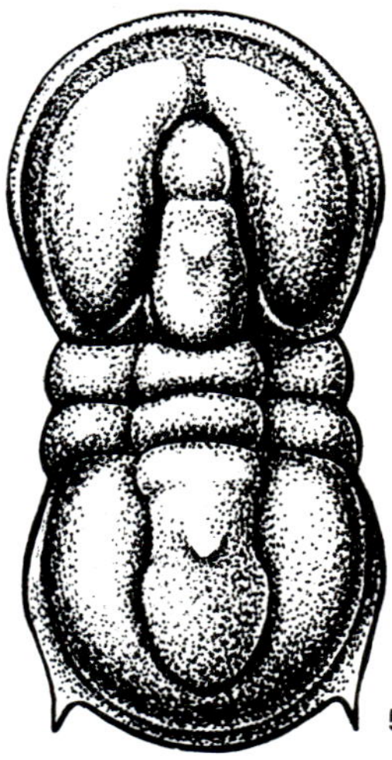

5

1

2

3

4

Phalagnostus nudus (BEYRICH)

Ordnung: Agnostida
Familie: Phalacromidae

Die Vertreter der Familie Phalacromidae zeichnen sich durch sehr einfach geformte Panzer aus. Sie weisen einen glatten Kopfschild auf, bei dem die Glabella nicht abgegrenzt oder nur schwach angedeutet ist. Das Pygidium ist dem Cephalon sehr ähnlich.

Die Gattung *Phalagnostus* tritt im Mittleren Kambrium Europas, Nordamerikas und Australiens auf. Der Kopfschild ist halbelliptisch, der Schwanzteil hat einen breiten Saum.

Condylopyge rex (BARRANDE)

Ordnung: Agnostida
Familie: Condylopygidae

Diese Familie hat einen auffallend gegliederten Panzer. Der Vorderabschnitt der Glabella und der hintere Teil der Spindel sind deutlich verbreitert.

Die Arten der Gattung *Condylopyge* treten im Unteren und Mittleren Kambrium Europas und Nordamerikas auf. Der Kopfschild ist fast viereckig und hat einen schmalen Saum. Die Glabella wird in zwei Abschnitte geteilt, wobei der Stirnlappen fast dreieckig ist. Die Spindel des Pygidiums ist in der Mitte verschmälert und in vier ungleich lange Abschnitte untergliedert.

3. *Condylopyge rex**, Mittleres Kambrium, Skryje, ČSSR. Kompletter Panzer; Länge 8 mm. Das ist der größte bekannte Agnostide. Die Panzer wuchsen bis zu einer Länge von 20 mm heran.

4. *Ellipsocephalus hoffi**, Mittleres Kambrium, Jince, ČSSR. Kerne kompletter Panzer; Länge 12 bis 15 mm. Das konzentrierte Auftreten kompletter Panzer zeugt von einem Massensterben, das wahrscheinlich in der Folge eines raschen Absinkens der Salinität bei verstärktem Zustrom von Flußwasser geschah.

Asaphus expansus Wahlenberg

Ordnung: Ptychopariida
Familie: Asaphidae

Auch im Ordovizium setzte sich die Entfaltung der Trilobiten fort. Eine der im Ordovizium sehr verbreiteten Gruppen waren die Asaphiden (Unterordnung Asaphina), die vom Oberen Kambrium bis zum Ende des Ordoviziums vorkommen. Die in der Regel nicht unterteilte Glabella ist oft nur unscharf von den festen Wangen getrennt. Die Duplikatur des Kopfschilds ist breit, das Rostrum fehlt bei vielen Arten, und das Hypostom schließt sich fest an den Rand der Duplikatur an. Der Rumpf wird von sechs bis neun Segmenten gebildet, und der Schwanzschild ist mittelgroß bis groß. Die eigentlichen Asaphiden (Familie Asaphidae) besitzen immer acht Rumpfsegmente. Ein auffallendes Merkmal ist das allmähliche Verwischen der Segmentation des Kopf- und Schwanzschilds. Die Asaphiden konnten sich bei Gefahr kugelartig einrollen. Die Duplikatur des Kopfschilds geriet dabei in unmittelbaren Kontakt mit der Duplikatur des Pygidiums, und die distalen Teile der Pleuren überdeckten sich teilweise. Das Einrollen des Panzers wurde auch als physiologische Reaktion im Todeskampf gedeutet. Die asaphiden Trilobiten bewohnten vor allem warme Meere.
Zur Gattung *Asaphus* gehören sehr häufige Arten aus dem Unteren und Mittleren Ordovizium Nordwesteuropas. Weder der Kopf- noch der Schwanzschild ist am Rand gesäumt. Die lange Glabella reicht bis zum Stirnrand des Kopfschildes. Die Axialringe sind breit, die Spindel des

1. *Nobiliasaphus nobilis**, Mittleres Ordovizium (Caradoc), Zahořany, ČSSR. Panzerabdruck eines kompletten Exemplars (ergänzt entsprechend dem Gegenabdruck); Länge 210 mm. Die Gliederung des Kopfschildes wird vom Durchdrücken des Hypostoms durch den dorsalen Panzer beeinflußt.

2. *Megistaspis aliena,* Mittelordovizium (Llanvirn), Prag-Libuš, ČSSR. Panzerkern (mit abgebrochenen Freiwangen); Länge 32 mm. Der Panzer einiger nordeuropäischer Arten der Gattung *Megistaspis* erreichte eine Länge bis zu 35 cm.

3. *Asaphus expansus**, Unteres Ordovizium (Arenig), Schweden. Vollständiger Panzer; Länge 67 mm.

2

3

Pygidiums ist lang und deutlich umgrenzt. Die Pleuren des Pygidiums sind undeutlich gefurcht. Die *Asaphen* lebten auf dem Grund und waren wahrscheinlich teilweise in das Sediment eingegraben. Die gut entwickelten und erheblich gewölbten Augen ragten wohl über die Sedimentoberfläche heraus, manche Arten besaßen gestielte Augen. Bei *Asaphus expansus* wurden zum ersten Mal die sogenannten PANDERschen Organe entdeckt. Sie werden einmal von Auswüchsen auf der Festwange, zum andern von kleinen Spalten hinter diesen Auswüchsen gebildet. Die Funktion der Vorsprünge bestand darin, beim Einrollen die Überdekkung der Pleuren zu regulieren. Die Öffnungen stellen vielleicht die Mündungen von metameren Ausscheidungsorganen dar.

Megistaspis aliena (BARRANDE)

Ordnung: Ptychopariida
Familie: Asaphidae

Die Gattung *Megistaspis* lebte im Unteren und Mittleren Ordovizium Europas. Der flache Panzer weist eine undeutliche Segmentierung des Kopf- und Schwanzschilds auf. Die Augen sind klein, die Wangen laufen in Wangenstacheln aus.

Nobiliasaphus nobilis (BARRANDE)

Ordnung: Ptychopariida
Familie: Asaphida

Die Vertreter der Gattung *Nobiliasaphus* lebten im Mittleren und Oberen Ordovizium Europas. Die flachen Panzer wuchsen bis zu Längen von 40 cm. Kopf- und Schwanzschild sind deutlich gegliedert und haben einen breiten Randsaum. Die Wangen laufen in Wangenstacheln aus. Besonders auffallend ist die terrassenartige Skulptur auf der Oberfläche des Cephalons, des Pygidiums und der Duplikatur. Das Pygidium ist extrem groß, die Spindel trägt V-förmige Runzeln. *Nobiliasaphus* war vermutlich ein Bodenbewohner.

Gliederfüßer
Arthropoda

Ordnung: Odontopleurida
Familie: Odontopleuridae

Selenopeltis buchi (Barrande)

Die Odontopleuriden erschienen schon am Ausgang des Mittleren Kambriums. Die jüngsten Vertreter kennen wir aus dem Oberen Devon. Der in der Regel kleine Panzer besitzt eine kompliziert gegliederte Glabella mit tiefen Furchen. Die Wangennähte sind opisthopar oder propar (d.h., der hintere Zweig der Wangennaht trifft vor den Wangenstacheln auf den Seitenrand des Kopfschildes). Die Augen sind klein, und die Oberfläche des Kopfschildes ist meistens stachelig. Das Hypostom liegt am Rostrum an. Die Rumpfglieder und in der Regel auch das kleine Pygidium besitzen Dornen.
Zur Gattung *Selenopeltis* gehören wichtige Trilobiten aus dem Ordovizium, die vom Mittelmeergebiet bis nach Mittel- und Westeuropa verbreitet sind. Der rechteckige Kopfschild besitzt eine breite Glabella. Die Freiwangen haben einen deutlichen Randsaum, und an ihrer Oberseite treten lange Wangenstacheln hervor. Die Pleuren jedes der neun Rumpfglieder laufen an den Seiten in einen kurzen, seitlich gerichteten Vorderdorn und einen langen, schräg nach hinten gerichteten Stachel aus. Das Pygidium hat eine kurze Axialspindel und auf den Pleuralloben eine deutliche Doppelleiste, die sich in einem langen Stachel fortsetzt. Der erhebliche Größenwuchs, der massive Panzerbau und der Vergleich mit den lebenden gepanzerten und bestachelten Gliederfüßern weisen auf eine benthonische Lebensweise hin. Die langen Stacheln stellten offensichtlich eine Anpassung an das Leben auf dem weichen Grund dar. Daß die Odontopleuriden sich nicht in das Sediment eingruben, bezeugen zahlreiche Funde kleiner scheibenförmiger Stachelhäuter der Klasse Edrioasteroidea, die sich zweifellos noch zur Lebenszeit des Trilobiten auf dem Panzer festsetzten.

1. *Selenopeltis buchi**, Oberes Ordovizium (Ashgill), Lejškov, ČSSR. Kompletter Panzer; Länge 41 mm.

2

2. *Dalmanitina socialis**, Mittleres Ordovizium (Caradoc), Drabov, ČSSR. Länge der Panzer 60 bis 70 mm. Die Anhäufung ganzer Panzer in Schichtlagen (Lumachellen) ist der Beweis für ein massenhaftes Absterben der Dalmanitinen infolge plötzlicher Veränderungen der physikalischen oder chemischen Eigenschaften des Milieus.

Dalmanitina socialis (Barrande)

Ordnung: Phacopida
Familie: Dalmanitidae

Die ältesten phacopiden Trilobiten tauchten am Anfang des Ordoviziums auf, die letzten starben am Ende des Devons aus. Die gemeinsamen Merkmale der Vertreter dieser Ordnung sind die in der Regel proparen Wangennähte, eine markant abgegrenzte Glabella mit gewöhnlich drei Paar Glabellafurchen und ein mittelgroßes bis großes Pygidium. An den Rumpfgliedern befinden sich oft deutlich ausgeprägte Artikulationsfacetten, was mit der sehr gut entwickelten Fähigkeit, den Panzer einzurollen, zusammenhängt.

Die *Dalmanitinen* treten im Mittleren und Oberen Ordovizium Europas, Nordafrikas, Nordamerikas und Ostasiens auf. Der Kopfschild weist an den Seiten einen gut ausgeprägten Randsaum auf. Die nach vorn verbreiterte birnenförmige Glabella reicht über den Rand des Kopfschildes hinaus und wird von schrägen Glabellafurchen untergliedert. Auf den hervortretenden Palpebralloben sitzen schizochroale Facettenaugen. Sie werden von einer kleineren Anzahl durch Cuticulargewebe voneinander getrennter bikonvexer Calcitlinsen gebildet. Die Wangenstacheln sind kurz. Das Pygidium weist sechs bis acht Doppelrippen auf und läuft in einem langen, bogenförmigen Terminalstachel aus. Die Dalmanitinen waren vom Charakter des Meeresbodens wenig abhängig. Der geschlossene Panzer und die Vollkommenheit der Augen lassen vermuten, daß die Tiere nektonisch lebten.

Placoparia barrandei PRANTL et ŠNAJDR

Ordnung: Phacopida
Familie: Pliomeridae

3

Zu den phacopiden Trilobiten gehört auch eine Reihe von Formen mit vollkommen reduzierten Augen wie zum Beispiel die Gattung *Placoparia.* Sie treten im Mittleren Ordovizium in Europa und Nordafrika auf. Ihre Glabella hat drei Paar tiefer Furchen. Die Festwangen sind stark gewölbt, die Freiwangen sehr schmal. Der Rumpf besteht aus zehn bis zwölf Segmenten. Das Pygidium ist klein. Die Placoparien lebten offensichtlich in der gemäßigten und kalten Zone benthonisch und suchten ihre Nahrung auch innerhalb des Sediments.

Bavarilla hofensis (BARRANDE)

Ordnung: Phacopida
Familie: Homalonotidae

Die Bavarillen sind die ältesten homalonotiden Trilobiten. Sie lebten im Unteren Ordovizium Mitteleuropas. Ihre Augen sind groß, die Freiwangen laufen in kurzen Wangenstacheln aus. Der Rumpf enthält 13 Glieder, das breite, kleine Pygidium drei.

Pricyclopyge prisca (BARRANDE)

Ordnung: Ptychopariida
Familie: Cyclopygida

Die Cyclopygiden waren spezialisierte Trilobiten mit einem stark gewölbten Panzer, der eine ungewöhnlich umfangreiche Glabella mit paarigen Eindrücken und einen nicht abgeteilten Nackenring aufweist. Die Festwangen bilden ein schmales Band. Die übermäßig großen – hypertrophen – Augen, die bis zu 3500 bikonvexe Linsen in jedem Auge enthalten, nehmen fast die gesamten Freiwangen ein und setzen sich auf der Bauchseite des Panzers fort, wo sie entweder ineinander übergehen oder von einem schmalen Streifen getrennt sind. Der Rumpf enthält fünf bis sechs Glieder mit breiten Axialringen, die gemeinsam mit der Spindel des Pygidiums den kegelförmigen Mittellobus bilden.
Die Gattung *Pricyclopyge* tritt im Ordovizium von Mittel- und Westeuropa auf. Die sich nach vorn stark verbreiternde Glabella trägt ein Paar

1 2

1. *Pricyclopyge prisca**, Mittleres Ordovizium (Llanvirn), Osek bei Rokycany, ČSSR (**1**). Kern eines vollständigen Panzers; Länge 45 mm. Die Vertiefungen auf dem dritten Axialring werden als Leuchtorgane angesehen.

2. *Ectillaenus parabolinus,* Mittleres Ordovizium (Llanvirn), Prag-Vokovice, ČSSR. Kern eines vollständigen Panzers; Länge 60 mm. Die degenerierten Augen zeugen nicht von räuberischer Lebensweise. Diese Trilobiten erlangten ihre Nahrung entweder durch das Verschlingen des Sediments beziehungsweise der Suspension oder dadurch, daß sie abgestorbene Lebewesen befraßen.

3. *Placoparia barandei,* Mittleres Ordovizium (Llanvirn), Prag-Šárka, ČSSR. Kompletter Panzer; Länge 40 mm. Das Exemplar erhielt sich in der Konkretion, die durch die Ausfällung des Sediments um den sich zersetzenden Trilobitenkörper entstand.

4. *Bavarilla hofensis**, Unteres Ordovizium (Tremadoc), Brloh, ČSSR. Anhäufung ganzer, durch Druck deformierter, ca. 30 mm langer Panzer.

4

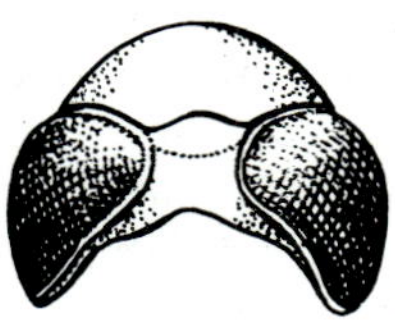

5

Muskeleindrücke. Bei einigen Arten laufen die Pleuren des letzten der sechs Rumpfglieder seitlich in Stacheln aus. Die Tiere lebten in kühleren Gewässern und schwammen höchstwahrscheinlich wie die in der Gegenwart lebenden Schwertschwänze (*Limulus*) mit dem Rücken nach unten.

Ordnung: Ptychopariida
Familie: Illaenidae

Ectillaenus parabolinus (NOVÁK)

Die Illaeniden sind durch einen glatten, gewölbten Panzer mit terrassenartigen Leisten gekennzeichnet. Der Rumpf setzt sich aus acht bis zehn Gliedern zusammen. Das Pygidium ist groß und ähnelt oft dem Kopfschild. Die Illaeniden waren grabender Lebensweise innerhalb überwiegend toniger Sedimente angepaßt. Bei den vollständigen Panzern bildet, soweit diese nicht eingerollt sind, der Kopfschild mit dem Rumpf einen bestimmten Winkel. Der Kopf ruhte wahrscheinlich auf dem Grund, während sich Rumpf und Pygidium unter der Oberfläche des Sediments befanden **(6)**.

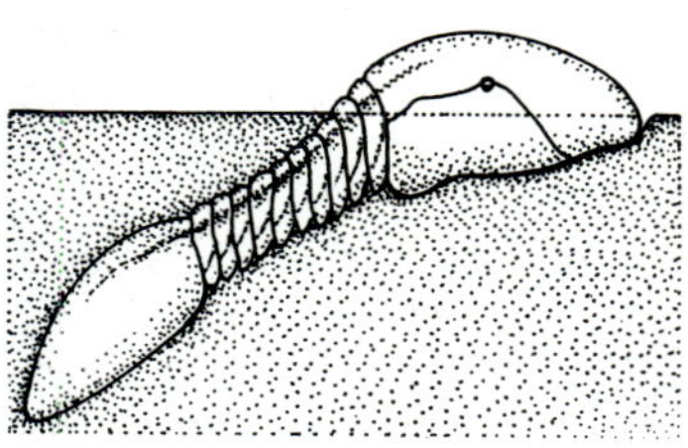

6

Gliederfüßer
Arthropoda

Ordnung: Ptychopariida
Familie: Trinucleidae

Onnia abducta (Přibyl et Vaněk)

Die Vertreter dieser charakteristischen Familie des Ordoviziums besitzen sehr auffallende Panzer. Der große halbkreisförmige oder dreieckige Kopfschild ist stark gewölbt und hat eine hervortretende Glabella und einen breiten doppelten, perforierten Saum. Die Wangen laufen in sehr langen und schlanken Wangenstacheln aus. Der kurze Rumpf besteht aus fünf bis sieben Segmenten. Das Pygidium ist klein und halbkreisförmig oder dreieckig. Diese Trilobiten gruben wahrscheinlich nicht tief im Sediment. Wie der vom Verdauungskanal hinterlassene Hohlraum bei einem Exemplar der Gattung *Tretaspis* zeigt, lag der Magen, der nach hinten in den Darm überging, innerhalb der Glabella. Der Saum diente offensichtlich als Sinnesrezeptor, der die Veränderungen in der Strömung anzeigte, oder wurde zum Graben im Substrat benutzt. Im Hohlraum im Inneren des Saumes befanden sich offenbar Verdauungsdrüsen. Die langen Wangenstacheln **(4)** dienten vermutlich einer stabilen Körperlage auf der Oberfläche des schlammigen Meeresbodens.
Die Gattung *Onnia* aus dem Mittleren bis Oberen Ordovizium ist aus verschiedenen Teilen Europas, Nordafrikas und Südamerikas bekannt. Die Glabella zeigt ein Furchenpaar. Augen fehlen. Der Nackenring läuft in einem mittleren Stachel aus, der nur selten am Fossil erhalten ist.

Ordnung: Ptychopariida
Familie: Remopleuridae

Amphytrion radians (Barrande)

Die Arten der Gattung *Amphytrion* aus dem Oberen Ordovizium Mittel- und Nordeuropas zeigen den allgemeinen Habitus der Remopleuriden. Der halbkreisförmige Kopfschild hat eine ungewöhnlich verbreiterte und vorn kurz zungenartig gestreckte Glabella mit drei Paar einfacher Glabellafurchen. Die großen Augen liegen dicht an der Glabella an und besitzen in jedem davon bis zu 15 000 Linsen. Die Freiwangen laufen zu breiten Wangenstacheln aus. Der Rumpf besteht aus elf Gliedern. Der

1. *Flexicalymene incerta,* Mittleres Ordovizium (Caradoc), Zahořany, ČSSR. Vollständiger Panzer; Länge 75 mm.

2. *Amphytrion radians**, Oberes Ordovizium (Ashgill), Králův Dvůr, ČSSR. Kern mit Panzerresten; Länge 40 mm. Die Freiwangen sind abgebrochen.

3. *Onnia abducta,* Mittleres Ordovizium (Caradoc), Prag-Velká Chuchle, ČSSR. Vollständiger Panzer; Länge 13 mm.

3

Schwanzschild hat nur eine kurze Spindel und ein langes schmales Pleuralfeld, das mit zwei Paar Randstacheln abschließt. Der flache, leicht gebaute Panzer war offensichtlich eine Anpassung an das Leben auf weichem Grund.

Flexicalymene incerta (Barrande)

Ordnung: Phacopida
Familie: Calymenidae

Die Calymeniden sind typische Komponenten der Trilobiten-Fauna vom Unteren Ordovizium bis zum Devon. Ihr kräftiger Panzer ist stark gewölbt. In dem abgerundet trapezförmigen Kopfschild wird die Glabella von drei Paar tief eingeschnittener Glabellafurchen untergliedert. Der hintere Zweig der Gesichtsnaht schneidet den Rand des Kopfschildes am Eck zwischen Hinter- und Seitenrand. Die Augen sind in der Regel klein bis mittelgroß. Der Rumpf setzt sich aus 12 bis 13 Gliedern zusammen. Das Pygidium ist mittelgroß bis groß.
Zur Gattung *Flexicalymene* gehören kosmopolitische Formen, deren Reste in zahlreichen Vorkommen vom Mittleren Ordovizium bis zum Silur gefunden werden. Der halbkreisförmige Kopfschild weist vorn einen auffallenden Saum auf. Die Augen sind klein. Die Rippen auf dem deutlich von Furchen gegliederten Pygidium reichen bis an den Rand. Das häufige Vorkommen vollständig im Zusammenhang erhaltener Exemplare zeugt von grabender Lebensweise der Calymeniden.

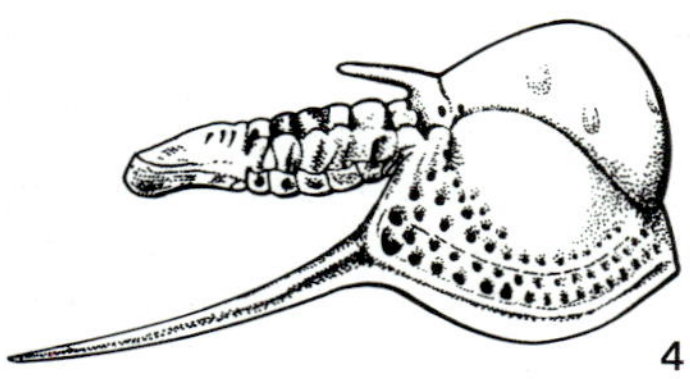

4

Ordnung: Phacopida
Familie: Encrinuridae

Cromus beaumonti (Barrande)

Die gewaltige, frühe Entfaltung der Trilobiten schon während des Kambriums und Ordoviziums klang in Anbetracht der das gesamte Paläozoikum umfassenden Lebensdauer (rund 350 Millionen Jahre) sehr rasch ab. Sie wurde schon im Oberen Ordovizium von einem allmählichen, aber beständigen Verfall abgelöst. Die Gattungsvielfalt der silurischen Trilobiten ist viel geringer als die der vorhergehenden Formationen. Eine der kosmopolitischen Familien, deren stratigraphische Verbreitung vom Ordovizium bis zum Oberen Silur reicht, sind die Encrinuridae. Ihre Glabella ist über den Vorderrand des Kopfschildes vorgewölbt. Der Rumpf setzt sich aus zehn bis zwölf Segmenten zusammen, das Pygidium ist kräftig durch Furchen gegliedert. Ein auffallendes Merkmal ist die perforierte Panzeroberfläche.
Die Gattung *Cromus* umfaßt kleine, im Silur Europas, Nordafrikas und Australiens verbreitete Arten. Die Glabella weist vier Furchenpaare auf. Die Augen sind der Glabella genähert. Der Rumpf besteht aus zehn Segmenten, das Pygidium ist groß, die Rippen laufen in kurzen Stacheln aus. Die Angehörigen der Gattung bewohnten vor allem das flache Wasser tropischer und subtropischer Meere. Sie hielten sich wahrscheinlich auf dem Grund auf und ernährten sich von herumliegenden organischen Resten.

Ordnung: Phacopida
Familie: Cheiruridae

Sphaerexochus mirus Beyrich

Cheiruriden kennen wir aus der Zeit vom Unteren Ordovizium bis zum Mittleren Devon. Viele Gattungen der Familie sind kosmopolitisch. Sie haben kleine Augen oder sind blind. Das Rostrum ist entwickelt, das Hypostom frei. Die Pleuren sind entweder zugespitzt oder stumpf

1. *Cromus beaumonti,* Oberes Silur (Ludlow), Zadní Kopanina, ČSSR. Fast vollständiger Panzer; Länge 16 mm. Isolierte Kopf- und Schwanzschilde werden stellenweise häufig gefunden; vollständige Panzer gehören zu den großen Seltenheiten.

2. *Sphaerexochus mirus*,* Unteres Silur (Wenlock), Lištice bei Beroun, ČSSR. Isoliertes Cranidium (oben) und Pygidium (unten) mit einer Länge von 13 und 8 mm.

3. *Bumastus hornyi,* Unteres Silur (Wenlock), Praha-Jinonice, ČSSR. Außerordentlich gut erhaltenes Exemplar mit fast nicht beschädigtem, 45 mm langem Panzer.

abgerundet. Das Pygidium hat zwei bis vier Pleuralrippen, die sich in Randstacheln fortsetzen, und eine kleine Anzahl von Axialringen. Die Oberfläche ist oft granuliert.

Die Gattung *Sphaerexochus* ist vom Unteren Ordovizium bis zum Silur fast aller Kontinente mit Ausnahme Südamerikas bekannt. Der Kopfschild hat eine kugelförmig gewölbte Glabella. Die hinteren Glabellafurchen überqueren die ganze Glabella und bilden vor dem Nackenring ein Paar ovaler Loben. Das Pygidium ist in drei pleurale Rippenpaare untergliedert, die sich in Randdornen fortsetzen (**4**). Der ungewöhnlich kräftige und gewölbte Panzer ist gut an das benthische Leben im bewegten Wasser der Korallenriffe und seichten Untiefen angepaßt.

Bumastus hornyi Šnajdr

Ordnung: Ptychopariida
Familie: Illaenidae

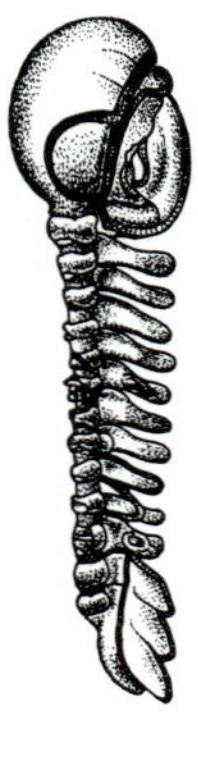

4

Die Gattung *Bumastus,* ein kosmopolitischer Vertreter der Illaeniden, kommt vom Mittleren Ordovizium bis zum Oberen Silur vor. Der hoch gewölbte Panzer zeichnet sich durch einen fast nicht untergliederten Kopf- und Schwanzschild aus. Der Rumpf enthält zehn Segmente. Im Unterschied zu vielen Illaeniden des Ordoviziums hat *Bumastus* sehr gut ausgebildete Augen. Der glatte Panzer zeugt von einer zeitweilig grabenden Lebensweise. Da sie aber auch innerhalb von Korallenriffen vorkommen, haben sie offenbar auch in den Höhlungen von Riffen sich aufgehalten.

Gliederfüßer
Arthropoda

Ordnung: Proetida
Familie: Proetidae

Prionopeltis striata (Barrande)

Die Proetiden tauchten im Unteren Ordovizium auf und erreichten ihre reichste Entfaltung während des Silurs und Devons. Sie sind die einzige Trilobitengruppe, die bis ins jüngste Paläozoikum überlebte. Die Proetiden sind meist klein, haben einen halbkreisförmigen Kopfschild, eine vorn abgerundete Glabella, opisthopare Gesichtsnähte und große, gewöhnlich mit Dornen besetzte Freiwangen. Der Rumpf enthält bis zu 17 Segmenten, der Schwanzschild hat meistens glatte Ränder. Ihre größte Vielfalt erreichten die Proetiden in flachen, gut durchlichteten und gelüfteten Meeren. Sie lebten meist auf dem Grund. Die einzelnen Arten sind meistens ziemlich kurzlebig und oft an lokale Fazies gebunden.
Die Gattung *Prionopeltis* ist vor allem aus dem Silur Böhmens und des Harzes, seltener aus Nordafrika bekannt. Der Panzer ist nur schwach gewölbt, die Glabella breit, zungenförmig und vom Vorderrand des Kopfschildes durch ein breites präglabellares Feld getrennt. Der Rumpf besteht aus zehn Gliedern. Die Pleuren des Schwanzschildes laufen in auffallende Dornen aus. Der dünnwandige Panzer, die von einem großen Blickfeld zeugende Gestalt der Augen und das von der Gesteinsfazies weitgehend unabhängige Vorkommen weisen darauf hin, daß die Prionopeltiden wahrscheinlich gute Schwimmer waren.

Ordnung: Proetida
Familie: Otarionidae

Aulacopleura konincki (Barrande)

Die Aulacopleuren sind die verbreitetsten Vertreter der Familie Otarionidae. Sie sind im Silur Europas, Nordafrikas und Grönlands verbreitet. Die Glabella ist klein, ungefähr halb so lang wie das Kopfschild, die Augen liegen seitlich des vorderen Teils der Glabella. Der Rumpf besteht aus 12 bis 22 Gliedern. Die Vertreter dieser Gattung gehören zu den ersten Proetiden, die auch in größere Meerestiefen vordrangen, obwohl sie auch in Flachmeer-Ablagerungen auftreten. Sie lebten höchstwahrscheinlich auf dem Meeresboden oder schwammen unmittelbar über diesem.

Ordnung: Ptychopariida
Familie: Harpidae

Bohemoharpes ungula (Sternberg)

Vertreter der Unterordnung Harpina finden sich vom Oberen Kambrium bis zum Oberen Devon auf der ganzen Erde. Der große halbkreisförmige Kopfschild mit dem breiten hufeisenförmigen Doppelsaum läuft in mächtige Wangenstacheln aus. Seine Oberfläche ist auffallend grubig. Die Augen sind klein. Der Rumpf umfaßt bis zu 29 Segmenten. Der Schwanzschild ist sehr klein. Die Funktion des Kopfsaumes ist bisher noch nicht zuverlässig geklärt. Er konnte zum Auseinandergraben der flachen Sedimentschichten, zum Schwimmen oder zum festen Anschmiegen an die Unterlage dienen.
Die Gattung *Bohemoharpes* trat im europäischen Silur auf. Die Glabella verjüngt sich nach vorn auffallend. Die einfachen kleinen Augen liegen auf deutlich ausgeprägten Palpebralloben. Die Panzer sind oft diskoidal eingerollt **(4)**.

4

1. *Prionopeltis striata,* Oberes Silur (Přídolí), Kosov bei Beroun, ČSSR. Vollständiger Panzer, Länge 12 mm.

2. *Bohemoharpes ungula,* Oberes Silur (Ludlow), Kosov bei Beroun, ČSSR. Kompletter Panzer; Länge 25 mm.

3. *Aulacopleura konincki*,* Unteres Silur (Wenlock), Loděnice, ČSSR. Anhäufung vollständiger, von Limonit verfärbter Panzer und deren Fragmente; Maximallänge 20 mm. Das massenhafte Auftreten der Aulacopleuren an dieser Stelle läßt sich mit einer Vergiftung durch Gase erklären, die infolge intensiver unterseeischer Vulkantätigkeit freiwurden.

1
2
3

Leonaspis roemeri (BARRANDE)

Ordnung: Odontopleurida
Familie: Odontopleuridae

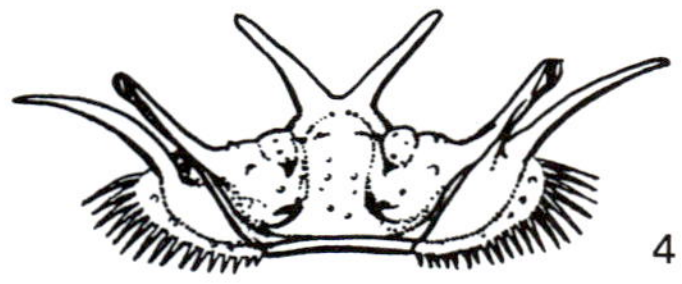
4

Panzer mit Stacheln treten bei verschiedenen Gruppen der Trilobiten auf. Stacheln sind in frühen Wachstumsstadien (Protaspis- und Meraspis-Stadium) sehr verbreitet, auch wenn im ausgewachsenen Zustand keine Stacheln vorkommen. Für keine Trilobitenordnung aber sind Stacheln so charakteristisch wie für die Odontopleuriden.
Eine typische Odontopleuriden-Gattung ist *Leonaspis,* die vom Unteren Silur bis zum Mittleren Devon Europas und Nord- und Südamerikas auftrat. Ihr nicht sehr großer Panzer hat einen abgerundet rechteckigen Kopfschild mit einer breiten Glabella. Die Seiten des Kopfschildes, die Wangen und die Enden der Pleuren laufen in schräg nach hinten gerichteten Stacheln aus. Das Pygydium ist ebenfalls bestachelt.

Miraspis mira (BARRANDE)

Ordnung: Odontopleurida
Familie: Odontopleuridae

Die Arten der Gattung *Miraspis* gehören zu den bekanntesten Stacheltrilobiten der europäischen Meere des Unteren Silurs. Der breite Kopfschild trägt eine Glabella mit langgestielten Augen und zwei langen, nach hinten weisenden, degenartig gebogenen Stacheln (**4** – Frontalansicht). Aus der Oberseite des Kopfschildes, dessen Seiten von feinen Stacheln gesäumt werden, entspringen lange und schlanke Wangendornen. Der Rumpf besteht aus neun Gliedern. Das Pygidium weist elf Paar kleiner Randstacheln auf, von denen das dritte Paar verstärkt und verlängert ist. Die Dornen waren auch nach oben und unten gerichtet.

1. *Leonaspis roemeri,* Unteres Silur (Wenlock), Loděnice, ČSSR. Länge des größten Panzers 9 mm. Das Milieu, in dem diese Trilobiten lebten, wurde oft durch Gas vergiftet, das infolge intensiver vulkanischer Tätigkeit ausströmte.

2. *Miraspis mira*,* Unteres Silur (Wenlock), Loděnice, ČSSR. Länge des kleineren Panzers 11 mm. Im Hinblick auf den beschränkten Kontakt mit dem Substrat ernährten sich diese Trilobiten wahrscheinlich von kleinen, im Wasser enthaltenen Organismen.

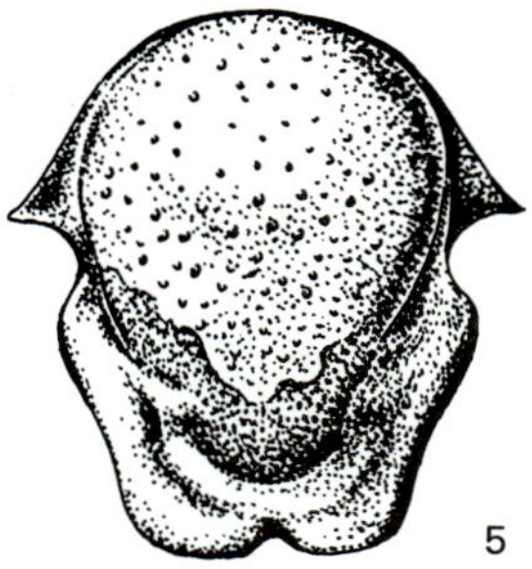

5

Die Funktion der Stacheln oder Dornen bei den Trilobiten ist Gegenstand zahlreicher Erwägungen. In Analogie zu den lebenden bestachelten Schalentieren deutet man bei kleinen Exemplaren und vor allem bei den Larvenformen die Stacheln als Schwebestacheln, d. h. als Hilfsorgane bei der planktonischen Lebensweise. Bei größeren Exemplaren waren sie sicher nicht ausreichend, um den Körper im Schwebezustand zu halten. Hier dienten sie offensichtlich zur Abwehr und auch zur Erhaltung des Gleichgewichts und der Richtung beim Schwimmen. Die ventral gerichteten Stacheln hielten das Tier während der Ruhe über dem Boden.

Cheirurus insignis BEYRICH

Ordnung: Phacopida
Familie: Cheiruridae

Einige Vertreter der Familie Cheiruridae besitzen breite, massive Stacheln. Die kosmopolitische Gattung *Cheirurus* ist aus dem Oberen Ordovizium und Silur bekannt. Sie gehört zu den sich verhältnismäßig langsam umbildenden Zweigen der Trilobiten, deren Vertreter aus dem Ordovizium und Devon sich nur geringfügig unterscheiden. Die Glabella verbreitert sich nach vorn allmählich und reicht über den Vorderrand des Kopfschildes hinaus (**5** – Hypostom). Sie hat drei Paar Glabellafurchen. Die hinteren Furchen verbinden sich mit der Nackenfurche. Der Rumpf besteht aus elf Gliedern. Die Enden der Pleuren sind frei und laufen in stumpfe Stacheln aus. Das Pygidium hat eine breit kegelige Spindel und drei Paar massiver, nach hinten gebogener kurzer Randstacheln. Die Panzeroberfläche ist warzig.

3. *Cheirurus insignis**, Unteres Silur (Wenlock), Lištice, ČSSR. Fast vollständig durch Druckeinwirkung deformierter Panzer; Länge 30 mm. Bewohnte warme Meere des Oberen Wenlock und tritt besonders häufig in der Nähe von Vulkanen auf.

3

Gliederfüßer
Arthropoda

Phacops ferdinandi KAYSER
Phacops latifrons (BRONN)

Ordnung: Phacopida
Familie: Phacopidae

Die Familie Phacopidae war über die ganze Erde verbreitet und bildete eine wesentliche Komponente der Meeresfauna im Silur und Devon. Abgesehen von den Merkmalen, die auch die übrigen Vertreter der Unterordnung Phacopina charakterisieren (schizochroale Augen, propare Gesichtsnähte, nicht entwickeltes Rostrum, elf Rumpfglieder, vollkommen entwickelte Artikulation zwischen den Rumpfgliedern u. ä.), fallen vor allem die sich nach vorn stark verbreiternde und gewölbte Glabella und die Abrundung des Pygidiumhinterrandes und der Enden der Rumpfpleuren auf. Wir finden den Panzer der Phacopiden oft im eingerollten Zustand. Bei vollkommenem Einrollen zur Kugelform rastet der Hinterrand des Pygidiums in die Furche an der unteren Seite des Cephalons ein. Das Einrollen des Panzers wird gewöhnlich als eine Art der passiven Abwehr erklärt. Das auffallendste Merkmal, das bei den Vertretern der gesamten Ordnung entwickelt ist, aber bei den Phacopiden am eingehendsten untersucht wurde, sind die schizochroalen Augen, der besondere Typ eines hochentwickelten Sehapparates, den wir bei keiner anderen Gruppe von Tieren antreffen. Phacopiden treten sowohl in den Sedimenten flacher wie auch tiefer Gewässer auf. Optimale Bedingungen für ihre Entfaltung fanden sie aber in den seichten Meeren der warmen Klimazone.
Die Trilobiten der Gattung *Phacops* lebten vom Unteren bis zum Oberen

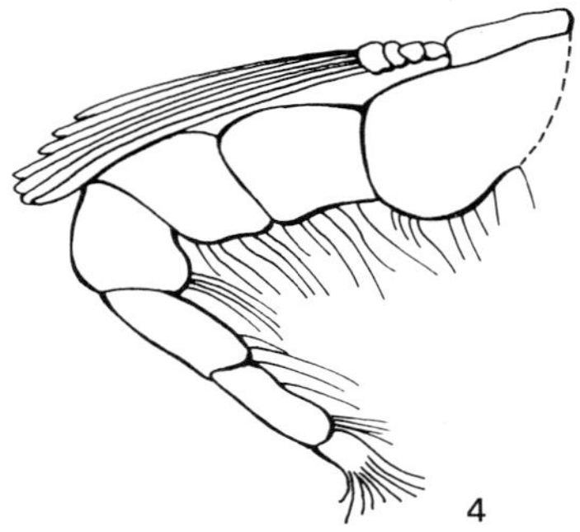
4

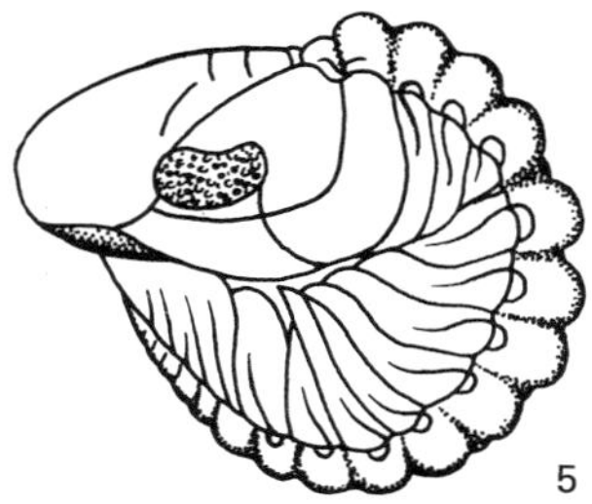
5

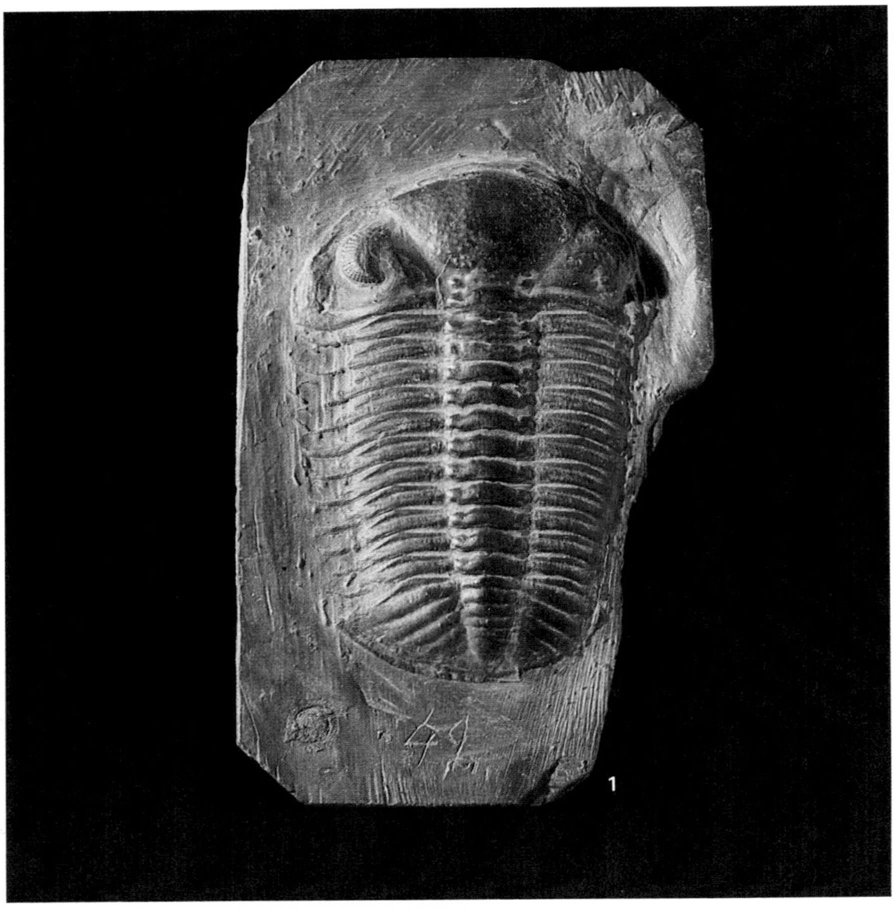
1

1. *Phacops ferdinandi,* Unteres Devon (Unteres Ems), Bundenbach, BRD. Kompletter, durch Druckeinwirkung verformter Panzer; Länge 61 mm. Dieser Trilobit ist eine der häufigsten Versteinerungen der Hunsrückschiefer, die sich meistens in Tiefen bis zu 200 m im ruhigen, schlammigen Milieu absetzten.

2. *Phacops latifrons**, Mittleres Devon (Eifel), Gerolstein, BRD. Zwei vollkommen fest eingerollte Panzer mit der maximalen Breite 8 und 10 mm. Dank der starken Artikulation zwischen den Rumpfgliedern des Panzers und der festen Verbindung des Rumpfskeletts mit dem Kopf- und dem Schwanzschild blieben oft ganze eingerollte Panzer erhalten.

3. *Reedops cephalotes*, Unteres Devon (Prag), Damil bei Tetín, ČSSR. Kompletter Panzer; Länge 26 mm. Vollkommene Panzer werden meistens im eingerollten Zustand gefunden. Diese mit gut entwickelten Augen versehene Art lebte offensichtlich auf der Oberfläche des Sediments oder schwamm über dem Grund.

Devon auf der gesamten Erde. Die Untersuchungen mit X-Strahlen ließen bei pyritisierten Resten auch den Bau der Körperanhänge und des Verdauungsapparates der Phacopiden erkennen. Hinter den paarigen, nicht gespaltenen Geißelantennen wurden auf dem Kopf weitere drei Paar Anhänge (Extremitäten) festgestellt. Ähnlich gebaute zweispaltige Extremitäten schlossen sich auch an jedes Rumpf- und Hinterleibsegment an. Die Extremitäten aller Trilobiten waren offensichtlich nach einem einheitlichen Schema gegliedert **(4)**. Der längere Hauptzweig (Telepodit) bildete das eigentliche Laufbein, der kürzere darüberliegende Zweig (Exopodit), der an eine Vogelfeder erinnert, diente offenbar zum Schwimmen oder Atmen. Die proximalen Teile wenigstens der zwei hinteren Kopfanhänge am Mund waren gezähnt und erfüllten zusätzlich die Funktion von Kiefern.

Reedops cephalotes (Hawle et Corda)

Ordnung: Phacopida
Familie: Phacopidae

Die Gattung *Reedops* ist der zuvor beschriebenen Gattung nahe verwandt. Sie kommt vom Unteren Devon bis zum frühen Mittleren Devon Europas, Nordafrikas, Asiens und Nordamerikas vor. Der Panzer (**5** – Seitenansicht) ist verhältnismäßig schmal, die Glabella ist glatt, der Stirnlappen ist erheblich über den Vorderrand des Kopfschildes hinaus vorgewölbt. Die Gliederung des Pygidiums ist nicht deutlich ausgeprägt.
Die Arten der Gattung *Reedops* treten vor allem in sehr feinkörnigen Sedimenten auf, die sich im tieferen Wasser abgesetzt haben.

Gliederfüßer
Arthropoda

Ordnung: Phacopida
Familie: Dalmanitidae

Odontochile hausmanni (BRONGNIART)

Die Gattung *Odontochile* gehört zu den typischen Trilobiten des Unteren Devons und ist fast über die gesamte Erde verbreitet. Der Panzer hat ovalen Umriß und einen breiten Randsaum am Kopfschild. Die Glabella wird von drei Paar tiefer Furchen untergliedert. Die Augen (**7** – Detail) sind groß, die Wangen laufen in langen Wangenstacheln aus. Das große, reich gegliederte, breit gesäumte Pygidium ist zugespitzt. Die Pleurallappen weisen 12 bis 15 paarige Rippen auf.

Ordnung: Phacopida
Familie: Dalmanitidae

Asteropyge punctata (STEININGER)

Die Unterfamilie Asteropyginae ist charakteristisch für das Untere bis frühe Obere Devon verschiedener Kontinente. Das mit Randstacheln versehene Pygidium und die langen Pleuralstacheln waren wahrscheinlich eine Anpassung an das Leben auf der Oberfläche eines weichen

1, 2. *Asteropyge punctata,* Mittleres Devon (Eifel), Trilobitenfelder bei Gees, BRD. Eingerollter (**1**) und unvollständiger Panzer (**2**); Breite 17 und 13 mm. Die Funde stammen von einer fossilreichen Lokalität, deren Sammlertradition schon im vergangenen Jahrhundert begann. Aus dem feinkörnigen Kalkstein sind (außer weiterer Fauna) 22 Trilobitenarten bekannt.

3. *Odontochile hausmanni*,* Unteres Devon (Prag), Lochkov, ČSSR. Kompletter Panzer; Länge 30 mm. Diese Art tritt vor allem in sehr feinkörnigen Kalksteinen auf, die sich in Tiefen von über 200 m abgelagert haben.

4. *Digonus gigas**, Unteres Devon (Ems), Lahnstein, BRD. Unvollständiges Cranidium: Länge 40 mm.

5, 6. *Burmeisterella armata*, Unteres Devon (Ems), Rheinisches Schiefergebirge, BRD. Kern des Pygidiums (**5**); Länge 38 mm; Kopfschild (**6**).

Sediments. Die angeführten Merkmale sind bei der Gattung *Asteropyge*, die vor allem aus dem Unteren und Mittleren Devon Europas bekannt ist, gut ausgeprägt. Das mit Hilfe von X-Strahlen durchgeführte Studium des Materials aus den Hunsrückschiefern erbrachte interessante Aufschlüsse über die Anatomie des Trilobitenkörpers und ergänzte unsere Kenntnisse, die sich vor allem auf die einzigartigen Funde aus den Burgess-Schiefern (Mittleres Kambrium Britisch-Kolumbiens) und Utica-Schiefern (Silur der östlichen Vereinigten Staaten) stützen.

Digonus gigas (Roemer)

Ordnung: Phacopida
Familie: Homalonotidae

Typische Vertreter der Unterfamilie Homalonotinae kennen wir vom Silur bis zum Mittleren Devon aller Kontinente einschließlich der Antarktis. Die auffallenden Merkmale des Panzers sind an der Gattung *Digonus* aus dem Unteren Devon deutlich erkennbar, die in Europa, Afrika, Südamerika und Neuseeland verbreitet ist. Der stark gewölbte Panzer ist auffallend gestreckt und schmal. Der Kopfschild hat keinen Randsaum, die breite, unscharf umgrenzte Glabella weist keine deutlichen Furchen auf. Die Augen sind klein. Der Rumpf zeigt eine breite, undeutlich abgegrenzte Rhachis, die Pleuren sind an den Enden wie gestutzt. Das Pygidium ist lang und dreieckig.

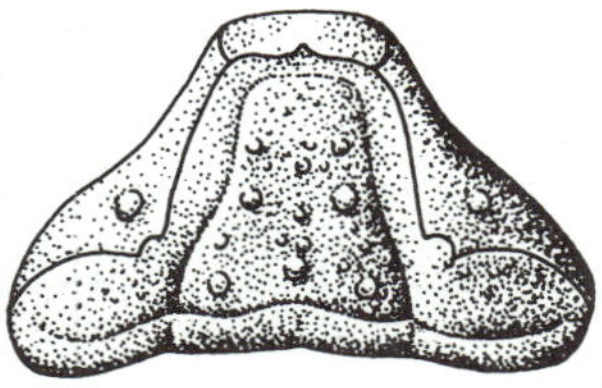

6

Digonus und die nah verwandten homalonotiden Trilobiten lebten sowohl in warmen als auch in kalten Gewässern, finden sich aber vorwiegend in sandigen Sedimenten. Der schlanke, glatte Panzer und die reduzierten Augen waren Anpassungen an grabende Lebensweise. Der Panzer erreicht bei einigen Arten Größen bis zu 50 cm.

Burmeisterella armata (Burmeister)

Ordnung: Phacopida
Familie: Homalonotidae

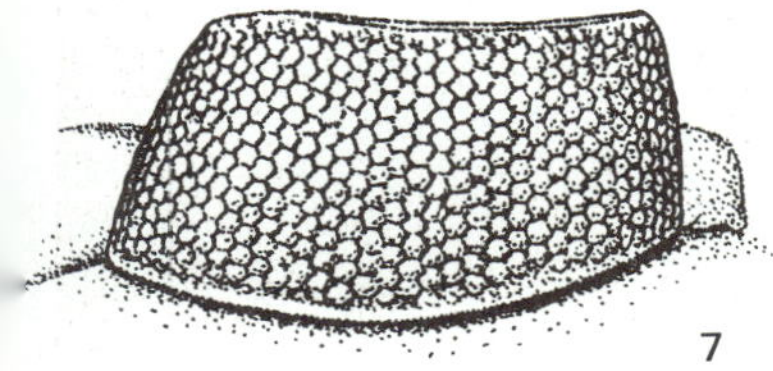

7

Die Gattung *Burmeisterella* ist nah verwandt mit der Gattung *Digonus*. Sie tritt in den Ablagerungen des Unteren Devons Europas auf. Ihr auffallendstes Merkmal sind die Dornen auf der Panzeroberfläche.

Radioscutellum intermixtum (HAWLE et CORDA)

Ordnung: Ptychopariida
Familie: Scutelluidae

Die Scutelluiden kennen wir vor allem aus den warmen Klimazonen des Silurs und Devons. Ihr Panzer ist breit oval. Die mit drei Paar Furchen versehene Glabella verbreitert sich nach vorn stark. Die Freiwangen sind sehr groß. Die Augen haben eine halbringförmige Sehfläche mit bis zu 4000 Linsen. Der Rumpf wird von zehn Segmenten gebildet. Das große Pygidium hat eine sehr kurze dreieckige Spindel, von der sechs bis acht Paar fächerförmig divergierender Furchen und Rippen ausstrahlen. Auf der Panzeroberfläche befinden sich auffallende, gesetzmäßig angeordnete, terrassenartige Leisten. In enger Beziehung zu diesen sind im Panzer zahlreiche Poren angebracht, durch die „Sinnesborsten" (Setae) nach außen traten.
Neben der festigenden Funktion diente dieses System offensichtlich der Information über die Strömungen des Wassers im umgebenden Milieu, dem Tasten u. ä.
Zur Gattung *Radioscutellum* gehörten spezialisierte Trilobiten, die wir aus dem Unteren Devon Europas kennen. Sie zeichnen sich durch einen flachen Panzer, eine abgerundet fünfeckige Glabella und kleine Augen aus. Das halbelliptische Pygidium weist eine extrem entwickelte Duplikatur auf, die fast bis zur verkümmerten Spindel reicht. Diese Trilobiten lebten an der Oberfläche des Grundes in den geschützten Teilen der Korallenriffe.

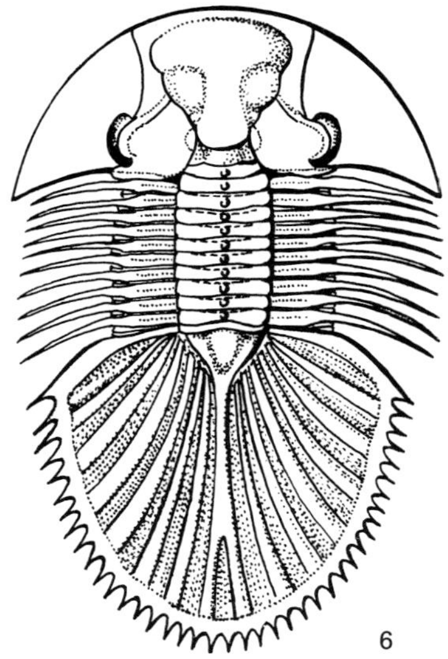

6

Thysanopeltis speciosa HAWLE et CORDA

Ordnung: Ptychopariida
Familie: Scutelluidae

Die Gattung *Thysanopeltis* gehört zu den jüngsten Gattungen der ganzen Familie. Sie trat im Mittleren Devon der nördlichen Hemisphäre auf. Der Panzer ist morphologisch scharf untergliedert. Die Augen sind groß. Das Pygidium besitzt eine kurze, dreilappige, weit hervortretende Spindel. Am Hinterrand des Pygidiums befinden sich verschieden lange Randstacheln (**6**).

Acanthopyge haueri (BARRANDE)

Ordnung: Lichida
Familie: Lichidae

Die Lichiden lebten in den Meeren des Unteren Ordoviziums bis zum Oberen Devon. Die breite Glabella hat eine kompliziert modifizierte Furchengliederung. Auf dem großen, flachen Pygidium, das oft tief ausgeschnitten ist und in Randstacheln ausläuft, befinden sich drei Rippenpaare. Die Oberfläche des Panzers ist gekörnt und oft mit Stacheln versehen. Die Lichiden bewohnten überwiegend flache Gewässer und nicht selten auch Korallenriffe. Zu dieser Ordnung gehört auch der größte bekannte Trilobit *Uralichas*, der im Ordovizium lebte und dessen Panzer bis zu einer Länge von 75 cm heranwuchs.
Die Gattung *Acanthopyge* ist vom Silur bis zum Mittleren Devon aller Kontinente bekannt. Der Kopfschild ist parabolisch, der zweite und dritte Glabellalappen gehen ineinander über, die Augen stehen auf Stielen. Die schmalen Freiwangen laufen in lange Dornen aus. Der Rumpfpanzer besteht aus elf Gliedern. Die Pleuren des Pygidiums setzen in drei paarigen Stacheln fort. Die Vertreter dieser Gattung lebten vor allem in flachen bewegten Gewässern in der Nähe von Korallenbeständen.

1, 2. *Acanthopyge haueri**, Mittleres Devon (Eifel), Koněprusy, ČSSR. Cranidium (**1**) und Schwanzschild (**2**); Länge 22 und 26 mm. Die besten Funde stammen aus den Spaltenfüllungen des Inneren einer unterdevonischen Riffe.

3, 4. *Thysanopeltis speciosa**, Mittleres Devon (Eifel), Koněprusy, ČSSR. Cranidium (**3**) und Schwanzschild (**4**); Länge 22 und 32 mm. Diese Art bewohnte vor allem das flache Wasser in der Nähe von Korallenbeständen.

5. *Radioscutellum intermixtum*, Unteres Devon (Prag), Koněprusy, ČSSR. Anhäufung (Lumachelle) von Schwanzschilden, die bis zu 50 mm lang sind. Diese Lumachellen bildeten die Ausfüllungen der Depressionen und Hohlräume innerhalb der Riffe.

1
2
3
4

5

Gliederfüßer
Arthropoda

Gerastos bohemicus (HAWLE et CORDA)

Ordnung: Proetida
Familie: Proetidae

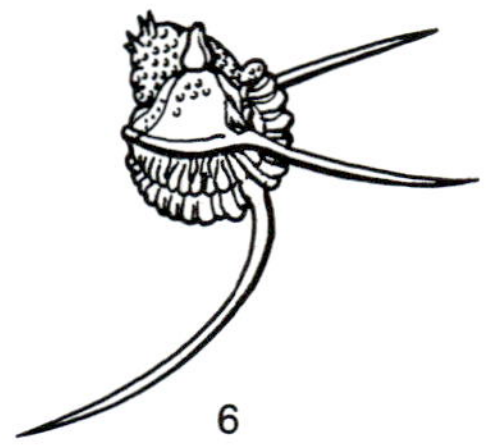

6

Während des Devons hatten die Proetiden eine vorherrschende Stellung in der Trilobitenfauna. Besonders gut entwickelten sie sich im Flachwassermilieu der warmen Meere in der Nähe oder im Inneren der Korallenriffe. Aus dem Unteren und Mittleren Devon Europas, Nordafrikas und Nordamerikas sind die örtlich häufig auftretenden Arten der Gattung *Gerastos* bekannt. Sie zeichnen sich durch einen stark gewölbten, dickwandigen Panzer aus. Die breite Glabella weist nur schwach ausgeprägte Glabellafurchen auf. Die Augen sind groß. Die Rumpffringe und die Spindel des Pygidiums sind sehr breit. Die Oberfläche des Panzers ist körnig oder dornig.

Dechenella verneuili (BARRANDE)

Ordnung: Proetida
Familie: Proetidae

Die Dechenellen waren im Mittleren Devon der nördlichen Halbkugel weit verbreitet. Die kleine, sich nach vorn verjüngende Glabella trägt drei bis vier Paar tiefer Glabellafurchen. Die Augen sind groß, und die Wangen gehen in breite Wangenstacheln über. Das große, gestreckte Pygidium weist einen auffallenden Randsaum und eine markant gerippte Spindel mit bis zu 19 Ringen auf. Die Dechenellen lebten überwiegend benthisch.

1. *Otarion ceratophthalmus,* Mittleres Devon (Eifel), Gees bei Gerolstein, BRD. Kompletter Panzer: Länge einschließlich des Stachels 37 mm.

2, 3. *Dechenella verneuili**, Mittleres Devon (Givet), Pelm, BRD. Cranidium (**2**) 7 mm, Pygidium (**3**) 8 mm lang.

4

4. *Typhloproetus subcarintiacus,* Oberes Devon (Famenne), Dzikowiec, Polen. Zwei isolierte Pygidien; Länge 25 mm.

5. *Gerastos bohemicus,* Unteres Devon (Prag), Koněprusy, ČSSR. Kompletter Panzer; Länge 30 mm. Diese Art ist dem Leben im bewegten Wasser im Milieu der Korallenriffe angepaßt. Oft werden eingerollte Panzer gefunden.

Typhloproetus subcarintiacus (RICHTER)

Ordnung: Proetida
Familie: Proetidae

Die blinden Proetiden der Gattung *Typhloproetus* sind für das Obere Devon (Famenne) Europas kennzeichnend. Die Gesichtsnaht verlor offensichtlich ihre funktionelle Bedeutung und ist deshalb recht undeutlich ausgebildet. Die Freiwangen laufen in kurze Wangenstacheln aus. Das halbkreisförmige Pygidium besitzt sechs bis zehn Paar pleuraler Rippen. Die *Typhloproetiden* lebten offensichtlich wenigstens teilweise grabend auf dem Grund tieferer Meere. Davon zeugt vor allem die völlige Reduktion der Augen, die undeutliche Untergliederung des Panzers und ihr Auftreten in feinkörnigen Sedimenten.

Otarion ceratophthalmus (GOLDFUSS)

Ordnung: Proetida
Familie: Otarionidae

Otarion ist eine kosmopolitische Gattung mit großer Lebensdauer, vom Mittleren Ordovizium bis zum Oberen Devon. Neben den charakteristischen Merkmalen der Familie (zum Beispiel der stark gewölbte Kopfschild, die geblähte Glabella mit einem Paar gegen die Nackenfurche hin gerichteter und einem Paar Basalloben abschnürenden Glabellafurchen, das kleine Pygidium u. a.) sind vor allem die langen Wangenstacheln und das stärkere sechste Rumpfsegment, das einen sehr langen, nach hinten gebogenen Stachel trägt **(6)**, auffallende Kennzeichen der Gattung. Die langen Wangenstacheln dienten vielleicht zur Stabilisierung der Körperlage auf dem Grund oder beim Schwimmen; die Funktion des Rückenstachels ist jedoch noch nicht zufriedenstellend erklärt.

5

Gliederfüßer
Arthropoda

Ordnung: Proetida
Familie: Proetidae

Phillipsia truncatula (Phillips)

Am Ende des Mittleren und im Verlauf des Oberen Devons starben die Trilobiten schnell aus. Die einzige Gruppe, die über das Devon hinaus in das Jungpaläozoikum hineinreichte, waren die Proetiden, die durch ziemlich einförmige, durchweg kleine Formen repräsentiert wurden. Noch im Unteren Karbon lebten sie sowohl in flachen wie auch in relativ tiefen Meeresräumen – unter der Grenze von 200 m. Über Tiefseeformen liefern die Fossilfunde keine Zeugnisse. Während des Mittleren Karbons starben die Tiefwasserformen aus. Die Flachwasserbewohner überlebten meist im Milieu der Korallenriffe. Die Ära der Trilobiten, wie das Paläozoikum manchmal genannt wird, und damit auch die Entwicklung des gesamten Unterstammes Trilobitomorpha, schloß am Ende des Perms ab. Warum diese damals so ungewöhnlich weit verbreitete und vielfältige Gruppe von marinen Gliederfüßern ausstarb, die ungefähr 12 000 bisher beschriebene Arten umfaßt und die die Meere über mehr als 350 Millionen Jahre bewohnt hatte, wissen wir bis heute nicht sicher. Keine geringe Rolle spielten neben den großen paläogeographischen Veränderungen, die sich im Charakter der Sedimentation, des Klimas u. ä. niederschlugen, auch die anderen Gruppen der sich entwickelnden, im Meere lebenden Wirbeltiere und Wirbellosen.

Von den Trilobiten des Jüngeren Paläozoikums treffen wir im heutigen Europa meistens die Vertreter aus dem Unteren Karbon an. Einige von

1. *Phillipsia truncatula,* Unteres Karbon (Dinant), Windsor Hill Quarry, Somersetshire, Großbritannien. Pygidium; Länge 15 mm. Charakteristischer Trilobit des sogenannten Kohlenkalks, eines Seichtwassersediments aus dem Unteren Karbon, dessen Hauptbestandteil die Glieder von Seelilien sind.

1

2. *Archegonus laevicauda,* Unteres Karbon (Visé), Aprath, BRD. Schwach deformierter Rumpf und Pygidium; Länge 15 mm. Links unten erhaltene isolierte Freiwange mit kurzem Wangendorn.

2

ihnen finden sich örtlich ziemlich häufig, meistens beschränkt auf kurze Zeitabschnitte und daher stratigraphisch wichtig. Zu einer wichtigen Gruppe, die in den kalten Seichtwassersedimenten Europas, Nordamerikas und Australiens gefunden wird, gehört die Gattung *Phillipsia.* Die Panzer wurden bis über 15 mm lang. Der Kopf- und Schwanzschild sind annähernd gleich groß. Die zylindrische oder sich schwach nach vorn verjüngende Glabella reicht bis zum Stirnrand des Kopfschildes. Die Freiwangen laufen in mittellangen Wangenstacheln aus. Der Rumpf wird von 9 Segmenten gebildet. Das halbelliptische Pygidium weist einen undeutlichen Randsaum auf. Auf der Panzeroberfläche befindet sich eine auffallende Granulation (**3**). Einige der Granula besaßen vielleicht wie bei anderen Trilobiten die Funktion von Sinnespapillen.

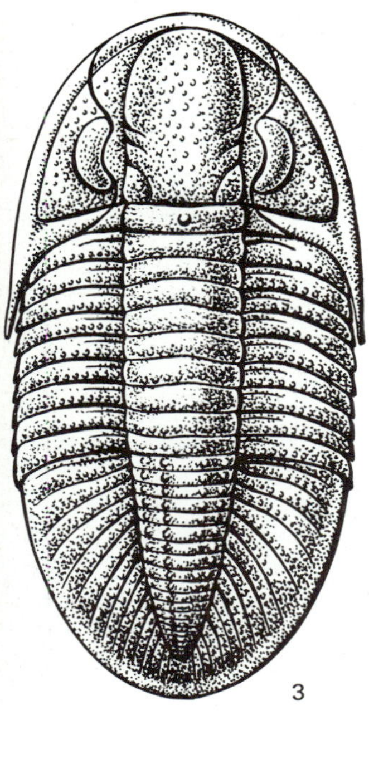

3

Archegonus laevicauda (Sarres)

Ordnung: Proetida
Familie: Proetidae

So wie die Kalkfazies des Unteren Karbons ihre charakteristischen Gattungen und Arten von Trilobiten aufweist, ist die Gattung *Archegonus* in Europa Typus-Fossil in der sogenannten Kulm-Fazies, das heißt in einem überwiegend schieferigen Sediment. Ihre Panzer sind nur mäßig gewölbt, die Glabella ist lang und verjüngt sich nach vorn. Die Glabellafurchen sind schwach entwickelt und schräg nach hinten gerichtet. Das Pygidium ist kegelförmig, die Spindel tritt deutlich über das Niveau der Pleuren hervor.

Die Fühlerlosen *(Chelicerata)*

Der Unterstamm der Cheliceraten – in der Gegenwart durch die Spinnen und Skorpione vertreten – unterscheidet sich von allen anderen Gliederfüßern dadurch, daß keine Geißelantenne vorhanden ist, stattdessen vor der Mundöffnung eine in einer Schere endigende Extremität liegt, die Chelicere. Dahinter folgt ein Paar Fußfühler (Pedipalpen), hinter denen noch vier Paar Gehextremitäten folgen. Der vordere, durch diese sechs Paar Körperanhänge gekennzeichnete Körperabschnitt (Kopf-Brust-Abschnitt) heißt Prosoma; er wird von einem einheitlichen Dorsalpanzer bedeckt. Der Hinterleib, das Opisthosoma, umfaßt zwölf getrennte Körpersegmente. Am letzten Opisthosoma-Segment ist ein Schwanzstachel (Telson) angelenkt. Die Körperanhänge der Opisthosoma-Segmente sind reduziert oder zu Atmungsorganen umgebildet. Gehextremitäten sind am Opisthosoma nicht vorhanden.

Die Spinnen und Skorpione (Arachnida) erschienen im Oberen Silur. Sie sind Landbewohner. Sie sind Abkömmlinge der vor allem im Paläozoikum entfalteten Merostomata; sie waren Meeresbewohner und hatten einen chitinigen Dorsalpanzer, der mitunter durch Kalkeinlagerungen verstärkt ist. Sie erschienen schon im Kambrium und entfalteten sich am reichsten im Silur und Devon und brachten im Devon Riesenformen bis zu fast 3 m Länge hervor. Da der Panzer der Merostomen im allgemeinen dünn und wenig widerstandsfähig ist, sind sie als Fossilien relativ selten.
Die paläontologisch wichtigste Unterklasse der Merostomen sind die Eurypterida, die vom Ordovizium bis zum Perm bekannt sind. Kambrische Vorläufer sind noch ungenügend bekannt. Die Eurypterida lebten im Meer, gingen aber vom Silur an auch in brackische und Süßwasserlebensräume über.

Eurypterus fischeri Eichwald

Ordnung: Eurypterida
Familie: Eurypteridae

Die Arten der Gattung Eurypterus sind vom Ordovizium bis zum Karbon in Europa, Asien und Nordamerika bekannt. Der gestreckte Körper **(2)** weist ein Prosoma mit abgerundet viereckigem Umriß und einen langen, segmentierten Hinterleib, der sich in einen vorderen und hinteren Abschnitt unterteilt, auf. Auf der Rückenseite des Prosomas befinden sich ein Paar Facettenaugen und ein zentral gelegenes „Stirnauge". Die Scheren (Cheliceren) sind klein. Die dahinter folgenden 3 Extremitätenpaare sind kurze Schreitextremitäten mit Stacheln an allen Gliedern. Das folgende, etwas längere Extremitätenpaar hat nur am Endglied Stacheln. Das letzte und größte Extremitätenpaar ist als Schwimmextremität entwickelt. Die Basalglieder aller Extremitäten sind auf der Mundseite gezähnt und dienen gleichzeitig als eine Art Kiefer. Auf der Bauchseite des Prosomas fällt hinter der Mundöffnung ein ovales Schildchen (Metastoma) auf, das einen Teil der breiten Gelenke der Schwimmbeine überdeckt.
Der vordere, breitere Abschnitt des Hinterleibs trägt stark reduzierte, zu Atmungsorganen umgebildete Extremitäten, der hintere, schlankere Abschnitt ist gliedmaßenlos. Das Telson hat die Form eines langen, massiven Stachels. Der Panzer der Eurypteriden war offensichtlich nur schwach mit Kalksalzen durchsetzt, war deshalb auch elastisch und wurde vielleicht teilweise von feinen Borsten durchwachsen. Die Eurypteriden lebten in Brack- und Süßgewässern. Offensichtlich waren sie Räuber, und einige von ihnen besaßen möglicherweise auch eine Giftdrüse. Zur Bewegung benutzten sie das letzte Paar der Gliedmaßen des Prosomas, die verstärkt und ruderartig geformt waren. Ihre Kiemen wurden vom Hinterleibspanzer gut geschützt, so daß die Tiere in der Lage waren, eine kurze Zeit auf dem Trockenen zu verbringen oder kurze Entfernungen von einem Tümpel zum anderen zurückzulegen.

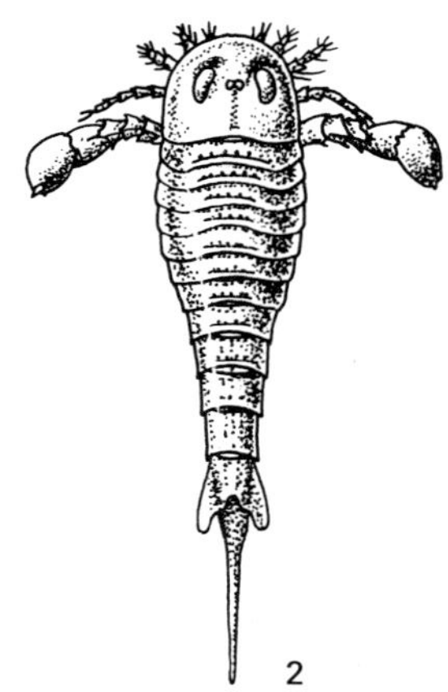
2

1. *Eurypterus fischeri,* Oberes Silur, Passage Guld, New York, USA. Fast kompletter, gedrückter Panzer; Länge ca. 200 mm. Tritt stellenweise häufig in den feinkörnigen Dolomiten des obersten Silurs auf, die sich offensichtlich in ufernahen Lagunen mit Brackwasser ablagerten.

1

Ordnung: Eurypterida
Familie: Pterygotidae

Pterygotus bohemicus (BARRANDE)

Die Gattung *Pterygotus* findet sich vom Oberen Ordovizium bis zum Devon in Europa, Asien, Nord- und Südamerika und offensichtlich auch in Australien. Im Unterschied zu den Eurypteren, die nur kleine Scheren besaßen, weisen die Pterygoten typische mächtige Zangen mit gezähnten Schenkeln auf. Den Zangen folgen vier fast gleich große Extremitätenpaare. Das letzte, sechste Gliedmaßenpaar des Prosomas ist zu mächtigen Schwimmbeinen umgebildet **(3)**. Der Hinterleib schließt mit einer rundlichen oder ovalen Platte mit einem Mediankiel oder einer Reihe von Stacheln auf der dorsalen Oberfläche ab. Auf dem Panzer befanden sich auffallende schuppige oder halbmondförmige Skulpturen, die als Plicae bezeichnet werden. Die Panzerteile gehören zu den am meisten gefundenen Resten. Wir kennen die Pterygoten vor allem aus Meeressedimenten, sie lebten wahrscheinlich aber auch im Brackwasser. Die Scheren, die nach vorn verlagerten Augen und die breiten ruderförmigen Hinterextremitäten des Prosomas weisen darauf hin, daß die Pterygoten zum Raubnekton gehörten, das heißt aktive Schwimmer waren. Ihr Körper wuchs bis zu Längen von 2 m heran.

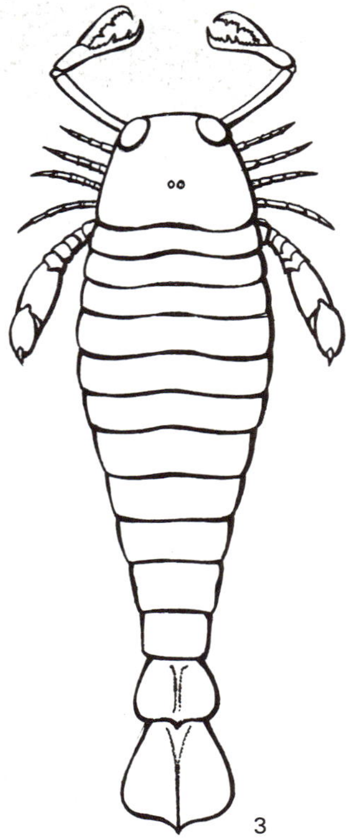

3

Ordnung: Limulida
Familie: Mesolimulidae

Mesolimulus walchi (DESMAREST)

Während die Unterklasse Eurypterida der Merostomen auf das Paläozoikum beschränkt bleibt, reicht die zweite Unterklasse, die Schwertschwänze (Xiphosuren), die auch schon im Ordovizium erscheint, mit wenigen Reliktformen bis in die Gegenwart. Die mit den Eurypterida nahe verwandten Xiphosuren haben die gleiche Körpergliederung wie die Eurypterida, aber das Opisthosoma ist sehr verkürzt und das Telson stets sehr kräftig entwickelt. Das Prosoma ist stets größer als das Opisthosoma. Bei den paläozoischen Xiphosuren ist die Segmentierung

1. *Pterygotus bohemicus*, Oberes Silur (Přídolí), Velká Chuchle, ČSSR. Scheren (Cheliceren); Länge 135 mm. Diese Art lebte auf dem Grund tieferer Meere, die sich auf dem Gebiet des heutigen Mitteleuropa ausbreiteten.

1

2. *Mesolimulus walchi**, Oberer Jura (Tithon), Solnhofen, BRD. Abguß eines vollständigen Panzers; Länge 60 mm.

des Opisthosomas noch im Rückenpanzer vorhanden. Vom Ende des Paläozoikums an verschmelzen die Segmente des Opisthosomas, so daß ein einheitlicher Opisthosoma-Rückenschild auftritt. Das ist der Typus der noch heute lebenden Limuliden. Der Prosomapanzer ist halbkreisförmig schwach gewölbt. Der Mittelteil wird von einer unscharf umgrenzten Glabella gebildet, an den Seiten befinden sich Wangen. Der vordere Teil trägt nahe der Symmetrieebene zwei einfache Augen, dahinter liegen an den Seiten der Glabella große Facettenaugen. Die Prosomaanhänge werden von einem Paar Cheliceren und fünf Paar Schreitbeinen gebildet. Der Hinterleib läuft in einen langen, scharfen Stachel (Telson) aus. Die Limuliden beleben noch bis heute zahlreich den Grund des Atlantischen Ozeans an der Ostküste der Vereinigten Staaten, des Indischen Ozeans und die Sümpfe der Mangrove Südostasiens. Die in größeren Tiefen lebenden Arten wandern in der Zeit der Eiablage in die Brandungszone. Die geschlüpften Larven durchlaufen ein Trilobitenstadium, weil der Larvenpanzer auffällige trilobitähnliche Merkmale zeigt. Die Nahrung der Limuliden besteht aus Tang, jungen Schalentieren, dem Aas von Fischen u. ä. Die Tiere graben im Grund und schwimmen auch. Sie bewegen sich dabei mit dem Rücken nach unten. Gegenüber Schwankungen der Salinität sind sie sehr tolerant.
Die Vertreter der Gattung *Mesolimulus* aus dem Mesozoikum treten in den oberjurassischen Sedimenten Europas auf und unterscheiden sich nur wenig von den heute lebenden Limuliden. Der Panzer erreicht eine Größe von 15 bis 20 cm. Die bekanntesten Funde, stammen aus den lithographischen Kalken Bayerns.

Cyclophtalmus senior Corda

Ordnung: Scorpionida
Familie: Cyclophthalmidae

Eine viel formenreichere Klasse der Cheliceraten sind die Spinnenartigen (Arachnida), deren älteste fossile Vertreter schon im Silur erscheinen. In vielen Merkmalen stimmen sie mit den Merostomen, vor allem den Eurypteriden, überein. Im Unterschied zu diesen sind sie jedoch luftatmende Landbewohner, und nur einige von ihnen kehrten sekundär ins Wasser zurück. Ihre Abstammung von den Merostomen ist mehr als wahrscheinlich. Darauf weist nicht nur die große äußere Ähnlichkeit der Vertreter beider Gruppen hin, sondern auch die Übereinstimmung der Blattkiemen an den hinteren Hinterleibsbeinen der Merostomen mit dem Bau der Fächerlungen der Skorpione und Spinnen. Alle Spinnenartige besitzen nur einfache Augen, deren Anzahl und Anordnung verschieden sind. Ein Paar von ihnen befindet sich in der Regel in der Mitte des Prosomas, die anderen (bis zu fünf Paar) an den Seiten. Die Spinnenartigen sind meistens Fleischfresser, einige sind Pflanzenfresser oder Parasiten. Wegen der ungünstigen Fossilisationsbedingungen auf dem Lande und des meist sehr hinfälligen Hautpanzers der Arachnida sind nur ausnahmsweise und selten fossile Reste erhalten geblieben. Sie treten in der Regel in begrenzten Gebieten auf, und es gibt deshalb unter ihnen auch keine kosmopolitischen Arten.

Die Skorpione(Scorpionida) sind die ältesten Spinnentiere. Ihr gegliederter Hinterleib ist deutlich in das breite Präabdomen und das schlanke Postabdomen unterteilt, dessen Ende einen Giftstachel trägt. Am Prosoma befinden sich ein Paar medianer und fünf Paar seitlicher Augen, was die größte Anzahl von Augen bei den Spinnenartigen ist. Von den sechs Gliedmaßenpaaren tritt das zweite Paar besonders hervor als kräftige, mit mächtigen Scheren versehene Pedipalpen. *Cyclophthalmus senior,* der 1835 vom tschechischen Botaniker Corda beschrieben wurde, ist der älteste benannte fossile Skorpion. Er ist aus

1, 2. *Eophrynus prestvicii**, Oberes Karbon, Großbritannien. Abguß eines erhaltenen Exemplars; Rücken (**1**) und Bauchseite (**2**) des Körpers. Körperlänge 25 mm.

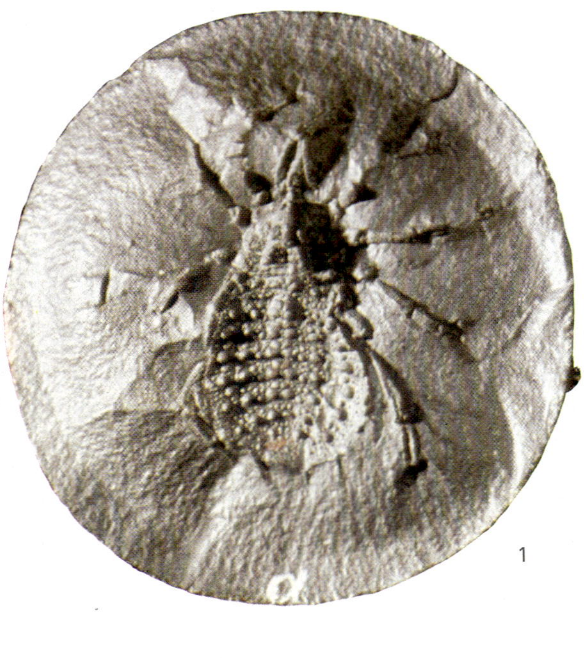

1

2

3. *Cyclophthalmus senior**, Oberes Karbon (Westfal), Chomle bei Radnice, ČSSR. Fast vollständiges Exemplar; Länge ca. 60 mm. Erstes beschriebenes fossiles Spinnentier, im grauen Schieferton mit reichlichen Floraresten erhalten.

dem Oberen Karbon Mitteleuropas bekannt. Das Prosoma hat annähernd rechteckige Form, sein Vorderteil ist schwach nach innen gebogen.

Eophrynus prestvicii (BUCKLAND)

Ordnung: Trigonotarbida
Familie: Eophrynidae

Im Jüngeren Paläozoikum erlebten die Spinnenartigen eine reiche Entfaltung. Von fast allen Hauptgruppen der heutigen Spinnen sind primitive Vorläufer schon im Karbon nachgewiesen. Eine der Ordnungen, die nur im Devon und Karbon vertreten sind, sind die Trigonotarbida. Hierher gehören die Arten der am frühesten entdeckten Spinnenartigen, *Eophrynus,* aus dem Oberen Karbon Englands. Sie wurden 1836 von BUCKLAND beschrieben. Ihr Prosoma ist annähernd dreieckig und läuft vorn in eine Spitze aus. Der Hinterleib setzt sich aus neun Gliedern zusammen, und sein vorderes Tergit ist genau so breit wie der Hinterrand des Prosomas. Die Oberfläche des Prosomas weist ebenso wie das Opisthosoma, das sechs Höckerpaare und vier Stacheln am Ende trägt, eine markante Skulptur auf.

Gliederfüßer
Arthropoda

Krebse *(Crustacea)*

Der Unterstamm der Krebse (Crustacea) umfaßt vorwiegend im Wasser lebende Gliederfüßer. Vor den Mundgliedmaßen sind zwei Paar Antennen vorhanden, die in der Mehrzahl der Fälle als Geißelantennen entwickelt sind. Der Körper ist in einen Kopf-, einen Brust- (Thorax) Abschnitt und einen Hinterleib (Abdomen) unterteilt. Kopf- und Brustabschnitt sind meist in einen Panzer eingeschlossen (Cephalothorax).
Die Klasse der Muschelkrebse (Ostracoda) umfaßt klein bleibende Krebstiere, deren gesamter Körper, einschließlich des Abdomens, in ein seitlich zusammengedrücktes, zweiklappiges, muschelähnliches Gehäuse eingeschlossen ist, das meist kräftig verkalkt ist. Der in das Gehäuse eingeschlossene Körper ist nur undeutlich gegliedert. Hinter den beiden Antennenpaaren folgen zwei Paar Mundgliedmaßen und meist noch drei Extremitätenpaare. Die beiden Klappen sind in der Rückenlinie durch ein Ligament verbunden; es kann sich hier, ähnlich wie bei den Muscheln, auch ein Schloß entwickeln. Der Gehäuseschluß wird durch einen Schließmuskel bewirkt, dessen Abdrücke für die Bestimmung wichtig sein können. Die beiden Klappen können verschieden voneinander sein.
Muschelkrebse gibt es vom Kambrium an. Sie kommen im Meer und im Süßwasser vor und sind wichtige Leitfossilien.

Leperditia sp.

Ordnung: Leperditicopida
Familie: Leperditiidae

Die Leperditiiden sind für das ältere Paläozoikum typisch. Sie haben dickwandige, stark verkalkte Gehäuse und sind die größten Muschelkresbe, die bis zu 3 cm Länge erreichen können. Sie haben einen langen,

1. *Leperditia* sp., Unteres Silur (Wenlock), Gotland, Schweden. Gehäuseansicht von links und von rechts; Länge 9 bis 12 mm. Ein wichtiges spezifisches Merkmal sind die Muskelfelder, die von einer Menge kleiner Eindrücke gebildet werden.

1

N

S

2. *Nodibeyrichia tuberculata**, Oberes Silur (Ludlow), Vidnava, ČSSR. Gehäuselänge ca. 2,5 mm. Ein von dem quartären Inlandeis wahrscheinlich aus dem Ostbaltikum herangetragenes Geschiebe. Die mit weniger markanter Skulptur versehenen Gehäuse gehören zur Art *Klödenia wilckensiana** (Länge ca. 1,5 bis 2 mm). Weiter befinden sich hier kleine, nicht näher bestimmte Cytherellinen.

3. *„Cypris" angusta,* Neogen (Oberes Miozän), Doubí bei Františkovy Lázně, ČSSR. Cypris-Mergel, Gehäuselänge ca. 1,5 mm.

geraden Dorsalrand und eine fast glatte Oberfläche. Die rechte Klappe ist größer als die linke und greift am freien Rand über die linke über.

Nodibeyrichia tuberculata (Klöden)

Ordnung: Beyrichicopida
Familie: Beyrichiidae

Die beyrichiiden Schalenkrebse gehören zu den häufigsten Ostracoden des Älteren Paläozoikums. Zu ihren gemeinsamen Merkmalen gehören vor allem die annähernd gleich großen Klappen, der gerade Rücken- und der gewölbte Freirand, der innere Bau des Gehäuses und der sehr auffallend ausgebildete Sexualdimorphismus.
Die Nodibeyrichien, die im Silur Europas häufig sind, stellen typische Vertreter der Ordnung dar. Auf der gekörnten Oberfläche befinden sich charakteristisch angeordnete, stark hervortretende Loben und tiefe Einschnitte. Die vordere Seite des Gehäuses ist niedriger als die hintere. Bei den Weibchen befindet sich am Bauchrand des Gehäuses eine große kugelförmige Aufwölbung (**4** – Seitenansicht). Beyrichien lebten wahrscheinlich benthonisch.

Kloedenia wilchensiana (Jones)

Ordnung: Beyrichicopida
Familie: Beyrichiidae

Die Gattung *Kloedenia* war vom Mittleren Ordovizium bis zum Oberen Devon Europas und Nordamerikas verbreitet. Sie ist der Gattung *Nodibeyrichia* verwandt. Der vordere Gehäuserand ist höher als der hintere.

„Cypris" angusta Reuss

Ordnung: Podocopida
Familie: Cyprididae

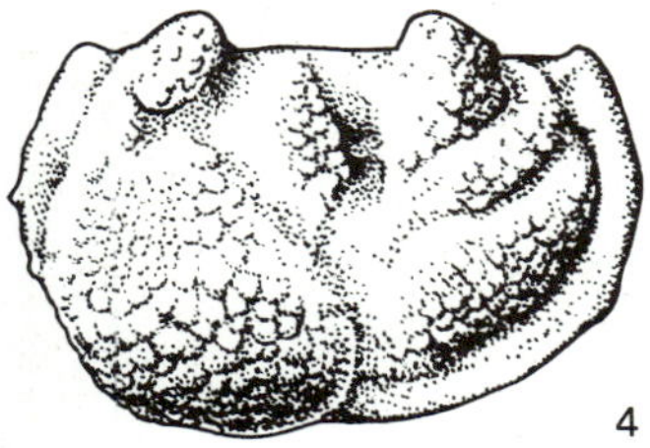

4

Einige Schalenkrebse paßten sich im Oberen Karbon an das Leben im Süßwasser an. Eine besonders starke Entfaltung erfuhren diese Formen während des Tertiärs. Sie gehören wie die meisten heutigen Süßwassermuschelkrebse zu den Cyprididen, die sich von den marinen Ostracoden durch dünne und glatte Gehäuse unterscheiden. Das Gehäuse ist oval bis dreieckig, das hintere Ende schmaler als das vordere.

Gliederfüßer
Arthropoda

Cyzicus blanensis (HOUŠA et ŠPINAR)

Ordnung: Conchostraca
Familie: Cyzicidae

Die Estherien (Conchostraca) sind die einzige paläontologisch bedeutende Ordnung der Blattfußkrebse (Klasse Branchiopoda, Syn. Phyllopoda). Sie sind Süßwasser- und ausnahmsweise auch Brackwasserbewohner. Sie sind vom Devon an bis zur Gegenwart bekannt. Der zweiklappige, seitlich abgeflachte chitinige Panzer umschließt den Körper und die Körperanhänge fast völlig. Er erinnert mit seiner Form an die Schalen einiger Muscheln, ist jedoch chitinös und manchmal teilweise mit Kalksalzen durchsetzt. Die Größe des Panzers bewegt sich zwischen 1 und 30 mm. Ein charakteristisches anatomisches Merkmal der Conchostracen ist das zweite Antennenpaar, das als Schwimmextremität entwickelt ist. Die Conchostracen sind aktive Schwimmer. Dank der großen Widerstandsfähigkeit ihrer Eier, die vom strömenden Wasser und vom Wind verbreitet werden, weisen sie eine große geographische Verbreitung auf. Sie besitzen deshalb für die Stratigraphie der Süßwasserablagerungen erhebliche Bedeutung.

Stramentum pulchellum (SOWERBY)

Ordnung: Thoracica
Familie: Stramentidae

Eine eigenartige Klasse mariner Krebse sind die Rankenfüßer (Cirripedia). Ihre einzige paläontologisch dokumentierte Ordnung sind die Thoracica (Entenmuscheln und Seepocken), die wir schon aus dem Silur kennen. Die festsitzende Lebensweise führte zu tiefgreifenden anatomischen Umbildungen. Die planktonischen Larven setzen sich an der Unterlage fest und bilden ein zweiklappiges Chitingehäuse aus. Das Körpervorderende bildet eine Haftscheibe, die sich entweder zu einem Stiel verlängert oder eine breite Basis bildet. Antennen und Augen bilden sich zurück. Die zweiästigen Rumpfextremitäten verlängern sich

1. *Cyzicus blanensis,* Obere Kreide (Senon), Blaná bei Zliv, ČSSR. Deformierter Panzer; Länge 10 mm. Die Chitinpanzer der Conchostracen sind dank der ursprünglichen Elastizität verschieden verbogen. Danach unterscheiden wir sie oft von den Schalen der Muscheln.

N K

geißelartig und strudeln Nahrung herbei, die sie dem Munde zuführen. Bald nach dem Festheften der Larve erscheinen unter dem zweiklappigen Gehäuse, das abgestoßen wird, einige primäre, nichtkalkige Platten, von denen aus sich kräftig verkalkte Platten entwickeln, die das endgültige Gehäuse bilden, welches den Körper einschließt und aus dem nur die verlängerten Rankenfüße herausgestreckt werden. Die Rankenfüßer setzen sich an beliebige feste Unterlagen fest, an Felsen, Algen, Gehäuse von Wirbellosen, an Fische und Wale usw., und können in Tiefen bis zu einigen tausend Metern leben.
Bei den Entenmuscheln ist die Haftscheibe zu einem langen Stiel ausgewachsen, das den Körper umhüllende Gehäuse ist dünnschalig. Sie sind selten vom Silur an nachgewiesen. Die Gattung *Stramentum* kennen wir aus den Kreideablagerungen Europas, Vorderasiens und Nordamerikas. Sie besaß einen gut entwickelten Schaft, der an beiden Seiten mit fünf Reihen dachziegelartig angeordneter Platten geschützt ist. Der obere Abschnitt, das sogenannte Capitulum, war von neun Platten umgeben.

Balanus sp.

Ordnung: Thoracica
Familie: Balanidae

Die Seepocken sind mit breiter Basis am Untergrund festgeheftet und bilden ein niedrig kegelförmiges, dickwandiges Kalkgehäuse. Sie sind von der Trias an nachgewiesen. Ihr Typusvertreter ist die Gattung *Balanus,* die vom Eozän bis zur Gegenwart über die ganze Welt verbreitet ist. Das Skelett hat die Form eines stumpfen Kegels, an dessen Umfang sich sechs miteinander verbundene Platten befinden. Es wächst mit der breiten Basis an der Unterlage an. Bei den Balaniden, die auf den Felsen in der Gezeitenzone leben, hat sich an der Oberseite aus beweglich verbundenen Platten ein Deckelchen entwickelt, das bei Ebbe das Skelett verschließt und vor dem Austrocknen schützt.

2. *Stramentum pulchellum,* Obere Kreide (Turon), Prag-Bílá Hora, ČSSR. Zwei fast vollständige Skelette; Länge 35 mm. Diese Gattung ist mit den heute lebenden Entenmuscheln verwandt, bei denen aber der Schaft nicht von Platten geschützt wird.

3. *Balanus* sp., Neogen (Miozän), Italien. Schale einer Muschel der Gattung *Pecten* mit ansitzenden Balaniden; Skelettdurchmesser 5 bis 10 mm.

Gliederfüßer
Arthropoda

Caryocaris subula CHLUPÁČ

Ordnung: Archaeostraca
Familie: Ceratiocaridae

Die Phyllocariden (Unterklasse Phyllocarida) sind die Ausgangsgruppe der Höheren Krebse (Malacostraca). Sie sind fossil schon vom Kambrium an nachgewiesen. Charakteristische Merkmale, die alle Höheren Krebse gemeinsam haben, sind: der Panzer (Cephalothorax), der Kopf und Brustabschnitt einschließt, die paarigen, beweglich gestielten Facettenaugen, die fünf Paar Kopfanhänge, von denen das erste Paar zweiästige Geißelantennen (Antennulen) bildet, der deutlich unterschiedene Rumpf- (Thorax) und Schwanzteil (Abdomen), deren Segmente je ein Paar Anhänge tragen. Die Phyllocariden zeichnen sich durch einige Besonderheiten aus: Der Carapax (Cephalothorax) ist dank einer dorsalen Sutur zweiteilig, und von ihm ist vorn eine Rostralplatte beweglich abgegliedert. Der Hinterleib (Abdomen) setzt sich aus sieben Gliedern zusammen, und am letzten Abdominal-Segment sind zwei nach hinten gerichtete Stacheln, die Furca, angelenkt. Die Phyllocariden treten nur in marinen Formationen auf und gehören wegen des dünnen, kaum verkalkten Panzers zu den weniger häufigen Fossilien, auch wenn sie lokal einmal häufiger sein können. Die Phyllocariden waren entweder aktive Schwimmer oder ließen sich mehr oder weniger passiv treiben. Oder sie lebten im Schlamm vergraben oder unter Steinen sowohl im flachen Wasser als auch in größeren Tiefen.
Die Gattung *Caryocaris* lebte im Ordovizium und verbreitete sich dank

1. *Ceratiocaris bohemica,* Oberes Silur (Přídolí), Prag-Velká Chuchle, ČSSR. Teil eines Hinterleibs mit Stacheln; Länge 60 mm. Diese Art gehört zu den größten bekannten Phyllocariden (sie erreichte bis zu 0,75 m Länge).

2. *Pemphix sueuri*,* Mittlere Trias, Crailsheim, BRD. Carapax; Länge ca. 35 mm. Der dickwandige, stark verkalkte Panzer zeugt von benthonischer Lebensweise.

3. *Caryocaris subula,* Mittelordovizium (Llanvirn), Osek bei Rokycany, ČSSR. Anhäufung kleiner gedrückter, ca. 10 mm langer Schilde, die in der Carbonatkonkretion erhalten geblieben sind.

1

2

3

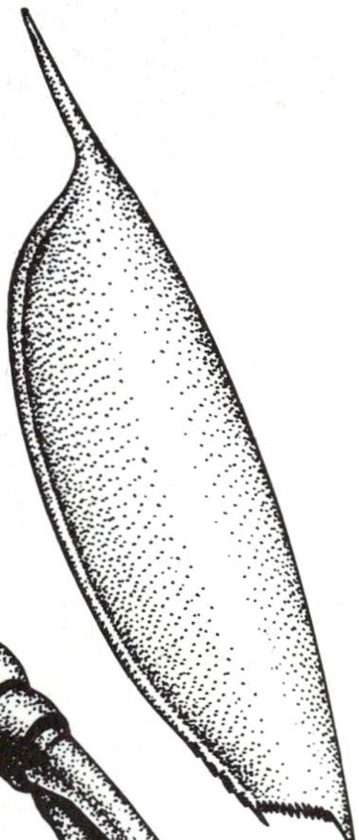

4

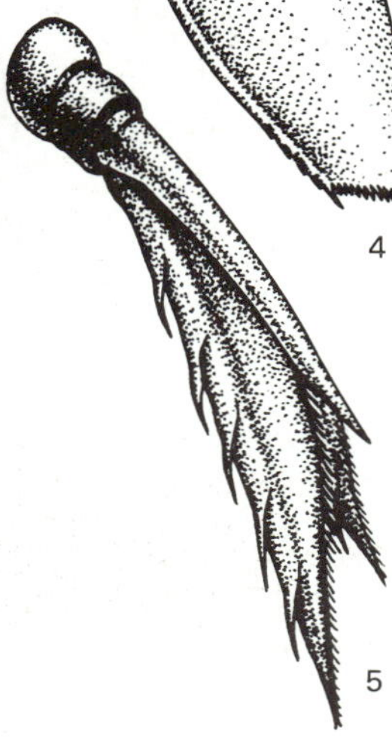

5

6

ihrer planktischen Lebensweise fast über die gesamte Erde. Der gestreckte glatte Panzer mit dem angedeuteten Saum läuft auf der Rückenseite vorn in ein durch Suturen abgegliedertes Rostrum **(4)** aus. Das Schlußglied (Telson) trägt einen kürzeren Mittelstachel, an dessen Seiten sich zwei weitere blattförmige Stacheln **(5)** befinden (Furca).

Ceratiocaris bohemica BARRANDE

Ordnung: Archaeostraca
Familie: Ceratiocaridae

Ceratiocaris **(6)** ist ebenfalls eine kosmopolitische Gattung und vom Ordovizium bis zum Devon bekannt. Der Carapax ist gestreckt, mehr oder weniger oval, längs gefurcht und an der Rückenseite vorn zugespitzt. Der Mittelstachel ist länger als die Seitenstacheln.

Pemphix sueuri (DESMAREST)

Ordnung: Decapoda
Familie: Pemphicidae

Als Eucariden werden Höhere Krebse zusammengefaßt, bei denen der Carapax als Cephalothorax den gesamten Kopf-Brustabschnitt des Körpers umschließt. Ihre wichtigste Ordnung sind die Zehnfüßer-Krebse (Decapoda), die ihren Namen dem Vorhandensein von fünf Paar Laufbeinen verdanken. Ihr Körper erreicht in der Regel größere Ausmaße. Beim lebenden Japanischen Riesenkrebs (*Macrocheira kaempferi)* ist er bis zu 60 cm lang, und die Spannweite der Gliedmaßen beträgt fast 4 m. Wir kennen die Zehnfüßer-Krebse vom Perm an, und sie erleben gegenwärtig vielleicht den Höhenpunkt ihrer Entfaltung. Aus den heutigen Meeren sind uns etwa 8000 Arten bekannt, viele Arten sind in Brack- und Süßwasser vorgedrungen, und einige wenige haben sich sogar dem Leben auf dem Land angepaßt.

Die Gattung *Pemphix* tritt in der Mittleren Trias Europas auf. Der zylindrische, schwach dorsoventral gedrückte Panzer weist zwei tiefe Querfurchen auf, hinter denen sich eine weitere bogenförmige Rinne befindet.

Gliederfüßer
Arthropoda

Ordnung: Decapoda
Familie: Penaeidae

Aeger tipularius (SCHLOTHEIM)

Zur Entfaltung und weiten geographischen Verbreitung der Zehnfüßer-Krebse kam es im Verlauf des Mittleren Jura. Da ihr Chitinpanzer oft nur schwach verkalkt war und das Chitin nach dem Tode sich langsam zersetzt, war die fossile Erhaltung an Bereiche gebunden, in denen günstige Fossilisationsbedingungen herrschten. Besonders günstig war entweder eine sauerstoffarme (anaerobe) Umgebung, in der sich tonige und kalkige, an flüssigen und festen Kohlenwasserstoffen reiche Sedimente ablagerten, oder Lagunen, wo sich unter wesentlicher Beteiligung einzelliger Kalkalgen (Coccolithophorida) eine feine Kalktrübung ablagerte.
Solche Lagunen bestanden zum Beispiel auf dem Gebiet des heutigen Südbayerns. In den Plattenkalken von Solnhofen sind oft auch die feinsten Details der Panzer erhalten geblieben.
Die Gattung *Aeger* gehört zu einer sehr alten Familie der Decapoda, für deren Vertreter vor allem der seitlich zusammengedrückte, sehr dünnwandige Panzer, das lange Rostrum und der lange Hinterleib charakteristisch sind. Die Gattung *Aeger* ist von der Oberen Trias bis zum Oberen Jura Europas bekannt. Die beiden Antennenpaare (Antennulen und Antennen) sind sehr lange Geißelantennen. Am Thorax fallen die langen Maxillipeden auf, die die Manipulation mit der Nahrung erleichterten. Die ersten drei Paare der Geh-Extremitäten sind stachelig und enden in Scheren. Die Oberfläche des Panzers ist körnig. Dieser ist leicht gebaut und offensichtlich dem Schwimmen angepaßt.

Ordnung: Decapoda
Familie: Nephropsidae

Pseudastacus pustulosus (MUENSTER)

Die Gattung *Pseudastacus,* die ebenfalls in den Solnhofener Kalken gefunden wird, besitzt auf dem zylindrischen Kopf-Bruststück mit dem kurzen, dreieckigen Rostrum eine tiefe Nackenfurche. Auf der Panzeroberfläche befinden sich Buckel (Pustulae). Die ersten drei Paare der Geh-Extremitäten tragen Scheren. Die größten Scheren, die sich am vordersten Paar befinden, sind lang, schmal und haben gerade Schenkel.

Ordnung: Decapoda
Familie: Eryonidae

Eryon arctiformis SCHLOTHEIM

Die Eryoniden, die aus dem Oberen Jura der BRD beschrieben werden, haben einen breiten, dorsoventral niedergedrückten Panzer; das Rostrum fehlt, die Augen sind stark entwickelt. Die ersten vier Paar Geh-Extremitäten tragen Scheren. Der flache, lange Hinterleib weist einen Medialkiel auf. Die Eryoniden werden als benthonische Lebewesen angesehen. Sie lebten wahrscheinlich am Rand von Lagunen.

1. *Eryon arctiformis*,* Oberer Jura (Tithon), Solnhofen, BRD. Fast vollständiger Panzer; Länge 78 mm. Die vier Paar der hinteren Thoraxgliedmaßen sind nicht erhalten geblieben.

2. *Pseudastacus pustulosus*,* Oberer Jura (Tithon), Solnhofen, BRD. Fast vollständiger Panzer; Länge ca. 55 mm. Der Panzer ist schräg gedrückt, von beiden Fühlerpaaren sind nur unscheinbare Fragmente erhalten geblieben.

3. *Aeger tipularius*,* Oberer Jura (Tithon), Solnhofen, BRD. Vollständiges Exemplar, 80 mm lang. Beide Fühlerpaare sind erhalten und die Gliedmaßen an Thorax und Hinterleib gut erkennbar.

1
2
3

Enoploclytia leachi (MANTELL)

Ordnung: Decapoda
Familie: Erymidae

Die Entwicklung der Zehnfüßer-Krebse setzte sich auch während der Kreidezeit fort. Eine der charakteristischen, weit verbreiteten Gattungen, ist die Gattung *Enoploclytia* **(6)**, die aus Europa, Westafrika, Madagaskar, Nordamerika und Australien bekannt ist. Der Panzer wird von drei Querfurchen untergliedert. Die schmalen Scheren an drei Gehbeinpaaren haben lange Finger. Die Oberfläche von Carapax, Hinterleib und Scheren weisen eine markante Granulation und warzige Auswüchse auf.

Protocallianassa antiqua (ROEMER)

Ordnung: Decapoda
Familie: Callianassidae

Die Callianassiden besitzen einen schwach verkalkten, dünnen Carapax, eine gut entwickelte Medianfurche oder eine nichtcalcifizierte Zone und eine Nackenrinne. Die Antennulen sind kurz, das erste Paar der Thoraxbeine endet mit auffallend ungleichen, kräftig verkalkten Scheren. Die Arten der Gattung *Protocallianassa* treten in der Oberen Kreide und im Paläozän in Europa, Nordamerika und Australien auf. Sie sind nahe verwandt mit der heute lebenden Gattung *Callianassa,* die im oberen Abschnitt der Gezeitenzone warmer Meere in Wohngängen lebt. Die Vertreter der Gattung *Protocallianassa* lebten offensichtlich auf die gleiche Weise. Ihr zahlreiches Auftreten wird als ökologischer Indikator des litoralen Milieus angesehen. Sie sind aus Brackwasser-Ablagerun-

1. *Polycnemidium pustulosum**, Obere Kreide (Coniac), Březno, ČSSR. Carapax; Länge 12 mm. Auf der Panzeroberfläche fallen kleine Warzen (Pustulae) auf.

2. *Protocallianassa antiqua*, Obere Kreide (Turon), Morašice bei Litomyšl, ČSSR. Verschieden große Scheren an der rechten und linken Körperseite des Tieres; Länge der größeren Schere 55 mm.

3, 4. *Notopocorystes stokesi**, Untere Kreide (Alb), Cambridge, Großbritannien. Carapax; Länge 25 und 30 mm. An der Unteransicht (**4**) sind die starken Scheren gut zu sehen. (**3**) Ansicht von oben.

5. *Enoploclytia leachi,* Obere Kreide (Turon). Prag-Bílá Hora, ČSSR. Vorderteil des Carapax mit Scheren; Gesamtlänge 115 mm.

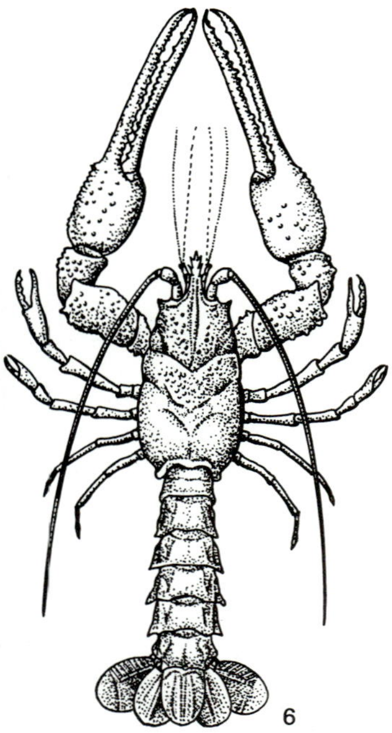
6

gen bekannt und gehören zu den ältesten Decapoden, die sich einer verminderten Salinität anpaßten. Zu den am häufigsten gefundenen Resten gehören die stark verkalkten Scheren.

Notopocorystes stokesi (MANTELL)

Ordnung: Decapoda
Familie: Ranninidae

Aus der Kreide kennen wir schon eine große Zahl Krebse, deren Cephalothorax sich zunehmend verkürzt und verbreitert. Das erste Gehbeinpaar endigt mit Scheren, die vier folgenden sind durchweg scherenlos. Der kurze, flache Hinterleib ist unter den Bauchteil des Cephalothorax gebogen, bei dem einige Glieder ineinander übergehen. Die Gliedmaßen des Hinterleibs (Schwimmbeine) sind reduziert.
Die Vertreter der kosmopolitischen Gattung *Notopocorystes* aus der Kreide gehören zu den Krebsen, deren Panzer noch längsgestreckt ist. An der Skulptur fällt eine unzusammenhängende Mittelleiste auf, die von kurzen Stacheln gebildet wird.

Polycnemidium pustulosum (REUSS)

Ordnung: Decapoda
Familie: Calappidae

Wir kennen die Gattung bis jetzt nur aus der Oberen Kreide Mitteleuropas. Sie ist durch einen verhältnismäßig kleinen, breiten und kurzen Carapax mit großen Augenhöhlen, durch zugeschärfte Seitenränder und eine warzige Oberfläche gekennzeichnet. Die Scheren waren stark entwickelt. Am Hinterleib, der unter den Carapax gebogen ist, sind alle Gliedmaßenpaare ausgebildet.

5

Zanthopsis dufourii (DESMAREST)

Ordnung: Decapoda
Familie: Xanthidae

Die Entfaltung der Zehnfüßer-Krebse setzte verstärkt im Tertiär sich fort, und zwar betraf das vor allem die Taschenkrebse (Kurzschwanzkrebse = Brachyuren), die auch in der Gegenwart die vielgestaltigste Gruppe der Zehnfüßer sind. Sie sind fast alle auf ganz bestimmte Lebensweisen hin spezialisiert und reagieren empfindlich auf die Umweltbedingungen wie Temperatur, Zusammensetzuntg des Wassers und des Substrates, des Planktons u. ä. Viele Krebse ernähren sich vom Plankton oder sammeln während der Ebbe das, was Wasser auf dem Grund zurückgelassen hat. Besonders krebsreich ist die litorale Zone, das ist die innerhalb der Gezeiten liegende Uferregion. Diese Zone bietet jedoch im allgemeinen keine sehr günstigen Fossilisationsbedingungen. Wir wissen fast nichts vor allem von den Krebsen, die felsige Ufer bewohnten. Die meisten der gefundenen Krebse gehören zu den Formen, die auf sandigem oder lehmigem Grund oder in der Umgebung der Korallenriffe lebten. Eine Reihe der heutigen Arten lebt symbiotisch oder kommensal mit Hohltieren, Schwämmen und Weichtieren, von denen sie die Gehäuse als Schutz des weichen Hinterleibes verwenden. Über diese Beziehungen haben uns die paläontologischen Funde einstweilen fast keine Informationen geliefert.
Besonders häufig unter den tertiären Krebsen ist die Gattung *Zanthopsis.* Stellenweise beteiligte sie sich an der Bildung sogenannter Krabbenbänke, die vor allem in den warmen Meeren während des Paläozäns bis zum Oligozän der nördlichen Hemisphäre entstanden. Der Panzer ist breit, quer oval, gewölbt. Der Rand ist lappig ausgeschnitten oder gezähnt, die Oberfläche trägt Buckel (Nodi). Die Scheren sind kräftig und auf beiden Seiten meist verschieden groß.

Dromilites lamarcki (DESMAREST)

Ordnung: Decapoda
Familie: Dromiidae

Die Gattung *Dromilites* besiedelte vor allem im Alttertiär die Korallenriffe Europas, Nordamerikas und Australiens. Der gewölbte Panzer ist annähernd kreisrund und weist eine auffallende Skulptur auf, mit Knoten und Buckeln, die sich zu kurzen Stacheln verlängern können. Der Vorderseitenrand des Carapax ist gezähnt, das hintere Drittel des Panzers auf der Oberfläche grob runzlig, aber ohne Knoten.

Harpactocarcinus punctulatus (DESMAREST)

Ordnung: Decapoda
Familie: Xanthidae

Die Gattung *Harpactocarcinus* ist aus dem Eozän Europas, Nordamerikas und Ostafrikas bekannt. Der gewölbte, breit ovale Panzer hat einen breiten Vorderrand ohne Rostrum. Die Oberfläche des Carapax ist fast glatt; der Vorder- und Vorderseitenrand sind gezähnt. Die mächtig entwickelten Scheren sind ungleich groß.

1, 4. *Harpactocarcinus punctulatus*,* Paläogen (Eozän), Marostica (Vicenza), Italien. Häufige Art, die sich an der Bildung der sogenannten Krabbenbänke beteiligte. (**1**) Rückseite des Carapax, (**4**) Unterseite, an der die mächtigen Scheren und der unter die Bauchseite des Kopf-Bruststücks gebogene Hinterleib zu sehen sind. Breite des Carapax ca. 90 mm.

2. *Zanthopsis dufourii,* Paläogen (Eozän), Dép. Landes, Frankreich. Carapax; Länge 35 mm.

3. *Dromilites lamarcki,* Paläogen (Eozän), Shapey, Großbritannien. Carapax; Länge 25 mm. Das sehr gut erhaltene Exemplar stammt aus den Londoner Tonen.

1
2
3
4

Tracheata

Als Tracheata (Antennata) werden vielfach die Tausendfüßer (Myriapoda) und die Insekten (Insecta) zusammengefaßt. Beide haben nur ein Paar Antennen und atmen durch Tracheen.
Bei den Tausendfüßern folgt hinter dem Kopf eine wechselnde, meist relativ große Zahl von Segmenten, die mehr oder weniger gleich ausgebildet sind und je ein Extremitätenpaar tragen. Bei den Insekten folgen hinter dem Kopf drei Brustsegmente, welche die Fortbewegungsorgane (Flügel und Beine) tragen und davon getrennt ein extremitätenloses Abdomen mit wechselnder Anzahl von Segmenten.
Sie sind Landbewohner und wegen der ungünstigen Fossilisationsbedingungen auf dem Lande im allgemeinen als Fossilien selten. Nur unter besonderen Bedingungen können sie in bestimmten Formationen fossil etwas besser belegt sein. Die Tracheaten sind vom Devon ab nachgewiesen, im Karbon schon sehr reich entfaltet.

Euphoberia hystrix Fritsch

Ordnung: Euphoberiida
Familie: Euphoberiidae

Die Tausendfüßer der Gattung *Euphoberia* wurden aus dem Oberen Karbon Mitteleuropas und dem Pennsylvanian Nordamerikas beschrieben. Sie besitzen einen breiten Kopf; die anschließenden drei Körpersegmente sind sehr kurz, jedes von ihnen trägt ein Paar Extremitäten. Die weiteren Segmente sind auf der Rückenseite mit einer nicht unterteilten Kutikula versehen (mit einem kurzen gebogenen Medialstachel) und auf der Bauchseite in zwei Untersegmente gegliedert, von denen jedes ein Extremitätenpaar besitzt.

Bojophlebia prokopi Peck

Ordnung: Ephemeroptera
Familie: Bojophlebiidae

Der am fortschrittlichsten differenzierte und erfolgreichste Unterstamm der Gliedertiere sind die Insekten (Insecta), die schon im Devon mit sehr

1

2

3

1. *Euphoberia hystrix,* Oberes Karbon (Westfal), Nýřany, ČSSR. Teil des Körpers; Länge 55 mm. Der Fund stammt aus den „Schwarten", einem besonderen, an bituminösen Stoffen reichen Kohletyp, der eine ungewöhnlich verschiedenartige Fauna enthält, die von dem tschechischen Paläontologen A. FRIČ beschrieben wurde.

2. *Moravamylacris kukalovae*,* Unteres Perm (Autun), Jabloňany, ČSSR. Sklerotisierter Flügel (Decke) des vorderen Paars; Länge 27 mm. Von dieser Lokalität stammen die stratigraphisch ältesten Funde der Vertreter einiger Insektengruppen. Die toten Insekten, die sich in den Kalmen der Süßwassertümpel ablagerten, wurden wahrscheinlich vom Wind angetrieben.

3. *Bojophlebia prokopi,* Oberes Karbon (Westfal), Kladno, ČSSR. Flügelspannweite ca. 450 mm. Von dieser Art wurde auch eine gigantische, 110 mm lange Nymphe gefunden.

primitiven Vertretern erscheinen. Sie haben sich dem Leben auf dem Land angepaßt und umfassen heute weit mehr Arten als alle übrigen Tierstämme zusammen. Zu den äußeren Hauptmerkmalen der Insekten gehört die Einteilung des Körpers in Kopf, Brust und Hinterleib. Der Kopf trägt ein Paar Fühler und Facettenaugen (soweit diese nicht sekundär reduziert sind). An jedem der drei Brustglieder sind ein Paar Beine angebracht. An der Brust befinden sich in der Regel auch zwei Flügelpaare. Die Eintagsfliegen (Ephemeroptera) gehören zu den ältesten und primitiven Insektenordnungen und sind schon aus dem Oberen Karbon bekannt. Die langen, mit der charakteristischen Äderung versehenen Flügel können sich nur auf und ab bewegen und nicht über den Hinterleib zurückgefaltet werden. Ein auffallendes Kennzeichen sind auch zwei lange Borsten (Cerci) und ein Terminalfaden (Filamen terminale) am Ende des Hinterleibs. Manche Eintagsfliegen wuchsen zu erheblichen Ausmaßen heran. Einen extremen Fall stellt die Eintagsfliege mit einer Flügelspannweite von 45 cm dar, die in den Süßwasserablagerungen des böhmischen Oberen Karbons gefunden wurde. Sie wurde bisher für eine Libelle der Gattung *Meganeura* gehalten, zu der die größten Insekten aller Zeiten gehören, die eine Flügelspannweite von 65 cm haben.

Moravamylacris kukalovae SCHNEIDER

Ordnung: Blattodea
Familie: Mylacridae

Aus dem Oberen Karbon kennen wir auch die ältesten Schaben (Blattodea). Die Schaben erreichten schon in dieser Zeit den Höhepunkt ihrer Entfaltung. Während ihrer fast 300 Millionen Jahre dauernden Entwicklung erfuhren sie keinerlei wesentliche Veränderungen.

Gliederfüßer
Arthropoda

Ordnung: Odonata
Familie: Tarsophlebiidae

Tarsophlebia maior Hagen

Die Insekten des Mesozoikums sind am besten in den Ablagerungen des Jura vertreten. Am bekanntesten sind die Funde aus den Solnhofener Plattenkalken des Tithon in Bayern (lithographische Kalke). Von hier sind 180 Insektenarten aus den gleichen Ordnungen, wie wir sie heute kennen, beschrieben worden. Eine ganze Reihe von Familien weicht jedoch ab, und alle bekannten Gattungen unterscheiden sich von den Gattungen der Gegenwart. Am artenreichsten sind hierbei die Käfer (Coleoptera) mit 45 beschriebenen Arten und die Libellen (Odonata) mit 40 Arten. Die Libellen sind gemeinsam mit den Eintagsfliegen die einzigen bis heute lebenden Altflügler (Palaeoptera). Sie fallen vor allem durch ihre großen Ausmaße, den langen Hinterleib, die verwachsene Mittel- und Hinterbrust und die langen, schmalen Flügel auf. Zu den zahlreichsten Libellen der lithographischen Kalke gehören die Vertreter der Gattung *Tarsophlebia.*

Ordnung: Neuroptera
Familie: Mesochrysopidae

Mesochrysopa zitteli Meunier

Die Netzflügler (Neuroptera) sind mit 18 bekannten Arten die nächste, am stärksten vertretene Insektenordnung der Solnhofener Kalke. Beide Flügelpaare ähneln einander und zeichnen sich durch eine reiche Äderung aus. Die Brustglieder sind frei. Mit den heutigen Goldaugen ist *Mesochrysopa* verwandt, war aber wesentlich größer.

1. *Tarsophlebia maior,* Oberer Jura (Tithon), Solnhofen, BRD. Fast vollständiges Exemplar; Flügelspannweite 80 mm. Nur ein Gliedmaßenpaar ist erhalten. Die größten Libellen des Oberen Jura Bayerns hatten eine Flügelspannweite bis zu 190 mm.

2. *Mesochrysopa zitteli*,* Oberer Jura (Tithon), Solnhofen, BRD. Körperlänge 25 mm. Die ungewöhnliche Größe der Insekten aus dem Oberen Jura Bayerns ist ein Hinweis auf das warme Klima in jener Zeit.

Pg

J

3. *Labia* sp., Paläogen (Oberes Eozän), Baltikum, Polen. Länge des Exemplars 10 mm.

4. *Chrysopilus* sp., Paläogen (Oberes Eozän), Baltikum, Polen. Länge des Exemplars 7 mm. Die reichsten Bernsteinvorkommen befinden sich an den sekundären Fundorten an der Ostseeküste. Die Bernsteinstückchen werden oft von den Wellen aus der sandigen Unterlage gelöst und ans Ufer getragen.

Chrysopilus sp.

Ordnung: Diptera
Familie: Rhagonidae

Aus dem Tertiär ist eine riesige Menge von Insektenresten bekannt, von denen viele wissenschaftlich noch nicht bearbeitet wurden. Ideal ist ihre Erhaltung im Bernstein, einem fossilen Harz tertiärer Kiefern. Über die im Bernstein eingeschlossenen Tierreste äußerte sich schon Aristoteles. In den Harzen, die aus den beschädigten Teilen der Bäume flossen, fingen sich verschiedene kleine Organismen, die sich nicht aus eigener Kraft befreien konnten, Blütenstaubsporen u. ä. Im baltischen Bernstein gehören 80 Prozent der Einschlüsse den Insekten an. Die Auswertung der Reste von Pflanzen und Tieren, die im Bernstein eingeschlossen sind, ermöglicht es, ein im ganzen treues Bild vom Milieu, in dem diese Organismen lebten, zu rekonstruieren. Damit ergibt sich eine Vorstellung vom feuchten, subtropischen Wald, in dem auch Organismen der gemäßigten Zone vertreten waren. Zu den am meisten gefundenen Insektenresten gehören die Zweiflügler (Diptera).

Labia sp.

Ordnung: Dermaptera
Familie: Labiduridae

Auch Ohrwürmer (Dermaptera) waren in der reichen Insektengesellschaft der Bernsteinwälder vertreten. Wir kennen sie schon vom Jura an. Ihre fossilen Vertreter sind leicht an der gestreckten Körperform mit den verkrümmten Vorderflügeln und den zangenartigen Borsten zu unterscheiden.

Stachelhäuter *(Echinodermata)*

Sie unterscheiden sich von allen anderen Tierstämmen durch die fünfstrahlige Radialsymmetrie. Die ontogenetische Frühentwicklung und das mesodermal entstandene Skelett (und andere Besonderheiten) zeigen, daß der Stamm trotz im übrigen sehr primitiver Weichkörper-Organisation engere Beziehungen zu den Chordatieren als zu den übrigen Wirbellosenstämmen hat.
Das kompliziert gebaute, aus der sekundären Leibeshöhle (Coelom) hervorgegangene Wassergefäß- (Ambulakral-) System ist ein nur den Stachelhäutern zukommendes Organsystem. Das Skelett wird von einer meist großen Zahl polygonaler Kalkplättchen oder Kalknadeln gebildet.
Der Stamm ist vom frühen Kambrium an fossil belegt. Seine ursprünglichen Vertreter waren sessil, die fortschrittlicheren sind zu freier Beweglichkeit übergegangen. Bei den primitiven Formenkreisen des Alt-Paläozoikums war die Fünfstrahligkeit noch nicht endgültig fixiert.

Acadocrinus nuntius PROKOP

Ordnung: Atava
Familie: Eocrinidae

Die Klasse Eocrinoidea (Urseelilien) erschien im Unterkambrium und erlosch gegen Ende des Ordoviziums. Sie kennzeichnet sich durch eine aus polygonalen Plättchen gebildete, kugelige, kelch- oder kegelförmige Theka, die unmittelbar oder vermittels eines abgegliederten Stiels am Untergrund festgeheftet war. In der Mitte der Oberseite lag die Mundöffnung; das Afterfeld (Periprokt) lag seitlich. Am Rand der Oberseite entspringen relativ lange, dünne, unvergabelte, aus zwei Plattenreihen gebildete Fortsätze (Brachiolen), welche Nahrungspartikel aufnahmen und dem Mund zuführten. Theka und Brachiolen zusammen bilden die Krone. Die Fünfstrahligkeit ist nicht fixiert.
Die Urseelilien der Gattung *Acadocrinus* kommen in mittelkambrischen Flachwassersedimenten Mitteleuropas vor. Ihre Theka ist langgestreckt mit flacher Decke und zahlreichen Brachiolen am Rand. Die Theka geht in einen langen Stiel über, der sich am Ende zu einer Haftscheibe erweitert.

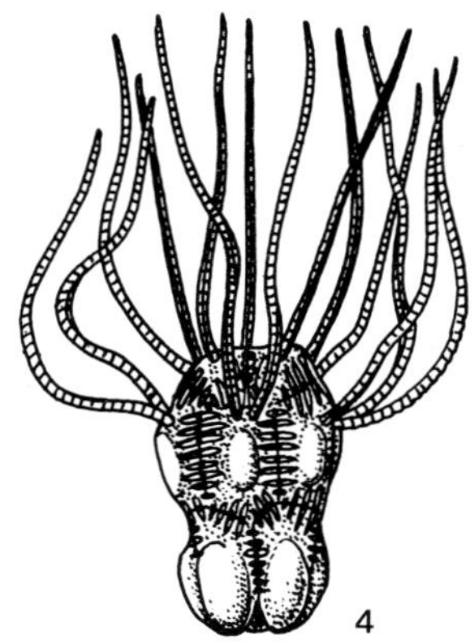

4

Lichenoides priscus BARRANDE

Ordnung: Reducta
Familie: Lichenoidae

Die Lichenoiden waren stark spezialisierte Urseelilien. Ihre Theka besteht aus drei übereinander angeordneten Kränzen zu je fünf Tafeln. Sie sind uns aus dem Mittelkambrium Böhmens bekannt. Sie sind die ältesten bisher gefundenen sessilen Stachelhäuter mit gut entwickelter fünfstrahliger Symmetrie und stabilisierter Zahl der Thekatafeln während des ganzen Wachstums. Die erwachsenen Individuen lebten wahrscheinlich pelagisch – sie haben keine Stiele und weisen keinerlei Haftnarben auf. Dafür aber sind große Hohlräume, besonders im unteren Kranz der Thekatafeln, vorhanden **(4)**.

Macrocystella bohemica (BARRANDE)

Ordnung: Plicata
Familie: Macrocystellidae

Macrocystella kommt in den mittelordovizischen Sedimenten West- und Mitteleuropas vor. Die Theka ähnelt stark der Theka der Rhombifera. Zwischen den Klassen Eocrinoidea und Rhombifera bestanden augenscheinlich enge Beziehungen. Die dünnen Thekaplatten sind an der Oberfläche ausgeprägt berippt. Die Brachiolen sind lang, und der Stiel ist unten erweitert.

1. *Macrocystella bohemica,* Mittelordovizium (Caradoc), Trubská, ČSSR. Höhe des Thekakerns 17 mm. Unvollständiges Individuum. Die Decke, die Brachiolen und der untere Teil des Stieles fehlen.

2. *Lichenoides priscus*,* Mittelkambrium, Jince, ČSSR. Kern eines fast vollständigen Skeletts mit erhaltenen langen, dünnen Brachiolen. Höhe der Theka 13 mm. Die gezähnten Ränder der Platten entsprechen dem Poren- und Kanalsystem, das senkrecht zu den Nähten zwischen den einzelnen Platten verläuft.

3. *Acadocrinus nuntius,* Mittelkambrium, Jince, ČSSR. Kerne zweier fast ganz erhaltener Skelette mit abgebrochener Haftscheibe. Höhe der Theka 12 mm. Diese Art bevorzugte die Sandböden der Schelfmeere.

1
2
3

O
Cm

Stachelhäuter
Echinodermata

Ordnung: Diploporitida
Familie: Aristocystitidae

Aristocystites bohemicus BARRANDE

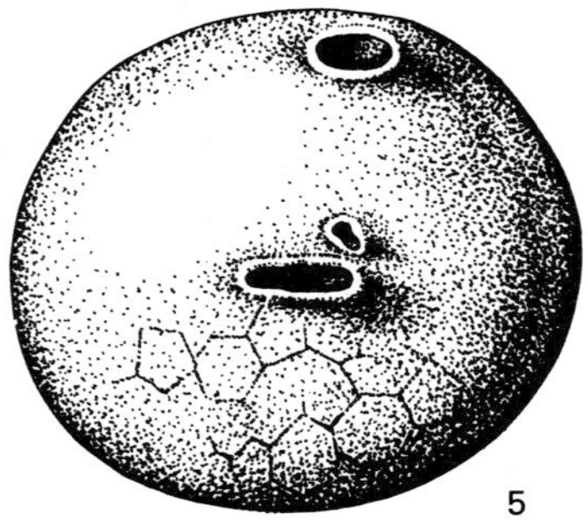

5

Neben den Eocrinoidea gibt es noch zwei auf das Altpaläozoikum beschränkte Formenkreise, bei denen die Fünfstrahligkeit noch nicht fixiert ist, die Diploporita und die Rhombifera, die vielfach als selbständige Klassen betrachtet, oft aber auch als Unterklassen zu der Klasse der Cystoidea (Beutelstrahler) zusammengefaßt werden, da sie einen sehr ähnlichen Bau der Theka haben.

Die Diploporiten sind vom Unterordovizium bis zum Devon bekannt, hatten aber ihre reichste Entfaltung schon im Ordovizium. Die kugel- oder birnenförmige Theka wird von einer großen Zahl (bis zu einigen hundert) unregelmäßig angeordneter polygonaler Plättchen aufgebaut. Typisch für die Diploporiten ist, daß die Plättchen von unregelmäßig verteilten Doppelporen (Diploporen) durchbohrt sind, die wahrscheinlich Atmungsfunktion hatten. Die Mundöffnung befindet sich auf der Oberseite in der Mitte der Theka. Kleine Nahrungsteile strömten zu ihr durch die Ambulakralfurchen im Innern der Brachiolen. Die Brachiolen werden von einer einzigen Plattenreihe gestützt. Die Afteröffnung liegt seitlich außerhalb der Thekamitte. Außer ihr sind auf der Theka zwei weitere Öffnungen vorhanden – die Mündungen des Ambulakralsystems und die Mündung der Genitalorgane (Gonoporen). Auf der Unterseite der Theka war häufig ein Stiel. Die Vertreter der Klasse Diploporita lebten benthisch in seichten Gewässern.

Die Arten der Gattung *Aristocystites* sind aus dem Ordovizium Europas, Nordafrikas, Asiens und Ostaustraliens bekannt. Die beutel- bis birnenförmige Theka besteht aus großen Platten und ist auf der Unterseite gewöhnlich abgeflacht. Zwischen Mund und Afteröffnung münden das Ambulakralsystem und die Gonoporen (**5** – Draufsicht). Ein Stiel ist nicht entwickelt.

Ordnung: Diploporitida
Familie: Sphaeronitidae

Codiacystis bohemica (BARRANDE)

Zu den Diploporiten gehört auch die Gattung *Codiacystis* aus dem Mittelordovizium Böhmens. Sie haben eine ei- oder beutelförmige Theka aus zahlreichen dickwandigen Platten und eine besonders verstärkte Basis. Am häufigsten findet man den unteren Teil der Innenkerne, der dem Boden einer Weinflasche ähnelt.

Ordnung: Dichoporita
Familie: Cheirocrinidae

Homocystites alter BARRANDE

Auch die Rhombifera erschienen im Unterordovizium und reichten bis zum Devon, auch bei ihnen liegt die Hauptentfaltung im Ordovizium. Der Bau ihrer Theka stimmt ganz weitgehend mit dem der Diploporiten überein. Der grundlegende Unterschied besteht in dem Fehlen der Diploporen. Statt dieser sind rhombische Porenfelder vorhanden, die so liegen, daß die Naht zwischen zwei benachbarten Theka-Platten die eine Diagonale des Porenrhombus bildet. Die Poren der beiden Nachbarplatten sind durch unter der Oberfläche über die Plattengrenze weg verlaufende Kanäle miteinander verbunden. Im Unterschied zu den Diploporiten werden die Brachiolen von zwei Plättchenreihen gestützt. Die Theka ist durch einen kurzen Stiel an die Unterlage festgeheftet.

1, 2. *Codiacystis bohemica**, Mittelordovizium (Caradoc), Zahořany, ČSSR. Größe 32 und 30 mm. (1) Kern von hinten gesehen. In der Theka ist der Ausguß der Afteröffnung gut sichtbar. (2) Die kraterartige Durchbiegung des Kerns der Basis wurde früher fälschlich für die Mundöffnung gehalten.

3. *Homocystites alter**, Mittelordovizium (Caradoc), Zahořany, ČSSR. Fast ganz erhaltenes Skelett. Höhe der Theka 22 mm.

4. *Aristocystites bohemicus**, Mittelordovizium (Caradoc), Zahořany, ČSSR. Höhe der Theka 70 mm. Auf dem Sandboden des mittelordovizischen Meeres bildeten sie stellenweise dichte Populationen.

Die zu den Rhombiferen gehörende Gattung *Homocystites* ist aus dem Ordovizium Europas und Nordamerikas bekannt. Der Umriß ihrer Theka bildet ein langgestrecktes Trapez. Sie besteht aus großen, regelmäßig angeordneten, strahlenartig berippten Platten. Beim Mund befinden sich kleine feine Brachiolen. Der lange Stiel ist an der Basis der Theka erweitert.

Echinosphaerites aurantium Gillenhaal

Ordnung: Fistuliporita
Familie: Echinosphaeritidae

Echinosphaerites ist der bekannteste und häufigste Vertreter der Rhombifera. Ihre Arten kommen weltweit in den Sedimenten des Unter- und Mittelordoviziums vor. Die Gattung ist gleichzeitig auch eine der erstbeschriebenen (schon 1772) „Cystoiden". Ihre kugelige Theka besteht aus mehreren hundert kleinen, vieleckigen Platten. Auf der angewitterten Oberfläche der Theken erscheinen die Verbindungskanäle der Porenrhomben gut sichtbar und geben dadurch ein klares Abbild der Rhomben. Auf der nicht angewitterten Oberfläche waren die Kanäle mit einer sehr dünnen Schicht – der Epithek – überdeckt, auf der an den einzelnen Platten konzentrische kleine Furchen zu sehen sind, die offensichtlich dem allmählichen Anwachsen der Platten entsprechen. Um den erhöhten Mund saßen einige ziemlich lange, verzweigte Brachiolen. Die exzentrisch liegende Afteröffnung ist von fünf eine niedrige Pyramide bildenden, dreieckigen Platten umgeben. Die Theken waren mit einem kurzen, sehr dünnen Stiel (**4**) oder nur mit einer Haftscheibe festgeheftet. Sie hielten sich in seichten Gewässern unter der Zone des aktiven Wellenschlages auf. Ihre Domäne war Nordeuropa, wo sie an manchen Stellen so zahlreich auftraten, daß sie Kalksteinbänke bildeten, und waren dem Leben sowohl auf festem als auch auf weichem Grund angepaßt, wo sie sich auf die Gehäuse anderer Lebewesen setzten.

Arachnocystites infaustus (Barrande)

Ordnung: Fistuliporita
Familie: Echinosphaeritidae

Der Gattung *Echinosphaerites* ist die Gattung *Arachnocystites* nahe verwandt. Sie ist aus dem Mittelordovizium Mitteleuropas, Nordafrikas und Südasien bekannt. Die Anordnung der Thekaplatten ist hier weniger regelmäßig, und auch der Mund ist nicht erhöht, dafür aber ist der Stiel kräftiger. Die langen Brachiolen sind nicht verzweigt. Die Arten der Gattung lebten auf dem sandigen Boden kühlerer Flachmeere.

1. *Echinosphaerites aurantium**, Mittelordovizium (Llandeilo), Wolchow-Obuchow, Estland. Auf der kugelförmigen Theka sind die erhöhte Mündung beim Scheitel und die seitlich angeordnete Analpyramide zu sehen. Höhe der Theka 35 mm.

2. *Orocystites helmhackeri**, Mittelordovizium (Caradoc), Chrustenice, ČSSR. Höhe des Kerns 36 mm. Der Fund stammt aus den sedimentären Eisenerzfundstätten, die im seichten Schelfmeer entstanden waren.

3. *Arachnocystites infaustus**, Mittelordovizium (Caradoc), Zahořany, ČSSR. Höhe der Theka 30 mm. Das fast vollständige Skelett mit erhalten gebliebenen Brachiolen wurde sekundär in einen charakteristischen Seichtwasser-Sedimenttyp – in Sandschiefer – hineingedrückt.

3

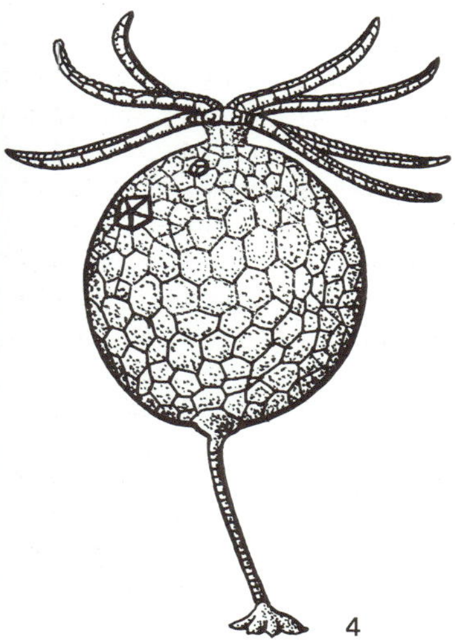

4

Orocystites helmhackeri Barrande

Ordnung: Fistuliporita
Familie: Caryocystitidae

Die Arten dieser Gattung sind aus dem Mittelordovizium Europas bekannt. Ihre eiförmige Theka bildet auf der oberen Seite zwei Hörner – das Peristom (Mundfeld) und das Periprokt (Afterfeld). Die Brachiolen waren augenscheinlich sehr dünn und sind deshalb nicht erhalten geblieben.

Die *Orocystiten* lebten in seichten Gewässern bis 50 m Tiefe. An der Unterlage hafteten sie mit einem Stiel, der sechseckigen Querschnitt aufwies. Dies läßt sich aus der Form der Haftfacette an der Thekalbasis ableiten.

Stachelhäuter
Echinodermata

Homalozoa

Auf das Altpaläozoikum (Kambrium bis Devon) beschränkt, unterscheidet sich der Unterstamm Homalozoa von allen Stachelhäutern dadurch, daß er keinen radial-symmetrischen, sondern einen bilateral-symmetrischen Bauplan hat, wobei allerdings die beiden Seiten verschieden sind, da sie wohl im Leben mit der einen Seite dem Untergrund auflagen. Durch den bilateralen Bauplan und einige weitere Besonderheiten zeigt der Unterstamm gewisse Anklänge an primitive Chorda-Tiere. Andererseits zeigt das aus polygonalen Kalkplättchen aufgebaute und eine Skelettkapsel bildende Skelett den Typus des Stachelhäuter-Skeletts. Sie nehmen dadurch eine bemerkenswerte Sonderstellung ein, die sich schwer in das System einfügen läßt. Vielleicht kann man die Homalozoen als eine Sonderentwicklung der Stachelhäuter-Stammgruppe betrachten. Die Stachelhäuterlarve ist ja auch bilateral symmetrisch und legt sich bei der Metamorphose mit einer Körperseite auf den Untergrund.

Trochocystites bohemicus BARRANDE

Ordnung: Cincta
Familie: Trochocystitidae

Die Vertreter der Homalozoen-Klasse Homostelea sind aus dem Mittelkambrium bekannt. Das Skelett besteht aus der Theka und der Stele. Die Theka ist flach, etwas unregelmäßig und aus zahlreichen Platten zusammengesetzt. Die großen Randplatten schließen die Innenplatten ein. Auf der Vorderseite war eine kleine Mundöffnung, der die Nahrung durch eine oder zwei Nahrungsfurchen zugeführt wurde. Die Stele ist eine Art Stiel, ist aber kein Organ zum Festheften wie bei den übrigen sessilen Stachelhäutern. Sie besteht aus vieleckigen Plättchen und weist keine Glieder auf. Ein charakteristischer Repräsentant der ganzen Klasse ist die Gattung *Trochocystites,* deren Vertreter aus den mittelkambrischen Ablagerungen Mittel- und Westeuropas bekannt sind. Sie lebten offensichtlich auf einem aus feinkörnigen Sedimenten bestehenden Grund.

Dendrocystites barrandei JAEKEL

Ordnung: Soluta
Familie: Dendrocystitidae

Durch größere Lebensdauer (vom Oberkambrium bis zum Unterdevon) und größere Formenvielfalt zeichnet sich die Klasse Homoiostelea aus. Ihr Skelett besitzt außer einer Theka und einer Stele noch einen armähnlichen Fortsatz – die Brachiole –, die dem Mund die Nahrung zuführte. Die Theka ist etwas asymmetrisch oder fast doppelseitig symmetrisch und besteht aus vielen verschieden großen Platten. Die Randplatten unterscheiden sich von Mittelplatten nicht. Das hintere Ende der abgeflachten Theka ist gewöhnlich nach innen gebogen. In seiner Nähe liegt an der Flanke der Theka die Afteröffnung. Aus dem konkav gebogenen Teil der Theka führt eine kegelförmige, in drei Abschnitte geteilte Stele heraus.
An der mittelordovizischen Gattung *Dendrocystites* aus den Seichtwassersedimenten Mitteleuropas sind die Hauptmerkmale der ganzen Klasse feststellbar. Die abgerundete dreieckige Theka endet in einer langen Brachiole, die aus zwei Plattenreihen besteht. Die Afteröffnung ist von der Analpyramide umgeben, und die Stele ist langkegelig. Die Dendrocystiten lebten auf Sandgrund und fingen mit ihrer hochgestellten Brachiole kleine Nahrungsteile auf.

1. *Trochocystites bohemicus*,* Mittelkambrium, Skryje, ČSSR. Länge der Theka 17 mm. An dem kleinen, von Limonit gefärbten Skelett ist die quadratische Mündungsplatte gut erkennbar.

2. *Dendrocystites barrandei,* Mittelordovizium (Caradoc), Zahořany, ČSSR. Länge der Theka 35 mm. Neben dem vollständigen Skelett dieser Art ist der Kern eines „Cystoiden" der Gattung *Arachnocystites* zu sehen. Die feinen Linien auf seiner Oberfläche sind die Spuren von Wurmparasiten, die in der Innenwand der Theka lebten.

1
2

Stachelhäuter
Echinodermata

Ordnung: Cornuta
Familie: Ceratocystidae

Ceratocystis perneri JAEKEL

Die meisten Meinungsverschiedenheiten und Deutungsversuche sind an die Vertreter der Klasse Stylophora gebunden. Einige Forscher sehen in ihnen direkte Abkommen der Chordatiere und betrachten sie als gesonderten Unterstamm Calcichordata, andere wieder lehnen diese Ansicht energisch ab. Sicher ist, daß die Vertreter dieser Gruppe Merkmale aufweisen, die sowohl den Stachelhäutern als auch den Chordatieren gemeinsam sind.

Die Gattung *Ceratocystis* stammt aus dem Mittelkambrium Böhmens und zählt zu der älteren Ordnung Cornuta, die bis in das Mitteldevon reichte. Die Theka von *Ceratocystis* ist auffallend asymmetrisch und dorsoventral abgeflacht und besteht aus großen, vieleckigen Kalkplatten. Der Mund lag anscheinend auf der vorderen, schmäleren Seite der Theka zwischen zwei Höckern. Auf der Seite, die wir für den Rücken halten, sind am Rand der Theka nahe dem hinteren Ende mit Kiemenschlitzen vergleichbare Öffnungen. Die weiteren beiden Öffnungen in diesem Teil der Theka werden für die Mündung des ambulakralen Systems (Hydropore) und der Geschlechtsorgane (Gonopore) gehalten. Hinter ihnen lag die Afteröffnung. Aus der Hinterseite der Theka wuchs das Bewegungsorgan (die Stele) heraus, das aus zahlreichen kleinen, unregelmäßigen Platten bestand.

Ordnung: Cornuta
Familie: Cothurnocystidae

Cothurnocystis elizae BATHER

Die Vertreter der Gattung *Cothurnocystis* kommen im Unter- und Mittelordovizium Schottlands und Frankreichs vor. Die bizarre, stark

1. *Lagynocystites pyramidalis**, Mittelordovizium (Llanvirn), Prag-Šárka, ČSSR. Länge des Thekalkerns 25 mm.

2. *Mitrocystites mitra**, Mittelordovizium (Llanvirn), Prag-Šárka, ČSSR. Kern, Länge der Theka 25 mm. Diese Art tritt zusammen mit den Vertretern der verwandten Gattung *Mitrocystella* auf, doch ist deren Theka schmaler elliptisch, mit nur drei Platten auf der abgeflachten (Rücken-)Seite.

1

2

3. *Cothurnocystis elizae**, Oberordovizium (Ashgill), Girvan, Großbritannien. Länge der Theka 12 mm. Dieser geheimnisvolle Typus lebte auf dem Grund seichter Meere. Die lange Stele diente ihm anscheinend zum Fortbewegen auf dem Sandboden.

4. *Ceratocystis perneri**, Mittelkambrium, Skryje, ČSSR. Länge der Theka 28 mm. Vollkommen erhaltenes Skelett der typischen Art. Die Art besiedelte sandige Meeresböden.

abgeflachte Theka hat Atemöffnungen in den verstärkten, sich von den zahlreichen kleinen Innenplatten unterscheidenden Randplatten. Der Mund lag auf dem nach vorn zu herausragenden Teil der Theka. Die Afteröffnung befand sich in der Nähe der Stele, die sich an ihrem vorderen Ende flaschenförmig erweiterte (**5**-Rekonstruktion des Skeletts).

Mitrocystites mitra Barrande

Ordnung: Mitrata
Familie: Mitrocystitidae

Die jüngsten Vertreter dieser Familie sind aus dem Mitteldevon bekannt. Die Theka der Mitrocystiten ist abgerundet trapezförmig, an einer Seite (vielleicht der Rückenseite) abgeflacht und an der anderen Seite ausgebaucht. Anstelle einer Reihe von Atemöffnungen sind nur zwei Öffnungen nahe der Hinterseite der Theka vorhanden. Die Arten der Gattung *Mitrocystites* waren anscheinend dem Leben auf dem Meeresboden bzw. dicht unterhalb der Oberfläche des Sediments angepaßt.

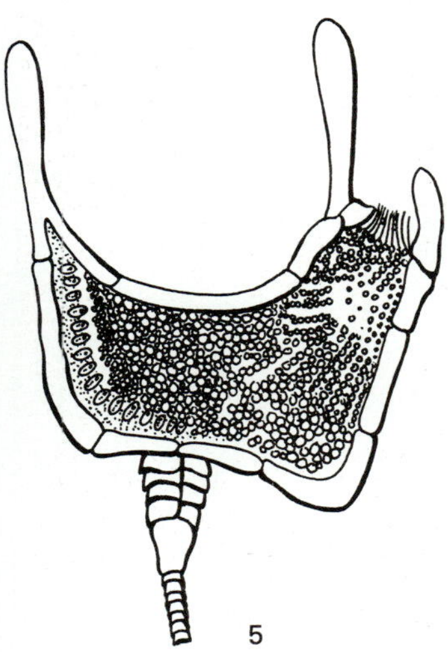

5

Lagynocystites pyramidalis (Barrande)

Ordnung: Mitrata
Familie: Lagynocystidae

Die Lagynocystiden aus dem Mittelordovizium Böhmens haben eine vierseitige, schmalpyramidale Theka mit stark unterschiedlichem Bau der oberen und der unteren Seite. Der Mund auf dem Scheitel der Theka war von einem kurzen Fortsatz verdeckt. Die Stele ist an beiden Seiten bedornt.

Cryptoschisma schultzii (DE VERNEUIL et D'ARCHIAC)

Ordnung: Fissiculata
Familie: Astrocrinidae

Die **Blastoidea** (Knospenstrahler) sind kleine sessile Stachelhäuter, die stets regelmäßig fünfstrahlig sind. Sie sind vom Silur bis zum Perm bekannt. Sie haben eine ausgesprochen fünfstrahlige Theka mit einfachen, von den Ambulakralzonen ausgehenden Brachiolen; sie sind verschieden lang gestielt. Die Theka besteht aus 13 regelmäßig angeordneten Hauptplatten und dem Ambulakralskelett. Die Platten sind zu übereinanderliegenden Kränzen angeordnet. Der untere Kranz besteht aus drei Basalia, der nächste Kranz aus fünf Radialia (= Gabelstücke), an die ein Kranz aus fünf Deltoidea (= Interradialia) anschließt. Zwischen den Deltoidea und den tief ausgeschnittenen Radialia (also in den fünf Hauptstrahlen) liegen die Ambulakralfelder, jedes mit einer Hauptplatte, dem sogenannten Lanzettenstück, mit der das Ambulakralgefäß aufnehmenden Ambulakralrinne, in die senkrecht zu den beiden Seiten die Seitenfurchen münden. Durch sie verlaufen die in die Brachiolen sich verlängernden Seitenäste des Ambulakralgefäßes (Ambulakral-Füßchen). Die Brachiolen dienen zum Auffangen kleiner Nahrungsteile, die dann die Fiederfäden der Ambulakralwege dem Mund zuführen. Der Mund liegt in der Scheitelmitte der Theka unter einem Dach aus kleinen Tafeln. Interambulakral (in einer Deltoidplatte) neben dem Mund liegt der After. Die Haupt- und die Seitenfurchen der Ambulakralia sind gleichfalls mit kleinen Plättchen bedeckt. Bis tief unter

1, 2. *Cryptoschisma schultzii**, Mitteldevon, Leon, Spanien. Größe 11 und 7 mm. Theka von der Seite **(1)** und von oben **(2)** gesehen. Die auffallend breiten Ambulakra sind gut erkennbar.

3, 4. *Cordyloblastus cf. eifelensis*, Mitteldevon (Eifel), Gerolstein, BRD. Größe 6 und 17 mm. Theka von oben **(3)** und von der Seite **(4)** gesehen.

5.–7. *Pentremites godoni**, Unterkarbon (Mississippian), Illinois, USA. Größe der Theka 11 bis 16 mm. Die Aufsicht **(6)** zeigt die Spirakula um die Mundöffnung. Das größte von ihnen hängt mit der Afteröffnung zusammen. Die Lateralansicht **(5)** zeigt die Deckplatten der Ambulakra und die Basalansicht **(7)** die Basalplatten mit dem Stielansatz.

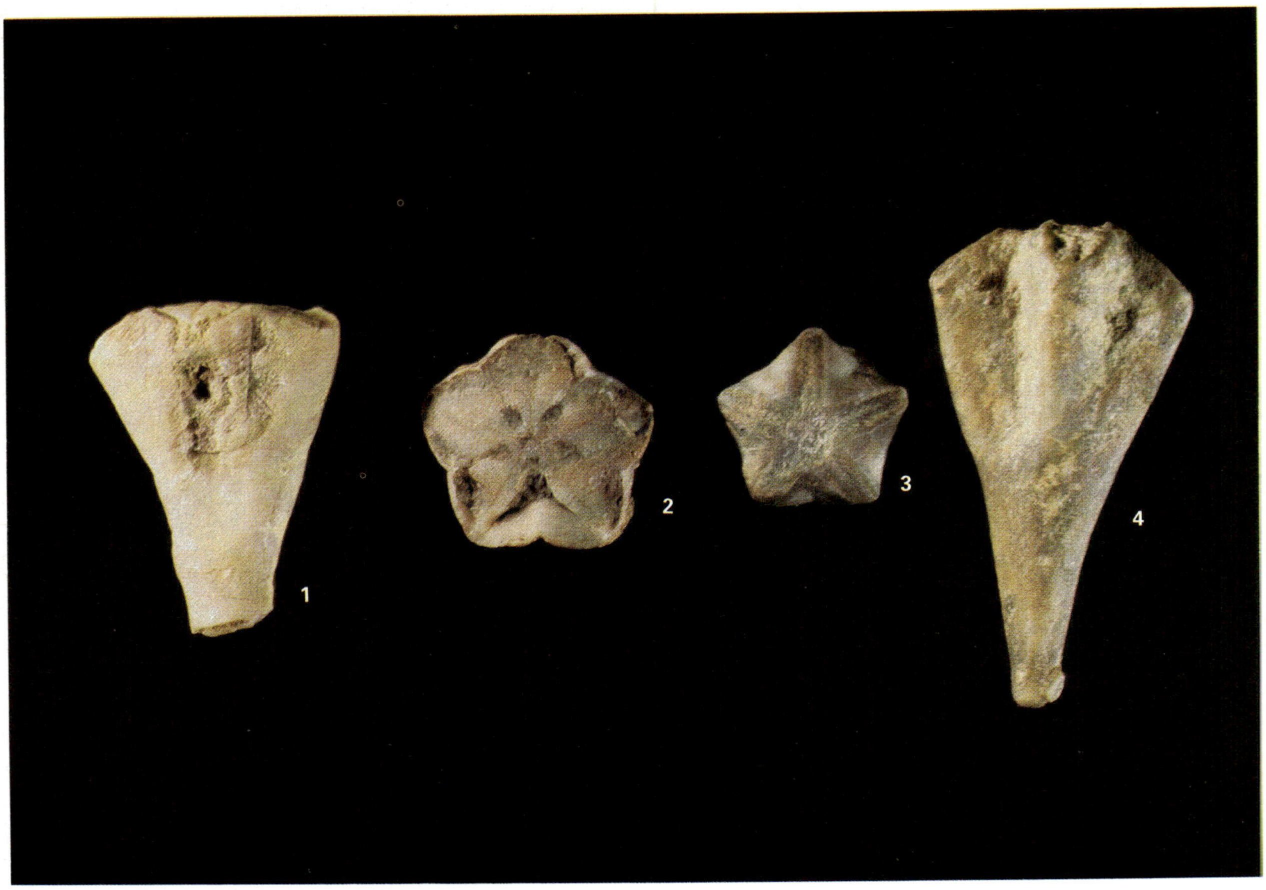

die Platten des Ambulakralfeldes reicht das komplizierte Kanalsystem der Hydrospiren – des spezifischen Atmungsorgans der Blastoiden. Die Blastoiden lebten in seichten Meeren an Stellen mit schwach strömendem Wasser zusammen mit Tetrakorallen, Brachiopoden (Armfüßern), Bryozoen (Moostierchen) und Crinoiden (Seelilien).
Die fissiculaten Blastoiden sind vom Silur bis zum Perm bekannt. Die offenen Hydrospiren bilden eine Reihe paralleler Furchen längs des Ambulakralrandes. Die Arten der Gattung *Cryptoschisma* lebten im Devon Spaniens. Ihre kleine kegelige Theka hat blattförmige Ambulakralfelder.

Cordyloblastus cf. *eifelensis* (ROEMER)

Ordnung: Spiraculata
Familie: Pentremitidae

Die Vertreter der fortschrittlicheren Ordnung Spiraculata haben die Hydrospiren unter den Seitenplatten der Ambulakra. An der Oberfläche münden die Hydrospiren in fünf einfache oder paarige Öffnungen (Spirakula), die um den Mund regelmäßig verteilt sind. Die Arten der Gattung *Cordyloblastus* treten im europäischen Mitteldevon auf.

Pentremites godoni (DEFRANCE)

Ordnung: Spiraculata
Familie: Pentremitidae

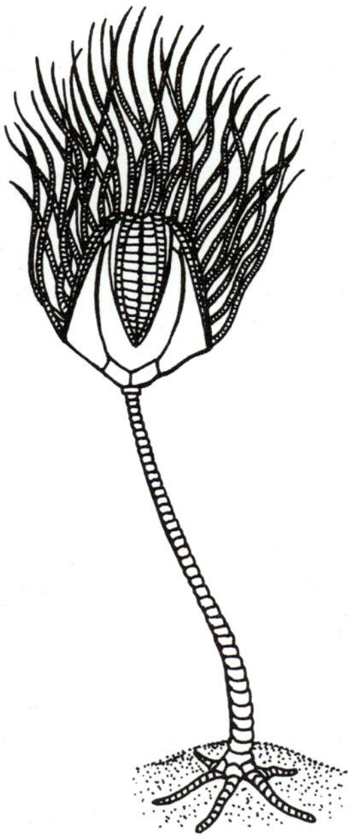

8

Die größte Entfaltung erlebten die Blastoiden im Karbon. Zahlreiche Arten der bekanntesten Gattung *Pentremites* (**8** – Rekonstruktion) kommen in Nord- und Südamerika vor.

Seelilien *(Crinoidea)*

Die Seelilien (Crinoidea) sind, wie die bisher besprochenen Formenkreise, sessile Stachelhäuter und haben ihre Hauptentfaltung im Paläozoikum – älteste Vertreter aus dem Mittelkambrium –, haben aber als einziger der sessilen Formenkreise bis zur Gegenwart überlebt. Sie machen eher den Eindruck exotischer submariner Blüten als den von Tieren.

Die Fünfstrahligkeit ist bei den Seelilien fixiert und kennzeichnet das Skelett. Dieses besteht aus dem die Krone tragenden Stiel und der aus der Theka und den von ihr ausgehenden Armen bestehenden Krone. Der verschieden lange Stiel ist an der Unterlage festgeheftet und hält die Krone im freien Wasser in einer bestimmten Höhe über dem Grund. Er besteht aus zahlreichen in der Mitte durchbohrten Kalkgliedern. In dem von der zentralen Durchbohrung gebildeten, den ganzen Stiel durchziehenden Kanal verläuft ein nervös-muskulöser Gewebestrang. Der Stiel ist beweglich. Die Theka besteht aus dem die Seiten bildenden Kelch und der Kelchdecke. Der Kelch ist schalen- oder kegelförmig und wird von zwei oder drei Kränzen von je fünf alternierend angeordneten Platten aufgebaut. Am obersten Kranz, den Radialia, entspringen die Arme. Die Kelchwand kann über den Radialkranz nach oben erweitert sein durch serial angeordnete Plättchen, die Brachialia, an deren oberstem dann die freien Arme beginnen. Die Arme sind einfach oder mehr oder weniger stark vergabelt; auf ihrer Innenseite befindet sich die Ambulakralrinne, die das Ambulakralgefäß beherbergt. Sie werden ihrerseits durch ein- oder zweizeilig angeordnete Plättchen gestützt. Die Arme dienten dem Einfangen der Nahrung, die durch die Ambulakralrinne dem Mund zugeleitet wird. Die Kelchdecke ist in verschiedener Weise von Plättchen bedeckt. Zentral in ihr liegt die Mundöffnung und seitlich davon der After. Die Mundöffnung und die von ihr ausgehenden Ambulakralrinnen, die sich in die Arme fortsetzen, sind oft unter einem Dach von polygonalen Plättchen verdeckt.

Caleidocrinus multiramus Waagen et Jahn

Ordnung: Disparida
Familie: Iocrinidae

Die Unterklasse Inadunata umfaßt Seelilien, deren meist kleiner Kelch aus zwei oder drei fest verbundenen Plattenkränzen bestand. Die beweglichen, gewöhnlich langen Arme waren regelmäßig verzweigt. Der Mund war überdacht. Typische Arten der Inadunaten sind bereits aus dem Unterordovizium bekannt. Die letzten Vertreter der Unterklasse stammen aus mitteltriassischen Sedimenten.

1

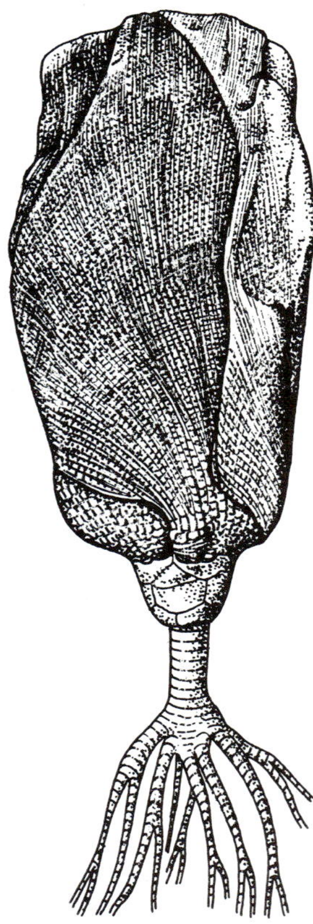
4

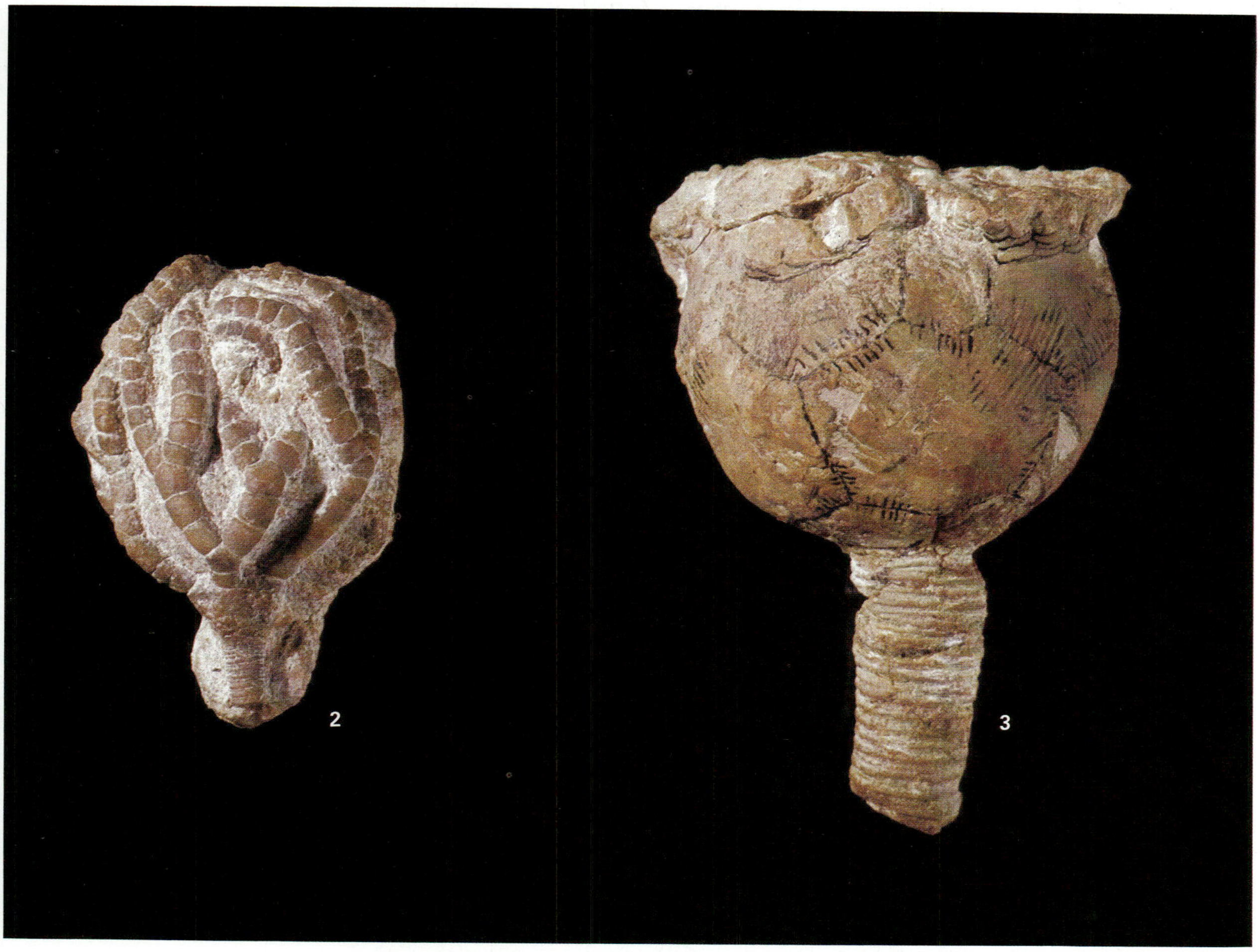

1. *Caleidocrinus multiramus**, Oberordovizium (Caradoc), Zahořany, ČSSR. In schieferigem Sandstein erhaltenes Skelett. Höhe der Krone 15 mm. Der Wurzelteil fehlt.

2. *Gissocrinus involutus*, Obersilur (Ludlow), Mořina, ČSSR. Krone; Höhe 40 mm. Die Armenden rollte das Lebewesen vor dem Tod nach innen ein.

3. *Crotalocrinites rugosus**, Obersilur (Ludlow), Mořina, ČSSR. Kelch mit anschließendem Stielteil. Stammt aus in warmem Seichtwassermilieu in der Nähe von Koralleninseln abgesetzten tuffitischen Kalksteinen. Höhe des Kelches 35 mm.

Charakteristisch für die Arten der paläozoischen Ordnung Disparida ist der Kelch, der unter den Radialien nur einen Plattenkranz (Basalia) hatte. Wir sprechen deshalb von einem monozyklischen Kelchbau. Seine fünfstrahlige Symmetrie war noch unvollkommen. Einer der ältesten Vertreter der Ordnung ist die europäische Gattung *Caleidocrinus*. In dem subtil gebauten Kelch saßen lange, wiederholt verzweigte Arme auf. Der Stiel war lang und dünn.

Crotalocrinites rugosus (Miller)

Ordnung: Cladida
Familie: Crotalocrinidae

Die Seelilien der Ordnung Cladida hatten einen dizyklisch gebauten Kelch. Unter den Radialien sind zwei Plattenkränze (Basalien und Infrabasalien). Die Arme sind meist stark verzweigt. Die Arten der wichtigen euro-amerikanischen Gattung *Crotalocrinites* hatten einen kugeligen, robusten Kelch **(4)**. Die zartgebauten Arme stehen gedrängt und sind sehr stark verzweigt. Die zahlreichen Seitenäste bildeten einen breiten Sammelkorb, der die zu Boden fallende Nahrung auffing.

Gissocrinus involutus Bouška

Ordnung: Cladida
Familie: Cyathocrinidae

Die Arten der Gattung *Gissocrinus* lebten vom Mittelsilur bis ins Unterdevon. Sie hatten einen kleinen kegeligen bis schalenförmigen Kelch mit kräftigen Armen, die sich mehrmals hintereinander gabelten.

Stachelhäuter
Echinodermata

Isolierte Glieder von Seelilien

Die Skelette der Seelilien zerfielen nach dem Tode ziemlich rasch in die vielen sie aufbauenden Einzelteile. Vollständige fossile Seelilien sind daher im allgemeinen selten. Aber die Einzelteile, vor allem die so zahlreichen Stielglieder, können sehr häufig sein und sind oft, ganze Kalkbänke aufbauend, konzentriert, so daß dann Crinoidenkalke entstehen. Da die oft runden Stielglieder früher auch Trochiten genannt wurden, spricht man dann oft auch von Trochitenkalken. Schon bei flüchtiger Betrachtung solcher Gesteine sehen wir zahlreiche verschiedene kreisförmige, zylindrische, sternförmige oder quadratische Elemente. Sie waren zu Lebzeiten der Seelilie mit Bindegewebe verbunden und mit einer dünnen Zellgewebeschicht überdeckt. Durch die Stielmitte führt ein Axialkanal. Einige Stielglieder sind breiter (Nodalia), und zwischen ihnen sind mehrere schmälere Glieder (Internodalia) eingelegt.
Von den Nodalien gehen bei einigen fortgeschritteneren Gattungen Nebenranken – Cirren – aus. Die distalen (vom Kelch am weitesten entfernten) Glieder verwandelten sich bei den sessil lebenden Seelilien in Wurzelfortsätze sowie in diskoidale und sonstige ähnliche Gebilde, mit denen sie sich auf dem Substrat festhielten. Einen bestimmten Gliedertyp der zugehörigen, anhand des Aufbaues der Krone festgelegten Gattung zuzuordnen, ist sehr problematisch. Mit Rücksicht auf die große stratigraphische Bedeutung der Seelilien wurde deshalb für ihre Stielglieder ein gesondertes künstliches System ausgearbeitet, nach dem die Glieder spezifische Namen erhielten.

Cupressocrinites crassus GOLDFUSS

Ordnung: Cladida
Familie: Cupressocrinidae

Cupressocrinites ist eine spezialisierte europäische mittel- bis oberdevonische Gattung. Der dizyklische Kelch hat unten eine infrabasale Platte, die durch Verwachsung von fünf Infrabasalia entstanden war. Wie bei den übrigen Seelilien liegen die Infrabasalia in den fünf durch die Ambulakra bzw. Radialia bestimmten Hauptstrahlen, den Radien. Die alternierend darüber folgenden fünf Basalia sind daher interradial; der Radialiakranz schließlich ist wieder radial. An die Radialia schließen fünf

1

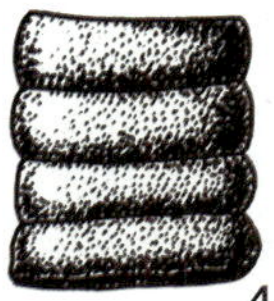
4

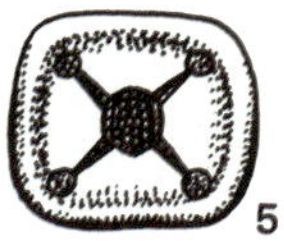
5

2

1. Verschiedene Typen isolierter Stielglieder (Unterklassen Inadunata und Camerata), Unterdevon (Zlíchov), Prag-Zlíchov, ČSSR. Das größte Glied hat einen Durchmesser von 12 mm. Die Furchung auf den Berührungsflächen verlieh den Stielen größere Festigkeit. Das große Stielglied in der Mitte ist das Nodalium der wichtigen kosmopolitischen Gattung *Diamenocrinus.*

2. *Codiacrinus schulzei,* Mitteldevon (Eifel), Bundenbach, BRD. Krone mit anschließendem Stielteil. Die schlanken Arme sind nach der Strömung gerichtet. Höhe der Krone 40 mm.

3. *Cupressocrinites crassus,** Mitteldevon (Eifel), Gerolstein, BRD. Vollständige Krone mit geschlossenen Armen aus massiven einfachen Gliedern. Höhe der Krone 50 mm.

3

massive Arme an, die an beiden Flanken mit fiederigen Pinnulae besetzt sind. Interessant ist der Aufbau des Stiels (**4** – Seiten-, **5** – Draufsicht), der um den Axialkanal noch drei bis vier Umfangskanäle besitzt.

Codiacrinus schulzei SCHMIDT

Ordnung: Cladida
Familie: Codiacrinidae

Die mitteldevonische Bundenbacher Schiefer des Rheinischen Schiefergebirges enthält unter anderem wunderschön erhaltene Seelilienskelette. Eine der häufigsten Gattungen, die in Europa in den Sedimenten des Unter- bis Mitteldevons vorkommen, ist die Gattung *Codiacrinus.* Auf dem großen becherförmigen Kelch sitzen schlanke, gabelig verzweigte, aus einer Plattenreihe (Brachialia) bestehende Arme auf. Der Stiel ist im Querschnitt kreisförmig.

Ordnung: Cladida
Familie: Encrinidae

Encrinus liliiformis Lamarck

Die wissenschaftliche Klassifizierung der Seelilien stützt sich vor allem auf den Bau der Theka. Für ein genaueres Studium muß man sich darüber klar sein, wo bei der Theka einer Seelilie vorn und hinten ist. Da der Mund sich gewöhnlich in der Mitte der Theka befindet, läßt sich die Seite nach ihm nicht bestimmen. Die Seitendisposition der Theka wird deshalb nach der Position der Afteröffnung (Anus) festgelegt. Sie befindet sich außerhalb der Mitte im hinteren Interradius. Die der Afteröffnung entgegengesetzte Seite ist also die Vorderseite der Theka. Bei vielen Inadunaten ebenso wie auch bei den übrigen paläozoischen Seelilien ist die fünfstrahlige Symmetrie durch eine oder mehrere Platten gestört, die im hinteren Interradius übereinander liegen und mit den Analstrukturen zusammenhängen. Die Analplatten liegen gewöhnlich im Kelchskelett zwischen den Basalien, den Radialien oder den festen Brachialien, die gleichfalls am Aufbau des Kelches beteiligt sind.
Zu der Unterklasse Inadunata wird mit gewissen Vorbehalten die Familie Encrinidae gereiht, bei der keine Analplatten vorhanden sind. Die Familie wird durch die einzige bekannte Gattung *Encrinus* repräsentiert. Das Fehlen der Analplatten, die stratigraphische Verbreitung (Trias) sowie weitere Merkmale deuten Beziehungen an zur einzigen geologisch jüngeren und auch in den heutigen Meeren noch vertretenen Unterklasse Articulata.
Die bekannte Trias-Gattung *Encrinus* ist im Muschelkalk der BRD nicht selten. Den Gattungsnamen *Encrinus* zusammen mit der Bezeichnung „Trochites" für die Stielglieder benützte um die Mitte des 16. Jahrhunderts G. Agricola. Der niedrige, an eine Pfanne erinnernde Kelch mit vollkommener fünfstrahliger Symmetrie ist auf der Unterseite eingedellt und wird aus drei Plattenkränzen gebildet, zu denen noch ein oder zwei Brachialia-Kränze kommen. Aus dem Kelch gehen zehn Arme heraus; sie bestanden anfangs aus einer einzigen Plattenreihe (uniserialer Typ) und später aus zwei Plattenreihen (biserialer Typ). Die Armenden weisen nur eine Brachialienreihe (unserialer Typ) auf. Beidseitig der Ambulakralrinne der Innenseite der Arme ist je eine Reihe von Seitenästchen (Pinnulae). Der biseriale Armtyp ist ein fortschrittliches Merkmal, das die Verdopplung der Pinnulaezahl ermöglichte und deshalb mit besserem Effekt die Nahrungsteilchen auffängt. Die Kelchdecke ist nur wenig gewölbt. Der Stiel ist im Querschnitt rund und mit Cirren besetzt. Seine isolierten Glieder – Trochiten – sind eine wichtige Komponente des Trochitenkalks im Oberen Muschelkalk.
Aus dem Skelettbau der Gattung *Encrinus* und aus den biologischen Beobachtungen der noch lebenden Seelilien der Unterklasse Articulata schließen wir, daß die Vertreter der Gattung zu den sogenannten rheophilen Seelilien gehörten. Sie lebten in strömendem Wasser und bauten ihre Theken mit der Kelchbasis gegen den Strom. Mit den Enden der dichten schmalen Pinnulae hielten sie die Nahrungsteilchen fest, vor allem Algen, verschiedene Urtierchen, kleine Schalentiere und Larven, die sie dann in den Ambulakralrinnen im Arminnern zur Mundöffnung schleusten.

*Encrinus liliiformis**, Mitteltrias (Anis, Ladin), Crailsheim, BRD. Krone mit anschließendem Stielteil, über der Krone ein isolierter Arm mit Pinnulae. Höhe der Krone 65 mm. Am Armbau ist der Übergang vom einzeiligen zum zweizeiligen Typ gut erkennbar.

Stachelhäuter
Echinodermata

Ordnung: Monobathrida
Familie: Scyphocrinidae

Scyphocrinites sp.

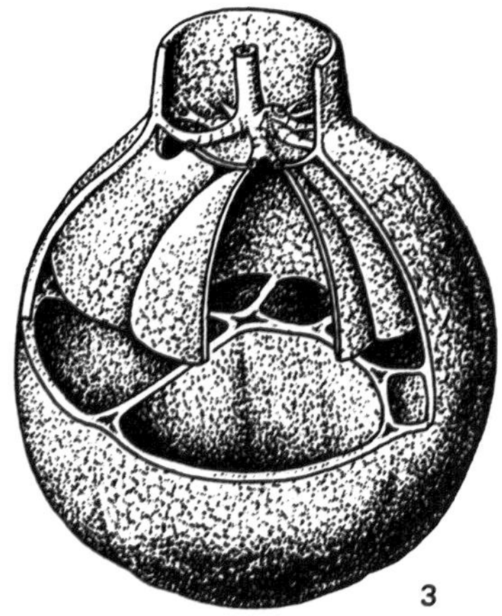

3

Die Unterklasse Camerata der Seelilien ist vom Unterordovizium bis ins späte Perm verbreitet. Besonders zahlreich waren sie im Silur und im Unterkarbon. Der Bau ihres Kelches ist sowohl monozyklisch als auch dizyklisch. Ein charakteristisches Merkmal ist die feste Verbindung der Thekalplatten. Die Kelchdecke bildete eine starre, von polygonalen Kalkplättchen gebildete Wölbung, die den Mund und die anliegenden Teile der Ambulakralrinnen verhüllte. Die Afteröffnung ragte über die Decke heraus. An der Kelchwandung nimmt oberhalb des Radialkranzes eine wechselnde Zahl von Armplatten (Brachialia) und zwischen ihnen liegenden Platten (Interbrachialia) teil. Die fünfstrahlige Symmetrie der Theka ist häufig durch eine Reihe interradial liegender Analplatten gestört. Die freien Arme der cameraten Seelilien sind entweder einfach oder schwach dichotom verzweigt und stets mit Pinnulae besetzt. Alle cameraten Seelilien hatten einen Stiel.

Die Ordnung Monobathrida hat einen monozyklischen Kelch. Ihr Vertreter ist die silur-devonische Gattung *Scyphocrinites,* die aus Europa, Afrika, Asien und Nordamerika bekannt ist. Hierher gehören große spezialisierte Seelilien mit bis 50 cm hohen Kronen. Der Kelch ist birnenförmig und aus sehr vielen Platten zusammengesetzt, die an der Oberfläche eine strahlenartige Skulptur tragen. Die Basalien und die Radialien beteiligen sich in nur geringem Maß am Kelchaufbau. Außer aus zusammengewachsenen Armplatten (Brachialia) besteht der Kelch vor allem noch aus zahlreichen eingeschobenen Interbrachialplatten. Aus jeder Radialzone entspringen zwei gleich entwickelte Arme, die sich mehrmals hintereinander gabelförmig(dichotom) verzweigen. Durch den langen runden Stiel führt ein fünfstrahliger Kanal. Der Stiel endet in einem eigenartigen kugeligen, in mehrere Kammern geteilten Schwebeorgan (**3**). Das Schwebeorgan ermöglichte den Scyphocriniten, ihren Standort in gewissem Maße zu ändern, und trug wahrscheinlich auch zur großen geographischen Verbreitung der Gattung bei. Eine Reihe von Funden beweist, daß diese Seelilien in enger, anscheinend einander nützlichen Symbiose mit Schnecken der Gattung *Platyceras* lebten. Die Schnecken ernährten sich von den Exkrementen der Seelilien (sie waren koprophag) und saßen auf der Kelchdecke, die sie manchmal ganz bedeckten. Der Umriß des Mundes ihrer Gehäuse paßte sich während des Wachstums der Seelilie und der Schnecke dem Umriß der Kelchdekke an. Die Glieder der Seelilien der Gattung *Scyphocrinites* waren stellenweise in so großer Zahl angehäuft, daß sie Scyphocrinit-Kalksteine bilden. Diese Kalksteine entstanden im höchsten Silur und im Unterdevon.

Ordnung: Diplobathrida
Familie: Rhodocrinitidae

Thylacocrinus vannioti OEHLERT

Zu den Diplobathrida (mit dizyklisch gebautem Kelch) gehören die Arten der fast kosmopolitischen unterdevonischen Gattung *Thylacocrinus.* Sie haben einen großen kugel- oder schalenförmigen Kelch mit niedriger Decke und zwanzig bis vierundzwanzig freie Arme, im allgemeinen vier in jeder Radialzone. Sie sind biserial (zweizeilig) und unverzweigt.

1. *Thylacocrinus vannioti**, Unterdevon (Ems), St. Germain le Guillaume, Frankreich. Krone mit abgebrochenem Basalteil und den Enden der viermal verzweigten Arme. Höhe der Krone 100 mm.

2. *Scyphocrinites* sp., Unterdevon (Lochkov), Marouma, Algerien. Durch Wüstenverwitterung einmalig herauspräparierte Krone mit gut sichtbaren langen, feingefiederten Pinnulae. Höhe der Krone 80 mm.

D

Hexacrinites anaglypticus (GOLDFUSS)

Ordnung: Monobathrida
Familie: Hexacrinidae

Die Gattung *Hexacrinites* ist vom Obersilur bis einschließlich Oberdevon in Europa, Asien und Nordamerika bekannt. Der einfache Kelch besteht aus drei Basalia und fünf hohen Radialia, zwischen die sich eine gleichgestaltete Analplatte schaltet. Die Kelchdecke ist ausgebaucht, die Analöffnung liegt nahe der Mitte oder an ihrem Rand. Die freien Armteile bestehen aus einer oder zwei Plattenreihen. In jeder Radialzone sind zwei entweder einfache oder verzweigte Arme. Fossil finden sich meist nur die Kelche, da die Arme nach dem Tode rasch zerfielen.

Eucalyptocrinites crassus (HALL)

Ordnung: Monobathrida
Familie: Eucalyptocrinidae

Die Vertreter der spezialisierten, weltweit verbreiteten Gattung *Eucalyptocrinites* sind vom Mittelsilur bis zum Unterdevon verbreitet. Der massive niedrige, schalenförmige Kelch hat eine konkave Basis. Eigenartig gebaut ist die Kelchdecke, die oben vier große Platten besitzt. Zehn senkrechte, auf den Interradialia stehende längliche Platten stützen von innen das rüsselförmig verlängerte Ende der Verdauungsröhre und bildeten außen zehn seitlich offene Nischen, in die sich die Arme hineinlegten. Der runde Stiel wird in der Mitte von einem sternförmigen Axialkanal durchzogen und hat an seinem distalen (basalen) Ende wurzelartige Anhänge **(5)**.
Die Vertreter von *Eucalyptocrinites* besiedelten die Korallenriffe und die Schelfmeere. Sie zählten zu den rheophoben Seelilien, deren Arme fast waagrecht nach allen Seiten ausgebreitet waren und zu Boden fallende Nahrungsteilchen auffingen. Die die Ambulakralrinne säumenden dichten, feinen Pinnulae vermochten selbst eine schwache Strömung zu schaffen und dadurch die Menge der aufgefangenen Nahrung zu erhöhen.

1, 2. *Amphoracrinus gigas,* Unterkarbon (Visé), Clitheroe, Großbritannien. Höhe des Kelches 27 mm, Seitenansicht der Theka mit domartiger Decke und Fortsätzen **(1)**; Kelchbasis mit Platte, auf der der Stiel aufsaß **(2)**.

3. *Hexacrinites anaglypticus,* Mitteldevon (Eifel), Gerolstein, BRD. Isolierter Kelch mit ausgeprägt skulpturierten Platten und Armbasis. Höhe des Kelches 37 mm.

4. *Eucalyptocrinites crassus,* Mittelsilur (Niagaran), Waldron, Indiana, USA. Aus dem hohen Kelch gehen hohe Zwischenarm-Scheidewände aus, die den schlanken Armen mit langen Pinnulae als Versteck dienen. Höhe der Krone 70 mm.

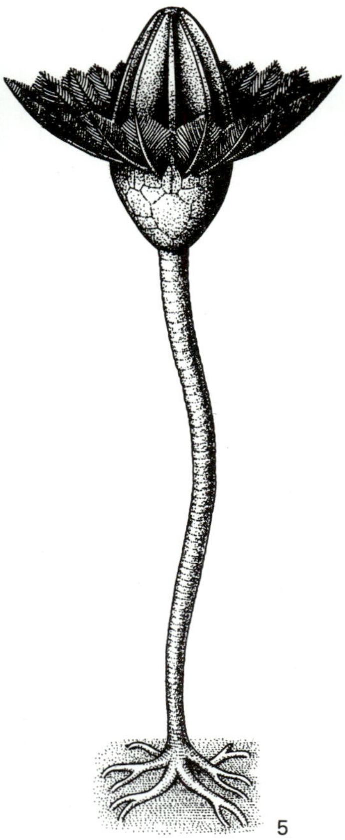

5

Amphoracrinus gigas Wright

Ordnung: Monobathrida
Familie: Amphoracrinidae

Die cameraten Seelilien erreichten im Karbon ihre höchste Blüte. In Europa, Nordafrika, Nordamerika und vielleicht auch Japan kommt die interessante Gattung *Amphoracrinus* vor. Den gewöhnlich niedrigen Kelch bedeckt eine feste, hoch gewölbte Decke aus vielen Platten. Die nicht zentral gelegene Afteröffnung ragt nur wenig über die Kelchdecke heraus. Der basale Plattenkranz des Kelches ist sechsteilig dank einer eingeschalteten Analplatte. Die Kelchoberfläche ist körnig mit zahlreichen kleinen, hornartigen Fortsätzen. Die Arme entspringen fast waagrecht aus dem Kelch.

Taxocrinus colletti WHITE

Ordnung: Taxocrinida
Familie: Taxocrinidae

Die Unterklasse Flexibilia ist eine formenarme Gruppe paläozoischer Seelilien. Die ältesten Vertreter der Unterklasse erschienen mit Mittelordovizium, die letzten sind aus dem Oberperm bekannt. Ihr Skelettbau weist einige Merkmale auf, die allen flexiblen Seelilien gemeinsam sind. Die die Theka aufbauenden Platten sind nicht starr, sondern nur durch Bindegewebe verbunden. Anders als bei den Inadunaten und Cameraten ist die Kelchkapsel daher flexibel. Die Kelchbasis besteht meist aus drei Infrabasalia; ihr sitzt ein Kranz aus fünf Basalia und ein weiterer Kranz aus fünf Radialia auf. In den Kelch sind aber auch die proximalen (basalen) Armabschnitte (Brachialia) und die zwischen ihnen liegenden Interbrachialplatten sowie die Analplatten einbezogen. Die Kelchdecke ist aus vielen kleinen Platten zusammengesetzt, die gleichfalls beweglich verbunden sind. Der Mund und die von ihm ausstrahlenden Ambulakralrinnen sind unverdeckt. Die Arme bestehen aus einer Plattenreihe und haben keine Pinnulae. Sie teilen sich häufig mehrmals dichotomisch in zwei gleiche Zweige. Der Stielquerschnitt ist rund.
Nur die Ordnung Taxocrinida ist schon aus dem Ordovizium bekannt. Die hierher gestellten Formen haben gewöhnlich eine langgestreckte Krone und einen kleinen Kelch. Am bekanntesten ist die Gattung *Taxocrinus* aus dem Mitteldevon bis Perm in Europa und Nordamerika. Die Krone hat einen langgestreckt-elliptischen Querschnitt. Die Arme gehen an der Basis auseinander und sind gabelartig verzweigt.

Pycnosaccus scrobiculatus ANGELIN

Ordnung: Sagenocrinida
Familie: Nipterocrinidae

In der Ordnung Sagenocrinida ist die Krone kugelig oder weist in die Länge gezogene Eiform auf. Die Kelchplatten waren fester verbunden als bei der vorgenannten Gruppe, so daß die Voraussetzungen für vollständige fossile Erhaltung besser waren. Der Kelch war becherförmig, die Arme waren kräftig.
Die Gattung *Pycnosaccus* ist aus dem Silur Europas und Nordamerikas bekannt. Die kugelige Krone hat einen relativ großen Kelch, von dem die Arme deutlich abgesetzt sind. In der Seitenansicht sind die drei Plattenkränze gut zu sehen. Die Radialia sind auf der Oberfläche entweder glatt oder weisen gut ausgebildete Leisten auf, die von der Plattenmitte senkrecht auf die Plattenränder ausstrahlen. Die breiten Arme setzen sich aus niedrigen Brachialia zusammen. Wo die ganze Krone erhalten geblieben ist, sind die Arme mit den distalen Enden nach innen gebogen, so daß sie die Kelchdecke verdecken.
Die flexiblen Seelilien paßten sich dem Leben auf verschieden tiefen Meeresböden an. Einige Arten lebten in tieferen Wässern in einem für sessile Organismen sehr ungünstigen Milieu. Soweit ihnen der weiche Grund nicht die geeignete Unterlage zum Festhalten bot, setzten sie sich auf die Gehäuse von Mollusken. *P. scrobiculatus* lebte hauptsächlich im unruhigen Flachwasser der mittelsilurischen Korallenriffe.

1. *Pycnosaccus scrobiculatus**, Obersilur (Ludlow), Mořina, ČSSR. Massiv gebauter Kelch mit ausgeprägter Skulptur an der Oberfläche und kurzen, nach innen gebogenen Armen. Höhe der Krone 40 mm.

2. *Taxocrinus colletti,* Karbon (Mississippian), Crawfordville, USA. Krone mit kleinem Kelch und mächtigen nach innen gebogenen Armen. Höhe der Krone 50 mm.

1
2

Stachelhäuter
Echinodermata

Ordnung: Isocrinida
Familie: Pentacrinidae

Seirocrinus subangularis (MILLER)

Die Articulata sind die jüngste Unterklasse der Seelilien, die in der Trias erschien und auch in der Gegenwart noch lebt. Der dizyklische oder verborgen dizyklische Kelch – die Infrabasalia entwickeln sich in früher Jugend und verschwinden später wieder – hat gewöhnlich kleine Basalia, und nur der Plattenkranz der Radialia ist gut entwickelt. Die Arme sind häufig reich verzweigt und mit Pinnulae besetzt. An den Radialia sind sie mit Muskeln gelenkig befestigt. Auch die Radialia unter sich sind gelenkig verbunden. Die Kelchdecke ist häutig mit beweglich verbundenen, dünnen Plättchen. Der Mund und die Ambulakralrinnen sind nach außen zu offen. Junge Individuen waren immer gestielt. Bei vielen Articulaten wurde der Stiel im Alter abgeworfen, und im Kelch blieb nur ein proximales Stielglied, das Centrodorsale, noch erhalten. Die articulaten Seelilien leben heute in tropischen und arktischen Gewässern in Tiefen von einigen bis 9000 Metern. Bisher sind rund 650 rezente Arten beschrieben worden. Die meisten leben sessil, aber einige kriechen langsam auf dem Grund herum, und wieder andere schwimmen sogar aktiv.
Die Ordnung Isocrinida umfaßt Seelilien mit kleinem Kelch. Die breiten Berührungsflächen der Platten ermöglichen die gelenkige Verbindung der Arme und der Radialia. Der Stiel war meist ziemlich lang und mit Cirren teilweise besetzt.
Aus dem Unterjura kennen wir die wichtige Gattung *Seirocrinus*. Die bekanntesten Funde stammen aus den Posidonienschiefern in der Umgebung von Holzmaden in Baden-Württemberg. Dem kleinen Kelch entsprangen stark und ungleichmäßig (heteronom) verzweigte Arme. Die Krone war bis 80 cm hoch, und der Stiel erreichte Längen bis 18 m! Einzelfunde deuten an, daß junge Individuen wahrscheinlich pseudoplanktonisch an Treibholz festgeheftet lebten. Die adulten Tiere waren wahrscheinlich benthisch und saßen am Grund fest. Ihr Stiel war anscheinend nicht senkrecht, sondern schräg nach oben gerichtet.

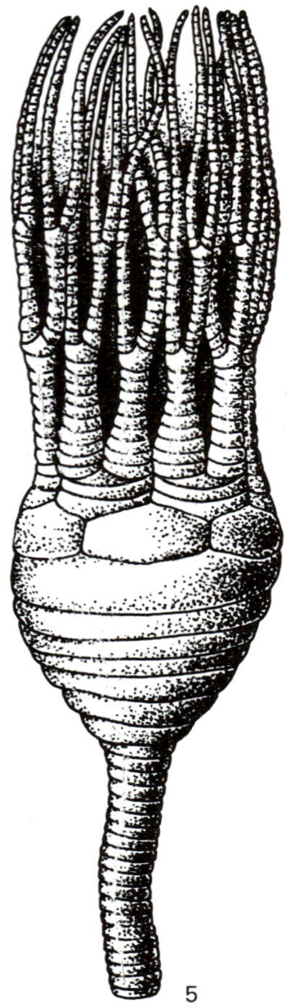

5

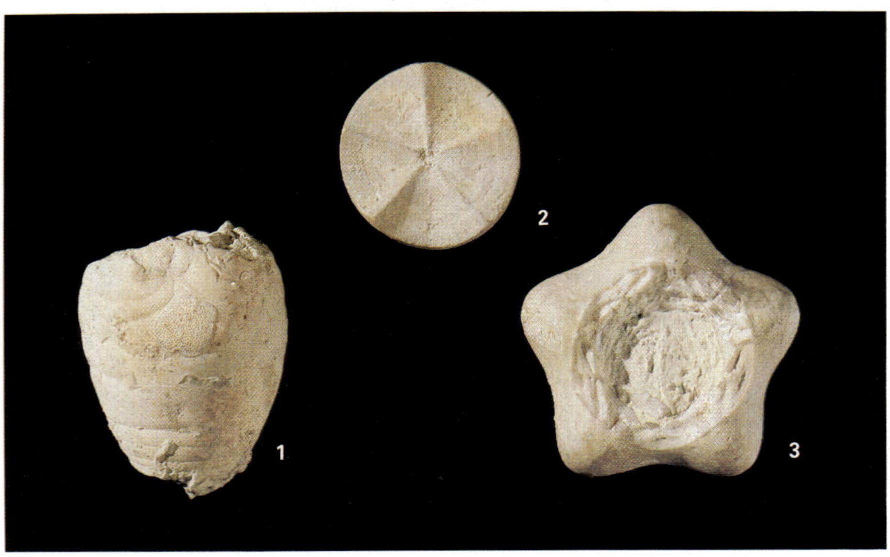

1, 2. *Apiocrinites elegans,* Mitteljura (Bathon), Bradford on Avon, Großbritannien. Der birnenförmige Kelch geht allmählich in den erweiterten zylindrischen Stiel über, auf dem ein cheilostomates Moostierchen angewachsen ist. Höhe 40 mm **(1)**. **(2)** Aufsicht des mit dem Kelch verwachsenen Stielgliedes.

3. *Millericrinus milleri**, Oberjura (Oxford), Sontheim, BRD. Aufsicht des Kelches mit breiten Facetten, an die die langen, massiven Arme befestigt waren. Breite des Kelches 45 mm.

4

4. *Seirocrinus subangularis**, Unterjura (Lias), Holzmaden, BRD. Krone und anschließender Teil des Stiels; Höhe der Krone 120 mm. Die langen, reich verzweigten Arme sind mit Pinnulae dicht besetzt.

Millericrinus milleri (SCHLOTHEIM)

Ordnung: Millericrinida
Familie: Millericrinidae

Das auffallendste Merkmal der Ordnung Millericrinida sind der große Kelch, bestehend aus fünf Basalia und fünf Radialia, und der Stiel, der keine Nodalia und Cirren hatte.
Die Gattung *Millericrinus* lebte im Mittel- und Oberjura Europas. Charakteristisch für sie ist der große fünfeckige, niedrige Kelch. Er besteht aus auffallend dickwandigen Basalia und Radialia, die voneinander durch gut sichtbare Nähte getrennt sind **(6)**. Mit der Kelchbasis ist das Centrodorsale verbunden. Bei Arten mit reduziertem Stiel ist der Kelch mit seiner Unterseite auf dem Untergrund angewachsen.

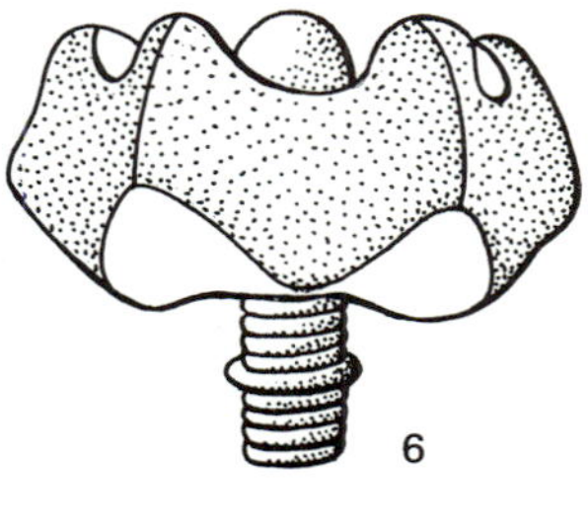

6

Apiocrinites elegans (DEFRANCE)

Ordnung: Millericrinida
Familie: Apiocrinidae

Die Gattung *Apiocrinites* ist vom Unterjura bis zur Unterkreide Europas, Nordafrikas und Nordamerikas verbreitet. Die breiten und niedrigen proximalen Stielglieder verwachsen fest mit dem Kelch **(5)** und verleihen der Theka Birnen- oder Eiform.

Stachelhäuter
Echinodermata

Pterocoma pennata (Schlotheim)

Ordnung: Comatulida
Familie: Pterocomidae

Bei der Ordnung Comatulida ist der Stiel reduziert; von ihm blieb an der Kelchbasis nur die centrodorsale Platte mit zahlreichen seitlichen Fortsätzen übrig. Die meisten fossilen Arten lebten wie ihre auch heute noch lebenden Nachkommen in seichten Schelfmeeren bis 200 m Tiefe, häufig in der Nähe von Korallenriffen. Bei optimalen ökologischen Bedingungen bildeten sie dichte Vergesellschaftungen – Crinoidenrasen. Hierher gehören auch die einzigen aktiv schwimmenden Seelilien der Familie Antedonidae. Sie wanderten durch Armbewegungen auf andere Standplätze mit besseren Lebensbedingungen. Die dabei zurückgelegte Entfernung war (ähnlich wie bei den rezenten Arten) offensichtlich sehr beschränkt. Die Arten der rezenten Gattung *Antedon* und der jurassischen Gattung *Pterocoma* sind einander sehr ähnlich.

Die Vertreter der Gattung *Pterocoma* sind vor allem aus den tithonischen Solnhofener Kalksteinen bekannt. Sie starben in der Oberkreide (im Turon) aus. Aus dem kleinen Centrodorsale der Kelchbasis gehen zu einem einfachen Ring zusammengeschlossene Cirren aus, und aus dem kleinen Kelch die dichotomisch verzweigten Arme, die sich dann weiter nicht mehr teilen, so daß im ganzen zehn Arme vorhanden sind. Sie haben lange Pinnulae und erinnern ihrer Form nach an eine Vogelfeder. Die *Pterocoma*-Arten schwebten wahrscheinlich mehr oder weniger passiv im Wasser, das heißt, sie lebten planktonisch.

Saccocoma pectinata Goldfuss

Ordnung: Roveacrinida
Familie: Saccocomidae

Die adulten Vertreter der mesozoischen Ordnung Roveacrinida hatten einen kleinen, stiellosen Kelch und ein poröses Skelett und konnten deshalb im Wasser gut schweben.

Die Gattung *Saccocoma* ist aus dem Oberjura bis zur Unterkreide Europas, Nordafrikas und Kubas bekannt. Die Radialia und eine kleine Platte unklarer Herkunft der Kelchbasis (Centrodorsale) umschließen die geräumige Leibeshöhle. Die Arme gabeln sich bald mehrfach, und von jedem Zweig gingen abwechselnd weitere Teilzweige (Ramuli) aus. Die bekanntesten Funde der Gattung stammen aus den tithonischen Solnhofener Plattenkalken in Bayern. Unter den besonderen Bedingungen der nur 30 bis 60 m tiefen, warmen Lagune, deren Wässer anscheinend sehr salzig waren, setzte sich feinster Kalkschlamm ab, der zu dem heutigen Plattenkalk wurde. Der Grund war praktisch unbesiedelt, aber im Wasser über dem Lagunenboden herrschte offenbar reiches Leben, in dem auch *Saccocoma* reichlich vertreten war. *Saccocoma* lebte wahrscheinlich pelagisch.

1. *Pterocoma pennata**, Oberjura (Tithon), Solnhofen, BRD. Vollständiges Skelett mit langen, federartigen Armen. Höhe der Krone 120 mm.

2. *Saccocoma pectinata**, Oberjura (Tithon), Solnhofen, BRD. Vollständiges Skelett von oben gesehen. Die langen Arme mit Pinnulae hatten spiralig gedrehte Enden. ∅ der Krone 35 mm.

2
1

Pseudosaccocoma strambergensis Remeš

Ordnung: Roveacrinida
Familie: Saccocomidae

Mit *Saccocoma* nahe verwandt ist die Gattung *Pseudosaccocoma,* die vom Oberjura bis zur Unterkreide vorkommt. Sie ist aus Europa und Asien (Japan) bekannt. Ihre Kelche sind aus massiven, von einer kompakten Calcitschicht überzogenen Platten aufgebaut. Die Basalia, die Radialia und die die Kelchbasis bildende Zentralplatte (Zentrale) sind von Kanälen durchlöchert; die Radialia sind breit und beweglich verbunden.
P. strambergensis ist eine für die Gattung typische Art. Sie lebte in den gut belüfteten oberjurassischen Korallenriffen Mitteleuropas.

4

Uintacrinus socialis Grinell

Ordnung: Uintacrinida
Familie: Uintacrinidae

Die Entwicklung der Articulaten Seelilien wird durch die Tendenz beherrscht, den massiven Kelch abzubauen und beweglich zu gestalten. Im Gegensatz zu dieser allgemeinen Tendenz steht die auf die Oberkreide beschränkte Ordnung der Uintacrinida, die große, aus zahlreichen Platten zusammengesetzte Theken bilden, welche an die Theken von Cameraten Seelilien aus dem Paläozoikum erinnern.
Die großen kugeligen oder ovalen Kronen der Ordnung Uintacrinida haben leicht gebaute Kelche aus sehr dünnen Platten; die Kelchbasis zeigt keine Andeutungen eines Stiels oder einer Haftnarbe. An der Kelchwandung nehmen außer dem Centrodorsale, den Basalia und den Radialia zahlreiche Brachialia und Interbrachialia teil. Die langen Arme mit zahlreichen freien Pinnulae verzweigen sich noch in der Kelchwand. Die Kelchdecke besteht aus flexibel verbundenen Platten und weist eine ungewöhnliche Bauform auf. Die Afteröffnung befindet sich nämlich in der Mitte der Decke, der Mund wanderte dagegen von der Mitte weg.
Die Seelilien der Gattung *Uintacrinus* waren fast auf der ganzen Welt

1. *Pseudosaccocoma strambergensis**, Oberjura (Tithon), Štramberk, ČSSR. Untersicht des Kelches mit sehr kleinen Basalia und großen Radialia. ∅ des Kelches 22 mm.

2. *Marsupites testudinarius**, Oberkreide (Senon), Lüneburg, BRD. Kelch, Seitenansicht. Höhe 33 mm. Der Kelch besteht aus großen polygonalen Platten. Rechts oben eine große Armplatte.

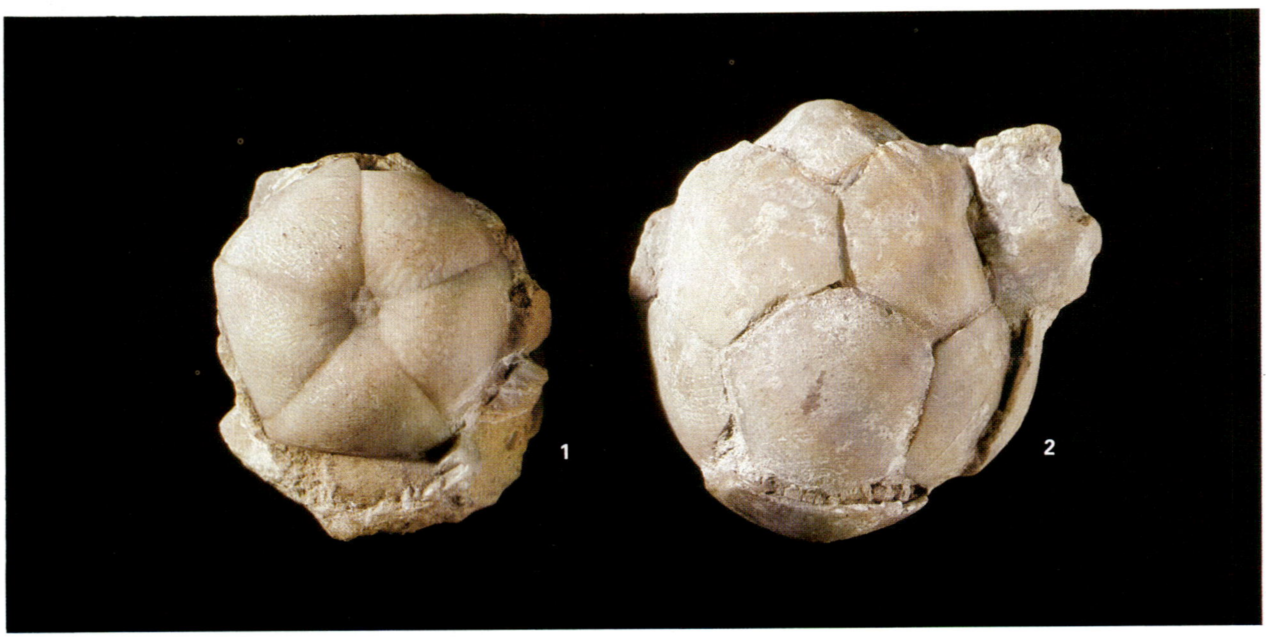

3

3. *Uintacrinus socialis**, Oberkreide(Senon), Kansas, USA. Vollständiges Skelett mit großem, beutelartigem Kelch und langen Armen mit feinbefiederten Pinnulae. Breite der Theka 80 mm.

verbreitet. Sie lebten planktonisch. Man nimmt an, daß ihre Leibeshöhle eine besondere, mit Gas oder Ölteilchen gefüllte Kammer besaß, die das Gesamtgewicht herabsetzte.

Marsupites testudinarius (SCHLOTHEIM)

Ordnung: Uintacrinida
Familie: Marsupitidae

Auch die Oberkreidegattung *Marsupites* ist kosmopolitisch. Auch sie hat einen relativ großen, kugeligen Kelch ohne Stiel oder Haftfläche. Der Kelch **(4)** ist aber aus einer geringeren Zahl großer Platten aufgebaut als der von *Uintacrinus*. Außer dem Centrodorsale sind ein Infrabasal-, ein Basal- und ein Radialkranz von je 5 Platten festzustellen. Die Platten sind durch feine radial gestellte Leisten skulptiert. Die Arme sind schmal, zweifach vergabelt und entweder voneinander getrennt oder an der Basis durch Interbrachialplatten verbunden. *Marsupites* lebte wahrscheinlich gleichfalls planktonisch, denn auch in ihrer Leibeshöhle konnten ähnliche Schwebestrukturen vorhanden sein wie bei *Uintacrinus*.

Stachelhäuter
Echinodermata

Ordnung: Forcipulatida
Familie: Urasterellidae

Urasterella asperula (STÜRTZ)

Die Seesterne (Unterstamm Asterozoa, Klasse **Stelleroidea**) sind frei bewegliche Stachelhäuter mit fünfstrahlig symmetrischem, gewöhnlich sternförmigem, dorsoventral abgeflachtem Körper. Die Mundseite ist anders als bei den sessilen Stachelhäutern nach unten gerichtet. Die formenreichste Unterklasse der Stelleroidea sind die Seesterne (Asteroidea), die vom Mittelordovizium an bis in die Gegenwart bekannt sind. Ihr Körper hat die Form eines Fünfeckes oder häufiger eines fünf- oder (seltener) mehrstrahligen Sterns. Die von der Körperscheibe ausgehenden Arme entsprechen den Ambulakralzonen. In ihnen verlaufen daher die das Ambulakralgefäß aufnehmenden offenen Ambulakralrinnen. An ihrem freien (distalen) Ende werden sie von einer kalkigen Platte mit einem lichtempfindlichen Organ abgeschlossen. Die Interambulakralzonen zwischen den Ambulakralzonen sind mehr oder weniger stark rückgebildet. Die Arme der Seesterne sind daher anatomisch nicht das gleiche wie die Arme der Seelilienkrone, und zwischen der Körperscheibe und den Armen gibt es daher auch keine deutliche Grenze.
Bei den Seesternen hat das Ambulakralsystem eine neue Funktion im Dienste der Fortbewegung übernommen. Von dem in der Ambulakralrinne liegenden Ambulakralgefäß entspringen nach beiden Seiten kleine Ambulakralfüßchen, an deren Basis ein kleiner, zum Ambulakralgefäß gehöriger Sack, die Ampulle, sich befindet und die an ihrem Ende kleine Saugscheiben haben. Durch das wechselweise Hin- und Herströmen der Flüssigkeit aus den Ampullen zu den Füßchen und zurück wird der Innendruck in den Füßchen verändert, wodurch ein Festsaugen an der Unterlage, ein Ausstrecken und Verkürzen der Füßchen ermöglicht wird und die Ambulakralfüßchen zu Fortbewegungsorganen werden.
Die Eintrittsöffnung in das Ambulakralsystem, die Madreporenplatte, und die Afteröffnung liegen meist auf der nach oben gerichteten aboralen Seite, die vielfach auch als Dorsalseite bezeichnet wird. Das Skelett der Seesterne ist mit einer dünnen Haut überzogen, die auf der Rückenseite mit zahlreichen dünnwandigen, als Außenkiemen fungierenden Hautausstülpungen versehen ist. Das Skelett selbst besteht aus vielen lose verbundenen Platten. Die Hauptstütze des Körpers bildet das axiale Skelett längs der Ambulakralrinnen, das in einen Plattenkranz um den Mund übergeht. An dieses Skelett schließen dann weitere Plattenelemente an.
Die Seesterne zerfallen bald nach dem Tod, und deshalb sind komplette Skelettfunde selten. Zu ihrer Erhaltung waren sehr günstige Bedingungen erforderlich, wie vor allem rasche Einbettung ins Sediment und die Abwesenheit grabender Organismen, die die losen Skelettelemente verschleppen. Die bekanntesten Funde unversehrter Seesternskelette stammen aus den feinen unterdevonischen Bundenbacher (Hunsrück-) Schiefern. Sie sind gewöhnlich pyritisiert, und nach sorgfältiger Präparierung sind an ihnen alle Einzelheiten erkennbar.
Die Gattung *Urasterella* ist außer aus West- und Osteuropa auch aus Kanada bekannt. Aus der sehr kleinen Körperscheibe führen lange, schmale, im Querschnitt runde Arme und Dornen heraus. Die Dornen haben die Aufgabe, die Oberfläche in der Nähe der Atemsäcke zu säubern.

1. *Urasterella asperula,* Unterdevon (Unterems), Bundenbach, BRD. Größe des Skeletts 65 mm. Die nach der Strömung gerichteten langen Arme dieser häufig vorkommenden Art lassen Schlüsse über die Strömungsrichtung in Bodennähe zu.

2. *Helianthaster rhenanus**, Unterdevon (Unterems), Bundenbach, BRD. Größe 110 mm. Das fast vollständige Skelett weist die charakteristischen Gattungsmerkmale auf.

Helianthaster rhenanus ROEMER

Ordnung: Spinulosida
Familie: Helianthasteridae

Die Gattung *Helianthaster* kommt im Unterdevon Europas vor. Von der verhältnismäßig großen, an der Oberfläche gekörnten Körperscheibe strahlen 14 bis 16 kräftige Arme heraus. Die Oberfläche ist mit zahlreichen kurzen Dornen bedeckt.

1

2

Metopaster hunteri (FORBES)

Ordnung: Valvatida
Familie: Goniasteridae

Die Seesterne gehören zu den konservativen Formenkreisen. Sowohl in ihrem äußeren Aussehen als auch in ihrem inneren Bau unterscheiden sich ihre heutigen Vertreter nur wenig von ihren paläozoischen Vorfahren. Deshalb vermittelt das Studium der Ökologie heute lebender Seesterne ein ziemlich genaues Bild über die Lebensweise der fossilen Arten. Wie die übrigen Stachelhäuter sind auch die Seesterne ausschließlich Meerestiere. Sie leben in warmen und kalten Meeren. Ihre größten Arten erreichen Durchmesser bis zu 1,2 m. Meist sind sie getrenntgeschlechtlich und besitzen die Fähigkeit, abgetrennte Körperteile zu regenerieren. Die meisten Seesterne sind Räuber, die sich von anderen Seesternen, Schlangensternen, Seeigeln, Korallen, Polypen, Muscheln, Armfüßern u. a. ernähren. Die Funktion des Kiefers übernehmen den zahnlosen Mund säumende, speziell angepaßte Platten. Die Ambulakralfüßchen im Umkreis der Mundregion sind zu Greiforganen spezialisiert, die größere Beutetiere ergreifen und dem Mund zuführen und sogar Muscheln und Brachiopoden öffnen können. Dabei setzt sich der Seestern auf das Gehäuse einer Muschel oder eines anderen Lebewesens und öffnet mit der großen Muskelkraft der Ambulakralfüßchen die beiden Klappen. Dann schiebt sich der ausgestülpte Rand des Magens zwischen die beiden Klappen der Beute, tötet sie und zersetzt sie mit Verdauungsfermenten. Die Weichteile werden in den Magen gesaugt und außerhalb des Mundes verdaut. Einige Seesterne leben von Kleinnahrung. Die im Wasser enthaltenen organischen Teilchen bleiben an den feinen, die Ambulakralrinne säumenden Wimpern hängen und werden von ihnen zum Mund geschoben.
In der Kreide lebten viele Seesternarten, von denen gewöhnlich nur isolierte Platten gefunden werden. Mit Rücksicht auf die unvollkommenen Funde ist auch die Systematik der ganzen Unterklasse wenig durchgearbeitet.
Die Gattung *Metopaster (= Mitraster)* ist aus der Oberkreide bis ins Miozän Europas, Nordamerikas und Neuseelands bekannt. Ihre fünfecki-

1. *Metopaster hunteri,* Oberkreide (Turon), Kent, Großbritannien. ∅ 50 mm. Vom Skelett sind nur die großen Randplatten erhalten geblieben.

gen Skelette, selten mit schwach verlängerten Armen, bestehen aus einer kleinen Zahl großer, massiver Randplatten und den dichtgedrängten Innenplatten der Körperscheibe.

Calliderma (?) schulzei COTTA et REICH

Ordnung: Granulosina
Familie: Goniasteridae

2. *Calliderma (?) schulzei,* Oberkreide (Turon), Hejšina, ČSSR. ∅ 115 mm. Vollständiges Skelett mit dicken Randplatten. Die Körperscheibe besteht aus kleinen Plättchen. In den Hauptstrahlen sind die Ambulacra gut sichtbar.

Für die leicht zerfallenden, häufig sehr lose gebauten Skelette der Seesterne sind die Fossilisationsbedingungen am günstigsten in feinkörnigen Sedimenten.
Die abgebildete Art wurde gewöhnlich der rezenten Gattung *Stellaster* zugeschrieben. Charakteristisch für das Skelett sind die große Körperscheibe mit nur kurzen Armen und die breiten Randplatten. Diese Merkmale weisen auf die Gattung *Calliderma,* deren Arten von der Oberkreide bis zum Oligozän Europas bekannt sind.

Encrinaster tischbeinianum ROEMER

Ordnung: Oegophiurida
Familie: Encrinasteridae

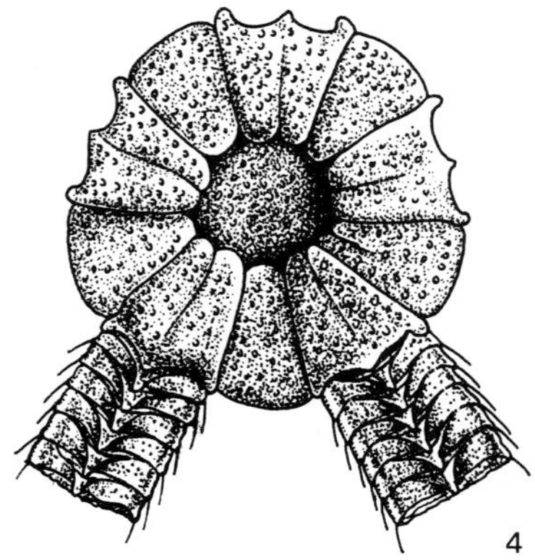

4

Die Schlangensterne (Ophiuroidea) sind seit dem Unterordovizium bis in die Gegenwart bekannt. Von den Seesternen unterscheiden sie sich durch die deutlich abgesetzte Körperscheibe und die im allgemeinen langen, dünnen, zylindrischen Arme. Das hochspezialisierte Axialskelett der Arme erinnert an die Wirbelsäule der Wirbeltiere und verleiht den Armen schlangenartige Beweglichkeit. Alle wichtigen inneren Organe liegen in der Körperscheibe und reichen nicht in die Arme hinein. Die Mundöffnung befindet sich auf der Unterseite des Körpers und dient zugleich als Afteröffnung. Auch die Eintrittsöffnung in das Ambulakralsystem befindet sich auf der Körperunterseite. Die Ambulakralrinnen sind geschlossen, und die Ambulakralfüßchen treten nur seitlich auf die Körperoberfläche heraus. Die Fortbewegung erfolgt nicht, wie bei den Seesternen, durch die Ambulakralfüßchen, sondern durch die schlangenartig beweglichen Arme. Die Schlangensterne leben in verschiedenen geographischen Zonen sowohl in Seichtwässern als auch in Tiefen von vielen tausend Metern.

Ihre Nahrung bilden kleine organische Teilchen, die an ihren mit einem klebrigen Exkret bedeckten Wimpern der Arme haften bleiben. Die Schlangensterne sind gewöhnlich im Sediment eingegraben und fangen mit den freien Armenden Kleinnahrung auf. Mit Hilfe der von den Seitenplatten der Arme und den Dornen geschützten Füßchen transportieren sie die Nahrung zum Mund. Viele Schlangensterne bewegen sich aktiv ziemlich flink am Boden fort, andere wieder leben kommensal auf Seelilien und ernähren sich auf ähnliche Art wie die Seelilien. Es gibt jedoch auch Schlangensterne, deren Mundplatten sich in Kiefer verwandelt haben. Mit den ungemein beweglichen Armen befördern sie die Nahrung in den Mund. Vollständige Schlangensterne sind fossil selten, sehr häufig aber sind die isolierten Skelettelemente, vor allem die wirbelartig umgebildeten Platten des Axialskelettes der Arme.

Die Gattung *Encrinaster* ist vom Oberordovizium bis ins Unterkarbon

1. *Furcaster palaeozoicus**, Unterdevon (Unterems), Bundenbach, BRD. Zwei fast vollständige Skelette. Spannweite des größeren 80 mm.

1

2. *Encrinaster tischbeinianum,* Unterdevon (Unterems), Bundenbach, BRD. ∅ 80 mm. Fast vollständiges Skelett. Die plumpen Arme zeugen davon, daß sich diese Schlangensterne auf dem Meeresgrund nicht sehr schnell fortbewegten.

3. *Geocoma carinata*,* Oberjura (Tithon), Solnhofen, BRD. Vollständiges Skelett. Spannweite 80 mm. *Geocoma* ist der häufigste Schlangenstern in den oberjurassischen Solnhofener Plattenkalken.

bekannt. Ihr Skelett und Aussehen ähneln dem der Seesterne. Die Hälften, aus denen jeder „Armwirbel" besteht, alternieren. An der Körperscheibe ist der Randsaum gut erkennbar.

Furcaster palaeozoicus STÜRTZ

Ordnung: Oegophiurida
Familie: Furcasteridae

Die Arten der Gattung *Furcaster* kommen vom Oberordovizium bis zum Unterkarbon Europas, Nordamerikas und Australiens vor. Sie zeichnen sich durch eine verhältnismäßig große Körperscheibe und lange Arme mit ungefähr gleich großen nadelartigen Stacheln an den Flanken aus. Die Platten um den Mund bilden eine fünfstrahlige Rosette.

Geocoma carinata (MÜNSTER)

Ordnung: Ophiurida
Familie: Ophiuridae

Die Gattung *Geocoma* zählt zu den fortschrittlicheren Schlangensterntypen. Die großen Platten, die zusammen mit den Interradialia an die Armbasis anschließen, bilden einen Kranz, der fast bis in die Mitte der Körperscheibe hineinreicht (**4**). Die Armglieder sind zylindrisch, und beide zusammenwachsenden Hälften liegen einander gegenüber.

Echinozoa

Der Unterstamm, der außer den weichhäutigen Seegurken (Holothurien) vor allem die Seeigel (Echinoidea) umfaßt, unterscheidet sich von allen anderen Stachelhäutern dadurch, daß die Ambulakralgefäße nach innen verlagert und keine offenen Ambulakralrinnen vorhanden sind, sowie dadurch, daß der After auf dem dem Mundfeld gegenüberliegenden Körperpol liegt und die Ambulakralzonen als eine Art Meridiane vom Mund- zum Afterpol verlaufen. Der ganze Körper zeigt daher nicht eine Oralseite, auf die die Ambulakralrinnen beschränkt sind, und eine Aboralseite, sondern fünf vom Oral- zum Aboralpol verlaufende „meridionale" Ambulakralzonen, die von fünf Interambulakralzonen getrennt sind. Älteste Seeigel finden sich im Ordovizium. In den heutigen Meeren leben über 800 Arten. Das Skelett ist eine aus bis zu mehreren tausend Plättchen gebildete Kapsel. Auf deren Oberfläche sind bewegliche Anhänge angelenkt wie z. B. Stacheln zum Schutz, eventuell zur Fortbewegung, und greifzangenartige Pedicellarien, gleichfalls zum Schutz bzw. zum Säubern und zum Heranreichen der Nahrung. Der Mund ist nach unten gerichtet und bei vielen Arten mit Kiefern versehen. Das Skelett besteht aus zwei Platten-Hauptgruppen. Die Scheitelregion (After- oder Aboral-Pol, „Dorsalseite") besteht aus fünf das After- = Periproktfeld umgebenden Ocellarplättchen, in denen die Ambulakralzonen endigen. Zwischen sie, also interambulakral, schalten sich fünf oder weniger Genitalplatten mit den Austritten der Genitaldrüsen. Eine von diesen, meist etwas größer und siebartig durchbohrt, ist die Madreporenplatte, die in das Ambulakralgefäß-System führt. Das normalerweise im Zentrum des Scheitelschildes liegende Afterfeld (Periprokt) kann aus diesem hinaus in eine Interambulakralzone verlagert werden („Irreguläre Seeigel"). Die zweite Plattengruppe bildet die Corona mit fünf Ambulakral- und fünf Interambulakralfeldern. In den Ambulakralplatten sind Poren, durch welche die Ambulakral-Füßchen austraten, die zur Fortbewegung, zum Atmen und Tasten dienten. Mund- und Afteröffnung hatten an ihrem Umfang eine hautartige Membrane, häufig mit verschieden großen und unterschiedlich angeordneten Platten.

Rhabdocidaris orbignyana (AGASSIZ)

Ordnung: Cidaroida
Familie: Cidaridae

Die Unterklasse der Perischoechinoidea. Sie ist vor allem im Devon bis Perm reich entfaltet. Die Ordnung Cidaroida, die im Silur erscheint, ist der einzige Formenkreis der Perischoechinoidea, der über das Perm bis in die Gegenwart überlebte.

1. *Plegiocidaris coronata**, Oberjura (Oxford bis Tithon), BRD. ∅ des Skeletts 28 mm. Dorsalseite des Skeletts mit abgebrochenem Platten-Scheitelfeld.

2. *Rhabdocidaris orbignyana**, Oberjura (Oxford-Kimmeridge), Bleville, Frankreich. Länge der Stacheln 48 und 58 mm.

3

3. *Tylocidaris clavigera**, Oberkreide (Turon-Campan), Charlton, Kent, Großbritannien. ∅ des Skeletts 26 mm. Um das beschädigte Skelett liegen mehrere Stacheln.

Die cidariden Seeigel haben ein kugeliges, auf der Mundseite und dem ihr gegenüberliegenden Scheitelpol abgeflachtes Skelett mit schmalen Ambulakralzonen. Die Platten der breiten Interambulakralzonen tragen ausgeprägte perforierte Warzen, die in einem etwas eingetieften Warzenhof liegen und auf denen die Stacheln saßen. Fossile Arten kennt man vor allem aus Flachwassersedimenten. Heute leben Cidariden in Tiefen bis 4000 m. Sie bewegen sich mit Hilfe ihrer langen Stacheln fort. Ihre massiven Kiefer gestatten ihnen eine karnivore Lebensweise.
Die Gattung *Rhabdocidaris* ist vom Unterjura bis ins Eozän Europas verbreitet. Ihre Skelette erreichten 10 cm Durchmesser. Die Ambulakralporen sind durch Rinnen verbunden. Die Stacheln sind lang und abgeflacht.

Plegiocidaris coronata (Schlotheim)

Ordnung: Cidaroida
Familie: Cidaridae

Die Gattung *Plegiocidaris* kommt von der Obertrias bis zum Oberjura Europas vor. Sie hat isolierte Poren auf den Ambulakralplatten, ausgeprägte Aureolen um die Warzen und keulenförmige Stacheln mit knotigen Längsrippen (**4** – Seitenansicht des Skeletts).

Tylocidaris clavigera (König)

Ordnung: Cidaroida
Familie: Psychocidaridae

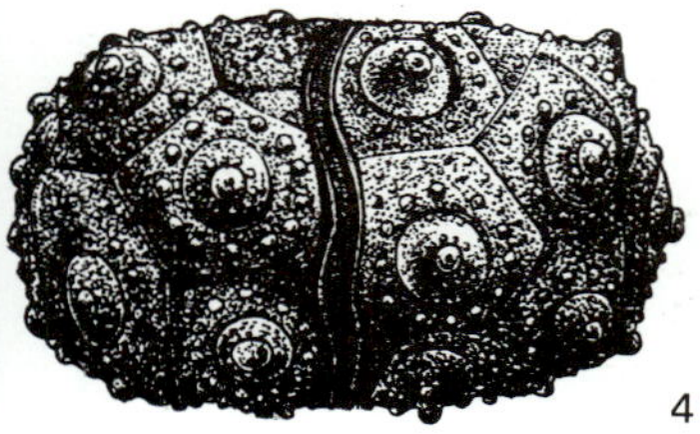

4

Tylocidaris ist ein in Europa verbreiteter Seeigel der Oberkreide. Seine Skelette sind niedrig und aus großen Platten zusammengesetzt. Das Scheitelfeld nimmt fast die Hälfte des Skelettdurchmessers ein. Die Ambulakralporen sind unverbunden, die Warzen glatt, unperforiert und die Stacheln keulenförmig.

Stachelhäuter
Echinodermata

Ordnung: Salenioida
Familie: Acrosalenidae

Acrosalenia hemicidaroides (WRIGHT)

Die Unterklasse Euechinoidea umfaßt die fortschrittlicheren Seeigel, und außer den Cidariden gehören ihr alle heute lebenden Seeigel an. Ihre ältesten Vertreter sind in der Obertrias nachgewiesen. Die fortschrittlichere Organisation im Vergleich zu den paläozoischen Perischoechinoidea erlaubte ihnen Anpassung an sehr verschiedene Umweltbedingungen. Darin liegt es wohl begründet, daß die Euechinoiden sich schon im Jura außerordentlich reich und vielseitig entfaltet haben.

Die Skelettkapsel der Euechinoiden ist starr. Jede Ambulakral- und Interambulakralzone besteht aus zwei Reihen alternierend gestellter Plättchen. Die meisten Vertreter haben einen komplizierten Kieferapparat, der „Laterne des ARISTOTELES" heißt und mit Muskeln an den gürtelförmigen Fortsätzen auf der Innenseite der Coronaplatten befestigt ist. Die Corona der Seeigel wächst einesteils durch Ablagerung kalkigen Materials auf der ganzen Plattenoberfläche, und andernteils bilden sich neue Platten am Rande des Scheitelschildes. Dadurch verschieben sich während des Wachstums die älteren Platten zum Oralpol hin. Das Skelett wächst entweder während des ganzen Lebens des Individuums oder aber nur bis zur Erreichung der Plattenzahl, die für die gegebene Art charakteristisch ist.

Die Ordnung Salenioida ist seit dem Unterjura bis heute bekannt. Der Periprokt liegt in dem auffallend großen Scheitelschild. Zu den großen Ocellar- und Genitalplatten kommen zusätzliche (suranale), die die Afteröffnung in exzentrische Lage bringen. Auf den Interambulakralplatten sind große primäre Warzen und zahlreiche kleine Höcker vorhanden.

1, 2. *Acrosalenia hemicidaroides,* Mitteljura (Bathon), Stanton Wiltoh, Großbritannien. (**1**) Skelett mit Stacheln, ∅ der Corona 23 mm. (**2**) Isoliertes Gehäuse, ∅ 21 mm. Das Scheitelsystem der Plättchen ist unvollständig.

1

J

3, 4. *Hemicidaris crenularis**, Oberjura (Oxford), Frankreich. ∅ der Skelette 35 und 40 mm. Die Aufsicht (**3**) zeigt gut das Scheitelschild mit dem zentralen Periprokt. Die größeren Platten sind die Genital-, die kleineren die Ocellarplatten. (**4**) Seitenansicht.

5. *Acrocidaris nobilis**, Oberjura (Kimeridge), La Rochelle, Frankreich. ∅ des Gehäuses 35 mm; Das Periprokt befindet sich in der Mitte, daneben die Madreporenplatte.

Der Rand des Peristoms hat 10 Kiemenschlitze, durch die die Außenkiemen heraustraten. Er ist glyphostom. Die Gattung *Acrosalenia* kommt im Mitteljura Europas und Ostafrikas vor. Ihr Skelett ist laibförmig, und die Primärwarzen sind perforiert.

Hemicidaris crenularis (Lamarck)

Ordnung: Hemicidaroida
Familie: Hemicidaridae

Die Hemicidariden sind von der Obertrias bis in die Oberkreide bekannt. Der Scheitelschild ist einfach, relativ klein ohne Suranalplatten mit zentral gelegenem Periprokt. Die Primärwarzen sind perforiert und an der Basis gewöhnlich gezähnelt (crenulat).

Die Gattung *Hemicidaris* ist fast weltweit, vor allem in der Flachwasserfazies des Mitteljura bis zur Oberkreide bekannt. Das Gehäuse ist stark gewölbt mit abgeflachter Mundseite und glyphostomem Peristom. Auf den großen Warzen saßen lange, schlanke Stacheln mit feingeriefter Oberfläche.

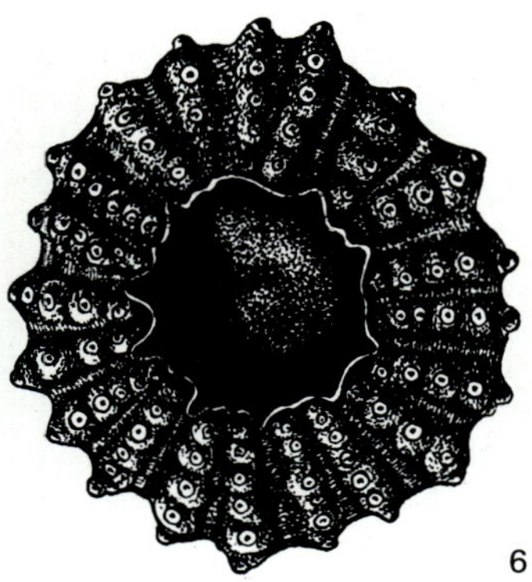

6

Acrocidaris nobilis Agassiz

Ordnung: Hemicidaroida
Familie: Pseudodiadematidae

Die Gattung *Acrocidaris* ist im Mitteljura Europas und Nordamerikas (Mexikos) verbreitet. Ihr Gehäuse ist niedriger, laibartig, mit verhältnismäßig breiten Ambulakralfeldern. Charakteristisch für sie ist der ausgeprägte Höcker auf jeder Genitalplatte (**6** – Ansicht von unten).

Stomechinus bigranularis (LAMARCK)

Ordnung: Phymosomatoida
Familie: Stomechinidae

Die „regulären" Seeigel haben einen kreisrunden Umriß (Umfang). Die zentral gelegenen Peristom- und Periprokt-Öffnungen liegen einander gegenüber auf der nach unten gerichteten („ventralen") Mund- bzw. der nach oben gerichteten („dorsalen") After- oder Scheitelseite. Der Begriff „Reguläre Seeigel" faßt verschiedene Formenkreise zusammen, die die zentrale Lage von Peristom und Periprokt auszeichnet. Die meisten „regulären" Seeigel leben in geringer Wassertiefe warmer Meere mit normaler Salinität. Sie bilden auf steiniger Unterlage in Küstennähe dichte Populationen. Gegen den zerstörenden Einfluß der Wellen schützen sie sich durch festes Ansaugen an die Unterlage mit den Saugscheiben der Ambulakralfüßchen und durch die Besetzung von Vertiefungen, die sie durch kreisende Bewegung der Stacheln und mit Hilfe des Mundes allein ausheben. Die auf weichem Untergrund lebenden Arten haben lange, weiche, nach unten gebogene Stacheln, die das Einsinken verhindern.
Phymosomatoide Seeigel, die vom Mitteljura bis heute leben, zeichnen sich durch ein regelmäßiges Skelett und nicht durchbohrte Warzen aus **(6)**. Das Periprokt ist nur von den Ocellar- und den Genitalplättchen umgeben. *Stomechinus* kommt im Unterjura bis zur Unterkreide Europas, Asiens und Nordafrikas vor. Die Scheitelregion ist klein und das Peristom groß mit Kiemenschlitzen.

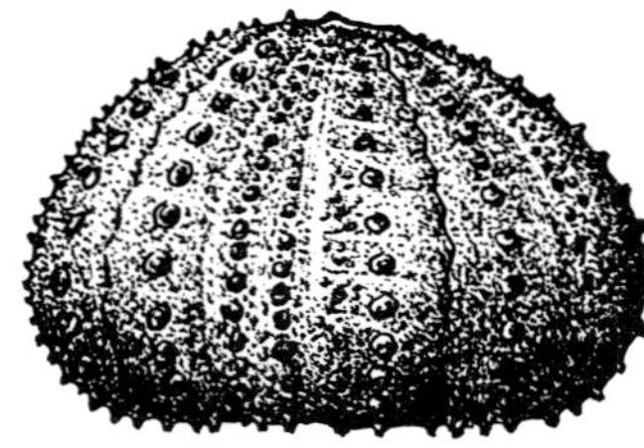

6

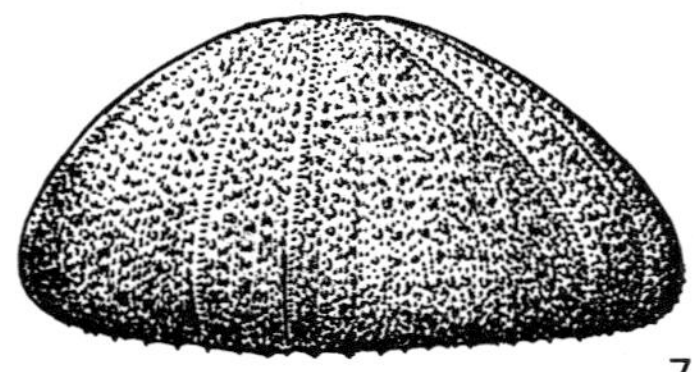

7

Glypticus hieroglyphicus (GOLDFUSS)

Ordnung: Arbacioida
Familie: Arbaciidae

Die arbacioiden Seeigel sind vom Mitteljura bis in die Gegenwart bekannt. Auf dem regelmäßigen Skelett mit nicht durchbohrten und nicht großen Warzen befinden sich zahlreiche Höcker, die durch zusätzliche Kalkausscheidung auf der Außenoberfläche entstanden sind. Die Gattung *Glypticus* ist im Mittel- bis Oberjura Europas, Nordafrikas und Kleinasiens bekannt.

Holectypus depressus (LESKE)

Ordnung: Holectypoida
Familie: Holectypidae

Der Begriff „irreguläre Seeigel" faßt die Formenkreise der Euechinoidea zusammen, deren fünfstrahlige Radialsymmetrie bilateral überprägt ist. Das zeigt sich vor allem daran, daß das Periprokt aus dem Scheitelschild und seiner zentralen Lage in eine Interambulakralzone nach hinten verlagert wird. Er kann bis zum Hinterrand und auf die Unter- (Oral-) Seite wandern. Die im Unterjura erscheinenden Holectypoida überbrükken den Unterschied zwischen regulären und irregulären Seeigeln insofern, als die Skelettkapsel noch die normale Fünfstrahligkeit und die zentrale Peristomlage bewahrt; nur das Periprokt ist nach hinten und oft sogar nach unten verlagert. Bei fortschrittlicheren Irregulären kann auch die Gestalt des Skelettes bilateral werden. Die Ambulakren können auf der Oberseite blattförmig verbreitert sein (Petalodien).
Holectypus hat noch Radialsymmetrie; die Ambulakren sind einfach. Das zentrale Peristom ist glyphostom. Das Skelett ist unten abgeflacht und die Oberseite aufgewölbt **(7)**. Das Periprokt ist im hinteren Interambulakrum nach unten verlagert und liegt hinter dem Peristom.

1, 2. *Holectypus depressus**, Mitteljura (Bajoc), Frankreich. ∅ der Skelette 23 und 18 mm; von oben (**1**) und von unten (**2**) gesehen. Die Vertreter dieser Art lebten auf dem Meeresboden.

3. *Glypticus hieroglyphicus**, Oberjura (Oxford), Chartraines, Haute-Marne, Frankreich. ∅ des Skeletts 26 mm. Die grobe Skulptur auf der Rückenoberfläche der Corona erinnert an eine Hieroglyphenschrift und ist charakteristisch für die Gattung.

4, 5. *Stomechinus bigranularis**, Mitteljura (Bajoc), Dorset, Großbritannien. ∅ der Skelette 35 und 30 mm; von oben (**4**) und von unten (**5**) gesehen. Das Peristom ist vom Sediment teilweise verdeckt.

1
3
2
4
5

Stachelhäuter
Echinodermata

Ordnung: Holasteroida
Familie: Collyritidae

Collyrites analis DESMOULINS

Zur Ordnung Holasteroida gehören typische „irreguläre Seeigel", die vom Unterjura bis in die Gegenwart vorkommen. Die Scheitelregion ist verlängert oder in eine vordere und eine hintere Plattengruppe geteilt. Auf diese Art sind vorn drei Ambulacra (ein Trivium) und hinten ein Ambulacra-Paar (ein Bivium). Das vordere Ambulacrum unterscheidet sich von den übrigen durch Größe, Form oder inneren Aufbau. Zu den wichtigsten Merkmalen zählt das Plastron auf der Unterseite der Corona hinter dem Mund. Das hintere Interambulacrum ist vergrößert und schwach gewölbt; seine Oberfläche spiegelt die funktionelle Spezialisierung wider. Das Periprokt befindet sich gewöhnlich nahe dem Hinterrand der Corona; das Peristom liegt entweder in der Mitte der Unterseite oder ist nach vorn verschoben. Die meisten lebenden Arten haben ein dünnes, fragiles Gehäuse und leben in Tiefen bis 7000 m.
Die Gattung *Collyrites* ist aus dem Mittel- und Oberjura Europas und Nordamerikas bekannt. Ihr Skelett besitzt eine geteilte Scheitelregion. Das Periprokt befindet sich am Hinterrand der Corona, das runde Peristom liegt vor der Mitte. Das vordere Ambulacrum ist schwach eingesenkt. Die Stachelwarzen sind zahlreich und sehr klein.

Ordnung: Holasteroida
Familie: Disasteridae

Disaster avelana AGASSIZ

Die Gattung *Disaster* aus dem Oberjura und der Unterkreide Europas

1. *Disaster avellana,* Oberjura, Balingen, BRD. Länge des Kerns 25 mm; Aufblick. Die vorderen drei Ambulakren bilden ein Trivium, die hinteren zwei ein Bivium.

2, 3. *Collyrites analis,* Mitteljura (Bathon), Decheseul, BRD. Skelett von oben (**2**) und von der Seite (**3**) gesehen. Länge 26 und 36 mm. Nach dem Tod diente das größere Skelett einem Ringelwurm als Unterlage.

und Nordafrikas hat langgestreckte, hinten stark abgeflachte Skelette; das Periprokt liegt am Hinterrand. Der Scheitelschild ist zweigeteilt.

Clypeus plotii Leske

Ordnung: Cassiduloida
Familie: Clypeidae

Die cassiduloiden Seeigel sind vom Unterjura bis in die Gegenwart bekannt. Sie haben petaloide Ambulacra auf der Oberseite des Skeletts. Das Periprokt liegt außerhalb der Scheitelregion im hinteren Interambulacrum in einer Furche. Kennzeichnend für diese Gattung sind die Phyllodien – blattartige Verbreiterungen der Ambulakralzonen um das Peristom, die hier eine Vertiefung bilden. Die Kieferschlitze um das Peristom sind rückgebildet. Adulte Seeigel verloren die Kiefer. Die Tiere lebten im Sediment teilweise vergraben.
Zur aus Europa und Afrika bekannten mittel- bis oberjurassischen Gattung *Clypeus* gehören vor allem große Seeigel mit scheibenförmig niedrigem Skelett, fünfeckigem Peristom und seichten Phyllodien.

Nucleolites scutatus Lamarck

Ordnung: Cassiduloida
Familie: Nucleolitidae

Die Arten der Gattung *Nucleolites* lebten vom Mitteljura bis zur Oberkreide Europas und Afrikas. Das Skelett weist abgerundete Trapezform auf und ist mäßig hoch gewölbt. Die Ambulakren sind auf der Oberseite schwach petaloid. Das Peristom ist schwach nach vorn verschoben. Das Periprokt liegt im hinteren Interambulacrum in einer tiefen, zum Hinterrand verlaufenden Furche auf der Oberseite.

4, 5. *Nucleolites scutatus**, Oberjura (Oxford), Trouville sur Mer, Frankreich. Länge der Skelette 27 und 35 mm, von unten (**5**) und von oben (**4**) gesehen.

6. *Clypeus plotii**, Mitteljura (Bajoc), Liesberg, Schweiz. Länge des Skeletts 67 mm; Aufsicht. Die petaloiden Ambulacra mit den schlitzartigen Poren sind gut zu sehen.

Stachelhäuter
Echinodermata

Ordnung: Cassiduloida
Familie: Nucleolitidae

Catopygus carinatus (Goldfuss)

In den Ablagerungen der Kreideformation kommen stellenweise viele kleine cassiduloide Seeigel vor, von denen einige Gattungen fast kosmopolitisch sind. Eine davon ist die Gattung *Catopygus,* deren stratigraphische Verbreitung vom Oberjura bis in die Unterkreide geht. Die Skelette sind oval, stark gewölbt und nach hinten verbreitert. Die schwach ausgeprägten petaloiden Ambulacra liegen alle in einer Ebene. Am pentagonalen Peristom sind die Interambulacra polsterartig verbreitert.

Ordnung: Cassiduloida
Familie: Nucleolitidae

*Oolopygus pyriformis d'*Orbigny

An den Skeletten cassiduloider Seeigel aus verschieden alten Formationen lassen sich einige interessante Entwicklungstrends verfolgen. So treten einige besondere Spezialisierungen auf wie die Phyllodien u. ä.; das Gehäuse zeigt die Tendenz, sich in die Länge zu strecken und seine Wölbung zu verstärken sowie die Fläche der Ambulakren zu vergrößern. Alle diese Merkmale lassen auf den Übergang zu einem wirksameren und tieferen Eingraben im Sediment schließen. Aufgrund vergleichender Morphologie mit den Vertretern anderer Ordnungen, die sich tiefer eingraben und in Höhlen unter der Oberfläche des Meeresbodens leben, schließen wir, daß die Petaloiden der cassiduloiden Seeigel während des Lebens nicht bedeckt waren.
Die Oberkreidegattung *Oolopygus* ist mit der Gattung *Catopygus* verwandt. Ihre geographische Verbreitung ist auf Europa beschränkt. Die kleinen bis mittelgroßen Skelette ihrer Arten sind stark in die Länge gezogen und verhältnismäßig hoch gewölbt. Die Petaloiden sind nur schwach angedeutet. Auffallend sind die gut entwickelten Phyllodien.

Ordnung: Holectypoida
Familie: Conulidae

Globator ovulum (Lamarck)

In der Kreide entfalteten sich die holectypoiden Seeigel sehr reich; einige von ihnen finden sich in den ihnen zusagenden Fazies fast auf der ganzen Welt oft als häufige Fossilien.
Globator gehört zu den kleinen Seeigeln von der Kreide bis zum Eozän Europas, Nordafrikas, Südasiens und Nordamerikas. Ihre Skelette haben runden bis ovalen Umriß und sind stark aufgewölbt; die Peristomseite ist abgeplattet. Die Ambulacra strahlen vom zentral gelegenen Scheitelschild aus und sind nicht petaloid. Das Peristom ist rund oder elliptisch. Das Periprokt liegt am Hinterrand.

1.–3. *Oolopygus pyriformis*≠, Oberkreide (Senon), Aachen, BRD. Länge der Skelette ca. 20 mm. Der Kern von oben (**1**) gesehen. Die Skelette von der Seite (**2**) und von unten (**3**) gesehen.

4.–6. *Catopygus carinatus*≠, Oberkreide (Cenoman), Le Havre, Frankreich. Länge der Skelette 17 bis 22 mm; von oben (**4**), von unten (**6**) und Seitenansicht (**5**). Die Warzen auf der Skelettoberfläche sind sehr klein und mit bloßem Auge nicht wahrnehmbar.

7. *Globator ovulum,* Oberkreide (Senon), Touraine, Frankreich. Länge des Skeletts 17 mm. Die Ansicht der Unterseite zeigt das elliptische Peristom, das nicht nach der Symmetrieebene langgestreckt ist, sondern mit seiner schrägen Lage die doppelseitige Symmetrie unterbricht.

1
3
2
4
5
6
7

Stachelhäuter
Echinodermata

Conulus subrotundus MANTELL

Ordnung: Holectypoida
Familie: Conulidae

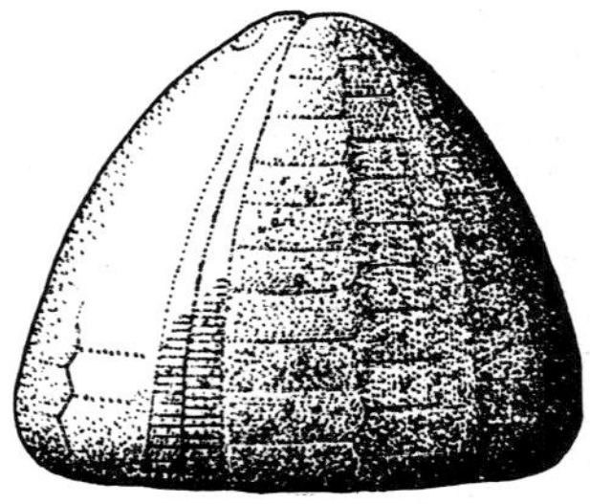

6

Zur Beantwortung der Frage der verwandtschaftlichen Beziehungen zwischen den einzelnen Gattungen der Ordnung trug auch eine der weniger üblichen paläontologischen Methoden bei, nämlich das Studium der kristallographischen Orientierung der Platten, die das Skelett bilden. Wie bei allen Seeigeln oder, besser gesagt, bei den Stachelhäutern überhaupt, bildet jedes Skelettelement (Platte, Stachel u. ä.) einen selbständigen Kristall mit einer bestimmten optischen Orientierung. Diese Kristallorientierung ist für die Vertreter der einzelnen Familien charakteristisch.
Eine der Gattungen, bei der dieses Merkmal studiert wurde, ist *Conulus.* Seine Vertreter sind uns aus der Oberkreide Europas, Nordafrikas, Asiens und Nordamerikas bekannt. Das Skelett **(6)** ist auf der Dorsalseite hoch gewölbt (halbkugelig oder kugelförmig) und auf der Peristomseite flach. Die Ambulakra sind nichtpetaloid, das Peristom ist schwach länglich, und das elliptische Periprokt liegt auf der Unterseite in Randnähe.

Galerites sp.

Ordnung: Holectypoida
Familie: Galeritidae

Die Gattung *Galerites* kommt in der Oberkreide Europas vor. In der äußeren Form ist *Galerites* der Gattung *Conulus* sehr ähnlich, unterscheidet sich aber durch den Bau der Ambulakren, die Anordnung der Warzen an der Oberfläche u. a. Das Peristom ist rund oder fünfeckig, und das runde Periprokt liegt auf der Unterseite in Randnähe.

Camerogalerus cylindricus (LAMARCK)

Ordnung: Holectypoida
Familie: Discoididae

Die Gattung *Camerogalerus* ist ebenfalls typisch in der Oberkreide Europas. Ihre Skelette sind verhältnismäßig groß und helmförmig gewölbt. Die Mund- (Ventral-) Seite ist flach, das Peristom kreisförmig, das zwischen Mund und Skelettrand liegende Periprokt elliptisch. Die Scheitelregion ist klein und unauffällig. Die Warzen sind ungefähr gleich groß.
Die Ökologie der holectypoiden Seeigel ist bisher wenig erforscht. Die Arten der beiden lebenden Gattungen sind aus Tiefen bis 120 m bekannt. Ihre fossilen Vertreter kommen vor allem in feinkörnigen kalkigen Sedimenten innerhalb einer wärmeliebenden Lebensgemeinschaft vor.

1. *Camerogalerus cylindricus**, Oberkreide (Cenoman), Kent, Großbritannien. ∅ des Skeletts etwa 40 mm; von oben gesehen. Für die Oberkreide charakteristische Art.

2, 3. *Galerites* sp., Oberkreide (Senon), Rügen, DDR. ∅ der Kerne etwa 25 und 35 mm; von oben (**2**) und von unten (**3**) gesehen.

4, 5. *Conulus subrotundus,** Oberkreide (Senon), Kent, Großbritannien. Länge der Skelette ca. 30 mm; von oben (**4**) und von unten (**5**) gesehen.

1
2
4
3
5

Holaster subglobosus AGASSIZ

Ordnung: Holasteroida
Familie: Holasteridae

Eine neben den Holectypoiden erfolgreiche Gruppe der Kreide-Seeigel waren die Holasteroida. Die Ordnung wurde nach der Gattung *Holaster* benannt, die fast weltweit von der Unterkreide bis zum Alttertiär vorkommt. Ihre Skelette sind kräftig aufgewölbt, während die Unterseite abgeflacht ist. Die Scheitelregion ist langgestreckt, aber nicht in eine vordere und hintere Plättchengruppe geteilt. Das vordere Ambulacrum ist nicht petaloid, die übrigen Ambulacra sind subpetaloid – sie bilden zwar auf der Oberseite spezialisierte Porenzonen, aber keine echten Petalodien. Das halbkreisförmige Peristom liegt weit vorn, das Periprokt auf der abgeflachten hinteren Seite der Corona. Das hintere Interambulacrum auf der Oralseite (Plastron) ist wichtig für die systematische Bestimmung der holasteroiden Seeigel. Das Vorderende des Plastrons ist die vorspringende Lippe (Labrum), die den Hinterrand des quer ovalen Peristoms bildet. Hinter ihm liegen die großen Episternalplatten des hinteren Interambulacrums. Die unterschiedliche Anordnung und Größe der Warzen auf der Oberfläche des Plastrons (gegenüber der Oberfläche des restlichen Teils der Unterseite) hängt mit dem spezialisierten Stacheltyp auf dem Plastron zusammen.

1. *Holaster subglobosus,* Oberkreide (Senon), Kent, Großbritannien. Länge des Skeletts 43 mm. Von oben gesehen sind die Herzform des Skeletts und der Verlauf der Ambulacra gut erkennbar.

2. *Echinocorys scutatus*,* Oberkreide (Senon), Kent, Großbritannien. Länge des Skeletts 70 mm; Aufsicht.

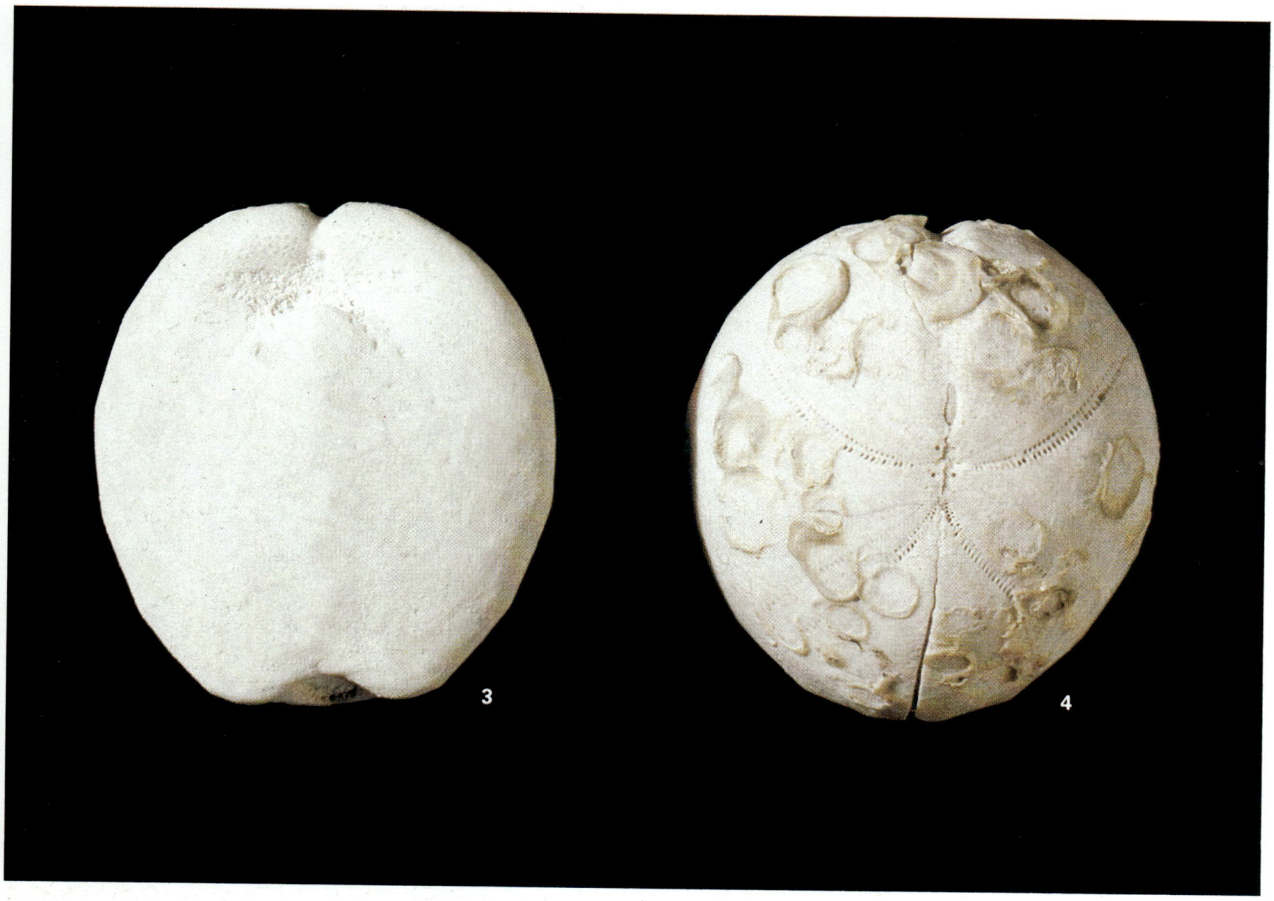

3 4

3, 4. *Hemipneustes radiatus**, Oberkreide (Senon), St. Pietersberg, Maastricht, Holland. Länge beider Gehäuse etwa 80 mm. Auf der unteren (ventralen) Seite (**3**) fällt die gewundene Naht zwischen den beiden Plastronplatten auf. Die Oberseite der Skelette der Seeigel diente häufig als gute Unterlage zur Anheftung sessiler Organismen, z. B. von Austern (**4**).

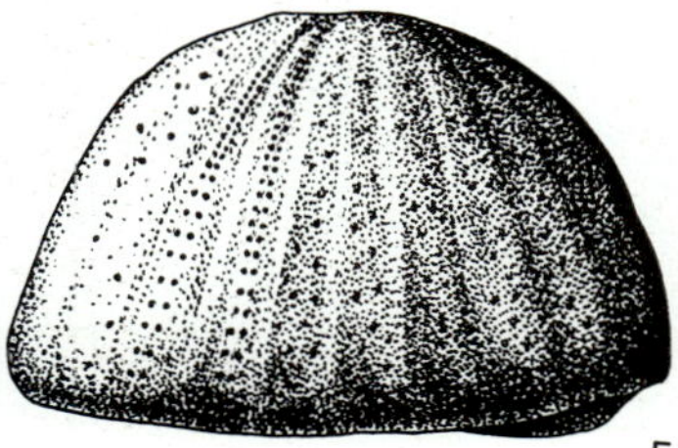

5

Echinocorys scutatus (Leske)

Ordnung: Holasteroida
Familie: Holasteridae

Die Gattung *Echinocorys* ist von der Oberkreide bis zum ältesten Tertiär in Europa, Kleinasien, Madagaskar und Nordamerika verbreitet. Das Skelett ist sehr hoch gewölbt **(5)**, ungefähr oval und nach hinten mäßig verlängert. Die Ambulacra sind nicht petaloid. Das Peristom ist weit nach vorn gerückt, das Labrum fehlt. Das Plastron ist schwach erhöht, und das Periprokt liegt in Randnähe.

Hemipneustes radiatus (Lamarck)

Ordnung: Holasteroida
Familie: Holasteridae

Die größten Kreide-Seeigel gehören in die Gattung *Hemipneustes* und waren in der Oberkreide Europas, Nordafrikas, Madagaskars und Indiens verbreitet. Sie können bis zu 10 cm lang werden. Sie sind vor allem erkennbar durch ihre hochgewölbte, orale Gestalt, mit abgeplatteter Hinterseite und einem tief versenkten vorderen Ambulacrum. Die paarigen Ambulacra sind subpetaloid. Das nach vorn verschobene Peristom ist halbmondförmig.
Aus den Meeren der Gegenwart ist nur eine einzige Gattung der Familie Holasteridae bekannt. Ihre Arten leben im Indischen und Stillen Ozean in Tiefen von 250 bis 900 m. Die meisten fossilen Vertreter der Familie und der ganzen Ordnung sind in feinkörnigen Sedimenten anzutreffen.

Ordnung: Spatangoida
Familie: Toxasteridae

Toxaster complanatus (AGASSIZ)

Die spatangoiden Seeigel erschienen in der Unterkreide. Sie haben sich seit der Oberkreide bis in die Gegenwart sehr reich entfaltet und eine Reihe wichtiger Leitfossilarten hervorgebracht. Das herzförmige Skelett hat zwei petaloide oder subpetaloide Ambulacralpaare und ein unpaariges nichtpetaloides vorderes Ambulacrum, das häufig in einer tiefen Rinne liegt. Die Scheitelregion besteht aus vier Genital- und fünf Ocellartäfelchen. Das Periprokt ist an den hinteren Rand der Corona gerückt. Das Peristom liegt weit vorn. Das Plastron besteht aus einer einfachen Platte hinter dem Peristom und bildet die Lippe (das Labrum); hinter ihm folgt ein großes sternales Plattenpaar. Der Peristomrand ist in das Innere der Corona gerichtet. Die Spatangoiden haben sich einer grabenden Lebensweise angepaßt. Sie sind Sedimentfresser und entnehmen dem Sediment seine organische Komponente. Daher haben sie (wie die Holasteroiden) keine Kiefer. Ein verschieden langer, nach oben gerichteter Atmungskanal oder Trichter sichert die Zufuhr von sauerstoffreichem Frischwasser in die Wohnhöhle.
Bei einigen Vertretern der Ordnung entwickelte sich noch ein weiterer, mehr oder weniger waagrechter Kanal zur Entfernung der Exkremente und des ausgeatmeten Wassers. Wenn sie in lockerem Sedimentgrund leben, verfestigen sie die Wände der Kanäle mit einer schleimigen Flüssigkeit oder sichern ihre Durchlässigkeit mit besonders angepaßten langen Stacheln. Die Ambulakralfüßchen in den Petalodien dienen zum Atmen. Die Vertiefungen der Ambulacra zusammen mit den Wimpern

1.–3. *Toxaster complanatus,* Unterkreide (Neokom), Neuchâtel, Schweiz. Länge der Skelette 23 bis 32 mm; von oben (**1**), von unten (**3**) und seitlich (**2**). Das Fehlen von Fasziolen spricht dafür, daß die Seeigel nur wenig im Substrat vergraben waren.

4, 5. *Micraster coranguinum**, Oberkreide (Santon), Kent, Großbritannien. Länge der Skelette 55 und 60 mm. Ausgezeichnet erhaltene Skelette aus der Schreibkreide. Auf der Oberseite angeheftete Ringelwürmer der Gattung *Spirorbis* (**4**). Das glatte Querband auf dem Plastron in der Nähe des Periproktes ist ein Teil der subanalen Fasziole (**5**).

(Cilien), die wahrscheinlich eigene Wasserströmungen hervorrufen, bringen das Frischwasser zu den Atmungsorganen. Ein entscheidender Einfluß kommt dabei den sogenannten Fasziolen zu. Diese scheinbar glatten Bänder auf der Skelettoberfläche sind zu Lebzeiten der Individuen mit feinen Borsten und Wirbelbewegungen hervorrufenden Wimpern dicht besetzt. Anordnung und Verlauf der Fasziolen sind für die einzelnen Gattungen charakteristisch.
Toxaster ist eine der Ausgangsgattungen spatangoider Seeigel. Die Gattung ist aus der Unter- und der Oberkreide Europas sowie Nord- und Südamerikas bekannt. Fasziolen sind nicht vorhanden.

Micraster coranguinum (Leske)

Ordnung: Spatangoida
Familie: Micrasteridae

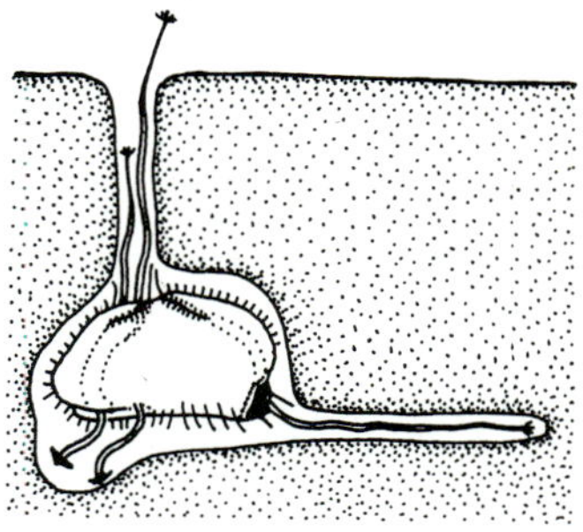
6

Die Gattung *Micraster* ist aus der Kreide und dem Alttertiär Europas, Nordafrikas, Madagaskars und Kubas bekannt. Sie gehört zu den paläontologisch am gründlichsten untersuchten Seeigeln. Das ausgezeichnet erhaltene Material aus der Oberkreide Englands bot eine der am besten belegten Entwicklungsreihen der Wirbellosen. Aufgrund dessen konnten viele Beziehungen zwischen den Skelettbildungen und der Lebensweise der Gattung erklärt werden. Die Arten der Gattung *Micraster* haben ein herzförmiges Skelett. Charakteristisch ist die geschlossene subanale Fasziole unter dem Periprokt. Sie lebten in verschieden tiefen Höhlen unter dem Meeresboden (**6**). Stratigraphisch ältere Arten gruben sich nur wenig ein, jüngere Arten waren dagegen tiefer eingegraben.

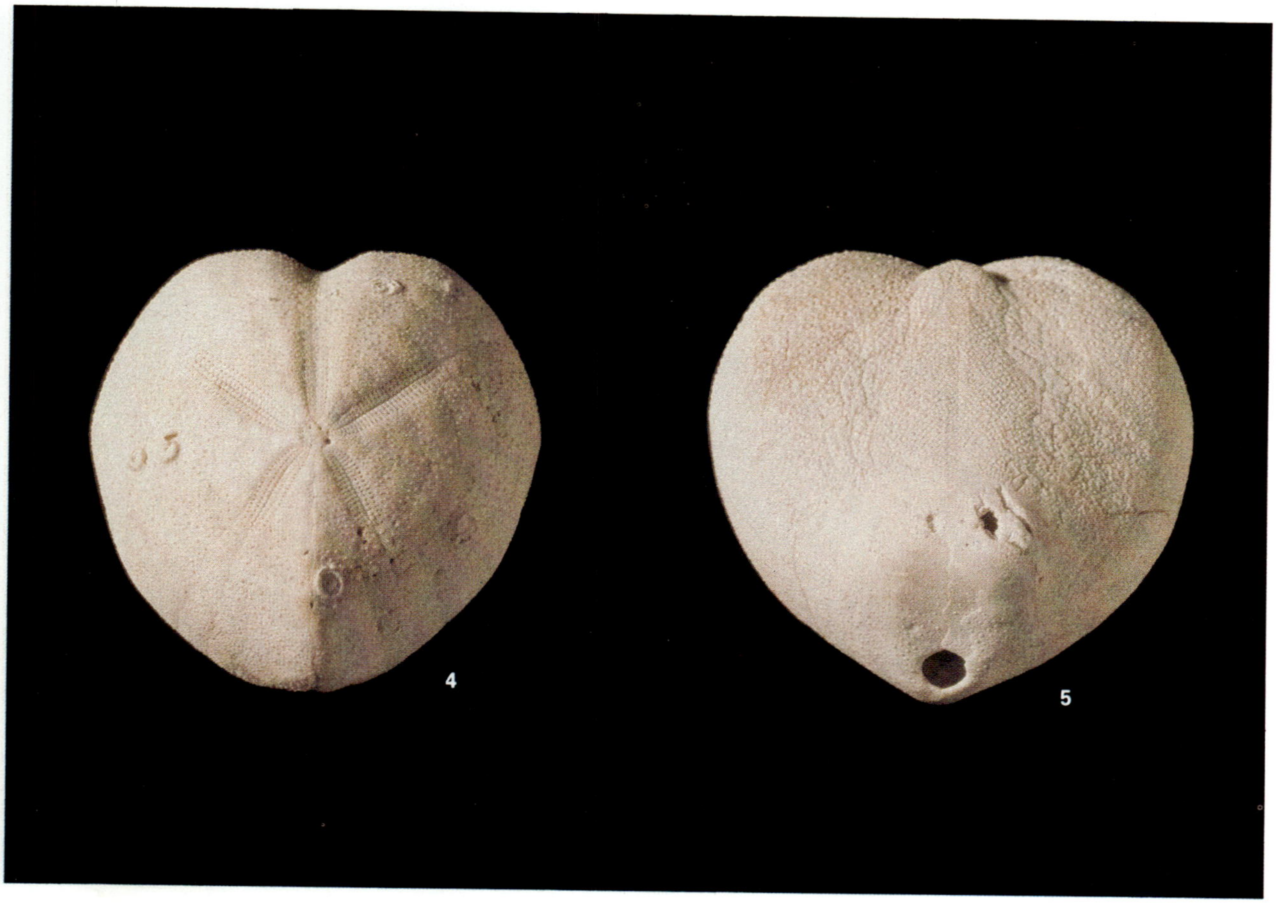
4 5

Schizaster meslei PERON et GAUTHIER

Ordnung: Spatangoida
Familie: Schizasteridae

Während des Tertiärs erschienen mehrere neue Seeigel-Ordnungen, und einige ältere Ordnungen erreichten ihre höchste Entwicklung. Eine herrschende Stellung nahmen auch weiterhin die irregulären Seeigel ein. Die Überprägung der fünfstrahligen Symmetrie durch die zweiseitige Symmetrie ist eine Anpassung an die grabende Lebensweise (Eingraben und die Bewegung im Sediment). Im Eozän lebten die verschiedensten Arten spatangoider Seeigel. Ihr Lebensraum waren vor allem die Sedimente warmer seichter Schelfmeere. Danach starben sie allmählich aus. In den rezenten Meeren sind vor allem die Tiefseearten reich vertreten.
Die Gattung *Schizaster* ist vom Eozän bis in die Gegenwart bekannt und weltweit verbreitet. Beim Periprokt auf der steilen Hinterseite ist das Skelett hoch und läuft in eine stumpfe Spitze aus. Zum vorderen Rand zu senkt es sich schwach. Die paarigen Ambulacra sind eingesenkt, das vordere liegt in einer tiefen Rinne. Die hinteren Petalodien sind wesentlich kürzer als die vorderen. Die Genitalplatten haben zwei bis vier häufig sehr gut ausgebildete Poren. Die Petalodien sind von einem Fasziolenband umgeben, und weitere verlaufen an den Flanken zum Periprokt zu.

Echinolampas cf. cherichirensis GAUTHIER

Ordnung: Cassiduloida
Familie: Echinolampadidae

Im Eozän setzte eine neue Entfaltung der cassiduloiden Seeigel ein. Sie starben jedoch am Ende des Miozäns schnell aus, und heute leben nur mehr einige wenige Gattungen. Aus dem Eozän überlebten in die Gegenwart die Vertreter der kosmopolitischen Gattung *Echinolampas.* Ihre Skelette sind kreisrund bis oval und aufgewölbt. Die Petalodien sind offen. Das Peristom ist fünfeckig oder rund, und die anschließenden Teile der Ambulacra haben vergrößerte, charakteristisch verteilte Poren und bilden Phyllodien. Ein auffallendes Merkmal ist auch das an der Oberfläche glatte oder granulierte Längsband zwischen dem Peristom

1.–3. *Schizaster meslei,* Paläogen (Obereozän), Syrten-Becken, Libyen. Länge des größten Kerns 23 mm; (**1**) und (**2**) von oben, (**3**) von unten gesehen.

4. *Conoclypus subcylindricus,* Paläogen (Eozän), Kressenberg, BRD. ∅ der Skelette 37 mm. Der kreisförmige Umriß und der Verlauf der Ambulacra erinnern bei der Aufsicht auf die Oberseite eher an einen regulären Seeigel.

und dem Periprokt. *Echinolampas* ist eine der artenreichsten Seeigelgattungen, zu der etwa 300 überwiegend fossile Arten gehören.

Conoclypus subcylindricus MÜNSTER

Ordnung: Holectypoida
Familie: Conoclypidae

Am Ende der Kreide starben die meisten holectypoiden Seeigel aus, obgleich auch aus dem Tertiär noch einige wichtige Gattungen bekannt sind. Eine davon ist *Conoclypus,* dessen Vertreter im Mittelmeerraum, auf Madagaskar, in Südasien und in Südamerika beheimatet waren. Ihr sehr hoch gewölbtes Skelett ist nur wenig verlängert, und die Ambulacra sind petaloid. Das Periprokt liegt auf der abgeplatteten Unterseite in der Nähe des trichterartig verlängerten Peristoms.

5. *Echinolampas cf. cherichirensis,* Paläogen (Oberoligozän), Darnah, Libyen. Länge des Skeletts 61 mm. In den kleinen Warzen an der Oberfläche saßen einfache Stacheln.

Stachelhäuter
Echinodermata

Echinocyamus luciani LORIOL

Ordnung: Clypeasteroida
Familie: Fibulariidae

4

Die Clypeasteriden erschienen am Ende der Kreide. Sie erreichten im jüngeren Tertiär (im Miozän) den Höhepunkt ihrer Entwicklung, und bis in die Gegenwart überlebten 24 Gattungen. Sie haben einen gerundet pentagonalen Umriß. Innen sind sie häufig durch ein Pfeiler- und Lamellensystem versteift. Die Petalodien sind auf der Oberseite mindestens ebenso breit wie die Interambulacra. Das Peristom liegt nahe der Mitte der flachen Unterseite, und auch das Periprokt ist auf die Oralseite verlagert. Die meisten Arten haben auf der Unterseite einfache oder kompliziert verzweigte Verdauungsfurchen. Die clypeasteriden Seeigel sind mit einem kräftigen Kieferapparat ausgerüstet. Sie leben hauptsächlich in Küstennähe, wo sie sich im weichen Sand oder Schlamm eingraben. Die Cilien in den Ambulakralrinnen auf der Unterseite des Skeletts sichern die Zuleitung des Wassers samt der Nahrung zum Mund. Im Substrat liegen die Seeigel entweder waagrecht oder schräge, mit dem Vorderteil versenkt und dem Hinterteil über der Sedimentoberfläche. Zu den Feinden aller Seeigel gehören außer dem Menschen die Seeottern (*Enhydra lutris*), spezialisierte Fischarten, Seesterne und einige Seeigelarten.
Die Gattung *Echinocyamus* kommt auf der ganzen Welt vom Oberjura bis in die Gegenwart vor. Ihre kleinen, nur wenig abgeflachten Skelette sind oval. Die Petalodien weisen eine nur kleine Zahl einfacher, paarweise angeordneter Poren auf. Das Periprokt liegt auf der Unterseite vom Skelettrand etwas entfernt. Einige Arten graben sich aktiv ein, andere leben in Gehäusebruchstücken und decken sich mit Hilfe der Ambulakralfüßchen mit ihnen zu. Einer ähnlichen Maskierungsart begegnen wir jedoch auch bei einigen regulären Seeigelarten.

Sismondia saemanni LORIOL

Ordnung: Clypeasteroida
Familie: Laganidae

Für die meisten clypeasteroiden Seeigel ist das abgeflachte Gehäuse typisch, wie es z. B. die Vertreter der kosmopolitischen Gattung *Sismondia* haben. Sie kommen in den eozänen bis miozänen Sedimenten vor. Das Skelett hat elliptischen oder fünfeckigen Umriß und ist auf

1. *Sismondia saemanni,* Paläogen (Mitteleozän), Syrten-Becken, Libyen. Länge des größten Skeletts 12 mm.

2. *Echinocyamus luciani,* Paläogen (Obereozän), Syrten-Becken, Libyen. Länge des größten Skeletts 12 mm. Die meisten Arten der Gattung *Echinocyamus* sind an die tropische Zone gebunden.

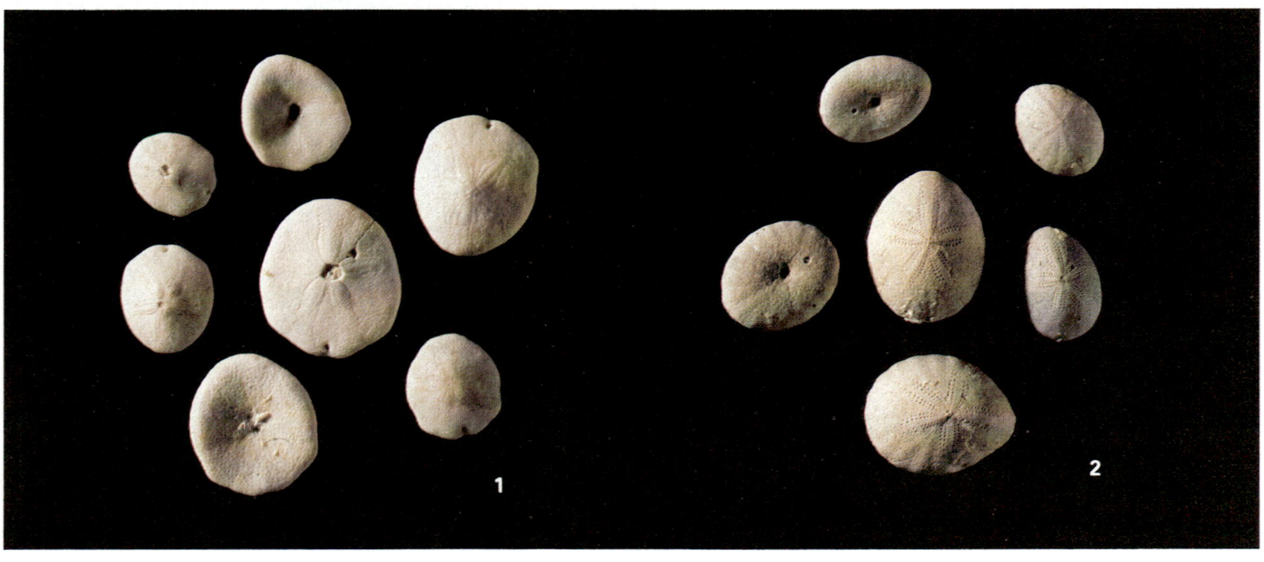

der Unterseite ausgebaucht. Die Petalodien sind offen und die Nahrungsfurchen auf der Unterseite einfach.

Ordnung: Clypeasteroida
Familie: Clypeasteridae

Clypeaster aegyptiacus WRIGHT

Zur kosmopolitischen Gattung *Clypeaster* mit rund 400 seit dem Eozän bis in die Gegenwart lebenden Arten gehören auch die größten bekannten Seeigel. Ihr abgerundetes fünfeckiges Skelett ist auf der Oberseite häufig stark gewölbt und unten meist abgeflacht. Es ist auffallend massiv, im Innern durch Pfeiler und Lamellen versteift (**4**). Die Plättchen der Scheitelregion sind zu einem fünfeckigen Schild verwachsen. Das Peristom liegt gewöhnlich in einer trichterförmigen Vertiefung. Die Nahrungsfurchen sind einfach. Das kleine Periprokt liegt auf der Oralseite in der Nähe des Skelettrandes.

3. *Clypeaster aegyptiacus,* Neogen (Obermiozän), Mokattan, Ägypten. ∅ des Skeletts 145 mm. An den petaloiden Ambulakren sind die durch eine Rinne verbundenen Poren auffallend.

Graptolithen (*Graptolithina*)

sind eine nur auf das ältere Paläozoikum beschränkte, ausgestorbene Klasse mariner Tiere. Nachdem ihre systematische Stellung lange umstritten war, werden sie heute in die Nähe der Pterobranchia (Flügelkiemer) gestellt, einer formenarmen Klasse des Stammes Hemichordata.
Die Individuen der Graptolithen sind winzig klein, sind aber immer in zahlreiche Individuen umfassende Kolonien zusammengeschlossen. Jedes Individuum ist in ein röhrenförmiges Skelett, die Theka, eingeschlossen, deren zweischichtige Wandung aus Skleroprotein, einem dem Chitin verwandten Stoff, aufgebaut ist.

Der Bau des Weichkörpers ist unbekannt. Man stellt sich vor, daß ähnlich wie bei den Pterobranchiern, die ebenfalls in eine Röhre eingeschlossen sind, der vordere Körperabschnitt mit einer oder einigen Kiemenspalten, dem Mund und einigen den Mund umstehenden Tentakeln aus der Theka herausgestreckt werden konnte. Die Kolonie beginnt mit einer Muttertheka, die Sikula genannt wird und spitz konisch ist. Aus ihr sproßt die zweite Theka, und durch fortschreitende Sprossung von Theken wächst die Kolonie.

Dictyonema elongatum Bouček

Ordnung: Dendroidea
Familie: Dendrograptidae

Die Dendroiden (Dendroidea) sind die primitivere und zuerst erscheinende Ordnung der Graptolithen. Sie reicht vom Mittleren Kambrium bis zum Oberen Karbon. Ihre strauchartig verzweigten Skelette der Kolonie (Rhabdosome) erinnern mit ihrem Aussehen an Pflanzen: so ist es nicht verwunderlich, daß sie diesen zu Beginn der paläontologischen Forschung zugeordnet wurden. Die Kolonien waren sessil und an der

1. *Dictyonema elongatum,* Unteres Devon (Lochkov), Lejškov, ČSSR. Teil eines zart gebauten Rhabdosoms; Länge 75 mm.

1

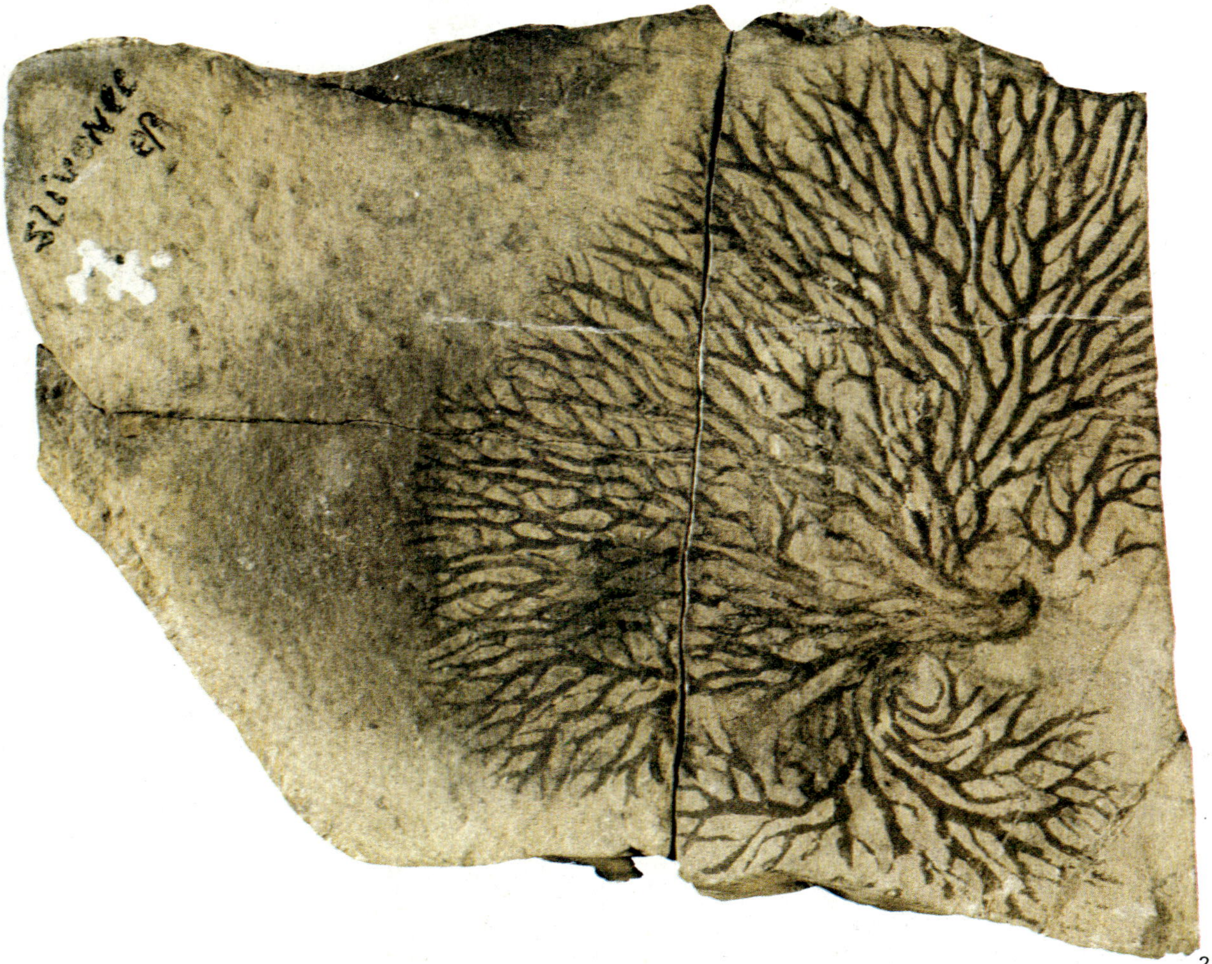

2

2. *Koremagraptus thallograptoides,* Oberes Silur (Přídolí), Prag-Slivenec, ČSSR. Ausnahmsweise günstig erhaltenes, ca. 55 mm langes Rhabdosom mit einem kurzen Stamm an der Basis.

Unterlage mit einer Basalplatte oder mit wurzelartigen Auswüchsen festgeheftet. Das Rhabdosom besteht aus drei Typen von Theken. Aus der röhrenförmig weiterwachsenden Stolotheka sprossen in regelmäßigen Abständen die größeren Autotheken und die kleineren Bitheken. Ob der Dimorphismus der immer paarweise auftretenden Autotheken und Bitheken einem Geschlechtsdimorphismus entspricht, ist unbekannt. Die Stolotheka hält die Verbindung zwischen den Theken der ganzen Kolonie aufrecht. Die Dendroiden lebten meistens in flachen Gewässern sessil, ausnahmsweise auch epiplanktonisch.

Die Gattung *Dictyonema* kommt vom Oberen Kambrium bis zum Unteren Karbon auf der ganzen Welt vor. Die trichterförmigen bis fast zylindrischen Kolonien werden von Ästen gebildet, die sich gabelförmig teilen und allmählich parallel nebeneinander herlaufen und durch Querwände (Dissepimente) verbunden sind. *Dictyonema* lebte meistens sessil und war mit der verdickten Basis an der Unterlage befestigt. Wir kennen aber auch epiplanktonische Vertreter.

Koremagraptus thallograptoides Bouček

Ordnung: Dendroidea
Familie: Acanthograptidae

Die Gattung *Koremagraptus* tritt vom Oberen Ordovizium bis zum Unteren Devon in Europa auf. Sie zeichnet sich durch büschel- oder trichterförmige Rhabdosome aus, deren verhältnismäßig starke Äste unregelmäßig verflochten sind und sogenannte Anastomosen bilden.

Kragentiere
Hemichordata

Didymograptus murchisoni (Boeck)

Ordnung: Graptoloidea
Familie: Dichograptidae

Die eigentlichen Graptolithen (Graptoloidea) lebten vom Unteren Ordovizium bis zum Unteren Devon und erlangten ihre größte Entfaltung im Unteren Silur. Im Unterschied zu den Dendroiden sind ihr Rhabdosome einfach oder nur wenig verzweigt; sie enthalten nur eine Art von Theken. Der Dimorphismus (Auto- und Bitheka) ist verschwunden. Man nimmt an, daß die Individuen hermaphroditisch waren. Die Sikula war mit der Mündung nach unten gekehrt. Ihr spitzes Anfangsteil ist in eine Faser zum Anhängen (Nema) verlängert, die in der Achse (Virgula) verfestigt war. Die Stolonen, mit denen die einzelnen Individuen der Kolonie untereinander verbunden waren, waren skelettlos. Die Graptolithen sind stratigraphisch äußerst wichtig. Sie haben sich ungewöhnlich rasch entwickelt und waren dank der planktonischen bzw. epiplanktonischen Lebensweise weltweit verbreitet. Sie sind im allgemeinen häufig und kommen in verschiedenen Gesteinsfazies vor; außerdem sind sie meist verhältnismäßig leicht bestimmbar. Anhand der Graptolithen konnte in England und danach in allen Kontinenten eine sehr detaillierte Zonengliederung des Ordoviziums und Silurs ausgearbeitet werden. Jede dieser Graptolithenzonen, die durch das Auftreten einer Art charakterisiert wird, umfaßt einen Zeitabschnitt von durchschnittlich 0,7 bis 1,5 Millionen Jahren Dauer. Da sich viele Arten der Graptolithen dem Leben in bestimmten Tiefen angepaßt hatten, gibt die Analyse der Graptolithenassoziationen auch einen bestimmten Aufschluß über die bathymetrischen Verhältnisse. Am häufigsten findet man die Graptolithen in den weitverbreiteten bituminösen Graptolithen-Schiefern. *Didymograptus* ist eine wichtige kosmopolitische Gattung des Unteren und Mittleren Ordoviziums. Ihre Rhabdosome sind gabelartig in zwei Äste aufgespalten, die von der Sikula nach unten wachsen und sich später gegebenenfalls nach den Seiten richten.

Petalograptus folium (Hisinger)

Ordnung: Graptoloidea
Familie: Diplograptidae

Die Graptolithenfauna des Unteren Silur ist sehr formenreich. Die Arten der fast weltweit verbreiteten Gattung *Petalograptus* haben zweireihige Rhabdosome (Theken auf beiden Seiten der Achse). Das Rhabdosom ist kurz oder lang blattförmig, die Theken sind lang, schmal und gerade und haben eine gerade Mündung. Die Achse reicht erheblich über die seitlichen Teile des Rhabdosoms hinaus.

Rastrites approximatus (Perner)

Ordnung: Graptoloidea
Familie: Monograptidae

Die Monograptiden sind die häufigsten Graptolithen des Silur. Zu ihnen gehören auch die jüngsten Arten des Unteren Devons. Ihre Rhabdosome sind einreihig. Die Wachstumsrichtung der Rhabdosome geht in entgegengesetzter Richtung zu der Sikula, und die Theken sind an dem Nemafaden aufgereiht.
Die Gattung *Rastrites,* die im Unteren Silur Europas, Nordamerikas, Asiens und Australiens auftreten, besitzen ein schlankes Rhabdosom, das gerade oder gebogen ist und in dem die langen, weitgestellten Theken ungefähr rechtwinklig vom Achsenfaden abstehen.

1. *Didymograptus murchisoni*,* Unteres Ordovizium (Llanvirn), Prag-Šárka, ČSSR. Zweiästiges Rhabdosom; Länge 25 mm.

2. *Rastrites approximatus*,* Unteres Silur (Llandovery), Lithohlavy, ČSSR, gemeinsam mit *Monograptus lobiferus* (= gerades Rhabdosom) und *Petalograptus folium* (= blattartige Rhabdosome) im verwitterten Schiefer vom Ausmaß 100 × 70 mm.

2
1

Kragentiere
Hemichordata

Spirograptus spiralis (GEINITZ)
Spirograptus turriculatus (BARRANDE)

Ordnung: Graptoloidea
Familie: Monograptidae

Die Rhabdosome der Graptolithen sind oft die einzigen Fossilien der Graptolithenschiefer. Dieser über die ganze Erde verbreitete Faziestyp entstand in unzureichend belüfteten Meeren. Wegen des Sauerstoffmangels am Meeresboden gab es keine Bodenfauna und wurde die Erhaltung der aus höheren Wasserschichten absinkenden Graptolithen-Skelette begünstigt. Die Klassifikation der Graptolithen beruht auf der Gestalt der Theken und manchmal auch auf der Gesamtform des Rhabdosoms.
Die Gattung *Spirograptus,* die durch die spiralig gerollten Rhabdosome definiert wurde, tritt im Untersilur Europas, Nordamerikas, Asiens und Australiens auf. Die Theken sind an den Enden frei und nach hinten gebogen. Die Mündung ist dachförmig gestreckt und mit schmalen, seitlich gerichteten Zipfeln versehen.

Testograptus testis (BARRANDE)

Ordnung: Graptoloidea
Familie: Monograptidae

Die Testograpten, die im Oberen Wenlock Europas, Nordafrikas und Asiens verbreitet sind, haben ein breites Rhabdosom in der Form einer stark gedrehten Spirale. Bei jeder Theka befindet sich an der Innenseite des Rhabdosoms ein Paar langer Grannen.

Monograptus flemmingi (SALTER)

Ordnung: Graptoloidea
Familie: Monograptidae

Die häufigsten Graptolithen, die Vertreter der Gattung *Monograptus,* lebten auf der gesamten Erde vom Unteren Silur bis zum Unteren Devon. Das einfache, einreihige Rhabdosom ist in der Regel gerade, nur selten gebogen. Die unteren Teile sind frei und nach hinten gebogen **(7)**.

Retiolites geinitzianus BARRANDE

Ordnung: Graptoloidea
Familie: Retiolitidae

Die weltweit verbreitete untersilurische Gattung *Retiolites* gehört zu den doppelreihigen Graptolithen. Die Wände des Rhabdosoms sind auf ein Netz mit schrägen Balken, die die Lage der alternierenden Theken angeben, reduziert **(8)**.

Cyrtograptus lundgreni TULLBERG

Ordnung: Graptoloides
Familie: Cyrtograptidae

Die Cyrtograptiden sind für das Untere Silur kennzeichnend. Ihre einreihigen Rhabdosome sind oft verzweigt. Aus dem spiralig gedrehten Hauptast zweigen in regelmäßigen Abständen Seitenäste ab, aus denen Zweige dritter Ordnung hervorwachsen. Die Theken der fast kosmopolitischen untersilurischen Gattung *Cyrtograptus* sind wenigstens im Proximalteil nach hinten gebogen.

7

8

1. *Cyrtograptus lundgreni,* in Assoziation mit *Testograptus testis,* Unteres Silur (Wenlock), Suchomasty, ČSSR. Schiefer; Ausmaß 90 × 60 mm.

2. *Monograptus flemmingi,* Unteres Silur (Wenlock), Prag-Řeporyje, ČSSR. Plastisch erhaltener Rhabdosomteil in der Kalkkonkretion. Länge eines größeren Exemplars 40 mm.

3. *Spirograptus spiralis,* Unteres Silur (Llandover), Grobsdorf, DDR. Ein fast zur flachen Spirale gedrehtes Rhabdosom. Spiraldurchmesser 27 mm.

4. *Retiolites geinitzianus*,* Unteres Silur (Wenlock), Prag-Motol, ČSSR. Netzartiges Rhabdosom; Länge 30 mm.

5. *Testograptus testis*,* Unteres Silur (Wenlock), Králův Dvůr, ČSSR. Rhabdosom mit erhaltener Grannen. Schiefer; Ausmaß 65 × 70 mm.

6. *Spirograptus turriculatus*,* Unteres Silur (Llandovery), Litohlavy ČSSR. Rhabdosome, die zu einer hohen räumlichen Spirale gedreht sind. Graptolithen-Schiefer; Ausmaße 65 × 65 mm.

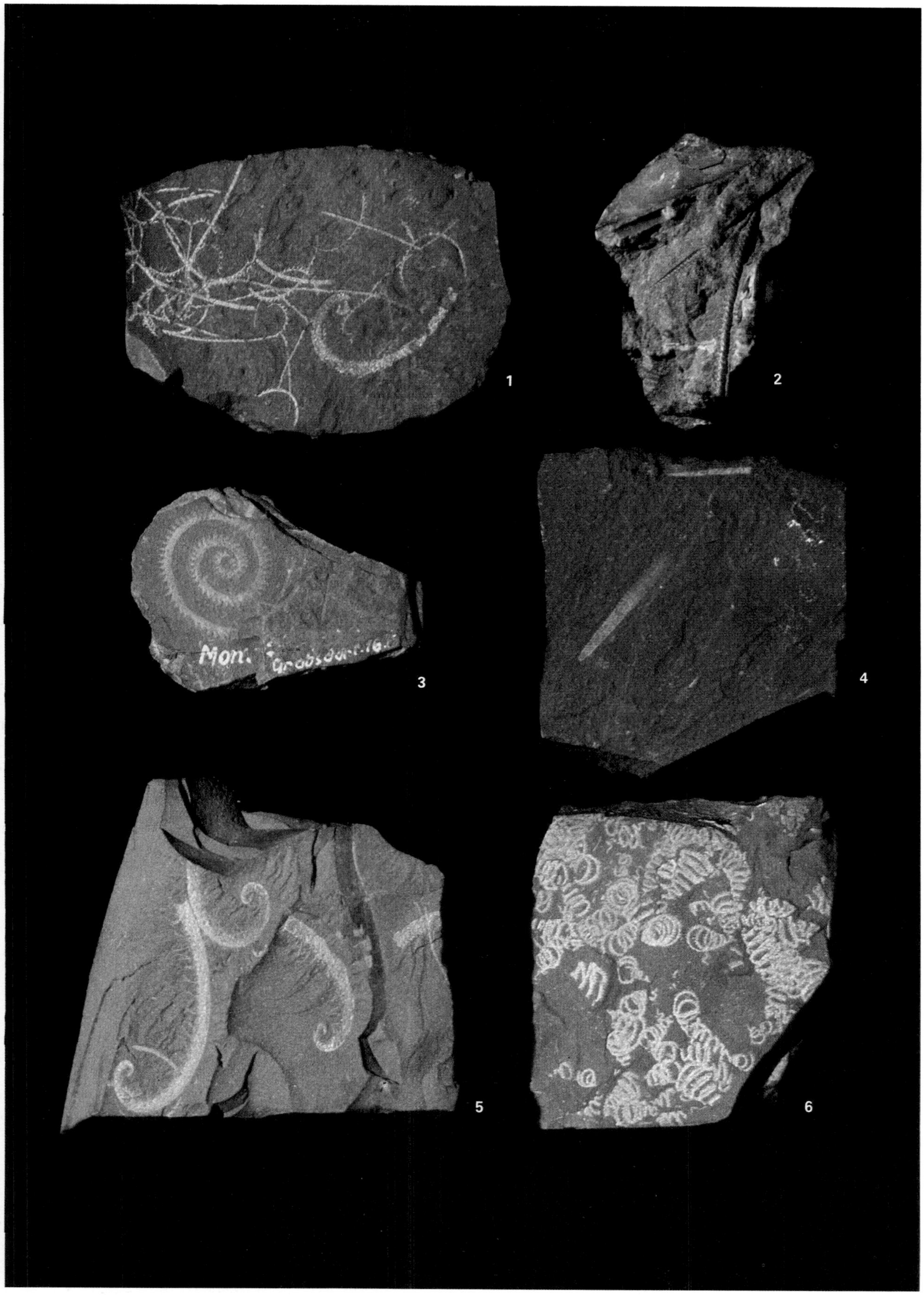
1
2
Mon. Graeßdorf 16.
3
4
5
6

„Dudley–Platte"

Pal(äo)ökologie
Taphonomie

Die in den einzelnen Schichten vorliegenden Fossilgemeinschaften, die auch den paläoökologischen Untersuchungen zugrunde liegen, sind nicht die ursprünglichen Biozönosen (Lebensgemeinschaften). Denn es fehlen in ihnen die nicht fossilisationsfähigen Organismen, da leicht transportierbare Organismenreste eventuell durch Strömungen weggeführt und andere möglicherweise zugeführt oder aus höheren Wasserschichten abgesunken sind. Die Fossilgemeinschaften sind also Assoziationen zusammen eingebetteter Organismenreste, es sind Taphozönosen (Grabgemeinschaften). Mit der Analyse und Entstehung der Taphozönosen beschäftigt sich die Taphonomie. Sie bereitet die Unterlagen für die Paläoökologie, die aus den Taphozönosen ursprüngliche Biozönosen und den Lebensraum zu rekonstruieren sucht.
Beispiel einer Taphozönose, die in der Zusammensetzung der ursprünglichen Biozönose nahe kommt, sind die sogenannten Dudley-Platten aus dem englischen Silur. Es handelt sich hierbei um die Aufhäufung von Zweigen der cryptostomaten und cystoporaten Moostierchen und Korallen, von Algenknollen und Trepostomaten Moostierchen, Rhynchonelliden und Atrypiden Armfüßern und Bruchstücken von Seelilien. Die Zusammensetzung entspricht den teppichartigen Beständen dieser Organismen an den Hängen der Korallenriffe. Daraus, daß die Bruchstücke nur angehäuft und nicht abgerieben, sortiert oder ausgerichtet abgelagert sind, kann man schließen, daß sie nur wenig transportiert und umgelagert worden und wahrscheinlich nur am Riffhang hinabgeglitten sind und dann in einer ruhigen Umgebung abgelagert und eingebettet wurden.

„Orthocerenkalke"

Palökologie
Taphonomie

Die Gehäuse der Kopffüßer konnten dank des Auftriebs durch Fäulnisga-

1. „Dudley-Platte", Unteres Silur (Wenlock), Dudley, Großbritannien. Senkrechte Breite der Fläche 90 mm. Diese Akkumulationen wittern aus weichen Kalkmergeln aus.

2. Polierte Platte eines „Orthocerenkalkes", Oberes Silur (Ludlow), Lochkov, ČSSR. Durchmesser des größten Gehäuses 30 mm. Bemerkenswert sind die vollständige Ausrichtung der Gehäuse, der dunklere, an organischer Masse reichere Kalk im Inneren der Wohnkammern und die grobe detritische Grundmasse des Kalks.

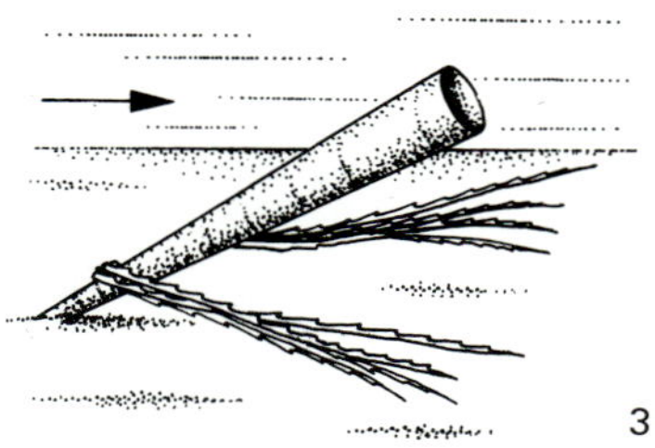
3

se und die Gase in den Kammern mit den Strömungen weit transportiert werden. Durch ihre Anhäufung im Flachwasser oder der Strandregion entstanden die Orthocerenkalke, die vor allem im Ordovizium und Silur auftreten. Die Gehäuse in diesen Kalken sind oft durch den Transport zerbrochen, gut aussortiert (es treten nur wenig andere Fossilien auf) und durch die Strömung oder den Wellengang ausgerichtet.

Graptolithen-„Kometen"

Palökologie
Taphonomie

An den Graptolithen, die von der Strömung erfaßt und um die Gehäuse der Kopffüßer gebogen sind, kann man die Orientierung der Strömung feststellen, die das Gehäuse ausgerichtet hat. In diesem Fall sanken die leeren Kopffüßergehäuse mit den Phragmokonen schräg auf den Grund und werden wie eine Wetterfahne mit den Wohnkammern in die Stromrichtung gedreht **(5)**.

Mit Stachelhäutern bewachsene Trilobiten

Palökologie
Zusammenleben der Organismen

Ein Beispiel von Organismen, die gemeinsam in einem bestimmten Biotop leben, das sich am fossilen Material nachweisen läßt, ist der Kommensalismus. Hierbei erzielt eine Art vom Zusammenleben Vorteile, während die andere Art weder Nutzen noch Schaden hat. Die Edrioasteroiden Stachelhäuter aus dem Ordovizium überwuchsen die Panzer großer Trilobiten. Das Beispiel auf der Abbildung kann in bezug auf die Anzahl der Stachelhäuter schon beginnenden Parasitismus anzeigen; der Trilobit wurde nämlich in seiner Bewegung nicht nur durch das zusätzliche Gewicht und den größeren Wasserwiderstand beim Schwimmen behindert, sondern an den Stellen, wo die „Gäste" auf die Nachbarsegmente übergreifen, auch in seiner Beweglichkeit eingeschränkt.

3. Graptolithen *Monograptus flemmingi* (starkes Rhabdosom; Länge 190 mm) und *Cyrtograptus lundgreni* (dünne Rhabdosome) von der Strömung erfaßt und um das Gehäuse eines orthokonen Kopffüßers gebogen. Oberes Silur (Wenlock, Kosov bei Beroun, ČSSR).

4. *Selenopeltis buchi* mit den Stachelhäutern *Hemicystites bohemicus* und *Argodiscus hornyi* (rechts in der Mitte) bewachsen, Mittleres Ordovizium (Llandeilo), Řevnice, ČSSR. Länge des Trilobiten 96 mm. Die Stachelhäuter sind auf dem negativen Abdruck erhalten geblieben, der von Sammlern gewöhnlich als minderwertig angesehen wird.

Paläobiologie
Palaeobiologie

Hydrocephalus carens BARRANDE — Paläopathologie

Die Paläopathologie beschäftigt sich mit dem Studium der Erscheinungen, die mit der Heilung von Krankheiten und Verletzungen zusammenhängen, und dem Studium angeborener oder erworbener Abnormitäten im Wachstum und in der Morphologie des Fossils.
Das pathologische Pygidium des kambrischen Trilobiten, das auf der rechten Seite mit der letzten Rumpfrippe verwachsen ist, entstand wahrscheinlich während des Wachstums durch die unvollkommene Lösung des letzten Rumpfglieds vom Pygidium.

Ichnospecies
Myzostomites sp. — Palökologie, Palöopathologie, Spurenfossilien, Domichnia

An den Stielen der ordovizischen bis jurassischen Arten der Seelilien der ganzen Welt treten oft beulenartige Schwellungen mit einer oder mehreren Öffnungen in der Mitte auf. Sie wurden von parasitischen Würmern, die mit heutigen Formen verwandt sind, verursacht. Ihre Reste blieben nicht erhalten. Die Seelilien versuchten, die Verletzungen durch schnelles Wachstum auszuheilen. Dieses pathologische Wachstum, das durch Verletzung verursacht wurde, ist gleichzeitig ein Beispiel für das Zusammenleben von Parasit und Wirt.

Spiniscutellum umbelliferum (BEYRICH) — Paläopathologie

Der Trilobit weist in der linken Hälfte des Pygidiums eine ungleichmäßig gewachsene Radialrippe auf. Ähnliche Quetschungen und die Verheilungen kleiner Verletzungen treten bei den scutelliden Trilobiten oft auf. Sie lassen sich durch die breite und sehr enge Duplikatur am Unterrand des Pygidiums erklären, aus der der Trilobit bei der Häutung den Hinterleib nur schwer herausziehen konnte.

Teredo sp. — Spurenfossilien, Domichnia

Außer den Fossilien finden wir in den Sedimenten auch die Spuren ihrer Tätigkeit, die Spurenfossilien. Sie haben große palökologische, sedimentologische und stratigraphische Bedeutung und werden in einem selbständigen Fachzweig der Paläontologie, der Paläoichnologie, behandelt. Eine interessante Gruppe von Spuren stellen Bohrungen in einer festen Unterlage dar. Die meisten bohrenden Organismen bewohnten Gänge und erlangten ihre Nahrung durch das Abfiltern organischer Teilchen aus dem Wasser.
Hier bilden die Meeresmuscheln der Gattung *Teredo* (Bohrmuscheln) eine Ausnahme. Sie bohren mit den verkümmerten Klappen ihrer Schalen im untergetauchten Holz und verzehren die abgeschürften Späne. Ihre Tunnel sind lang, im Querschnitt kreisförmig, erweitern sich mit zunehmender Tiefe und enden halbkugelförmig. Sie sind mit einer schwachen, von der Muschel ausgeschiedenen Kalkschicht ausgekleidet.

1. Stengelteile der Seelilien *Crotalocrinites* sp. mit Geschwülsten von *Myzostomites* sp., Unteres Devon (Prag), Koněprusy, ČSSR. Länge des größten Stengels 57 mm.

2. *Hydrocephalus carens,* Mittleres Kambrium, Skryje, ČSSR. Breite des Pygidiums 25 mm. Es handelt sich wahrscheinlich um einen angeborenen Schaden, denn bei dem durch Wachstum hervorgerufenen Heilungsprozeß bleiben gewöhnlich an den Stellen der Schwellungen auf dem Panzer Verhärtungen zurück.

3. *Spiniscutellum umbelliferum,* Unteres Devon (Lochkov), Kosoř, ČSSR. Länge des Pygidiums 38 mm.

4. *Teredo* sp., Paläogen (Eozän), Sheppey, Großbritannien. Gangdurchmesser gegen 12 mm. *Teredo* verträgt kein Süßwasser, und aus Holz gebaute Schiffe schützen sich deshalb dadurch vor dem Befall, daß sie in die Mündung von Flüssen einlaufen. Aus diesem Grund ist die brackige Ostsee eine Fundgrube für Wracks historischer Schiffe.

5. Ichnospecies *Lumbricaria intestinum**, Oberer Jura (Unteres Tithon), Solnhofen, BRD. Durchmesser des Knäuels 35 mm. Zahlreiche Bioglyphen der Lithographenkalke.

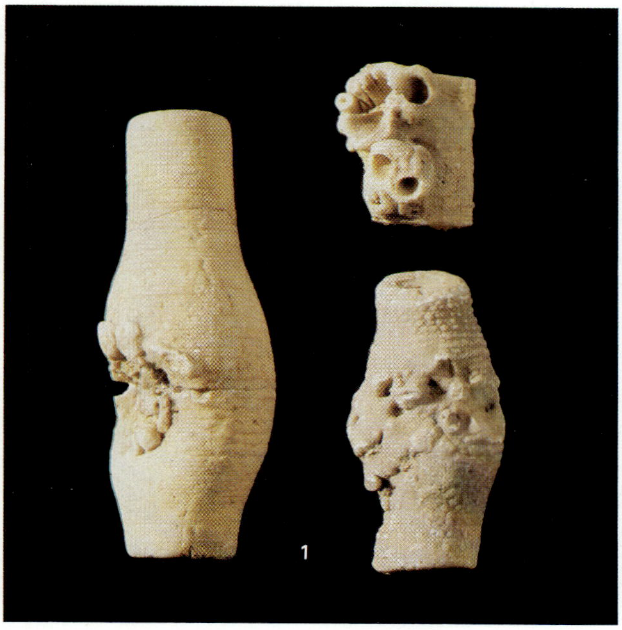

Pg
J
D
Cm

Ichnospecies
Lumbricaria intestinum MÜNSTER

Spurenfossilien
Pascichnia

Zu den Spuren, die die Organismen mit ihrer Tätigkeit hinterlassen haben, gehören auch die fossilen Ausscheidungen, die Koprolithen. Hierher gehört auch das Ichnogenus *Lumbricaria* aus dem europäischen Jura, das nacheinander für alles mögliche gehalten wurde: von den Algen und Würmern bis zu den Eingeweiden von Seegurken und Fischen. Es scheint jedoch, daß es sich hier um die Koprolithen dibranchiater Kopffüßer handelt. Es sind glatte, im Querschnitt kreisrunde, 1 bis 4 mm starke Schnüre, die zu unregelmäßigen Knäueln zusammengerollt sind. Die Masse ist kalkig, selten auch phosphatisch und enthält Bruchstücke der Seelilien aus der Gattung *Saccocoma*.

Ichnospecies
Asteriacites lumbricalis SCHLOTHEIM

Spurenfossilien
Cubichnia

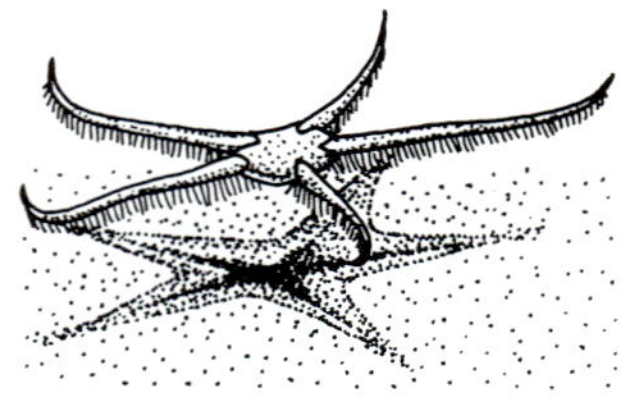

4

Ziel des Studiums der Spuren, die die Tätigkeit der Organismen hinterlassen hat, ist die Klärung der Frage, welche Organismen die Urheber sind und durch welche Tätigkeit die Spur entstand. Das ist nicht einfach und oft auch nicht eindeutig, denn der gleiche Spurentyp kann von den verschiedensten Organismen verursacht sein, und umgekehrt kann ein Organismentyp auch verschiedene Spuren produzieren. Das wirkt sich auch auf das Problem der Klassifikation der Spurenfossilien aus. Am zweckmäßigsten ist es, die Spurenfossilien nach dem Tätigkeitstyp, also nach ökologischen Gesichtspunkten, einzuordnen. Wir unterscheiden gegenwärtig meistens fünf Gruppen von Bioglyphen. Die Domichnia sind Spuren innerhalb des Sediments, die von Wohngängen des Organismus hinterbleiben, also Höhlen, Tunnel, U-förmige Gänge, verschiedene Bohrungen und Grabungen. Fodichnia sind Fraßspuren im Sediment, verschiedene Gänge und Tunnel, die kurzfristig gleichzeitig auch zum Wohnen genutzt werden. Pascichnia sind oberflächliche Spuren, die nach dem Weiden und Fressen zurückbleiben. Es sind oft mäandernde Rillen, Furchen und Streifen, die die Fläche maximal ausnutzen. Cubichnia sind Oberflächenspuren, die nach dem Ruhen und Absetzen entstanden, verschiedene Eindrücke, Depressionen und Lager, die oft die Form des Urhebers aufweisen. Repichnia sind Oberflächenspuren, die das Kriechen hinterließ, Furchen, Rillen, Wege und Tritte.

1

1. Ichnospecies *Helminthopsis spiralis,* Kreide, Marnia, Italien. Spurendurchmesser 4 mm. Die Urheber waren wahrscheinlich wurmartige Lebewesen, die im Sediment fraßen. Es ist nicht ausgeschlossen, daß es sich um *Enteropneusta* handelt. Die Spuren treten oft in der Fazies größerer Wassertiefe auf.

2. Ichnospecies *Bergaueria* sp., Unteres Ordovizium (Arenig), Jívina, ČSSR. Durchmesser der größten Grube 8 mm. Es handelt sich wahrscheinlich um Gruben, die vom Festsitzen der Seeanemonen oder ähnlicher Hohltiere zurückblieben. Sie sind in den verschiedenfarbigen Laminae der tuffitischen Schiefer sehr auffallend.

3. Ichnospecies *Asteriacites lumbricalis**, Unterer Jura (Hettang), Rechberghausen, BRD. Durchmesser 30 mm, verursacht vom liegenden Körper des Schlangensterns *Palaeocoma escheri*. Die Spur ist leicht verwischt, so daß der Ausguß nicht besonders deutlich ist.

Im europäischen und amerikanischen Ordovizium bis zur Gegenwart tritt ein Spurentyp auf, der *Asteriacites* genannt wird und die Eindrücke, die durch das Kriechen und Graben der See- und Schlangensterne entstehen, bezeichnet. Diese Spuren sind gewöhnlich fünfstrahlig sternförmig **(5)**, oft verwaschen und manchmal mit Querrunzeln versehen, die von der Bewegung der Ambulakralfüßchen stammen.

Ichnospecies
Bergaueria sp.

Spurenfossilien
Cubichnia

Dieser Spurentyp aus dem Kambrium und Ordovizium, der aus Europa und Amerika bekannt ist, bildet kreisförmige, zylindrische bis sackförmige Gruben mit halbkugeligem Boden. Im tiefsten Abschnitt befindet sich in der Regel ein warzenartiger Vorsprung.

Ichnospecies
Helminthopsis spiralis
(MENEGHINI)

Spurenfossilien
Pascichnia

Ichnogenus *Helminthopsis* wird aus den Ablagerungen vom Ordovizium bis zum Tertiär beschrieben. Es handelt sich um mäandernde, zylindrische Spuren (Koprolithen?) mit kreisförmigem Querschnitt und glatter Oberfläche, die meistens 3 bis 4 mm stark sind.

Ichnospecies
Skolithos vertebralis FRIČ

Spurenfossilien
Domichnia

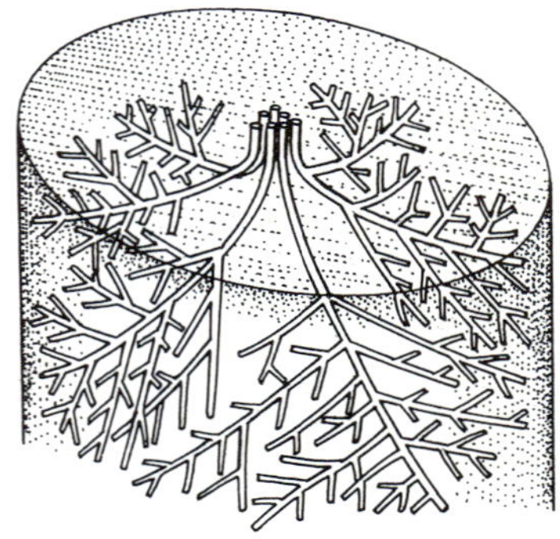

6

Es ist in der Regel nicht möglich, den Urheber der Spurenfossilien zu bestimmen und ihn damit einer bestimmten Art oder Gattung zuzuordnen. Deshalb kann für die Bezeichnung der Spurenfossilen auch die biologische Nomenklatur nicht verwendet werden. Zur Orientierung in der großen Menge der Spurentypen ist ihre Benennung aber unbedingt notwendig. Aus technischen Gründen ist es sinnvoll, eine binomische Nomenklatur zu verwenden, die die Zusammenfassung ähnlicher Spurentypen zu Gruppen, wie sie die Gattungen und Arten darstellen, ermöglicht. Für die Spuren verwendet man die Bezeichnung Ichnospecies für den Begriff „Art" und Ichnogenus für „Gattung". Gleichzeitig sollten die Namen der Spurenfossilien sich nicht mit einem bestimmten Urheber decken oder auch nur an diesen erinnern, denn bei Veränderungen in der Ansicht über die Entstehung der Spuren kann diese Benennung zu Irrtümern führen. So haben zum Beispiel die alten Namen *Lumbricaria* oder *Chondrites,* die Spuren bezeichnen, weder etwas mit Würmern noch mit Algen zu tun. Wir müssen ständig daran denken, daß die Nomenklatur der Spurenfossilien künstlich ist und nur den Typ der Spur, nicht den Urheber, kennzeichnet.
Das im Kambrium und Ordovizium weltweit verbreitete Ichnogenus *Skolithos* vereinigt die nicht sehr dicht angeordneten, schmalen vertikalen oder leicht schrägen kreisförmigen Tunnel, die gewöhnlich in sandigen Sedimenten gegraben wurden. Die Tunnel sind nicht ausgekleidet, ihre Oberfläche ist glatt oder quer gerillt. Die Mündung ist manchmal trichterartig erweitert.

Ichnospecies
Phycodes circinnatum RICHTER

Spurenfossilien
Fodichnia

In den Sedimenten der ganzen Welt, die vom Oberen Präkambrium bis zum Tertiär datiert werden, taucht ein Spurentyp auf, zu dem annähernd

1. Ichnospecies *Skolithos vertebralis,* Mittleres Ordovizium (Llandeilo), Prag-Vokovice, ČSSR. Tunneldurchmesser im Quarzit 2 bis 4 mm. Indikator eines sehr flachen Milieus mit rascher, klastischer Sedimentation.

2. Ichnospecies *Phycodes circinnatum*,* Unteres Ordovizium (Tremadoc), Lerchenhügel bei Heinersdorf, DDR. Länge 90 mm. Auspräparierte Tunnelbündel, die von einem wurmartigen Organismus beim Fressen im feinkörnigen sandigen Sediment gebildet wurden.

1

2

3

4

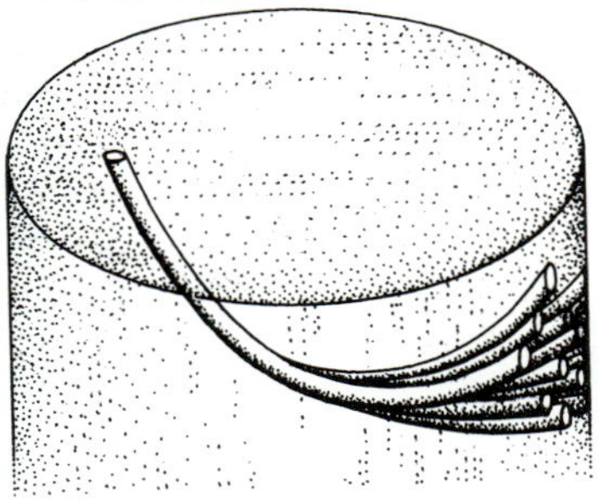

5

3. Ichnospecies *Chondrites* sp., Unteres Devon (Zlíchov), Radotín, ČSSR. Tunneldurchmesser um 3 mm. Dieser Spurentyp, der von einem unbekannten Sedimentfresser geschaffen wurde, ist für tiefere Schelfmeere charakteristisch. Die Tunnelausfüllung weicht gewöhnlich farblich auffallend vom umgebenden Sediment ab.

4. Ichnospecies *Zoophycos* sp., Paläogen (Eozän), Bzová, ČSSR. Durchmesser des Fächers 210 mm. Charakteristisch für verhältnismäßig tiefe Meere in der Nähe der Kante des Kontinentalhangs.

waagrechte, gebündelte Strukturen gehören, die nach oben gebogen sind, sich nach einer Seite hin erweitern und sich spitzwinklig zu dünnen Ästen verzweigen **(5)**. Die Tunnelquerschnitte sind annähernd kreisförmig und unter der dünnen, glatten „Rinde" fein quer gerunzelt.

Ichnospecies
Chondrites sp.

Spurenfossilien
Fodichnia

Die Spuren des Typs *Chondrites* erscheinen vom Kambrium bis zum Tertiär. Zu ihnen gehören die dendritischen Gänge mit gleichem Durchmesser, die sich trotz der Kompliziertheit des Musters nicht kreuzen. Die Art der Verzweigung erinnert an eine Vogelfeder. Diese Spuren bilden im weichen schiefrigen Sediment vielgeschossige Systeme mit Hauptgängen, die nach oben gebogen sind und an der Oberfläche des Sediments münden **(6)**.

Ichnospecies
Zoophycos sp.

Spurenfossilien
Fodichnia

Zoophycos ist vom Kambrium bis zum Tertiär weltweit verbreitet. Hierher gehören große und komplizierte fächerartige, spiralig angeordnete Strukturen, die durch allmähliches Durchfressen des Sediments und die Verlagerung der Radialgänge in einer niedrigen Spirale nach den Seiten entstanden. Die Achse der Spirale ist vertikal und wird von einem schmalen, an beiden Seiten offenen Kanal gebildet. Die Breite des Fächers vergrößert sich mit zunehmender Tiefe gewöhnlich bis auf 1,5 m.

Chordatiere
Chordata

Wirbeltiere *(Vertebrata)*

Wirbeltiere wurden schon frühzeitig besonders herausgehoben und sämtlichen übrigen „Wirbellosen" (Invertebrata) gegenübergestellt. Diese Sonderstellung verdankten die Wirbeltiere ihrem besonders hoch, als Stützskelett entwickelten, aus vielen miteinander durch Gelenke verbundenen Teilen bestehenden Innenskelett. Die nachgeburtliche Entwicklung kann daher ununterbrochen ohne durchgreifende Metamorphosen verlaufen, und der Bautypus des Innenskelettes verleiht dem Körper ohne Rücksicht auf die Größe große Beweglichkeit.
Im stammesgeschichtlichen Ablauf erreichten die Wirbeltiere eine besonders hohe Differenzierung in körperlich-physiologischer wie auch in psychischer Hinsicht (Gehirn, Sinnesorgane). Der Mensch selber, das vernunftbegabte Wesen, ist ja ein Glied des Wirbeltierstammes.

Die Entwicklung der Wirbeltiere vollzog sich, abgesehen von einem problematischen, noch skelettlosen mittelkambrischen Vorläufer, in nachkambrischen Zeiten, ist also von Anfang an durch fossile Dokumente belegt.
Im Oberen Kambrium sind einige nicht gut bestimmbare Knochenbruchstücke gefunden worden. Auch im Ordovizium sind Knochenreste von Wirbeltieren noch sehr selten und können den kieferlosen Rundmäulern zugewiesen werden. Sie sind keine Wirbeltiere im eigentlichen Sinn, da ihre Rückensaite (Chorda dorsalis) persistiert und keine Wirbelverknöcherungen vorhanden sind. Primitivste Wirbeltiere, die auch ein Kieferskelett besaßen, sind fossil erst vom Silur an bezeugt.

Drepanaspis gemundensis SCHLÜTER

Ordnung: Heterostraci
Familie: Drepanaspidae

Die Kieferlosen (Klasse Agnatha), zu denen *Drepanaspis* aus dem Devon gehört, sind fossil vom Oberkambrium bis zum Unterdevon vertreten. Sie hatten ein knorpeliges Innenskelett und meist ein kräftiges Panzerknochenskelett, daher als Osteostraci bezeichnet, dem sie ihre gute fossile Erhaltung verdanken. Neunaugen und Schleimfische sind heute noch lebende Nachzügler, die den Knochenpanzer verloren haben und daher nicht fossil wurden. Die Kieferlosen haben einen Saugmund ohne Kiefer; sie ernährten sich von eingesaugtem organischem Detritus oder parasitisch. Auch paarige Flossen sind nicht vorhanden.
Drepanaspis gemundensis hatte einen Panzer aus großen Platten mit breiten Zwischenfeldern aus kleinen Schuppen. Der Schwanzteil des Körpers war mit großen rhombischen Schuppen bedeckt, und die Schwanzflosse sah am Ende wie abgehackt aus **(2)**. *Drepanaspis* besiedelte Meeresbuchten mit verhältnismäßig ruhigem Wasser und mit angehäuftem organischem Detritus; er war über fast ganz Europa verbreitet. Funde vollständiger, gut erhaltener Exemplare sind verhältnismäßig selten. Häufiger wurden Fragmente des Panzers und des Körpervorderteils gefunden.

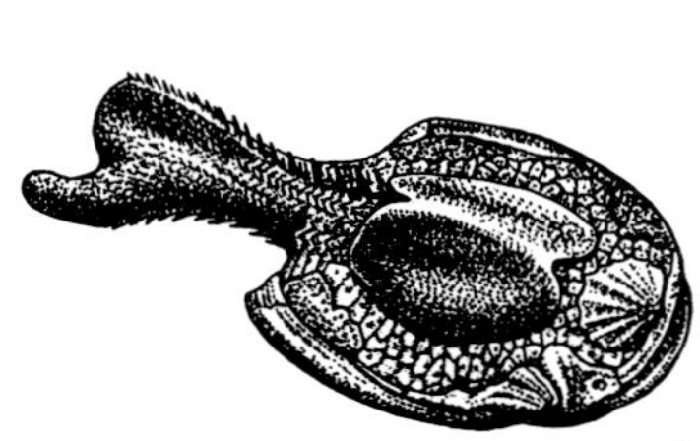

2

1. *Drepanaspis gemundensis,* Unterdevon, Gemünden, BRD. Fast vollständiges Individuum, Gesamtlänge 36 cm. Die Pyritkristalle auf der Versteinerung weisen darauf hin, daß die Fossilisierung in einer Bucht mit stehendem Wasser und einer großen Menge organischer Stoffe bei Sauerstoffmangel erfolgte.

1

Pterichthys milleri AGASSIZ

Ordnung: Antiarchi
Familie: Asterolepidae

Die Ordnung Antiarchi gehört in die Klasse der Panzerfische (Placodermi). Die Panzerfische sind die ältesten bekannten kiefertragenden Wirbeltiere. Wir reihen sie in die Oberklasse Gnathostomata, eine sehr vielgestaltige Gruppe aus verschiedenen Entwicklungslinien. Ihre ersten Vertreter fanden sich im Obersilur, und die letzten starben am Ende des Devons aus. Antiarchi sind so eigenartig aussehende Panzerfische, daß die Wissenschaftler ihre Überreste ursprünglich für Teile von Krustentieren oder Schildkröten hielten. Ein gemeinsames Merkmal aller Angehörigen dieser Ordnung ist der den vorderen Körperteil bedeckende mächtige Knochenpanzer **(3)**. Auch die vorderen Flossen oder, besser gesagt, die vorderen Extremitäten, haben anatomisch mit den Extremitäten der übrigen Wirbeltiere nichts zu tun. Sie waren, wie die Beine der Krustentiere, mit einem aus Knochenplatten bestehenden Panzer bedeckt. Die Ansichten über die Funktion solcher Extremitäten waren sehr unterschiedlich. Am glaubwürdigsten ist, daß sich die Antiarchen mit ihnen vom Grund abstießen. Sie sind wohl eher gekrochen als geschwommen.

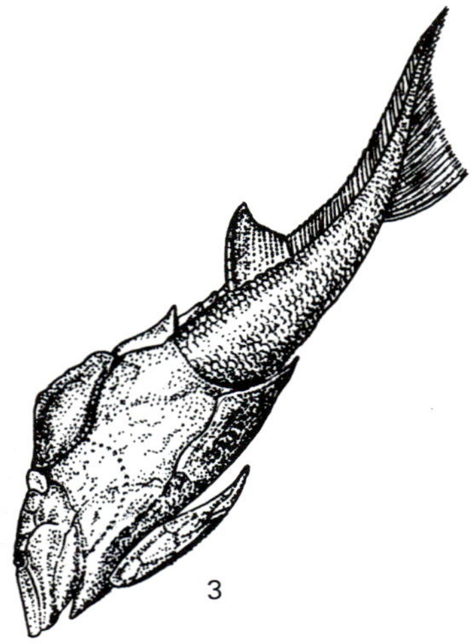
3

1

1. *Pterichthys milleri**, Unterdevon, Großbritannien. Rückenpanzer, Länge des Panzers 6 cm. Da *Pterichthys* häufig als Beispiel für einen Panzerfisch gilt, ist er von den Sammlern sehr gesucht. Die Funde sind allerdings nicht häufig.

2. *Asterolepis maxima,* Unterdevon, Nairn, Schottland. Rückenpanzer, Gesamtlänge des Panzers 9 cm. Außer Rückenpanzern werden manchmal auch isolierte Extremitäten gefunden.

2

Pterichthys milleri erreichte Längen von 10 bis 20 cm. Er hatte einen starken, gewölbten, aus großen Platten bestehenden Panzer, der am Rücken einen mächtigen Kamm bildete. Da der Panzer ungeteilt war, konnte das Tier den Kopf nicht bewegen. Die nahe beieinanderliegenden Augen saßen auf der Rückenseite des Kopfes. Den hinteren Körperteil bedeckten runde Schuppen. *Pterichthys* lebte im Unterdevon auf dem Gebiet des heutigen Westeuropas. Erhalten geblieben sind Teile des Rückenpanzers oder einzelne Plattenbruchstücke.

Asterolepis maxima AGASSIZ

Ordnung: Antiarchi
Familie: Asterolepidae

Diese Art ähnelt der bereits beschriebenen, ist jedoch größer, 20 bis 25 cm. Auch ihr Panzer ist mächtiger **(4)**, und ihre Mittelplatten überragen die Seitenplatten. Die Extremitäten, die schlanker sind als bei *Pterichthys,* enden mit einer Spitze. *Asterolepis* ist eine typische Versteinerung des Old Red Sandstone (Alter Roter Sandstein). Dieser mächtige, aus Sandsteinen, Konglomeraten mit Einschlüssen von Schiefer und Mergel bestehende Schichtenkomplex kontinentalen Ursprungs ist hauptsächlich in Nord- und Nordwesteuropa anzutreffen.

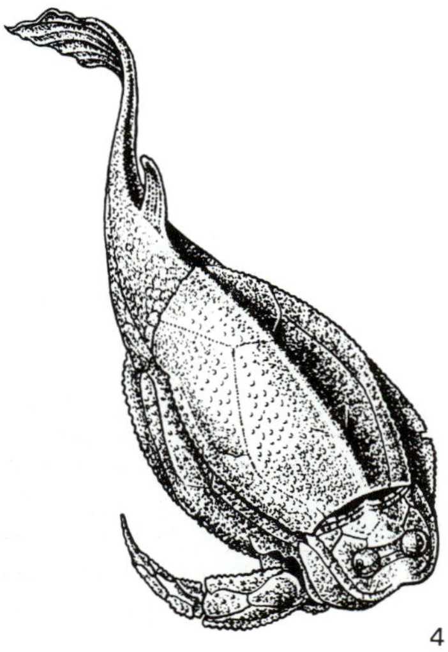
4

Carcharodon megalodon Agassiz

Ordnung: Selachii
Familie: Isuridae

Die Knorpelfische (Chondrichthyes) sind eine Klasse den Fischen sehr ähnlicher primitiver Wirbeltiere, die keinen Knochenpanzer mehr haben und deren Skelett knorpelig bleibt. Nur die Wirbel können Kalkeinlagerungen in den Knorpeln zeigen. Wegen des Fehlens knöcherner Skelettelemente ist die fossile Dokumentation dürftig belegt. Die wichtigste Gruppe der Chondrichthyes sind die Haie und Rochen. Die Fischform des Körpers verleiht den Knorpelfischen große Beweglichkeit im Wasser. Älteste Reste von Knorpelfischen finden sich im Devon. Die häufigsten fossilen Reste von Haien sind die widerstandsfähigen Zähne. Die Zahl der Zähne eines einzelnen Haies ist ungewöhnlich groß. Sie weisen am häufigsten Dreieckform auf und sind in mehreren hintereinander liegenden Reihen angeordnet. Mit ihnen wird die Beute bloß erfaßt oder gerissen. Nur die Zähne der ersten Reihe sind gewöhnlich in Tätigkeit. Sobald sie abgenützt sind, biegen sie sich nach vorn und fallen aus, und an ihre Stelle rückt die nächste Zahnreihe vor.
Die ältesten Funde von Haien stammen aus dem Devon. Sie sind primär marin, das heißt, sie entstanden im Meer und drangen von dort auch ins Brackwasser und ins Süßwasser vor (bei den echten Fischen verlief der ganze Prozeß umgekehrt). Die erste Entwicklungsphase der Haie fällt ins Karbon und ins Perm. Am Ende des Paläozoikums starben viele Gruppen aus, und die überlebenden Gruppen entfalteten sich vom Jura an mit fortschrittlicheren Gruppen. In der Gegenwart sind sie sehr formenreich. Sie konkurrierten mit den echten Fischen (Pisces) lange erfolgreich. Erst vom Mesozoikum an wurden sie von den Fischen überholt.

1. *Carcharodon megalodon,* Neogen (Miozän), Kékkoi Katorban, Ungarn. Breite des größeren Zahnes 8,5 cm und des kleineren 6,5 cm. Die feine Zahnelung an den Kanten macht die Zähne großer Haie so scharf wie Rasiermesser.

1

4

Die Gattung *Carcharodon* **(4)** ist seit der Oberkreide bekannt. In den rezenten tropischen und subtropischen Meeren lebt der Menschenhai *(Carcharodon carcharias)*. Auch sein fossiler Verwandter *C. megalodon* besiedelte warme Meere. Fossil blieben ausschließlich seine Zähne erhalten. Die Funde stammen größtenteils aus Südeuropa und nehmen nach Norden zu allmählich ab. Die Zähne sind auffallend groß (bis 15 cm hoch!), dreieckig, vorn abgeflacht und hinten ausgebaucht. Nach den Zähnen des Menschenhais zu schließen, scheint *C. megalodon* Längen bis 25 m erreicht zu haben!

Scapanorhynchus raphiodon AGASSIZ

Ordnung: Selachii
Familie: Isuridae

Diese fossile Art ist mit dem heute im Stillen und im Atlantischen Ozean lebenden Heringshai *(Lamna cornubica)* verwandt, der 4 bis 6 m lang wird. Gruppen dieser Haie verfolgen die Herings- und Kabeljauschwärme, da ihnen diese Fische als Nahrung dienen. Anscheinend lebte *Scapanorhynchus raphiodon* auf ähnliche Art, war jedoch kleiner (nur 2 bis 3 m). Seine Kiefer waren mit schlanken nadelartigen Zähnen bestückt, die in der Kreide häufig anzutreffen sind.

Isurus (Oxyrhina) mantelli AGASSIZ

Ordnung: Selachii
Familie: Isuridae

Isurus mantelli war in den Kreidemeeren weit verbreitet. Seine Zähne sind abgeflacht, mit scharfen Spitzen an den Seiten und einer breiten in der Mitte. In den rezenten Meeren lebt ein mit ihm verwandter (sehr angriffslustiger) Hai, *Isurus oxyrhynchus,* der von Sportfischern gefangen wird.

2. *Isurus mantelli,* Kreide, Zbyslav, ČSSR. Breite der Zähne 2,7 cm, Höhe 3,8 cm.

3. *Scapanorhynchus raphiodon,* Kreide, Kamajka, ČSSR. Breite der Zähne 0,8 cm, Höhe 1,9 cm.

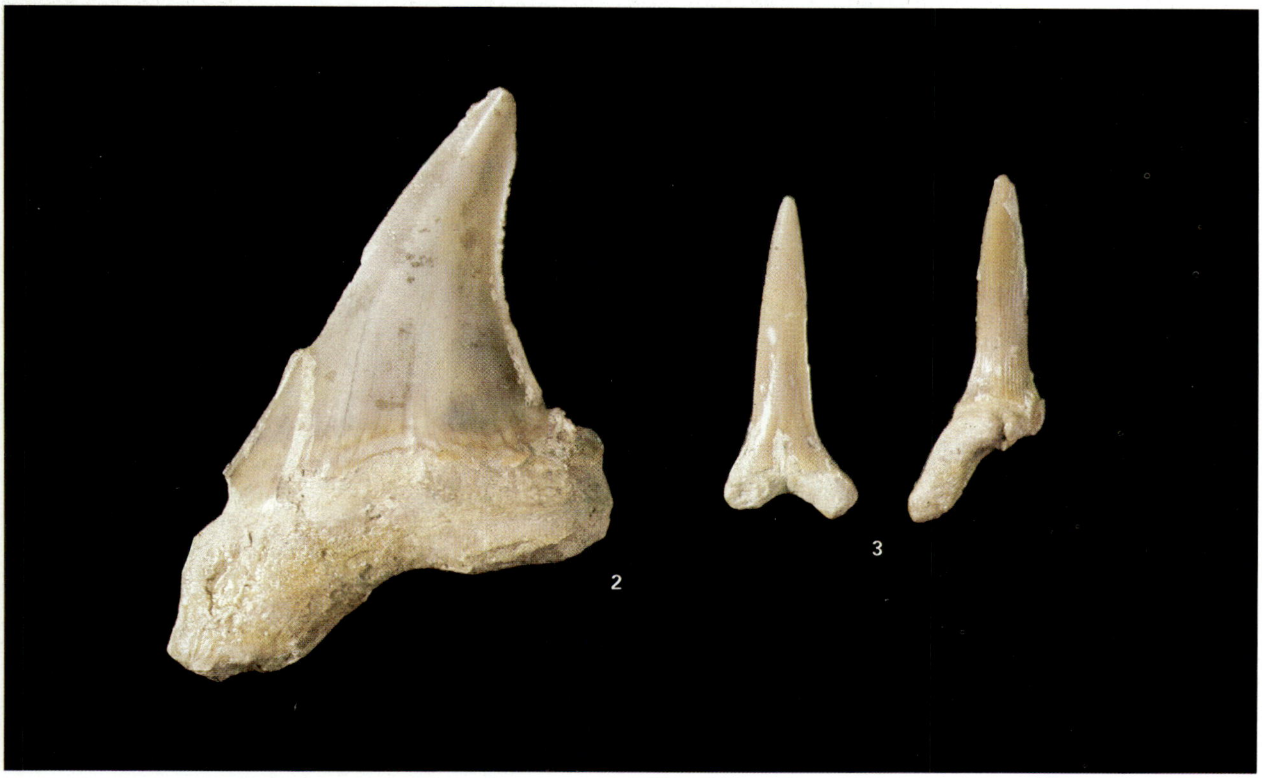

Xenacanthus sp.

Ordnung: Pleuracanthodii
Familie: Xenacanthidae

Die Haie drangen während ihres Bestehens mehrmals aus den Meeren ins Süßwasser vor. Wir erinnern hier an den gegenwärtig lebenden *Carcharhinus nicaraguensis,* der im Süßwasser-Nicaraguasee in Mittelamerika lebt. Die Vertreter der Gattung *Xenacanthus* differenzierten sich während der Entfaltung der Haie im jüngeren Paläozoikum. Es waren primitive Süßwasserhaie mit Knorpelskelett, das durch Calciumprismen versteift war. Die Wirbelbögen waren verknöchert. Das Maul wies zahlreiche charakteristisch geformte Zähne mit zwei großen divergierenden Seitenspitzen und einer kleinen Mittelspitze auf (bei den Zähnen der meisten Haie ist die mittlere Spitze größer und kräftiger als die seitlichen). Hinter dem Kopf der *Xenacanthen* saß ein mächtiger, anscheinend beweglicher Dentindorn mit zwei Reihen kleiner sägeblattartiger Zähne auf der ganzen Hinterseitenlänge. Die Funktion dieses Dorns ist nicht ganz eindeutig geklärt. Er stand vielleicht ursprünglich auf der Vorderseite der Rückenflosse (die rezenten Dornhaie der Familie Squalidae haben scharfe Dorne vor beiden Rückenflossen). Der Körper der *Xenacanthen* **(3)** war lang und schlank und der Schwanzteil der Wirbelsäule unverkürzt. Die Rückenflosse begann hinter dem Kopf und zog sich bis zum Schwanz hin. Interessant sahen die Vorderflossen aus – die Mittelachse ist gegliedert, und die seitlichen Flossenstrahlen sind um sie palmblattförmig angeordnet. Diese Flossenart heißt *Archypterygium.* Von den rezenten Fischen haben diese Flossenart nur die Lungenfische (Dipnoi). Wie sie lebte auch *Xenacanthus* in schlammigen Seen und Tümpeln der Moore, wo er verschiedene kleinere Fische jagte. Wegen des häufig schwankenden Wasserstandes und eventuellen Austrocknens der Wasserlöcher war er gezwungen, auf festem Boden von einem Tümpel zum andern zu wandern, wenn er überleben wollte.

1. *Xenacanthus carinatus* Frič, Karbon, Kounov, ČSSR. Komplettes Exemplar, Länge 74 cm. Die Durchbiegung des Körpers im Rücken wurde durch die Schrumpfung und das Steifwerden der Rükkenmuskeln nach dem Tod des Individuums hervorgerufen. Bei versteinerten Fischen ist das eine ziemlich häufige Erscheinung.

2. *Xenacanthus bohemicus* Frič, Karbon, Nýřany, ČSSR. Dentindorn, Länge 16 cm. Die Oberfläche des Dorns ist manchmal skulptiert.

2

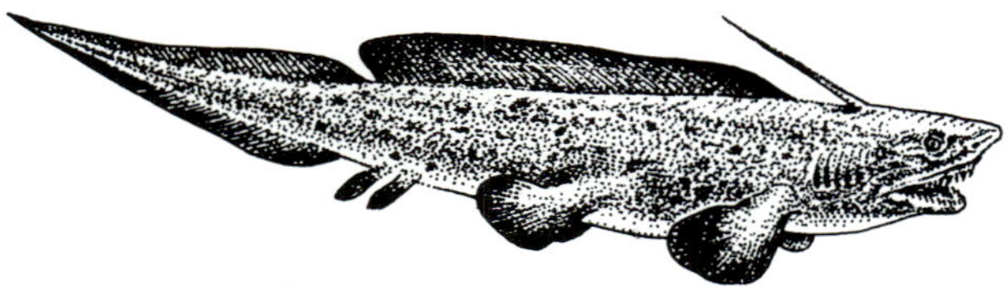

3

1

Paramblypterus rohani (HECKEL)

Ordnung: Palaeonisciformes
Familie: Commentryidae

Die Knorpelfische (Chondrichthyes) und die echten Fische (Pisces = Osteichthyes) – beide erstmals im Devon fossil belegt, beide mit paarigen Flossen – entstammen wohl der gleichen Wurzel, haben sich aber unabhängig nebeneinander entwickelt. Beide sind zu aktiv nektonischer (pelagischer) Lebensweise übergegangen und zeigen daher auch ähnliche Körpergestalt, sind aber nach ihrer Organisation sehr verschieden. Die Knorpelfische sind auf einer primitiveren Organisation stehengeblieben.

Die echten Fische haben ein ganz oder teilweise verknöchertes Skelett, durch Flossenstrahlen versteifte Flossen, die auf einer knöchernen Basis (Schulter- und Beckengürtel) angelenkt sind, und einen die Kiemen bedeckenden Kiemendeckel. Die Entwicklung der Fische erfolgte in aufeinanderfolgenden Entfaltungsphasen.

Die erste Entfaltungsphase – Devon bis Perm – stellten die Ganoidfische (Chondrostei) mit nicht immer voll verknöchertem Skelett und mit einer aus der hintersten Kieme entstandenen Schwimmblase, die vielleicht aushilfsweise auch zur Luftatmung diente.

In die Gegenwart überlebten nur wenige Vertreter (die Störe – Acipenseriformes).

Paramblypterus rohani ist in der älteren Fachliteratur als *Amblypterus rohani* angeführt. Er hatte einen schlanken, spindelförmigen, mit verhältnismäßig großen rhombischen ganoiden Schuppen bedeckten Körper. Ganoidschuppen, die typisch für alle Chondrostei sind, haben über einer knöchernen Basallage eine schwarz glänzende Schmelzschicht (Ganoin). Bei den Stören sind die Ganoidschuppen stark

1. *Paramblypterus rohani,* Unterperm, Semily, ČSSR. Fast komplettes Individuum, Länge 20,5 cm. Der heterocerke Schwanz und die rhombischen Schuppen sind gut erkennbar. Schlechter erhalten ist die Kopfpartie.

1

2

2. *Sceletophorus verrucosus,* Karbon, Třemošná, ČSSR. Ein fast vollständig erhaltenes Exemplar. Länge des Körpers 12,5 cm. An der Versteinerung fehlt das Ende des auffallend langgestreckten Schwanzes. Die grünliche Färbung wurde durch Kupferverbindungen hervorgerufen.

zurückgebildet; stattdessen haben sie einige Längsreihen von Hautknochenplatten. Das Schädelskelett besteht aus mit Dentin überzogenen Hautknochen, die den Gehirnschädel umgeben. Der Mund war groß und hatte zahlreiche kleine Zähne. Die paarigen Flossen waren klein mit von der Knochenbasis ausstrahlenden Flossenstrahlen (Strahlenflosser = Actinopterygii). Die Schwanzflosse war unsymmetrisch (heterocerk): Die Schwanzwirbelsäule reichte nach oben abgebogen bis zum Schwanzende, und die Flossenstrahlen lagen ventral von ihr. Die Vertreter der Art *Paramblypterus rohani* lebten im jüngeren Karbon und im Älteren Perm in den Tümpeln und kleinen Seen der mitteleuropäischen Steinkohlensümpfe. Verwandte Arten besiedelten das ganze heutige Europa, von Großbritannien bis zu den westlichen Gebieten des europäischen Teils der UdSSR.

Ordnung: Palaeonisciformes
Familie: Carbovelidae

Sceletophorus verrucosus (Frič)

Auch diese Art wurde früher zur Gattung *Amblypterus* gereiht. Es ist ein Fisch mit kurzem hohem Körper, großem Kopf, kurzem Maul und starken Zähnen. Der Kopfpanzer ist mit ovalen Höckern übersät. Die unpaarigen Flossen sind groß und kräftig, die paarigen schmäler und schwächer. Der Schwanzteil ist auffallend langgestreckt. Wie die vorerwähnte Art lebte auch *S. verrucosus* in den Tümpeln und Seen der Steinkohlensümpfe Mitteleuropas.

Caturus furcatus Agassiz

Ordnung: Amiiformes
Familie: Amiidae

Als mittlere Entwicklungsphase der Knochenfische werden die Holostei angesehen. Ihr Skelett ist immer noch teilweise knorpelig. Die Schuppen der älteren Formen sind rhombisch, die der jüngeren schon fast oval (zykloid). Die „Lunge" verwandelt sich in die Schwimmblase. Höchste Blüte erreichten die Holostei in der Trias und im Jura. Mit der Kreide starben dann die meisten Arten aus, da sie von den modernen Fischen verdrängt wurden. Bis in die Gegenwart überlebten nur der Amerikanische Schlammfisch *(Amia calva)* sowie der ebenfalls amerikanische *Lepisosteus*.
Caturus furcatus war ein Raubfisch, der der Körperform nach an den Lachs erinnert. Sein Schädel warz kurz, die Kiefer waren kräftig ebenso wie seine Zähne, und seine Wirbelsäule war nur unvollständig verknöchert. Die kleinen, fast zykloiden Schuppen überdeckten einander stark und steigerten dadurch die Festigkeit des Körperpanzers. Die schlanke Schwanzflosse gabelte sich. *C. furcatus* besiedelte während des Jura die Seen Mitteleuropas. Im Unterjura (Lias) war er verhältnismäßig selten, im Oberjura (Malm) jedoch sehr häufig. Die bekanntesten Funde stammen aus den jurassischen Solnhofener Plattenkalken.

1. *Caturus furcatus**, Jura, Solnhofen, BRD. Komplettes Exemplar, Länge 42 cm. Der gabelig geteilte Schwanz, der den Arten ihren Namen gab (furca = Gabel), ist gut zu sehen.

2

2. *Amia kehreri,* Paläogen (Eozän), Wesel, BRD. Komplettes Exemplar, Länge 27 cm. Auffällig ist der verbreiterte Schwanzteil des Körpers.

Aus Solnhofen sind nicht nur Funde gut erhaltener Exemplare bekannt, sondern auch Funde, die Einzelexemplare in verschiedenen Lebenssituationen zeigen. Gut bekannt sind Funde von Exemplaren, die beim Verschlingen Ihrer Beute starben. Dies ist der Fall eines ausgesprochen plötzlichen Todes. In der populärwissenschaftlichen Literatur werden diese Funde oft als Beispiel für verschiedene Katastrophenhypothesen herangezogen. Weniger attraktiv, aber viel wahrscheinlicher ist die Erklärung, daß es sich um Ersticken beim Verschlingen übermäßig großer Beute handelt. Derartige Fälle sind auch aus der Gegenwart bekannt (beispielsweise bei Hechten). Ähnliche Funde von Raubfischen, die auf gleiche Weise starben, wurden aus Südkasachstan (UdSSR) beschrieben und stammen aus Süßwassersedimenten von Karatau.

Ordnung: Amiiformes
Familie: Amiidae

Amia kehreri LAUBE

Die Vertreter der Gattung *Amia* stellen einen Übergang zwischen den Holostei und den Teleostei (den echten Knochenfischen) dar. Der Körper ist langgestreckt und walzenförmig **(3)**. Er endet in einer äußerlich symmetrischen, innerlich aber unsymmetrischen Schwanzflosse (innere heterocerke Flosse). Der Schwanzabschnitt der Wirbelsäule setzt sich zwar in die obere Hälfte der Schwanzflosse fort, ist dabei jedoch wie bei den symmetrischen (homocerken) Flossen verkürzt. Es entsteht eine eigenartige Verbreiterung des Schwanzes, die für die Gattung *Amia* charakteristisch ist. Die dünnen zykloiden Schuppen ohne ganoiden Überzug überdecken sich dachziegelartig. Der auch heute noch vorkommende Amerikanische Schlammfisch lebt in den Seen im Süden der USA in Florida und Texas, im Mississippi sowie in dessen Zuflüssen. Er besitzt eine zur Luftatmung befähigte Schwimmblase und kann deshalb auch den Luftsauerstoff nutzen. Auch seine von Westeuropa (Frankreich) bis Mitteleuropa (ČSSR) verbreiteten fossilen Verwandten lebten im Süßwasser.

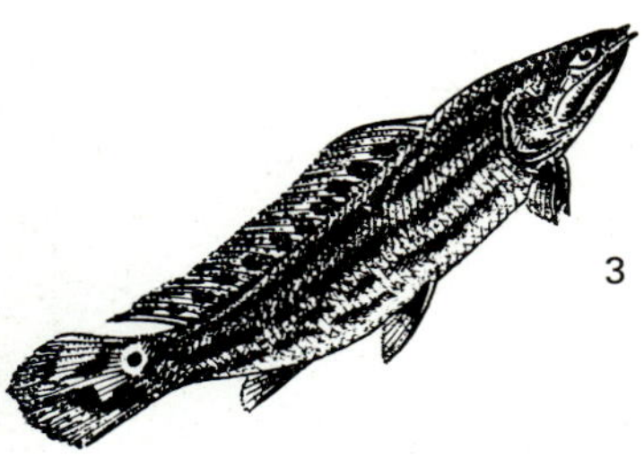

3

Leptolepis sprattiformis AGASSIZ

Ordnung: Leptolepiformes
Familie: Leptolepidae

Die fortgeschrittenste an die Holostei anschließende Stufe stellen die Knochenfische (Teleostei) dar. Ihr Skelett ist schon ganz verknöchert, die Hautknochen des Schädels verbinden sich mit dem Skelett der Hirnschale (Endocranium). Die Kiemenschlitze sind – wie schon bei den Chondrostei und Holostei – mit einem Deckel (Kiemenplatten = Operculum) überdeckt. Die „Lunge" ist endgültig zu einem hydrostatischen Organ (Schwimmblase) geworden, und nur selten blieb ihre ursprüngliche Funktion erhalten. Die zykloiden Knochenschuppen ohne Ganoinlage überdecken sich dachziegelartig. Die Entfaltung der Knochenfische begann im Oberjura, wo sie nicht nur die Knorpelfische und die Holostei verdrängten, sondern auch in ausgedehntem Maße in die Meere vorstießen, wo sie die Spaltkiemer (Haie) zurückdrängten. Die Blütezeit der Gruppe fällt in das Tertiär und das Quartär, und die meisten Familien und Gattungen leben auch heute noch.

1. *Leptolepis sprattiformis,* Jura, Solnhofen, BRD. Komplettes Exemplar, Länge 6,5 cm. Das zur Dorsalseite gebogene Skelett ist das Ergebnis der nach dem Tod erstarrenden Rückenmuskeln.

1

2. *Thrissops formosus**, Jura (Malm), Kelheim, BRD. Komplettes Exemplar, Länge 45 cm. Der Schädel des Fisches ist etwas beschädigt, so daß die Kieferbezahnung nicht sichtbar ist.

Die zahlreichen Arten der Gattung *Leptolepis* lebten vom Unterjura bis in die Unterkreide in Europa, auf beiden amerikanischen Kontinenten, in Westasien und in Nordamerika. *Leptolepis sprattiformis* war ein kleiner Fisch, kaum länger als ein Finger. Seinem Aussehen nach erinnerte er an eine Sprotte *(Sprattus sprattus)*, daher auch sein Name. Sein Verbreitungsgebiet waren die mitteleuropäischen Seen, wo er anscheinend Schwärme bildete, da häufig mehrere Individuen zusammen gefunden werden.

Ordnung: Elopiformes
Familie: Elopidae

Thrissops formosus Agassiz

Thrissops steht der Gattung *Leptolepis* nahe, erreichte jedoch weit größere Längen. Er war augenscheinlich ein flinker Räuber – wie sein mit kräftigen Zähnen besetzter Kiefer und die auffallend starke Schwanzflosse verraten – und vom Unterjura bis in die Unterkreide in Mitteleuropa beheimatet.

Leuciscus papyraceus Bronn

Ordnung: Cypriniformes – Karpfenartige
Familie: Cyprinidae – Karpfenfische

Vom Tertiär an treten unter den fossilen Knochenfischen auch Vertreter von Familien und sogar Gattungen auf, die aus der Gegenwart bekannt sind. Zu ihnen zählt die artenreiche, geographisch weit verbreitete Familie der Karpfenfische. Diese Fische haben vorschiebbare zahnlose Kiefer und einen fünften, zu sogenannten Schlundzähnen verwandelten Kiemenbogen. Zu den Karpfenfischen gehört die Gattung *Leuciscus,* die in Europa, Nordamerika, Asien und Afrika verbreitet ist.

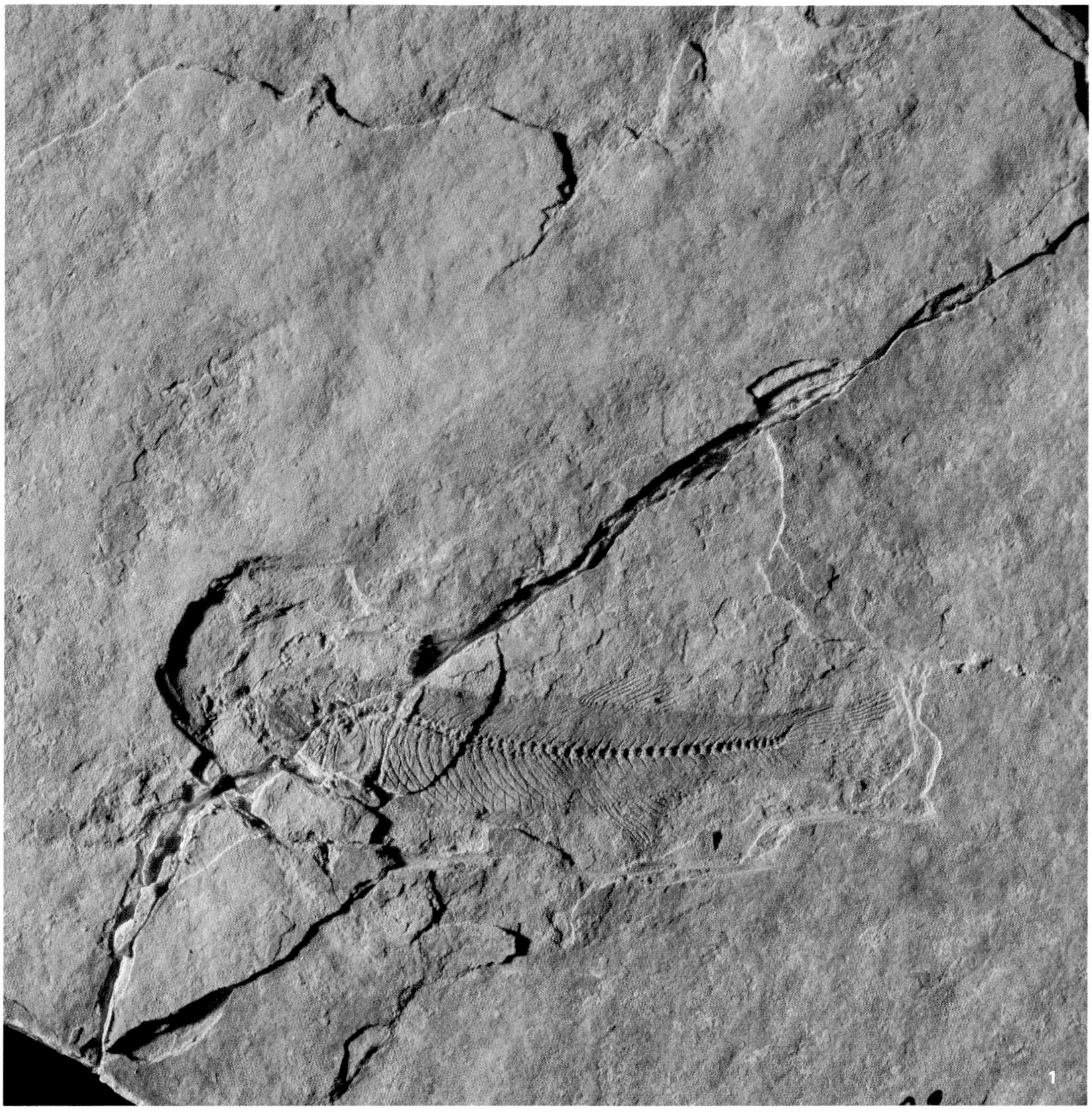

N

2

1. *Leuciscus papyraceus,* Neogen (Untermiozän), Lužice bei Most, ČSSR. Komplettes Exemplar, Länge 6 cm. Vorkommen in feinen, häufig wenig verfestigten dünn geschichteten Sedimenten (daher sein Name), wodurch das Sammeln und die Konservierung dieser Versteinerungen sehr erschwert ist.

2. *Thaumaturus furcatus,* Neogen (Untermiozän), Kučlín, ČSSR. Komplettes Exemplar, Länge 5,5 cm. Der Fund in Diatomiten zeugt davon, daß dieser Fisch Seenbecken mit reinem Wasser vorzog.

Leuciscus papyraceus hatte einen seitlich flachgedrückten Körper, der mit verhältnismäßig großen Schuppen bedeckt war. Die Flossen waren im Vergleich zum Körper relativ klein. Der Fisch besiedelte Süßwasser, und seine Reste sind in den Seesedimenten der Braunkohlenbecken verhältnismäßig häufig.

Ordnung: Clupeiformes – Heringsartige
Familie: Salmonidae – Lachsartige

Thaumaturus furcatus Reuss

Unter den fossilen Fischresten der Tertiärformationen bis zur Gegenwart sind die Lachsartigen verhältnismäßig stark vertreten. Sie zeichnen sich durch zahlreiche scharfe Zähne am Mundhöhlenrand aus.
Thaumaturus furcatus ist ein Verwandter der Lachse und Forellen (Gattung *Salmo*). Er lebte in Süßwasser und zählte zu den üblichen Bewohnern der Seenbecken des kohleführenden Miozäns.

Chordatiere
Chordata

Serranus ventralis AGASSIZ

Ordnung: Perciformes – Barschartige
Familie: Serranidae – Zackenbarsche

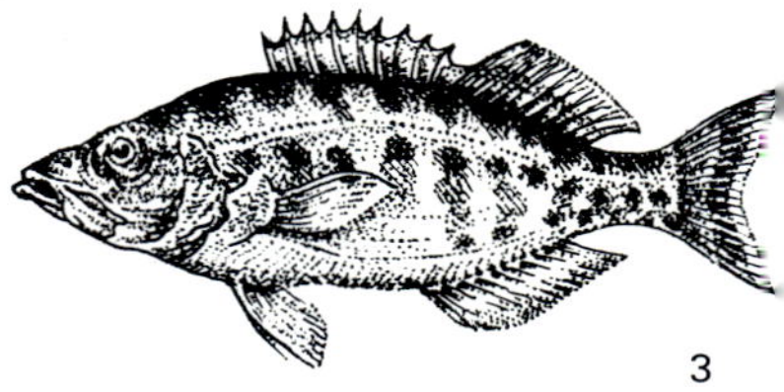

3

Die Zackenbarsche sind eine artenreiche Familie. Allein rezente Arten gibt es über 600. Sie sind überwiegend Meeresbewohner und ziehen warmes Wasser vor. Dort bleiben sie eher in Ufernähe und suchen nur selten größere Tiefen auf. Einige Arten werden riesengroß, andere wieder sind strahlend schön gefärbt, wie z. B. der Schriftbarsch *(Serranus scriba)*. Die Rückenflossen sind bei den Barschen so knapp hintereinander angeordnet, daß sie fast ineinander übergehen **(3)**. Bei den Echten Barschen (Percidae) sind sie immer getrennt.
S. ventralis lebte im älteren Tertiär in Südeuropa, das damals von Meer bedeckt war. Seine Lebensweise glich wahrscheinlich der des rezenten Schriftbarsches, das heißt, er hielt sich an felsigen Ufern und an Korallenriffen auf, wo er kleine Fische und Krustentiere jagte. Die für die Zackenbarsche so typische Färbung können wir uns heute allerdings nur vorstellen.

1. *Serranus ventralis,* Paläogen (Eozän), Monte Bolca, Italien. Komplettes Exemplar, Länge 24 cm.

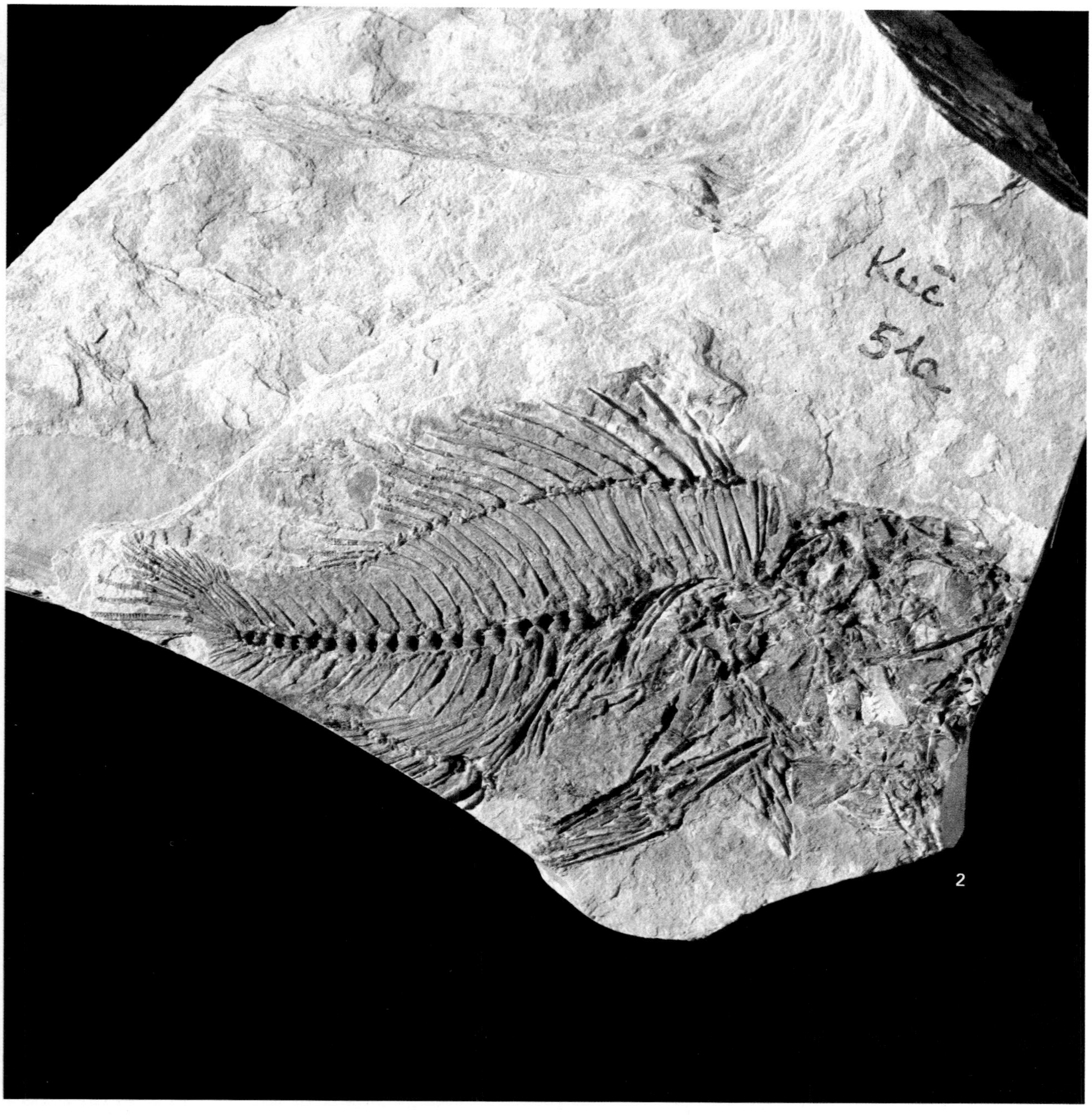

2. *Bilinia uraschista**, Neogen (Mitteloligozän), Kučlín, ČSSR. Komplettes Exemplar, Länge 9 cm. Viel häufiger als ganze Skelette sind (wie bei den meisten Fischen) einzelne Knochenelemente anzutreffen, deren nähere Bestimmung den Laien Schwierigkeiten bereitet.

Bilinia uraschista (Reuss)

Ordnung: Perciformes – Barschartige
Familie: Serranidae – Zackenbarsche

Bilinia uraschista lebte zum Unterschied von *Serranus ventralis* nicht im Meer, sondern im Süßwasser des mitteleuropäischen Tertiärs. Die Art wird zwar zur Familie der Zackenbarsche gestellt, hat aber außer den für die Familie typischen Merkmalen noch andere, die – wie z. B. der Skelettbau – an die Barschartigen erinnern. Sie ist eine Übergangsform zwischen beiden Familien. Die Ähnlichkeit der Angehörigen zweier verschiedener Familien wird als Konvergenz von im selben Milieu und auf die gleiche Weise lebenden Arten erklärt.

Ceratodus kaupi Agassiz

Ordnung: Ceratodiformes – Lungenfische
Familie: Ceratodidae – Lungenfische

Die Lungenfische (Dipnoi) sind eine verhältnismäßig primitive, jedoch einseitig hoch spezialisierte Gruppe von Süßwasserfischen. Das Skelett ist knorpelig oder teilweise verknöchert. Die Rückensaite (Chorda dorsalis) bleibt das ganze Leben hindurch erhalten, und Wirbelzentren sind nicht entwickelt. Die paarigen Flossen haben eine zentrale Skelettachse mit beidseitigen Flossenstrahlen (Archipterygium). Die Schwimmblase öffnet sich in den Schlund und versieht die Funktion einer Lunge. Die besonders gestellten Extremitäten und die Fähigkeit, Luftsauerstoff zu atmen, ermöglichen den Lungenfischen auch, vorübergehendes Austrocknen zu überleben. Die Lungenfische entwickelten sich aus der gleichen Stammgruppe wie die Quastenflosser im Mitteldevon, aber unabhängig von diesen. Stammesgeschichtlich sind sie ohne Bedeutung als eine nie reicher entfaltete, formenarme Stammeslinie. In die Gegenwart überlebten drei Gattungen, die alle in tropischen verkrauteten Süßwässern beheimatet sind. Sie vermögen Trockenperioden in einem einer Anabiose ähnlichen Zustand zu überleben. Sie sind entweder Fleisch- oder Pflanzenfresser, und wie sie lebten wahrscheinlich auch die fossilen Lungenfische.
Die Gattung *Ceratodus* ist in der Trias und im Jura Europas verbreitet. Häufig gefunden werden die mächtigen flachen, mit höckrigem

1. *Ceratodus kaupi,* Trias, Hoheneck, BRD. Zahnplatte, Breite 5 cm. Die Platte war im Fischmaul so orientiert, daß die Fortsätze nach außen gerichtet waren, die abgerundete Basis dagegen zur Gaumenmitte hinwies.

K

T

2

2. *Macropoma speciosa,* Kreide, Prag, ČSSR. Komplettes Exemplar, Länge 45 cm. Solche guterhaltenen Individuen sind verhältnismäßig selten.

Zahnschmelz bedeckten Zahnplatten, die durch Verwachsung der Zahnreihen entstanden waren. Die übrigen Skeletteile sind nur selten zu finden.

Macropoma speciosa Reuss

Ordnung: Coelacanthiformes
Familie: Coelacanthidae

Die Coelacanthiformes sind eine Ordnung der Quastenflosser (Crossopterygier), deren paarige Flossen wie bei den Lungenfischen als Archipterygien ausgebildet sind; das heißt, es ist eine knöcherne Skelettachse vorhanden, an der beidseitig Flossenstrahlen ansetzen, im Gegensatz zu den Fischen, bei denen die Flossenstrahlen von einer Skelettbasis ausstrahlen („Strahlenflosser"). Die Quastenflossen konnten nicht nur zum Schwimmen benützt werden, sondern den Körper beim Kriechen über Land stützen und vorwärts schieben. Die Wirbelsäule ist nur unvollständig verknöchert. Die Schwimmblase ist als Lunge entwickelt. Die Öffnung von inneren Nasenöffnungen zum Schlund (Choanen) verbessert die Möglichkeit der Lungenatmung.
Die Quastenflosser entstanden im Devon neben den Lungenfischen; beide Gruppen entwickelten sich in ganz verschiedener Richtung. Die Quastenflosser kamen zu fortschrittlicherer Organisation und vielseitigerer Entfaltung. Sie waren dem Leben im Flachwasser schlammiger Seen und in Sümpfen angepaßt. Die Lungenatmung und die Quastenflossen ermöglichten ihnen, nicht nur Trockenperioden zu überleben, sondern notfalls auch aktiv aus einem austrocknenden Tümpel zu einem anderen, in dem noch Wasser stand, zu kriechen. So konnte auch Nahrung im Grenzbereich von Wasser und Land gewonnen werden, eine Nahrungsquelle, die bis dahin noch nicht genutzt war.
Von den beiden Ordnungen der Crossopterygier sind die Osteolepiformes die Wurzelgruppe der Amphibien. Die Coelacanthiformes aber gingen vom Mesozoikum an in das Meer über. Sie sind vertreten im Solnhofener Plattenkalk (Oberjura). *Macropoma speciosa* war in den kreidezeitlichen Flachmeeren Mitteleuropas verbreitet. Ein noch lebender Nachzügler der Coelacanthiformes, *Latimeria chalumnae,* wurde in den Tiefen des Indischen Ozeans entdeckt. Er hat sich gegenüber seinen mesozoischen Vorläufern kaum mehr verändert.

Chordatiere
Chordata

Letoverpeton austriacum (FRIČ)

Ordnung: Seymouriamorpha
Familie: Discosauriscidae

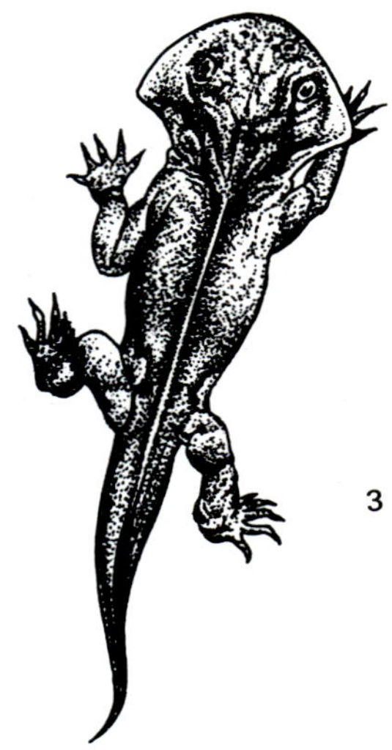

3

Die Amphibien *(Amphibia)* waren die ersten Wirbeltiere, die endgültig zum Leben auf dem Lande als Vierfüßer übergingen. Es besteht bei ihnen insofern noch eine gewisse Abhängigkeit vom Wasser, als die aus dem Ei schlüpfenden Jungen (Kaulquappen) kiemenatmende und extremitätenlose Larven sind. Lunge und Extremitäten werden erst in einer Metamorphose ausgebildet. Die Anfangsphase der Entwicklung ist also noch an das Wasser gebunden, und auch die voll entwickelten Individuen bedürfen der Wassernähe.
Die Amphibien sind von Quastenflossern abzuleiten. Ihre frühen und primitiven Vertreter waren die Dachschädler (Stegocephalen), zu denen auch *Letoverpeton* gehört.
Letoverpeton ist ein Amphib von eidechsen- oder molchartigem Aussehen **(3)**. Der breite Schädel hatte auf der Hinterseite tiefe Ohreneinschnitte. Der Körper war mit einem Panzer aus kleinen Schuppen bedeckt. In den ersten Entwicklungsstadien atmete das Tier mit Kiemen, und das Skelett war nicht verknöchert. Im Verlauf der weiteren Entwicklung verknöcherte das Skelett allmählich, und die Kiemen verschwanden. Deshalb hielten die Wissenschaftler die einzelnen Wachstumsstadien für selbständige Arten. *Letoverpeton* besiedelte dicht verkrautete sumpfige Wasserbecken des Oberkarbons. Zwischen den Pflanzen suchte er Schutz und Nahrung, die aus Insekten und deren Larven, kleinen Fischchen und jungen Dachschädlern bestand.

Palaeobatrachus grandipes (GIEBEL)

Ordnung: Anura (Salientia) – Frösche
Familie: Palaeobatrachidae

Die Frösche sind eine Entwicklungslinie der Amphibien, die sich am Ende des Perms von den Dachschädlern abspaltete. In Zusammenhang mit der Anpassung an die besondere Bewegungsart (Springen und Schwimmen mit Hilfe der Hinterbeine) erfolgte bei den Fröschen eine Gewichtsverringerung des Skeletts, vor allem eine Verkürzung der

1. Letoverpeton austriacum, Perm, Bačov, ČSSR. Komplettes Exemplar, Länge des Skeletts 17 cm. Die otikalen (Ohren-) Einschnitte am Schädel befinden sich an jenen Stellen, an denen die Fische das Kiemendeckelskelett haben. Wegen dieser Einschnitte ist der Schädelhinterteil durch auffallende Fortsätze langgezogen.

1

2. *Palaeobatrachus grandipes,* Neogen (Miozän), Veselíčko, ČSSR. Komplettes Exemplar, Länge des Skeletts 8,5 cm. Die Skelette der Frösche aus der Braunkohle lassen sich sehr schwer bergen und konservieren und erfordern eine besondere Präparation. Den Zerfall des Kohlensediments verhindert auf dem Bild das Gipsbett.

2

4

Rippen und eine Reduzierung der Schädelknochen sowie eine charakteristische Anpassung des Beckens und des Kreuzbeines, das die elastische Aufhängung für die hinteren Extremitäten bildet.

Palaeobatrachus grandipes **(4)** ist ein Frosch des Tertiärs, der an die rezenten Krallenfrösche (Xenopodidae) erinnert, die heute nur im tropischen Afrika leben. Knochenfunde sind in Süßwassersedimenten auf dem Gebiet von Westböhmen und beider deutscher Staaten häufig. Manchmal sind nicht nur Knochen, sondern auch die Abdrücke der inneren Organe und der Haut, sogar mit Farbspuren, sehr gut erhalten. Auch Kaulquappen und Eier wurden gefunden. Die Paläobatrachen verbrachten ihr ganzes Leben im Wasser. Ihre gut entwickelte Lunge ermöglichte es ihnen, sehr lange unter Wasser auszuhalten. Sie lebten wahrscheinlich ebenso wie die Krallenfrösche (Xenopodidae) von verschiedenen kleinen Krustentieren, Insektenlarven und kleinen Fischen und bildeten ihrerseits die Nahrung vieler anderer Tiere (Krokodile, Schlangen, Wasservögel u. a.).

Trionyx bohemicus LIEBUS

Ordnung: Chelonia – Schildkröten
Familie: Trionychidae – Lederschildkröten

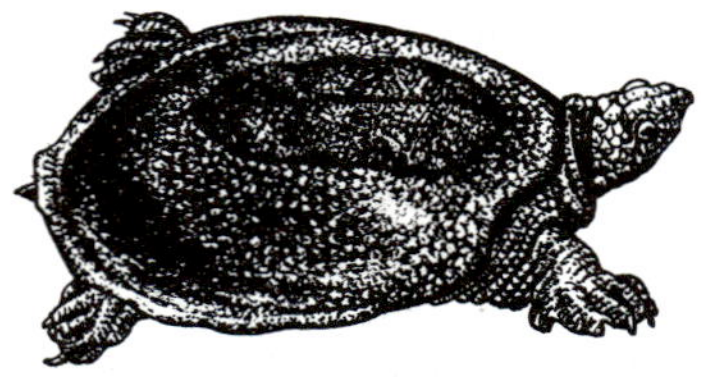

3

Die Reptilien *(Reptilia)* stammen von den Dachschädlern ab und waren die ersten ausgeprägten Landbewohner. Das Leben außerhalb des Wassers erforderte eine Reihe durchgreifender Veränderungen der Organisation. Der entscheidende Fortschritt war die Bildung eines dotterreichen, von lederartigen, oft kalkigen Hüllen umgebenen Eies. Die Schutzhüllen verhindern das Austrocknen des Keims, und die im Dotter gespeicherten Nahrungsreserven versorgen den im Ei sich entwickelnden Keim, so daß dieser seine Frühentwicklung innerhalb der Eihüllen durchmachen kann. Er schlüpft als junges, aber voll entwickeltes Reptil. Die Kaulquappenphase der Amphibien wird im Ei durchgemacht. Die gesamte Entwicklung kann auf dem Lande erfolgen. Zusätzlich mußte auch die Körperbedeckung so verändert werden, daß sie Schutz gegen Austrocknung bietet. Die Lungenatmung mußte verbessert, Blutkreislauf und Ausscheidungsorgane auf die neuen Bedingungen umgestellt werden. Nicht zuletzt mußte auch das Skelett, vor allem der Wirbelsäule und der Extremitäten, umgebaut und verstärkt werden als wirksame Stützen für den über den Boden gehobenen Körper.
Die fossilen Reptilien, besonders die groß-, ja oft riesenwüchsigen, haben sowohl Laien als auch Wissenschaftler immer besonders angezogen. Die berühmten Großvorkommen von Reptilien liegen in Asien und Nordamerika und Südafrika; doch ist auch Europa, obwohl während des Mesozoikums weitgehend meerbedeckt, also während der Hauptentfaltung der Reptilien, keineswegs arm an fossilen Reptilien, das gilt besonders für die Trias. Für den Sammler sind fossile Reptilien relativ schwer zugänglich, da das Ausgraben, Bergen und Präparieren vor

1. *Trionyx bohemicus,* Neogen (Miozän), Břešťany, ČSSR. Rückenschild, Länge 24 cm. Das Rückenschild verwächst nicht mit dem Bauchschild, sondern berührt es nur mit charakteristischen fingerartigen Fortsätzen.

2

2. *Emys orbicularis**, Pleistozän (Eem), Gánovce, ČSSR. Rückenschild, Länge 17 cm. Die Versteinerung ist der negative Panzerabdruck im Travertin und der Einschnitt in der Mitte der negative Abdruck der Wirbelsäule.

allem der größeren Skelette fast immer mehr oder weniger aufwendige Expeditionen und Ausgrabungen erfordert.
Im Tertiär und Quartär sind die Schildkröten – ihr ältester fossiler Vertreter wurde in der mitteleuropäischen Trias gefunden – eine auch in Europa gut vertretene Reptilgruppe.
Die Lederschildkröten (Trionychidae) haben zum Unterschied von den übrigen Schildkrötengruppen Hornschilde auf dem Panzer **(3)**. Der Panzer selbst ist gewöhnlich klein und flach und von einer feinen Haut überzogen. Zwischen den Fingern und Zehen der Extremitäten sind Schwimmhäute. Die rezenten Arten leben in den großen Flüssen der gemäßigten Zonen Afrikas, Asiens und Nordamerikas. Sie sind Fleischfresser, jagen Fische, Mollusken, Krustentiere, Insekten. *Trionyx bohemicus* besiedelte die Süßwasserbecken Mitteleuropas und lebte offensichtlich auf die gleiche Weise wie seine rezenten Verwandten.

Sumpfschildkröte
Emys orbicularis LINNAEUS

Ordnung: Chelonia – Schildkröten
Familie: Testudinidae – Schildkrötenartige

Die Schildkröten der Gattung *Emys* sind aus dem Obereozän bis in die Gegenwart bekannt. Ihr Panzer ist relativ groß, schwach gewölbt und fast oval **(4)**. Das Plastron (Bauchschild) ist durch elastische Bänder (Ligamente) mit dem Carapax (Rückenschild) verbunden. Die Sumpfschildkröte war typisch für die Zeit der warmen klimatischen Oszillationen des Pleistozäns, wo sie bis Mitteleuropa und im Westen Europas ziemlich weit nach Norden vordrangen. Mit der beginnenden Abkühlung im jüngsten Tertiär zog sie sich immer weiter nach Süden zurück. Die rezenten Populationen leben in Südeuropa um stehende oder nur wenig fließende Gewässer. Ihre Nahrung bilden Ringelwürmer, Wassergliederfüßer, Frösche und Fische.

4

Höhlenbär
Ursus spelaeus ROSENMÜLLER

Ordnung: Carnivora – Raubtiere
Familie: Ursidae – Bärenartige

3

Der Höhlenbär **(3)** ist neben dem Mammut und dem Wollhaarigen Nashorn eines der typischsten Tiere des Pleistozäns. Zu dieser Zeit besiedelte er ganz Europa. Weniger häufig war er nur in ausgesprochenen Steppengebieten. Er lebte in Höhlen und trägt also den Namen Höhlenbär ganz zu Recht. Die Höhlen suchten Bären aller Altersklassen auf. Sie hielten dort ihren Winterschlaf, brachten in ihnen ihre Jungen zur Welt und zogen sich im Alter in sie zurück, um dort zu sterben. Auf diese Art entstanden in vielen europäischen Höhlen die bekannten „Knochenschichten", die fast ausschließlich aus Knochen der Höhlenbären bestanden. Der Höhlenbär war etwa um ein Drittel größer als der Braunbär. Eigenartig an seinem Schädel ist nicht nur die Größe, sondern auch die auffallend hohe Stirn, die weit stärker gewölbt ist als die des Braunbären. Trotz seines schreckenerregenden Aussehens war der Höhlenbär vorwiegend Vegetarier, der sich im Sommer fast ausschließlich pflanzlich ernährte. Das beweisen seine flachen, häufig stark abgenutzten Backenzähne. Die Höhlenbären wurden von den Jägern des älteren Paläolithikums zwar stark gejagt, doch konnten sie sein Fortbestehen nicht ernstlich gefährden. Einen weit negativeren Einfluß auf den Höhlenbären hatte die Abnahme der Wälder in der jüngsten Kaltzeit. Die kalte Steppe mit Grasbewuchs bot den Höhlenbären nicht genügend Nahrung, und so verschwanden sie in der ersten Hälfte der Würmkaltzeit.

1. *Ursus spelaeus,* Pleistozän (Würm), Sloup, ČSSR. Schädel, Gesamtlänge 47 cm. Der Schädel stammt aus der Knochenschicht einer Höhle, in der die Höhlenbären überwinterten.

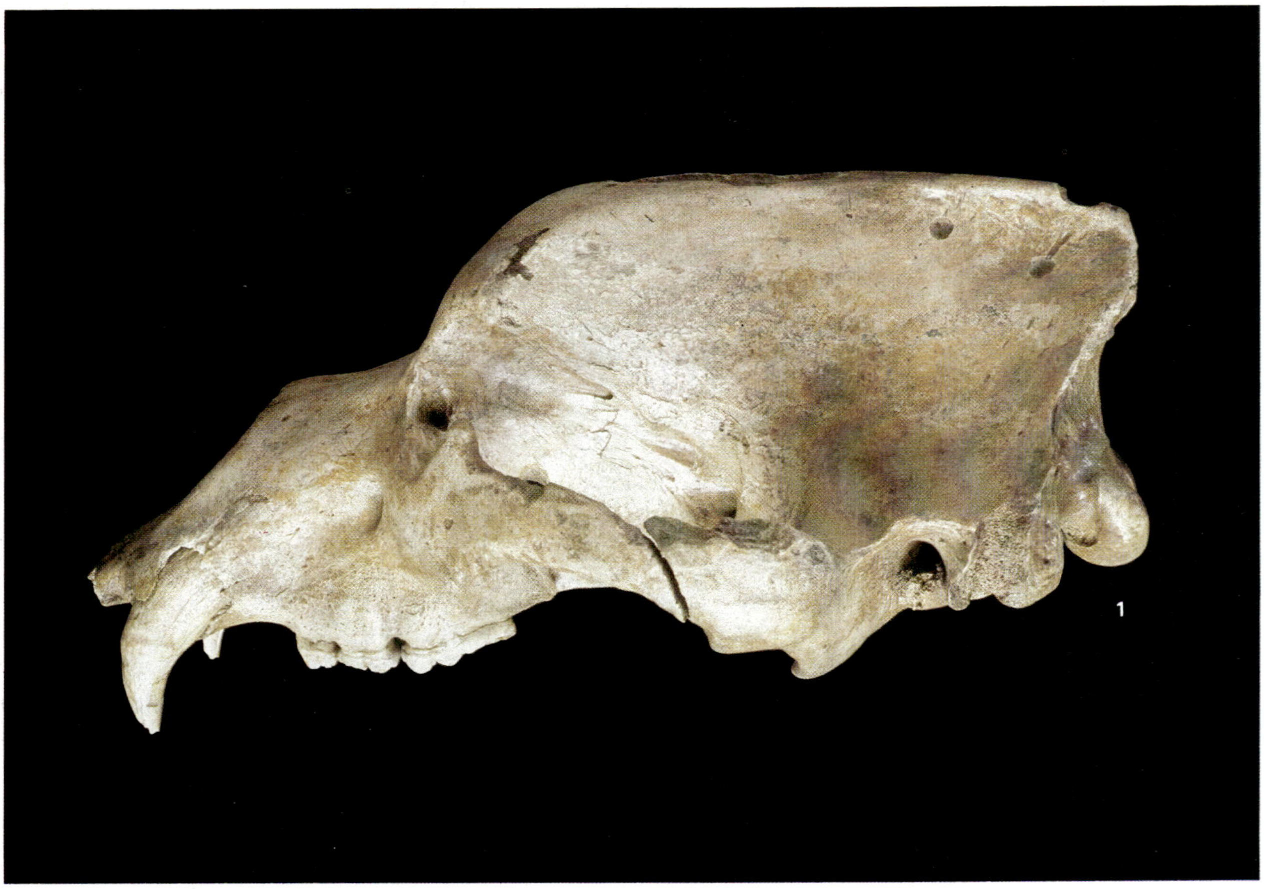

1

4

Braunbär
Ursus arctos LINNAEUS

Ordnung: Carnivora – Raubtiere
Familie: Ursidae – Bärenartige

Der Braunbär **(4)** ist heute einer der üblichsten und häufigsten Vertreter der Familie der Bärenartigen. Er entwickelte sich wahrscheinlich in der Mindel-Kaltzeit in Ostasien, von wo er in der Holstein-Warmzeit nach Europa vordrang. Größere Verbreitung erreichte er in der Eem-Warmzeit und dann am Ende der Würm-Kaltzeit, wo er in der europäischen Fauna die Stelle der ausgestorbenen Höhlenbären einnahm. Der Braunbär war und ist auch heute noch ein Waldtier, drang jedoch auch in die Tundra oder in andere an Wälder anschließende Gebiete vor. Er ist ein Allesfresser, wie die großen Backenzähne mit der höckerigen Oberfläche beweisen, und ernährt sich von allem, was ihm unterkommt. Von den großen Säugern (Elch, Hirsch und Pferd) jagt er eher Jungtiere als kräftige Erwachsene, verschmäht jedoch auch Aas nicht. Sein Gebiß erlaubt es ihm nicht, große Knochen zu zerkleinern. Die große geographische Verbreitung der Art ist durch die große Anpassungsfähigkeit der Braunbären möglich. In der Vergangenheit wie in der Gegenwart bildeten sie eine Reihe geographischer Rassen (Unterarten) und örtlicher Formen, die sich voneinander durch Größe und Färbung unterscheiden. Früher wurden viele Formen als selbständige Arten beschrieben, wie z. B. der rezente amerikanische Grizzly oder der pleistozäne Taubacher Bär. Heute nimmt die Zahl der Braunbären durch Zutun der Jäger ab. Aber noch ernster sind sie durch die Eingriffe in die ursprünglich von den Bären bewohnten Waldgebiete bedroht.

2. *Ursus arctos,* älteres Holozän, Prag, ČSSR. Schädel, Gesamtlänge 38 cm. Der Schädel wurde in einer Siedlungsschicht gefunden und war offensichtlich eine Jagdtrophäe.

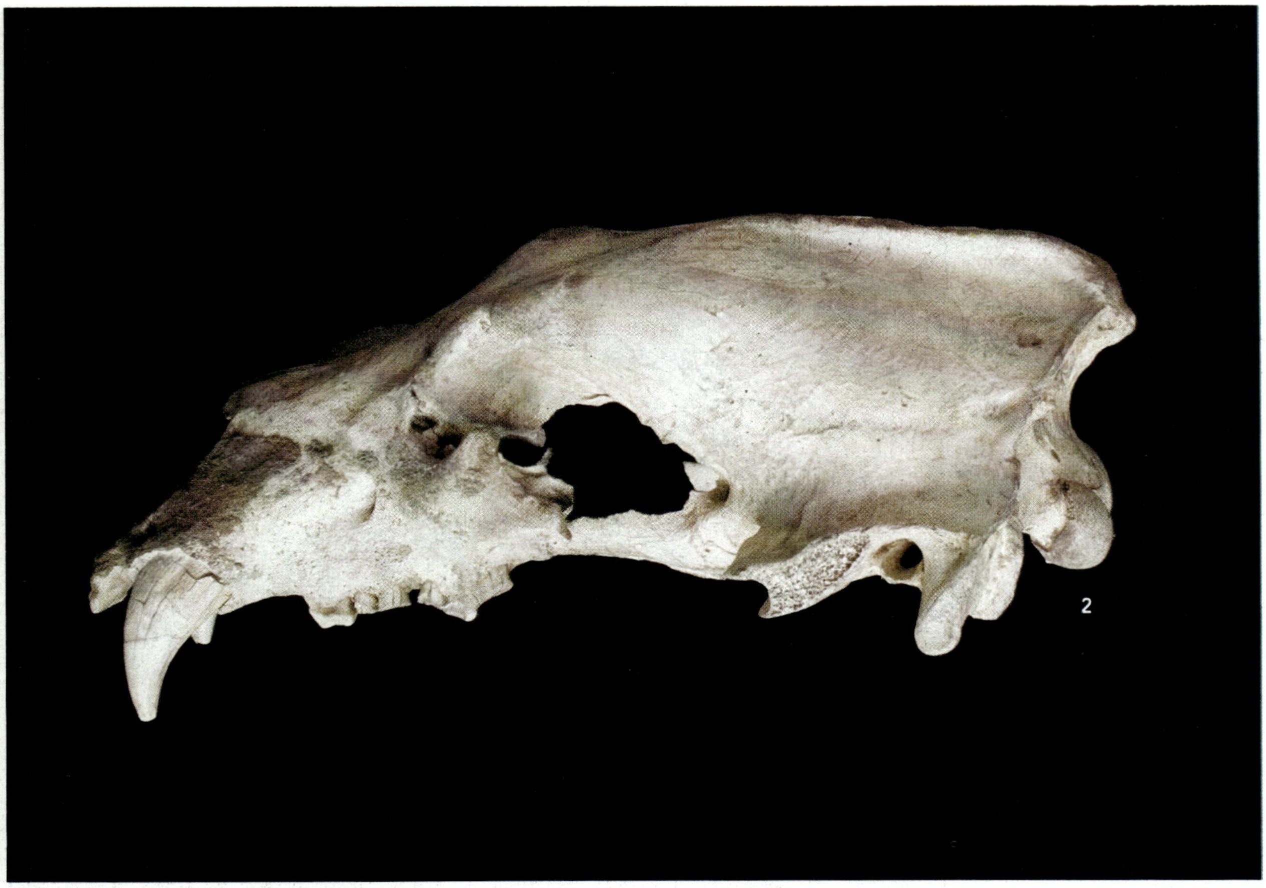

2

Vielfraß
Gulo gulo (LINNAEUS)

Ordnung: Carnivora – Raubtiere
Familie: Mustelidae – Marderartige

Der Vielfraß ist das größte marderartige Raubtier. Die rezenten Vielfraße **(3)** sind samt Schwanz bis zu einem Meter lang. Heute leben sie hauptsächlich in den Tundren Nordeuropas, Asiens und Nordamerikas. Im jüngeren Pleistozän besiedelten sie vor allem die Tundra und die an sie anschließenden Lößsteppen. In Mitteleuropa verbreiteten sich die Vielfraße in der ausklingenden Riß-Eiszeit, waren in der Würm-Eiszeit im eisfreien Europa heimisch und drangen nach Italien und auf den Balkan vor. Sie sind hauptsächlich für Zeiten mit sehr kühlen klimatischen Abschnitten (Stadialen) charakteristisch. Am Ende der Würmzeit zogen sich die Vielfraße vor dem sich verbreitenden Wald nach Norden zurück und hielten sich dann in Norddeutschland und Dänemark noch bis ins ältere Holozän auf. Der Vielfraß bewegt sich in großen bogenförmigen Sprüngen vorwärts. Das mag vielleicht komisch aussehen, ist aber in hohem Schnee weniger anstrengend. Seine Hauptnahrung sind größere Nager (Lemminge und Hasen), aber auch kleinere Raubtiere (Füchse) sowie Vögel und Fische. Er zögert jedoch auch nicht, junge Rentiere und Hirsche anzugreifen. Sein kräftiges Gebiß ermöglicht es ihm, kleinere Knochen zu zermalmen. Ökologisch ist er im jüngeren Pleistozän ein Rivale des Wolfes, doch bildete er niemals Rudel. Vielfraß-Reste stammen hauptsächlich aus dem Löß und aus Höhlen.

3

4

Höhlenhyäne
Crocuta spelaea (GOLDFUSS)

Ordnung: Carnivora – Raubtiere
Familie: Hyaenidae – Hyänenartige

Die Höhlenhyäne **(4)** ist zusammen mit dem Höhlenlöwen und dem Höhlenbären eines der drei bekannten Raubtiere des jüngeren Pleistozäns. Sie stammt aus Asien und war von China bis Westeuropa verbreitet. Ihrem Aussehen nach unterscheidet sie sich nicht sehr von der afrikanischen Tüpfel-Hyäne (*Crocuta crocuta*); sie ist vielleicht etwas größer und robuster, wie das bei Kaltklimasäugern häufig der Fall ist. In Europa verbreitete sie sich zusammen mit der Mammutfauna in der Riß-Eiszeit stark. Sie war ein nicht landschaftsgebundenes, von Ort zu Ort vagabundierendes Tier. Anscheinend zog sie offenes Land mit Herden großer Huftiere vor. Sie lebte von Aas und vermochte mit ihrem mächtigen Gebiß, dem spezialisiertesten aller Hyänen, auch so große Knochen wie die Extremitätenknochen der Nashörner zu zerbeißen. Nagespuren an verschiedenen Knochen von Hyänenzähnen sind häufig. Die Höhlenhyäne starb im letzten Zeitabschnitt der Würm-Eiszeit mit dem Verschwinden der Lößsteppen aus. Knochen, Zähne und Schädel von Hyänen sind in Höhlen und in anderen pleistozänen Sedimenten (Löß, Flußsand, Travertin u. a.) häufig anzutreffen.

1. *Gulo gulo**, Pleistozän (Würm), Srbsko, ČSSR. Unterkiefer, Gesamtlänge 10,5 cm. Der Kiefer stammt aus derselben Lokalität wie der Kiefer der Höhlenhyäne, und ihr Besitzer erlitt das gleiche Geschick.

2. *Crocuta spelaea,* Pleistozän (Würm), Srbsko, ČSSR. Unterkiefer, Gesamtlänge 17,5 cm. Der Kiefer wurde in einem Karstkamin gefunden, in den die unvorsichtige Hyäne stürzte und starb (Sturzfauna).

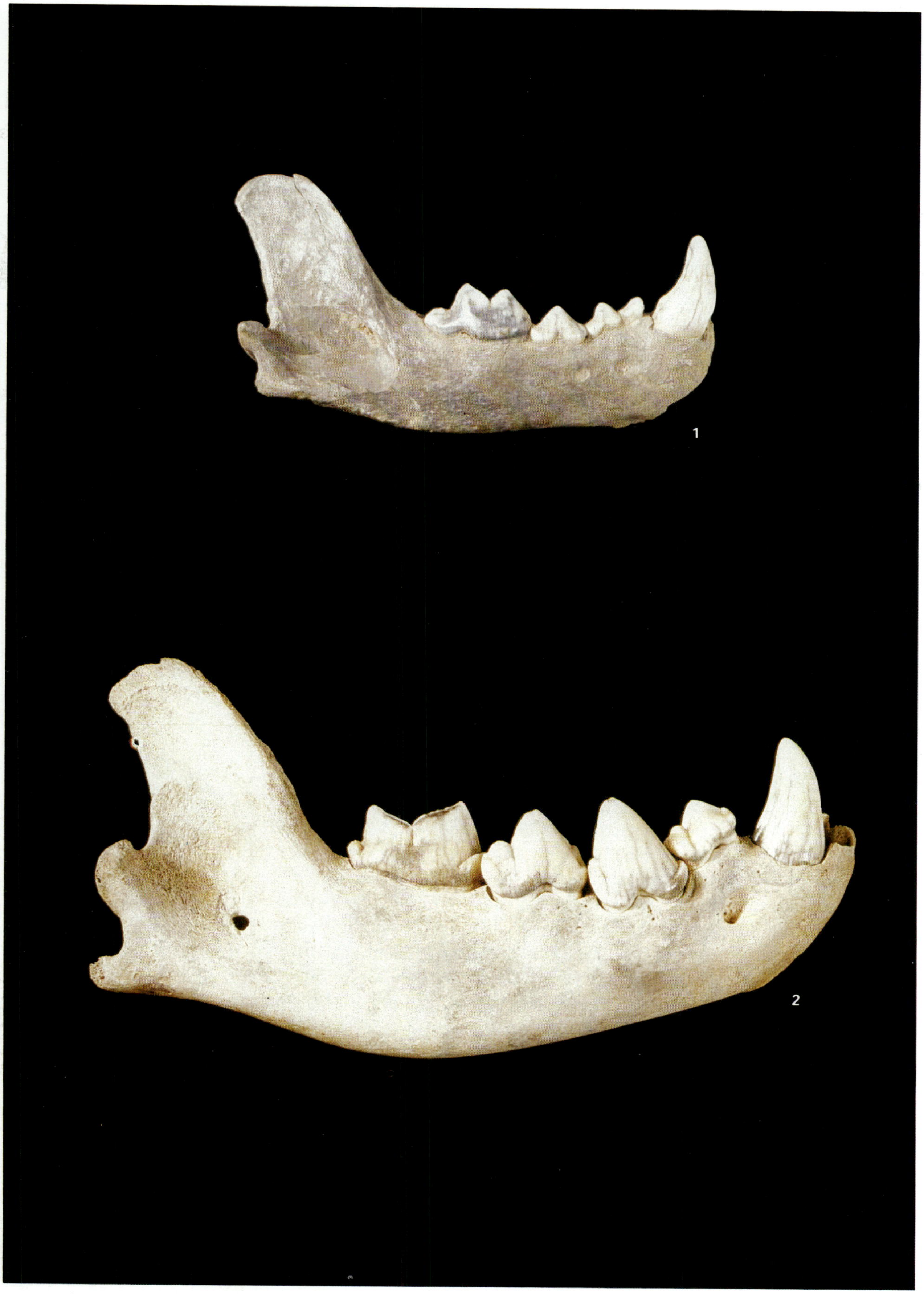

Wolf
Canis lupus LINNAEUS

Ordnung: Carnivora – Raubtiere
Familie: Canidae – Hundeartige

Der Wolf ist wahrscheinlich ein Nachkomme der hundeartigen Raubtiere aus dem Übergang vom europäischen Pliozän zum Pleistozän. Im älteren Pleistozän lebte eine kleinere Form, die als Mosbacher Wolf (*Canis lupus mosbachensis*) beschrieben wurde. Die echten Wölfe erschienen erst im Riß-Interglazial und waren vom Eem-Interglazial an in Europa dann häufig vertreten. Die rezenten Wölfe sind ungemein klimatolerant – sie leben in Tundren, Wäldern, Steppen und Halbwüsten. Nach den paläontologischen Funden zu schließen, waren die pleistozänen Wölfe ebenso verbreitet wie die rezenten, und auch ihre Lebensweise war die gleiche. Im Sommer leben die Wölfe in Paaren und ernähren sich von kleinen Wirbeltieren, hauptsächlich Nagern. Im Winter vereinigen sie sich zu Rudeln und jagen große Säugetiere. Im Pleistozän waren es hauptsächlich Rentiere, Hirsche, Megaloceren und Pferde. Im Postglazial verringert sich die Zahl der Wölfe hauptsächlich durch das Eingreifen des Menschen.

Höhlenlöwe
Panthera spelaea (GOLDFUSS)

Ordnung: Carnivora – Raubtiere
Familie: Felidae – Katzenartige

Der Höhlenlöwe **(3)** ist das größte und bekannteste katzenartige Raubtier der europäischen Eiszeit. Er wird oft größer als der lebende afrikanische Löwe. Nach den Höhlenzeichnungen zu schließen, waren die Männchen mähnenlos, und auch die für den afrikanischen Löwen typische Schwanzquaste fehlte. Dafür hatten die Höhlenlöwen ein dichtes Fell, ähnlich jenem der Ussuri-Tiger. Die Höhlenlöwen besiedelten die Löß-Steppe und in den Interglazialzeiten auch die Buschsteppen und Waldgebiete. Sie jagten hauptsächlich Pferde – auf den Höhlenzeichnungen sind sie immer in Gesellschaft von Pferden abgebildet (vergleiche dazu Abhängigkeit der rezenten Löwen von den Zebras). Im Unterschied zu den afrikanischen Löwen, die in Rudeln leben, waren die Höhlenlöwen Einzelgänger, wie die isolierten Knochen- und Skelettfunde verraten. Auch auf den bisher bekannten Höhlenmalereien ist der Höhlenlöwe niemals in Gruppen dargestellt. Den Namen „Höhlenlöwe" erhielt das Raubtier nach den Knochenfunden in Höhlen. Die Löwen hielten sich aber dort nur ausnahmsweise auf, vielleicht im Winter, obgleich der Winterschlaf nicht bewiesen ist. Den größten Teil des Jahres lebten sie in der offenen Landschaft. Die Knochen in den Höhlen stammen einesteils von Tieren, die sich zum Sterben dorthin verkrochen hatten oder zufällig in die Höhle hineingefallen waren, nicht mehr herausfanden und umkamen. Der Höhlenlöwe erschien in Europa am Ende des Cromer Interglazials. Größere Verbreitung erlangte er jedoch erst in der Riß-Eiszeit. Er war in ganz Europa beheimatet, zog hauptsächlich offenes Steppengebiet vor, vermied aber auch Wälder nicht. Er starb am Ende der Würm-Eiszeit aus.

3

1. *Canis lupus,* Pleistozän (Würm), Prag, ČSSR. Unterkiefer, Gesamtlänge 15,5 cm. Der Kiefer stammt aus den Lößschichten, die in der jungpleistozänen Löß-Steppe entstanden waren.

2. *Panthera spelaea,* Pleistozän (Würm), Srbsko, ČSSR. Unterkiefer, Länge des Fragments 20 cm. Der Kiefer gehörte einem jungen Höhlenlöwen, der (wohl bei der Verfolgung einer Beute) in einen Karstkamin stürzte.

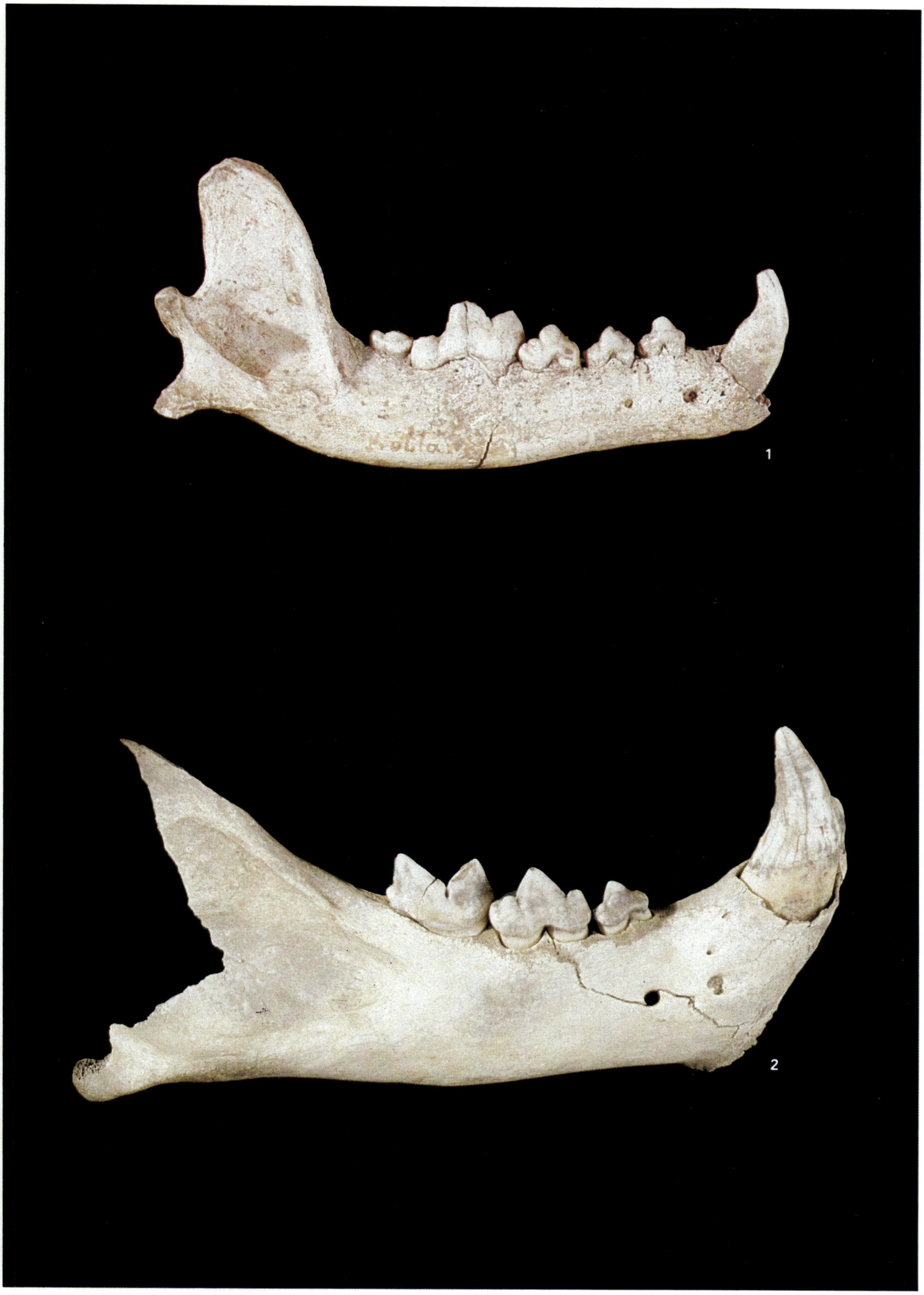

Ordnung: Perissodactyla – Unpaarhufer
Familie: Palaeotheriidae

Palaeotherium magnum Cuvier

Die Huftiere sind eine sehr verschiedenartige Gruppe, die mehrere ganz selbständige Entwicklungslinien einschließt und daher in mehrere Ordnungen unterteilt ist. Für alle Huftiere ist kennzeichnend, daß sie Zehengänger sind und daß das letzte Zehenglied nicht eine Kralle, sondern ein verschieden geformter Huf ist. Die Hufbildung ist eine der Anpassungen an die rasche Fortbewegung, denn die Huftiere sind fast alle gute Läufer. Als ausgesprochene Pflanzenfresser vereinigen sie sich häufig zu großen Herden, und deshalb sind ihre Reste häufiger zu finden als die der meist einzeln lebenden Raubtiere. Da die Arten, die vereinzelt oder in kleinen „Familiengruppen" leben, durchweg ziemlich groß werden, ist die Aussicht auf fossile Erhaltung größer. Dennoch sind vollständige Skelette eine Ausnahme. Gefunden werden meistens nur isolierte Knochen. Die für den Sammler interessantesten Huftiergruppen sind die Pferde, die Nashörner, die Rüsseltiere und die größeren Paarhufer.
Die Entwicklungsreihe der Pferde ist eines der Schulbeispiele für eine Stammesreihe innerhalb der Wirbeltiere, wird aber oft zu einfach gesehen und dadurch verzeichnet. Ohne daß wir uns dessen bewußt werden, betrachten wir die Entwicklungsreihen unwillkürlich vom Gesichtspunkt der heute lebenden Arten, die gleichsam der ganzen vorangegangenen Entwicklung erst Sinn und Ziel zu geben scheinen. In Wirklichkeit verlief jedoch die Stammesentwicklung aller Formen und Gruppen weit komplizierter und bunter. Außer der bekannten Entwicklungslinie der Pferde, „Eohippus – Equus", gibt es noch weitere parallele Entwicklungslinien der Pferde (Equiden), die nicht nur leichte, sondern auch schwere Formen umfassen. *Palaeotherium* **(2)** zählt zu den schweren Urpferdformen. Der Größe und dem Aussehen nach erinnert es stark an den Tapir. Es hatte einen kräftigen Hals, dreifingerige Extremitäten mit einem größeren Mittelfinger und zwei kleineren seitlich gestellten Fingern (wie die Tapire). Die älteren Rekonstruktionen stellen *Palaeotherium* deshalb auch mit dem kleinen Tapirrüssel dar. Nach neueren Forschungen waren jedoch die *Palaeotheria* rüssellos. Sie sind Nachkommen des nordamerikanischen *Eohippus* (*Hyracotherium*), der im Untereozän aus Nordamerika nach Europa vordrang. Die Tiere spezialisierten sich nicht auf das Steppenleben, sondern auf das Leben in sumpfigen Urwäldern. Sie starben im Unteroligozän, anscheinend von den Tapiren verdrängt, aus. Funde größerer Knochengruppen sind selten. In den Braunkohlenbecken sind entweder nur Knochensplitter oder Zähne vorhanden.

2

1. *Palaeotherium magnum**, Paläogen (Eozän), Débruge, Frankreich. Oberkieferfragment, Länge des Fragments 23 cm. Der Kiefer wurde bei Abbauarbeiten im Braunkohlenbecken gefunden, und die organische Masse ist durch Inkohlung weitgehend verändert.

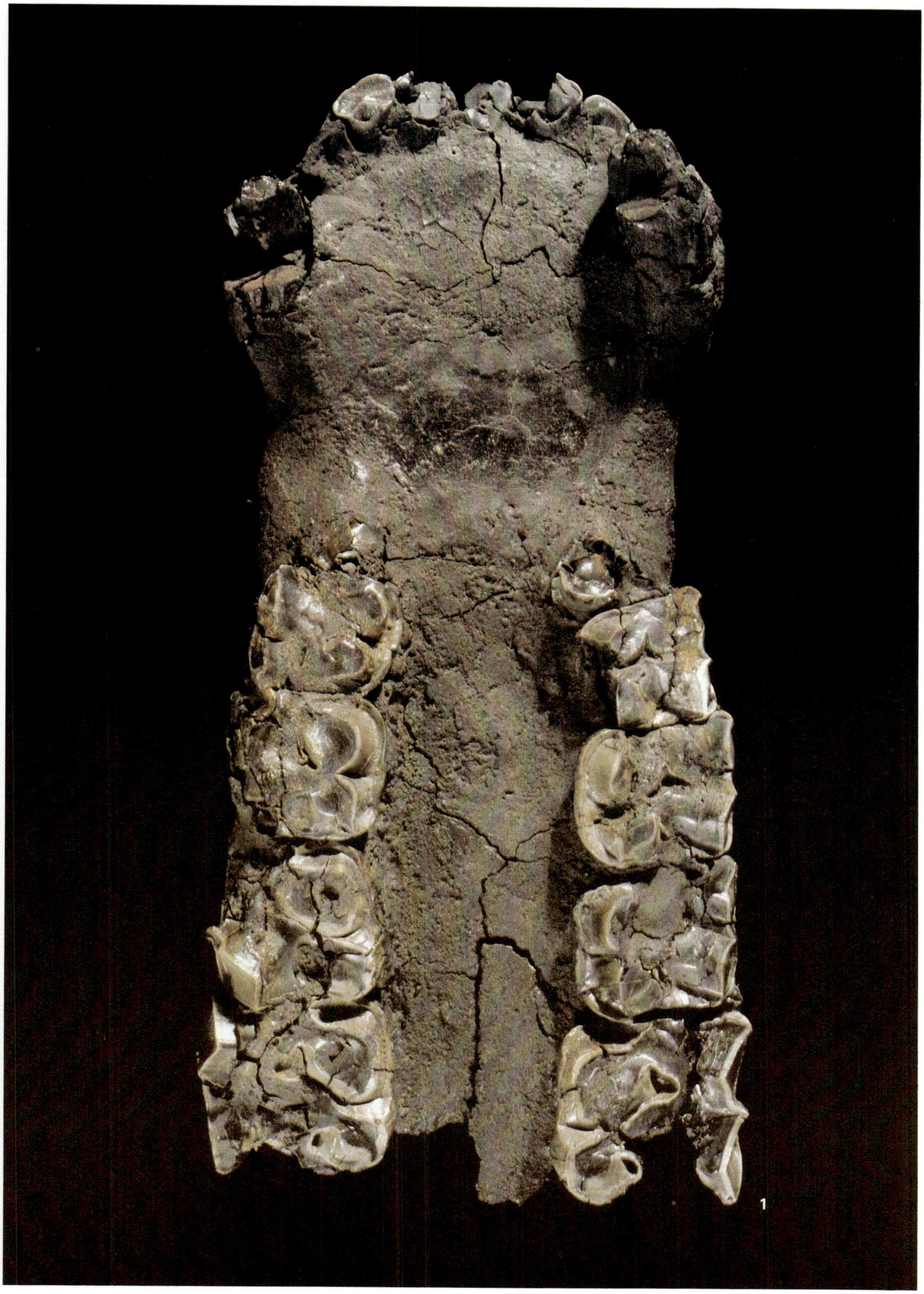
1

Lößpferd
Equus germanicus NEHRING

Ordnung: Perissodactyla – Unpaarhufer
Familie: Equidae – Pferdeartige

4

Im europäischen Pleistozän lebten mehrere Pferdearten der Gattung *Equus*. Ihre Verwandtschafts- und damit auch ihre systematischen Beziehungen sind ziemlich unklar. Es traten bei den einzelnen Arten oft Konvergenzen auf, d. h., daß eine neu vorgedrungene Art die Lebensweise und das äußere Aussehen ihres zeitlichen, nicht stammesgeschichtlichen Vorgängers annahm. Durch den Einfluß klimatischer Änderungen bildeten einzelne Arten zahlreiche den geographischen und klimatischen Bedingungen angepaßte Rassen und Formen heraus.

Ungefähr von der Riß-Eiszeit an begann sich das Lößpferd über ganz Europa auszubreiten. Es hat seinen Namen nach zahlreichen Funden im Löß (Ziegeltonen) erhalten. Dieses leichte, mittelgroße Pferd mit rundem, stumpfnasigem Kopf erinnerte seinem Aussehen nach an das Przewalski-Pferd. Es ist uns nämlich auch seine Färbung aus den Höhlenmalereien bekannt. Die Lößpferde lebten in großen Herden, etwa so wie die rezenten Zebras. Sie besiedelten hauptsächlich Löß-Steppen, in denen sich Lößschichten ablagerten, vermochten jedoch auch in den Laubwäldern der Eem-Interglazialzeit zu leben. Die riesigen Herden der Löß-Pferde bildeten die Nahrungsbasis nicht nur großer pleistozäner Raubtiere (Höhlenlöwen und -hyänen), sondern auch des paläolithischen Menschen. Mit dem Ende der Würm-Eiszeit verschwinden die Löß-Pferde. Ihre Bedeutung für die Domestizierung der Pferde in Europa ist ungeklärt.

1. *Equus germanicus,* Pleistozän (Würm), Prag, ČSSR. Oberkieferzähne, Länge der Zahnreihe 18 cm. Sie stammen aus in einem Ziegelwerk geförderten Löß.

2. *Equus germanicus,* Pleistozän (Würm), Srbsko, ČSSR. Vorderbein, Länge des Fesselbeins (Phalanx I.) 8,5 cm. Die vordere Extremität stammt aus einem Karstkamin, in den das Tier offensichtlich auf der panischen Flucht vor einem angreifenden Raubtier stürzte.

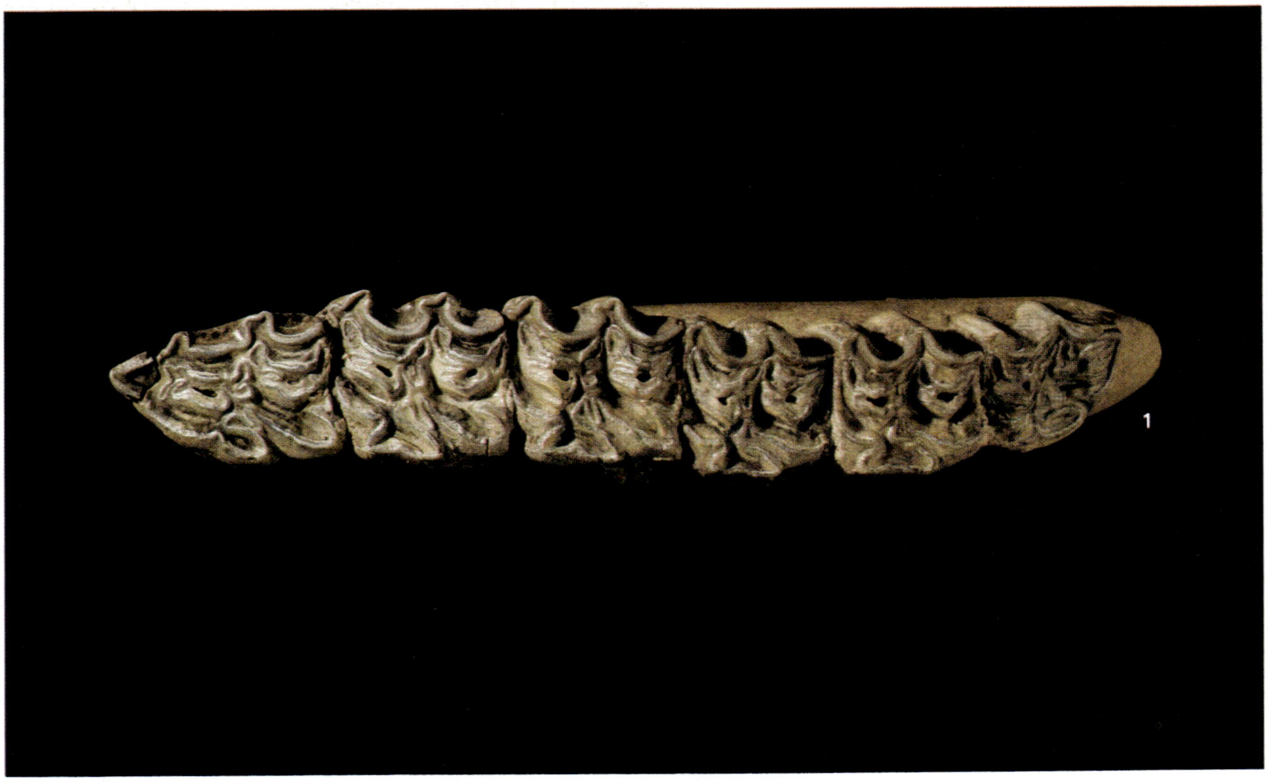

1

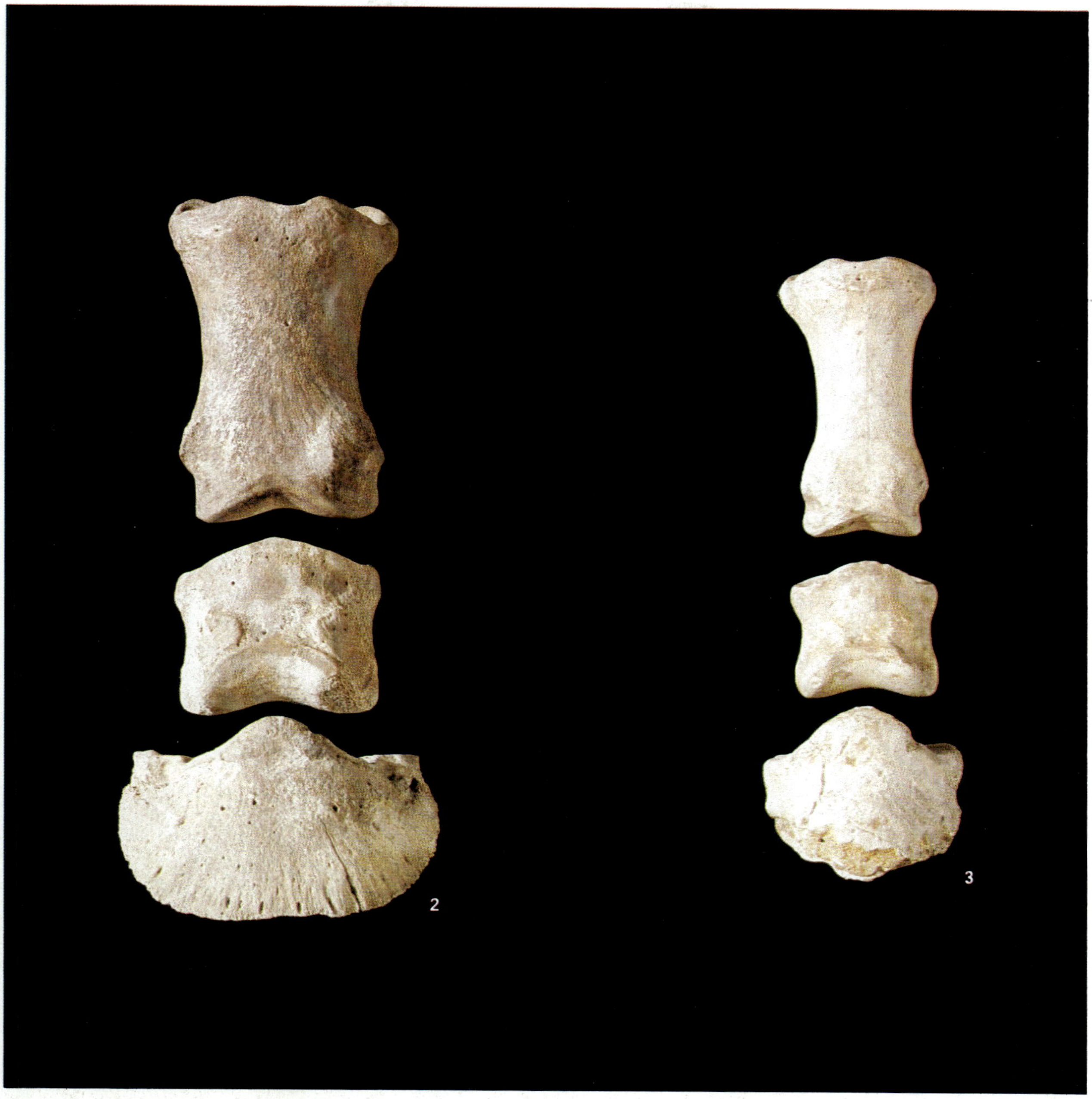

3. *Equus hemionus,* Pleistozän (Würm), Korno, ČSSR. Vorderbein, Länge des Fesselbeins (Phalanx I.) 7,5 cm. Die Knochen wurden in Höhlensedimenten aus dem älteren Würm (Ende des Stadials „W_1" und Beginn des Interstadials „$W_{1/2}$") gefunden.

Halbesel
Equus hemionus PALLAS

Ordnung: Perissodactyla – Unpaarhufer
Familie: Equidae – Pferdeartige

Die Esel **(4)** sind heute in Asien vom Schwarzen Meer bis in die Mongolei verbreitet. Sie halten sich auf trockenen Steppen bis Halbwüsten auf und zeichnen sich durch kleine Körpergröße und lange schlanke Extremitäten aus. Im europäischen Pleistozän waren sie nur gelegentlich Gäste. Sie lebten hier vom Beginn der jüngeren Eiszeiten (Riß und Würm), wo zwar eine Austrocknung, aber noch keine Abkühlung des Klimas eintrat und sich in Mitteleuropa eine trockene, aber noch relativ warme Steppe (keine Löß-Steppe) ausbreitete. Nach kurzem Aufenthalt scheinen sich die Esel immer wieder in ihre asiatischen Gebiete zurückgezogen zu haben. Interessant ist, daß ihre Knochen hauptsächlich in Höhlen gefunden werden, in die Raubtiere sie verschleppt hatten.

Merck'sches Nashorn (Kirchenberg-Nashorn)
Dicerorhinus kirchbergensis (JÄGER)

Ordnung: Perissodactyla – Unpaarhufer
Familie: Rhinocerotidae – Nashornartige

3

Die Nashörner stellten eine wichtige Komponente der europäischen Säugerfauna des Pleistozäns dar. In der Holozän-Fauna fehlen sie ganz. Ihre robusten schweren Knochen sind in den verschiedenen Pleistozänsedimenten verhältnismäßig gut erhalten und haben ziemlich guten Leitfossilwert. Die einzelnen Nashornarten spezialisierten sich auf das Leben in verschiedenen Umweltbedingungen. Sie sind daher auch gute Klima-Indikatoren.
Das Kirchberg-Nashorn **(3)** wird häufiger unter der Bezeichnung Merck'sches Nashorn geführt. Es war typisch für die jüngeren europäischen Interglazialzeiten. Einige Forscher halten es für einen Nachkommen des Dicerorhinus etruscus, andere sehen in ihm nur den ökologischen Nachfolger dieser Art ohne phylogenetische Zusammenhänge, so daß die beiden Arten nur Konvergenzbildungen wären. Bisher gelang es leider noch nicht, ein komplettes Skelett des Merck'schen Nashorns zu finden, und deshalb müssen auch noch viele strittige Fragen unbeantwortet bleiben. Das Merck'sche Nashorn lebte in Laubwäldern, Parklandschaften und Savannen. Es war hauptsächlich in Westeuropa und im westlichen Teil Mitteleuropas verbreitet. Nach Osten zu (in den trockeneren Gebieten mit kontinentalem Klima) wurde es immer seltener. In Mitteleuropa starb es am Ende des Eem-Interglazials aus, nur in Spanien überlebte es bis in den Anfang der Würm-Eiszeit.

1. *Dicerorhinus kirchbergensis**, Pleistozän (Eem), Prag, ČSSR. Obere Backenzähne, Länge der Zahnreihe 16 cm. Die Joche der Backenzähne stehen, im Gegensatz zum Wollhaarnashorn, fast senkrecht zur Mundhöhle.

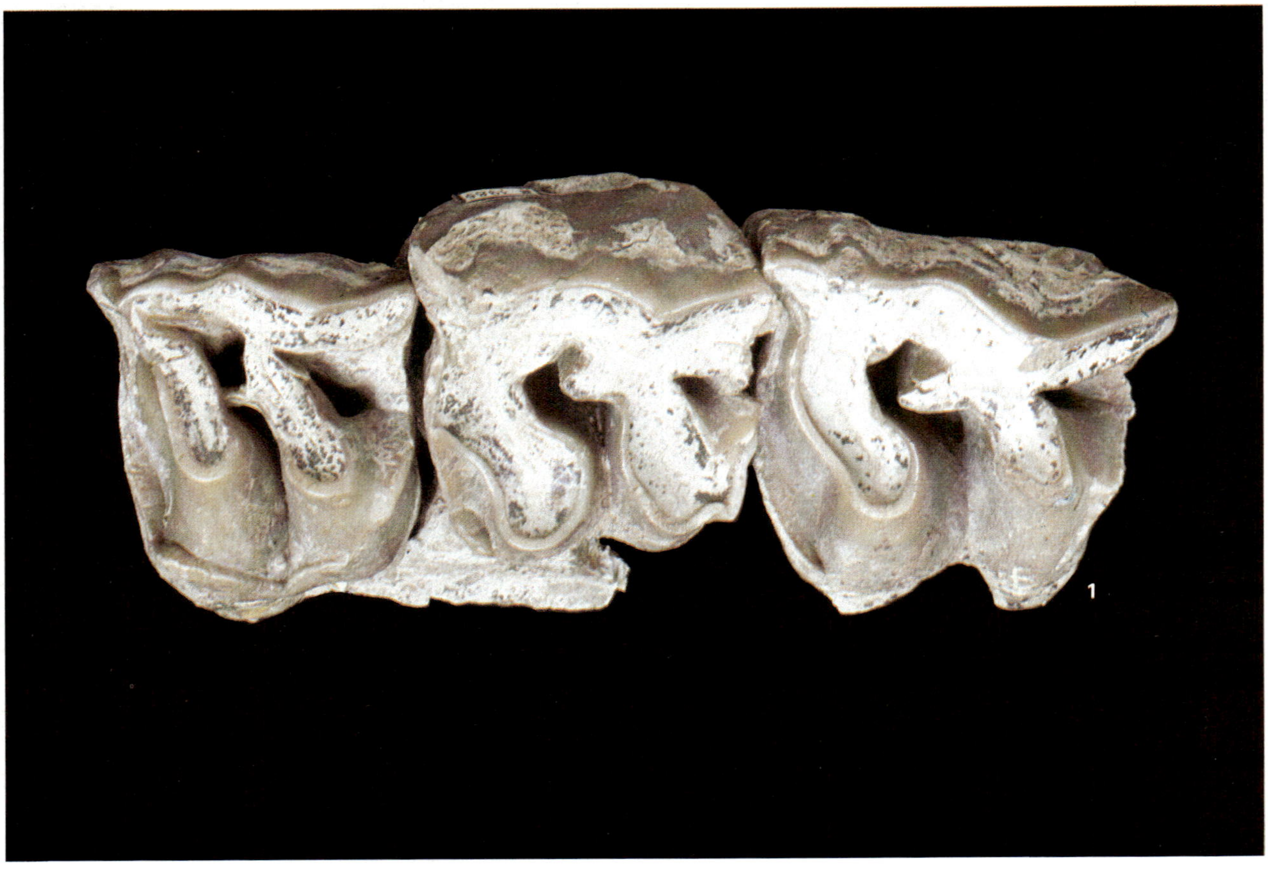

1

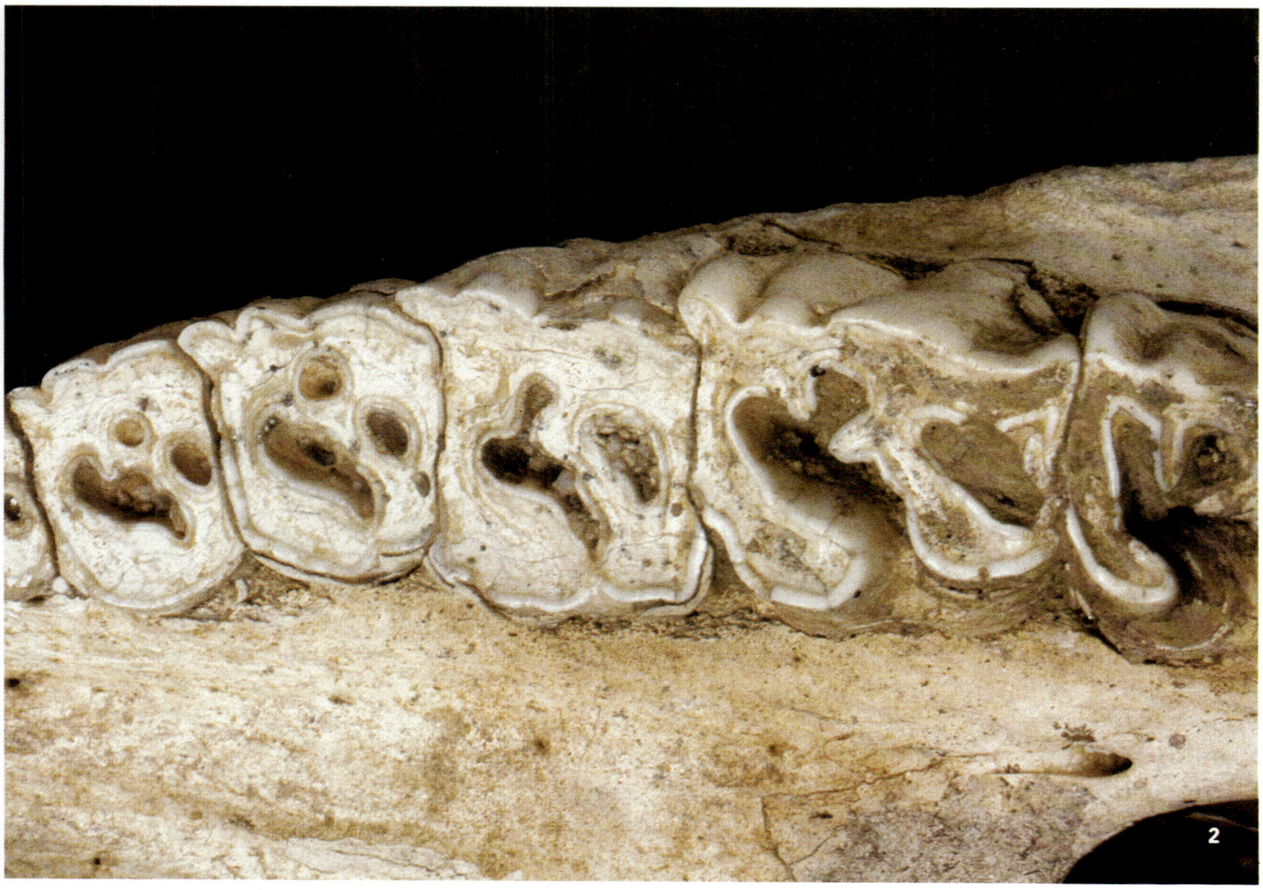

2. *Coelodonta antiquitatis**, Pleistozän (Würm), Letky, ČSSR. Obere Backenzähne, Länge der Zahnreihe 23 cm. Die Backenzahnjoche sind stark schräg nach hinten gerichtet.

Wollhaarnashorn

Coelodonta antiquitatis
(BLUMENBACH)

Ordnung: Perissodactyla – Unpaarhufer
Familie: Rhinocerotidae – Nashornartige

Das Wollhaarnashorn **(4)** ist im Unterbewußtsein der Menschen als treuer Begleiter des Mammuts festgehalten. Obgleich es für die jüngeren europäischen Kaltzeiten kennzeichnend ist, stammt es nicht aus Europa. Wir müssen seine Vorfahren unter den altpleistozänen Nihovan-Nashörnern in China suchen. Diese asiatischen Nashörner drangen bis Sibirien vor und hatten sich wahrscheinlich schon dort dem kühlen Klima angepaßt, so daß sie nach Europa bereits als ausgesprochen kälteliebende Tiere kamen. Sie besiedelten die Lößsteppen praktisch ganz Europas und drangen während der Höhepunkte der jüngeren Glaziale auch ins Mittelmeergebiet vor. Das Wollhaarnashorn war ein typischer Grasfresser und hielt sich hauptsächlich in den Lößsteppen der jüngeren Eiszeiten (Riß und Würm) auf. Es bildete keine Herden, sondern war ein Einzelgänger oder lebte in Familiengruppen und streifte durch die Gegend wie die rezenten afrikanischen Nashörner. Am Ende des Würm-Glazials starb es wahrscheinlich in Europa aus oder wanderte hinter den sich zurückziehenden Gletschern nach Nordosten. Vielleicht lebten kleine Wollhaarnashorn-Herden in Sibirien etwas länger als in Europa. Knochen- und Zahnfunde sind häufig, hauptsächlich im Löß, in Flußablagerungen und in Höhlen.

4

Chordatiere
Chordata

Ordnung: Proboscidea – Rüsseltiere
Familie: Trilophodontidae

Trilophodon angustidens CUVIER

Die Rüsseltiere sind eine Säugergruppe mit reicher und interessanter Geschichte. Im Laufe des jüngeren Tertiärs und des Quartärs besetzten sie erfolgreich alle Kontinente (außer Australien), von den Tropen bis in sehr kalte Gebiete und von den Tiefebenen bis ins Hochgebirge. Ihre Entwicklung begann wahrscheinlich in Afrika – in Ägypten. Schon von allem Anfang an lassen sich mehrere Entwicklungstrends verfolgen. Die Rüsseltiere der Gattung *Moeritherium* lebten z. B. im Wasser wie die rezenten Flußpferde. Die „klassische" Rüsseltiergruppe sind die Mastodonten. Ihre Schneidezähne verwandelten sich allmählich in kurze Stoßzähne, die Backenzähne hatten ursprünglich vier Höcker, doch vergrößerte sich ihre Zahl allmählich, und die Höcker schlossen sich zu Querjochen zusammen. Der Hals war kurz, und es entwickelte sich der Rüssel.

Trilophodon angustidens **(3)** war ein ziemlich primitives Mastodon. Die Stoßzähne in beiden Kiefern waren verhältnismäßig kurz. Die Unterkiefersymphyse war schaufelartig verlängert, und der kurze Rüssel hing nicht über sie herunter wie bei den Elefanten, sondern lag auf ihr (etwa so wie beim Tapir) auf. Die Trilophodonten waren hauptsächlich in Westeuropa verbreitet, wo sie in der Nähe von Seen, in trockeneren Waldgebieten, einige ihnen verwandte Arten wie die Tapire dagegen in Sümpfen lebten. Das komplette Skelett des *Trilophodons* stammt aus der französischen Lokalität Sansan und ist im Musée d'Histoire naturelle in Paris montiert. Am häufigsten werden jedoch nur isolierte Zähne oder Stoßzahnfragmente gefunden.

3

Ordnung: Proboscidea – Rüsseltiere
Familie: Deinotheriidae

Deinotherium giganteum KAUP

Die *Deinotheria* **(4)** sind ein selbständiger, blind endender Entwicklungszweig der Rüsseltiere. Ihrem Aussehen nach unterscheiden sie sich nicht sehr von den echten Elefanten. Nur der Schädel ist niedriger und flacher. Ein wichtiges Merkmal ist die senkrecht nach unten gebogene Unterkiefersymphyse, die ein kurzes, kräftiges, nach unten gerichtetes, etwas nach hinten gebogenes Stoßzahnpaar trug. Die Backenzähne erinnern an die Zähne der Tapire oder primitiver Mastodonten, was darauf hinweist, daß sich dieser Entwicklungszweig sehr bald selbständig machte. Die *Deinotheria* waren hauptsächlich in West- und Mitteleuropa beheimatet, wo sie die feuchten Urwälder mit reicher Vegetation besiedelten und sich von den Blättern und Baumtrieben ernährten. Davon zeugen ihre Zahnform, die charakteristischen unteren Stoßzähne – sie dienten zum Heranziehen und Halten der Zweige –, der kurze Rüssel sowie die hohen Extremitäten und indirekt auch der Trend der sich vergrößernden Körperhöhe. Mit etwas Phantasie könnte man sagen, die *Deinotheria* seien giraffenartige Rüsseltiere. Ihre Reste – am häufigsten Zähne und Stoßzahnbruchstücke – stammen aus dem jüngeren Tertiär. Funde von Knochen oder größeren Knocheneinheiten sind sehr selten.

4

1. *Deinotherium giganteum**, Neogen (Oberpleistozän), Eppelsheim, BRD. Oberer Backenzahn (M^2), Maße der Krone 85 × 85 mm. Die Zahnhöcker der *Deinotheria* verschmelzen zu einem Joch. Mit Ausnahme des ersten unteren Backenzahns (M_1), der drei Joche hat, haben die übrigen Zähne nur zwei Joche.

2. *Trilophodon angustidens**, Neogen (Obermiozän), Sansan, Frankreich. Unterer Backenzahn (M_3), Maße der Krone 135 × 60 mm. Die Zahnhöcker der Mastodonten sind häufig vervielfacht und treten zu deutlichen Querjochen zusammen.

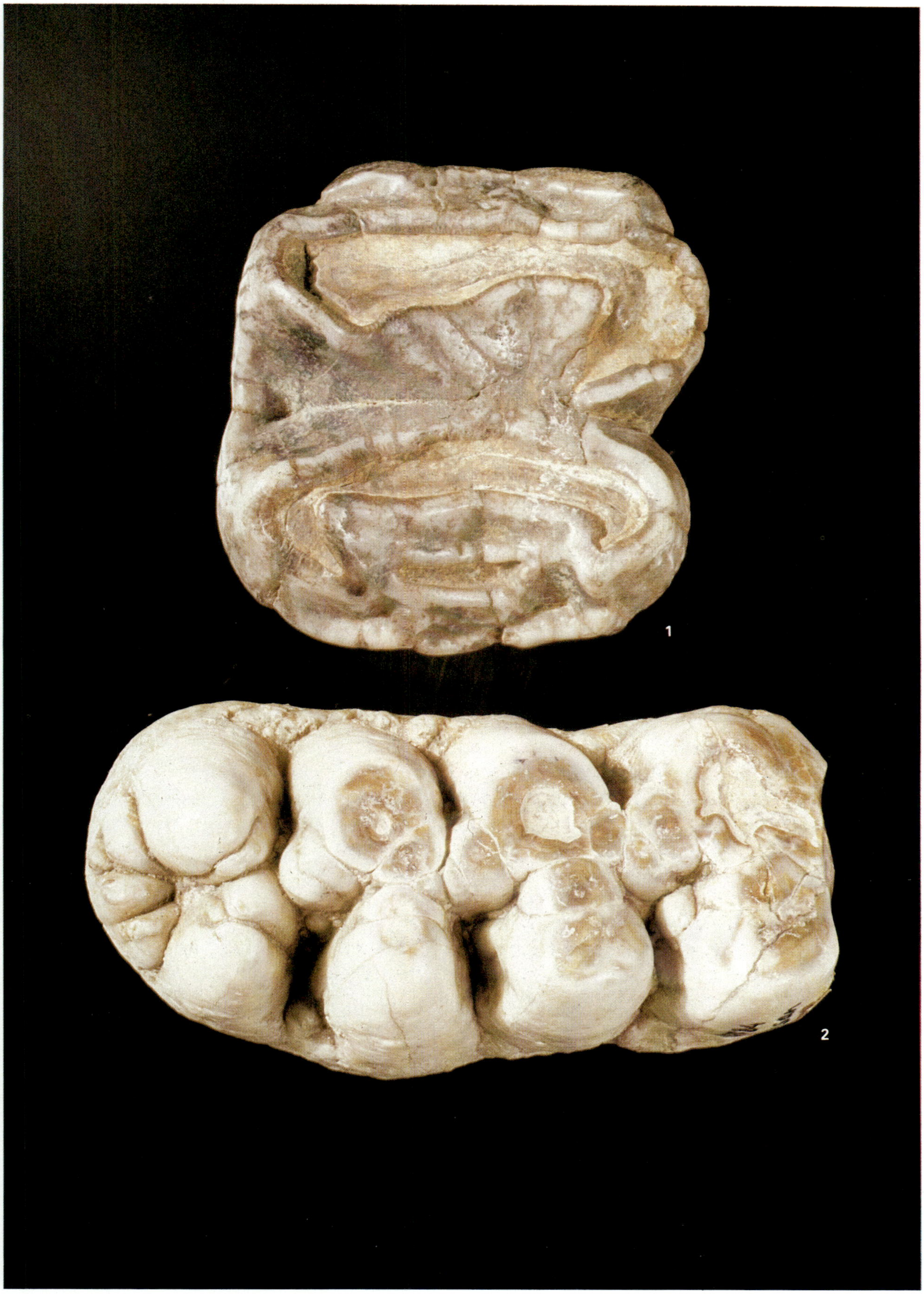
1
2

Chordatiere
Chordata

Waldelefant
Palaeoloxodon antiquus
(FALCONER)

Ordnung: Proboscidea – Rüsseltiere
Familie: Elephantidae – Elefantenartige

Die echten Elefanten repräsentieren den Höhenpunkt der Rüsseltierentwicklung. In der europäischen Fauna erschienen sie zu Beginn des Pleistozäns und bildeten interessante, stratigraphisch wichtige Formen. Die Stoßzähne sind lang und sitzen nur im Oberkiefer. Die Zahnhöcker – bzw. Querjoche – werden zu schmalen, flachen Lamellen, und ihre Zahl wächst stark, z. B. beim Mammut auf 27.
Der Waldelefant **(3)** lebte in den wärmeren Perioden des Pleistozäns. Man nimmt gewöhnlich an, daß er im ältesten Pleistozän aus dem Südelefanten (*Archidiskodon meridionalis,* als auf warmes Klima eingestellter Entwicklungszweig) hervorgegangen ist. Er war größer als das Mammut, hatte einen im Verhältnis zum Körper kleinen Kopf und mächtige gerade, nur an ihrem Ende leicht gebogene Stoßzähne. Seine Extremitäten waren lang. Er bewohnte parkartige Gegenden und Laubbaum-Urwälder, war aber auch bis in die Nadelbaum-Urwälder der gemäßigten Zone vorgedrungen. Er ist typisch für die jüngeren europäischen Interglaziale (beginnend mit der Cromer-Warmzeit) und zieht sich bei der Abkühlung aus Mitteleuropa nach Süden zurück. Seinen Platz nehmen dann die Mammute ein. Mit dem Ende der Eem-Warmzeit wich er ins Mittelmeergebiet aus, und seine letzten Vertreter starben in der jüngeren Phase der Würm-Eiszeit in Spanien aus. Funde von isolierten Knochen und Zähnen gibt es viele, komplette Skelette jedoch wenige.

3

1. *Palaeoloxodon antiquus,* Mittelpleistozän, Norditalien. Unterer Backenzahn (M_1), Länge der Kaufläche 16 cm. Verglichen mit dem gleichen Backenzahn des Mammuts ist der breite Abstand der Zahnlamellen auffallend.

2. *Mammuthus primigenius*,* jüngeres Pleistozän (Würm), Věstonice, ČSSR. Unterer Backenzahn (M_1). Länge der Kaufläche 14 cm. Die Zahnlamellen sind dicht gedrängt.

Wollhaarmammut
Mammuthus primigenius
(BLUMENBACH)

Ordnung: Proboscidea – Rüsseltiere
Familie: Elephantidae – Elefantenartige

Die Mammute **(4)** sind zweifellos die bekanntesten Tiere des europäischen Pleistozäns. Sie paßten sich dem Leben in der Lößsteppe an. Im Zuge dieser Anpassung verkleinerten sich die Ohrlappen, und ihr Körper brachte einen Fetthöcker und ein dichtes Fellkleid hervor. Die paläolithischen Jäger jagten die Mammute häufig und verewigten sie in Zeichnungen, Gravuren und Statuetten. Diese Artefakte und die im sibirischen Inlandeis eingefrorenen Leichen vermitteln sehr genaue Angaben über das Aussehen der Mammute.
Die Mammute lebten in ganz Europa außer den von Inlandeis bedeckten Gebieten. In der Zeit der größten Vereisung drangen sie bis Südeuropa vor, in den wärmeren Zwischeneiszeiten zogen sie sich nach Norden zurück. Am Ende der Würm-Eiszeit gingen die Mammute den sich zurückziehenden Gletschern nach Nordosten nach, und die letzten Mammute starben im ältesten Holozän in Sibirien aus. Die paläolithischen Jäger tragen an diesem Aussterben keine Schuld. Die Mammute waren dem Leben in der Lößsteppe und dem Kaltklima angepaßt, und als das Klima sich erwärmte und die Wälder über die Lößsteppe und die Tundra vordrangen, verschwanden auch die Mammute, die sich an das Leben in einem anderen Milieu nicht gewöhnen konnten. Funde von Mammutknochen, -zähnen und Stoßzähnen sind im Löß und in Flußsedimenten häufig.

4

1
2

Palaeomeryx kaupi v. MEYER

Ordnung: Artiodactyla – Paarhufer
Familie: Cervidae – Hirschartige

Die Hirschartigen sind geographisch auf Europa, Asien und Nordafrika beschränkt. Eine Ausnahme bildet der Wapiti-Hirsch, der im Pleistozän aus Asien nach Nordamerika vorgedrungen war und dort bis heute lebt. Die Hirschartigen entstanden wahrscheinlich in Asien, wo sie sich im frühen Oligozän aus den gleichen Vorfahren wie die primitiven Giraffenartigen differenzierten. Ein charakteristisches Merkmal der Hirschartigen ist das Geweih, das mit Ausnahme des Rentiers nur die Männchen tragen.

Palaeomeryx kaupi **(4)** zählt zu den ältesten Hirschartigen. Er ist mit *Muntiacus* verwandt und gehört in eine Stammreihe, aus der auch das Reh (*Capreolus*) hervorgegangen ist. Weder das weibliche noch das männliche Tier trugen ein Geweih. Die Männchen hatten jedoch lange Eckzähne, die säbelförmig aus dem Maul herausragten. Ein wichtiges Merkmal des Gebisses alller Arten der Gattung *Palaeomeryx* ist die sogenannte Palaeomeryx-Falte, eine kleine Wulst im Zahnschmelz auf der Innen- (Lingual-)Seite des Backenzahnes zwischen dem vorderen

1. *Dicrocerus furcatus,* Neogen (Miozän), Steinheim, BRD. Fragment des linken Oberkiefers mit Zähnen (P^4 bis M^2), Länge des Mittelzahnes (M^1) 12 × 12 mm.

2. *Palaeomeryx kaupi,* Neogen (Miozän), Tuchořice, ČSSR. Oberer Backenzahn (M^1). Größe der Krone 14 × 18 mm. Die Palaeomeryx-Falte ist auf dem unteren Zahnrand zwischen Vorder- und Hinterjoch sichtbar.

4

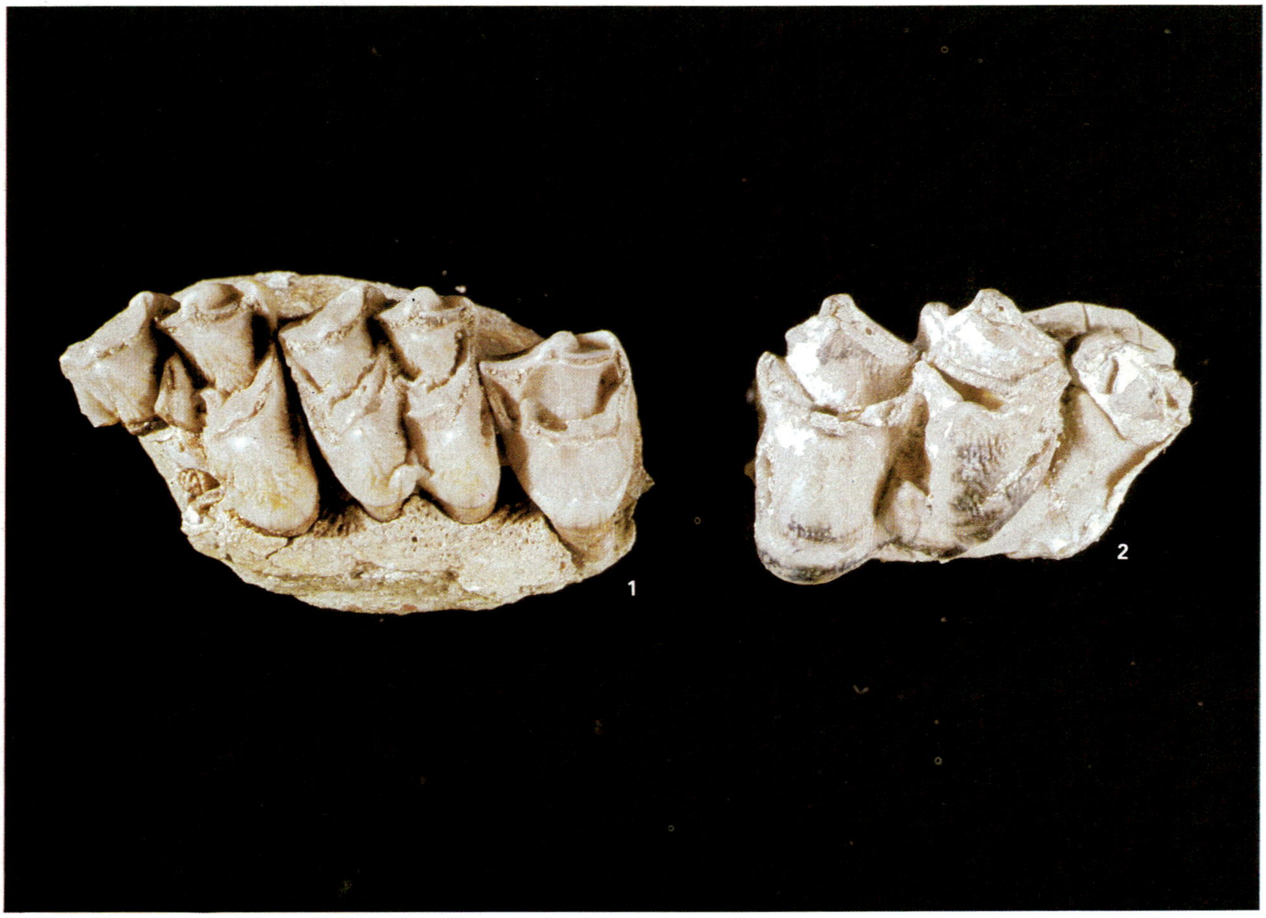

3. *Dicrocerus furcatus,* Neogen (Miozän), Steinheim, BRD. Geweih, Gesamtlänge 14 cm. Auffallend ist der hohe Stiel, der mit dem Alter des Individuums wuchs, während die Sprossenzahl unverändert blieb.

und dem hinteren Joch, also dem Kronenjoch. Bei geologisch jüngeren Hirschartigen fehlt sie. *Palaeomeryx* lebte in Mittel- und Westeuropa, hauptsächlich in feuchten und sumpfigen Urwäldern des Alttertiärs. Darauf weisen seine Hufe hin, die fächerartig auseinandergezogen sind, um ein Einsinken auf schlammigen Boden zu verhindern. Mit dem ausklingenden Miozän starben die Palaeomerycinen aus. Ihre Reste sind in See- und Braunkohlenablagerungen sowie in Tuffiten oder Travertinen zu finden.

5

Dicrocerus furcatus Hensel

Ordnung: Artiodactyla – Paarhufer
Familie: Cervidae – Hirschartige

Dicrocerus furcatus **(5)** ist ein kleiner, mit dem Muntjak verwandter Hirsch und zugleich der erste Geweihträger der Familie. Das Geweih war noch ziemlich primitiv, zweigabelig und sprossenlos. *Dicrocerus* ähnelte seinem Aussehen nach stark dem *Palaeomeryx* oder wegen des Geweihes auch einem Rehbock. Nach Europa war er wahrscheinlich aus Asien gekommen. Er besiedelte die Wälder klimatisch gemäßigter Zonen. Die für das Miozän typische Gattung starb zu Beginn des Pliozäns aus, ohne Nachkommen zu hinterlassen. Seine Knochen und Zähne befinden sich in ähnlichen Sedimenten wie die von *Palaeomeryx.*

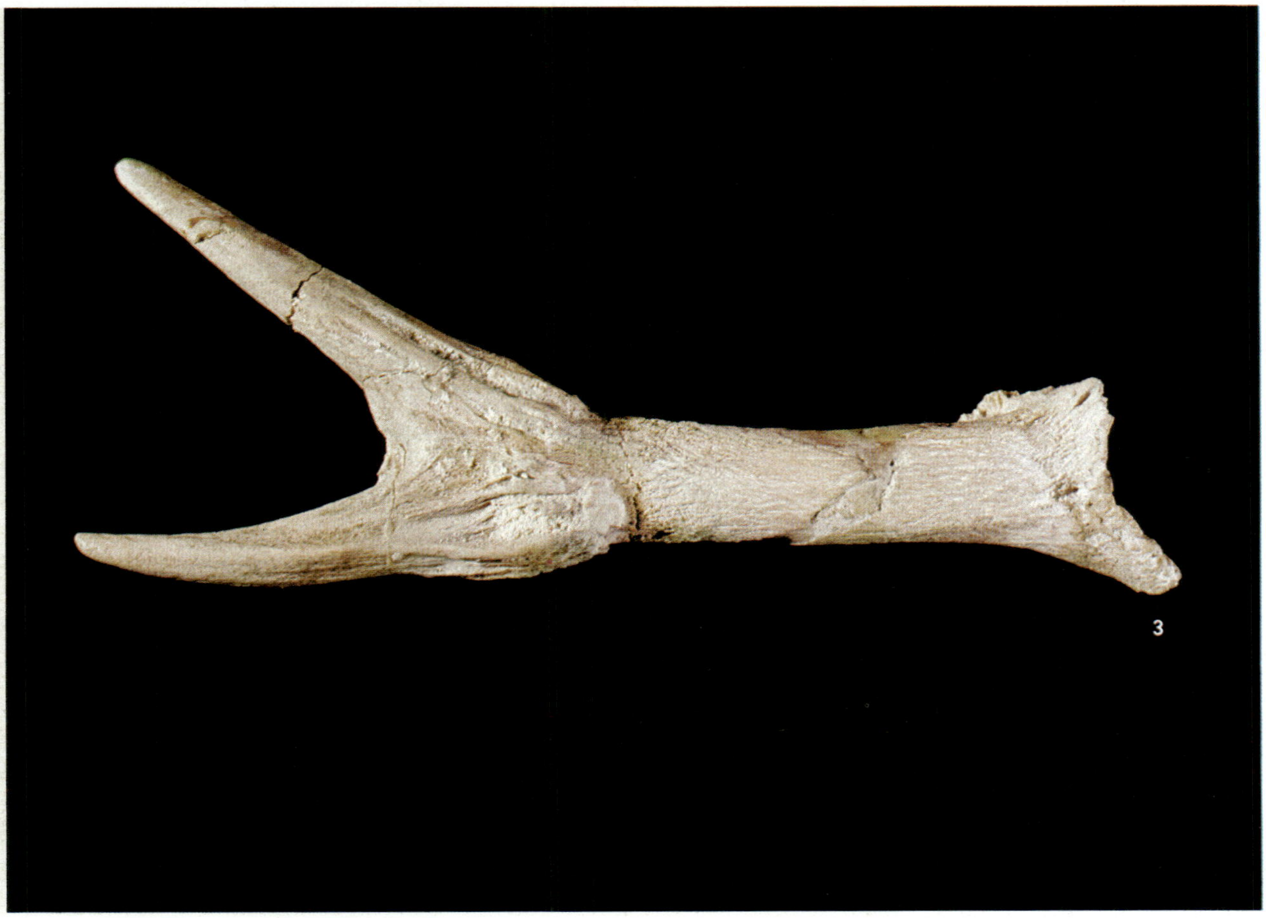

3

Chordatiere
Chordata

Rothirsch
Cervus elaphus LINNAEUS

Ordnung: Artiodactyla – Paarhufer
Familie: Cervidae – Hirschartige

Der Rothirsch ist der geologisch jüngste Hirsch. Man nimmt an, daß er am Ende des älteren Pleistozäns aus dem *Cervus acoronatus* hervorgegangen war, der im europäischen Cromer-Interglazial lebte. Die Entwicklung des Gehörns des Rothirsches erreicht ihren Höhepunkt, wenn sich auf der Spitze des Stiels eine Krone aus drei wie von einem Punkt ausgehenden Sprossen bildet. Die ältesten „Hirsche mit Kronengeweih" sind aus dem Mindel-Glazial und dem Holstein-Interglazial bekannt. Sie besiedelten Parklandschaften und Wälder Europas und Asiens. Ihre Variabilität war gewaltig. Nach den Körpermäßen und hauptsächlich nach der Geweihform wurden Lokalrassen, Unterarten und Arten beschrieben, deren Gültigkeit nicht immer eindeutig ist. Auf vielen Inseln entstanden sogar örtliche Zwergformen. In Mittel- und Westeuropa war der Rothirsch häufig im Eem-Interglazial und in den Interstadialen des Würm-Glazials. Er unterschied sich praktisch nicht von der gegenwärtigen Form. Im Holozän wurde der Rothirsch ein ständiger Teil der europäischen Waldfauna. Seine Reste sind in den verschiedensten Ablagerungen aus den wärmeren Klimaphasen des jüngeren Pleistozäns sowie auf menschlichen Rastplätzen zu finden.

Rentier
Rangifer tarandus (LINNAEUS)

Ordnung: Artiodactyla – Paarhufer
Familie: Cervidae – Hirschartige

Das Rentier gehört zu den typischen Bewohnern der Lößsteppe und der Tundra der jüngeren Eiszeit. In Europa erschien es am Ende des Günz-Glazials, aber erst im Würm-Glazial war es dort häufig. Sein phylogenetischer Ursprung ist unklar. Nach Europa kam das Rentier jedenfalls schon als voll entwickeltes arktisches Faunenelement. Sein Entstehungszentrum ist unbekannt. Sehr kompliziert ist auch die Systematik der Rentiere. Bei den rezenten Rentieren gibt es viele Unterarten und Lokalrassen. Die wichtigsten Unterscheidungsmerkmale sind die Farbe des Haarkleides und die Geweihausbildung. Für die Bestimmung fossiler Rentiere kann man nicht auf diese Merkmale zurückgreifen, da gewöhnlich nur einzelne Knochen oder Geweihfragmente zur Verfügung stehen. Nach langen Diskussionenn entschied man sich, die pleistozänen europäischen Rentiere zu der nordeuropäischen Art *R. tarandus* zu stellen. Die Rentiere waren über das ganze nicht vereiste Europa verbreitet. Wälder mieden sie gewöhnlich. Durch die Verbreitung der Wälder in der gemäßigten Zone zu Beginn des Holozäns wurden die Rentiere allmählich nach Norden abgedrängt, so daß heute nur kleine Reste dieser einmal so weitverbreiteten Art in Skandinavien leben. Reste von Rentieren sind in allen Sedimenten, besonders des jüngeren Pleistozäns, zahlreich zu finden.

1. *Cervus elaphus,* älteres Holozän, Prag, ČSSR. Geweih, Länge des Fragments 53 cm. Charakteristisch für das Hirschgeweih sind die Längsrillung und die gut entwickelte Rose auf der Basis. Die Geweihkrone fehlt auf dem Fragment.

2. *Rangifer tarandus,* Pleistozän (Würm), Prag, ČSSR. Geweih, Länge des Fragmentes 66 cm. Für das Rentiergeweih charakteristisch sind die glatte Oberfläche, der ovale Querschnitt und die nur schwach entwickelte Rose. Die Schaufel, die die Krone des Hirschgeweihs ersetzt, ist auf dem abgebildeten Fragment nicht erhalten geblieben.

1

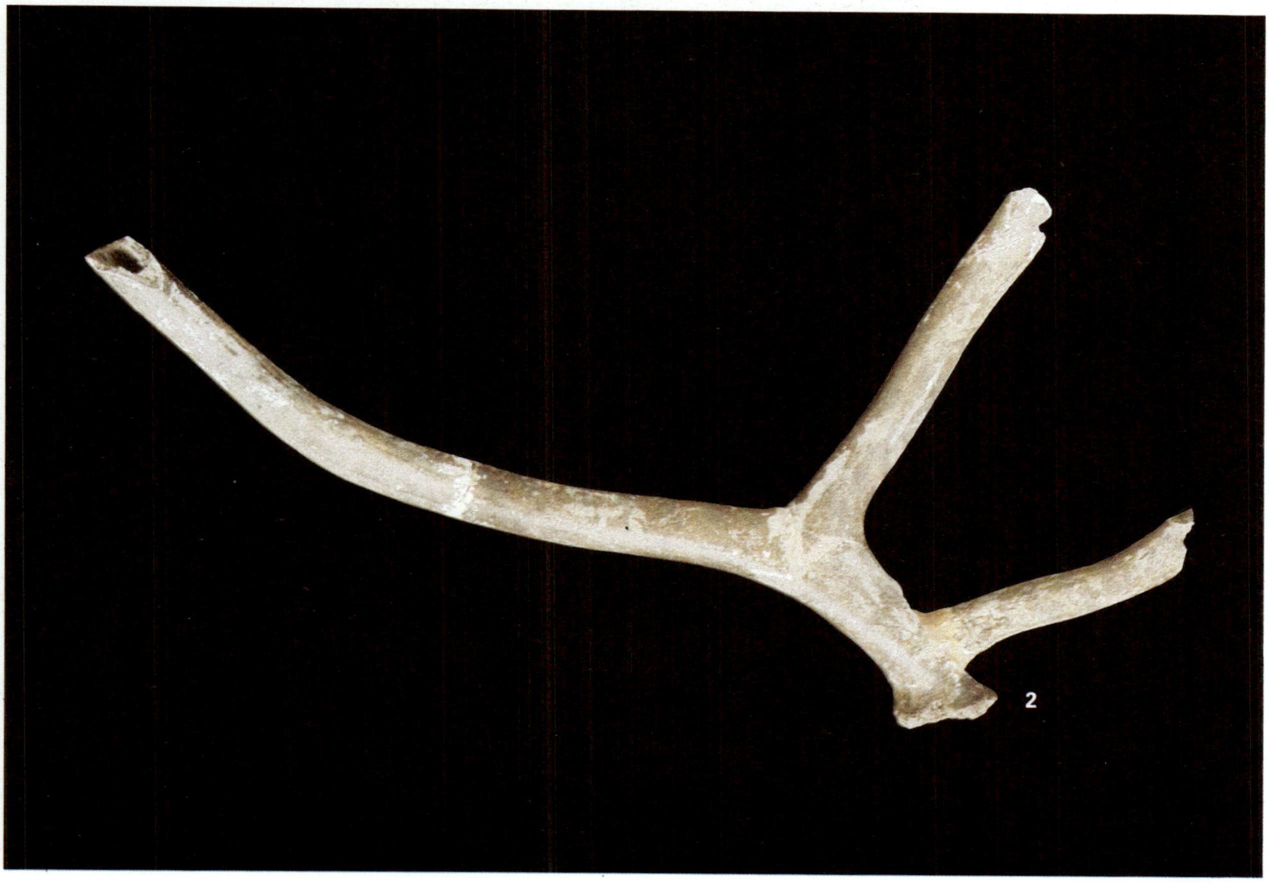

2

Riesenhirsch
Megaloceros giganteus BLUMENBACH

Ordnung: Artiodactyla – Paarhufer
Familie: Cervidae – Hirschartige

Der Riesenhirsch **(3)** gehört weder zu den echten Hirschen noch zu den Rentieren noch zu den Damhirschen. Es ist eine Spezialform eines Steppenhirsches, der sich aus einem der großen altpleistozänen Steppenhirsche mit spezifisch ausgebildetem Geweih entwickelt hatte. Während der Entwicklung vergrößerten sich die Körpermaße des Riesenhirsches und besonders sein Geweih. Das größte bisher gefundene Geweih hat eine Spannweite von 3,70 m! Mit einem solchen Geweih konnten sie nicht in Wäldern leben, sondern waren auf die offenen Lößsteppen und Tundren Europas angewiesen. Kopf und Hals trugen sie waagrecht wie die Rentiere. Sie bildeten keine Herden, sondern waren Einzelgänger wie die Elche. Am Ende der Würm-Eiszeit starben sie langsam aus, und nur in Irland hielten sie sich noch bis zum Beginn des Holozäns. Die Gegenwart der Riesenhirsche in Europa in prähistorischer Zeit und ihre Identität mit dem Schelch des Nibelungenliedes ist nicht ganz bewiesen. Aus irischen Mooren stammen Funde von mehr oder

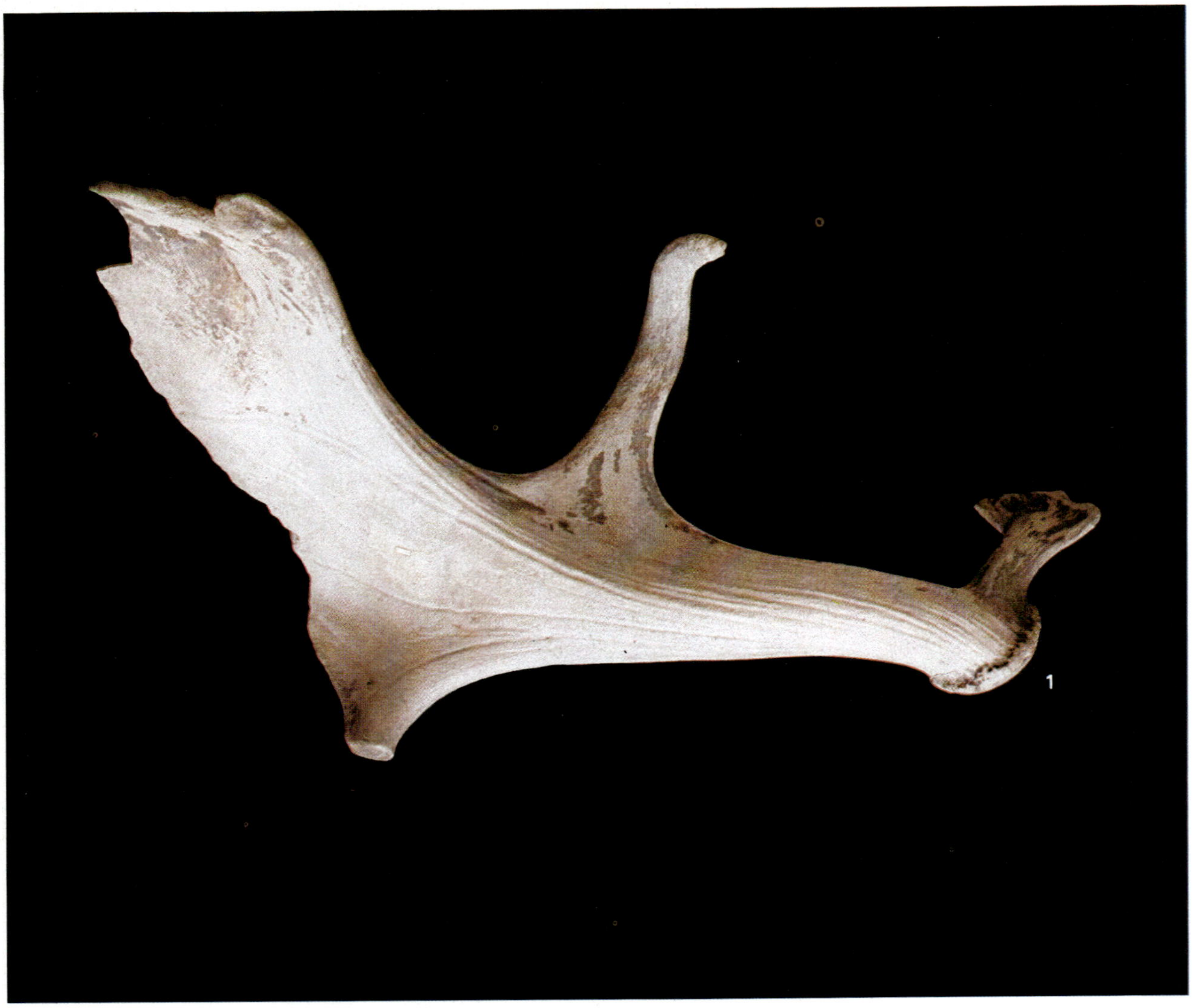

1. *Megaloceros giganteus*,* Pleistozän, Dolja, Jugoslawien. Linker Geweihteil, Länge des Fragments 80 cm. Das Geweih ist leicht gerieft wie das der Hirsche, doch kann die Riefelung auch durch die Fossilisierung verschwunden sein, und es hat einen ovalen Querschnitt wie das des Elchs.

2. *Capra ibex,* Pleistozän (Würm), Radotín, ČSSR. Schädel, Länge der Hornansätze 23 cm. Den Ziegen und Schafen gegenüber haben die Steinböcke mächtige Hornansätze. Auch das postkraniale Skelett ist robuster.

2

weniger kompletten Skeletten, sonst werden nur einzelne Knochen oder Geweihbruchstücke, besonders im Löß, geborgen.

Steinbock
Capra ibex LINNAEUS

Ordnung: Artiodactyla – Paarhufer
Familie: Bovidae – Wisentartige

Einige Knochenfunde schon aus dem älteren Pleistozän werden zwar Steinböcken zugeschrieben, aber die eindeutig belegte Geschichte der Steinböcke beginnt erst mit der Riß-Eiszeit. Aus diesem Zeitabschnitt stammen die Relikte eines Schädels mit wenig auseinanderlaufendem Gehörn aus dem Kies und Sand der Saale bei Camburg, DDR. Der Fund wurde als *Capra camburgensis* beschrieben und wird als Ausgangsform der jungpleistozänen Steinböcke betrachtet. Die Steinböcke lebten in teilweise bewaldeten Hochsteppen. In Zeiten kühleren Klimas stiegen sie von den Hochebenen herab in die Cañons der Flußtäler und kehrten bei Erwärmung des Klimas wieder in höhere Lagen zurück. Dadurch entstanden getrennte Populationen und isolierte Lokalrassen in den Pyrenäen, Alpen, Karpaten u. a. Die Steinböcke besiedelten während des jüngeren Pleistozäns alle jungen Gebirge Mittel- und Südeuropas und drangen über Transsylvanien bis auf die Krim und nach Palästina vor. Im Paläolithikum waren sie häufiges und manchmal sogar bevorzugtes Jagdwild des Menschen. Die Steinbockknochen sind häufig in Flußablagerungen, auf Lagerplätzen der Jäger oder, von Raubtieren verschleppt, in Höhlenablagerungen zu finden.

3

Wisent
Bison priscus BOJANUS

Ordnung: Artiodactyla – Paarhufer
Familie: Bovidae – Wisentartige

Die echten Wisente (Unterfamilie Bovinae) sind stammesgeschichtlich eine sehr junge Gruppe. Obgleich ihre Anfänge in das jüngere Tertiär fallen, entstanden die heute lebenden Gattungen erst im Pleistozän. Die rezenten Arten stammen durchweg erst aus dem Holozän. An den Säugetiergemeinschaften des europäischen Quartärs hatten zwei Gattungen starken Anteil – der Wisent (*Bison*) un der Auerochs (*Bos*).
Der Wisent **(3)** erschien in West- und Mitteleuropa im Mindel-Glazial. Er war ein großes, stattliches Tier, das im Widerrist bis zu zwei Meter Höhe erreichte. Die auffallend großen halbmondartigen Hörner hatten eine Spannweite von bis zu 120 cm. Die Entwicklung des Wisents kulminierte im Riß-Glazial, in den einige Lokalrassen entstanden, die manchmal als gesonderte Unterarten angeführt werden. Im Eem-Interglazial und im Würm-Glazial erreichten sie ihre weiteste Verbreitung und drangen aus den Steppen in die angrenzenden Waldsteppen vor. Im jüngeren Paläolithikum wurde der Wisent das übliche Jagdtier des Menschen, und deshalb blieben aus jener Zeit zahlreiche Höhlenzeichnungen (z. B. in Altamira), Gravuren, Statuetten u. ä. erhalten. Am Ende des Würm-Glazials begann mit der zunehmenden Bewaldung auf Kosten der Steppe der Wisent zurückzugehen, und er wurde vom europäischen Wisent bonasus (*Bison bonasus*) ersetzt. Wisentreste sind ziemlich häufig im Löß, in Flußsedimenten und in menschlichen Siedlungen; gewöhnlich jedoch handelt es sich dabei nur um einzelne Knochen oder bloße Fragmente.

1. *Bison priscus,* Pleistozän (Würm), Prag, ČSSR. Länge des Schädels (ohne Hörner) 60 cm. Der Schädel ist gegenüber dem des Auerochsen auffallend breit, die Augenhöhlen sind hervorstehend, die Hornansätze leicht gebogen und ohne Torsion.

3

1

2. *Bos primigenius,* Holozän, Dašice, ČSSR. Schädel, Gesamtlänge 66 cm. Dazu ein Hornansatz aus dem älteren Holozän, Drevenik, ČSSR. Der Schädel ist gegenüber dem Schädel des Wisents auffallend schmal, die Augenhöhlen treten nur wenig hervor, und die Hornansätze weisen auffallende Torsion auf.

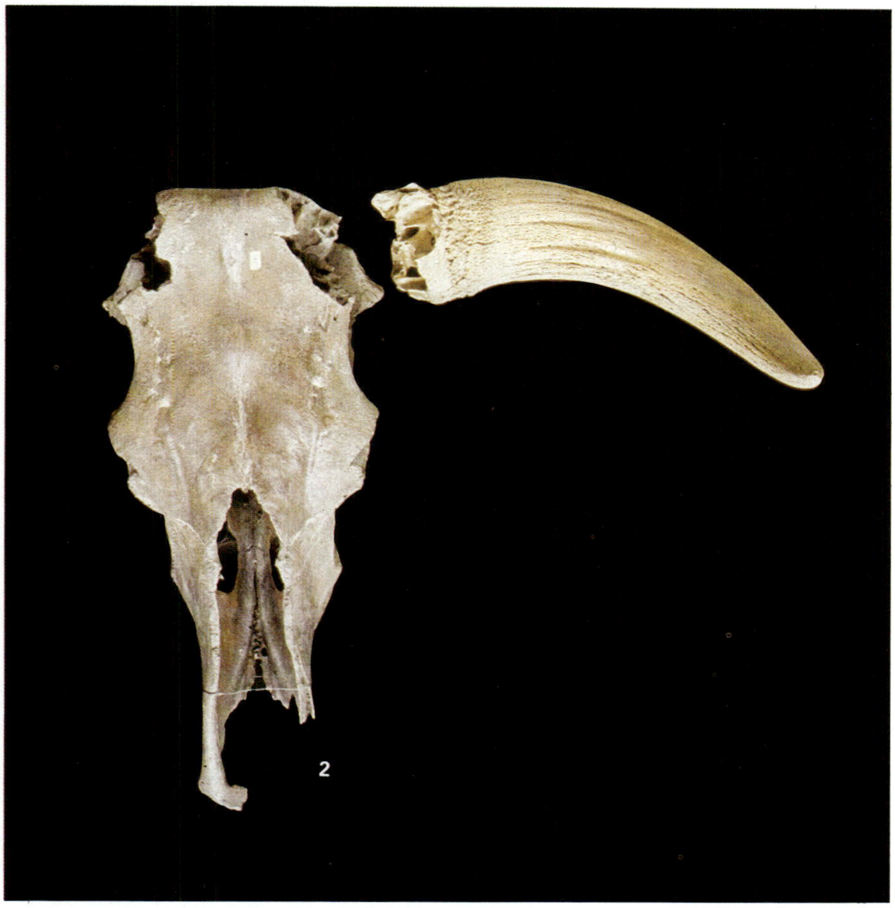
2

Auerochs
Bos primigenius BOJANUS

Ordnung: Artiodactyla – Paarhufer
Familie: Bovidae – Wisentartige

Die europäischen Auerochsen **(4)** sind mit den südostasiatischen (aus Siwalik in Indien) verwandt. Nach Europa begannen sie im Holstein-Interglazial vorzudringen. Sie waren mächtiger gebaut als die heutigen Hausrinder und in manchen Fällen auch robuster als die Wisente. Charakteristisch für den Auerochsen ist die Stellung der Hörner, die seitwärts – nach oben – vorn gedreht sind. Ursprünglich lebten die Auerochsen in feuchten Ur- und in Auwäldern, doch vom Eem-Interglazial an besiedelten sie auch Parklandschaften. In der Würm- Eiszeit paßten sie sich in West- und Mitteleuropa auch dem Leben in den Wäldern kälterer Bereiche an und drangen bis in die Tundra vor. Holozäne Funde von Auerochsen stammen hauptsächlich aus Mooren und aus den Sedimenten alter Flußarme, die ursprünglich von Auwäldern bedeckt waren. Das bedeutet, daß die Auerochsen erneut in ihre ursprünglichen Biotope zurückgekehrt waren. Die Auerochsen hielten sich in Europa bis ins 17. Jahrhundert. An ihrem Aussterben trug der Mensch die Hauptschuld. Die Hauptrolle spielte dabei weniger die Jagd, die bei solchen großen Tieren ziemlich kostspielig und gefährlich war, als vielmehr die fortschreitende Einengung der Waldgebiete durch die landwirtschaftliche Nutzung.

4

Verletzungen und Deformationen der Knochen

Außer der Beschreibung und Bestimmung fossiler Reste versucht die Paläontologie auch, Hinweise auf physiologische Vorgänge, auf das Verhalten und die Biologie der Organismen zu finden und zu deuten. Bei den Organismen, die nur wenige fossilisationsfähige Körperteile haben, sind die Spuren der Lebensäußerungen häufig der einzige Beweis ihres Vorhandenseins.

Zu den für Sammler interessanten Fachgebieten der Paläontologie gehört die Paläopathologie, die sich mit unnatürlichen Knochenveränderungen befaßt. Dazu zählen vor allem Knochenbrüche und Spuren nach Krankheiten. Knochenbrüche kamen schon bei den Amphibien, den Reptilien (besonders bei den großen), den Vögeln und den Säugetieren vor. Es sind uns die verschiedensten Fälle von einfachen, glatten Brüchen bis zu komplizierten Brüchen mit Dislokation (Verschiebung) der gebrochenen Teile nach den Knochenbrüchen bekannt. Sofern der Bruch nicht die Ursache für das Eingehen des Individuums war, verheilte er. Nach dem Grade der Beschädigung verwuchs der Knochen ganz einfach, oder aber es bildeten sich auf der Bruchstelle verschieden geformte Wucherungen (Kallusse).

Krankheitsspuren sind für den Sammler ebenso interessant wie Brüche. Es handelt sich dabei um verschiedene Krankheiten, von denen entweder der Knochen direkt oder aber die Weichteile um den Knochen befallen waren. Einige pathologische Veränderungen entstanden im Zusammenhang mit der funktionellen Belastung des Knochens oder mit zunehmendem Alter des Individuums. Die Tiere litten an Spondylose (Auswüchse an den Wirbelkörpern) oder an Arthrose (Auswüchse an den großen Gelenken). Pathologische Veränderungen (Deformationen) der Form, besonders an den Knochen der Extremitäten oder an der Wirbelsäule verringerten die Beweglichkeit des Individuums und waren häufig direkt oder indirekt die Ursache für seinen Tod.

An den Knochen fossiler Wirbeltiere lassen sich häufig Verletzungen durch Bisse feststellen, die gewöhnlich mit der Erbeutung des Tieres zusammenhängen. Die Zahnspuren von Aasfressern (Hyänen u. ä.) können auch nachträglich nach dem Absterben entstanden sein. Charakteristische Merkmale hinterließen Nager an den Knochen, für die die Knochen eine Kalkquelle darstellten. Manchmal hielt man die Marken der von Nagern angenagten Knochen für menschliche Eingriffe (Artefakte).

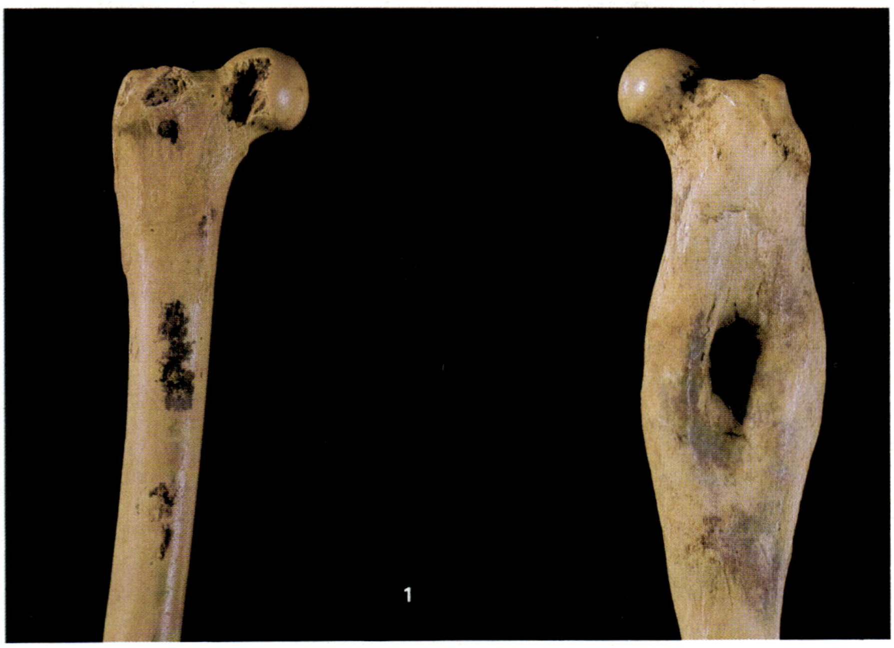

1

1. *Vulpes vulpes* (Rotfuchs), Holozän, Řeporyje, ČSSR. Rechts der ausgeheilte komplizierte Bruch des Schenkelbeins, bei dem es zu Torsion und Dislokation der gebrochenen Teile gekommen war. Links zum Vergleich das Wadenbein eines gesunden Individuums derselben Lokalität.

2. *Ursus spelaeus* (Höhlenbär), Pleistozän (Würm), Sloup, ČSSR. Mittelhandknochen, Länge 8,4 cm. An beiden Knochen sind Spuren entzündlicher Prozesse vorhanden, die zur Entstehung von krankhaften Deformationen der Knochenoberfläche führten.

3. *Equus germanicus* (Lößpferd), Pleistozän (Würm), Srbsko, ČSSR. Fingerglied, Länge 8,7 cm. Dieselben pathologischen Änderungen wie bei der Abb. 2.

4. *Equus germanicus,* Pleistozän (Würm), Srbsko, ČSSR. Schienbein von einem Raubtier (Hyäne?) angenagt. Abmessungen des Kopfes 7,5 × 5 cm.

5. *Cervus elaphus* (Rothirsch), Holozän, Beroun, ČSSR. Geweihbasis von einem kleinen Nager angefressen. Durchmesser des Geweihs 4,5 × 3,6 cm.

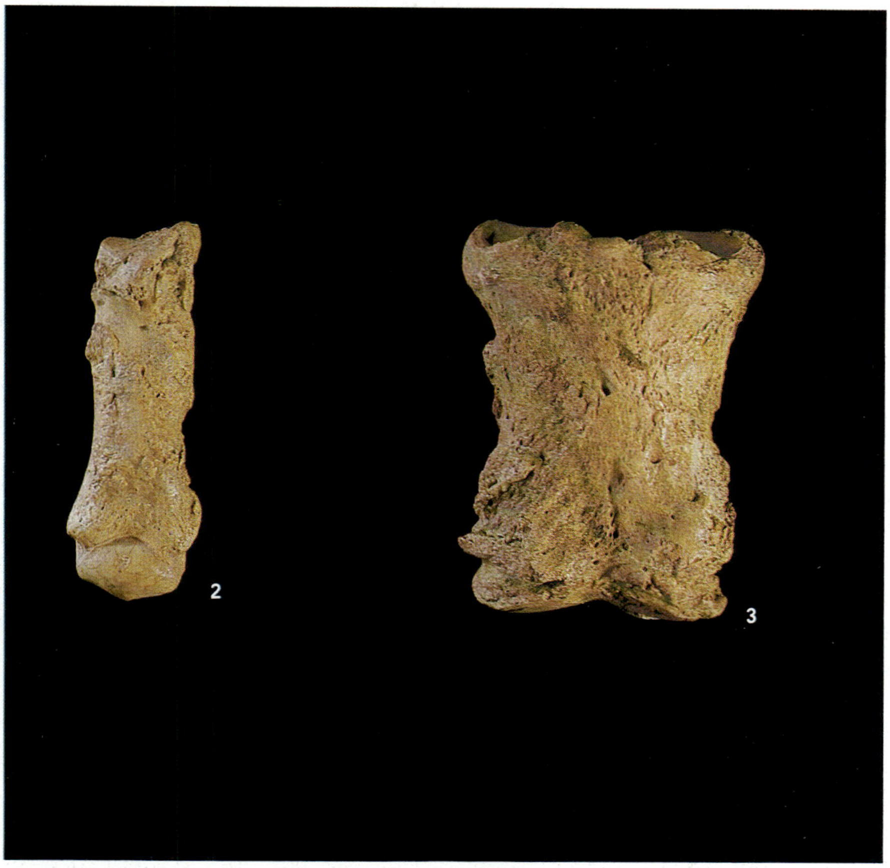

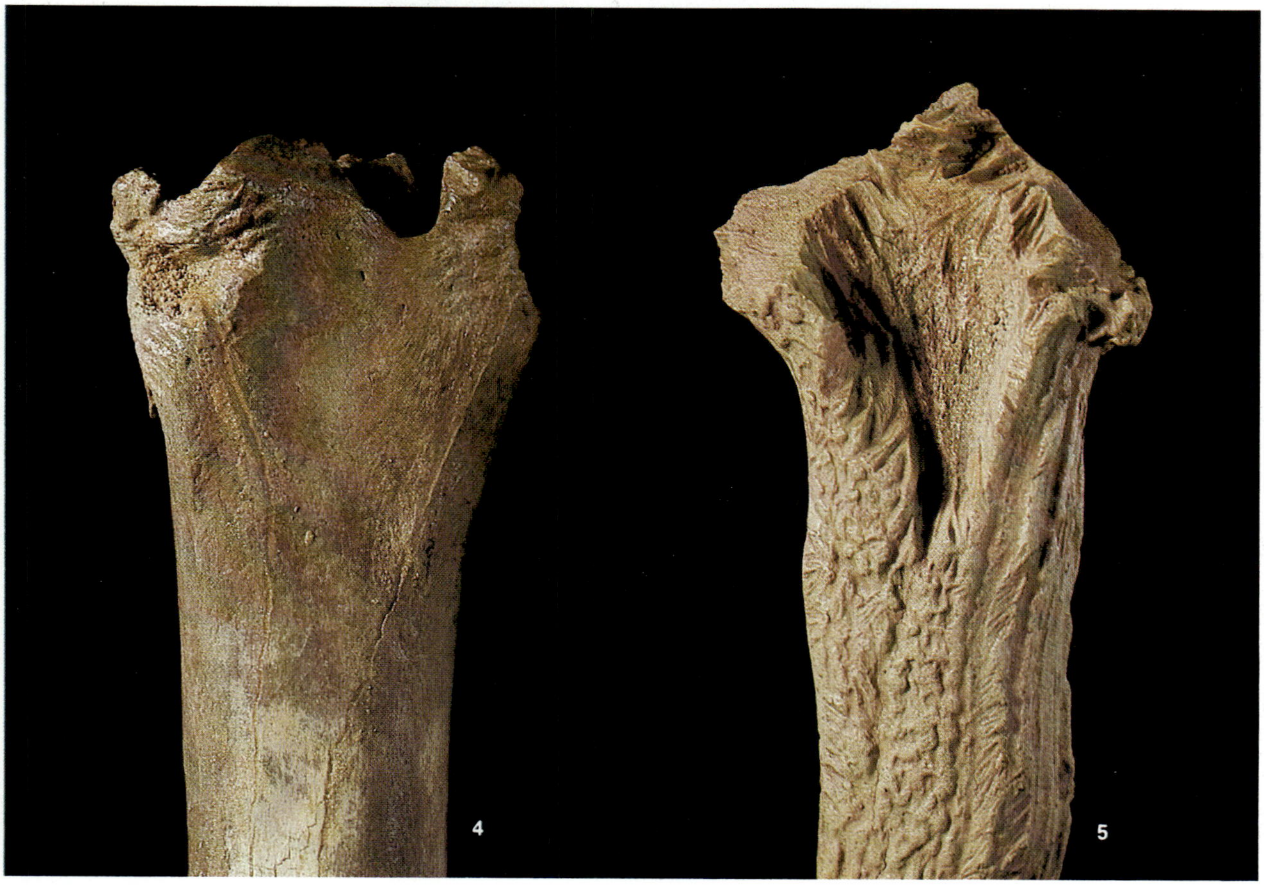

Spuren von Bewegungen der Wirbeltiere

Fährten von Wirbeltieren sind Zeugnisse der Fortbewegungsart. Die geologisch ältesten Funde stammen aus dem pennsylvanischen und australischen Devon. Vom Karbon an sind sie schon überall häufig und waren die Ursache für die Entstehung eines besonderen Fachgebietes der Paläogeologie, und zwar der Ichnologie oder Paläoichnologie. Fährten und Spuren kennt man von Amphibien, Reptilien, wobei die von Groß-Sauriern besonders attraktiv sind, von Vögeln und Säugetieren. Zu den beachtenswertesten paläoichnologischen Funden zählen auch Fußspuren des Menschen.

Es ist meist schwierig festzustellen, welcher Wirbeltierart die geprüften Spuren zuzuschreiben sind. Deshalb klassifiziert man die Fährten in einem künstlichen System von „Gattungen und Arten", die selbstverständlich nicht den Wert eines natürlichen zoologischen Systems haben. Immerhin gelang es bei vielen Fährten und Spuren, sie eindeutig systematischen Einheiten zuzuweisen und den Fährtenverursacher zu identifizieren.

Am häufigsten sind Fußspuren, eventuell Schwanz- oder Bauchspuren, die das Tier beim Gehen, Laufen oder Kriechen auf einer weichen Unterlage zurückgelassen hat. Sie blieben nur dann erhalten, wenn sie sofort von feinem Sediment überdeckt wurden oder eventuell vorher noch schnell austrockneten. Vereinzelt können auch Schwimmspuren erhalten bleiben. Etwas häufiger sind die Schwimmspuren mesozoischer und tertiärer Fische und Schildkröten.

Sehr selten blieben auch Wohnhöhlen kleiner Säuger (hauptsächlich im Löß) oder aber Vogelnester im quartären Travertin erhalten.

1

1. *Saurichnites salamandroides* FRIČ, Unterperm, Kalná, ČSSR. Maße der Spuren etwa 1 × 1 cm. Bewegungsspuren eines schwer identifizierbaren permischen Dachschädlers.

2. *Saurichnites calcaratus* FRIČ, Unterperm, Lomnice nad Popelkou, ČSSR. Länge der Spur 6 cm. Bewegungsspur eines größeren permischen Amphibs.

2

Koprolithen

Koprolithen sind versteinerte Exkremente fossiler Tiere. Wie die Bewegungsspuren sind auch sie oft einer der wenigen Beweise von der Existenz oder vom örtlichen Vorkommen von Organismen, die selbst nur wenige fossilisationsfähige Körperteile besitzen. Eine Analyse der Koprolithen ermöglicht manchmal die Bestimmung der Nahrung, von der sich ihr Produzent ernährte. Die Koprolithen können z. B. die Hartteile von Insekten, die Panzer von Krustentieren, kleine Fischknochen oder Knochen anderer Wirbeltiere u. ä. enthalten.
Am bekanntesten und am gründlichsten erforscht sind die Fischkoprolithen. Sie haben an ihrer Oberfläche charakteristische Spiralfaltung, die der spiraligen Falte im Dünndarm vieler rezenten Fische, insbesondere der Knorpelfische, z. B. der Haie, der Störe u. a., entspricht, und sind in den permokarbonischen und jurassischen Sedimenten häufig anzutreffen. Oft liegen sie direkt in der Bauchhöhle der Fische oder in ihrer Nähe. Wie die Spuren werden auch die Koprolithen in die „Gattungen" und „Arten" eines künstlichen Systems gereiht.
Verhältnismäßig häufig sind die Exkremente von Säugetieren, besonders aus dem Pleistozän. Durch die Analyse der nordamerikanischen *Gravigrada* konnten die Wissenschaftler sogar feststellen, von welchen Pflanzenarten sich die Tiere ernährten. Viele Koprolithen hinterließen einige Raubtiere, besonders solche aus dem Pleistozän. Die Koprolithen der Höhlenbären und der Höhlenhyänen sind in den Höhlen häufig anzutreffen, die diese Tiere bewohnten oder in denen sie überwinterten. Weniger häufig sind sie im Löß zu finden. Diese Koprolithen werden mit keinen „Art"-Namen bezeichnet. Ein Vergleich mit den Koprolithen (Exkrementen) rezenter Arten ist möglich, doch erschweren die häufigen Deformationen der Koprolithen ihre Identifizierung.

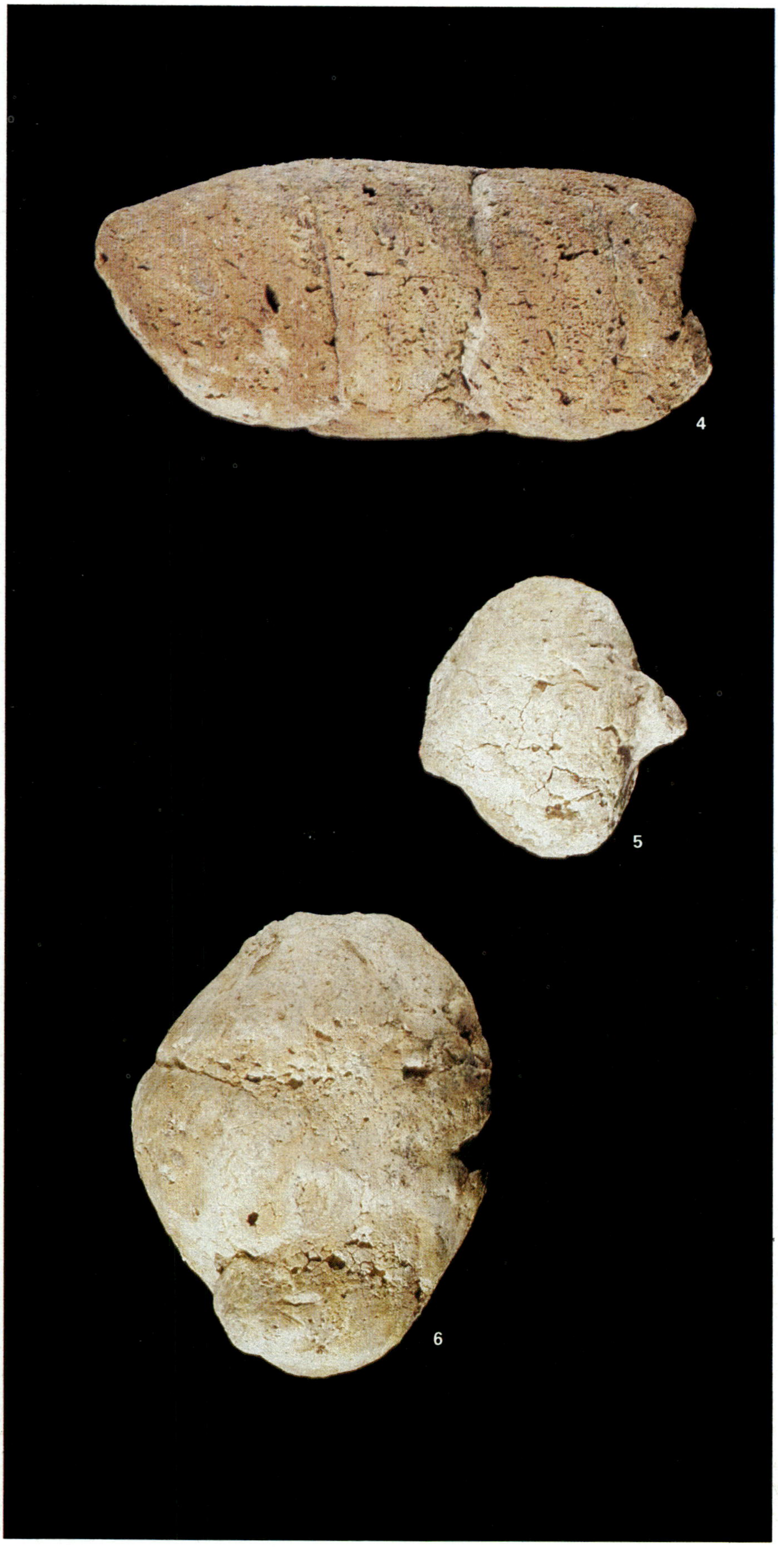

Koprolithen karbonischer Fische:

1. *Coprolithes magnus* FRIČ, Karbon, Hrabačov, ČSSR. Zwei Koprolithen, der größere 8 × 3,5 cm.

2. *Coprolithes olivoides* FRIČ, Karbon, Kounová; ČSSR. Abmessungen 3 × 1,5 cm.

3. *Coprolithes pupoides* FRIČ, Karbon, Kounová, ČSSR. Abmessungen 1,8 × 0,7 cm.

4.–6. Koprolithen von Raubtieren (wahrscheinlich einer Höhlenhyäne und vielleicht auch eines Höhlenlöwen), Pleistozän (Würm), Srbsko, ČSSR.
Abmessungen: **(4)** – 6,0 × 2,5 cm,
(5) – 2,5 × 2,5 cm,
(6) – 4,5 × 3,5 cm.

Sammeln, Präparieren und Konservieren von Fossilien

Die erste Frage, die sich der beginnende Sammler stellt, ist: Wo soll er Fossilien suchen und was kann er tun, damit er im Gelände erfolgreich ist. Obwohl die Paläontologie eine biologische Wissenschaft ist, befaßt sie sich zum allergrößten Teil mit längst ausgestorbenen Organismen, die in den Schichten der Erdrinde erhalten geblieben sind. Wer Paläontologie als Steckenpferd betreiben will, benötigt nicht nur bestimmte biologische Kenntnisse, sondern muß auch einiges über die Geologie wissen, muß die grundlegenden Gesteinstypen unterscheiden und das Wesen der geläufigsten geologischen Strukturen und Erscheinungen verstehen können.
Fossilien treten vor allem in Ablagerungsgesteinen (Sedimenten) aus, die aus Mineralteilen oder Gesteinsbruchstücken entstanden, die von Wasser, Wind, Eis usw. herangetragen wurden. An der Bildung von Sedimenten beteiligen sich oft bedeutend oder auch in entscheidendem Maße sowohl Tiere und Pflanzen als auch chemische Prozesse. Nicht alle abgelagerten Gesteine boten die gleiche Möglichkeit zur Entstehung von Fossilien. So enthalten zum Beispiel Sedimente aus groben Bruchstücken (grob-klastisch) in der Regel keine Fossilien. Viele durchlässige Gesteine wurden sekundär unter dem Einfluß von Verwitterungsvorgängen entkalkt und bieten keine guten Bedingungen für die Erhaltung von Fossilien. Ungünstig erhaltene Fossilien treten auch in den schwach durch Wärme- oder Druckeinwirkung abgewandelten (metamorphosierten) Gesteinen auf, die in Kontakt mit Ergußgesteinen gerieten oder in der Folge geologischer (tektonischer) Prozesse in die tieferen Stockwerke der Erdrinde gelangten. Dort veränderten sich ihre Struktur und die mineralische, gegebenenfalls auch die chemische Zusammensetzung. In Auswurfgesteinen finden wir mit Ausnahme der vulkanischen Aschen (Tuffe) Fossilien nur äußerst selten. Zu den üblichsten fossilführenden Gesteinen gehören Kalksteine, Mergel, Tonsteine, Tonschiefer, Sandsteine, Lößböden und Höhlenlehme. Allgemein kommen Fossilien in Meeressedimenten viel häufiger vor als in kontinentalen Ablagerungen.
Erkennt der Sammler den Grundtyp des Gesteins, hilft ihm eine genügend detaillierte geologische Karte weiter. Hier kann er sich ein Bild vom geologischen Aufbau des erwähnten Gebietes machen und klären, welche Teile für ihn gute Voraussetzungen bieten. Im Gegensatz dazu wird er in metamorphen Gesteinen, in Tiefengesteinen oder Ergußgesteinen nicht unnötig nach Fossilien suchen. In einer ganzen Reihe geologischer Publikationen findet der Sammler weitere nötige Informationen über einige der bekanntesten Fundorte (Lokalitäten). Im Gelände, das aus Ablagerungen besteht, kann jede Stelle, die das Sammeln ermöglicht, ein Fundpunkt sein – ein Steinbruch, eine natürliche Felswand, ein Bachbett, der Geländeeinschnitt von Eisenbahnstrecken oder Landstraßen, die Schachtungen für Hausgründungen oder Brunnen, gepflügte Felder u. ä.
Die schönsten Fossilien finden sich oft im Geröll, wo das Gestein durch Verwitterung günstig aufgeschlossen ist. Diese Funde sind aber nicht immer wissenschaftlich wertvoll, denn wir kennen nicht genau die Stelle im geologischen Profil, aus der das Fossil stammt. Die Gesteine werden parallel zur Schichtung, also parallel zur ehemaligen Grundoberfläche zerkleinert. Quer zur Schichtung sind Fossilien nur selten eingelagert; das geschieht vor allem dann, wenn die Sedimente durch untermeerische Verschiebungen oder durch heftige Anschwemmungen vom Festland her entstanden sind, oder wenn es sich um Organismen handeit, die innerhalb des Sediments leben.
Der Sammler benötigt im Gelände: bestimmte theoretische Kenntnisse, einen geeigneten geologischen Hammer oder besser zwei verschieden große Hämmer, einen Meißel, gegebenenfalls eine Kneifzange (wenn er im Schiefer sammeln will), eine Lupe (8- bis 10fach vergrößernd), Verpackungsmaterial (Tüten, Zeitungspapier, Mull, eventuell Watte), eine geologische Karte, einen Notizblock, Bleistift, eventuell einen Fotoapparat. Sicher wird sich der Paläontologe, dessen Forschungen auf die Lösung eines bestimmten Problems ausgerichtet sind, im Gelände anders verhalten als ein Sammler mit breitem Interesse, der sich bemüht, so viel schöne Fossilien wie möglich zu erlangen. Hier müssen wir aber daran erinnern, daß Amateursammler oft eng mit Fachleuten zusammenarbeiten oder oft selbst zu hervorragenden Paläontologen werden.
Ein erfahrener Sammler sollte sich weiterhin nach folgenden Grundsätzen richten:
a) Er beschränkt seine Sammlung nicht auf die Vertreter bestimmter Organismengruppen, son-

dern betrachtet jedes gefundene Fossil als möglicherweise wichtiges paläontologisches Dokument.
b) Er sammelt Kerne und Abdrücke („Positiva" und „Negativa"), da sich diese oft gegenseitig ergänzen. Kerne sind Ausgüsse des Gehäuseinneren, während in den Abdrücken das Äußere des Fossils weitgehend erhalten ist.
c) Er versucht, von jeder gefundenen Art mehr als ein Einzelexemplar zu erlangen.
d) Er präpariert die Fossilien nicht am Fundort. Es ist oft günstig, sie auch nicht zu isolieren, sondern mit einem entsprechend großen Gesteinsstück zu sammeln, das grundlegende Informationen über das Alter der Fossilien liefern kann. Das ist vor allem dann wichtig, wenn der Sammler nicht in der Lage ist, den Fund stratigraphisch sicher einzuordnen.
e) Er beachtet die Art, wie das Fossil im Sediment gelagert ist, die Assoziation der Organismen, das Verhältnis der Fossilien zum Typ des Sediments u. ä. Damit sammelt er auch wichtige paläontologische Informationen.
Jedes Fossil, das wir einer Lokalität entnehmen, müssen wir gut verpacken; wir schützen es damit vor Transportschäden. Es ist auch nötig, sofort und möglichst genau die Fundstelle zu beschreiben. Die Fossilien der einzelnen Lokalitäten werden getrennt verpackt, da es sonst zur Verwechslung der Angaben über den Fundort kommen kann. Es ist gut, stark beschädigte Stücke wenigstens teilweise schon an der Lokalität zu kleben und eventuell die Lage der einzelnen Fundstücke aufzuzeichnen. Aus losen oder stark verwitterten Sedimenten können die Fossilien mit der Hand oder einer weichen (entomologischen) Pinzette entnommen werden. Wir können das Material auch mit Hilfe von Sieben, deren Maschengröße der gewünschten Fraktion entspricht, ausschwemmen. Knöchernes und paläobotanisches Material muß manchmal teilweise schon am Fundort konserviert werden, zum Beispiel durch das Imprägnieren mit geeigneten Konservierungsstoffen.
Viele der gefundenen Fossilien können wir nicht in den Sammlungen anbringen, ohne sie vorher zu präparieren und zu konservieren. Mit diesen Fragen befaßt sich eine umfassende Literatur, auf die fast in jedem paläontologischen Handbuch Hinweise zu finden sind. Wie weit sich ein Amateur der Präparation und Konservierung widmen wird, hängt vom Zweck, dem seine Sammlung dient, seiner technischen Ausrüstung und seinen Erfahrungen ab. In der Regel bleibt es lediglich bei einer mechanischen Präparation, bei der verschieden große geologische Hämmer, Meißel und Nadeln verwendet werden. Ein sehr nützliches Gerät sind elektrische Vibratoren mit auswechselbaren Spitzen. Die feine Präparation mit der Vibrationsnadel muß jedoch unter einem Stereo-Auflicht-Mikroskop ausgeführt werden. Fossilien müssen oft auch gewaschen werden. Wir verwenden hierzu eine weiche Bürste und geben dem Wasser Waschmittel bei.
Fossilien aus tonigen Gesteinen werden nicht gewaschen. Hier achten wir darauf, daß das Gestein nicht schnell austrocknet, denn es könnte zusammen mit dem Fossil zerfallen. Für das Verkleinern der Proben verwenden wir oft eine Kneifzange. Manchmal versucht der Sammler, zum Beispiel aus verkieselten Stämmen oder den Gehäusen von Kopffüßern Anschliffe anzufertigen. Unfachmännisch ausgeführte Anschliffe können aber zur Entwertung des Fossils führen. Größere oder verkieselte Fossilien müssen oft erst im Laboratorium zerschnitten und können erst dann geschliffen werden.
Das Schleifen erfolgt in paläontologischen Laboratorien auf elektrischen Schleifmaschinen mit waagrechten gußeisernen Scheiben, auf die selbstklebendes Schmirgelpapier oder im feuchten Prozeß pulverisiertes Karborundum einer entsprechenden Korngröße aufgetragen wird. Zuerst wird grobes, anschließend feineres Pulver verwendet. Hierbei muß verhindert werden, daß das feinere Pulver von der gröberen Körnung verunreinigt wird. Zum Polieren werden Polierpulver verwendet, zum Beispiel Chromoxyd, Opalmehl u. ä., die wir auf feuchten Samt oder einen ähnlichen Stoff schütten. Der Amateur kann Fossilien manuell schleifen. Er verwendet hierzu nacheinander mehrere angefeuchtete Spiegelgläser mit jeweils nur einer bestimmten Fraktionsgröße des Schleifpulvers oder Spezialschleifpapiere.
Es geschieht sehr oft, daß wir die Fossilien, die wir aus dem Gestein befreien wollen, zerbrechen oder anders beschädigen. Sie sind aber zum Glück keine Briefmarken und behalten ihren wissenschaftlichen Wert, auch wenn sie geklebt sind. Zum Kleben verwenden wir Leime, die sich bei Bedarf auch nach dem Eintrocknen wieder auflösen lassen.
Konserviert werden Fossilien nur, wenn es die Art ihrer Erhaltung erfordert. Zur Konservierung ver-

wenden wir zum Beispiel stark verdünnte Leime, die sich in Aceton lösen, oder auch Kunstharze. Die Wahl des Konservierungsmittels hängt vom Wesen des fossilen Materials ab. Es ist deshalb ratsam, diese Fragen vorher mit einem Fachmann zu beraten oder Fachliteratur zu studieren. Fossilien werden grundsätzlich nicht lackiert, um ihr ästhetisches Aussehen zu verbessern!

Die paläontologische Sammlung

Die gesäuberten, präparierten, gegebenenfalls konservierten Fossilien lagert der Sammler in Kästchen. Am besten eignen sich rechteckige Kästchen in verschiedenen genormten Größen. Es ist gut, wenn jeder größere Kasten die doppelte Fläche der Kästchen geringeren Ausmaßes aufweist (zum Beispiel 4 × 6 cm, 8 × 6 cm, 8 × 12 cm usw.). Für kleinere Stücke eignen sich gläserne oder aus Kunststoff bestehende Eprouvetten. Jedes Kästchen oder jede Eprouvette wird mit einem Etikett versehen, einem kleinen Zettel, auf dem die grundlegenden Angaben über das gefundene Exemplar oder die gesamte Gruppe aufgezeichnet sind. Im Kopfteil des Etiketts wird der Name des Besitzers der Sammlung und darunter die Registrationsnummer angegeben. Ein sorgfältiger Sammler führt nämlich, ähnlich wie wissenschaftliche Institute, zur besseren Übersicht über das in seiner Sammlung enthaltene Material einen Zuwachskatalog. Die einzelnen Funde werden fortlaufend numeriert und diese Nummern zusammen mit den anderen grundlegenden Angaben in den Katalog eingetragen. Das Etikett sieht weiterhin einen Platz für die wissenschaftlichen Beziehungen der fossilen Art vor. Die wichtigsten Angaben dieses „Geburtsscheines" sind bei jedem Fossil die möglichst eingehende Bezeichnung des Fundortes und das stratigraphische Alter des Fundes. Schließlich werden auch der Name des Finders und das Fundjahr eingetragen. Bei der Manipulation mit dem paläontologischen Material kann es leicht zur Ablösung des Etiketts und auch zur Verwechslung der Lokalitäten kommen. Ein sorgfältiger Sammler verläßt sich niemals nur auf sein Gedächtnis. Fossilien mit ungenauen (oder sogar fehlenden) Fundortangaben verlieren an wissenschaftlichem Wert, und es ist deshalb gut (soweit es der Charakter des Materials erlaubt), die Lokalität mit schwarzer oder weißer Tusche direkt auf dem Gestein zu verzeichnen. Diese Angaben bringen wir an der Unterseite oder so an, daß die Schrift das Fossil nicht beschädigt oder dessen ästhetisches Aussehen nicht stört. Das so vorbereitete Material kann der Sammler in seine Sammlung, am besten in Schubkästen, in Kisten oder Schachteln von möglichst gleicher Größe, einordnen.

Die Sammlung kann natürlich von verschiedenen Gesichtspunkten aus geordnet werden, zum Beispiel nach systematischen, stratigraphischen und geographischen Kriterien oder deren Kombinationen. Viele Sammler bemühen sich, möglichst viele Organismengruppen von verschiedenem stratigraphischem Alter und aus verschiedenen Gebieten zu konzentrieren. Diese Sammlungen haben vor allem erzieherischen Wert. Wissenschaftlich wertvollere Sammlungen entstehen, wenn sich der Sammler auf bestimmte Gebiete oder Lokalitäten beschränkt, die ihm am besten zugängig sind und denen er sich intensiv widmen kann.

Bestimmung von Fossilien

Kein guter Sammler wird damit zufrieden sein, das Material in die Sammlung einzufügen, ohne zu wissen, um welches Fossil es sich eigentlich handelt. Die genaue Artbestimmung des Fundes ist oft auch für den Fachmann, geschweige denn für den Anfänger, sehr schwer. In der Paläontologie besteht für keine der großen Gruppen, zum Beispiel für die Wirbellosen, für die Wirbeltiere oder die höheren Pflanzen, ein Bestimmungsschlüssel, der die Einordnung **aller** gefundenen Fossilien in Arten ermöglichen würde. Die Zusammenstellung eines solchen Schlüssels, wie ihn die Mineralogen oder Botaniker zur Verfügung haben, ist im Hinblick auf die häufige Unvollständigkeit des aufgefundenen Materials nicht so gut möglich. Es gibt aber einen Schlüssel, der es ermöglicht, die fossilen Pflanzen oder Tiere in bestimmte höhere Kategorien einzuordnen, in Stämme, Klassen und Abteilungen, zum Teil auch eine enge Auswahl von Gattungen (der in diesem Buch angeführte Schlüssel entspricht dieser Methode). Bei den Wirbeltieren ist die Situation noch komplizierter, denn hier können ähnliche, selbständige Hilfsmittel für bestimmte Knochengruppen, zum Beispiel für die langen Knochen, eingesetzt werden.

Die wissenschaftliche Genauigkeit bei der Bestimmung der Fossilien hängt nicht nur vom fachmännischen Überblick eines jeden einzelnen, der Funde bestimmt, ab, sondern auch von dessen Möglichkeit, die umfangreiche und sich stets erweiternde paläontologische Fachliteratur zu studieren. In manchen Fällen ist es sogar nötig, die gefundenen Pflanzen- oder Tierreste mit typischem Material zu vergleichen, das heißt mit Material, auf dessen Grundlage das entsprechende Taxon festgestellt wurde. Es ist oft nicht möglich, ein auch gut erhaltenes Stück mit Sicherheit einer Gattung oder Art zuzuordnen, weil wichtige Details des inneren morphologischen oder anatomischen Baus nicht bekannt sind. Für einen beginnenden Sammler ist es am Anfang deshalb unentbehrlich, sich bei der Bestimmung seiner Funde an den Mitarbeiter eines Museums, geologischen Instituts oder einer Hochschule zu wenden. Ein guter Sammler kennt sich verhältnismäßig bald im gesammelten Material so gut aus, daß er in der Lage ist, dieses in bestimmte höhere systematische Kategorien einzuordnen. Das Studium der grundlegenden Literatur und der Vergleich der Fundstücke mit dem Material, das in öffentlichen paläontologischen Sammlungen ausgestellt ist, ermöglicht ihm, einen großen Teil der Fossilien zufriedenstellend zu bestimmen. Die Bestimmung der Funde wird auch dann erheblich erleichtert, wenn das Material von Lokalitäten oder aus Schichten stammt, deren Inhalt monographisch bearbeitet wurde.

Stratigraphische Tabelle (geologische Zeitskala)

Ära		Periode	Niedrigere stratigraphische Einheiten	Nordeuropa	Alpen	Gebirgsbildung	Zeitskala
Quartär		Holozän	Jüng. Mittl. Alt.				
		Pleistozän	Jüng.	Weichsel	Würm		
				Eem	Riss-Würm		
			Mittl.	Warthe	Riss II		
				Saale	Riss I		
				Holstein	Mindel-Riss		
			Ält.	Elster	Mindel		
				Cromer	Günz-Mindel		
				Menap	Günz		
				Waal			
				Eburon	Donau		
				Tegelen	Biber-Donau		
				Brüggen	Biber		
Tertiär	Neogen	Pliozän	Ob. Unt.				1,8 Mill. J.
		Miozän	Ob. Mittl. Unt.				
	Paläogen	Oligozän	Ob. Mittl. Unt.				
		Eozän	Ob. Mittl. Unt.				
		Paläozän	Ob. Unt.				

Ära	Periode	Niedrigere stratigraphische Einheiten			Gebirgsbildung	Zeitskala
Mesozoikum	Kreide	Ob.	Maastricht Campan Santon Coniac Turon Cenoman	Maastricht, Campan } (Senon) Santon, Coniac } (Emscher) Senon, Emscher } (Gosau, Alpen)	alpidische Faltung	65 Mill.
		Unt.	Alb Apt Barrême Hauterive Valangin Berrias	Alb, Apt } (Gault) Hauterive, Valangin, Berrias } (Neokom)		
	Jura	Ob. (Malm)	Portland Kimeridge Oxford	Portland, Kimeridge } (Tithon)		130
		Mittl. (Dogger)	Callov Bathon Bajoc Aalen			
		Unt. (Lias)	Toarc Pliensbach Sinémur Hettang			
	Trias	Ob.	Rhaet Nor Karn	(Keuper)		204
		Mittl.	Ladin Anis	(Muschelkalk)		
		Unt.	Skyth	(Buntsandstein)		245

Stratigraphische Tabelle

Ära	Periode	Niedrigere stratigraphische Einheiten			Gebirgsbildung	Zeitskala
Paläozoikum	Jüngeres	Perm	Ob[3].	Thuring[3] (Zechstein)		
			Unt.[3]	Saxon[3] Autun[3] (Rotliegendes)		
		Karbon	Ob.	Stephan[3] Westfal[3] Namur[3]	Variscische (hercynische)	290
			Unt.	Visé Tournai		350
	Älteres	Devon	Ob.	Famenne Frasne		
			Mittl.	Givet Eifel		
			Unt.	Ems (Dalej)[1] Prag (Zlíchov)[1] (Siegen)[2] Lochkov (Gedinne)[2]	Jung-kaledonische	400
		Silur	Ob.	Přidolí Ludlow		
			Unt.	Wenlock Llandovery		425
		Ordovizium	Ob.	Ashgill	Altkaledonische	
			Mittl.	Caradoc Llandeilo Llanvirn		
			Unt.	Arenig Tremadoc		500
		Kambrium	Ob. Mittl. Unt.			570
Proterozoikum					kadomische	
Archaikum					(assyntische)	2500

Das Tertiär ist im Hinblick auf die unterschiedlich gestufte Teilung in den einzelnen Sedimentationsgebieten nicht detaillierter gegliedert.

1,2 — lokale Stufenbezeichnungen für die böhmische (1) oder rheinische (2) Entwicklung im Devon; 3 — Mittel- un westeuropäische Teilung; 4 — gilt nur für das Quartär

Ob. — Oberes; Mittl. — Mittleres; Unt. — Unteres

Weiterführende Literatur

Beurlen, K. (1978): Welche Versteinerung ist das? Kosmos-Naturführer, Franckh'sche Verlagshandlung, Stuttgart.

Boucot, A. J. (1981): Principles of benthic marine paleoecology. New York.

British Caenozoic Fossils. 5. Aufl. British Museum (Natural History), London 1975.

British Mesozoic Fossils. 5. Aufl. British Museum (Natural History), London 1975.

British Palaeozoic Fossils. 4. Aufl. British Museum (Natural History), London 1975.

Frey, R. V. (1975): The study of trace Fossils. Springer Verlag, Berlin, Heidelberg, N. York.

Gothan, W., Weyland, H. (1973): Lehrbuch der Paläobotanik. Akademie-Verlag, Berlin.

Krumbiegel, G., Walter, H. (1979): Fossilien sammeln, präparieren, bestimmen, auswerten. VEB Dt. Verl. Grundstoffind, Leipzig.

Kummel, B., Raup, D. (1965): Handbook of paleontological techniques. W. H. Freeman and Comp., S. Francisco, London.

Lehmann, U., Hilmer, G. (1982): Wirbellose Tiere der Vorzeit. F. Enke, Stuttgart.

Lichter, G. (1980): Fossilien bergen, präparieren und ausstellen. Franckh'sche Verlagshandlung, Stuttgart.

Mc Kerow, W. S. (1981): Palökologie. Franckh'-sche Verlagshandlung, Stuttgart.

Murawski, H. (1983): Geologisches Wörterbuch. F. Enke, Stuttgart.

Němejc, F. (1959–1975): Paläobotanik I–IV (in Tschechisch). Academia, Prag.

Orlov, Y. A. (Hrsg.) (1958–1964): Prinzipien der Paläontologie (in Russisch) – 15 Bände. Izdatelstvo Akademii Nauk, SSSR.

Piveteau, J. (Hrsg.) (1952–1969): Traité de paléontologie – 7 Bände, Masson et Cie., Paris.

Moore, R.C., Teichert, C. (Hrsg.) (ab 1953): Treatise on invertebrate paleontology, Part A–X, 29 Bände. Univ. Kansas Press, Lawrence.

Müller, A. H. (ab 1976): Lehrbuch der Paläozoologie, Band I–III – 3. Aufl. Gustav Fischer, Jena.

Pokorný, V. (1958): Grundzüge der zoologischen Mikropaläontologie. 2 Bände. VEB Deutsch. Verl. Wiss., Berlin.

Richter, A. E. (1981): Handbuch des Fossiliensammlers, Franckh'sche Verlagshandlung, Stuttgart.

Rixon, A. (1976): Fossil animal remains – their preparation and conservation. The Athlone Press of University of London, London.

Roemer, A. S. (1966): Vertebrate palaeontology. Univ. Chicago Press, Chicago, London.

Stanley, S. M., Raup, D. M. (1971): Principles of Palaeontology. V. H. Freeman and Comp., S. Francisco, London.

Špinar, Z. (1960): Grundzüge der Paläontologie (in Tschechisch). Nakladatelství ČSAV, Prag.

Wegner, H. (1976): Die Fossiliensammler. 2. Aufl. Ott, Thun und München.

Ziegler, B. (1975): Einführung in die Paläobiologie, Teil 1, Allgemeine Paläontologie. 2. Aufl. E. Schweizerbart, Stuttgart.

Register der abgebildeten Fossilien

Register

Register